黄河宁蒙段河道洪峰过程洪-床-岸相互作用机理

师长兴　王随继　许炯心　秦　毅　李国栋　郑艳爽 等　著

科 学 出 版 社
北　京

内 容 简 介

本书在国家重点基础研究发展计划项目（973 项目）“河道洪峰过程洪-床-岸相互作用机理”（2011CB403305）课题主要研究成果的基础上总结编写而成。全书以探索洪峰过程泥沙冲淤与河床演变规律为中心，采用实测资料分析、理论研究、模型试验和数学模型计算等多种手段，系统研究揭示了黄河上游宁蒙段洪水水沙及其关系变化特征与原因、区间重点支流十大孔兑侵蚀产沙时空变化与原因、宁蒙河段泥沙冲淤变化及其对人类活动和气候变化的响应、河床横断面调整与平面形态演化过程及机理，建立了河床断面调整模型、河床冲淤与水沙条件及流域因子关系模型、水动力学模型等，计算得出维持宁蒙河段泥沙冲淤平衡和河势稳定的水沙阈值、人造洪峰的冲淤效应，以及典型河段洪水过程河床演变。

本书可供从事地貌、河床演变与河道整治、水利与水土保持、防洪减灾、环境保护、黄河治理等方面的科研人员、工程技术人员和高等院校师生参考。

图书在版编目（CIP）数据

黄河宁蒙段河道洪峰过程洪-床-岸相互作用机理／师长兴等著．—北京：科学出版社，2016.3

ISBN 978-7-03-047418-6

Ⅰ.①黄…　Ⅱ.①师…　Ⅲ.①黄河-河流泥沙-泥沙运动-影响-河道演变-研究　Ⅳ.①TV152

中国版本图书馆 CIP 数据核字（2016）第 038555 号

责任编辑：朱海燕　张　欣／责任校对：何艳萍
责任印制：肖　兴／封面设计：北京图阅盛世文化传媒有限公司

科学出版社 出版
北京东黄城根北街 16 号
邮政编码：100717
http://www.sciencep.com

中国科学院印刷厂 印刷

科学出版社发行　各地新华书店经销

*

2016 年 3 月第　一　版　开本：787×1092　1/16
2016 年 3 月第一次印刷　印张：23 3/4
字数：545 000

定价：148.00 元

（如有印装质量问题，我社负责调换）

前　　言

黄河因为含沙量大，河道淤积严重，历史上洪水灾害频发，近几十年河道淤积仍不断降低治河工程防洪的效果。也因为黄河含沙量大，降低了其水环境质量，提高了其水资源开发利用成本。黄河泥沙主要来自中游黄土高原，因此，相对来说泥沙问题长期以来主要集中于黄河下游。黄河径流一半以上来自上游，而上游来沙只占整个流域的约10%。上游较低含沙径流为黄河上游下段宁夏和内蒙古河套平原引水灌溉提供了便利，所以历史上有俗语“黄河百害，唯富一套”。尽管黄河上游来水含沙量相对下游较低，但是在兰州以下南岸有来自黄土高原西北部的高含沙支流汇入，黄河上游青铜峡站日平均含沙量平均为2.80 kg/m^3，是长江上游宜昌站的近2.8倍，最高可达200 kg/m^3以上。黄河进入银川与河套平原，因河道展宽，比降减低，以及平原构造下沉，黄河泥沙在此发生持续堆积，因此，宁蒙段黄河曾发生周期性河道摆动。随着黄河上游引水量逐渐增加，干流上刘家峡与龙羊峡等水库先后修建，加之气候变化的影响，宁蒙河段径流持续减小，20世纪80年代中期以后，宁蒙河道经历了淤积加重、河道萎缩和洪水，特别是凌汛灾害恶化的过程。

黄河上游宁蒙段发育于构造沉降盆地，除卫宁、银川和河套盆地之间存在局部基岩出露的峡谷外，具有典型的冲积性河道。与其他河流不同的是，这段黄河流经区域还因气候干旱，河道两岸分布乌兰布和、库布齐沙漠，风沙与水沙存在直接的相互作用。冲积性河道水沙条件与河道冲淤和形态演变间的密切关系，以及这段河道独特的风沙与水沙相互作用过程赋予了这段河道在河床演变研究中的重要性。该河段河道冲淤和河道形态既受控于其地质基础，又取决于来水来沙条件。水沙条件作为这段河道系统的输入因子，这一因子时间上强烈的变化性质决定了其在这段河道演变的主导地位，表现为一定的河床形态演变过程对应一定的水沙变化过程。引起明显河床变形的水沙过程主要是洪水水沙过程。为方便定量分析水沙过程引起的河床演变，常引进某一个单一流量，其造床作用和多年流量过程的综合造床作用的结果相等。研究发现这一流量往往对应于中等以上洪水的流量，被作为河流的造床流量。造床的洪水流量大小决定了河槽的尺度。因此，黄河下游有“大水出好河”一说。黄河上游同样存在这一规律。受这一规律的支配，20世纪80年代中期以后，随着来水流量逐渐减小，宁蒙河段河槽发生显著萎缩。

受黄河上游水能资源的开发和用水需求增加的影响，未来大水出现概率仍将明显低于自然状况。在这种情况下，通过水库调水调沙，人造洪峰自然被认为是一种可能的维持河道行洪能力的途径。但是，在有限的水资源条件下，人造洪峰减少宁蒙河段泥沙淤积的可能性和效果如何，都还是个未知数。其次，洪水之所以在河槽塑造中起重要作用，是因为洪水具有较大的泥沙侵蚀和搬运能力，在洪水过程中河岸的侵蚀和淤积强度显著增大，河道也将因此变得不稳定。为此，需要开展宁蒙河段洪水水沙变化特征、水沙关系变化、输沙动态变化研究，从流域系统角度分析水沙变化的原因及其与宁蒙河段河道持续冲淤的关系，探讨洪水泥沙输移及其与河床和河岸冲淤相互作用的机理，分析河床断面和平面形态的调整过程及其与水沙条件的关系，研究河道河势稳定性与水沙条件的关系。为了揭示宁蒙河段河道的冲淤调整对水沙变化的响应机制，构建泥沙输移和河床形态演化与水沙条件关系模型，预测人造洪峰在宁蒙河段的减淤效果，2011 年我们承担了国家 973 项目课题"河道洪峰过程洪-床-岸相互作用机理"，进行了为期近 5 年的研究。课题的研究目标是：查明洪峰作用下沙漠宽谷不同河型河段的冲淤和河床断面形态的调整特征，阐明洪-床-岸相互作用的动力机制。在探明洪峰环流结构和能量分布特征的基础上，建立典型河段洪-床-岸相互作用的径流 FHS 模式、泥沙输移 STS 模式及河岸侵蚀 BES 模式，构建洪-床-岸相互作用的 2-D 河流 CFD 动力学模型。提出满足防洪、防凌需要的过流能力条件下的河道相对稳定水沙阈值。定量评估人造洪峰冲刷宁蒙河段泥沙的效应，为项目构建水沙调控体系提供基础。课题组通过开展大量的野外实地观测与室内模型试验和综合研究，最终完成了预定的研究任务，实现了研究目标。集课题的主要研究成果，编写成本书。

本课题是国家重点基础研究发展计划项目"黄河上游沙漠宽谷段风沙水沙过程与调控机理"中的 6 个课题之一，课题研究工作在项目首席科学家中国科学院寒区旱区环境与工程研究所拓万全研究员领导下实施。课题承担单位包括中国科学院地理科学与资源研究所、西安理工大学和黄河水利委员会黄河水利科学研究院。课题组成员组成为：中国科学院地理科学与资源研究所师长兴、王随继、房金福、许炯心、闫云霞、颜明、贺莉、范小黎、周园园、邵文伟、杜俊、姚海芳、白建斌、阳辉、李玲、王彦君、苏腾、梅艳国，西安理工大学秦毅、魏炳乾、程文、李国栋、陈存礼、曹如轩、李子文、刘美、侯精明、李珂、白少智、刘强、李文文、张洁、金娟、马淼、宁健、高蓓、魏巍、周标、庞洁、严培、李强、万俊、白祖晖、孟文强、叶龙斌、杨兰、王雅琼、钟博刚、张晓芳、颜恒、韩海军、王正娥、陈琛、王蒙、荀洪运、李累累，黄河水利委员会黄河水利科学研究院王卫红、郑艳爽、于守兵、曲少军、张晓华、彭红、王开荣、王万战、茹玉英、张敏、田世民、孙赞盈、申冠卿、李小平、张明武、丰青、张辛、张防修、董明家。本课题研究工作进行过程中得到了科技部基础研究司、中国科学院、项目第一承担单位和课题参加成员所在单位领导的大力支持，以及项目专家指导委员会、科技部委派咨询专家、项目专家组的指导，在此谨向他们致以最诚挚的感谢。课题研究工作中用到了大量的水文泥沙、气象、地质、地貌等观测数据，在此衷心感谢对这些数据进行长期观测、整理的广大科技工作者。

本书是课题组全体成员分工协作共同努力完成的成果。各章节执笔人为：前言和第 1 章，师长兴；第 2 章 2.1 节，师长兴；2.2 节和 2.3 节，范小黎、师长兴；第 3 章 3.1 节和3.2节，许炯心；3.3节，姚海芳、师长兴；第4章4.1节，秦毅、陈存礼；4.2节和4.3节，秦毅、李子文；4.4节，王随继、冉立山；4.5节，王随继；4.6节，许炯心；第5章5.1节和5.2节，师长兴；5.3节，李子文、秦毅；5.4节，贺莉；5.5节，王随继、颜明、李玲；第6章6.1节，王随继；6.2节和6.3节，许炯心；6.4节，师长兴；6.5节，颜明；6.6节，许炯心；第7章，郑艳爽、王卫红、于守兵；第8章8.1节，刘美；8.2节，师长兴；8.3节，贺莉；8.4节，李国栋、侯精明。全书由师长兴汇总和统稿。由于笔者水平有限，掌握资料不够充分，研究成果未免存在不足或疏漏之处，敬请读者给予批评指正。

编　者

2015年9月

目　　录

第1章 绪　论

1.1 黄河上游流域环境和水利工程发展概况

黄河上游指内蒙古托克托县河口镇以上流域（图 1.1）。黄河上游干流河道长 3472km，流经青海、四川、甘肃、宁夏、内蒙古。流域面积为 38.2 万 km^2（头道拐以上为 36.8 万 km^2）。黄河发源于青海高原，向东下降至黄土高原，再向东北行绕过鄂尔多斯西部和北部，至吕梁山北端折转南行。东西横跨 16.9 个经度（95°54′～112°50′E），南北纵延近 9.7 个纬度（32°10′～41°50′N），其气候、植被、地貌、地表物质组成等自然地理条件存在明显的区域差异，水沙异源特征明显，并且由于近几十年来气候变化和干流上水利工程建设，黄河水沙过程发生了明显的变化。

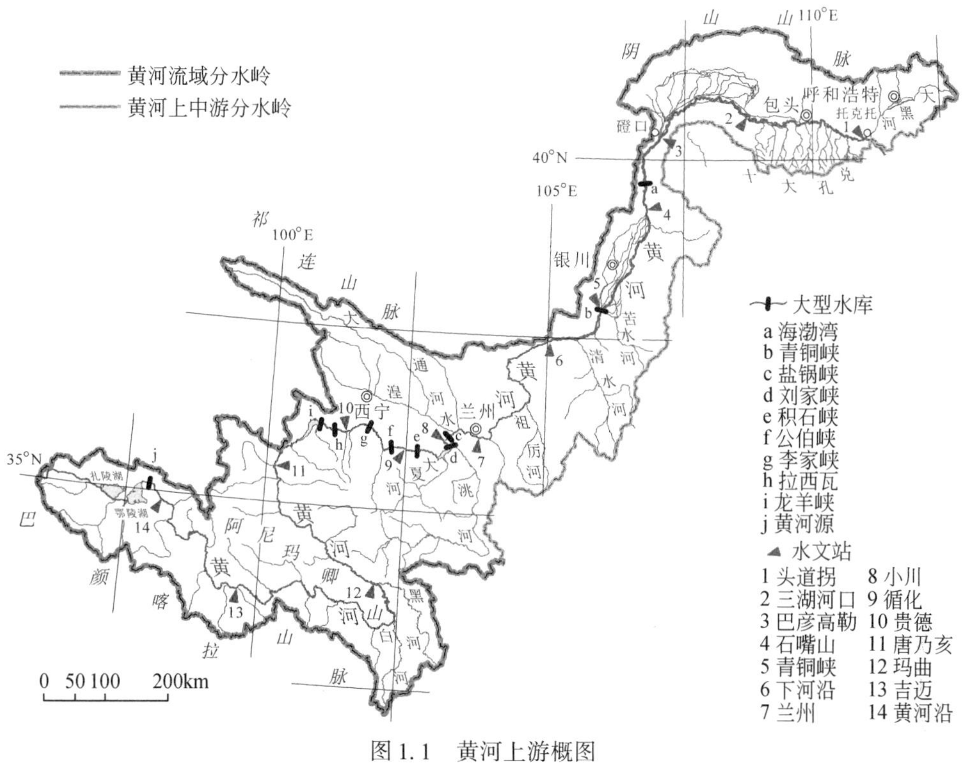

图 1.1　黄河上游概图

1.1.1　自然地理概况

1. 河源至积石峡

黄河上游自河源至积石峡，流行于青海高原之上。流域面积约 14.7km^2，地面高度 2000m 以上，平均约 4400m。其中，多石峡以上为河源区，北靠扎日加山、布青山、西界雅拉达泽山、南依巴颜喀拉山。黄河和长江的分水岭是巴颜喀拉山，主峰海拔为 5267m。河源区流域面积约 2.28 万 km^2，干流河长近 322km。地面海拔超过 4200m，平均海拔为 4500m。河源区整体上呈现高原面上的湖盆和低山丘陵地貌景观，中部是鄂陵湖、扎陵湖宽谷平原带，南北两侧靠近分水岭是起伏高度大于 500m 和局部大于 1000m 的山地，向中间变为起伏高度小于 500m 的低山和丘陵。黄河发育于星宿海、扎陵湖、鄂陵湖宽谷平原带内，间以切割低山丘陵的河谷。

多石峡以下，黄河干流受南部巴颜喀拉山与北部阿尼玛卿山所挟持，流向南东东，迂回于宽谷之中，向下河谷缩窄，河道两侧山地起伏度从低于 500m 增加到 500～1000m。从贾曲口至玛曲，黄河流经若尔盖盆地，在 160km 长河段，河道弯曲，比降低至 2.6×10^{-4}。过玛曲，黄河转向北西西，后近南北向，其间黄河穿过长 216km、落差为 588m 的拉加峡，这是黄河上仅次于晋陕峡谷的第二长峡。河流左侧的阿尼玛卿山山地起伏度为 1000～2000m，右侧山地起伏度介于 500～1000m 之间。拉加峡以下黄河东北向穿流兴海盆地、野狐峡、共和盆地、龙羊峡，再转东西向流经贵德、化隆、临夏等盆地，以及其间的松坝峡、李家峡、公伯峡、积石峡。多石峡至积石峡河段总长近 1604km，比降约 1.5‰。

积石峡以上流域从河源向东南从高原亚寒带亚干旱气候转变到亚温带湿润气候，东部从南向北从高原亚温带湿润转为亚湿润气候。多年平均气温自多石峡向东逐渐从-2.2℃升高到6℃，向西也渐增至 0.8℃。多年降水量自西北向东南从 230mm 逐渐增加到接近 770mm。年水面蒸发量为 700～1200mm。植被类型以高寒草甸、高寒沼泽化草甸、高寒草原为主，海拔较低的河谷谷坡主要分布针叶林和灌丛，海拔 4500m 以上的山地和陡坡上分布着高山稀疏植被。

2. 积石峡至下河沿

黄河自积石峡至下河沿长 544km，落差为 557m，流域面积为 10.7 万 km^2，96.2% 的地面海拔高度介于 1200～4000m 之间，平均海拔为 2700m。黄河出积石峡进入临夏盆地，穿过寺沟峡、刘家峡和其间宽谷，河段长 84.5km，落差为 167m。在刘家峡河段有两条较大的支流大夏河和洮河注入黄河。大夏河流域面积为 7154km^2，洮河流域面积为 25527km^2。大夏河与洮河中上游主要是起伏度为 500～2000m 的山地，下游主要分布黄土覆盖的低山和丘陵。刘家峡以下黄河穿行于牛鼻子峡、朱喇嘛峡、盐锅峡、八盘峡及其间的宽谷段。湟水在盐锅峡与八盘峡之间汇入黄河。湟水流域面积为 32863km^2，北靠祁连山，南界拉脊山，流域内大坂山将湟水干流与其支流大通河隔开，形成三山夹二谷近 NW-SE 向延伸的流域。湟水干流大部分河段是宽谷，谷底冲积平原宽几千米，最宽处近

6000m，河谷两侧主要是由厚层黄土覆盖的低山。从八盘峡下口至桑园峡上口，黄河干流长62km，主要流经兰州盆地。此段黄河河谷宽度最大7000m有余，发育为冲积平原，河床宽100～400m。自桑园峡至下河沿站，黄河穿过长度介于9～74km的下峡、乌金峡、红山峡、黑山峡、虎峡，河段总长为348m，总落差为275m。峡谷中河床宽度一般为100～250m。峡谷间宽谷段以乌金峡与红山峡间最长，约78km，谷底洪积冲积平原宽2～6km，河床宽100～750m。黄河干流两侧主要分布着黄土粱峁。红山峡到黑山峡段两岸主要是低起伏至高起伏的基岩山地。南岸支流祖厉河流域面积为10653km^2，流域内72%为黄土丘陵沟壑区，26%为黄土塬区。

此段黄河流域气候由西向东自高原亚温带转中温带，自南向北自亚湿润区转亚干旱区，沿黄河河谷为暖温带亚干旱气候，湟水流域为高原亚寒带和亚温带亚干旱气候。年平均气温沿黄河河谷自西向东由6℃提高到8.5℃。随地势增高向支流河源年平均气温逐渐减低，洮河逐渐降到0.8℃左右，湟水则逐渐降至0.7℃，祖厉河从8℃逐渐降至约6.4℃。多年降水量自西北向东南从170mm逐渐增加到450mm。支流祖厉河上游可以达到480mm以上；洮河中上游降水量在550mm以上，局部达720mm以上，下游逐渐减低到400mm；湟水流域年降水量变化于约350mm至约500mm。区间流域大部分年水面蒸发量为900～1800mm，湟水与洮河中上游介于700～900mm之间。上段黄河两岸分布草原，下段两岸及以北分布荒漠草原。沿干流和支流河谷低地大多开垦为农田。支流湟水流域上游植被类型与黄河积石峡以上流域类似，中下游河谷两侧山地为草原、荒漠草原和灌丛。洮河和大夏河中上游分布着高寒草甸、灌丛，下游主要为草原。祖厉河上中游为草原，下游为荒漠草原。

3. 宁蒙河段

自下河沿至头道拐黄河长近991km，落差约246m，区间流域面积为11.4万km^2，地面海拔大于980m，97%的地面海拔低于2000m，地面平均海拔为1230m。此段黄河流经卫宁盆地、银川盆地和河套盆地，其间有青铜峡和石嘴山至磴口河段分隔。

下河沿至青铜峡，黄河河道长123km，除下端不足10km长的青铜峡外，黄河流行在宽十余千米的河谷之内，大部分河段河床十分宽浅，宽处2km有余，多股分汊，江心洲、滩发育。南岸清水河在此注入黄河，其流域面积为14481km^2，约82%为黄土丘陵沟壑区。银川盆地为一新生代断陷盆地，呈NNE走向，南起青铜峡，北至石嘴山，西依贺兰山，东靠鄂尔多斯高原西缘，南北长165km，东西宽42～60km，盆地内堆积了厚约6000m的新生代沉积物，其中，第四纪沉积物近700m（童国榜等，1998）。盆地内黄河河道长196km，河床宽300～3000m，比降接近0.25‰。黄河两侧平原上渠道纵横。石嘴山至磴口，黄河穿行于乌兰布和沙漠与鄂尔多斯台地之间，河长约142km，落差为36m。上段约长40km，单股，较顺直，部分河段河底基岩裸露，河宽大多介于100～300m之间，局部宽度超过800m，有江心洲发育。下段河床宽窄相间，窄处约200m，宽处1800m有余，并有心滩发育，河床两侧有宽几百米到三千多米的河漫滩，向外右岸是桌子山前洪积平原，左岸是一望无际的乌兰布和沙漠。

河套盆地为中新生代断陷盆地，北靠阴山山脉，南抵鄂尔多斯高原，堆积了厚度为

300~2400m 的第四纪地层（汪良谋等，1984）。盆地中间被乌拉山断隆所隔开，分成后套和前套两个次级盆地，其中，后套盆地内湖积冲积平原东西长约 200km，宽为 50~60km；前套盆地内冲积平原东西长近 270km，西窄东宽，西部宽约 15km，东部宽处近 50km，冲积平原南北还发育了连续的冲洪积扇平原或台地。后套盆地内磴口至三湖河口段，河道长约 214km，比降为 0.144‰左右，属游荡性河道。河床宽度多为 1~2km，在天然或人工节点处河宽缩窄成几百米。宽浅段江心洲、滩发育，多股分汊，主流频繁摆动，且摆幅大，河槽宽深比为 16~25，曲折系数为 1.19，滩槽高差为 1~2m，部分河段主槽因长期淤积已形成悬河；前套盆地内，三湖河口以下河段长 311km，比降为 0.103‰，属弯曲性河道，河床宽度大部分介于 100~400m 之间，河槽宽深比为 6~9，曲折系数为 1.39，主槽相对较稳定，滩槽高差大于 2m。河套段黄河两岸已建筑了不连续的长度近 900km 的防洪大堤。从盆地沉降历史看，这段河道应长期处于淤积状态（师长兴，2010）。近几十年来，由于水沙条件变化，河套段河道冲淤调整显著（王彦成等，1994；杨根生等，2003；侯素珍等，2007b）。河套段支流较少，流域面积超过 5000km^{2}的有右岸的清水河、苦水河，北岸的都思兔河、乌梁素海、大黑河等。另外，三湖河口以下南岸有十大孔兑汇入黄河，流域面积只有 213~2160km^2，共计约 7400km^2，但是其上游位于砒砂岩广泛出露的丘陵沟壑区，中游穿过库布齐沙漠，下游为冲洪积扇，是该段黄河风沙入黄的主要渠道。

历史上，河套平原不断下沉和黄河河道持续堆积，使得黄河在平原上不断迁徙，在后套平原形成了西部的冲积扇平原和丰济渠以东的黄河泛滥冲积平原，在冲积扇上遗留下呈放射状向北西、北、北东延伸的黄河故道，以及在冲积平原上呈带状分布的古河道高地和古河道洼地。李炳元等（2003）分析认为，公元前 2 世纪以前黄河向北达阴山南麓，然后沿山麓东流。从公元前 2 世纪至公元 5 世纪，西部冲积扇上河道不断变迁，而冲积扇以东黄河仍沿阴山南麓东流。公元 6 世纪后冲积扇平原上河道东移，东部平原上除北部黄河主流外，南部出现支汊“南河”，这种情形一直持续到 17 世纪。17 世纪中叶至 18 世纪，黄河逐步南趋，并在清乾隆时期“南河”成为主流。北河（即乌加河）直到 1850 年后与大河绝流，乌梁素海出现。经过历代垦地浚渠，南河与北河间许多天然的枝津汊流与湖荡沼泽已被人工修建的渠道、农田所代替。在东套平原上，由于大青山乌拉山构造抬升，以及山前洪积扇和支流冲积扇向南推进，历史上黄河河道不断南徙（朱士光，1989）。

此段黄河河谷在银川平原以上属于暖温带亚干旱气候区，三湖河口以上流域属中温带干旱气候区，以下为中温带亚干旱气候区。石嘴山以上平均气温大部分都超过 8℃，以下逐渐降至 6.3℃左右。支流清水河向河源随地势增高年均温降低到 7.5℃上下，内蒙古黄河河套北岸向阴山逐渐降至 5.5℃以下，局部至 4.6℃。多年平均降水量自西北向东南从 120mm 逐渐增加到 410mm，清水河源区可达 450mm 以上。年水面蒸发量达 1200~2000mm。此段宁夏平原和内蒙古河套平原主要为引黄灌区农田，两侧主要是荒漠草原、草原化荒漠和荒漠植被类型。清水河上游主要是草原和灌丛。河套平原北侧阴山分布着荒漠草原、草原和灌丛，以及旱作农田。

1.1.2 水文泥沙特征

黄河上游径流量绝大部分来源于兰州以上流域。1919~1975 年兰州站天然年径流量为

322.6 亿 m^3/a，与头道拐同期天然年径流 321.6 亿 m^3/a 几乎相同。按 1964～1989 年的测量数据（其中扣除了刘家峡水库的影响），兰州站的径流量中，来自唐乃亥以上流域的径流平均超过65%，唐乃亥站含沙量平均为0.68 kg/m^3。唐乃亥以上流域随着流域面积的增加，年径流量增加较快，以下流域增加减缓；唐乃亥以下流域年输沙量随流域面积变化的增速明显大于其上游流域［图1.2（a）］。

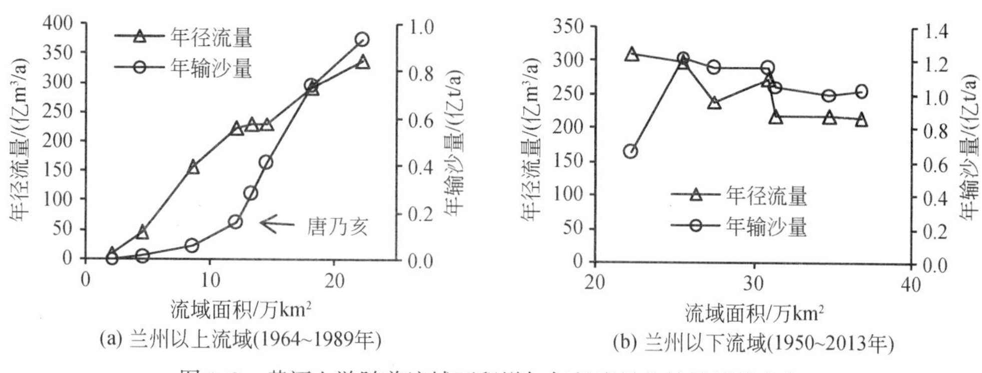

图1.2 黄河上游随着流域面积增加年径流量和输沙量的变化

兰州以下流域虽然产流很小，但支流入黄泥沙量较大，因此，1950～2013 年头道拐站的年输沙量比兰州站的年输沙量高出 57%。主要产沙支流包括祖厉河、清水河、苦水河、十大孔兑（图1.1）。祖厉河入黄泥沙量年均0.49 亿 t/a，造成下河沿站输沙量明显高于兰州站［图1.2（b）］。下河沿以下干流年径流量和输沙量沿程逐渐减少，主要与引水引沙及河道泥沙淤积有关。近几十年来宁蒙河段水沙条件发生了显著变化，沿程各水文站年径流量和年输沙量、汛期径流量所占比例，以及大流量的出现频率大都呈现减小的趋势。

1.1.3 水利工程发展概况

黄河上游径流泥沙近几十年来显著变化的一个主要原因是人类活动的影响。其中，人类活动主要包括干流上大中型水库修建和引水引沙。自 20 世纪 60 年代以来，在黄河上游干流上陆续修建了一些大中水库，包括青铜峡、刘家峡、龙羊峡水库等大型水库 10 座（表1.1），以及中型水库 15 座。总库容约 374 亿 m^3，其中，大型水库总库容约 368 亿 m^3，已超过上游天然年径流量。1986 年 10 月下闸蓄水的龙羊峡水库总库容为 247 亿 m^3，是一座多年调节水库。自其蓄水以来，改变了水库下游汛期和非汛期的径流分配，按 1987～2005 年的数据统计，平均减少汛期（6～10 月）径流量 47.3 亿 m^3/a，增加非汛期径流量 37.6 亿 m^3/a，并造成年际间径流变化，年蓄变量标准方差达 42.5 亿 m^3/s。因此，龙羊峡水库对宁蒙河段年内和年际水沙变化起到了明显的作用，特别是对汛期洪峰流量削减比较显著。该水库控制流域面积 13.14 万 km^2，是黄河上游主要的清水来源区，贵德水文站靠近龙羊峡大坝，控制流域面积 13.37 万 km^2，其基本记录了龙羊峡水库的水沙过程。该站记录的 1964～1986 年平均来沙量为 0.277 亿 t/a，来水平均含沙量为 1.21kg/m^3。虽然龙羊峡水库运用后拦截了大部分来沙，但相对其下游支流来沙量来说显得不重要。刘家峡水库是黄河上游第二大水库，1968 年下闸蓄水，具有年调节能力。1969 ~ 2005 年该库平均每年减少汛期径流量 17.2 亿 m^3/a，并增加同样大小的非汛期径流量，对宁蒙河段汛期洪峰流量削减比较显著。相对唐乃亥以上流域来水含沙量，唐乃亥至刘家峡大坝的入黄支流含沙量明显增加，至刘家峡大坝，流量增加了约 0.3 倍，而来沙量增加了约 3.8 倍。1968 ~ 1989年刘家峡水库年均拦沙 0.73 亿 t/a。因此，刘家峡水库除了调蓄径流外，其建成后的拦沙作用对宁蒙段来沙变化的作用不容忽视。其他水库对径流调节作用较小，但建于多沙河段的水库，下闸后初期的拦沙作用对宁蒙河段的冲淤过程有显著影响，如青铜峡下闸头 5 年，年均拦沙 1.27 亿 t/a，显著改变了其下游的输沙过程。1971 年 9 月因泥沙淤积，青铜峡水库剩余库容仅 0.79 亿 m^3，为此水库运用从蓄水方式转变为蓄清排浑和沙峰排沙方式（张晓华等，2008a），对下游来沙仍然有一定的调节作用。

表 1.1　黄河上游干流大型水库概况

水利工程	控制流域面积/万 km^2	总库容/亿 m^3	调节库容/亿 m^3	工程完成蓄水时间	调节性能	枢纽任务
海勃湾	31.3	4.87		2014 年 2 月	日调节	防凌为主，结合发电，兼顾防洪
青铜峡	27.5	6.06	0.3	1967 年 4 月	日调节	灌溉、发电为主，结合防凌、防洪、城市供水
盐锅峡	18.3	2.16	0.07	1961 年 11 月	日调节	发电为主，兼顾灌溉
刘家峡	18.2	57	41.5	1969 年 3 月	年调节	发电为主，兼有防洪、灌溉、防凌、供水
积石峡	14.7	2.64	0.395	2010 年 10 月	日调节	发电
公伯峡	14.4	6.2	0.75	2004 年 8 月	日调节	发电为主，兼有防洪、灌溉、供水
李家峡	13.7	16.5	0.6	1996 年 12 月	日调节	发电为主，兼顾灌溉
拉西瓦	13.2	10.56	1.5	2009 年 3 月	日调节	发电
龙羊峡	13.1	247	194	1986 年 10 月	多年调节	发电为主，兼顾防洪和灌溉
黄河源	1.9	15.21		2001 年 11 月	多年调节	发电为主

引用黄河水是改变宁蒙河段水沙过程的又一个主要人类活动。如上所述，兰州站与头道拐站天然年径流相近，但对比兰州和头道拐实测年径流量，可以发现在 20 世纪 50 年代，前者比后者多69.7 亿 m^3/a。这主要是引水造成的，其大小相当于头道拐天然径流量的约 22%。可见引水对宁蒙河段水沙过程干扰十分显著。近 60 多年来这一差值呈上升趋势，进入 20 世纪的头十年增加到 120.8 亿 m^3/a，这主要反映了引黄水量的变化。黄河上游引水主要集中在宁蒙河段，主要引水口位于下河沿、青铜峡和巴彦高勒上下，为卫宁、银川、内蒙古河套平原灌溉农业供水。宁夏和内蒙古河段灌区 1952 ~ 2005 年年均引水量约 94 亿 m^3/a，引水的同时也引走大约 0.38 亿 t/a 的泥沙。如此大量的引水，对宁蒙河段的冲淤和河床调整过程必然产生巨大的影响。

1.2 研究内容与主要成果

1.2.1 课题的目标和研究内容

本书是基于课题“河道洪峰过程洪-床-岸相互作用机理”的研究成果系统总结编写而成。作为973项目“黄河上游沙漠宽谷段风沙水沙过程与调控机理”的有机组成部分，课题的预期目标是：通过野外实地观测与室内模型试验，查明洪峰作用下沙漠宽谷不同河型河段的冲淤和河床断面形态的调整特征，阐明洪-床-岸相互作用的动力机制。在探明洪峰环流结构和能量分布特征的基础上，建立典型河段洪-床-岸相互作用的径流FHS模式、泥沙输移STS模式及河岸侵蚀BES模式，构建洪-床-岸相互作用的2-D河流CFD动力学模型。提出满足防洪、防凌需要的过流能力条件下的河道相对稳定水沙阈值。定量评估人造洪峰冲刷宁蒙河段泥沙的效应，为项目水沙调控体系的构建提供基础。课题的主要研究内容如下。

（1）不同类型河道洪峰过程的冲淤特征与机理。

分析不同洪峰过程不同河段河道的冲淤变化特征及其形成原因；分析滩-槽冲淤之间、滩-槽冲淤与洪峰过程之间的相互作用，研究河道冲淤变化作用下的河道形态演变与河床泥沙级配组成的调整过程；探讨洪峰水沙特征值与河道床-岸冲淤、河道形态演变、床沙组成调整的关系，揭示洪峰水沙-河床冲淤-河岸蚀积变化之间的复杂作用与反馈机理。

（2）沙漠宽谷河道洪峰过程洪-床-岸相互作用的CFD动力学模型。

进行物理模型试验，分析不同水流方向与河岸线夹角条件下洪峰能量的横断面分布特征，研究洪水过程横向环流对河底和河岸的作用分量及其相互影响，建立典型断面形态河槽洪-床-岸相互作用的径流FHS模式、泥沙输移STS模式及河岸侵蚀BES模式；在此基础上，构建洪-床-岸相互作用的2-D洪峰CFD动力学模型；基于实测资料，分析典型河段不同量级不同挟沙量洪水在床、岸与滩的能量分配，以及泥沙冲淤过程。

（3）沙漠宽谷河道稳定性水沙阈值。

研究分河段洪峰过程对河道冲淤和河道过流能力的影响，解析不同河段河势演变参数的时空特征及其与洪流参数之间的复杂响应关系；确定各河段河道冲淤平衡和维持河道适宜过流能力所需的洪峰流量阈值；建立制约河势演化行为的临界阈值集，提出沙漠宽谷河道相对稳定的水沙阈值。

（4）可控洪峰沙漠宽谷河道冲淤效应的定量评估。

基于断面监测资料与站点水文泥沙资料，分析洪水过程不同粒级泥沙输移量与河床形态特征、边界物质组成、洪峰特征值之间的关系，估算不同水沙组合洪峰条件下沙漠宽谷河道分粒级泥沙冲淤量和空间分布。结合现状和预期水利工程可控洪峰过程的水沙特征，应用CFD模型计算沙漠宽谷分段河道可控洪峰系列不同粒级泥沙的冲淤量，评估利用人造洪峰冲刷宁蒙河段泥沙的效应。

1.2.2　主要研究成果

本着洪水在河流的泥沙输移和沉积及河床尺度和形态的塑造中起着重要作用的认识，本课题组研究人员以大量的水沙观测数据、大断面实测数据和室内模型试验数据等为基础，通过资料分析和理论探讨，针对课题研究任务，系统地研究了宁蒙河段在人类活动和气候变化条件下河床泥沙冲淤和形态演化过程与机理，比较全面地认识了宁蒙河段河床演变规律。研究结果定量刻画了宁蒙河段洪峰水沙及其关系的变化特征；揭示了重点产沙支流十大孔兑产沙变化过程、机理和原因；验证了河床形态与组成、水动力分布、河床冲淤之间存在相互作用；揭示了过去几十年及近期内蒙古河段河槽蚀淤与形态调整的过程及机理；明晰了黄河内蒙古段60多年来冲淤过程的阶段性和原因。建立兰州—头道拐冲淤与黄河上游异源水沙搭配条件、黄河上游输沙功能指标变化与流域因子及河道水沙因子、分河段分粒径组分期洪峰输沙及河道淤积与水沙条件、平滩流量与径流条件关系等的统计模型，以及河床横断面形态调整模型、一维水沙动力学模型、2-D河流CFD动力学模型，以及河势定量表征指标体系。给出了达到冲淤平衡时的异源水沙搭配指标临界值和水沙临界条件，提出了有利于河道输沙、保障防洪安全、保持河势相对稳定的内蒙古河段平滩流量，计算得到可控洪峰宁蒙河段分粒径组冲刷量，为调控水沙整治河道提供了依据。以本课题的研究内容为基础，课题组共发表学术论文75篇，其中，被SCI索引论文26篇，被EI索引论文3篇，出版专著两部。完成了课题研究任务，实现了课题研究目标。

课题所取得的主要进展概括如下。

（1）由于上游干流大型水库对径流的调蓄和拦沙、宁蒙河段引水引沙、气候变化致上游径流泥沙变化、多沙支流来沙变化和河道冲淤调整的作用，宁蒙河段近60多年来水沙量和洪水频率呈明显的减小趋势，并且以1968年、1986年和2004年或2005年为突变点存在明显的阶段变化。自20世纪50年代以来，宁蒙河段洪水全沙和分组沙水沙关系发生了显著变化，但是泥沙输移规律没有发生显著改变。受泥沙来源、水沙传播速度及其他产水产沙因素的影响，水沙往往错峰，导致不同泥沙滞后环发生。

（2）研究发现在重点产沙支流十大孔兑，当径流来自包括砒砂岩地区在内的全流域时，由于风水两相作用和高含沙水流作用的强烈影响，产沙强度会大大提高。在降雨与沙尘暴频率东西向不同的变化趋势下，最大产沙模数出现在孔兑中部西柳沟附近。在人类活动变化情况下20世纪90年代以来，径流，特别是输沙量，显著减小。

（3）通过典型断面岸滩土物理和力学实验分析，发现内蒙古河道岸坡形态稳定，岸土透水性中等，在动荷载作用下，土体出现液化现象，多次冻融条件下，土的抗剪强度明显减弱，在大洪水作用下，岸坡容易被冲刷。利用试验和原型观测方法研究揭示了河床形态与组成、水动力分布、河床冲淤与形态调整之间的相互作用过程与机理，提出河床横断面形态调整模型。分析实测资料发现洪水过程中内蒙古辫状河段将发生侵蚀，弯曲河段和顺直河段将发生淤积。分析提出了孔兑来沙淤堵黄河干流的水沙临界条件。

（4）用大断面观测数据分析揭示了1962～2000年3个阶段河槽和滩地的冲淤速率和河槽过水面积的变化程度，发现河槽过水面积与汛期平均来沙系数呈负相关，与日流量大于1000m^3/s的平均流量呈正相关，但是滩槽淤积量与水沙条件关系复杂。发现近4年来水沙变化引起的内蒙古河道河槽冲淤以垂向为主，流量变化对内蒙古河段河槽冲淤及形态调整起着控制作用，河岸蚀退速率与淤进速率都与流量成正相关。分析水文站大断面连续观测资料发现河槽断面冲淤经历了3个阶段，20世纪80年代末以前和20世纪90年代末以后年内冲淤基本相抵，中间经历了一个持续淤积、断面面积不断减小的过程。利用1975~2011年多期遥感影像分析获得了宁蒙河段河道摆动速率、河道宽度和心滩数量变化过程，揭示出存在整体萎缩趋势。

（5）研究发现近几十年来宁蒙河段淤积主要集中在内蒙古河段。因黄河上游径流主要来源区兰州以上流域的水沙变化、水库拦沙和调蓄径流、引水引沙和支流来沙变化，20世纪50年代以来黄河内蒙古河段冲淤量以1961年、1987年和2003年为突变点，经历了从淤积、冲刷、淤积再到冲刷的过程。发现上游大型水库不仅对1962~1987年内蒙古河段冲刷有利，也减缓了1988~2003年的淤积强度，但是这些水库的减淤作用已逐渐消失。分析得出兰州—头道拐冲淤与黄河上游异源水沙搭配条件的关系和达到冲淤平衡时的异源水沙搭配指标临界值；给出黄河上游输沙功能指标变化与流域因子及河道水沙因子的关系，揭示了上游输沙功能衰减的原因。

（6）分析得到宁蒙河道洪水期河道冲淤与来沙系数的关系，给出冲淤平衡的临界来沙系数。分析得出未来有利于河道输沙和保障防洪安全的内蒙古河段平滩流量应在2000~2500m^3/s范围。分析发现当来水含沙量小于7kg/m^3，场次洪水过程中进口站平均流量大于2000m^3/s时，宁蒙河道细沙、中沙、粗沙可以达到冲刷状态；流量大于2500m^3/s时，特粗沙也能够冲刷，但是量值较小。提出河势定量表征指标体系，揭示了河势演变的时空特征及其与水沙条件的关系，得出河道平滩流量在2000~2200m^3/s时河势相对稳定。分析发现在2012年洪水过程中，河道的游荡特性未改变，过渡性和弯曲性河段裁弯明显、主流线趋直。

（7）估算了未来上游主要来水区洪峰发生的频率。建立了刘家峡水库坝下至头道拐分河段历史洪峰水沙经验关系模型，计算了不同洪峰水沙条件下宁蒙分河段不同粒径组泥沙的冲淤量和头道拐输沙量，发现刘家峡水库下泄流量在3000~4000m^3/s时，下河沿至头道拐间的河段将经历不同的冲淤变化，整个河段全悬沙平均冲刷量为921万~2770万t，但是粗砂冲刷量明显低于风沙来源的粗颗粒入黄泥沙量。一维数值模型模拟可控洪峰内蒙古河段的泥沙冲淤量也得出相近的结果。将悬移质输运模型、推移质运动及塌坡侵蚀模型与深度平均的水动力学模型耦合，建立了洪-床-岸相互作用2-D洪峰CFD动力学模型，模拟计算了2012年典型洪水巴彦高勒至包头河段床岸冲淤过程，发现整个河段以冲刷为主，但是冲淤幅度并不太大。

第 2 章　黄河宁蒙段洪水水沙过程

洪水在一条河流的泥沙输移和沉积，以及河床尺度和形态的塑造中起着重要作用。一定频率的洪水对应于河流的造床流量（Williams，1978；钱宁等，1987）。研究发现，大洪水可在短时间明显加宽河道，需要其后常流量长时间的改造缩窄（Friedman and Lee，2002），洪峰增大和洪峰频率增加可造成河床特征变化和处于长期的不稳定状态（Goudie，2006）。由于洪水过程的重要性，已有研究在不同河流上对洪水过程的变化及其原因开展了广泛探讨（Lammersena et al.，2002；Hoffmann et al.，2010；Benito et al.，2010；Tena et al.，2011；Fan et al.，2012）。本章针对黄河宁蒙段的洪水水沙变化特征、洪水流量含沙量关系、泥沙输移动态过程进行了分析研究。

2.1　黄河宁蒙段洪水水沙变化特征

近几十年来，水文观测资料显示黄河宁蒙河段的水沙条件发生了剧烈变化，引起了显著的河床冲淤调整，因此，许多学者对黄河内蒙古河段的水沙变化和河道冲淤等相关问题开展了多方面分析研究（王彦成等，1994；杨根生，2002；申冠卿等，2007；刘晓燕等，2009；师长兴，2010；王随继和范小黎，2010）。分析洪峰特征和水沙关系变化及其原因是掌握水沙条件变化情势的关键，对于进行水沙调节和河道整治十分重要。本节利用时间跨度为 60 多年的宁蒙河段水文资料针对这一问题进行了分析。

2.1.1　数据和方法

黄河水利委员会在宁蒙河段设置了 6 个水文站，包括下河沿、青铜峡、石嘴山、巴彦高勒、三湖河口、头道拐，进行了长期连续的水文观测。河段内还有一些省属水文站，如磴口、包头、昭君坟站，但缺测年份较多。此处，我们利用 1951 年以来黄河水利委员会在宁蒙河段所设置的 6 个水文站的日流量、含沙量、月均泥沙颗粒组成数据，统计了各站每年日流量大于 1000m^3/s 的天数、径流量和输沙量，每年汛期 7 ~ 10 月平均流量和输沙率，以及每年洪峰平均流量和输沙率。分析了宁蒙河段洪水水沙特征值的变化趋势、阶段性，以及洪峰流量和输沙分布特征。

为统计洪峰水沙特征值，我们根据水沙过程进行了洪峰划分。具体方法是利用头道拐站日流量和含沙量数据，由日流量序列，将峰谷流量差 250m^3/s 以上或洪峰日平均含沙量是其他日含沙量两倍以上的流量序列作为一个洪峰过程，从头道拐站逐年提取洪峰，然后，按各水文站与头道拐水文站日流量最大相关系数，确定洪峰的传播时间，向上划分出各水文站对应的洪峰。计算了头道拐站最大日流量大于 1000m^3/s 的每场洪峰的水量、平均流量和洪峰的输沙量，以此作为统计洪峰特征值的基础。

2.1.2 洪水水沙变化趋势

统计 6 个水文站 1951～2013 年每年日流量大于 1000m³/s 的天数、径流量和输沙量，汛期 7～10 月平均流量和输沙率，以及洪峰平均流量和输沙率。点绘其中下河沿站、巴彦高勒站和头道拐站各水沙特征值的年变化序列，如图 2.1～图 2.3。从图中可以看出除下河沿站大于 1000m³/s 的天数外，各流量和输沙率特征值都表现出明显的下降趋势。利用 Mann-Kendall 检验方法（Mann，1945；Kendall，1975），得出各站的 Mann-Kendall 统计量 Z 都小于-3.33，可信度都在 99% 以上（表 2.1）。只有下河沿站大于 1000m³/s 的天数趋势的显著水平达不到 0.05。

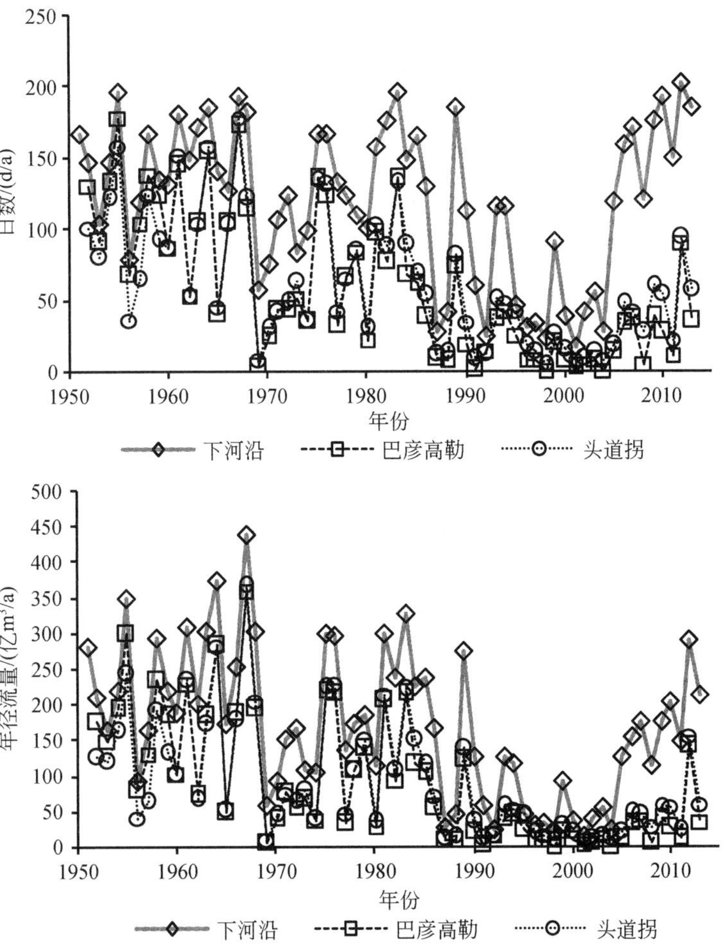

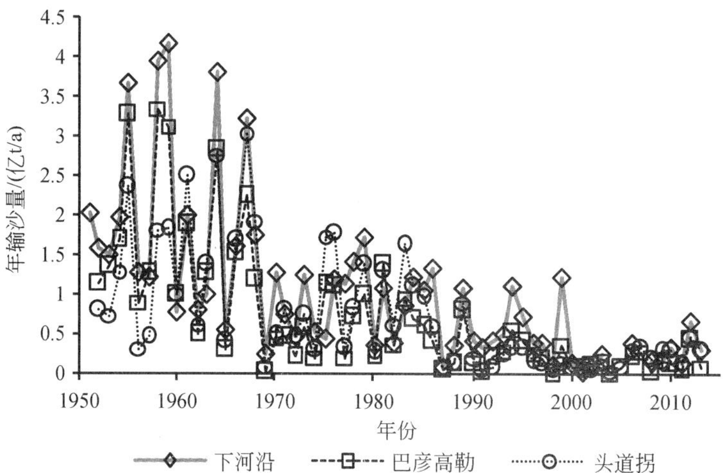

图 2.1　下河沿、巴彦高勒、头道拐水文站年日流量大于 1000m³/s 的天数、年径流量和年输沙量变化过程

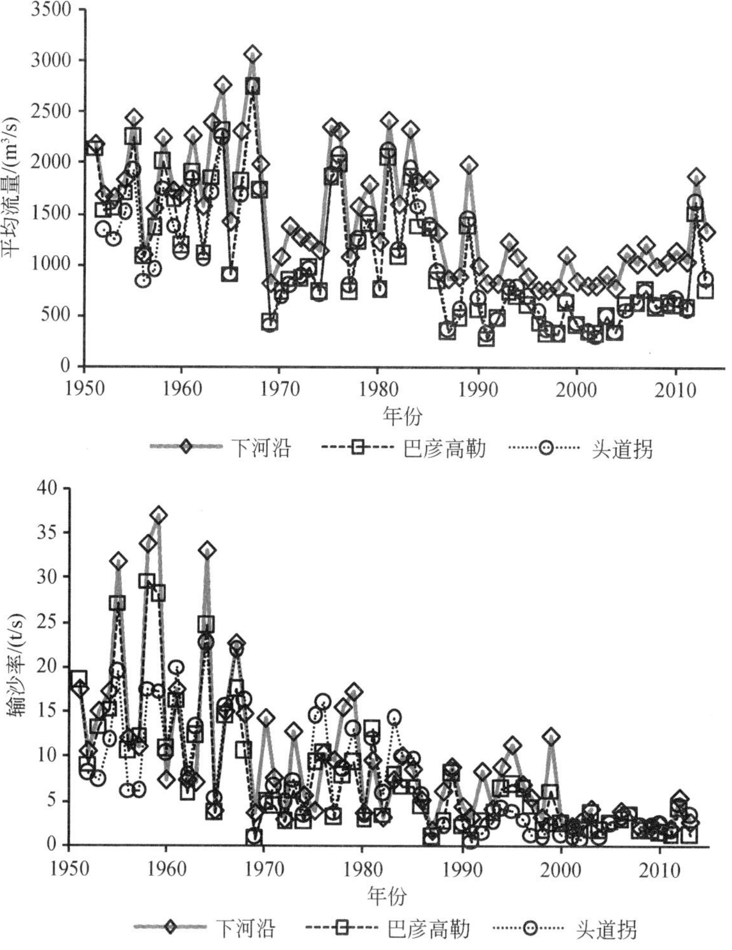

图 2.2　下河沿、巴彦高勒、头道拐水文站汛期（7～10 月）平均流量和输沙率变化过程

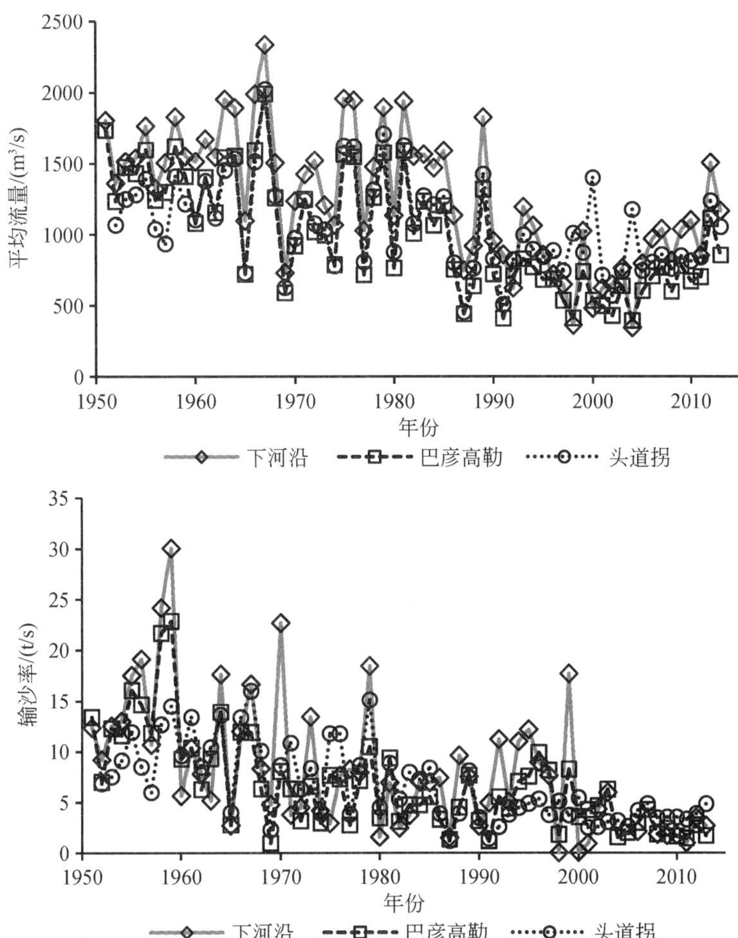

图 2.3　下河沿、巴彦高勒、头道拐水文站洪峰平均流量和输沙率变化过程

表 2.1　大流量和汛期水沙特征值变化趋势检验 Mann-Kendall Z 值

水文站	>1000m³/s			汛期	
	天数	径流量	输沙量	平均流量	输沙率
头道拐	-4.13	-4.13	-5.08	-4.62	-5.50
三湖河口	-4.25	-4.37	-5.15	-4.56	-5.22
巴彦高勒	-5.49	-5.37	-6.21	-5.35	-6.22
石嘴山	-3.60	-3.99	-5.22	-4.62	-5.26
青铜峡	-4.95	-5.07	-5.60	-5.03	-4.56
下河沿	-1.59	-3.33	-6.05	-4.45	-5.64

2.1.3　水沙变化的阶段性

为了分析河段洪峰水沙变化的阶段特征，我们对上述日流量>1000m³/s 和汛期的水沙特征值序列进行了突变检验。图 2.4 是头道拐站日流量>1000m³/s 的年日数、径流量和输沙量的滑动秩和检验 U 统计量（Yue and Wang，2002）随序列分割点的变化。可见在 0.01 显著水平上，三个序列在 1986 年和 2005 年都存在两个明显的突变点；日数和输沙量在 1968 年也存在 0.05 显著水平上的突变，但径流量在此显著水平上不存在突变点。图 2.5是汛期平均流量和输沙率的滑动秩和检验计算结果，其中，平均流量在 1986 年和 2005 年存在显著的突变点，而输沙率显著的突变发生在 1968 年和 1986 年。类似地，我们对所用其他 5 站进行了突变点检验，结果见表 2.2。可见，除汛期平均输沙率突变点各站之间有较大不同，以及青铜峡和下河沿站日流量>1000m³/s 的输沙量特别外，其他水沙特征值序列的突变点时间比较一致。即 1968 年、1986 年和 2004 年或 2005 年。同样利用 Pettitt 检验方法（Pettitt，1979）对上述水沙特征值序列进行突变点识别。结果从绝大多数序列中识别出了 1986 年（少部分为 1985 年）的突变点，部分 1968 年的突变点（表 2.3）。

由此以突变点将河段水沙变化划分为四个阶段，即 1951 ~ 1968 年、1969 ~ 1986 年、1987 ~ 2004 年和 2005 ~ 2013 年。

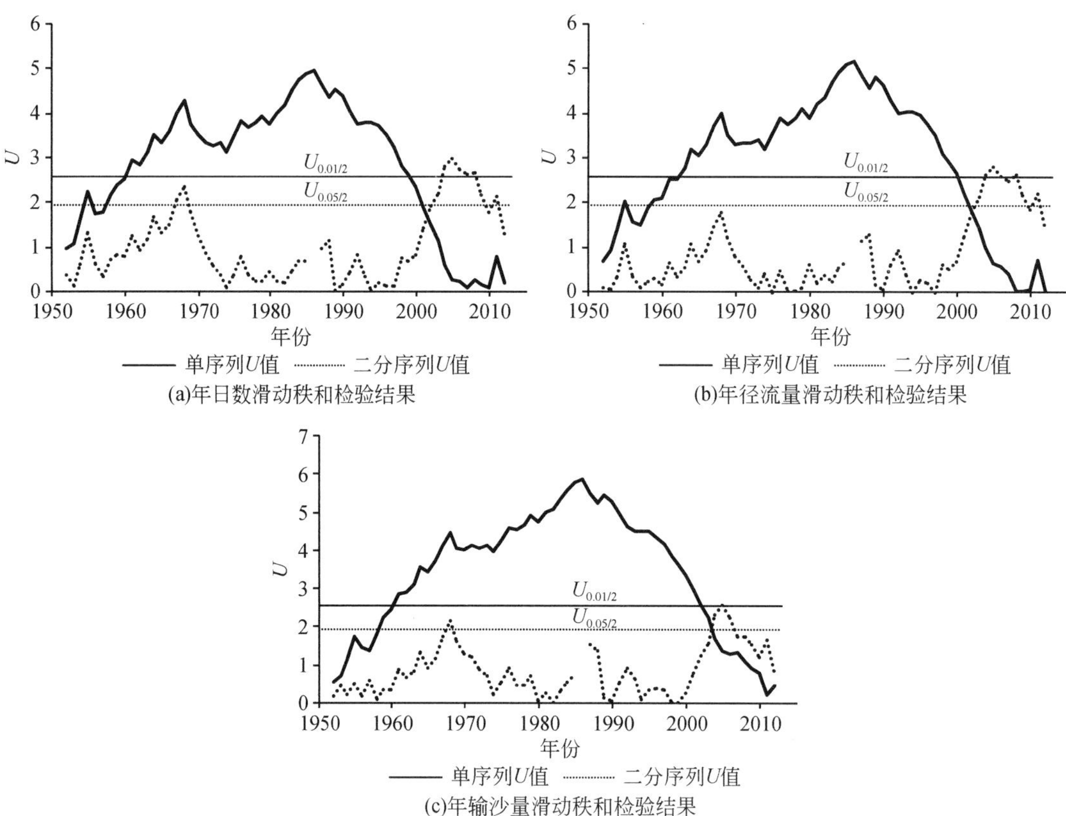

图 2.4　头道拐站日流量>1000m³/s 的年日数、径流量、输沙量滑动秩和检验结果

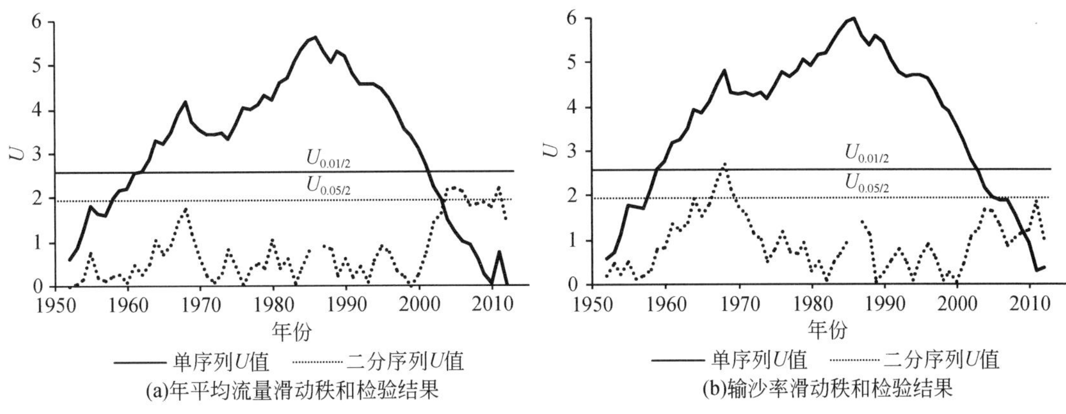

(a)年平均流量滑动秩和检验结果

(b)输沙率滑动秩和检验结果

图 2.5　头道拐站汛期年平均流量和输沙率滑动秩和检验结果

表 2.2　日流量>1000m³/s 和汛期的水沙特征值序列滑动秩和检验的突变点

项目	特征值	头道拐	三湖河口	巴彦高勒	石嘴山	青铜峡	下河沿
>1000m³/s	天数	1968*	1968*	1968	1968*	1968[a]	
		1986[a]	1986[a]	1985[a]	1986[a]	1986	1986[a]
		2005	2005		2004	2004[b]	2005[a]
	径流量			1968	1968*	1968	1968*
		1986[a]	1986[a]	1986[a]	1986[a]	1986[a]	1986[a]
		2005	2005	2005*	2004	2004	2004
	输沙量	1968*	1968	1968	1968[a]	1967[a]	1968
		1986[a]	1986[a]	1986[a]	1986	1986	1986[a]
		2005	2005*				1999*
汛期	平均流量			1968		1968	1968*
		1986[a]	1986[a]	1986[a]	1986[a]	1986[a]	1986[a]
		2005*	2005*	2004	2004*	2004	2004
	输沙率	1968	1968	1968[a]	1968[a]	1964[a]	1959*
		1986[a]	1986[a]				1979[a]
				1997	1999	2006	1999

a 为一级突变点，b 为三级突变点，其他为二级突变点。

* 显著水平为 0.05，其他显著水平为 0.01。

表 2.3　日流量>1000m³/s 和汛期的水沙特征值序列 Pettitt 检验的突变点

项目	特征值	头道拐	三湖河口	巴彦高勒	石嘴山	青铜峡	下河沿
>1000m³/s	天数	1986[a]	1986[a]	1968 * 1985[a]	1986[a]	1968 1985[a]	1986 * [a] 2004
	径流量	1986[a]	1986[a]	1986[a]	1986[a]	1968 1985[a]	1986[a] 2004 *
	输沙量	1986[a]	1968 * 1986[a]	1968 1986[a]	1968 1986[a]	1964 1986[a]	1968 1986[a]
汛期	平均流量	1986[a]	1986[a]	1968 * 1985[a]	1986[a]	1968 1986[a] 2004 *	1986[a] 2004 *
	输沙率	1986[a]	1968 1986[a]	1968 1985[a]	1968[a] 1997 *	1968[a]	1979[a] 1999

a 为一级突变点，其他为二级突变点。

* 显著水平为 0.05；其他的显著水平为 0.01。

2.1.4　不同阶段洪水水沙平均值变化

将 1951 ~ 2013 年日流量大于 1000m³/s、每年汛期 7 ~ 10 月，以及洪峰径流量和输沙量按四个阶段计算平均值，如图 2.6 所示。以头道拐为例，日流量大于 1000m³/s 的径流量从 1951 ~ 1968 年的 161 亿 m³/a，降低到 1969 ~ 1986 年的 110 亿 m³/a，1987 ~ 2004 年的 29 亿 m³/a，至 2005 ~ 2013 年又提高到 55 亿 m³/a。相比而言，日流量大于 1000m³/s 的径流所输送的泥沙量变化更为明显，从第一阶段的 1.47 亿 t/a，降低到第二阶段的 0.85 亿 t/a，再降至第三阶段的 0.17 亿 t/a，在第四阶段又上升至 0.27 亿 t/a。其他各站也呈现了同样的阶段变化过程，只有下河沿至巴彦高勒站的输沙量在第四阶段持续了之前的降低趋势。

汛期流量及输沙率也存在阶段变化，但相对日流量大于 1000m³/s 的洪水，不同阶段流量差别较小，而不同阶段输沙率仍然差别较大。从第一个阶段到第四个阶段汛期流量和输沙率的变化方向也与日流量大于 1000m³/s 的洪水径流量和输沙量变化方向一致（图 2.7）。

最大日流量大于 1000m³/s 的洪峰径流量及输沙量阶段变化方向与日流量大于 1000m³/s 的洪水径流量及输沙量基本相同（图 2.8），但是由于洪峰中包含了日流量小于 1000m³/s 的径流，所以洪峰径流量相对较大。

从三种洪水流量和输沙过程的沿程变化看，径流基本上呈沿程减小或无趋势的变化，

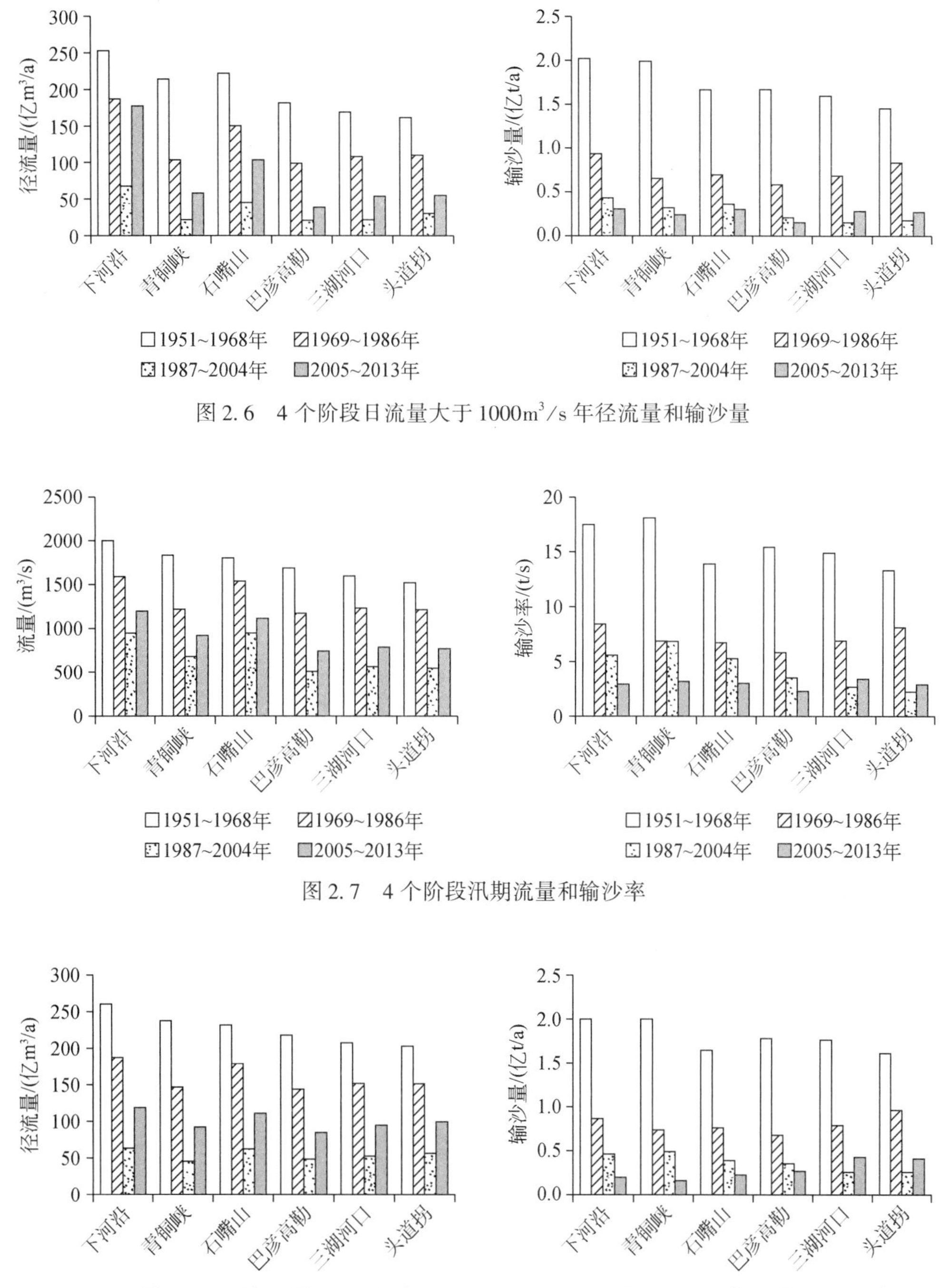

图 2.6　4 个阶段日流量大于 1000m³/s 年径流量和输沙量

图 2.7　4 个阶段汛期流量和输沙率

图 2.8　4 个阶段洪峰年径流量和输沙量

输沙在第一个阶段和第三个阶段呈沿程减小的趋势，但第二个阶段从上游向下游逐渐降低，至巴彦高勒站最低，再向下游又逐渐抬高，第四个阶段呈沿程增加的趋势。

2.1.5　洪峰流量及输沙分布特征

随着洪峰径流量的减小，宁蒙河段洪峰日平均流量的分布也发生了变化。以 500m³/s 间隔统计洪峰平均流量的分布频率，如图 2.9 所示。可见，6 个水文站的一个共同特点是，1952～1968 年和 1969～1986 年，超过 1500m³/s 流量出现频率较高，频率曲线峰度较低，而且以其前一阶段 1500～3000m³/s 流量出现频率更高，频率曲线峰度最低。不同的是，1952～1968 年和 1969～1986 年，下河沿站发生频率最高的流量级为 1000～1500m³/s，1987～2004 年降到了 500～1000m³/s，2005～2013 年又提高到了 1000～1500m³/s；石嘴山站中间两个时期发生频率最高的流量级都为 500～1000m³/s，而前后两个时期为 1000～1500m³/s；其他各站四个时期发生频率最高的流量级都为 500～1000m³/s，而且近两期的流量级频率分布曲线形态比较接近，并有后期频率曲线向大流量级方向的少量平移。

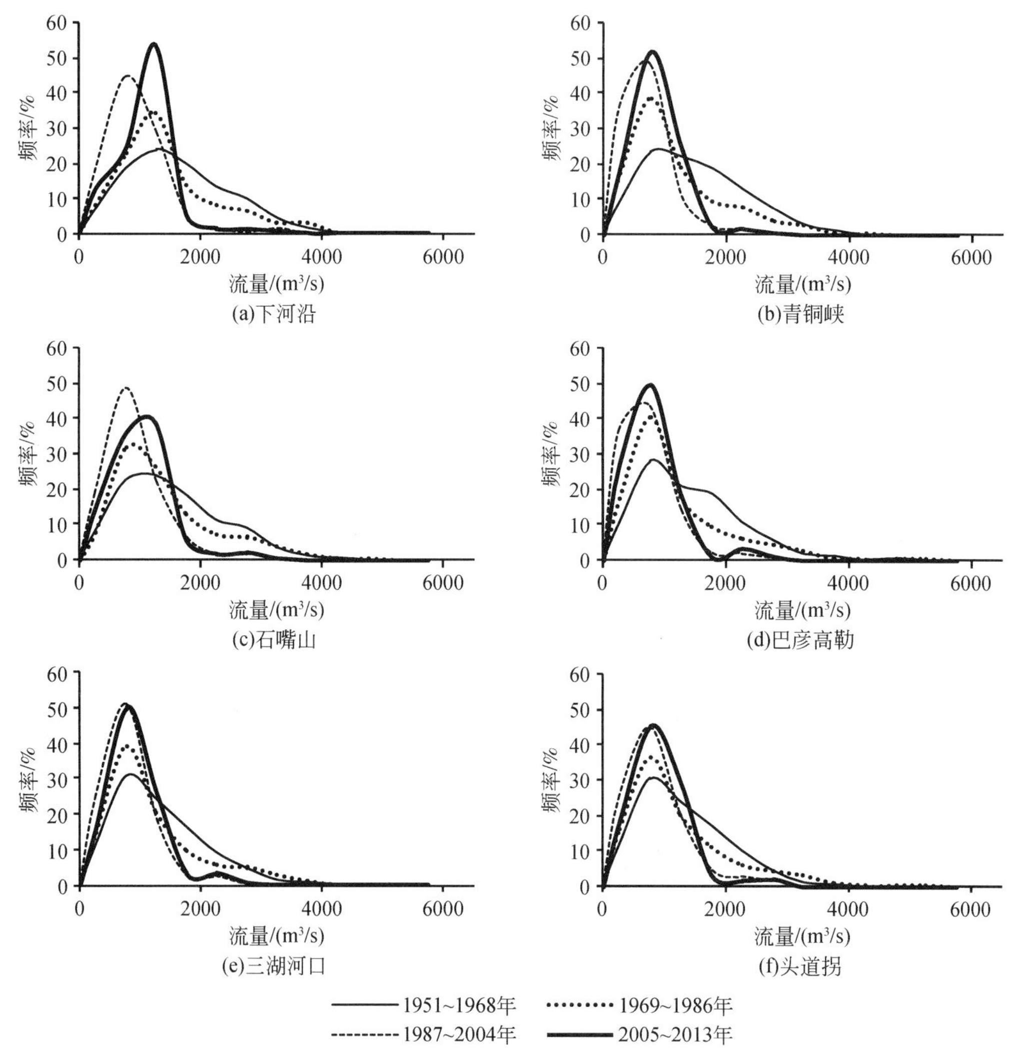

图 2.9　宁蒙河段 6 个水文站 4 个阶段洪峰日平均流量频率

流量发生频率与输沙率的乘积反映了不同流量搬运泥沙量的相对多少或其在河床塑造中所起作用的大小，被称为地貌功，其中的最大值所对应的流量可作为造床流量（钱宁等，1987）。如图2.10所示，1951～1968年，各站流量大于1500m³/s的地貌功曲线明显高于其他阶段，峰值对应流量处于1500～3000m³/s；1969～1986年，流量大于1500m³/s的地貌功曲线明显低于前一阶段，但仍高于其后两个阶段，整个曲线显得矮胖，即较宽范围内的流量（500～3500m³/s）对河床塑造影响都比较大；1987～2004年，各站地貌功曲线明显变窄，峰值对应的流量青铜峡站为1500～2000m³/s，三湖河口为500～1000m³/s，其他都为1000～1500m³/s，从上游至下游曲线峰值逐渐降低。2005～2013年，各站地貌功曲线峰值对应的流量与前一时期基本一致，但从上游至下游，峰值高度大致表现出逐渐增加的趋势，在头道拐站峰高超过前一阶段。

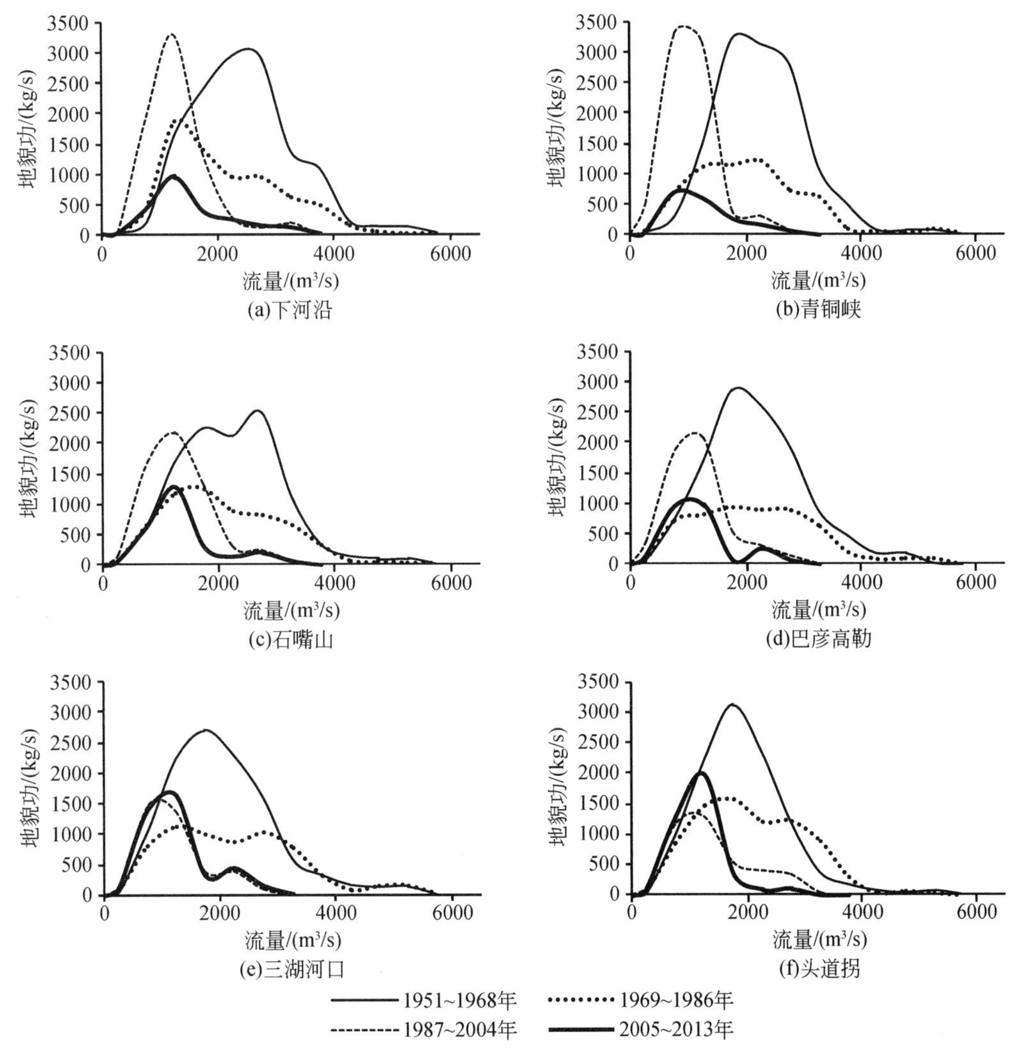

图2.10　不同时段各水文站洪峰不同流量级（500m³/s间隔）发生频率与输沙率的乘积变化图

2.1.6 水沙变化原因

以上我们对宁蒙河段沿程各站大流量水沙变化过程进行了分析，结果揭示，各站水沙序列具有明显的下降趋势，并存在三个突变点，按三个突变点划分出的四个阶段水沙特征值存在明显的差异。这些水沙变化特征的产生有着多方面的原因。概括起来，主要包括上游干流大型水库对径流的调蓄和拦沙、宁蒙河段引水引沙、气候变化致上游径流泥沙变化、多沙支流来沙变化和河道泥沙冲淤调整的作用。下面以汛期径流和泥沙变化为例说明各因素对宁蒙段洪水水沙的影响。

1. 1968 年前后水沙变化原因

宁蒙河段汛期径流泥沙序列第一个突变发生于 1968 年，后一时期相比于前一时段，各水文站汛期平均径流量降低了 28 亿 ~65 亿 m^3/a，占前一时期平均流量的 15% ~33%，输沙量降低了 0.56 亿 ~1.19 亿 t/a，占前一时期输沙量的 40% ~62%。发生这一变化的主要原因之一是上游大型水库的调蓄作用。建于兰州上游的刘家峡水库于 1968 年下闸蓄水。刘家峡为年调节水库，1969 ~1986 年汛期（7 ~10 月）平均蓄水 28 亿 m^3/a，非汛期平均泄水 26 亿 m^3/a。其中，汛期蓄水量是 6 个水文站前后两个时期汛期平均径流量减少量的 43% ~99%，即前后两个时期汛期水量减少的一半以上是由刘家峡水库汛期蓄水所致。其次，汛期上游流域来水量的变化对 1969 ~1986 年汛期流量的减小也有一定作用。兰州以上流域是上游径流的来源区，兰州汛期径流量加上刘家峡水库汛期拦蓄量，大致代表无水库调节下上游汛期来水量，其变化更多地反映了气候变化的结果。统计结果显示，1969 ~1986年相对于 1951 ~1968 年，汛期上游流域产水量年均减少 12 亿 m^3/a，相当于 6 个水文站前后两个时期汛期平均径流量减少量的 19% ~42%。1968 ~1986 年宁蒙段夏汛期间引水量比 1968 年以前还略有减少，因此，对夏汛洪峰特征的阶段变化影响不大。可见，主要是刘家峡水库汛期蓄水和上游来水减少导致了 1968 年前后汛期径流量的变化。

前后两个时期汛期输沙率变化的主要原因与主要产沙支流来沙减少和水库拦沙有关。刘家峡水库蓄水运用后至 2005 年的 37 年间共淤积泥沙 16.32 亿 m^3（郭家麟，2011）。另外，建于宁夏黄河上的青铜峡水库于 1967 年下闸蓄水。该水库正常蓄水位设计库容为 6.06 亿 m^3，投入运用后的头 5 年因泥沙淤积，损失了 87% 库容（李天全，1998）。两水库 1969 ~1986 年年均拦沙比 1968 年以前盐锅峡和青铜峡年均拦沙量提高了约 0.65 亿 t/a。上游兰州以下主要产沙支流包括祖厉河、清水河、苦水河和十大孔兑，其中，十大孔兑在 1968 年前后两个时段平均产沙量差别不大，但前三条支流来沙量后一时期减少了约 0.44 亿 t/a。水库拦沙增量和支流减沙量相当于 6 个水文站 1968 年前后两个时期年输沙量减少量的86% ~165%，即在一些水文站水库拦沙增量和支流减沙量超过了 1968 年前后两个时期年输沙量减少量。其中的一个原因是，1969 ~1986 年兰州至头道拐段发生了冲刷，来水挟沙从河道得到了补充，根据 Shi（2015）的统计计算结果，1969 ~1986 年兰州至头道拐段年均冲刷量为 0.28 亿 t/a。考虑到黄河上游输沙主要发生于汛期，所以前后两个时期汛期平均输沙率的变化主要与水库拦沙和支流减沙有关。

2. 1986 年前后水沙变化原因

1986 年之后宁蒙河段汛期平均流量和输沙量进一步明显减少，各水文站 1987 ~ 2004 年比 1969 ~ 1986 年汛期年均径流量降低了 59 亿 ~ 71 亿 m^3/a，占前一时期汛期年均径流量的 41% ~57%，输沙量降低了 0.0026 亿 ~0.63 亿 t/a，占前一时期输沙量的 0.36% ~73%。可见，前后两个时期汛期径流变化幅度比 1968 年前后两个阶段还要大，但输沙变化幅度相对较低。这一变化与上游流域汛期产水量变化和干流上大型水库调蓄有关。龙羊峡设计库容为 247 亿 m^3，1986 年 10 月 15 日下闸蓄水，是一座多年调节水库，水库运用以来更大程度地改变了上游洪峰水沙过程。龙羊峡和刘家峡两水库汛期蓄水量从 1969 ~ 1986 年的 28 亿 m^3/a 进一步增加到 1987 ~ 2004 年的 43 亿 m^3/a，其增加量相当于 6 个水文站前后两个时期汛期平均流量减少量的 21% ~25%。对宁蒙河段汛期径流量减少作用更大的是上游流域汛期产水量的减少。同样将兰州汛期径流量加上龙羊峡和刘家峡两库汛期拦蓄量，并统计两个时段平均值之差，得到 1987 年以后比 1986 年以前汛期径流量减少了 48 亿 m^3/a，其相当于 6 个水文站前后两个时期汛期平均径流量减少量的 68% ~81%，即流域汛期来水减少几乎占这一时期汛期径流量减少量的约 3/4。可见，上游流域汛期产水量减少和干流上大型水库拦蓄径流是导致宁蒙河段 1986 年前后汛期径流减少的原因，其中，兰州以上流域因气候变化及其他人类活动减水作用是造成内蒙古段黄河汛期洪峰流量显著减小及造床流量衰减的主要原因。

1986 年以后一个时期输沙量进一步减小，由于水库拦沙量不仅没有增加，还比前一阶段减少了 0.26 亿 t/a，多沙支流产沙也增加了 0.26 亿 t/a，所以这两个因素对这一时期宁蒙河段输沙量的减少起了相反的作用。另外，两个影响输沙量的因素包括引水引沙和兰州以上流域来沙，但这一阶段相比前一阶段引水多引了 0.1 亿 t/a 泥沙，兰州以上流域来沙减少了 0.13 亿 t/a。可见这一阶段导致输沙量进一步减小的原因不是宁蒙河段泥沙输入与输出大小变化，只能是河道的泥沙冲淤。经兰州至头道拐泥沙平衡计算，1987 ~2004 年河段年均泥沙淤积量达 0.714 亿 t/a，而 1969 ~1986 年年均泥沙冲刷量约为 0.285 亿 t/a，两者相差约 1.0 亿 t/a。由于泥沙基本呈沿程淤积，所以 1986 年前后阶段汛期泥沙的减少量在宁蒙段向下游呈增加的趋势，从青铜峡的 0.0026 亿 t/a，逐渐提高到头道拐的 0.63 亿 t/a。在下河沿至巴彦高勒站间，因为 1986 年前后阶段汛期泥沙的减少量小，所以 1986 年突变点在汛期输沙序列上不显著（表 2.2）。

3. 2004 年前后水沙变化原因

与之前三个阶段洪水水沙呈现逐渐减少的趋势不同，2005 年以后宁蒙河段流量和输沙量比之前一个阶段有所增加。各水文站 2005 年以后比 1986 ~2004 年汛期年均径流量增加了 23 亿 ~27 亿 m^3/a，占前一时期汛期年均径流量的 26% ~46%，输沙量有增有减，三湖河口和头道拐分别在汛期增加了 0.084 亿 t/a 和 0.068 亿 t/a，为前一时期汛期输沙量的约 30% 和 29%，其他四站降低了 0.14 亿 ~0.39 亿 t/a，占前一时期汛期输沙量的 37% ~54%。对比 2004 年前后两个时期兰州站汛期径流量，显示 2004 年以后增加了 28 亿 m^3/a，其中，无水库蓄水情况下，更是增加了约 42 亿 m^3/a，所以 2005 年之后一个阶段汛期水量增加基本上是由上游流域来水增加所导致的。至于这一阶段巴彦高勒至下河沿四站所在的内蒙古河段上段和宁夏河段输沙量的减少，以及巴彦高勒至头道拐段输沙量增加，与多沙支流祖厉河、清水河及苦水河的减沙，宁蒙段引沙量减少，以及这一阶段宁蒙段河道又从之前的强烈淤积状态转变为微弱冲刷有很大关系。2005 年以后相比前一时期，祖厉河、清水河及苦水河，年输沙量平均减少约 0.59 亿 t/a，兰州站此期比前一阶段来沙减少了 0.23 亿 t/a。两者比下河沿至巴彦高勒站汛期减沙量高一倍多，说明两者是下河沿至巴彦高勒河段此期减沙的主要原因。另一方面，本期引水引沙量比前一时期减少了约 0.21 亿 t/a。此外，由三湖河口同流量水位逐渐降低可以看出，在流量增加的情况下，宁蒙河段发生冲刷，至内蒙古河段下段，输沙量因河道泥沙侵蚀而升高。引沙减少和河道由淤积转侵蚀，使得三湖河口以下输沙量比前期还大。不过，可能由于来沙减少，而引水引沙量相对减少和流量增加造成泥沙冲刷又增加了河流的输沙量，导致宁蒙段输沙过程变化复杂，洪水输沙序列在 2004 年突变不显著。

4. 洪水流量和输沙分布特征沿程变化的原因

上述分析揭示出的分阶段汛期水沙变化原因也是 6 个水文站洪峰流量级分布频率曲线和流量级频率与输沙率乘积曲线阶段变化的主要原因，不必再多加探讨。这里要说明的是，洪峰流量级分布频率和流量级频率与输沙率乘积曲线的沿程变化的原因。很明显，导致宁蒙河段沿程水沙变化的因素主要包括引水引沙和河道的冲淤。就洪峰流量级分布频率来说，由于下河沿站受引水作用影响小，石嘴山站因青铜峡至石嘴山间引水退水的作用，导致两个水文站在一些阶段发生频率最高的流量级比其他站高。至于流量级频率与输沙率乘积曲线沿程差异应该更多地反映了宁蒙河段冲淤状态，1987 ~2004 年，上游至下游曲线的峰高逐渐降低，与这一时期宁蒙河道处于强烈淤积状态，向下游方向同流量输沙量降低有关；而 2004 ~2013 年，情况正好相反。另外，宁蒙区间多沙支流，包括清水河、苦水河和十大孔兑，对不同流量级输沙量可能也有影响，但在流量级频率与输沙率乘积曲线分阶段沿程变化上表现不明显。

2.2 黄河宁蒙段洪水流量-含沙量关系

含沙量是最重要的河流特征变量之一，是河流输沙特性和径流特性的综合反映。河流的悬移质含沙量及其变化决定了河流的冲淤特性及其变化，从而决定了冲积河流的河床演变行为（许炯心和孙季，2008）。江河挟运泥沙本是一种客观自然行为，然而人类活动对流域内自然生态环境和河流本身的干预日益加深，导致水土流失加剧，进入河道的沙量增多，或因水库的修建，导致库下游河流水沙条件的变化，打破了河流原来的平衡。在世界范围内，许多学者研究了人类活动，尤其是大坝的修建对河流含沙量的影响（Carriquiry et al.，2001；Batalla et al.，2004；Le et al.，2007；Wang et al.，2007；Ran et al.，2010）。本节主要通过建立黄河宁蒙段流量与沙量之间的水沙关系曲线，分析水沙关系曲线系数指数之间的关系及影响因素，并初步探讨水沙关系曲线时空变化的特点及原因。

2.2.1　水沙关系模型

水沙关系模型表示为河流某一站点的流量和悬移质含沙量之间的关系。通常，这个曲线以两种形式出现，最常用的一种是以幂函数的形式表达（Walling，1974，1978），方程表现为

$$C = aQ^b \tag{2.1}$$

式中，Q 为流量（m^3/s）；C 为悬移质含沙量（kg/m^3）；a 为方程的系数；b 为指数。上式又可以表达为线性形式：

$$\log C = \log a + b\log Q \tag{2.2}$$

Asselman（2000）认为水沙关系模型是一种黑箱模型，其回归系数 a 和 b 没有实质的物理意义。但是，Peters-Kummerly（1973）与 Morgan（1995）认为系数 a 代表了侵蚀的严重程度，a 值越大表明可侵蚀搬运的堆积物就越多，指数 b 代表河流的侵蚀能力，b 值大代表河流的侵蚀能力强，从而随着流量的增加，河流的悬移质含沙量急剧增大。许多学者研究发现系数 a 和指数 b 与河道横断面形态、河道比降、河流能耗率、流域的可侵蚀性等之间存在关系（Syvitski et al.，2000；Morehead et al.，2003；Yang et al.，2007；Wang et al.，2008；Hu et al.，2011）。水沙关系模型并非单一的一种形式，Horowitz（2003，2008）分别运用直线、二项式曲线、三项式曲线来分别模拟取对数后的流量与含沙量关系。最后发现，用二项式曲线来模拟 Broad River，用三项式曲线来模拟 Oconee River，效果较直线要好，并且用多项式曲线推求的含沙量值与实测值最为接近。

2.2.2　数据收集及预处理

采用的数据是 1952～2013 年黄河宁蒙段下河沿、青铜峡、石嘴山、巴彦高勒、三湖河口、头道拐 6 个水文站点的日平均流量及日平均含沙量数据。同样按 2.1 节方法，提取了洪峰，并保留场次洪水最大日平均流量超过 1000m^3/s 的洪峰。

根据 2.1 节划分的洪水水沙阶段，将 1952～2013 年的数据分成四个时期来研究，即 1952～1968 年，1968～1986 年，1987～2004 年和 2005～2013 年。然后汇总 6 个站点每个站点每个时期洪水过程中（从涨洪开始到落洪止）的日平均流量及对应的日平均含沙量。对流量按照从小到大的顺序排列，并按 100m^3/s 为单位对流量进行分级，然后分别求出各级流量的平均值及相应的含沙量的平均值。

黄河宁蒙段河道的流量及含沙量变化范围广，小流量在一年内出现的概率大，大流量在一年内出现的概率小。如果用通常的方法去建立水沙关系曲线，水沙关系曲线将受小流量的影响大，从而误差也大。用对流量进行分级求平均值的方法，能有效地避免因上述原因出现的误差，同时不影响数据内在的回归关系（Walling and Webb，1982；Jansson，1985，1996）。本书用这种方法，虽然大流量时，每一点的权重有所增大，但整体来说，提高了相关分析的准确性。

2.2.3　洪峰流量-含沙量关系

利用各级流量平均值及其含沙量平均值，按照上述划分的两个时期，在坐标系中点绘各个站点经过数据处理后的流量及相应的含沙量，建立了四个阶段的流量含沙量关系。我们曾尝试用三种方法来建立水沙关系曲线，即通用的幂函数曲线，幂函数曲线加上一个修正系数和多项式回归方程。通过对比发现，在流量较大的时候，前两种曲线估计的含沙量值较实际值偏大，而在中等大小的流量范围内，幂函数曲线估计的含沙量较实际值偏小。用前两种方法误差较大的原因是，宁蒙段河道的含沙量并不是一味地随着流量的增加而增大，幂函数曲线只能较好地模拟通过某一断面的含沙量随着流量的增加而增加的现象。

从图 2.11 中可以看出，三项式曲线能很好地拟合宁蒙河段洪水期的流量-含沙量关系。三项式曲线代表宁蒙河段含沙量随着流量的增大而增大，当流量增大到一定程度后，含沙量随着流量的增加反而减小。这与世界上很多河流不同，并非单一的含沙量随着流量的增加而增加。而且，不同阶段和不同站点流量与含沙量关系曲线存在明显的不同。其一，第一阶段（1952～1968 年）和第二阶段（1969～1986 年）都具有较宽的流量变化范围，但同等流量下的含沙量，第二阶段要小于第一阶段。第三阶段和第四阶段最大流量不足 $4000\text{m}^3/\text{s}$，甚至小于 $4000\text{m}^3/\text{s}$。在 $<2000\text{m}^3/\text{s}$ 范围内，第三阶段含沙量比前两期还高，第四阶段除巴彦高勒以下三站在 1000～$2000\text{m}^3/\text{s}$ 以下比前期略高外，大流量的含沙量都较低。其二，在 1969 年前，三湖河口站以上五站含沙量峰值对应的流量略大于 $3000\text{m}^3/\text{s}$，头道拐站含沙量的峰值接近 $2000\text{m}^3/\text{s}$。第二个时间段（1969～1986 年），含沙量峰值对应的流量在下河沿至石嘴山三站介于 2000～$3000\text{m}^3/\text{s}$ 之间，巴彦高勒以下三站的含沙量峰值对应的流量提高到了 3000～$4000\text{m}^3/\text{s}$。1987～2004 年，各站含沙量峰值对应的流量都降低到了 1500～$2000\text{m}^3/\text{s}$。其中，头道拐站含沙量峰值因 1997 年 3 月 19 日 $2850\text{m}^3/\text{s}$ 流量下含沙量高，而提高了含沙量峰值对应流量的位置，但仍能看出其在 $2000\text{m}^3/\text{s}$ 流量时存在含沙量峰值。2005 年以后，除下河沿站含沙量峰值对应的流量可达约 $2500\text{m}^3/\text{s}$ 外，其他五站含沙量峰值对应的流量仍都在 1500～$2000\text{m}^3/\text{s}$。另外，还可以看到，除在 1500～$4000\text{m}^3/\text{s}$ 存在一个含沙量峰值外，在更大的流量范围内还出现了一个谷底，流量进一步增加，含沙量又随之提高，这在巴彦高勒以上四站第一阶段和第二阶段，以及三湖河口第一阶段的流量与含沙量关系曲线上比较明显。

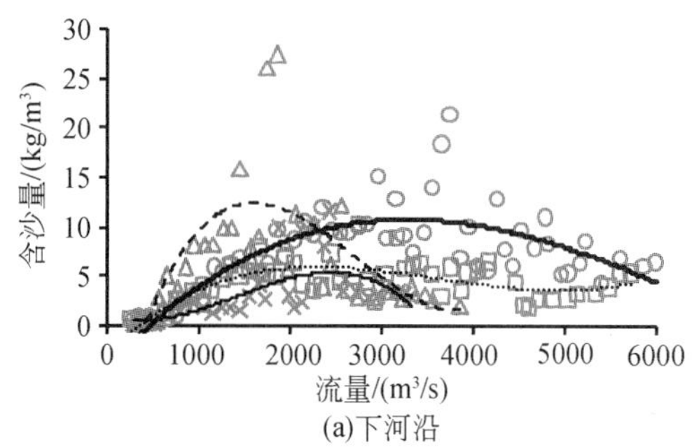

(a)下河沿

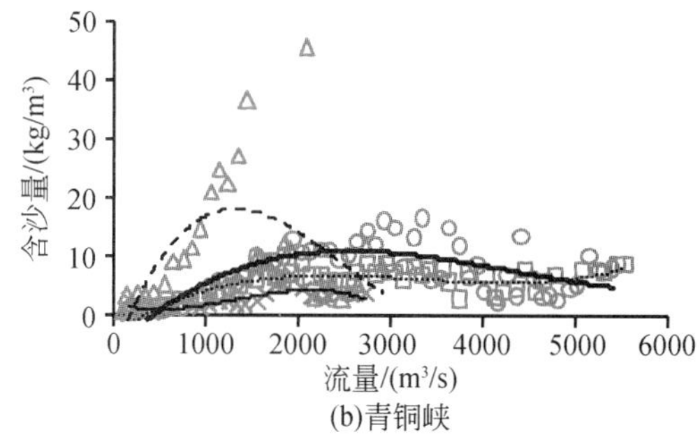

(b)青铜峡

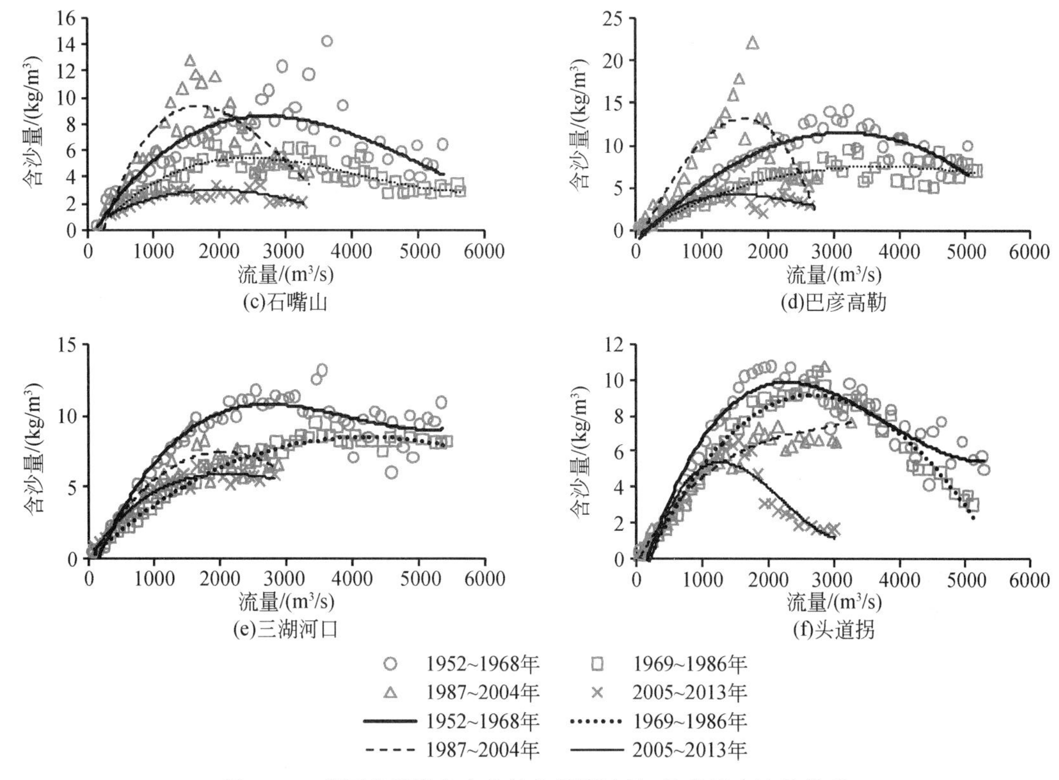

图 2.11　黄河宁蒙段各水文站点汛期流量-悬移质含沙量关系

2.2.4　中小洪水下流量-含沙量关系

1. 全沙水沙关系

从图2.11中可以看出，第一阶段和第二阶段含沙量在流量为3000m³/s左右时达到最大。在流量达到3000m³/s以前，含沙量随着流量的增加而增加。在黄河上游中小洪水（Q<3000m³/s）发生的次数远大于大洪水（Q>3000m³/s）。以头道拐水文站为例，在最大日平均流量大于1000m³/s的洪峰中，1952～1968年日平均流量大于3000m³/s的天数仅占2.7%，在1969～1986年占4.8%。从图2.9中也可以看到大于3000m³/s的流量出现频率已很低。在1987～2004年和2005～2013年，按上面的分析得出的含沙量峰值对应的流量大约在2000m³/s上下，洪峰中日平均流量大于2000m³/s的天数在各水文站都不超过5%。Wolman（1959）认为河流中大部分泥沙都有中小洪水搬运，因为中小洪水发生的概率远远大于大洪水发生的概率。基于以上分析，认为研究黄河宁蒙段中小洪水的流量-含沙量关系，对研究该区域的泥沙输移机理有很重要的意义。为此，本节选6个水文站点，在前两个时段以日流量<3000m³/s为中小洪水，后两个时段以日流量<2000m³/s为中小洪水。其中，考虑到含沙量峰值的具体位置，第一个阶段头道拐站和第二个阶段下河沿站改为以<2000m³/s为中小洪水，最后一个阶段石嘴山站、巴彦高勒站和头道拐站改为以

<1500m³/s为中小洪水。另外，还发现1968年前石嘴山站和头道拐站、1969～1986年下河沿和头道拐站、1987～2004年石嘴山站和头道拐站、2005～2013年青铜峡和巴彦高勒站最小一级流量对应的含沙量明显偏离其他流量级与含沙量的关系，考虑到其在造床中的作用微小，但对水沙关系影响过大，也予以删除。在此基础上，利用关系式（2.2），分析流量与含沙量的关系。

从图2.12中可以看出，进行对数变化后的流量含沙量呈现出了很好的线性关系，6个站点24组数据水沙关系模型的相关系数（R^2）值都在0.68以上，置信度都超过99%，即中小洪水流量–含沙量关系可以用式（2.2）拟合。从黄河上游宁蒙段6个水文站点的水沙关系模型的系数值中可以看出，黄河宁蒙段水沙关系模型系数 a 的对数值范围为−6.43～−1.25，指数 b 的范围为0.614～2.38。相对高指数 b 值和低 log(a) 值的曲线模型主要集中在宁蒙段的上游，即青铜峡以上河段。石嘴山–头道拐段黄河水沙关系模型的系数和指数值相对集中，log(a) 值较青铜峡以上河段增加，b 值相对减小（图2.13）。各站系数与指数随时间的变化趋势有所不同。在下河沿站和石嘴山站系数对数的绝对值前三期逐渐增加，最后一期降低；而在青铜峡和头道拐站恰好相反，前三期逐渐降低，最后一期升高；三湖河口随时间持续降低；巴彦高勒站呈升—降—升的过程。指数随时间的变化方向基本与系数相反。系数与指数随时间的变化幅度也以青铜峡以上较大。系数 a 的对数值和指数 b 呈线性的负相关关系，相关系数 R^2 = 0.98［图2.14（a）］。尽管两者间存在密切相关，但是仍存在一定的残差（即指数 b 与由系数 a 的对数值和指数 b 关系计算得到的指数 b 的预测值之差）。如图2.14（b）所示，残差显示出一定的规律性。空间上，从上游向下游残差变化范围减小。时间上，1968年前的石嘴山以上残差很小，巴彦高勒以下为正值，并且向下游方向逐渐增加；1969～1986年残差都为负值，以石嘴山残差绝对值最大，向上游和下游方向减小；1987～2004年三湖河口以上为正值，头道拐为负值，但绝对值较小；2005～2013年与前期正好相反，即三湖河口以上为负值，头道拐为正值，但残差绝对值也较小。

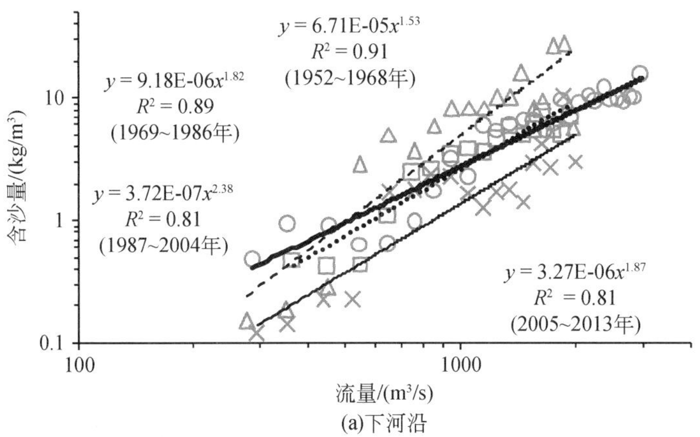

(a)下河沿

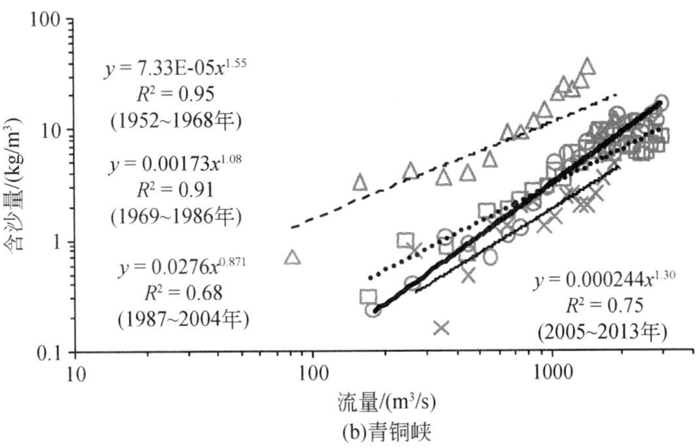

(b)青铜峡

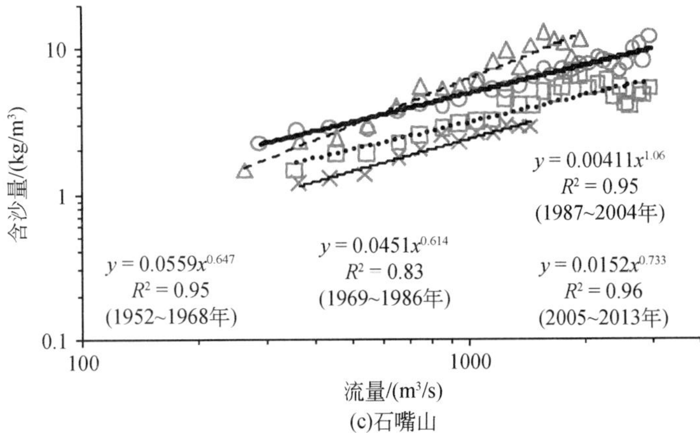

(c)石嘴山

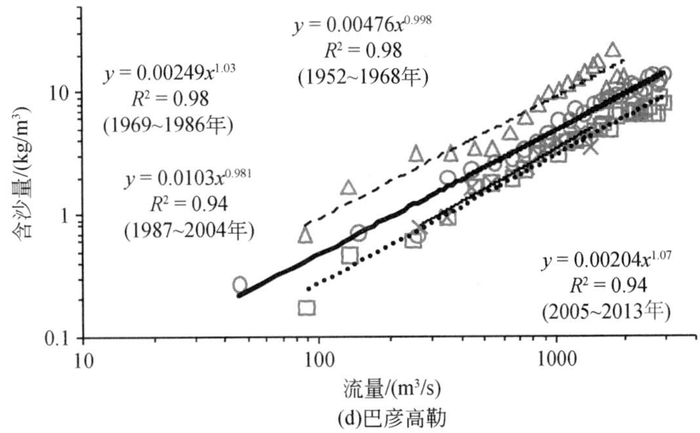

(d)巴彦高勒

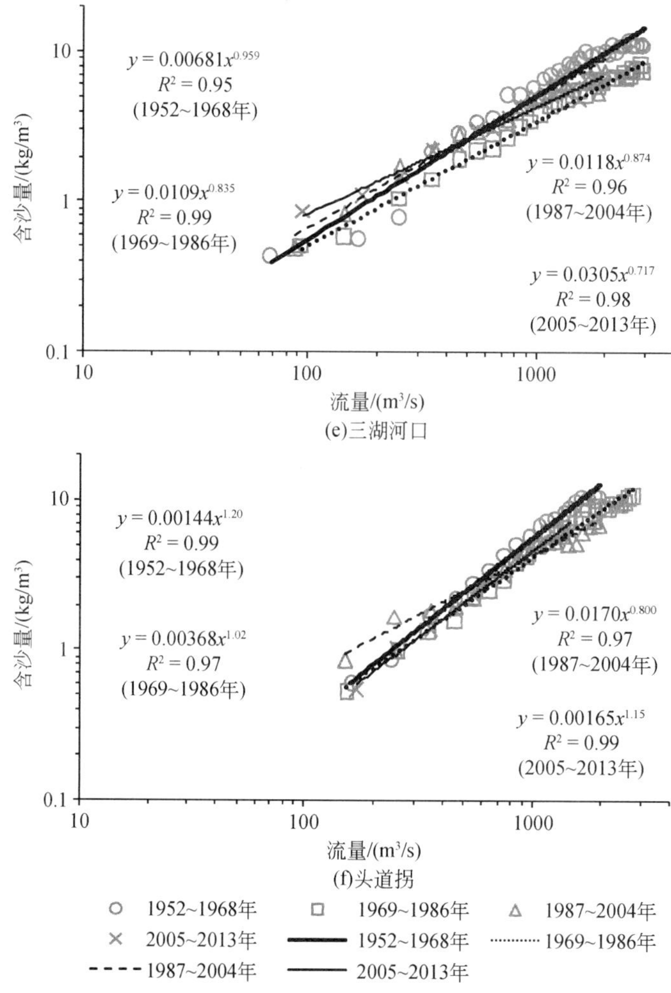

图 2.12　黄河宁蒙段各水文站点中小洪水下流量–悬移质含沙量关系

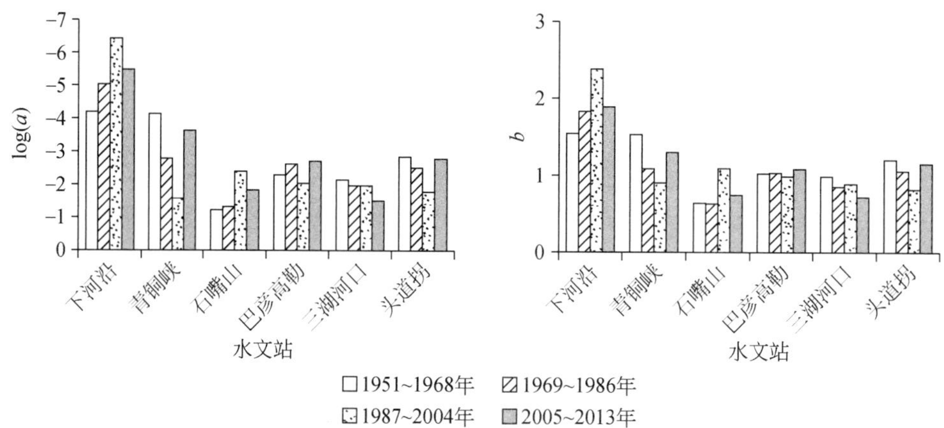

图 2.13　黄河宁蒙段各水文站点中小洪水下流量–悬移质含沙量幂函数关系系数与指数

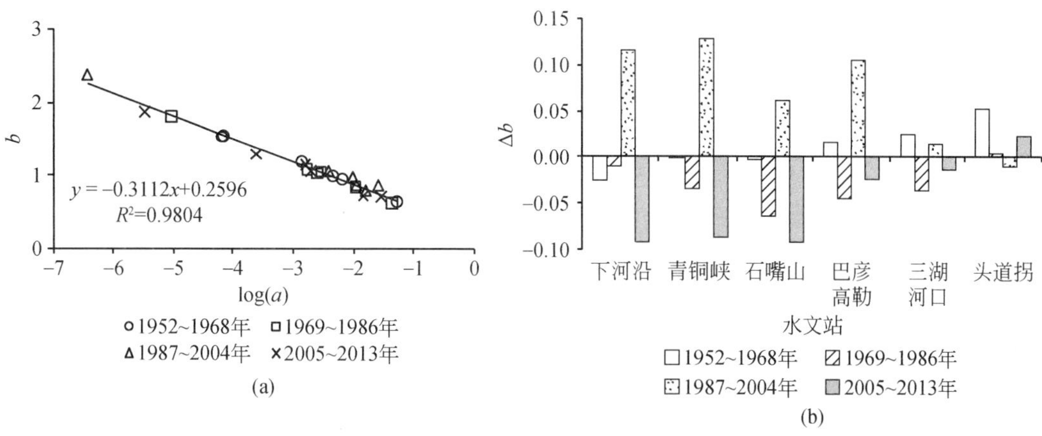

图 2.14　黄河宁蒙段各水文站中小洪水下流量-悬移质含沙量幂函数关系系数与指数的关系（a）及指数残差的变化（b）

2. 分组粒径泥沙水沙关系

将悬沙粒度划分为<0.005mm、0.005～0.05mm、0.05～0.1mm 和>0.1mm，即黏土、粉沙、细沙和沙四组。建立洪峰流量与分组粒径含沙量的幂函数关系。图 2.15 显示了指数 b 时空变化情况（三湖河口无粒度测量资料，所以分粒径组只涉及 5 个水文站）。可见，

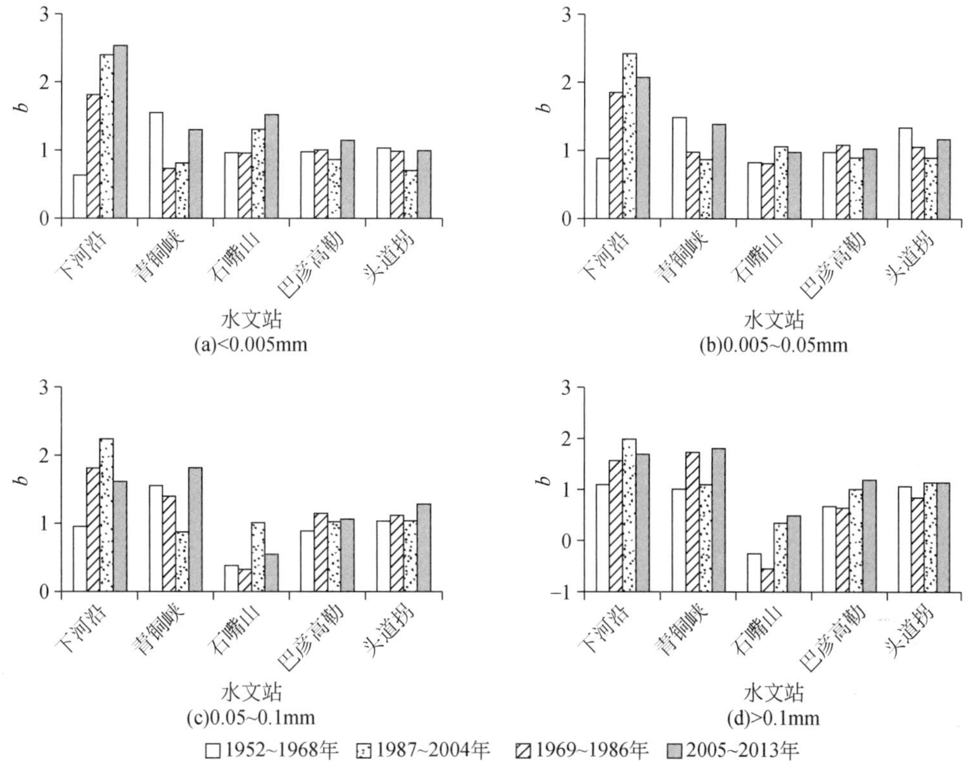

图 2.15　黄河宁蒙段各水文站点中小洪水下流量-悬移质分粒径组含沙量幂函数关系指数变化

沿程变化上与全沙基本一样，四个时期平均，>0. 005mm 三个粒径组流量与含沙量关系的指数也是在下河沿和青铜峡较大，石嘴山最小；<0. 005mm 粒径组的指数以下河沿最大，其他各站比较接近。在时间上，各站各个粒径组的指数呈现多样的变化方向和形式，其中，石嘴山站>0. 1mm 的粒径组在 1986 年以前还出现负指数，即含沙量随流量的增加而减小。流量与含沙量关系的系数 a 的对数值绝对值与指数表现出相似的时空变化，不再赘述。

分粒径组洪峰流量与含沙量关系的系数 a 的对数值和指数 b 也呈很好的负相关关系（图 2. 16）。同样计算四个时期 a 的对数值和指数 b 相关关系指数的残差，如图 2. 17 所示。可见，四个时段平均，<0. 1mm 的三个粒径组指数的残差也是向下游沿程减小，但>0. 1mm 粒径组指数的残差沿程变化不明显。在时间上，1968 年以前，<0. 005mm 粒径组的指数残差巴彦高勒站以上为负值，只有头道拐站为正值；0. 005 ~ 0. 05mm 粒径组的指数残差变为石嘴山站以上为负值，只有巴彦高勒和头道拐站为正值；0. 05 ~ 0. 1mm 粒径组的指数残差只有下河沿站为负值，下游其他 4 站都为正值；>0. 1mm 粒径组的指数残差只有石嘴山站为负值，其他 4 站都为正值。1969 ~ 1986 年，各粒径组的指数残差在各站绝大部分为负值，只有 0. 005 ~ 0. 1mm 两粒径组的指数残差在下河沿出现较小的正值，<0. 05mm 两粒径组的指数残差在头道拐站出现极小的正值，0. 05 ~ 0. 1mm 粒径组的指数残差在头道拐站出现正值。1987 ~ 2004 年，与前期相反，各粒径组的指数残差在各站绝大部分为正值，只有 0. 005 ~ 0. 1mm 两粒径组的指数残差在头道拐站出现绝对值较小的负值，>0. 1mm 粒径组的指数残差在石嘴山站也出现绝对值较小的负值。2005 ~ 2013 年，各粒径组的指数残差在各站大部分又为负值，只在头道拐站为正值，在巴彦高勒站>0. 1mm 粒径组的指数残差也为正值。

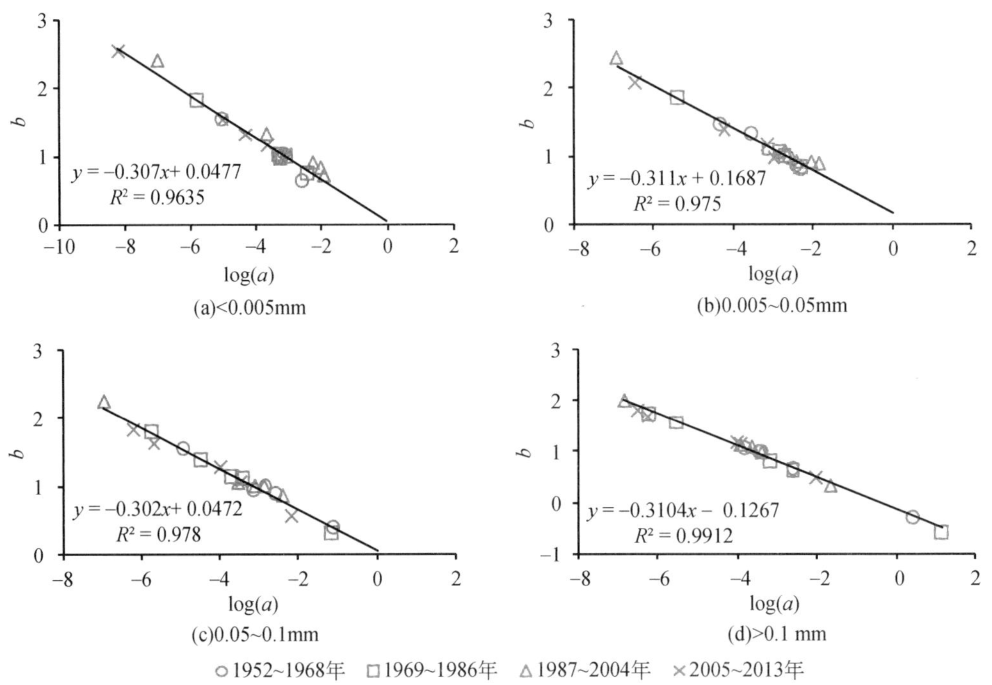

图 2. 16　黄河宁蒙段 5 个水文站中小洪水下流量-悬移质分粒径组含沙量幂函数关系系数与指数的关系

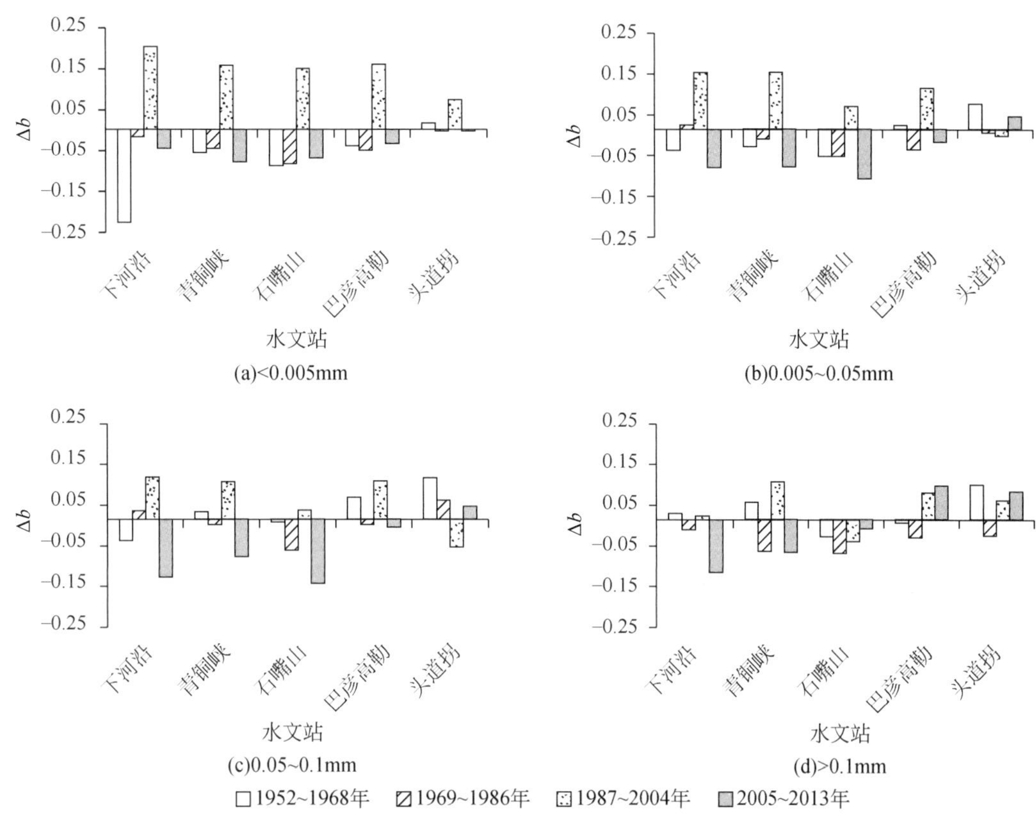

图 2. 17 黄河宁蒙段 5 个水文站中小洪水下流量–悬移质分粒径组含沙量幂函数关系系数与指数关系的指数残差时空变化

2. 2. 5 讨论

河流都具有平衡的倾向性，经过较长时期的调整，它的输水挟沙能力一般总是能够与流域的来水来沙条件相适应，河流趋向于相对平衡。也就是说，在一定的流量下，进出一个河段有一定的沙量，如果这两部分沙量不等，河流就要进行调整，通过冲淤变化，改变河床形态和边界物质组成来调整河流的挟沙能力，以期使通过河段下泄的沙量能够尽量和进入河段的沙量相等，河段保持平衡（钱宁等，1987）。近几十年来随着黄河上游人类活动的加剧（大坝建设、灌溉引水等一系列水利工程的运用），打破了下游河道原先的准平衡状态，促使其发生再造床过程。

1. 黄河宁蒙段洪水期流量–含沙量关系分析

Leopold 和 Maddock（1957）在分析怀俄明州波特河的悬移质输沙率和流量的关系后，认为在冲积河流的断面上，悬移质输沙率因流量而增加，而且前者增加的速度比后者快，也就是说，流量越大，悬移质含沙量越大。随后许多学者在研究含沙量和流量的关系后，都得出了相似的结论（Morgan，1995；Asselman，2000；Syvitski et al. ，2000；Morehead et al.，2003；Wang et al.，2008）。

黄河宁蒙段洪水流量含沙量的关系较上述河流复杂，含沙量随着流量的增加呈现出三项式曲线变化（图 2.11），随着流量的增加，含沙量也增加，当流量达 2000～3000m³/s（1986 年以前）或 1500～2000m³/s（1987 年以后）时，含沙量达到最大值；当流量继续增加时，含沙量反而下降，当流量增加到 4000～5000m³/s（1986 年以前）的时候，含沙量达到最小值；流量继续增加超过临界值后，含沙量又随着流量的增加而增加。

宁蒙段洪水流量含沙量有一个特点，在汛期，泥沙供应与流量的增加速度不匹配。也就是说，在洪峰过程中往往出现悬移质含沙量增加超前或者滞后于流量增加的情况，甚至会出现悬移质含沙量随着流量的增加而下降的情形。这种现象主要是因为宁蒙河段支流来沙占河道输送泥沙的很大一部分，而支流的来水来沙与干流的来水来沙不能同步。青铜峡、头道拐两个站点典型年的流量含沙量过程能很好地反映这一点（图 2.18）。这也说明宁蒙段洪水期流量-含沙量关系的复杂性，即含沙量并非一味地随着流量的增加而增加，而是多次增减波动变化的。

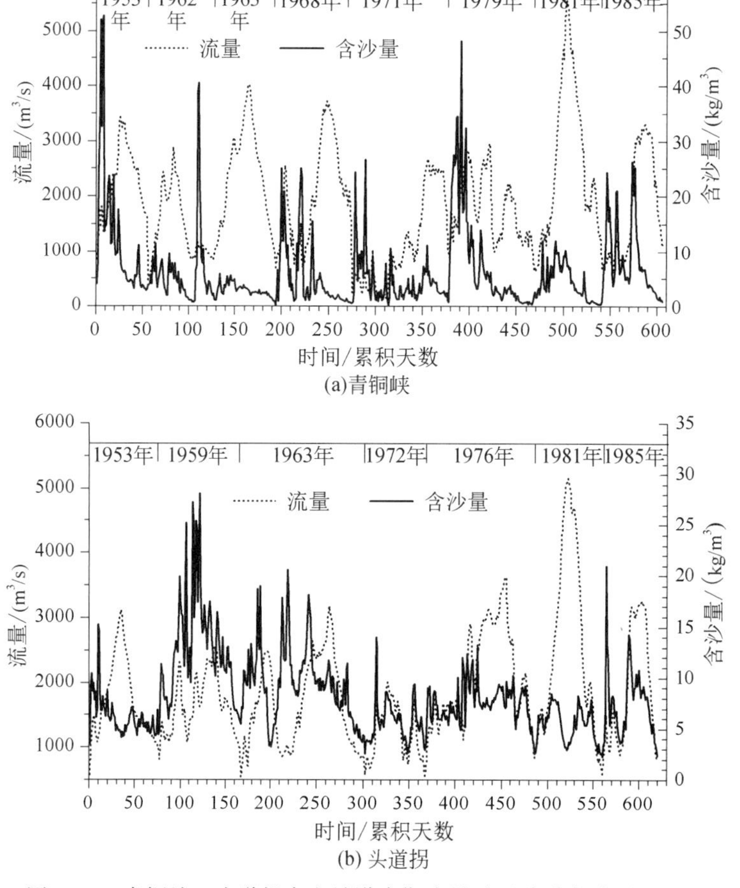

图 2.18　青铜峡、头道拐水文站洪水期流量及悬移质含沙量过程图

Leopold 和 Maddock（1957）认为，在洪水期，当流量超过平滩流量后，水流漫滩。

河道宽度大大增加，将导致悬移质含沙量减少。图 2.19 点汇了头道拐水文站 1960 ~ 1985 年水位-流量关系曲线，结合头道拐站河道断面图，可知对于头道拐水文站来说，水流漫滩的流量在 3000m³/s 左右。所以，认为流量的第一个临界值即为平滩流量。

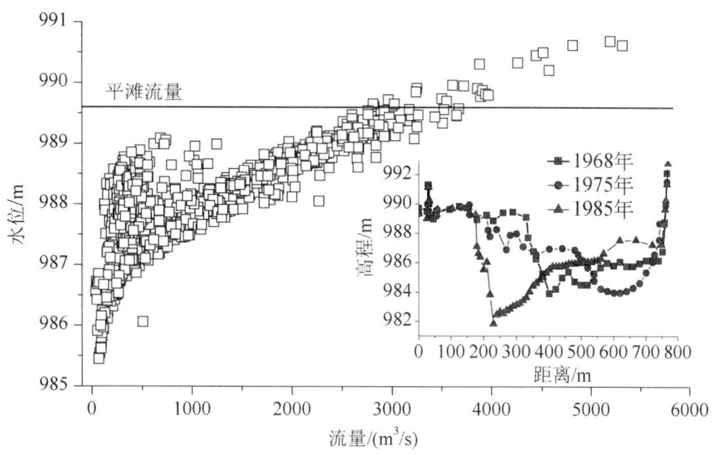

图 2.19 头道拐水文站水位-流量关系曲线

Bhowmilk 和 Demissie（1982）曾对美国伊利诺伊州桑加蒙河和萨勒特溪主槽、河漫滩及全断面的流速随水位的变化进行过分析，结果显示，水流漫滩以后，随着水位的继续上涨，主槽和全断面的流速反而有所下降，当滩地水深约为主槽平均水深的 35% 时，断面流速达到最低值，自此以后，又随水位的抬高而不断加大。所以认为宁蒙河段流量在超过平滩流量后，含沙量随着流量的增加而减少，当减小到一定程度后，又随着流量的增加而增加。即流量的第二个临界值出现在平滩流量以后。

2. 系数、指数沿程变化的意义

水沙关系模型的系数及指数与河流本身的地貌条件、悬沙的粒度组成、水流强度及河流所在流域所处的气候环境关系密切（Asselman，2000；Syvitski et al.，2000）。Reid 和 Frostick（1987）通过对世界上不同河流的水沙关系模型系数的研究，总结出干旱地区河流的水沙关系模型系数范围为 $\log(a)$（2.000，4.903），b（0.20，0.700）；温带湿润气候区河流的水沙关系模型系数波动范围为：$\log(a)$（−2.398，1.602），b（1.400，2.500）[注：此处 $\log(a)$ 取值对应的含沙量单位为 mg/L，如含沙量单位为 kg/m³，$\log(a)$ 取值比前者少 3]。图 2.13 显示黄河流域水沙关系模型系数没有在 Reid 和 Frostick（1987）所划分的范围之内。Yang 等（2007）在分析长江流域系数时，也发现长江流域的水沙关系模型的系数范围广，认为在一定程度上反映了长江流域复杂的地理环境。在三峡水库修建以前，位于长江上游的宜昌站水沙关系曲线较陡，对应高 b 值，低 $\log(a)$ 值。位于长江中下游的汉口、大通站水沙关系曲线较平，对应的 b 值低，$\log(a)$ 值高。Yang 等（2007）和 Hu 等（2011）认为，这主要是由于长江流域的河流地貌对水沙关系模型的控制作用，长江上游段水流能量高且河床横断面形态为典型的基岩控制的“V”型断面，而长江中下游水流能量低，且河道的横断面形态呈现“U”型。

对于所研究的黄河宁蒙河段来说，由于区内气候条件近似，所以气候条件对沿程水沙关系模型系数影响不大，主要因素应该是河床边界条件的差异。指数 b 代表河流的侵蚀能力，b 值大表明随着流量的增加河流的侵蚀能力增加得较快（Peters- Kummerly，1973；Morgan，1995）。为此我们根据总能耗率公式 $\Omega=\rho gQJ$（能耗率大代表其单位河长湿周上所受到的水流作用强），计算了 1951 ~ 2013 年黄河宁蒙段多年平均能耗率值，结果如表 2.4所示。对比能耗率值和水沙关系模型的指数 b 可以发现，下河沿、青铜峡两个水文站能耗率值大，两站的水沙关系模型的指数 b 值也相对较高。所以对黄河宁蒙段来说，水流能量的大小在一定程度上决定了水沙关系模型的指数 b 值的高低。

表 2.4　黄河宁蒙段河道能耗率及 b 值

项目	下河沿	青铜峡	石嘴山	巴彦高勒	三湖河口	头道拐
总能耗率/W	6580	4820	2530	1290	1030	610
b 值	1.82	1.05	0.72	0.95	0.85	1.03

除能耗率外，河床横断面形态和物质组成也影响水沙关系模型系数大小。位于黄河宁夏段的下河沿、青铜峡、石嘴山水文站，由于站点建于峡谷区，河道横断面形态相对窄深；位于内蒙古河段的巴彦高勒、三湖河口和头道拐水文站河道断面宽度较宁夏段宽浅（图 2.20）。从河道边界物质组成来看，下河沿以上 61km 为峡谷段，下河沿—青铜峡河道，河床由粗砂卵石组成并以卵石为主。青铜峡—石嘴山、巴彦高勒—三湖河口、包头—头道拐段均为沙质河床。图 2.13 显示，下河沿、青铜峡水文站 log(a) 值小于石嘴山、巴彦高勒、三湖河口、头道拐四个水文站的 log(a) 值。说明断面形态稳定窄深，并且所处河段河床物质组成以卵石为主的河段有相对较低的 log(a) 值；宽深比大并且河床物质组成以沙质为主的河段有相对较高的 log(a) 值。这是因为内蒙古河段以沙质为主的宽浅河道较以卵石为主的峡谷有更多可侵蚀搬运的堆积物，因此 a 值较大（Peters- Kummerly，1973；Morgan，1995）。对比宁蒙河道多年平均的 B/H 及 log(a) 发现，石嘴山以下河段河道的宽深比与水沙关系模型的系数呈正比，B/H 值大，对应的 log(a) 绝对值大（表 2.5）。由此认为，黄河宁蒙段水沙关系模型中的 log(a) 值取决于河床的横断面形态及河床的物质组成。

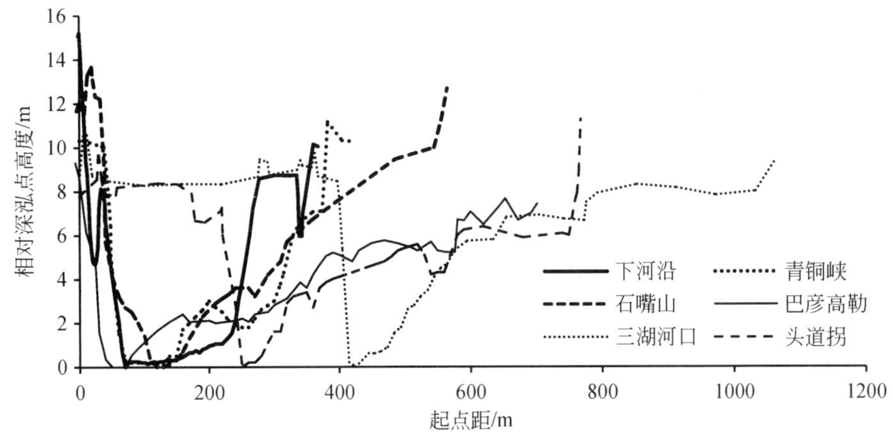

图 2.20　宁蒙河段 6 个水文站河道横断面（1990 年汛前）

表 2.5　黄河宁蒙段河相系数及 log(*a*) 值

项目	下河沿	青铜峡	石嘴山	巴彦高勒	三湖河口	头道拐
B/H	38.3	71.7	87.4	214	177	219
log(*a*)	−5.05	−2.56	−1.56	−2.21	−1.90	−2.42

3. 系数、指数阶段变化的意义

Asselman（2000）认为在 *b*-log(*a*) 坐标系中，如果所有的点落在同一条直线上，那么就说明这些河道具有相似的泥沙输移规律。对于多条直线来说，那些落在坐标系上方，即给定截距，斜率较大的直线，它们所代表的河道的大部分泥沙需要较大的流量才能运输到河道的下游。Hu 等（2011）认为在 2002 年前，虽然长江上游水库的大量修建，以及水保措施的广泛开展使得长江上游来沙减少 30% 左右，但是长江上游河道泥沙输移规律没有改变。泥沙输移规律的改变主要是在三峡大坝修建以后。黄河宁蒙段 6 个站点 4 个阶段全悬沙 24 组数据，都落在同一条直线上，分粒径组泥沙各 24 组数据也都落在 4 条直线上，说明过去 60 多年来，黄河宁蒙段泥沙输移规律没有发生显著改变。

尽管泥沙输移规律没有变化，但是水沙关系的指数与系数相关关系的残差揭示出不同阶段水沙关系存在一定的差异。就全悬沙而言，1968 年前的石嘴山以上指数残差很小，巴彦高勒以下为正值，1987 ~ 2004 年三湖河口以上 5 站为正值；1969 ~ 1986 年和 2005 ~ 2013 年残差多为负值。对照图 2.12 可以发现，指数残差为正值表示同流量含沙量较高，说明阶段来水含沙量大；反之，指数残差为负值说明阶段来水含沙量小。以分阶段全悬沙平均含沙量看［图 2.21（a）］，巴彦高勒以上 1968 年前和 1986 ~ 2004 年含沙量高，其他两期较低。如按分阶段来沙系数（为含沙量与流量的比值，因此该比值同时考虑到了含沙量和流量的变化），全程都是 1968 年前和 1986 ~ 2004 年来沙系数高，其他两期较低，但在头道拐站分时段差别较小［图 2.21（b）］。这恰好与水沙关系的指数残差分阶段变化相符［图 2.14（b）］。由于宁蒙河段在来水含沙量较高时，特别是来沙系数较大时，沿程发生淤积，相反则发生冲刷，经过沿程冲淤调整，至宁蒙河段下段水沙关系变化减小，所以在头道拐站来沙系数分阶段变化相对较小，水沙关系指数残差变化也很小［图 2.14（b）］。

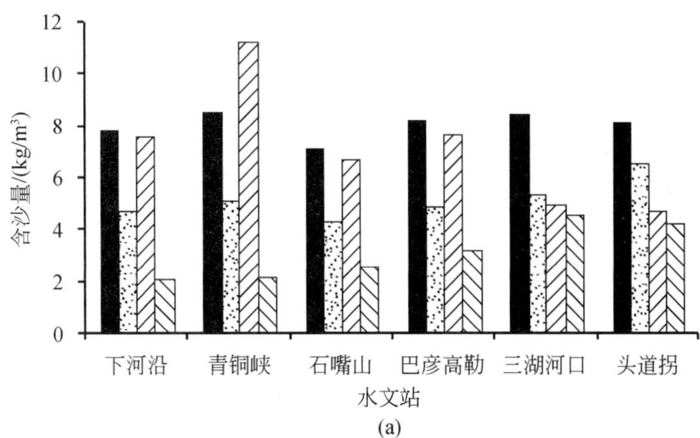

(a)

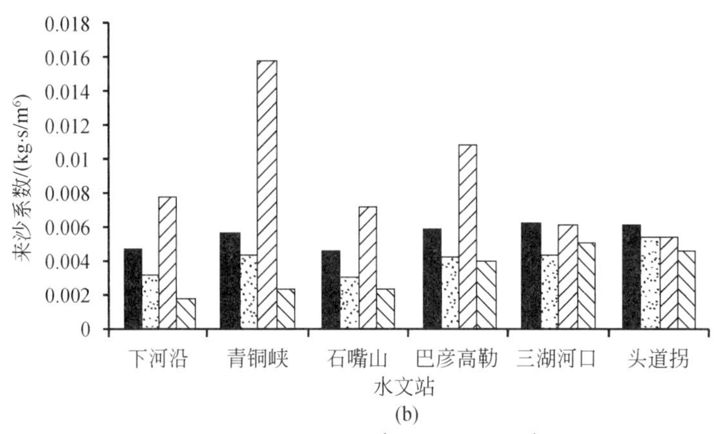

图 2.21　宁蒙河段 6 个水文站洪水分阶段平均含沙量（a）与来沙系数（b）的变化

分阶段分粒径组水沙关系指数残差的变化与全悬沙一样，也反映了分阶段分粒度含沙量特别是来沙系数的差异。存在两个比较明显的特点。其一，与全悬沙含沙量不同，1968 年前小于 0.005mm 的粒径组含沙量相对较低，所以其水沙关系指数残差在巴彦高勒以上都呈负值。其二，大于 0.05mm 的粒径组水沙关系指数残差沿程正负变化幅度接近，估计这部分泥沙水沙关系除受上游来沙影响外，还与河段内局部来沙随时间的变化有关。

2.3　黄河内蒙古段泥沙输移动态过程研究

流域泥沙输移是指侵蚀所产生的泥沙在整个流域系统中的运动过程，即从各种侵蚀来源（侵蚀源）到暂时的或最终的沉积场所（沉积汇）的运动过程（许炯心，2012）。弄清泥沙输移的机制对全面了解流域过程至关重要。泥沙输移的时间尺度变化研究是了解流域地貌过程的一种有效的方法（Hudson，2003）。有关泥沙传输时间动态的研究论文在世界上的许多国家，如西班牙、意大利、德国、英国、美国、墨西哥、以色列、日本和中国等，多有发表（Rovira and Batalla，2006；Lenzi and Lorenzo，2000；Wood，1997；Asselman，1999；Walling and Webb，1982；Haifa，1984；Williams，1989；Gomez et al.，1997；Magilligan et al.，1998；Hudson，2003；Alexandrov et al.，2003；Siakeu et al.，2004；Li et al.，2010）。已有研究多是探讨小流域的泥沙输移动态，而对大流域的泥沙输移的研究却较少。大流域的地质地貌特点复杂及跨越不同的自然气候带造成了大流域系统的流量含沙量关系复杂（Walling and Webb，1982；Mossa，1988；Hudson，2003）。黄河宁蒙河段的河道在近几十年出现新的变化，尤其是受上游大中型水库调蓄及沿黄工农业用水不断增加等因素影响，使得宁蒙河道水沙变异迅速。加上支流清水河、“十大孔兑”等汇入的大量泥沙，造成宁蒙河段淤积严重，河床抬高，河槽萎缩，部分河段已发展为“地上悬河”。因此，本节的研究目的就是以黄河宁蒙段出口控制站——头道拐水文站为研究对象，探讨黄河内蒙古段河道在不同时间尺度（洪水时间内尺度、月和季节尺度，以及年尺度）下的泥沙传输动态变化过程。

2.3.1　数据来源及研究方法

本书所用到的资料包括 1954～2013 年黄河内蒙古出口控制站——头道拐水文站的日平均流量、日平均含沙量、月平均流量和月平均含沙量数据，及黄河宁蒙段部分支流部分年份的日平均流量、日平均含沙量数据。

本节先探讨了流量含沙量关系的年尺度变化。其中，将 1951～2013 年整个时期分为四个阶段，分析了水沙的阶段变化，并分别建立了四个时期的水沙关系曲线。

在场次洪水流量-含沙量关系的研究中，主要分析了前三个时期最大洪峰流量及最大含沙量下的流量-含沙量滞后环的特点。最大洪峰流量主要选择各个时期中日均最大流量所在的场次洪水，本节选取了 1967 年、1981 年、1998 年的场次洪水为研究对象。最大含沙量场次洪水主要选择各个时期中日均最大含沙量所在的场次洪水，本节选择了 1955 年、1986 年及 1989 年的场次洪水为研究对象。

流量含沙量月尺度变化分析了各个时期多年平均月流量与月含沙量之间的关系。季节尺度变化分析了不同季节洪水（春季洪水、汛期洪水）流量含沙量的滞后环的特点，此外，还分析了不同季节洪水水沙关系曲线的差异。

2.3.2　流量-含沙量年尺度变化

头道拐水文站 1950～2013 年流量含沙量变化如图 2.22 所示，流量的多年平均值为 682m^3/s，含沙量的多年平均值为 4.74kg/m^3。含沙量与流量的变化趋势相同，都有阶段性递减的特征。自 1990 年以来，除 2012 年，年均流量和年均含沙量都明显小于多年平均值。用滑动秩和检验法（Yue and Wang，2002）检验头道拐水文站流量和含沙量的年际变化中的突变情况，发现 1986 年和 2005 年为年平均流量发生突变的年份，年平均含沙量在 1968 年和 1985 年发生突变，年输沙量在 1968 年、1985 年和 2005 年发生突变（图 2.23）。

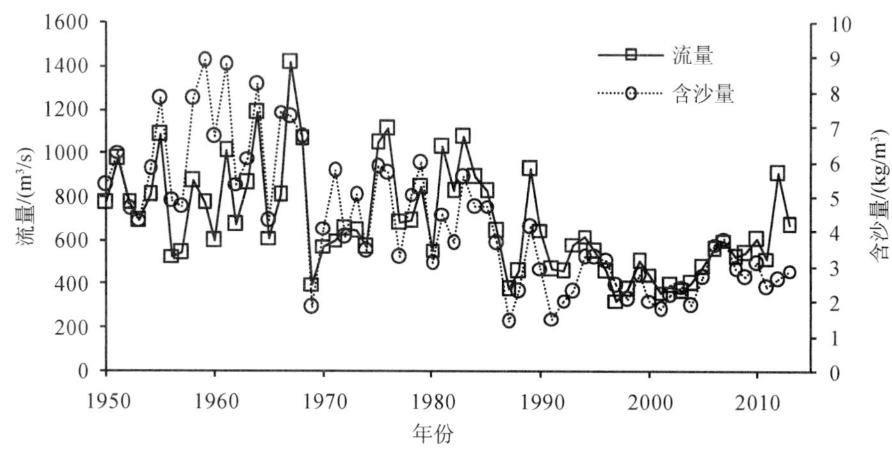

图 2.22　头道拐断面年平均流量与年平均悬移质含沙量年际变化

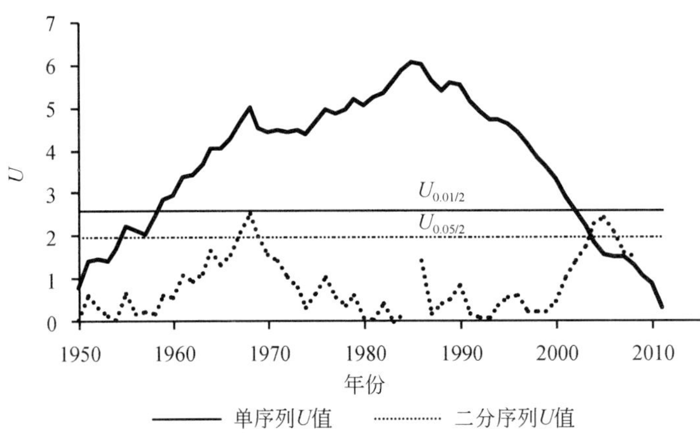

图 2.23　头道拐断面年输沙量滑动秩和法突变点检验结果

按 3 个突变点将头道拐水沙序列分为 4 个时期（1950 ~ 1968 年、1969 ~ 1986 年、1987 ~ 2005 年和 2006 ~ 2013 年）分别统计。第一时期（1950 ~ 1968 年）：多年平均流量及多年平均悬移质含沙量分别为 841m³/s 和 6.61kg/m³。此阶段年平均流量与年平均含沙量变幅均较大，年平均流量的变化范围为 526 ~ 1410m³/s，年平均含沙量的变化范围为 4.28 ~ 8.87kg/m³。第二时期（1969 ~ 1986 年）：多年平均流量及多年平均悬移质含沙量分别为 756m³/s 和 4.62kg/m³。这一时期流量与含沙量的变幅较第一时期小。年平均流量的变化范围为 396 ~ 1110m³/s，年平均悬移质含沙量的变化范围为 1.82 ~ 5.94kg/m³。第三时期（1987 ~ 2005 年）：多年平均流量及多年平均悬移质含沙量减少到 482m³/s 和 2.58kg/m³，变化范围分别为 323 ~ 923m³/s 和 1.44 ~ 4.12kg/m³。第四时期（2006 ~ 2013 年）：多年平均流量及多年平均悬移质含沙量比前一时期有所增加，分别为 613m³/s 和 2.99kg/m³，变化范围进一步减少到 517 ~ 905m³/s 和 2.40 ~ 3.80kg/m³。

通常情况下含沙量随着流量的增加而增加，而黄河宁蒙段流量与含沙量呈现非线性关系。2.2 节研究了宁蒙河段主要水文站 4 个时期洪水流量含沙量之间的关系，结果发现含沙量随着流量的变化呈现出三次曲线的特点。在此，统计头道拐水文站 4 个时期日流量分级（间隔 100m³/s）平均流量和相应平均含沙量数据，并点绘其间关系，如图 2.24 所示。可见，各个时期曲线仍存在三次曲线的特点，即随着流量增加，悬移质含沙量先达到一个峰值，之后随流量的进一步增加反而下降，达到一定程度后含沙量又转而增加。

对比图 2.24 各个时期的曲线特点可以发现：同流量下，从第一时期至第三时期悬移质含沙量逐渐减低（个别点除外），第四时期大于 1500m³/s 流量的含沙量比前三期更小，但小于 1500m³/s 流量的含沙量略比其前两期大。

在此，根据各个时期曲线本身的特点及不同时期曲线的异同，选取前三个时期流量最大次洪水和各个时期含沙量最大次洪水，来分析其场次洪水的滞后环特点。

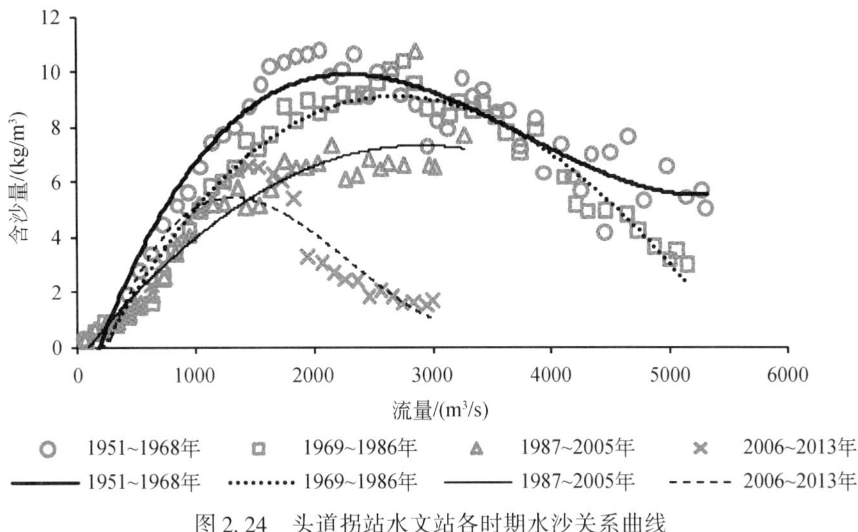

图 2.24　头道拐站水文站各时期水沙关系曲线

2.3.3　场次洪水流量-含沙量变化

1. 各时期最大流量下的洪水特点

三个时期最大流量的场次洪水发生的起止时间分别为 1967.8.25 ~ 1967.10.14，1981.9.1 ~ 1981.10.17 和 1998.3.6 ~ 1998.3.22。

1967 年 8 月 25 日开始的洪水，最大流量为 5310m³/s，最大悬移质含沙量为 14.9kg/m³。最大日均流量对应的日平均含沙量为 4.99kg/m³，最大日均含沙量对应的日平均流量为 2960m³/s。最大日平均流量发生在 9 月 20 日，沙峰先于洪峰 18 天出现在头道拐断面［图 2.25（a）］。日均含沙量在 9 月 24 日达到最小值 4.68kg/m³，随后随着流量的减小，含沙量又呈现增加的趋势。从总体看，C-Q 关系呈现出顺时针滞后环现象［图 2.25（b）］。此次洪水事件共历时 51 天，头道拐断面共输送泥沙 1.174 亿 t。水位-流量关系曲线表现为“8”字形滞后环［图 2.25（b）］，当流量大于 2500m³/s 时，同流量下水位在落水期要高于涨水期，水位-流量关系呈现出逆时针滞后环；当流量小于 2500m³/s 时，汛后水位要小于汛前水位，水位-流量关系呈现出顺时针滞后环。由此可见，在此次洪水过程中，当流量大于 2500m³/s 时，河道淤积，当流量小于 2500m³/s 时，河道发生冲刷。

1981 年 9 月 1 日发生的洪水与 1967 年 8 月 25 日相似：一次洪峰过程中有数次沙峰过程［图 2.25（a），图 2.26（a）］。1981 年发生的这次洪水有明显的两个沙峰［图 2.26（a）］，分别出现在 9 月 8 日和 10 月 8 日，两次沙峰的日均含沙量分别为 8.48kg/m³、8.25kg/m³，与沙峰对应的流量分别为 2110m³/s、3900m³/s。最大洪峰流量为 5150m³/s，对应的含沙量为 3.06kg/m³，发生在 9 月 26 日，落后第一次沙峰 18 天。尽管含沙量变化复杂，但总体上流量-含沙量呈现出“8”字形滞后环现象［图 2.26（b）］。在小流量下，C-Q 关系为顺时针，在大流量下 C-Q 关系为逆时针。此次洪水历时 47 天，共输送泥沙约 0.746 亿 t。此

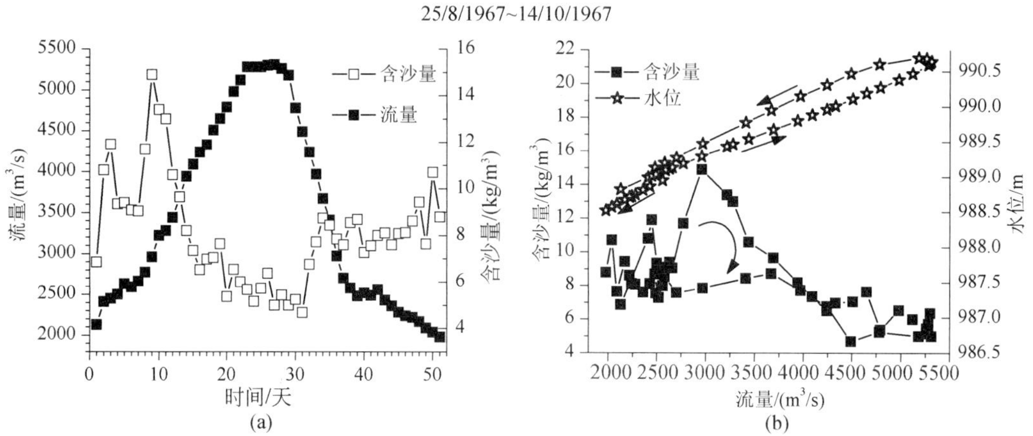

图 2.25　1967 年 8 月 25 日洪水过程及相应的流量-含沙量、流量-水位关系

次洪峰过程的水位-流量关系复杂，但总体上呈现出逆时针滞后环，说明此次洪峰过境后，河道以淤积为主［图 2.26（b）］。

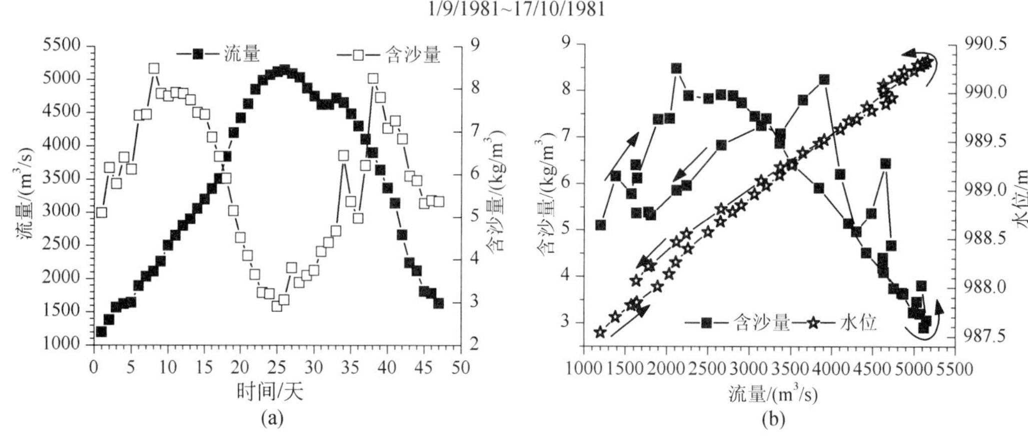

图 2.26　1981 年 9 月 1 日洪水过程及相应的流量-含沙量、流量-水位关系

第三时期，最大流量洪水发生在春季，如图 2.27（a）所示。此次洪水过程始于 1998 年 3 月 6 日，洪水历时 17 天，日均输送泥沙 44.4 万 t，远远小于 1967 年的 230 万 t 和 1981 年的 159 万 t。此次洪水，沙峰超前洪峰一天出现，落峰时，同流量下的含沙量大于涨峰时的含沙量，C-Q 关系呈现“8”字形［图 2.27（b）］。这与 1981 年 9 月 1 日发生场次洪水的“8”字形滞后环不同，在小流量下，C-Q 表现为逆时针滞后环，在大流量时，C-Q 表现为顺时针滞后环。

2. 各时期最大含沙量下洪水特点

三个时期最大日均含沙量所在的场次洪水发生的起止时间分别为 1955.8.10 ~ 1955.9.8，1986.7.5 ~ 1986.7.25 和 1989.7.16 ~ 1989.7.27。这三次洪水过程的共同点为①小流量挟大沙。1955 年 8 月 10 日的洪水（图 2.28），最大含沙量为 37.2kg/m³，对应的

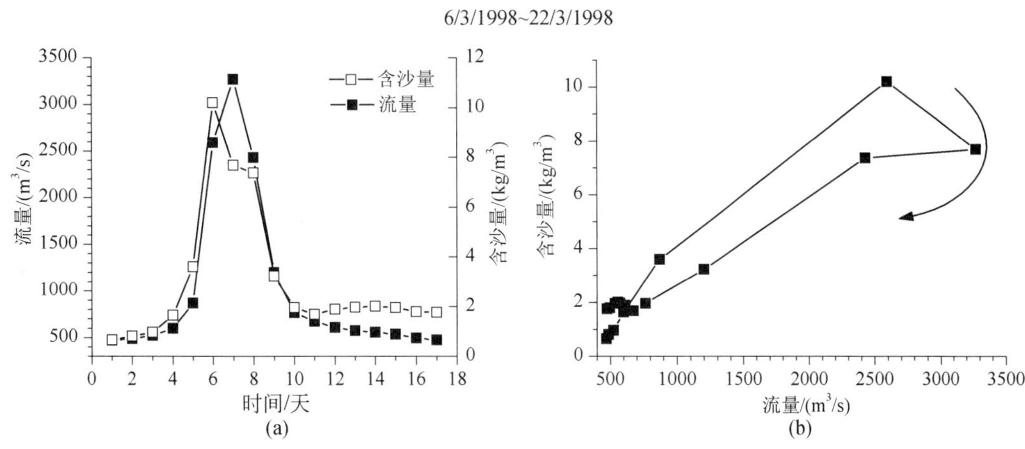

图 2.27　1998 年 3 月 6 日洪水过程及相应的流量-含沙关系

流量为 1530m³/s；1986 年 7 月 5 日的洪水（图 2.29），最大含沙量为 30.3kg/m³，对应的流量为 1260m³/s；1989 年 7 月 16 日的洪水（图 2.30），最大含沙量为 28.3kg/m³，对应的流量为 898m³/s。②含沙量在短时间内变化幅度大。在这三次洪水事件中，最大含沙量与最小含沙量的比值分别为 5.9、6.9、8.1。在 C-Q 关系上，由于洪峰沙峰到达时间不同，这三次洪水时间显示出不同的滞后环现象。1955 年与 1989 年的次洪水事件，沙峰出现时间晚于洪峰两天，流量-含沙量关系都呈现出逆时针滞后环［图 2.28（b），图 2.30（b）］。虽然两者 C-Q 关系都体现为逆时针滞后环，但两者水位-流量关系却不同［图 2.28（b），图 2.30（b）］。1955 年的洪水，洪峰过后水位下降，河道冲刷。而 1989 年的洪水，水位-流量关系为逆时针滞后环，洪水过后，河道淤积。1986 年的洪水，沙峰发生在 7.9 日，洪峰发生在 7.18 日，晚于沙峰 9 天出现，C-Q 关系表现为顺时针滞后环（图 2.29）。水位-流量关系呈现为直线，说明此次洪水过境后，河道没有明显的冲淤发生。

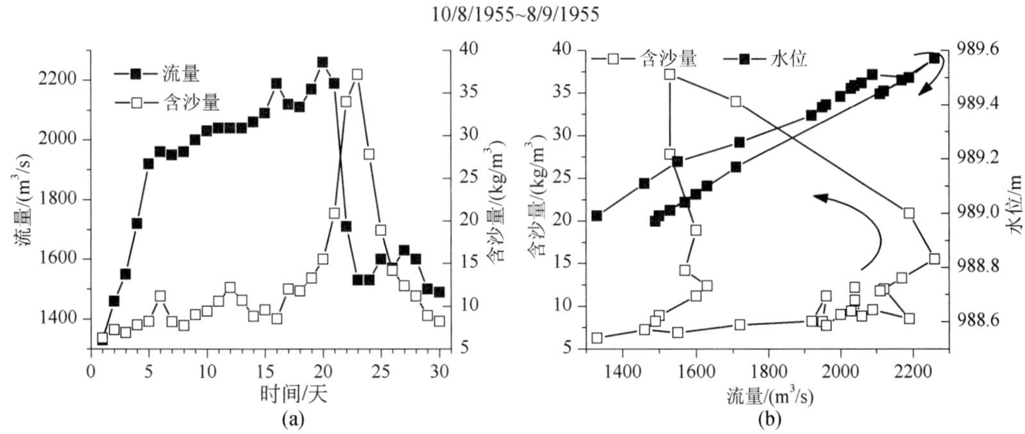

图 2.28　1955 年 8 月 10 日洪水过程及相应的流量-含沙量、流量-水位关系

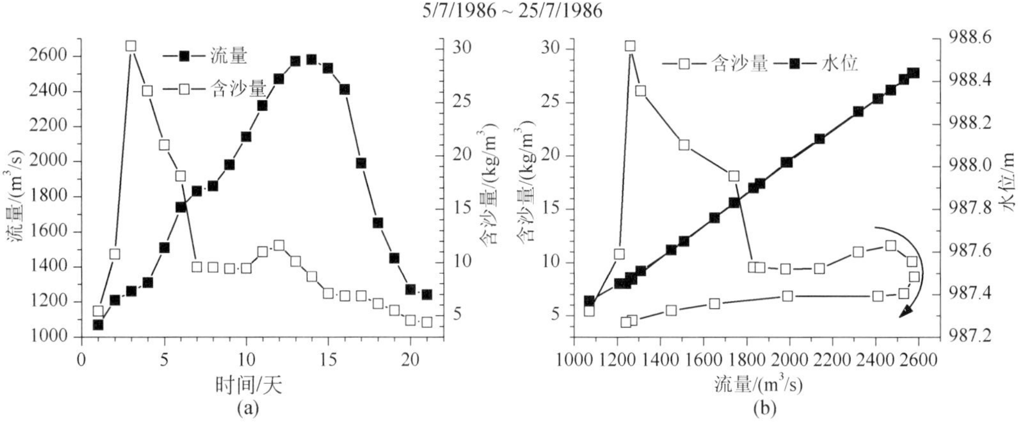

图 2.29　1986 年 7 月 5 日洪水过程及相应的流量-含沙量、流量-水位关系

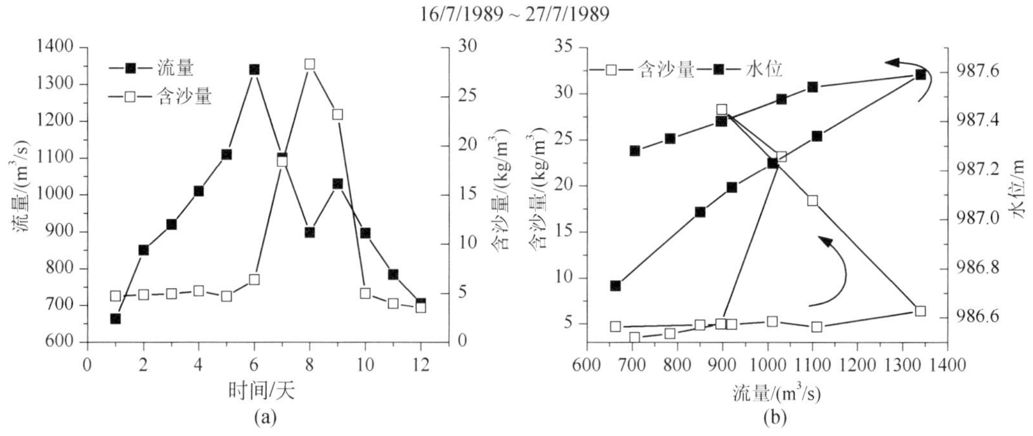

图 2.30　1989 年 7 月 16 日洪水过程及相应的流量-含沙量、流量-水位关系

2.3.4　流量-含沙量年内变化

1. 流量-含沙量月和季节尺度变化

从历年月平均流量-含沙量关系图 2.31 中可以看出，1 月的平均含沙量最低，约为 0.31kg/m³；8 月的平均含沙量最高，约为 6.71kg/m³。而流量的最小月份出现在 5 月，其值为 353m³/s；月平均流量的最大月份为 9 月，其值为 1328m³/s。流量与含沙量峰值出现的不同步，使得在月尺度上，多年平均（1954 ~ 2002 年）流量-含沙量呈现“8”字形滞后环特点。输沙量在 5 ~ 8 月有明显的递增过程，递减的过程是从 9 月到来年的 1 月。在季节尺度上，夏季（6 ~ 8 月）和秋季（9 ~ 11 月）的悬移质含沙量要远高于冬季（12 月、1 月、2 月）的含沙量。在黄河上游地区，降雨主要集中在 7 ~ 10 月的汛期。在该段时间内，含沙量很高。从多年平均来看，一年中约 78% 的泥沙是在汛期（7 ~ 10 月）输送，而

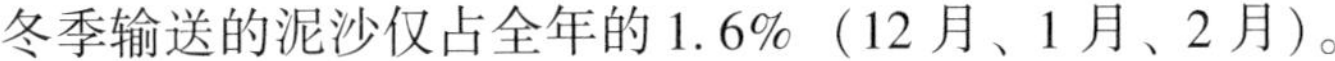
冬季输送的泥沙仅占全年的 1.6%（12 月、1 月、2 月）。

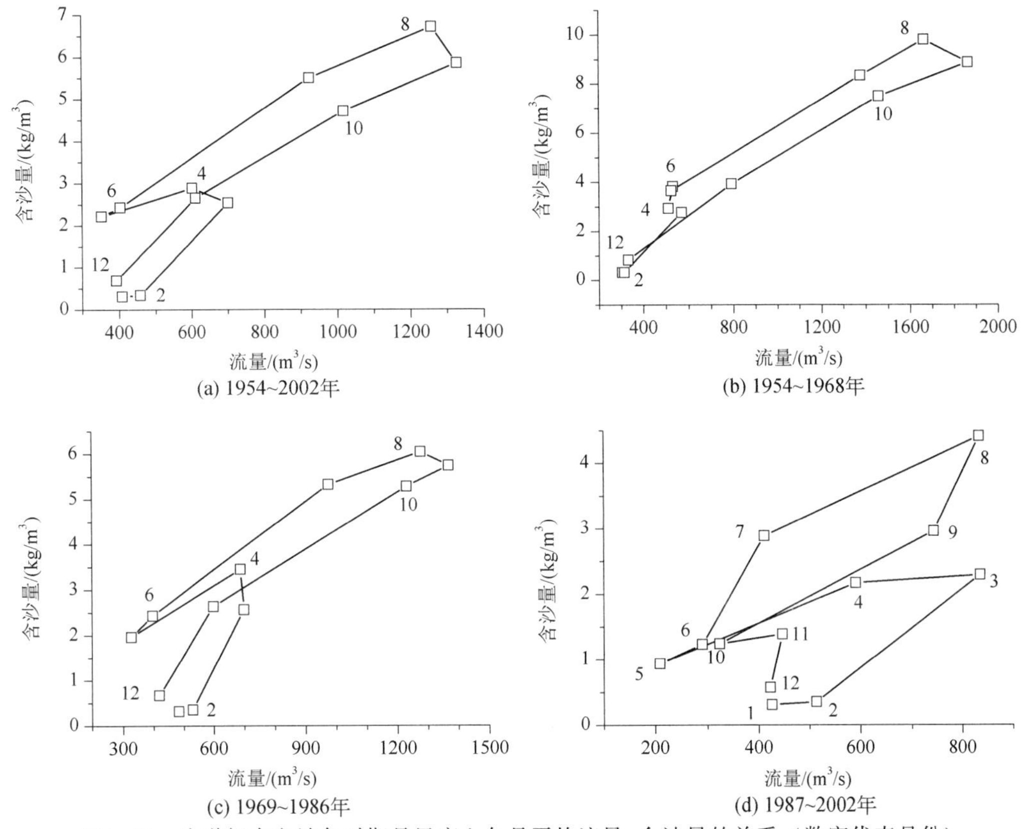

图 2.31　头道拐水文站各时期月尺度上各月平均流量-含沙量的关系（数字代表月份）

尽管三个时期月尺度上平均流量-含沙量关系都呈现与多年平均相似的“8”字形滞后环现象。但各个时期的“8”字形滞后环又因黄河上游一系列水库的修建等人类活动的影响而呈现不同的特点。1954～1968 年，汛期多年平均泥沙输移量为 1.47 亿 t，占多年平均年泥沙输移量的 84.1%；含沙量的最大值出现在 8 月，9 月流量达到最大。自青铜峡和刘家峡水库修建后到龙羊峡水库运用前的 1969～1986 年，汛期泥沙输移量占全年的比例下降到 77.6%。自 1986 年龙羊峡与刘家峡联合运用以来，黄河宁蒙段的年内的水沙过程发生了很大的变化，汛期泥沙输移量仅占年内的 60%。汛期径流量、输沙量的减少，非汛期径流量及输沙量的增加导致“8”字形滞后环的变化。

自 1954 年以来，汛期流量、输沙量占年内径流量和输沙量的比重减小，而春季洪水（3 月、4 月）径流量和输沙量所占的比重提高。3～4 月径流量，在 1954～1968 年，约占年平均径流量的 11%，1969～1986 年，这一比例提高了 4%。自 1986 年后，3 月的流量大幅度增加，1987～2002 年各月流量的多年平均值中，3 月流量达到全年最大，此时 3～4 月的径流量约占全年径流量的 24%。3～4 月的输沙量在三个时期所占全年输沙量的比例分别为 11%、16%、21%。

从水沙关系曲线来看，3～4 月洪水，含沙量随着流量的增加而增加，呈线性相关，三个时期的相关系数（R^2）都达到了 0.6 以上［图 2.32（a）、2.32（c）、2.32（e）］。由图可见，在小流量下，落水期的含沙量较大。由于汛期洪水径流量及输沙量占全年的比重较大，所以汛期水沙关系曲线与全年水沙关系曲线相似，含沙量随着流量的变化呈现出三次曲线变化［图 2. 32（b）、2. 32（d）、2. 32（f）］。汛期洪水与春季洪水另外一个不同点在于，汛期洪水落洪时的含沙量小于同流量下涨洪时的含沙量。

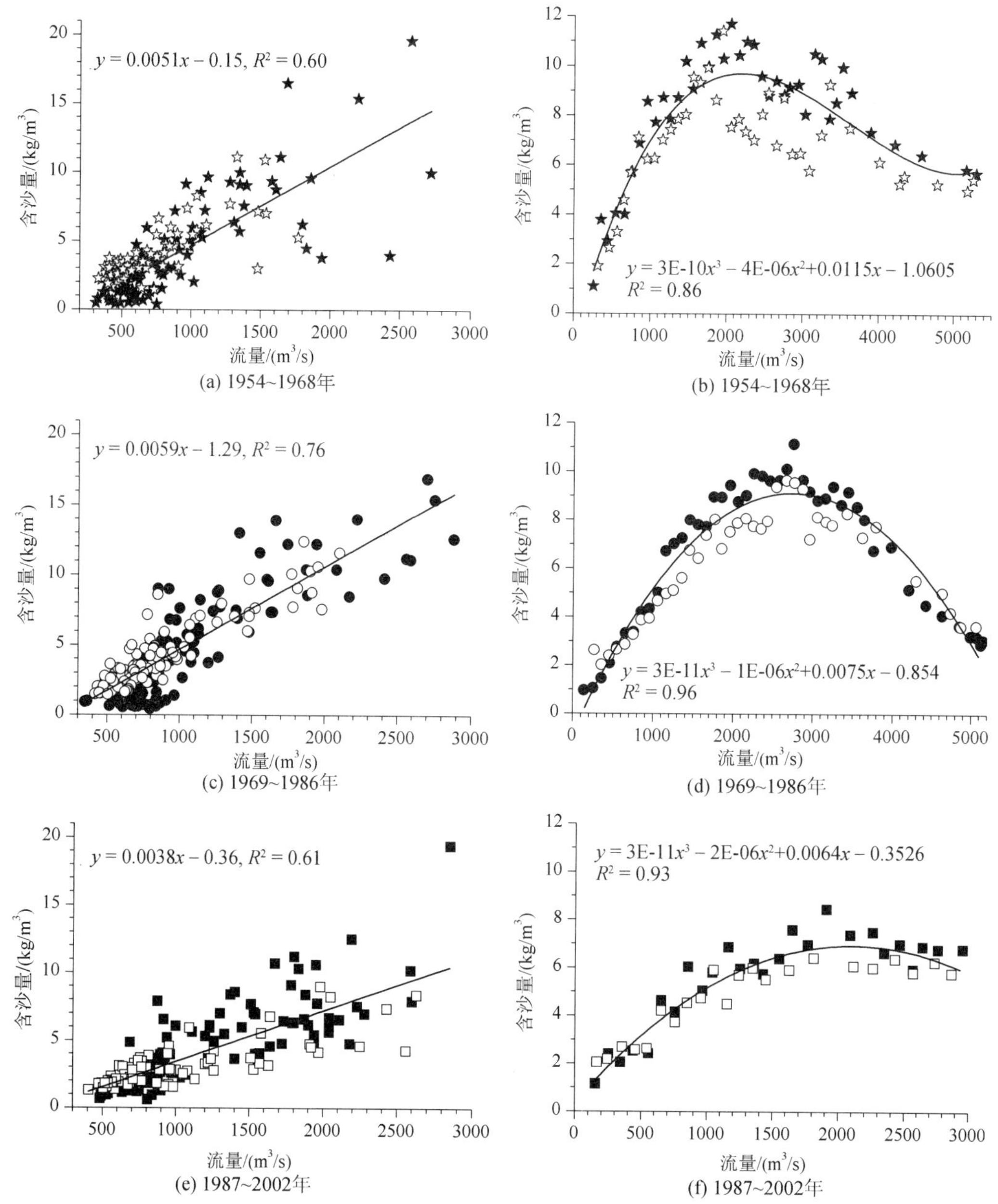

图 2. 32　头道拐水文站各时期春季洪水及汛期洪水水沙关系（实心点代表涨水期，空心点代表落水期）

2. 不同季节场次洪水特点

从场次洪水的流量含沙量关系来看，C-Q 关系也存在季节变化的特点。春季洪水，流量与含沙量涨落同步，几乎同时达到峰值［图 2.27（a），图 2.33（a），图 2.34（a）］。由于同流量下含沙量汛后大于汛前，所以春季洪水 C-Q 关系一般呈现“8”字形滞后环现象，小流量时，C-Q 关系为逆时针滞后环，大流量时为顺时针滞后环。例如，1981 年 3 月 16 日发生的洪水（图 2.34），在大流量时，涨洪水 $1270m^3/s$ 的流量对应的含沙量为 $7.74kg/m^3$；落洪时 $1470m^3/s$ 的流量对应的含沙量为 $6.01kg/m^3$，C-Q 呈现顺时针滞后环［图 2.34（b）］。在小流量下，涨洪时当流量为 $693m^3/s$ 时，含沙量为 $0.6kg/m^3$；落洪时当流量为 $690m^3/s$ 时，对应的含沙量为 $3.16kg/m^3$，此时 C-Q 呈现逆时针滞后环。1998 年 3 月 6 日的洪水同这次洪水过程相似（图 2.27）。春季洪水一般落洪时含沙量大于同流量下涨洪水的含沙量，C-Q 关系也可能呈现出逆时针滞后环现象。例如，1977 年 3 月 25 日的洪水［图 2.33（b）］，涨洪时，$1780m^3/s$ 的流量对应的含沙量为 $7.74kg/m^3$，落洪时 $1770m^3/s$ 的流量对应的含沙量达到 $10.1kg/m^3$。春季洪水 C-Q 关系不管是“8”字形，还是呈逆时针滞后环，水位-流量关系都呈现出顺时针滞后环特点，即洪峰过后河道以冲刷为主。汛期洪水较春季洪水复杂，如之前所述的 1967 年 8 月 25 日洪水、1981 年 9 月 1 日洪水。

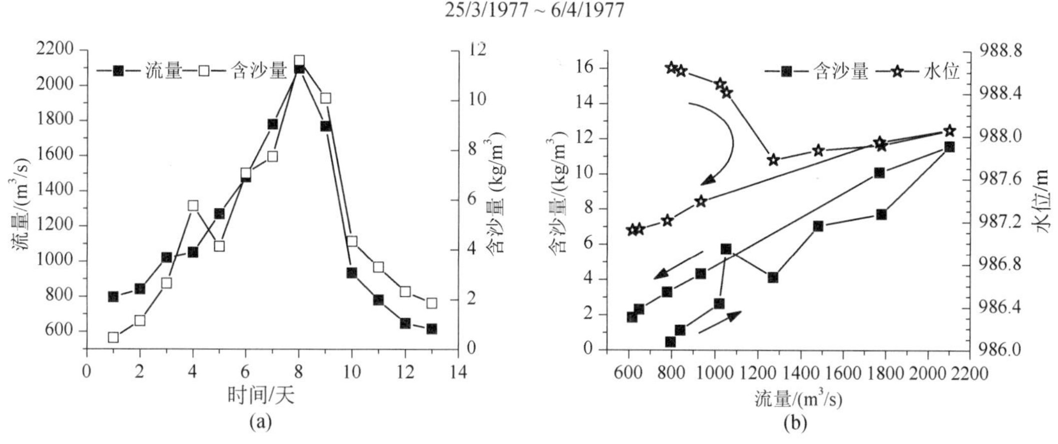

图 2.33　1977 年 3 月 25 日洪水过程及相应流量-含沙量、流量-水位关系

2.3.5　讨论

1. 时间尺度与泥沙来源

探讨头道拐水文站在不同时间尺度（场次洪水时间内尺度、月和季节尺度，以及年尺度）下流量-含沙量特点，有助于进一步认识黄河上游泥沙输移特征。河流的泥沙输移主要取决于两个方面，一是河道输送泥沙的能力，二是可被侵蚀搬运的物质的多少

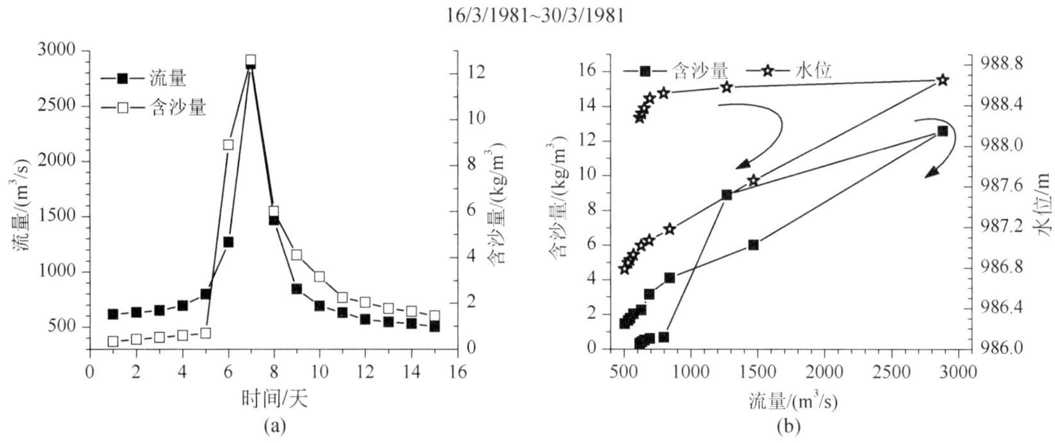

图 2.34　1981 年 3 月 16 日洪水过程及相应流量-含沙量、流量-水位关系

(Asselman, 1999)。通常情况下，河道的泥沙输移能力随着流量的增加而增加。而头道拐水文站水沙关系较为复杂，当流量增加到某一值时，河道中的悬移质含沙量达到最大，当流量继续增大时，含沙量反而减小。在黄河宁蒙段夏季洪水中，含沙量的供给与流量的增加不匹配，大水挟小沙，小水含大沙的情况多见。例如，1967 年 8 月 25 日发生的大洪水，当流量为 5310m³/s，河道的含沙量为 4.99kg/m³；而对于 1955 年 8 月 10 日发生的洪水，河道的含沙量为 37.2kg/m³时，流量仅有 1530m³/s。正是由于黄河上游产水产沙的影响因素复杂，导致宁蒙段洪水中不同的水沙组合特征，才使得水沙关系曲线显得独特。

受泥沙来源、水沙传播速度及其他产水产沙因素的影响，洪峰和沙峰发生的时间常常不同，是导致不同泥沙滞后环发生差异的重要原因。黄河宁蒙段场次洪水有多种 C-Q 滞后环现象，其发生的主要原因如下。

支流影响：以十大孔兑之一的西柳沟为例，西柳沟入黄前的控制水文站为龙头拐站。龙头拐站多年平均汛期水和沙量分别占全年的 66.6% 和 99.0%，而汛期的来水来沙只集中在历时仅数天的一两场洪水。以西柳沟严重淤堵黄河的 1989 年 7 月 21 日洪水为例，场次洪水在 7 月 21 日日均流量为 842m³/s，日均含沙量为 652kg/m³，这一天共有约 0.47 亿 t 的悬移质泥沙输送入黄。入黄洪水中瞬时最大洪峰流量为 6940m³/s，最大含沙量为 1380kg/m³，而此时黄河干流的流量只有 1230m³/s。泥沙入黄后，在汇流处淤堵，形成长 600m、宽 10km、高 2m 的沙坝（武盛和于玲红，2001）。支流淤堵黄河形成的沙坝，造成黄河上游流速下降水位升高。图 2.35 为处于西柳沟入黄口上游 1.5km 的昭君坟水文站 1989 年 7 月 13 日 ~7 月 27 日的水沙过程、水位-流量、流量-含沙量关系图。从图中可以看出，这次西柳沟的洪水，在两天之内使得昭君坟水文站水位猛升 2.18m，流量由 7 月 20 日的 1190m³/s 降低到 7 月 22 日的 593m³/s，日均含沙量由 7 月 19 日的 4.18kg/m³下降到 7 月 22 日的 0.3kg/m³。7 月 22 日之前，昭君坟站 C-Q 的关系为顺时针滞后环，水位-流量关系为逆时针滞后环，说明支流挟带大量泥沙入黄后在入黄口淤堵黄河，使得回水上延，造成黄河干流水位急剧上升。支流入黄后，对下游河道的影响如图 2.30 所示，头道拐水文站的日均含沙量由 7 月 21 日的 6.4kg/m³骤升到 7 月 23 日的 28.3kg/m³。支流挟带的大量泥沙恰逢头道拐洪水的落水期汇入，使得 $C\text{-}Q$ 关系呈现逆时针滞后环现象。

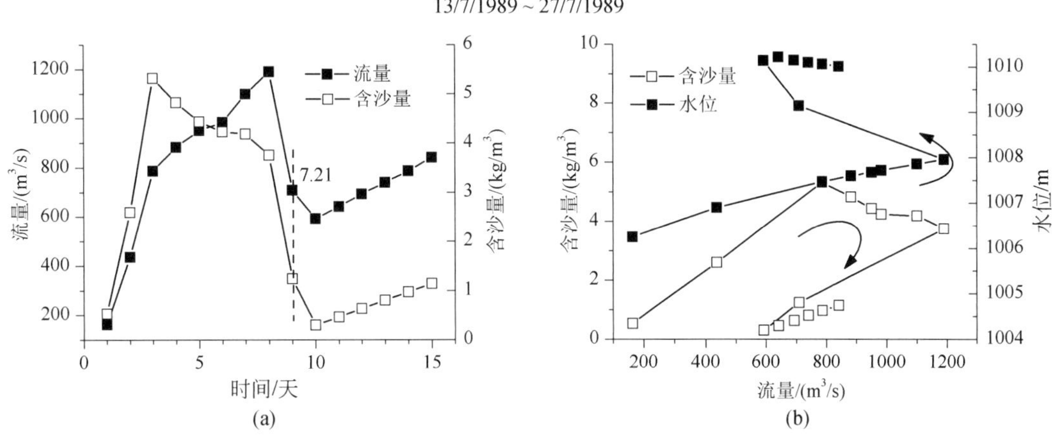

图 2.35　1989 年昭君坟站 7 月 13 日洪水过程及相应流量-含沙量、流量-水位关系

洪峰、沙峰传播速度：1986 年 7 月 5 日发生的洪水有一个特点，在洪水发生的初期，头道拐水文站的含沙量急剧增大，在 7 月 5 日时，日平均流量为 $1070m^3/s$，含沙量为 $5.44kg/m^3$；而在 7 月 7 日，当流量增大到 $1260m^3/s$ 时，含沙量高达 $30.3kg/m^3$，两天内含沙量增大了约 4.6 倍。黄河宁蒙段的支流及十大孔兑在 7 月 5 日附近没有发生大的洪水及输沙过程。由图 2.36 可知，含沙量的增加主要来自下河沿以上。在下河沿上游有支流祖厉河入汇黄河，祖厉河是一条水少沙多的河流，入黄前的控制水文站为靖远站。据靖远站多年实测资料统计（1955～2003 年），多年平均水量为 0.85 亿 m^3/a，多年平均输沙量为 0.42 亿 t/a，汛期水、沙量分别占全年的 72%、82.8%。祖厉河在 6 月 26 日发生了流量为 $771m^3/s$、含沙量为 $706kg/m^3$ 的高含沙洪水，洪水期间（6.24～6.29），6 天时间输送到黄河的泥沙约有 0.54 亿 t。

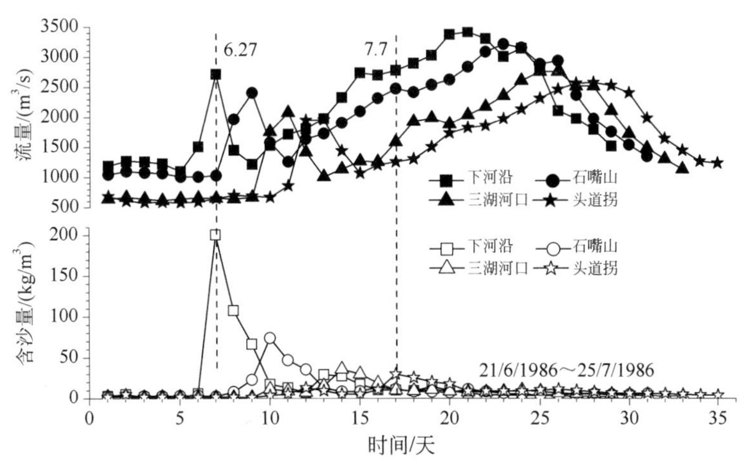

图 2.36　1986 年黄河上游宁蒙段水文站点洪水过程

此次高含沙洪水造成黄河宁蒙段含沙量大大增加，黄河宁蒙段的入口水文站为下河沿

水文站，下河沿水文站在 6 月 26 日的日平均流量为 1510m^3/s，对应的悬移质含沙量为 6.09kg/m^3。由于支流入汇，6 月 27 日的流量增加到 2720m^3/s，含沙量骤升到 201kg/m^3，日均含沙量较前一天增大了 32 倍。祖厉河的这次高含沙洪水，洪峰、沙峰到达黄河宁蒙段（即下河沿水文站）的时间为 6 月 27 日。洪峰传播到头道拐站的时间为 7 月 2 日，共历时 5 天；沙峰传播到头道拐的时间为 7 月 7 日，晚于洪峰 5 天到达。由图 2.36 可以看出，黄河宁蒙段在 6.25 ~ 7.25 期间，共发生两次洪水过程，前一次洪水过程历时较短，由于沙峰的传播速度慢，下河沿第一次洪水过程的沙峰传播到头道拐水文站时，已经是头道拐水文站的第二次洪水过程，所以图 2.29（b）显示出顺时针滞后环。由此可见，尽管物源相同，但由于水沙传播速度不同，将产生不同的滞后环现象。

场次洪水发生的时间：场次洪水发生的季节不同，将产生不同的滞后环现象。发生在春季的洪水（3 月、4 月），水沙关系同步，多产生“8”字形滞后环和逆时针滞后环；发生在汛期的洪水，水沙关系复杂，顺时针滞后环、逆时针滞后环、“8”字形滞后环都有可能出现。黄河上游水沙异源，径流主要来自于唐乃亥以上，沙量主要来自唐乃亥以下的几条支流。位于黄河宁蒙段境内的祖厉河、清水河及十大孔兑，大都发源于黄土丘陵沟壑区，这些地区，植被差，降水量少而集中，水土流失严重。方海燕等（2007）认为在黄土高原地区，在季节的时间尺度上，可蚀物质存在一个“存储—释放”的过程。在晚秋、冬季和春季，地表物质经过风化，人类活动及冻融交替作用，在地表存储了相当多的可蚀物质，该时期可以认为是物质的存储时期；在夏秋暴雨多发季节，储备好的物质被径流带走，即释放期。黄河宁蒙段的可蚀物质也存在一个“存储—释放”的过程。黄河宁蒙段的支流及十大孔兑洪水主要发生在汛期，春季基本没有洪水发生。春季洪水输送的泥沙主要来自存储在河道及附近的可蚀物质，在冬季和春季，地表物质经过风化、沙尘暴及冻融交替作用，同时在冬季黄河宁蒙河道处于凌汛期，使得河道及地表储存了大量的可蚀物质。开河后，随着河道输沙能力的恢复，河道的含沙量随着流量的增加而增加，水沙关系呈线性变化。由于春季洪水多发生在凌汛后，所以河道输沙能力在落水期要高于洪水上涨期，*C-Q* 滞后环多呈“8”字形和逆时针特点。在汛期，黄河输送的泥沙主要来自十大孔兑等多沙支流。在冬季和春季，多沙支流流域内黄土丘陵沟壑区的物质经过风化、沙尘暴、人类活动及冻融交替作用，在多沙支流储存了大量的可蚀物质。在汛期，高含沙水流在多沙支流时有发生。高含沙洪水，以其强大的侵蚀和输沙能力，挟带大量的黄土丘陵沟壑区的粗颗粒泥沙进入黄河。由于支流发生洪水的时间多与黄河干流洪水不同步，造成了黄河宁蒙段三次曲线的水沙关系及多种类型的 *C-Q* 滞后环现象。

多种因素共同作用：悬移质含沙量的变化可以解释为河道排沙、在大流量下含沙量被稀释、连续洪水事件后泥沙耗空（Hudson，2003；Lecce et al.，2006；Marttila and Kløve，2010）。1967 年 8 月 25 日发生的洪水与 1981 年 9 月 1 日有两点相似：一是洪峰流量大，最大洪峰流量都超过 5000m^3/s；另一个是一次洪峰过程中有数次沙峰过程。1967 年的洪水过程中，最大日均含沙量发生在 9 月 2 日，当日的平均流量为 2960m^3/s，自 9 月 2 日后流量继续增加，含沙量呈直线下降。1981 年的洪水过程中，虽然最大日均含沙量发生在 9 月 8 日，但含沙量直线下降发生在 9 月 13 日，当日的日均流量为 2900m^3/s。Fan 等（2012）发现在宁蒙河段日均流量达到 3000m^3/s 时，河流漫滩。黄河内蒙古河段河漫滩上种植了大量的玉米、向日葵等农作物，九月正是这些高秆农作物快成熟的季节，洪水漫滩后，水流的阻力增加，流速降低，一部分悬浮泥沙将落淤在河漫滩上，使得水流的含沙量降低。吉祖稳和胡春宏（1997，1998）通过试验发现，洪水漫滩后滩槽水沙交换中等量水体交换造成沙量更多地滞留滩地。当漫滩洪水返回主槽时，因其含沙量变小，粒径变细，使得主槽水流的挟沙力提高、含沙量降低。当主槽挟沙力超过来沙量时，主槽将发生冲刷。据已有的资料记载，1967年、1981年9月以后十大孔兑及其他支流都没有大的洪水发生。图2.37显示洪水过后，头道拐断面主槽刷深，右岸后退，所以尽管在落水期，河道的含沙量却再一次增加，其泥沙主要来源于河床及河岸物质。头道拐水文站各时期汛期洪水水沙关系图中显示[图2.32（b）]，落水期的含沙量要低于同流量下涨水期的含沙量，说明在汛期，头道拐断面也存在一定的泥沙耗空现象。由此可见，黄河内蒙古河段悬移质含沙量的变化，不同的C-Q滞后环现象与水流是否漫滩，河岸植被，河岸及河床物质在场次洪水中是否被侵蚀，是否有泥沙耗空等现象有关。

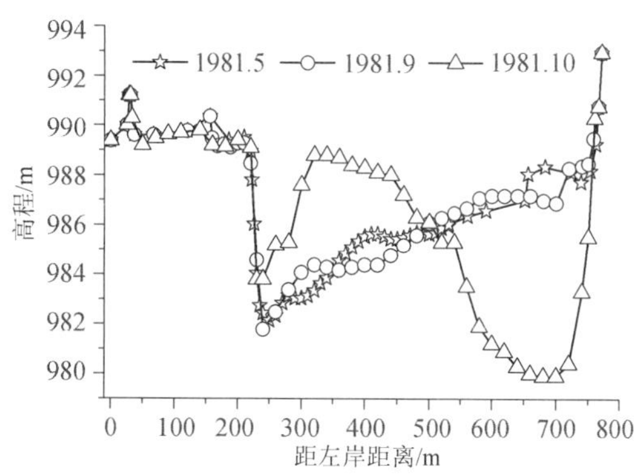

图2.37　头道拐水文站1981年河道横断面变化

2. 不同时期水沙关系曲线变化原因

黄河上游刘家峡和龙羊峡等大型水库的修建改变了水库下游的水文过程，水库下游的水沙在年内分配发生了较大的变化。从头道拐水文站流量-含沙量月尺度变化可以看出（图2.31），大型水库的修建，导致汛期来水明显减小，非汛期水量增加。在汛期，大量的洪水被水库拦蓄，洪峰流量大幅度削减（图2.24）。1987～2002年，16年间头道拐水文站仅发生了一次日均流量大于3000m^3/s的洪水，而大于3000m^3/s的洪水在1954～1968年共15年间发生了82次，在1969～1986年共18年间发生了129次。河流的泥沙输移主要取决于两个方面，一是河道输送泥沙的能力，二是可被侵蚀搬运的物质的多少（Asselman，1999）。所以河道的输沙能力和可蚀物质的多少共同决定了水沙关系曲线。水沙关系曲线在1986年前变化不大，从整体来看，同流量下悬移质含沙量1969～1986年比1954～1968年略小。1954～1968年内蒙古河段的年均淤积量为0.252亿t（王彦成等，1999）。1968年随着刘家峡、青铜峡水库的修建，青铜峡以上河段的泥沙大量被拦截，进入内蒙古河段的泥沙减少，河道在1969～1986年年均冲刷0.066亿t。对比两个时期，可见黄河内蒙古河段1954～1968年相对于1969～1986年来说，可蚀物质更加充分，两者水沙关系曲线大致相同，说明刘家峡、青铜峡水库的修建并没有降低内蒙古河道的输沙能力。自 1986 年龙羊峡、刘家峡水库联合运用后，1987 ~ 2002 年的水沙关系曲线明显低于同流量下 1987 年以前的水沙关系曲线。而内蒙古河道在 1987 ~ 2004 年年均淤积 0. 616 亿 t（侯素珍等，2007a），表明内蒙古河段可蚀物质充分，而同流量下河道的含沙量明显低于 1987 年前，说明龙羊峡、刘家峡水库联合运用后，大大降低了黄河内蒙古河道的输沙能力。

第3章　十大孔兑水沙变化过程

3.1　十大孔兑侵蚀产沙的时空变化及其成因

三湖河口—头道拐河段（以下简称三头河段）是黄河上游内蒙古河段的下段，这一河段的冲淤不仅受到干流上游来水来沙的影响，而且受到三湖河口以下集中汇入干流、来自沙漠地区的10条小支流（即“十大孔兑”）以高含沙水流形式输入干流的大量粗颗粒泥沙的影响。十大孔兑输送到黄河的粗颗粒泥沙绝大部分淤积在河道中，导致河床淤积抬高。通过减少十大孔兑来沙来缓解河道的淤积，已成为黄河上游流域治理战略中的重要组成部分。但是，这一地区侵蚀产沙的研究成果较少，见于文献的有赵昕等（2001）、张建等（2013）、马玉凤等（2013）的工作，对于侵蚀产沙规律的研究亟待深入开展。揭示这一地区的侵蚀产沙规律，不但具有重要的理论意义，而且也是这一地区水土流失和泥沙灾害治理中迫切需要解决的问题。由于十大孔兑处于干旱荒漠、半荒漠地区，自然环境脆弱，暴雨集中度大，研究侵蚀产沙的时空变化，以及产沙对于降雨事件量级的依赖关系具有重要的意义。我们对此进行了研究，取得了进展（许炯心，2014a）。

3.1.1　流域自然地理特征

十大孔兑流域（图3.1）位于黄河三头河段右岸，10个汇口分布于220km长的河段上，从西向东依次为毛不拉孔兑、卜尔色太沟、黑赖沟、西柳沟、罕台川、壕庆河、哈什拉川、木哈尔河、东柳沟、呼斯太河，是黄河内蒙古河段的主要产沙支流。其流域面积变化于213～1261km^2，河长变化于28.6～110.9km。河道短，但比降陡，变化于2.67‰～6.41‰（表3.1）。10条河流的流域面积合计为10767km^2，在气候上属于温带大陆性季风气候，在自然区划上属于鄂尔多斯东部高平原沙漠自然区，生物气候带属于干草原地带，向西过渡为半荒漠地带（杨勤业和袁宝印，1991）。表3.2中列出了十大孔兑流域内的达拉特旗气象站及相邻地区的若干县的气候（按1950～1985年平均）和植被资料。研究区内达拉特旗的年均降水为310.3mm，日最大降水为79.3mm，年均气温为6.1℃。在地貌营力上，研究区具有典型的风水两相作用。冬春两季多大风和沙尘暴，如达拉特站多年平均大风和沙尘暴日数分别为25.2天和19.7天，相邻地区的东胜多年平均大风和沙尘暴日数分别为34.5天和19.2天，相邻地区的包头多年平均大风和沙尘暴日数分别为46.8天和21.6天。本区虽然年降水量不大，但降雨集中，常形成强度极大的暴雨。加上流域上游为薄层黄土覆盖的“砒砂岩”、中下游为风成沙这一有利的地表组成物质分布的配合，使得风水两相作用在侵蚀产沙中起到主导作用。中部库布齐沙漠沿东西方向横贯研究区，西宽东窄，宽度变化于28～8km。区内沙漠面积为2762km^2，罕台川以西多属于流动沙丘，面积为1963km²，占沙漠面积的71.1%；罕台川以东，沙漠面积仅为799km²，以半固定沙丘为主（杨根生等，1991）。十大孔兑流域干旱少雨，降雨主要以暴雨形式出现，暴雨产生峰高量少、陡涨陡落的高含沙量洪水。汛期7~10月月沙量占年沙量的98%以上，绝大多数洪水发生时间均在7月上旬至8月下旬，一次洪水沙量就能占年沙量的35%以上，最高的可达88.9%~99.8%。

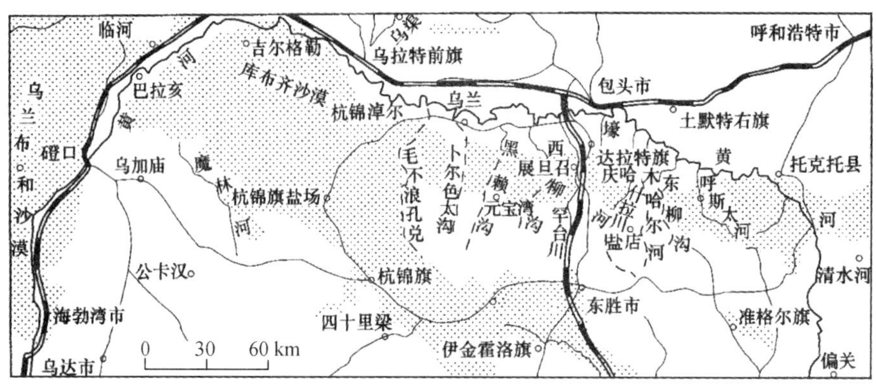

图3.1　研究区示意图（引自黄河水利科学研究院，2009）

表3.1　十大孔兑流域特征值①

支流	流域面积/km²	河长/km	平均比降/‰	与黄河汇口到黄河源距离/km
毛不拉孔兑	1261	110.9	3.98	
卜尔色太沟	545	73.8	6.41	3204
黑赖沟	944	89.2	3.48	
西柳沟	1194	106.3	3.57	3252
罕台川	875	90.4	5.04	3288
壕庆河	213	28.6	5.25	
哈什拉川	1089	92.4	3.44	3368
木哈尔河	407	77.2	3.30	3379
东柳沟	451	75.4	2.67	3402
呼斯太河	406	65	3.61	

① 黄河水利科学研究院黄河干流水库调水调沙关键技术研究与龙羊峡、刘家峡水库运用方式调整研究课题组．黄河上游兰州至头道拐河段冲淤分析．黄河水利科学研究院研究报告，2008年3月．

表 3.2　十大孔兑流域相关各县的气候和植被特征

县名	年降水量 /mm	日最大降雨量/mm	平均风速 /(m/s)	大风日数 /(d/a)	沙尘暴日数 /(d/a)	年均温 /℃	>10℃积温 /℃	自然植被生产力 /[t/(hm^2·a)]	森林覆盖率 /%
托克托	363.5	146.4	2.7	10.4	19.3	6.6	3004.5	4.0	10.93
包头	308.8	100.8	3.4	46.8	21.6	6.4	2964.6	2.3	4.77
土默特右旗	345.0	79.8	2.8	17.5	6.4	7.0	3033.0	3.4	6.08
达拉特旗	310.3	79.3	3.2	25.2	19.7	6.1	2942.1	2.4	5.24
杭锦旗	281.3	72.1	4.5	28.0	26.7	5.7	2690.8	1.6	2.25
东胜	400.3	147.9	3.6	34.5	19.2	5.5	2499.7	5.1	6.65
准格尔旗	401.5	96	2.3	24.6	15.2	7.2	3118.4	5.1	7.80
伊金霍洛旗	357.5	123.1	3.6	26.7	27.2	6.2	2754.5	4.9	7.17

资料来源：中国科学院黄土高原综合科学考察队，1992。

十大孔兑中只有 3 条孔兑设有水文站，即毛不拉孔兑图格日格站、西柳沟龙头拐站、罕台川红塔沟站，其中，西柳沟龙头拐站的水文资料系列较长，也较完整，本书的研究以西柳沟的资料为主。涉及的输沙量、径流量和悬移质含沙量资料均来自相关水文站。龙头拐站的资料年限为 1960～2005 年。我们以龙头拐、东胜、包头三站的年降水资料代表西柳沟流域平均降水量。东胜、包头气象站有长系列的日降水量资料。为了研究暴雨特性对侵蚀产沙的影响，采用了最大 1 日降雨量（P_{max1}）、最大 3 日降雨量（P_{max3}）、最大 5 日降雨量（P_{max5}）、最大 7 日降雨量（P_{max7}）、最大 10 日降雨量（P_{max10}）、最大 30 日降雨量（P_{max30}）作为指标，以东胜、包头两站的平均值代表全流域的降雨指标值。

3.1.2　侵蚀产沙和降水的时间变化特征

图 3.2 分别点绘了龙头拐站年输沙量的时间变化（a）、年输沙量累积值的时间变化（b）。在 46 年的尺度上，年输沙量与时间之间的相关系数 R 仅为−0.0834，虽为负相关，但在统计上不具有减小趋势。然而，对于龙头拐站 1960～1991 年和 1992～2005 年这两个时段的年输沙量进行平均后得到，前一时段的年均值为 543 万 t，后一时段的年均值为 342 万 t，减少了 37%。输沙量累积曲线呈阶梯状［图 3.2（b）］，与每一阶梯相对应的是一次强产沙事件，而强产沙事件常常在黄河干流造成淤堵事件。输沙量-降水双累积曲线也具有类似的阶梯式特征。西柳沟的产沙与暴雨关系密切，强产沙事件常常与大暴雨对应，但大暴雨发生的频率是较低的。在发生大暴雨的两个年份之间有若干年的间隔，这些年份产沙量较小，产沙量累积曲线缓慢升高。当下一次大暴雨发生时，产沙量累积曲线突然大幅度升高，形成又一个阶梯。这一特征与其他河流有很大差异。1961 年和 1989 年为特大来沙年，输沙量双累积曲线发生阶梯式上升，形成最大的两个阶梯。其余大沙年则形成较小的阶梯，如 1966 年和 1973 年等。

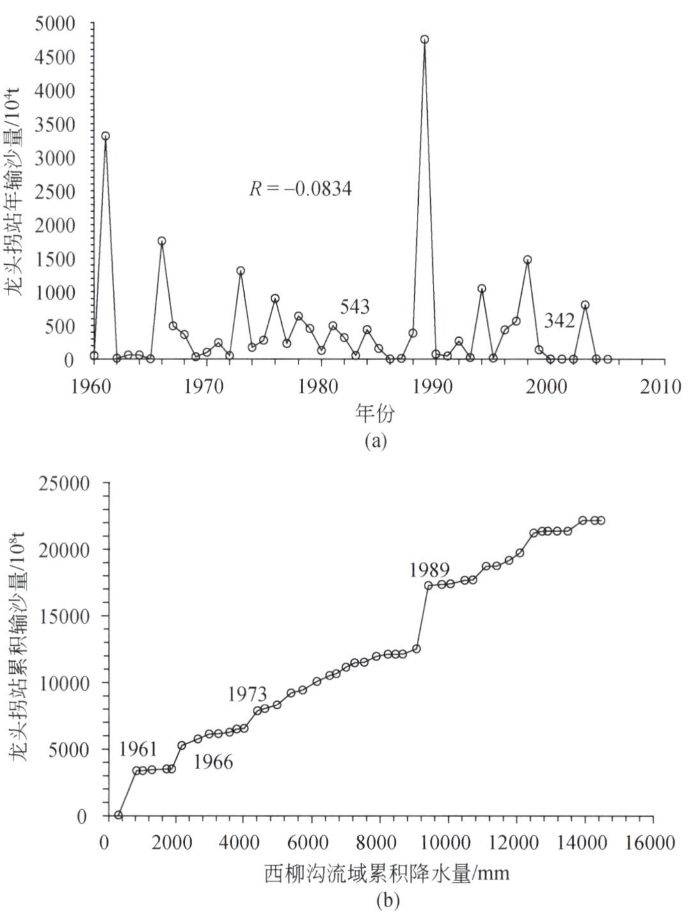

图 3.2 龙头拐站年输沙量的时间变化（a）和年输沙量累积值的时间变化（b）

图 3.3 中点绘了最大 1 日降水量、最大 3 日降水量、最大 7 日降水量和年降水量随时间的变化，表 3.3 中给出了各个降雨指标与时间（年份）之间的相关系数。表中显示，相关系数均为负值，但很低。说明降雨特征值略有减小，但并没有统计上可以接受的趋势性

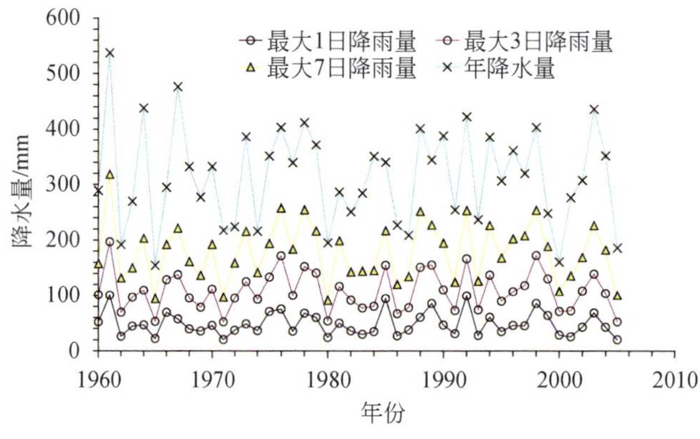

图 3.3 不同降水指标的时间变化

变化。但是，1989 年以后，最大 1 日降雨有一定的减小趋势（$p<0.10$），这对于 1991 年以后输沙量的减少有一定影响（详见后文）。

表 3.3　各个降雨指标与时间（年份）之间的相关系数

降雨指标	P_{max1}	P_{max3}	P_{max5}	P_{max7}	P_{max10}	P_{max15}	P_{max30}	P_a
与时间的相关系数	-0.02	-0.01	-0.01	-0.01	-0.02	-0.02	-0.02	-0.06

由图 3.2（a）可以看到，西柳沟产沙量的年际波动很大，少数几个高值年份形成尖峰，十分引人注目。十大孔兑中进行过输沙量观测的三大孔兑的总产沙量（即出口控制站输沙量之和）的时间变化见图 3.4（a），也表现出相似的特征。为了揭示少数大沙年份对总产沙量的贡献，我们将三大孔兑最大 N 年累积产沙量百分比随 N 的变化点绘在图 3.4（b）中。三大孔兑 1960 ~ 2005 年共 46 年的累积产沙量为 50860 万 t。最大 1 年产沙量发生于 1989 年，占 46 年总量的 24.8%；最大 3 年、最大 5 年和最大 7 年的累积产沙量分别占总量的 39.5%、50.0% 和 59.8%，最大 10 年的累积产沙量占总量的 70.8%，超过 70%。可见，三大孔兑产沙量

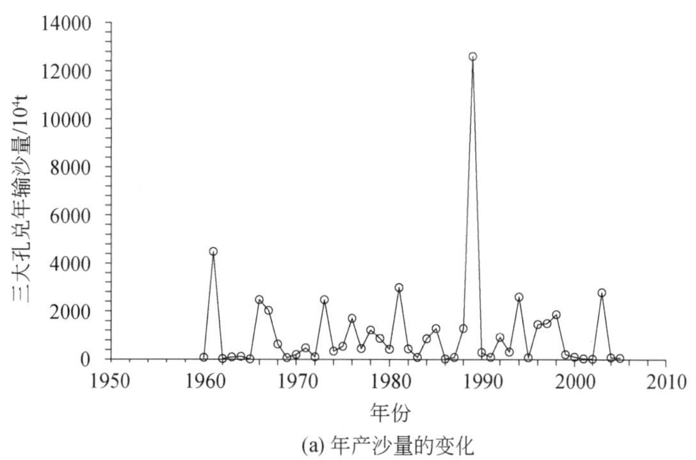

(a) 年产沙量的变化

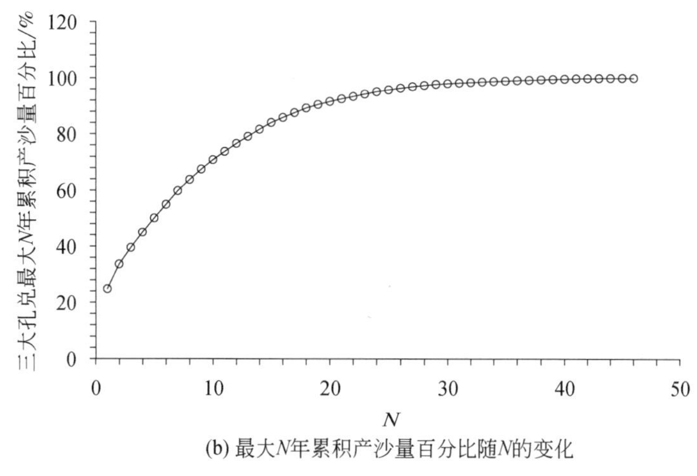

(b) 最大 N 年累积产沙量百分比随 N 的变化

图 3.4　三大孔兑产沙量的变化

高度集中于几个大水、大沙年份，其余的中水、中沙年份和小水、小沙年份对 46 年总产沙量的贡献很小。因此，在研究十大孔兑产沙量的影响时，必须充分考虑暴雨事件的影响。

3.1.3　近期西柳沟侵蚀产沙减弱的原因

上文已指出，西柳沟产沙量在 1991 年以后有所减少。我们按 1960 ~ 1991 年、1992 ~ 2005 年两个不同的时期，点绘了输沙量、径流量、含沙量与降水量的关系，以揭示后一时段产沙量减少的原因。如图 3.5（a）所示，这两个时期中西柳沟年径流与年降水量的关系基本上不变，两个时期的数据点互相混杂；但是年产沙量与年降水量的关系却发生了很大的变化，后一时期的拟合直线低于前一时期，说明在年降水量可比时，后一时段的产沙量大大减少［图 3.5（b）］。产沙量与径流量的关系与此类似，但数据点的分布更为集中［图 3.5（c）］，可以用下列二式来表示：

对于 1960 ~ 1991 年：　$Q_s = 1\times10^{-7} Q_w^{2.6927}$　（3.1）

对于 1992 ~ 2005 年：　$Q_s = 2\times10^{-15} Q_w^{4.7826}$　（3.2）

决定系数 R^2 分别为 0.724 和 0.835，说明前后两个时期中，径流量的变化可以分别解释输沙量变化的 72.4% 和 83.5%。两条直线的斜率不同，它们之间的距离随着径流量的增大而减小，其交点意味着减沙量为零。当径流量进一步增大时，减沙量变为负值。交点处的横坐标值可以计算如下。设两个幂函数关系分别为：$y_1 = a_1 x^{b_1}$（前一时期），后一时期 $y_2 = a_2 x^{b_2}$（后一时期），交点处的 $x = X$，则 $a_1 X^{b_1} = a_2 X^{b_2}$，解之可得

$$X = (a_2/b_2)^{1/(b_1-b_2)} \tag{3.3}$$

将关系式（3.1）、式（3.2）中的系数和指数代入关系式（3.3），计算得到 Q_w = 4931 万 m^3。年径流量超过此值之后，减沙量变为负值。由于降雨集中于一两次暴雨，年径流量很大的年份也是大暴雨发生的年份，这说明当大暴雨年份出现时，后一时期的产沙量会大于前一时期。

在年降水量可比时，后一时期的产流量并未明显减少，但产沙量却显著减少，这说明后一时段径流平均含沙量减少了，图 3.5（d）证明了这一点。

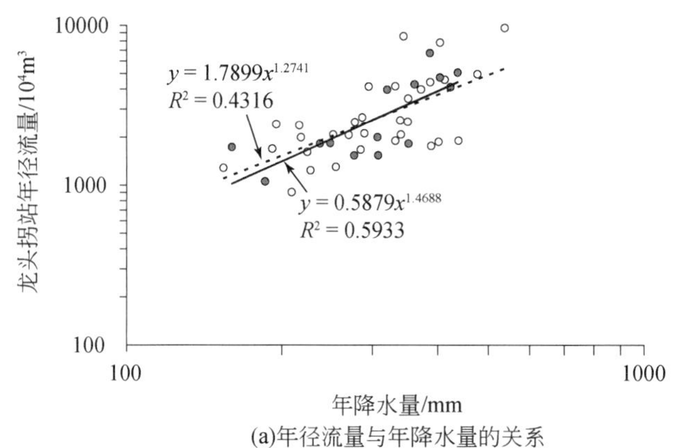

(a)年径流量与年降水量的关系

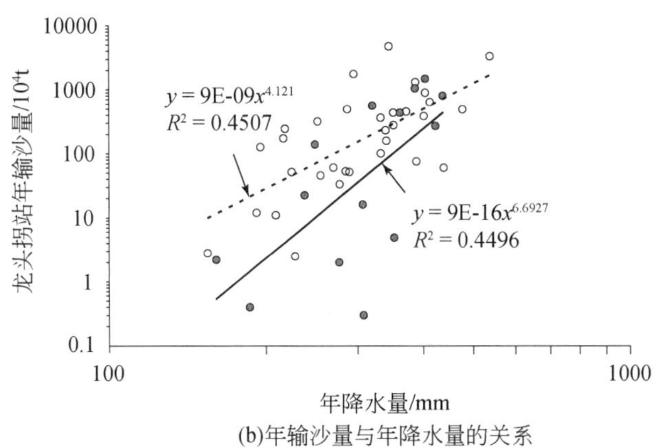

(b)年输沙量与年降水量的关系

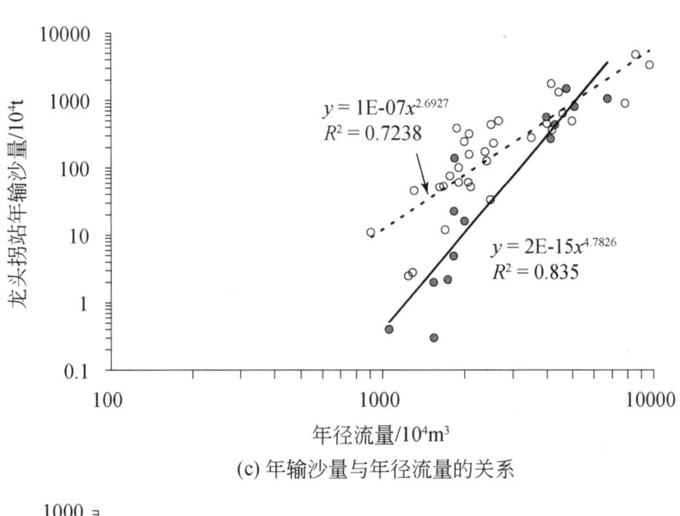

(c) 年输沙量与年径流量的关系

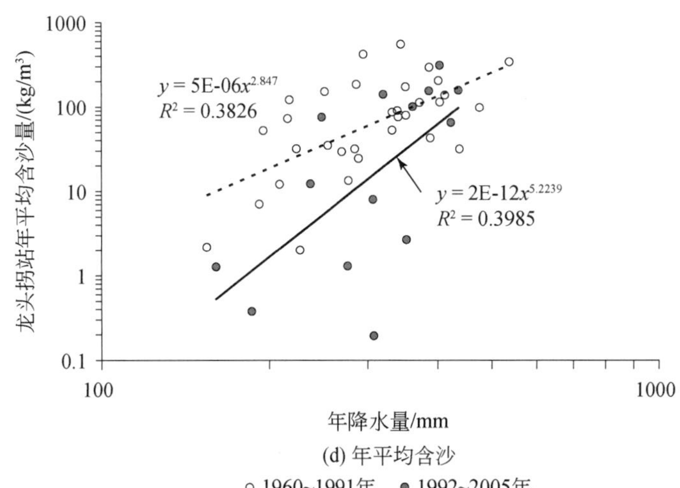

(d) 年平均含沙

○ 1960~1991年　● 1992~2005年

图 3.5　两个不同时期龙头拐站输沙量、径流量、含沙量与降水量关系的比较

图 3.5 中显示的两个时期产沙量的差异，可以用暴雨特征的差异和下垫面（如植被）的变化来解释。图 3.6（a）中点绘了西柳沟上游（以东胜站代表）年降水量和最大 1 日降水量的变化。可以看到，1990 年以后，年降水量无明显变化（显著性概率 $p=0.27$），但最大 1 日降水量在 $p<0.10$ 的水平上呈现减小的趋势（$p=0.094$）［图 3.6（a）］。由于高含沙量洪水是在暴雨时发生的，而来自上游砒砂岩和盖沙黄土丘陵区的高含沙水流进入中游沙漠区河道后会使大量风成沙被悬浮而向下搬运，出现很高的侵蚀产沙强度（许炯心，2000，2013）。后一时期中暴雨的减少使得含沙量降低［图 3.6（d）］，高含沙水流出现频率降低，从而导致了产沙量减小。另一个原因是植被的改善。图 3.6（b）中点绘了十大孔兑所在地区包头、达特拉旗、东胜、准格尔旗、伊金霍洛旗五县（市）遥感归一化差分植被指数 NDVI 年平均值的变化，1982 年以来呈现增大的趋势（$p<0.01$）。植被的好转使地表物质受到了更好的保护，减弱了侵蚀，因而在年降水可比时，产沙量减少。值得注意的是，1986 年后罕台川开始进行水土流失治理，但作为与罕台川对比的流域，西柳沟并未治理（赵昕等，2001）。因此，西柳沟植被的恢复主要不是水土保持的结果，而是

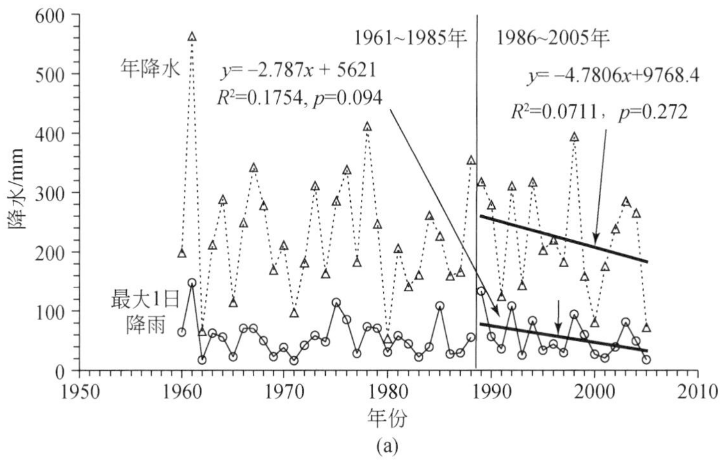

(a)

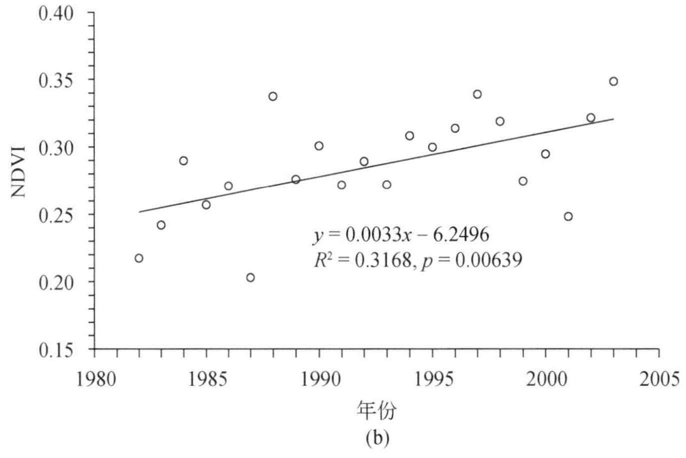

(b)

图 3.6　东胜站年降水量和最大 1 日降雨量的变化（a）和十大孔兑流域 NDVI 的变化（b）

农村富余劳动力转移的结果。大量劳动力外出打工，对土地的压力减轻，对植被的破坏也大大减弱，加上大量坡耕地的休耕，使得植被逐渐恢复，NDVI 增大，因而侵蚀产沙减弱。

应该指出，当大暴雨发生、年径流超过 4931 万 m^3时，后一时期的产沙量会超过前一时期，说明植被减蚀减沙作用是有限的，仍需要加强水土保持，才能更有效地减少十大孔兑输入黄河的泥沙。

3.1.4　空间分布特征

十大孔兑的风水两相侵蚀产沙作用，表现出了特殊的叠加效应。这种作用在空间上与地表物质分布的空间配置有关，在时间上则通过“接力”的方式来实现。具体而言，产生高含沙水流液相的细颗粒物质位于上游的“砒砂岩”地区，而提供高含沙水流固相的粗颗粒物质位于中游沙漠区。冬天和春天的风力作用将沙漠沙吹送到河道中和河漫滩上，并暂时存储在那里；进入夏天雨季后，来自上游“砒砂岩”地区的、富含细颗粒的暴雨径流，使中游河道中存储的风成沙悬浮而形成高含沙水流，经下游河道搬运到黄河中，完成产沙过程（许炯心，2000）。这种叠加效应具有空间分异特征，因而十大孔兑产沙模数也表现出某种空间分异规律。

黄河水利科学研究院基于已有资料，依据地貌、降水特征的相似性进行分片，对于没有资料的 7 个孔兑的年输沙量进行估算，计算出 1960～2005 年各个孔兑的年输沙量①。中国科学院兰州沙漠研究所基于野外试验建立的单宽输沙率与风速的关系和气象站的风力、风向观测资料，计算出了十大孔兑年平均风沙入河的数量（杨根生等，1991）。这些数据已列入表 3.4 中，以资比较。为了揭示它们的空间差异，图 3.7 给出了十大孔兑年平均产沙模数的空间变化，各孔兑是按从西向东的方向排列的。按这一方向，产沙模数先是增大，在西柳沟达到最大值，然后再减小。对于这种空间分布特征的成因可以解释如下。

表 3.4　十大孔兑的产沙特征

支流	流域面积/km^2	年进河风沙量/万 t	基于水文资料的年产沙量/万 t	基于水文资料的产沙模数/[t/(km^2 · a)]
毛不拉孔兑	1261	217.97	439.4	3485
卜尔色太沟	545	119.41	205.3	3767
黑赖沟	944	142.07	328.9	3484
西柳沟	1194	247.47	482.1	4038
罕台川	874.7	231.38	184.1	2105
壕庆河	213	47.25	41.0	1925

① 黄河水利科学研究院黄河干流水库调水调沙关键技术研究与龙羊峡、刘家峡水库运用方式调整研究课题组．黄河上游兰州至头道拐河段冲淤分析．黄河水利科学研究院研究报告，2008 年 3 月．

续表

支流	流域面积/km^2	年进河风沙量/万 t	基于水文资料的年产沙量/万 t	基于水文资料的产沙模数/[t/(km^2 · a)]
哈拉什川	1088.6	249.20	201.0	1846
木哈尔河	407	90.86	72.1	1771
东柳沟	451	134.77	76.6	1698
呼斯太河	406	108.86	67.2	1655

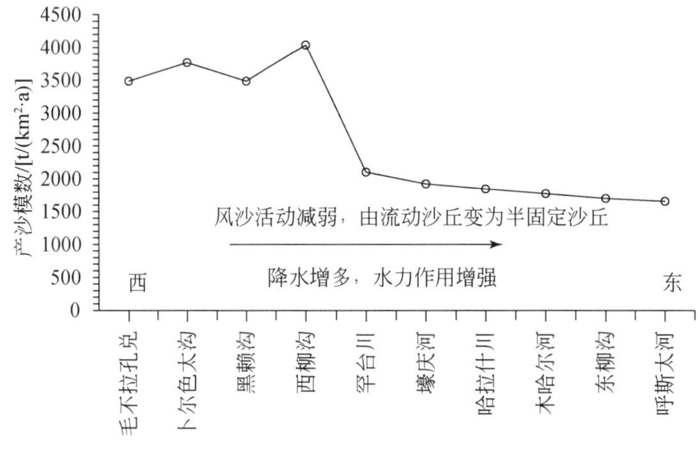

图 3.7　十大孔兑年均产沙模数的空间变化

十大孔兑流域的降水量和沙尘暴频率具有明显的空间变化趋势。从杨根生等（1991）所给出的黄土高原及其北部风沙区的年均降水量、年均沙尘暴频率分布图上可以看出，在十大孔兑流域范围内，从西向东，沙尘暴频率具有减小的趋势，降水量则有增大的趋势。我们从图上按沿巴拉亥—清水河一线绘出一条接近东西向的直线，读取这条直线与年降水量和年沙尘暴日数等值线交点处的年降水量和年沙尘暴日数量值，将结果绘在图 3.8 中，以揭示十大孔兑流域年降水量和年沙尘暴日数的空间变化。可以看到，十大孔兑流域东西宽约 250km，年降水量大致由 400mm 减小到 200mm，年沙尘暴日数大致由 15 天增加为 25 天。由此可以估算出，年降水量频率的平均变化梯度为 80mm/100km，沙尘暴频率的平均变化梯度为 4 天/100km，可见空间变化梯度很大，属于典型的自然环境变化高梯度带，因而也是典型的环境脆弱带。野外考察表明，从西向东，随着风沙活动的减弱和降水的增多，沙丘类型发生了明显变化，由以流动沙丘为主变为以半固定沙丘为主。这意味着风力侵蚀从西向东减弱，进入河道风沙的输沙强度也会减小。另外，水力驱动的侵蚀和泥沙输移会随着降水量从西向东增加而增强。位于西侧的孔兑，虽然入河风沙的数量很大，但流水的搬运能力较弱，因而河流输沙强度较弱，产沙模数较低；位于东侧的孔兑，虽然流水的搬运能力较强，但入河风沙的数量相对较小，因而河流输沙强度较弱，产沙模数也较低。显然，位于中部的孔兑，入河风沙的数量较大，流水的搬运能力也较强，因而可能出现产沙模数的高值区。风水两相作用的产沙效应叠加的结果，在区域中部西柳沟及附近出现了侵蚀产沙的峰值区。这就是图3.7所示的十大孔兑产沙模数空间分布特征的形成机理。

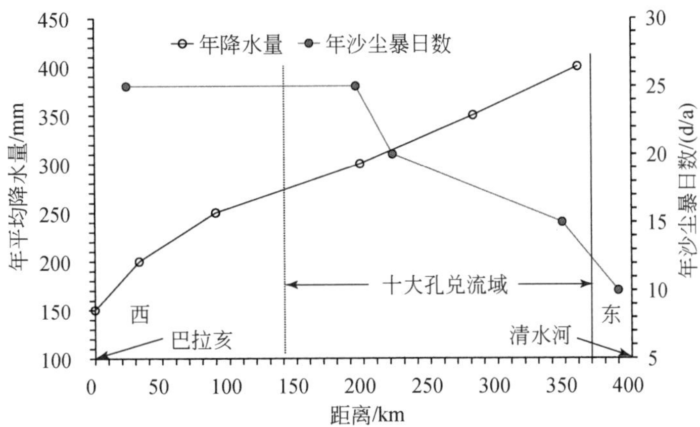

图3.8　十大孔兑流域从西向东年降水量和年沙尘暴日数的空间变化

3.1.5　时间尺度效应

以最大1日降雨量、最大3日降雨量、最大5日降雨量、最大7日降雨量、最大10日降雨量、最大15日降雨量和最大30日降雨量等作为降雨指标，实际上反映了某种时间尺度。因此，研究输沙量与上述降雨指标的关系，可以揭示降雨侵蚀产沙的时间尺度效应。以1960～2005年的资料为基础，分别建立了西柳沟年产沙量与这些降雨指标的幂函数关系，所得到的方程已列入表3.5中。对于各方程的系数a、指数b和决定系数R^2进行比较后发现，它们随着降雨指标的变化具有某种规律性。图3.9（a）显示，随着暴雨指标时间长度的增加，系数a减小，指数b增大。这反映了暴雨对于侵蚀产沙的影响具有某种时间尺度效应。值得注意的是，与最大30日降雨关系相比，年降水量关系的系数a有所增大，而指数b有所减小。

表3.5　不同的降雨指标对西柳沟年输沙量Q_s的影响（各式的显著性概率均小于0.01）

降雨指标	产沙量-降雨幂函数方程	决定系数R^2
P_{max1}	$Q_s=0.0001\ P_{max1}{}^{3.5881}$	0.4462
P_{max3}	$Q_s=1\times10^{-7}\ P_{max\,3}{}^{4.4816}$	0.4526
P_{max5}	$Q_s=4\times10^{-9}\ P_{max\,5}{}^{4.8327}$	0.4467
P_{max7}	$Q_s=5\times10^{-10}\ P_{max\,7}{}^{5.0575}$	0.4409
P_{max10}	$Q_s=1\times10^{-10}\ P_{max\,10}{}^{5.1867}$	0.4285
P_{max15}	$Q_s=3\times10^{-11}\ P_{max\,15}{}^{5.2655}$	0.4193

续表

降雨指标	产沙量-降雨幂函数方程	决定系数 R^2
P_{max30}	$Q_s = 2\times10^{-11} P_{max30}^{5.1216}$	0.394
P_a	$Q_s = 7\times10^{-11} P_a^{4.9009}$	0.3884

决定系数随降雨指标时间长度的变化具有非线性关系［图 3.9（b）］。从最大 1 日降雨指标到最大 3 日降雨指标，R^2有所增大；但随后又略有减小。从最大 15 日降雨指标开始，R^2快速减小。这表明，最大 3 日降雨量对于年产沙量的影响最大，时间尺度超过 15 日以后，降雨对年产沙量的影响较小。

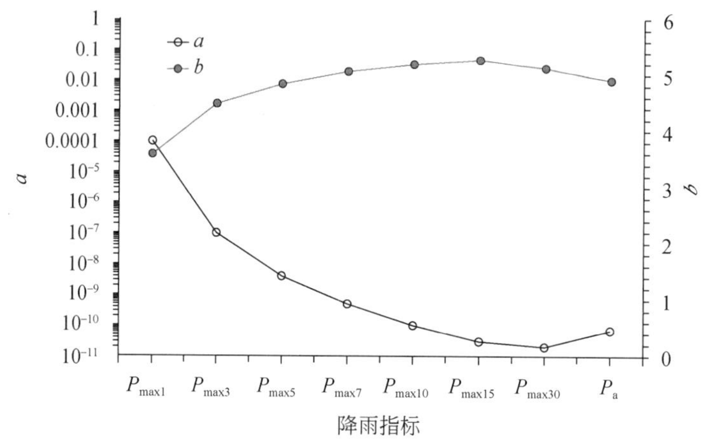

(a) 年产沙量与降雨指标幂函数关系的系数a和指数b随降水指标时间尺度的变化

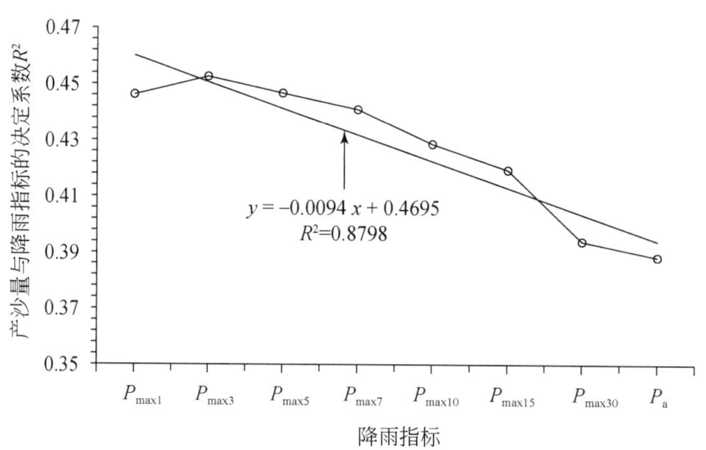

(b) 年产沙量与降雨指标幂函数关系的决定系数随降水指标时间尺度的变化

图 3.9　暴雨影响产沙量的时间尺度效应

3.2　风水两相作用及高含沙水流对孔兑侵蚀产沙的影响

十大孔兑的地理位置和自然地理条件特殊，风水两相侵蚀作用和高含沙水流均十分典型。对这些小支流的侵蚀产沙过程进行研究，可以深化对于风水两相侵蚀和高含沙水流的认识，在理论上有重要意义。我国学者对于黄土高原的高含沙水流及其相关的侵蚀作用和风水两相作用进行了大量的研究（王兴奎等，1982；钱宁，1989；许炯心，2000，2005），取得了进展。但是，对于十大孔兑风水两相侵蚀和高含沙水流侵蚀的研究，尚有待于开展。揭示这一地区的侵蚀产沙规律，不但具有重要的理论意义，而且也是这一地区水土流失和泥沙灾害治理中迫切需要解决的问题。我们在这方面进行了研究，取得了进展（许炯心，2013）。

3.2.1　风水两相作用对侵蚀产沙的影响

1. 风水两相侵蚀产沙自然地理条件

十大孔兑的地貌类型和地表物质分布格局十分相似。上游属于发育于软弱基岩中的丘陵沟壑区，地表有薄层残积土、沙质黄土和风沙覆盖，面积为5172km^2，占总面积的48.0%。基岩为俗称“础砂岩”的白垩系、侏罗系黄绿或紫红色泥质长石砂岩、粉砂岩、砾岩，厚度大，结构松散，极易风化。图3.10中绘出了西柳沟上游础砂岩风化物和风成沙粒度分配曲线，小于0.005mm和小于0.01mm的细颗粒所占百分比分别为8%和13%，大于0.05mm的粗颗粒百分比为75%。风化物遇水很快分散，极易形成作为高含沙水流液相的“浆液”，即水与细颗粒泥沙的混合物。中游属于库布齐沙漠区，面积为2762km^2，占总面积的25.7%；下游属于黄河冲积–洪积平原区，面积为2833km^2，占总面积的26.3%。

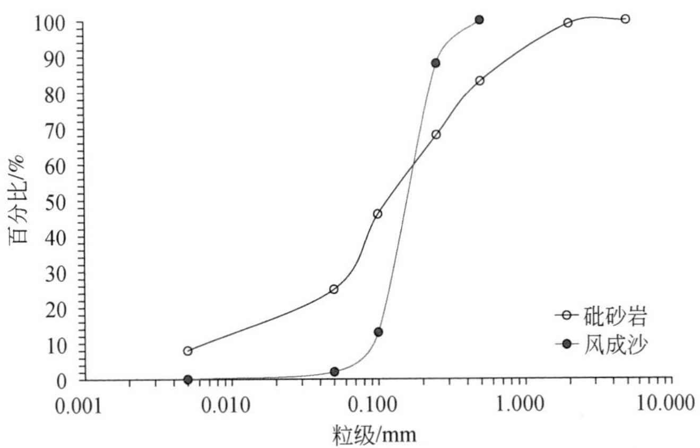

图3.10　十大孔兑础砂岩和风成沙的粒度累积频率分布曲线

这一地区是典型的风水两相作用地区，流域上游位于础砂岩地区，并有沙黄土覆盖。

下游部分位于库布齐沙漠，冬季和春季风沙活动强烈，大量风沙可直接被大风吹入河道，并暂时储存在那里。进入夏季汛期，流域上部砒砂岩区的暴雨洪水携带大量细颗粒泥沙，形成高含沙水流的液相；这样的洪水进入下游河道之后，由于容重较大，可以使前期储存在那里的风成沙被悬浮而向下运移，使后者成为高含沙水流的固相，由此形成了含沙量很高的、极为典型的高含沙水流，将大量粗颗粒风成沙输送到黄河干流中去。这些粗颗粒泥沙常常在黄河干流中发生强烈淤积，甚至堵塞黄河。由此可见，十大孔兑的泥沙侵蚀、输移和产出过程十分特殊，我们以资料比较完整的西柳沟流域为例进行了研究。受限于资料的可获得性，以 1960～1989 年的资料进行了分析。

图 3. 11（a）点绘了西柳沟流域年降水量、最大 1 日降水量的时间变化。多年平均降水量为 259. 5mm。西柳沟多年平均最大 1 日降水量为 47. 6mm，最大 1 日降水量占全年降水量的比率平均值为 0. 18，最大为 0. 51。可见，降雨高度集中于少数几场暴雨，为高含沙水流的侵蚀和搬运提供了条件。图 3. 11（b）中点绘了位于十大孔兑区域内的东胜市的沙尘暴频率随时间的变化。20 世纪 80 年代以前为沙尘暴的高发期，平均沙尘暴频率为 17. 13 d/a，最大为 43 d/a。此后，沙尘暴频率急剧降低。

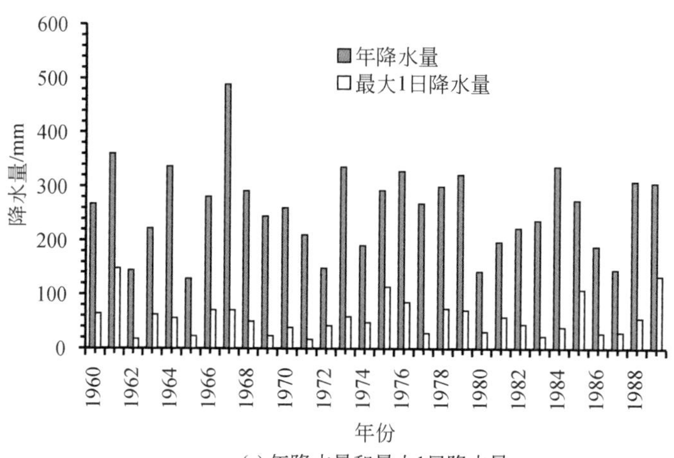

(a) 年降水量和最大1日降水量

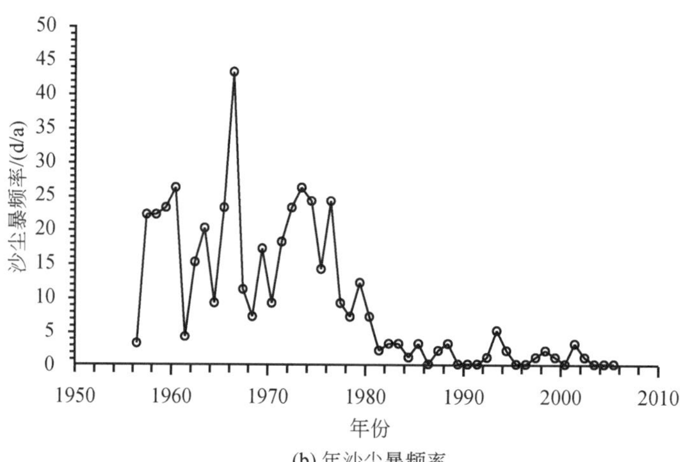

(b) 年沙尘暴频率

图 3. 11　降水量和沙尘暴频率的变化

2. 风力侵蚀

中国科学院兰州沙漠研究所进行了野外风力输沙试验，得到了库布齐沙漠单宽输沙率［q_{sw}，单位为 g/(cm · min)］与风速（V，单位为 m/s）之间的经验关系（杨根生等，1991）：

对于流动沙地：

$$q_{sw} = 0.088V^3 \tag{3.4}$$

对于半流动沙地：

$$q_{sw} = 1.29 \times 10^{-4} V^{4.486} \tag{3.5}$$

运用十大孔兑流域内气象站的风速和风向资料，计算出了库布齐沙漠流动沙地和半流动沙地上 16 个风向上的年平均单宽输沙率（杨根生等，1991）。依据这些数据，我们在图 3.12（a）和 3.12（b）中分别点绘了流动沙地全年和 11 月至次年 4 月单宽输沙量随风向的分布。由图 3.12 可见，在 16 个风向中，风蚀所致的单宽输沙率最大的 3 个风向依次为 W、NW、NNW，这也反映了本区盛行风的风向。而十大孔兑河道的总体流向为从南向北，西、北西两个风向与河道走向的夹角分别为 90°和 45°，十分有利于风沙进入河道。全年各月单宽输沙量的分布［图 3.12（c）］表明，冬春季是风沙输沙量的高值时段，4 月为最高值，11 月为第二高值。

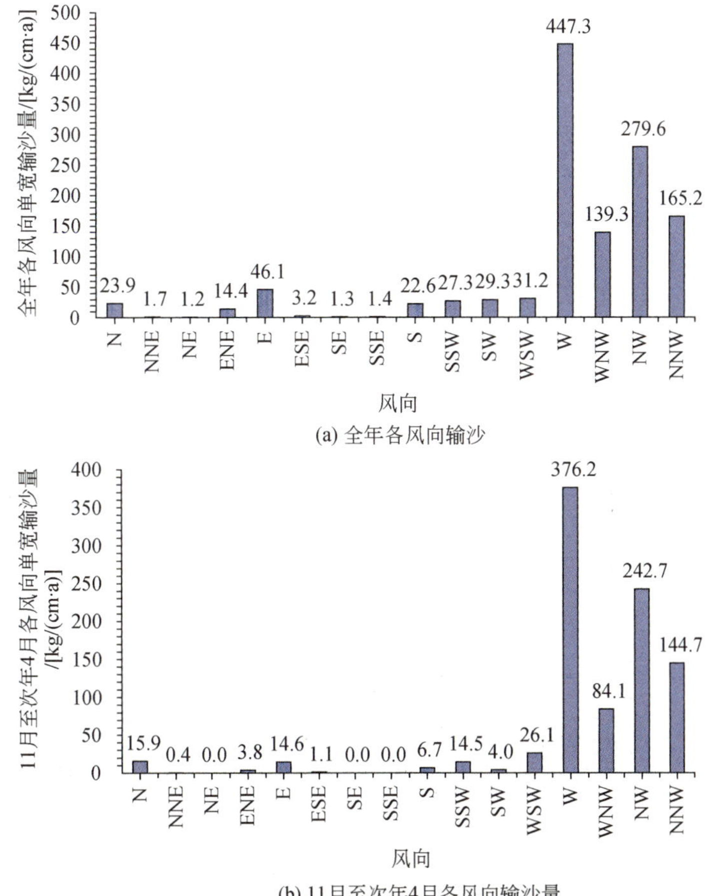

(a) 全年各风向输沙

(b) 11月至次年4月各风向输沙量

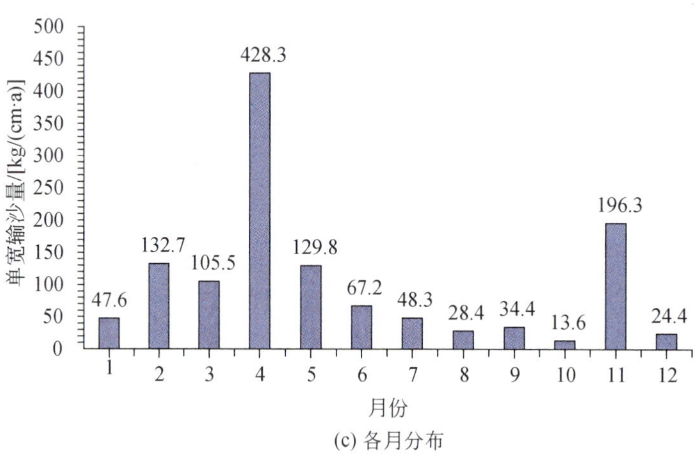

(c) 各月分布

图 3.12　库布齐沙漠流动沙地风沙单宽输沙量的分布

依据杨根生等（1991）文献中的数据，我们在图 3.13 中点绘了罕台川风沙入河量各月分布和各风向风沙入河量与各风向出现频率的关系。图中给出了决定系数 R^2 和幂函数回归方程。决定系数是相关系数的平方，在统计上表示在因变量的总平方和中，由自变量引起的平方和所占的比例。因此，R^2 表示因变量的变化中能够被自变量变化所解释的比例。图中显示，各风向风沙入河量与各风向出现频率之间存在较强的正相关，$R^2=0.7181$，表明风沙入河量变化的 71.8% 可以用各风向出现频率的变化来解释。

冬季和次年春季，大风和沙尘暴将风沙吹送入河，存储在河漫滩和河床中，为高含沙水流的形成和泥沙输移提供了粗颗粒泥沙。但是，这些风沙要转化为河道输沙，还必须依赖暴雨洪水的发生。计算结果表明，历年沙尘暴频率与最大 1 日、3 日、5 日降水量的相关系数分别为 0.00775、0.0436、0.0332，可以认为不存在相关关系，可见西柳沟春季强沙尘暴年份与当年夏季暴雨年份遭遇的机遇很小。如果冬春的强沙尘暴发生之后，当年夏天并未出现暴雨，则西柳沟的年输沙量不会很大。由于这一原因，西柳沟的年输沙量与沙尘暴频率之间的相关系数很低，仅为 0.0265。由于中游河道穿越沙漠，河道又十分宽阔，

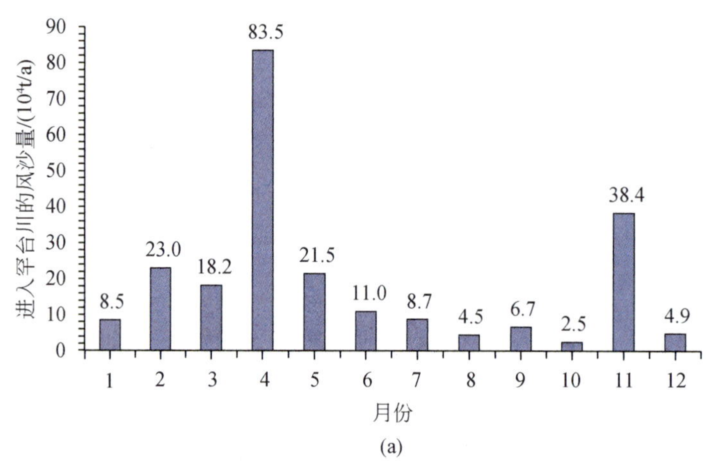

(a)

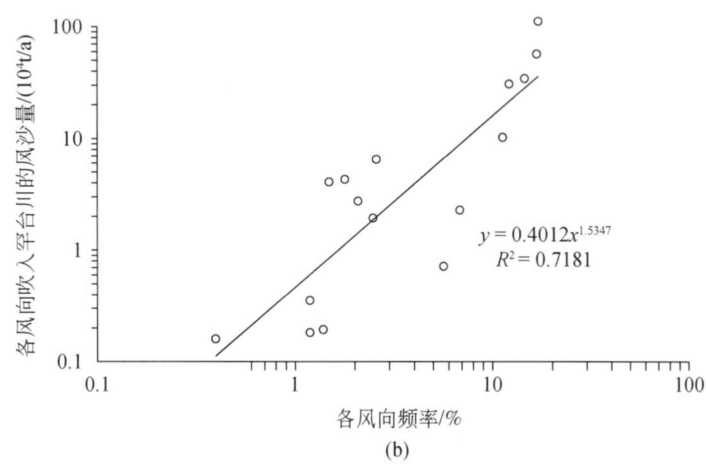

图3.13　罕台川风沙入河量各月分布（a）和各风向风沙入河量与各风向出现频率的关系（b）

风沙的补给量是很大的。可以认为，风沙被洪水输运的数量，不是依赖于风沙的供应条件，而是依赖于河道高含沙水流液相搬运风沙的能力。1960～2005年，最大1日降水量超过50mm的有21年，发生频率为45.7%，大致两年一遇。在这46年中，最大1日降水量超过100mm的有5年，发生频率为10.9%，大致10年一遇。只有流域上部发生大暴雨时，进入河道的风沙才能被暴雨洪水大量搬运而出现高强度的产沙事件。

3. 不同来源径流的影响

上文已经指出，十大孔兑流域上游位于砒砂岩分布地区，中游部分位于库布齐沙漠，如果降雨分别降落在这两个不同区域，则会形成不同的水沙来源，并对河流输沙产生不同的影响。一般而言，如果径流主要来自砒砂岩区，则进入沙漠河段后会形成含沙量很高的高含沙水流。如果暴雨主要降落在沙漠地区，因为缺少细颗粒，径流的含沙量和容重很低，不能形成高含沙水流的液相组分，因而不能使河道中前期堆积的风成沙发生悬浮而被搬运。因此，可以按径流的容重或含沙量来区分其主要来源区。

图3.14（a）中对于这两种情形进行了区分，点绘了与年均含沙量对应的浑水容重与径流模数的关系，并分别拟合了对数函数关系。当径流主要来自沙漠地区时，径流的容重很低，且不随径流模数的增大而增大；当径流主要来自砒砂岩地区时，径流的容重要高得多，而且随径流模数的增大而迅速增大。

当径流来自不同来源时，含沙量有很大的差异。图3.14（b）表明，当径流主要来自沙漠地区时，含沙量很低，不随径流模数的增大而增大；当径流来自沙漠地区和部分砒砂岩地区时，含沙量中等，随径流模数的增大略有增大；当径流主要来自砒砂岩地区时，含沙量很高，而且随径流模数的增大而迅速增大。图3.14（c）显示，龙头拐站的输沙模数与浑水容重有密切的相关关系。对于径流来自沙漠地区和来自全流域这两种不同情形，图中分别给出了输沙模数与浑水容重的线性拟合方程，方程的系数可以表示输沙模数随浑水容重的变化率。对于前一情形，该系数分别为24970；对于后一情形，该系数为97779，后者是前者的3.91倍。可见，当径流来自包括砒砂岩地区在内的全流域时，由于前述的风水两相作用和高含沙水流作用的强烈影响，产沙强度会大大提高。

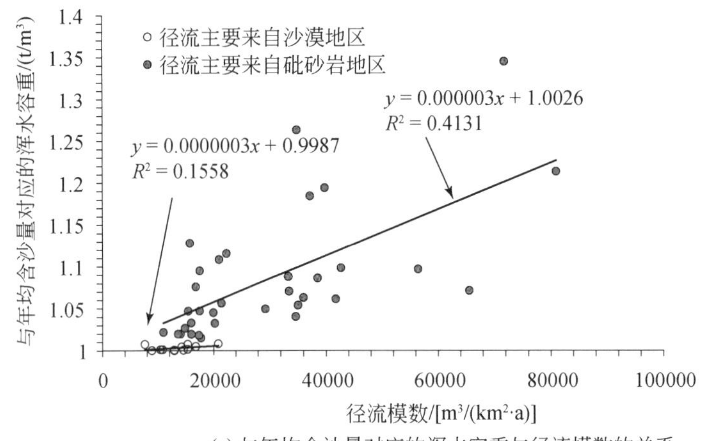

(a) 与年均含沙量对应的浑水容重与径流模数的关系

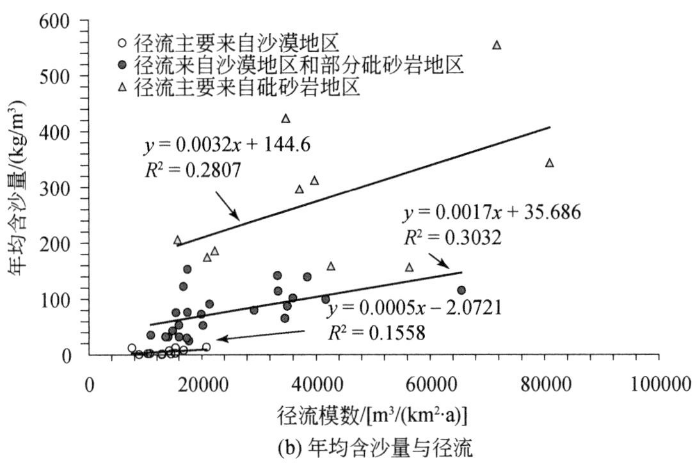

(b) 年均含沙量与径流

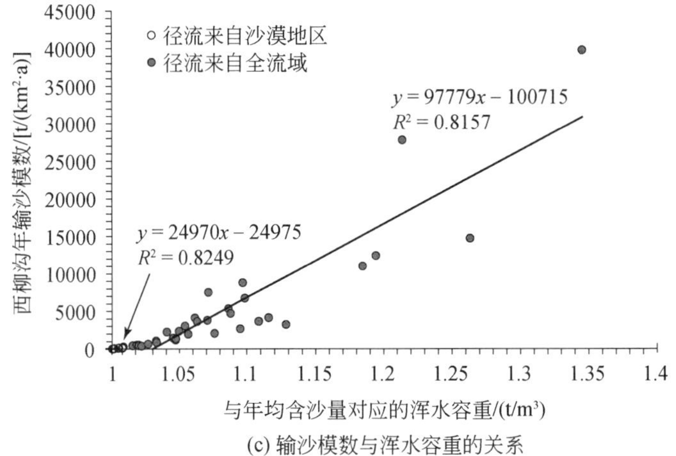

(c) 输沙模数与浑水容重的关系

图 3.14　不同来源径流的影响

3.2.2 高含沙水流与侵蚀产沙的相互作用

侵蚀产沙与高含沙水流与之间存在着复杂的关系，既有因果关系，即前者导致后者的形成；也存在反馈关系，即后者出现后又使前者受到强化。显而易见，在高含沙水流形成的过程中，强烈的侵蚀作用是根本原因（王兴奎等，1982）。但是，一旦形成之后，高含沙水流能耗降低（钱宁和万兆惠，1983；钱宁，1989），对泥沙的搬运作用加强，当搬运能力超过输沙的需要而有余时，就会产生强烈的冲刷，使侵蚀得到强化（许炯心，1999a）。习见的黄河干支流河道"揭底冲刷"（钱宁和万兆惠，1983；钱宁，1989）与黄土高原冲沟强烈下切就是明显的例证。同时，侵蚀产沙是由土壤（或松散沉积物）的侵蚀与侵蚀所产生泥沙的输运两个环节构成的。强烈的侵蚀导致了高含沙水流的形成，在具备保持稳定的条件下（如窄深的河道和沟道），高含沙水流又会强化泥沙的输运，甚至冲刷河床或沟床，使得输移比很高，输送到观测断面以下的泥沙量，即产沙量较大。这就是两者之间的因果与互馈关系（许炯心，1999a）。

如前所述，十大孔兑的每一个流域，上游都位于础砂岩和黄土丘陵区，中游穿越沙漠，下游流经冲积-洪积平原区，并注入黄河。这样的地貌格局和地表物质分布特征，对于高含沙水流的形成和风水两相侵蚀-搬运作用十分有利。上游为水力作用主导区，中游河道两岸为风力作用主导区，下游为泥沙输移、沉积区。高含沙水流是一种由固相和液相构成的两相流（钱宁和万兆惠，1983）。十大孔兑上游丘陵沟壑区发生暴雨后，由础砂岩风化物、沙黄土构成的地表物质受到侵蚀后会形成富含大量细颗粒的径流，这种径流即高含沙水流的液相组分。我们对于皇甫川、窟野河流域的野外调查和采样分析表明，这两个流域的础砂岩风化物中，>0.05mm 的百分比为36%～71%，平均为55%；而<0.01mm 的百分比为6%～33%，平均为17%。这与黄土高原高含沙水流悬移质最优粒度组成（<0.01mm 百分比为20%，>0.05mm 百分比为60%）是相近的，这是"础砂岩"地区高含沙水流十分发育、侵蚀产沙强度极高的原因之一（许炯心，1999b）。西柳沟上游础砂岩风化物中<0.005mm 和<0.01mm 的细颗粒所占百分比分别为8%和13%，>0.05mm 的粗颗粒百分比为75%，其粗细颗粒的搭配接近黄土高原高含沙水流悬移质最优粒度组成，但略粗一些。如果考虑到沙黄土中含量更高的<0.01mm 细颗粒的加入，则西柳沟地表物质粒度组成更接近最优粒度组成。因此，在十大孔兑上游，高含沙水流十分发育。中游河道流经的沙漠地区，每年冬季和春季会频繁地发生大风和沙尘暴，将河道两侧的风成沙吹入河道，并暂时堆积在那里。图3.10中已显示了风沙的粒度曲线，中值粒径为0.17mm。进入夏季，上游础砂岩区发生暴雨洪水，形成了黄河中的细颗粒（粒径小于0.01mm）与水均匀混合而成的浆液，其容重远远大于清水。这种浆液进入中游河道后，会使前期堆积在那里的大量粗颗粒风成沙被悬浮而向下运动，大大增加了高含沙水流的固相组分，使流域上部形成的高含沙水流所携带的粗泥沙大幅度增加。

图3.15中点绘了西柳沟龙头拐站1960～1990年年最大含沙量随时间的变化。在这31年中，只有5年的年最大含沙量未超过300kg/m^3，其余年份均超过了这一数值。如果以大于300kg/m^{3}作为高含沙水流发生的标准，则可以认为，西柳沟高含沙水流的发生频率为

86.1%。还可以指出，在 31 年中有 12 年最大含沙量超过 1000kg/m^3，最大含沙量为 1550kg/m^3（1973 年）。可见，十大孔兑的高含沙水流是十分典型的。由于十大孔兑均未进行悬沙粒径的取样和分析，缺乏必要的资料来进行高含沙水流的研究。然而，我们可以以某些间接的证据来说明高含沙水流的发生及其对侵蚀产沙过程的影响。

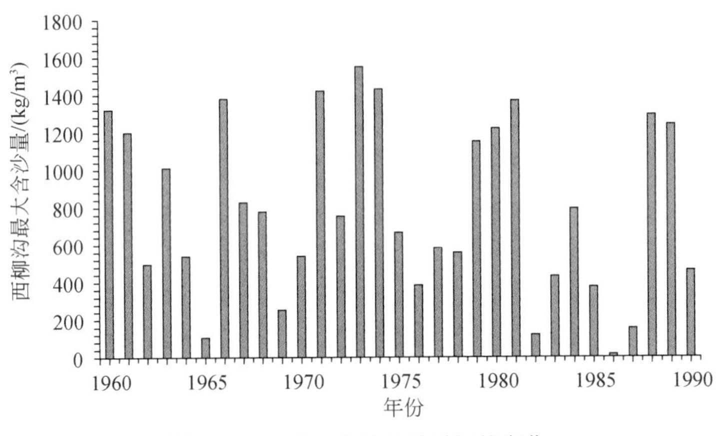

图 3.15　年最大含沙量随时间的变化

图 3.16（a）中点绘了西柳沟龙头拐站多年平均月输沙率、月平均流量的分布直方图，图 3.16（b）中则点绘了两者之间的关系，并给出了幂函数拟合方程和时序连接线。图 3.16（a）显示，3 月的流量为 1.15m^3/s，与 7 月和 9 月的流量（均为 1.22m^3/s）几乎相等，但 3 月的输沙率却比 7 月、9 月小得多；3 月的输沙率为 4.99 kg/s，仅为 7 月（148kg/s）的 3.4%、9 月（155kg/s）的 3.2%。因而在图 3.16（b）中形成特殊的绳套关系。其原因是，3 月的径流来自融雪和地下水，础砂岩和黄土区的地表径流很少，不能形成含有细颗粒的液相。这部分径流进入下游河道后，因为容重接近于清水，不能有效地悬浮河道中的风成沙，因而输沙率很低。7 月和 9 月，虽然平均流量也很小，但主要为降雨在础砂岩区坡面所产生的径流，富含细颗粒泥沙，形成了高含沙水流的液相，进入下游河道后，能有效地悬浮河道中的风成沙，因而输沙率很大。这一现象体现了风水两相作用影响下形成的高含沙水流的特殊输沙作用（刘韬等，2007）。与图 3.16（b）类似的绳套关系在黄土高原北部风沙—黄土过渡区也能够观察到（许炯心，2000）。月输沙率和月流量之间幂函数关系的指数值很大，达 4.57［图 3.16（b）］，这也是风水两相侵蚀产沙作用影响下出现的高含沙水流的输沙特性的体现。

许炯心（1989）的研究表明，在黄土高原，当年平均含沙量超过 100kg/m^{3}时，最大含沙量均超过 300kg/m^3，即受到高含沙水流的影响。图 3.17 点绘了西柳沟龙头拐站的年输沙量与年径流量、含平均沙量的关系，并按年平均含沙量大于 100kg/m^{3}和小于 100kg/m^{3}对点群进行了区分，分别代表受高含沙水流强烈影响和基本上不受高含沙水流影响的年份。图中分别给出了对数函数拟合方程。从图 3.17（a）中可以看到，在非高含沙水流情形下，西柳沟年输沙量-年径流量关系的斜率为 270.33，而在非高含沙水流情形下，西柳沟年输沙量-年径流量关系的斜率高达 1650.30，是前者的 6.10 倍，说明进入高含沙水流

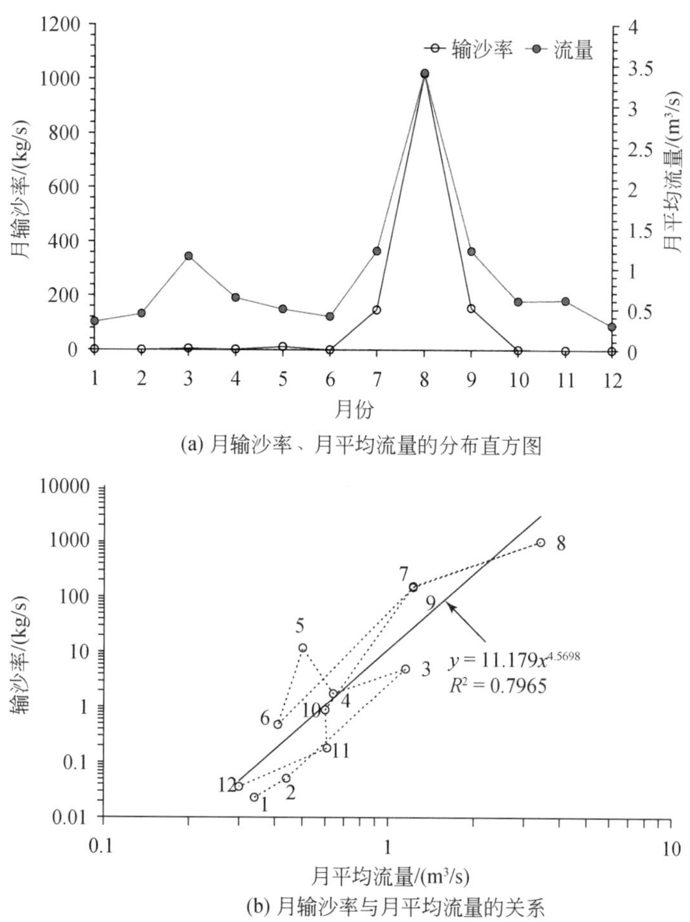

(a) 月输沙率、月平均流量的分布直方图

(b) 月输沙率与月平均流量的关系

图 3.16　西柳沟龙头拐站多年平均月输沙率与月流量的关系

范围以后，同样径流条件下的产沙量会大大强化。图 3.17（b）则显示，在非高含沙水流情形下，西柳沟输沙量随含沙量增大而增大的速率很慢，斜率仅为 47.085，而在高含沙水流情形下，斜率高达 1947.7，是前者的 41.26 倍，也表明高含沙水流对于流域产沙的强化作用。需要指出的是，在一般情形下，产沙量取决于暴雨及暴雨径流，而不是年径流。由于资料缺乏，这里采用了年输沙量-年径流量关系。由于西柳沟处于干旱地区，降水的年内分配十分集中，年降水量常集中为一两场大雨或暴雨。因此，年径流量与暴雨特征相关密切。计算表明，年径流量与最大 1 日和 3 日降雨量的相关系数分别为 0.760 和 0.787。因此，年径流量也间接反映了暴雨特征，即年径流量大的年份内，发生的暴雨雨量及其强度也较大，因而暴雨径流量也较大。

除了研究年产输量与年径流量的关系之外，我们还分析了典型高含沙洪水过程中的输沙率-流量关系。以 61 个测次的资料，图 3.18（a）中点绘了 1966 年 8 月 13 日西柳沟洪水过程中输沙率（Q_s）与流量（Q）的关系。该关系可以通过原点的线性方程来拟合：$Q_s = 1052.6Q$，决定系数 $R^2 = 0.9357$。由此式得到：$Q_s/Q = 1052.6\text{kg/m}^3$。这意味着西柳沟产生泥沙的洪水，其平均含沙量达到了 1052.6kg/m³，表明洪水泥沙绝大部分都是在含沙量

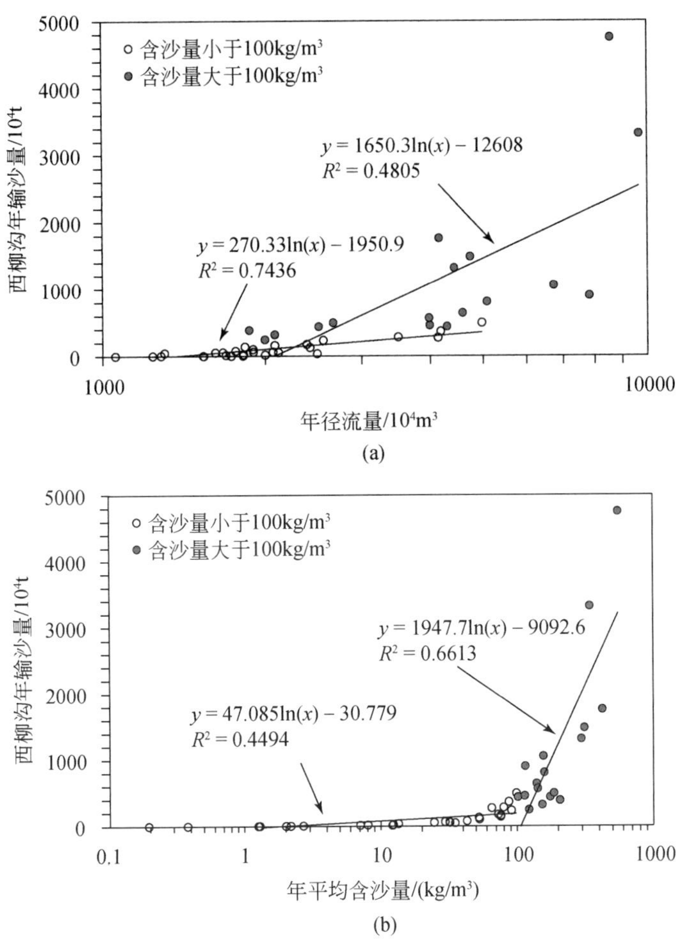

图 3.17　西柳沟龙头拐站年输沙量与年径流量（a）及年平均含沙量（b）的关系

极高的高含沙水流的作用下产生的。图 3.18（b）中给出了 1989 年 7 月 21 日毛不拉孔兑洪水过程中的输沙率与流量的关系：$Q_s = 1403.8Q$，决定系数 $R^2 = 0.9784$。由此式得到：$Q_s/Q = 1403.6\text{kg/m}^3$。这意味洪水平均含沙量达到了 1403.6kg/m³，同样表明洪水泥沙绝大部分都是在含沙量极高的高含沙水流的作用下产生的。

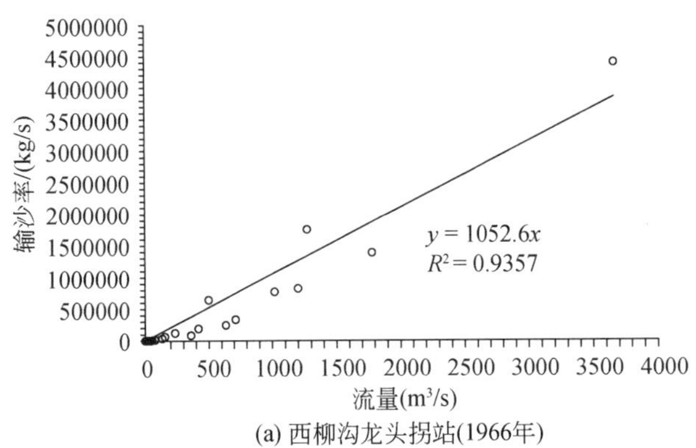

(a) 西柳沟龙头拐站(1966年)

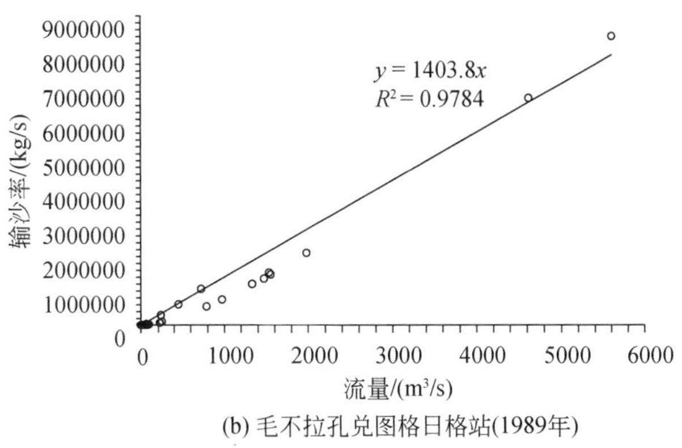

(b) 毛不拉孔兑图格日格站(1989年)

图 3.18　洪水过程中的输沙率与流量的关系

3.2.3　产沙量-降水量关系和输沙量-径流关系

图 3.19 中以年系列资料为基础，点绘了西柳沟龙头拐站的年输沙量与年降水量和年径流量的关系，并给出了幂函数拟合方程。其年产沙量-年降水量关系幂函数方程（$Q_s = aP^b$）的指数 b 很大，达 4.45，高于黄河中游多沙粗沙区所有的河流。在产沙量-降水量幂函数方程中，该指数 b 可以反映产沙量随降水量的变化率。方程两端取导数后得到：$dQ_s/dP = abP^{b-1}$。若 $b>1$，则单位降水的产沙量 dQ_s/dP 随降水量的增大而增大；b 值越大，则 dQ_s/dP 随降水量的增大而增大的速率越大。因此，b 可以表示流域地表物质的可蚀性。由此可以认为，在特定的风水两相作用下，十大孔兑地表物质的可蚀性是很强的。

西柳沟的年输沙量-年径流量关系幂函数方程（$Q_s = aQ^b$）的指数 b 也很大，达 3.32，也高于黄河中游多沙粗沙区所有的河流。可见，十大孔兑的泥沙产输过程是独具特色的。极高的产沙量-降水量幂函数方程指数和输沙率-流量关系幂函数方程指数，反映了高含沙水流对西柳沟侵蚀产沙的支配作用。

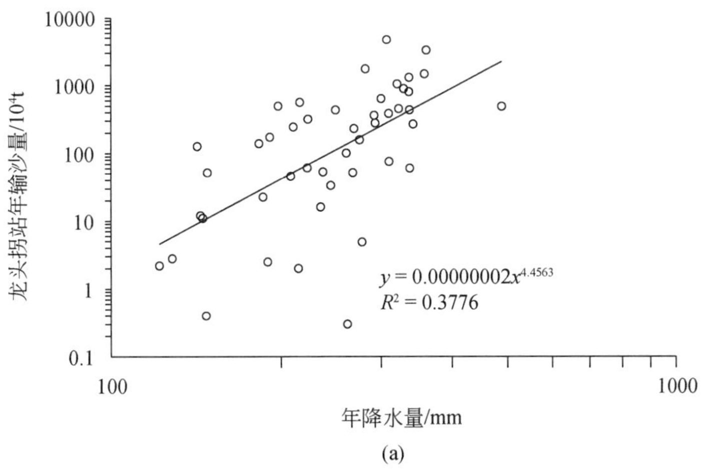

(a)

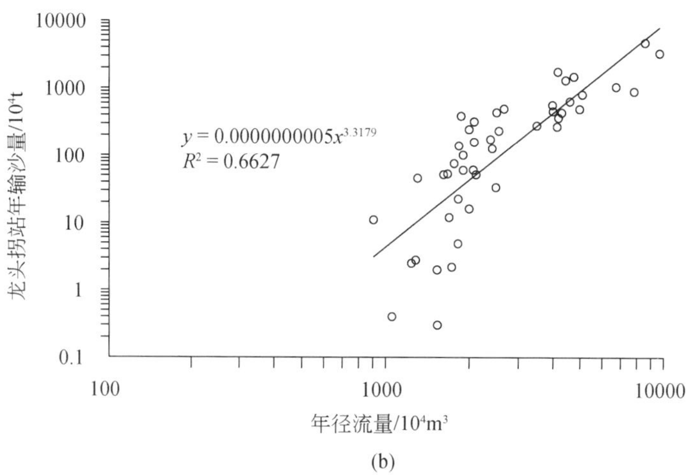

(b)

图 3.19　西柳沟龙头拐站的年输沙量与年降水量（a）和年径流量（b）的关系

3.3　西柳沟水沙变化对气候变化和人类活动的响应

IPCC 第五次工作报告指出全球气候有变暖趋势，在 1880 ~ 2012 年，平均温度升高了 0.85 ℃（Qin et al.，2014）。全球变暖对水循环产生了重大的影响（Arnell and Reynard，1996）。径流和泥沙作为水循环中的两个重要的因素，在反映河流本身特性的同时也可以反映流域环境的变化（Zhang et al.，2008；Miao and Borthwick，2010）。因此，关于气候变化与径流（Arnell and Reynard，1996；Zhang et al.，2008；Miao and Borthwick，2010；Němec and Schaake，1982；Arnell，2004；Milly et al.，2005；Jung and Chang，2011；Scherer et al.，2010；Naik and Jay，2011；Gao et al.，2012；Zhao et al.，2014；Ye et al.，2014）、泥沙（Zhang et al.，2008；Miao and Borthwick，2010；Scherer et al.，2010；Naik and Jay，2011；Ye et al.，2014；Mu et al.，2012；Lu et al.，2013）关系的研究得到了许多学者的关注。

除气候变化外，近年来，人类活动，如土地利用/覆被变化（Vacca et al.，2000；Fohrer et al.，2001；Erskine et al.，2002；Lufafa et al.，2003；郝芳华等，2004；Wei et al.，2007；Homdee et al.，2011；Shi et al.，2014；Sun et al.，2014）、水库大坝修建（Naik and Jay，2011；Zhao et al.，2014；Syvitski et al.，2005；Wu et al.，2012）、水土保持（Miao et al.，2010；Zhao et al.，2014；Shi et al.，2013）等，成为影响水沙变化的另一个主要因素。Walling（2009）通过分析黑海两万年以来输沙量的变化得出，在较长的时间尺度上气候变化起主导作用；而黄河、湄公河、科雷马河 20 世纪以来的水沙关系显示，在较短时间尺度上，气候变化和人类活动是影响水沙变化的两个重要方面。Miao 等（2011）的研究也表明，气候变化对径流变化的影响具有周期性和长期性，而人类活动对其变化的影响具有直接性和突然性。

气候变化和人类活动对流域水沙变化的影响往往相互耦合，难以区分。定量区分气候变化和人类活动对流域水沙变化的影响已经成为当前水文研究的热点之一。Naik 和 Jay (2011) 定量分析了气候变化和人类活动（引水灌溉、水库调蓄、采矿和砍伐森林）对哥伦比亚流域径流和输沙的影响，得出气候变化对径流减少的贡献率为 8% ~9%，而灌溉对径流减少的贡献率为 7% ~8%。Ahn 和 Merwade (2014) 通过研究美国四个州（亚利桑那州、佐治亚州、印第安纳州和纽约州）径流的变化，指出人类活动对其变化的贡献率分别为74%、55.5%、71.4%和85.7%。在中国，Gao 等 (2011) 分析了气候变化和人类活动对黄河中游输沙量减少的影响，其贡献率分别为 12.2%和 87.8%。对于珠江流域输沙量的减少，Wu 等 (2012) 的研究表明，气候变化的贡献率为 10%，大坝建设的贡献率为 90%。由此可见，气候变化和人类活动对流域水沙变化的影响随着研究区域的不同而结果不同。因此，在研究气候变化和人类活动对水沙影响的问题时，需要结合流域本身的特点及区域环境特征深入分析。

黄河是我国第二大河，以“水少沙多，水沙异源”著称，黄河中游的多沙粗沙区是我国乃至世界上侵蚀强度最高的地区（许炯心，2000），多年来黄河流域的水沙问题备受关注。十大孔兑是黄河上游宁蒙河段南侧由南向北并列流入黄河的十条支流，自西向东依次是毛不拉孔兑、卜尔色太沟、黑赖沟、西柳沟、罕台川、壕庆河、哈什拉川、木哈尔河、东柳沟、呼斯太河。这 10 条支流发源于鄂尔多斯高原，流经库布齐沙漠，最终汇入黄河 (Zhang et al.，2015)。十大孔兑上游为黄土丘陵沟壑区，植被稀疏，沟壑纵横，下伏地层砒砂岩有大面积出露，极易遭受侵蚀；中游为风沙区，库布齐沙漠横贯东西；下游为冲积扇平原，地势低平，易于泥沙淤积。独特的气候和自然地理条件，使得这 10 条季节性河流在暴雨期极易形成高含沙洪水，不仅危害孔兑下游，而且对黄河上游三湖河口至头道拐段的淤积有着十分重要的影响（刘晓燕等，2009；秦毅等，2011；许炯心，2013）。目前，许多学者研究了十大孔兑的水沙特征（刘韬等，2007；王平等，2012，2013；许炯心，2013），而关于气候变化和人类活动对该区域水沙变化的影响，研究结果相对较少。因此，本节选择实测资料时间序列较长且较完整的西柳沟流域为例，探讨气候变化和人类活动对十大孔兑水沙变化的影响。

3.3.1　西柳沟流域概况和数据

1. 流域概况

西柳沟位于十大孔兑的中部，109°24′~109°52′ E，39°47′~40°30′ N（图 3.20）。龙头拐水文站以上控制面积为 1180km^2，海拔 1029 ~1551m。该区域属于半干旱大陆性气候，冬季严寒漫长，夏季炎热短暂。年平均气温为 6.8 ℃，最高气温达 40.2 ℃，最低气温为 -34.5 ℃，年平均风速为 3.7m/s，多年平均降雨量为 289.6mm。降雨、径流、输沙年内分布不均，汛期（6 ~9 月）降雨量占全年降水量的 79.8%，且汛期降雨集中，多以暴雨形式出现，洪水陡涨陡落。汛期径流和输沙量占全年径流和输沙量的比例分别为 55.7%和 87%，且汛期来沙量主要集中在一两场洪水中。

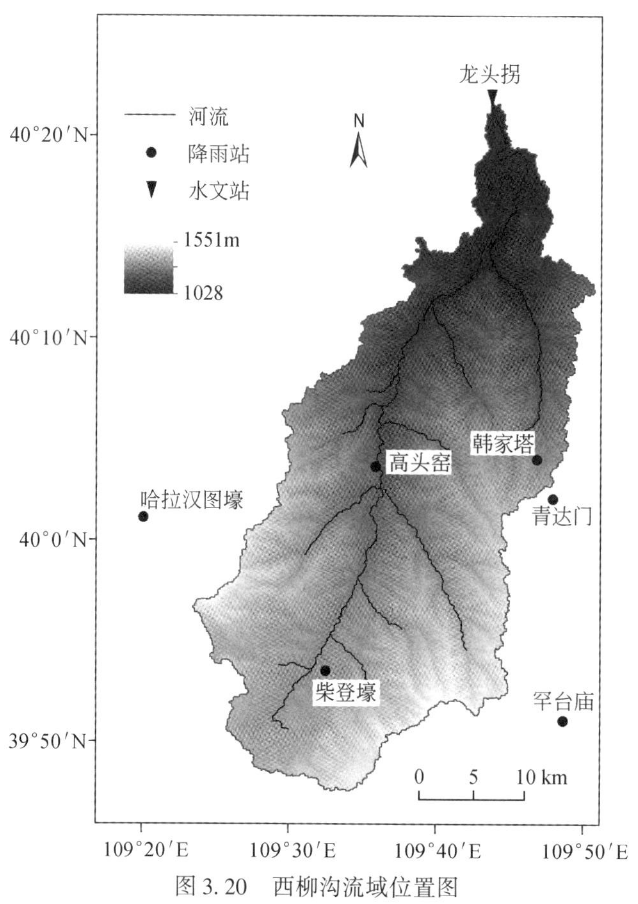

图 3.20　西柳沟流域位置图

2. 数据

年径流量、输沙量、洪水期实测流量和含沙量数据均来自西柳沟龙头拐水文站。其中，径流和输沙的时间序列为 1960 ~ 2012 年；洪水期实测流量和含沙量的时间序列为 1964 ~ 1990 年、2006 ~ 2012 年（1991 ~ 2005 年洪水期实测流量和含沙量资料无法获取）。西柳沟流域内有柴登壕、高头窑、韩家塔、龙头拐四个降雨站，除此之外，流域附近还有哈拉汉图壕、青达门、响沙湾、罕台庙等降雨站。鉴于各降雨站实测资料的可获得性（1991 ~ 2005 年的日降雨资料无法获得），以及时间序列长度的不一致性，增加十大孔兑周围的 10 个国家气象站的日降雨数据，通过反距离加权（IDW）算法插值生成流域面降雨量。10 个国家站分别为临河、惠农、鄂托克旗、东胜、伊金霍洛旗、河曲、杭锦后旗、包头、呼和浩特、乌拉特中旗。年均气温数据也由这十个国家站的气温数据插值获得。大风和沙尘暴数据来自距其最近的东胜气象站，年限为 1960 ~ 2012 年。文中涉及的 NDVI 数据包括 NOAA AVHRR GIMMS（1982 ~ 2006 年）和 MODIS NDVI（2000 ~ 2010 年），空间分辨率分别为 8km 和 1km，均来自地理空间云数据。

3.3.2　降雨、气温、风、径流、输沙趋势

表3.6表明，西柳沟流域的年降雨量、年均气温、年大风日数（日平均风速≥5m/s）、年沙尘暴日数、年径流量、年输沙量的最大值、最小值及其C_v值都存在明显的变化，其中，年输沙量变化最剧烈，C_v值达1.9。进一步对西柳沟流域1960～2012年的年降雨量、平均气温、年大风日数、年沙尘暴日数、年径流量和年输沙量进行趋势性分析（图3.21），可以看出，年大风日数、年沙尘暴日数、年径流量和年输沙量呈现下降趋势，年降雨量和年均温呈上升趋势。使用MK趋势检验（Mann，1945；Kendall，1975）对降雨、气温、径流和输沙进行统计分析，检验结果表明：年大风日数、年沙尘暴日数、年径流量和年输沙量递减趋势显著，其Z值分别为-7.93、-6.67、-2.65和-2.57，显著性水平均超过99%；年平均气温上升趋势显著，Z值为5.10，显著性水平也超过了99%；年降雨量Z值为1.10，其上升趋势并不显著。

表3.6　西柳沟流域降雨量、气温、风、径流量和输沙量的变化

时期	年降雨量/mm	年均温/℃	年大风日数/天	年沙尘暴日数/天	年径流量/万 m^3	年输沙量/万 t
1960～1969年	297.3	6.2	74.3	18.3	3450.5	614.9
1970～1979年	263.0	6.2	66.5	17.2	3476.6	438.3
1980～1989年	248.6	6.3	29.7	2.5	2597.8	673.5
1990～1999年	351.4	7.3	27.3	1.2	3259.8	409.6
2000～2012年	288.0	7.6	12.5	0.4	1803.2	101.5
最大值	502.5	8.5	104.0	45.0	9659.0	4749.0
最小值	109.0	5.0	3.0	0.0	736.2	0.01
均值	289.6	6.8	40.4	7.5	2854.5	428.0
C_v	0.3	0.1	0.7	1.3	0.7	1.9

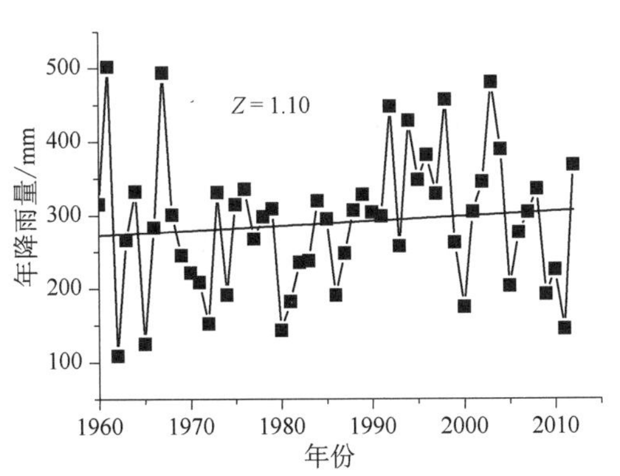

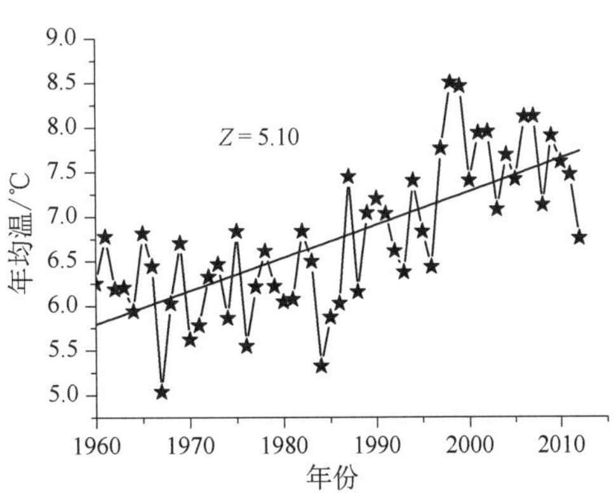

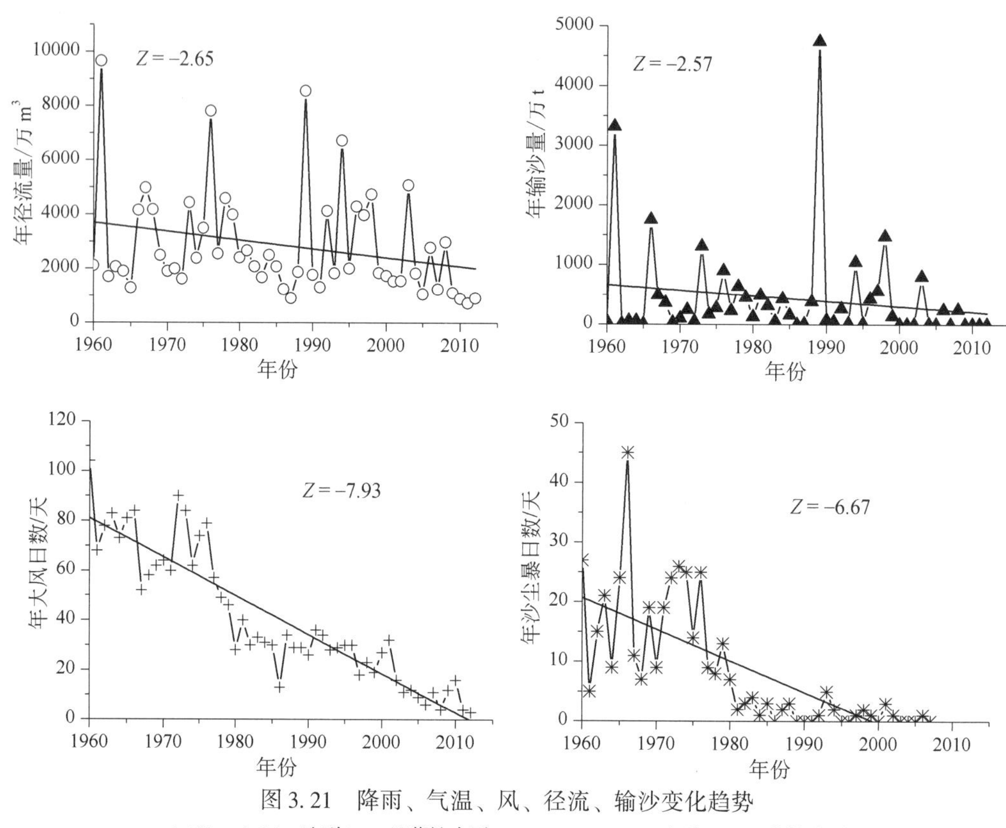

图 3.21　降雨、气温、风、径流、输沙变化趋势

| Z | ≥1.96，达到95%显著性水平；| Z | ≥2.576，达到99%显著性水平

将 1960～1969 年作为参考期，比较年降雨量、年均温、年大风日数、年沙尘暴日数、年径流量、年输沙量、年降雨量的年际变化。由图 3.21 和表 3.6 可以看出，气温从 20 世纪 90 年代开始迅速上升，与参考期比较，20 世纪 70 年代下降幅度和 20 世纪 80 年代上升幅度都较小，只有 1.4%，20 世纪 90 年代增加了 16.4%，2000～2012 年则增加了 21.5%。变化幅度说明，自 20 世纪 80 年代以来，气温持续走高。与气温变化趋势相反，年大风日数、年沙尘暴日数持续走低，与基准期相比，年大风日数在各个时期的减少幅度依次为 10.5%、60%、63.3%、83.1%；年沙尘暴日数在各个时期的减少幅度依次为 6%、86.3%、93.4%、97.9%。年输沙量的变化除 20 世纪 80 年代增加 9.5% 以外，其他时期都在减少，20 世纪 70 年代减少了 28.7%，20 世纪 90 年代减少了 33.4%，2000～2012 年减少了 83.5%，减少程度逐渐增大，20 世纪 80 年代输沙量之所以增加是因为 1989 年峰值的影响。年径流量变化剧烈的时期为 20 世纪 80 年代和 2000～2012 年，与参考期相比，20 世纪 70 年代增加了 0.8%，20 世纪 80 年代减少了 24.7%，20 世纪 90 年代减少了 5.5%，2000～2012 年减少了 47.7%。相比之下，年降雨量在 20 世纪 70 年代减少了 11.5%，20 世纪 80 年代减少了 16.4%，20 世纪 90 年代增加了 18.2%，2000～2012 年减少了 3.1%。与参考期相比，年大风日数、年沙尘暴日数、年输沙量年际变化幅度都比较大，其中年沙尘暴日数变化幅度最大，高达 97.9%，其次为年输沙量，其值为 83.5%。

3.3.3　流域水沙突变特征

采用 Pettitt（1979）突变检验方法分析西柳沟 1960～2012 年径流量和输沙量的突变时间，统计结果见图 3.22。由年径流和输沙量的 $U_{t,N}$值曲线可以看出，在 1998 年两者的 $U_{t,N}$值均达到最大值，分别对径流和输沙的 $U_{t,N}$值进行显著性检验，得出径流 $p>0.05$，未通过显著性检验，输沙 $p<0.01$，超过了 0.01 显著性水平。因此，年输沙量的显著变异点为 1998 年，年径流量的变异点需要进一步验证。使用有序聚类方法（丁晶，1986；Zhou et al.，2013）对年径流进行突变分析（图 3.23），结果显示有序聚类统计量 S_n在 1998 年为最低点，此点即为年径流量的突变点。使用秩和检验方法（王文圣等，2008；史红玲等，2014）对该突变点进行显著性检验，达到了 0.01 显著性水平，因此，确定年径流量的突变点也在 1998 年。基于突变分析结果，将整个研究时段分为两个时期：1960～1998 年为基准期，1999～2012 年为变化期。

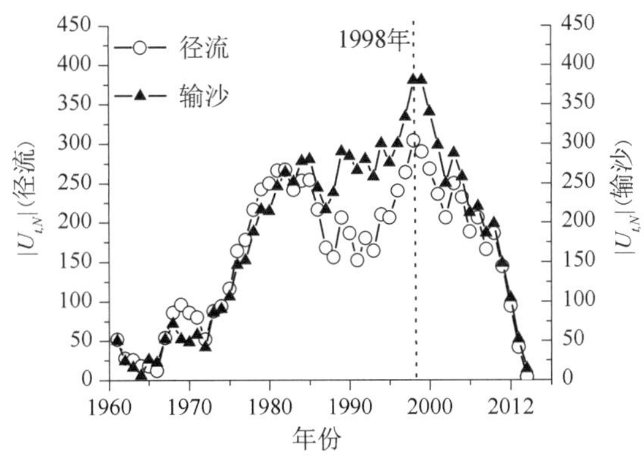

图 3.22　1960～2012 年径流和输沙突变分析结果（Pettitt）

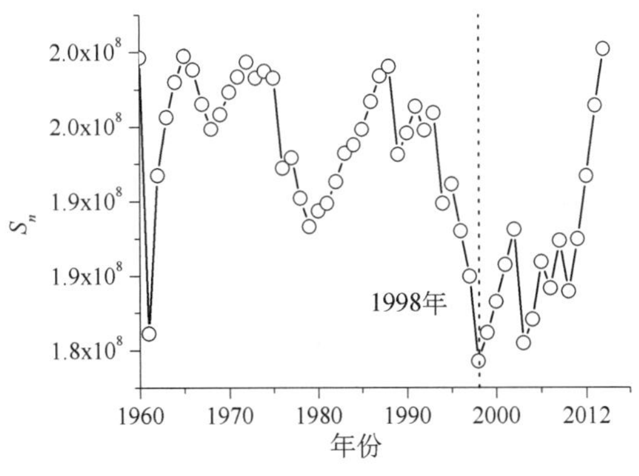

图 3.23　1960～2012 年径流量突变分析结果（有序聚类）

3.3.4 定量区分气候变化和人类活动对水沙变化的影响

1. 定量区分气候变化和人类活动对水沙影响的方法

定量分析气候变化和人类活动对径流影响的方法主要有统计分析法、水文模型法、水量平衡法和 Budyko 分析法（Ahn and Merwade，2014），研究输沙变化的主要是统计分析方法和模型模拟法①。本书使用统计分析方法，建立基准期气候指标—径流—输沙之间的关系，基于这些关系区分其他时期气候变化和人类活动对研究区水沙变化的影响。具体公式为

$$W_T = W_N - W_I \tag{3.6}$$

$$W_C = W_S - W_N \tag{3.7}$$

$$W_H = W_T - W_C \tag{3.8}$$

$$\eta_H = W_H / W_T \times 100\% \tag{3.9}$$

$$\eta_C = W_C / W_T \times 100\% \tag{3.10}$$

式中，W_T为措施期相对于基准期径流或泥沙变化的总量；W_N和 W_I分别为基准期、措施期径流或泥沙多年平均实测值；W_S为根据基准期气候指标–径流–输沙之间的关系，估算得到的措施期径流或泥沙模拟值；W_C和 W_H分别为气候变化、人类活动引起的径流或泥沙的变化量；η_H和 η_C分别为人类活动、气候变化的贡献率。

2. 气候变化和人类活动对西柳沟水沙变化的影响

西柳沟流域具有典型的风水两相侵蚀的特点。在分析气候变化对该流域径流、输沙的影响时，除气温、降雨两大因素外，年大风日数、年沙尘暴日数也是必须考虑的因素。使用 SPSS 软件对年径流量及年输沙量与各因素关系进行回归分析，分析结果见表 3.7。其中，年均温与年径流量的 R 值为-0.13，p 值为 0.18，p 值大于 0.05，未通过显著性检验，说明年径流与年均温的相关性并不显著，其变化受气温影响较小。年大风日数、年沙尘暴日数与年径流量的回归关系也不显著。年均温、年大风日数、年沙尘暴日数与年输沙量的 R 值分别为 0.02、0.12、0.06，p 值分别为 0.45、0.35、0.24，p 值均大于 0.05，均未通过显著性检验，说明年均温、年大风日数、年沙尘暴日数对年输沙量的影响很小。只有年降雨量与年径流量及年输沙量的关系显著。可见，西柳沟流域径流和输沙的变化主要受降雨的影响。

表 3.7　年径流量、输沙量与年降雨、气温、大风和沙尘暴的相关关系

项目	年降雨量	年均温	年大风日数	年沙尘暴日数
年径流	0.61 **	-0.14	0.13	0.22
年输沙	0.40 **	0.01	0.08	0.12

** 表示显著性水平 p <0.01。

① 高鹏. 2010. 黄河中游水沙变化及其对人类活动的响应. 中国科学院研究生院（教育部水土保持与生态环境研究中心）博士学位论文.

“十大孔兑”平时干旱少雨，降雨主要以暴雨形式出现，为分析降雨强度和年径流、输沙的关系，分别统计日降雨量≥0mm、≥5mm、≥10mm、≥15mm、≥20mm、≥30mm 的年降雨量，并使用 SPSS 软件进行回归分析，结果见表 3.8。从表 3.8 中可以看出，日降雨量阈值越大，降雨量与年径流量和输沙量的相关关系越好，且显著性水平均超过了 99%，充分说明暴雨对该区域径流、输沙的波动影响巨大。当日降雨量阈值≥20mm 时，径流量与降雨量的相关关系达到最高值，为 0.77。输沙量与降雨量的相关关系在日降雨量≥30mm 时达到最大值，为 0.54，在日降雨量阈值≥20mm 时，两者的相关关系系数为 0.53。鉴于输沙量和降雨量的相关关系在≥20mm 和≥30mm 日降雨量阈值下变化不大，因此，统一选取日降雨量≥20mm 的年降雨量作为标准，分析降雨和人类活动对水沙变化的影响。

表 3.8　年径流量和输沙量与不同类型年降雨量的相关关系

项目	降雨类型/mm					
	日降雨量≥0	日降雨量≥5	日降雨量≥10	日降雨量≥15	日降雨量≥20	日降雨量≥30
年径流	0.60**	0.64**	0.69**	0.74**	0.77**	0.75**
年输沙	0.39**	0.43**	0.48**	0.51**	0.53**	0.54**

** 表示显著性水平 $p<0.01$。

上面根据径流与输沙变化突变点划分 1960 ~ 2012 年为基准期和变化期两个阶段。在此，就 1960 ~ 1998 年基准期，建立降雨量（日降雨量≥20mm）和径流量、输沙量的回归方程（图 3.24），回归方程公式为

$$\sum Q = 27.862 \sum P - 1079.9 \tag{3.11}$$

$$\sum S = 4.3707 \sum P + 343.09 \tag{3.12}$$

式中，$\sum Q$、$\sum P$、$\sum S$ 分别为累积年径流、降雨和输沙量。

根据式（3.11）和式（3.12）估算 1999 ~ 2012 年的年径流量和年输沙量。利用式（3.6）~式（3.10）计算降雨量变化和人类活动对径流、输沙变化的贡献率（表 3.9，表 3.10）。与基准期（1960 ~ 1998 年）相比，年径流和输沙量在变化期分别下降了 44.1% 和 80.9%。年输沙量的减少非常显著。对于径流量的减少，气候变化和人类活动的

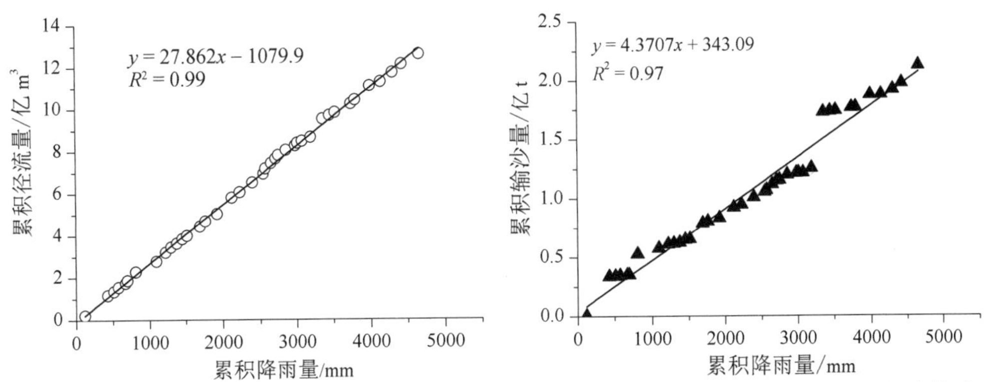

图 3.24　1960 ~ 1998 年累积降雨量（日降雨量≥20mm）与累积径流量和累积输沙量相关关系

贡献率分别为 32% 和 68%。对于输沙量的减少，两者的贡献率分别为 25% 和 75%。这说明 21 世纪以来，西柳沟流域径流和输沙的减少是气候变化和人类活动双重作用的结果，但是人类活动占据了主导地位。

表 3.9　降雨和人类活动对径流变化的贡献率估算结果

时期	降雨/mm	实测径流	模拟径流	降雨的影响		人类活动的影响	
		W_I/万 m^3	W_S/万 m^3	W_C/万 m^3	η_C/%	W_H/万 m^3	η_H/%
1960～1998 年	119.45	3231.05	—	—	—	—	—
1999～2012 年	99.34	1805.58	2767.78	-463.27	32	-962.20	68

表 3.10　降雨和人类活动对输沙变化的贡献率估算结果

时期	降雨/mm	实测输沙	模拟输沙	降雨的影响		人类活动的影响	
		W_I/万 t	W_S/万 t	W_C/万 t	η_C/%	W_H/万 t	η_H/%
1960～1998 年	119.45	544.21	—	—	—	—	—
1999～2012 年	99.34	104.13	434.18	-110.02	25	-330.05	75

3.3.5　水沙关系变化及原因

上文得出，人类活动对十大孔兑西柳沟流域径流和输沙减少的贡献率分别为 68% 和 75%，说明人类活动是影响该地区水沙变化的主要原因。影响流域水沙变化的人类活动主要是流域内实施的水土保持措施。为进一步分析水土保持措施实施与西柳沟流域水沙变化过程的关系，我们对该流域的降雨、人类活动，以及洪水期流量、含沙量关系进行了研究。

1. 降雨变化的影响

在西柳沟流域，降雨是影响径流和输沙的主要因素（表 3.7）。因此，降雨的减少必然导致径流和输沙的降低。表 3.11 显示，与 1960～1998 年相比，在 1999～2012 年，不同类型的年降雨量、径流量和输沙量都有不同程度的减少，其中，年径流量和输沙量分别减少了 44.1% 和 80.9%，变化剧烈。然而，不是所有类型降雨的减少都会导致径流和输沙的剧烈下降，从表 3.8 可以看出，随着降雨强度的增大，年径流、输沙和不同类型年降雨量的相关关系相对越来越好，说明暴雨对西柳沟流域的径流和输沙具有重要影响。前述研究表明，降雨变化（日降雨量≥20mm）对径流和输沙减少的贡献率分别为 32% 和 25%，由此推出，降雨量变化引起变化期径流减少了 14.1% 和输沙减少了 20.1%。而实测年降雨量（日降雨量≥20mm）在变化期减少了 16.8%。也就是说，日降雨量≥20mm 的年降雨量变化程度比其引起的径流量减少程度略高，比其引起的输沙量减少程度略低。

表 3.11　基准期和变化期的径流、输沙量及不同类型降雨量的变化

年份	年径流/万 m^3	年输沙/万 t	日降雨					
			≥0mm/mm	≥5mm/mm	≥10mm/mm	≥15mm/mm	≥20mm/mm	≥30mm/mm
1960 ~ 1998	3231.1	544.2	290.8	239.5	184.1	146.4	119.5	92.2
1999 ~ 2012	1805.6	104.1	286.1	230.0	172.2	128.7	99.3	75.0
变化/%	-44.1	-80.9	-1.6	-4.0	-6.5	-12.1	-16.8	-18.6

前人多使用年降雨总量（日降雨≥ 0mm）来研究降雨变化对径流和输沙的贡献率（Lu et al., 2013; Miao et al., 2011; Gao et al., 2011; Dong et al., 2014; Liang et al., 2013）。然而，在干旱和半干旱区域，径流产生和土壤侵蚀对降雨强度比较敏感（Wei et al., 2007）。上文基于年径流量、输沙量与不同类型年降雨量的相关关系，选择使用日降雨量≥20mm 估算降雨变化对径流和输沙的影响。为了阐明降雨强度的重要性，我们分析了不同降雨强度下，降雨和人类活动对径流和输沙变化的贡献率（表 3.12）。由表 3.12 可以看出，降雨强度不同，其对径流和输沙的贡献率也不同。对径流而言，除了≥30mm 的降雨，其他类型降雨的贡献率随着降雨强度的增加而增大，同时人类活动的贡献率随着降雨强度的增大而减小。比较不同降雨类型减少的百分比（表 3.11）和不同降雨类型对径流变化的贡献率（表 3.12），可以发现降雨贡献率的变化随着减少百分比的增加而增大。我们认为前四种降雨类型低估了降雨变化对径流减少的贡献率，原因是在干旱半干旱区域，并不是所有的降雨都会产生径流。因此，虽然年降雨总量在变化期和基准期差别较小，但是可以产生径流的降雨减少较大，结果当我们选择年降雨总量进行其对径流减少贡献率估算的时候，就会低估降雨变化对径流减小的贡献率。≥30mm 的降雨之所以会低估对径流减少的贡献率，可能是忽略了一些可以产生径流的降雨。对于输沙而言，降雨对输沙减少的贡献率随着降雨强度的增加而增大。与径流同理，≥0mm、≥5mm、≥10mm、≥15mm 的降雨低估了气候变化对输沙减少的贡献率，原因不再赘述。综上所述，我们在计算降雨和人类活动对径流和输沙变化的贡献率的时候，需要考虑降雨强度的影响，从而避免高估或者低估降雨的贡献率。

表 3.12　不同降雨类型下的降雨和人类活动对径流和输沙变化的贡献率

降雨类型/mm	径流		输沙	
	降雨贡献率/%	人类活动贡献率/%	降雨贡献率/%	人类活动贡献率/%
日降雨量 ≥ 0	2.9	97.1	9.4	90.6
日降雨量 ≥ 5	7.4	92.6	11.8	88.2
日降雨量 ≥ 10	10.6	89.4	13.6	86.4
日降雨量 ≥ 15	21.1	78.9	19.1	80.9
日降雨量 ≥ 20	32.5	67.5	25.0	75.0
日降雨量 ≥ 30	19.7	80.3	27.9	72.1

2. 人类活动的影响

人类活动对 1999 ~ 2012 年西柳沟流域径流和输沙减少的贡献率分别为 68% 和 75%，

成为影响水沙变化的主导因素。该结果与黄河中游的其他研究结果相一致。20 世纪 70 年代晚期，由于水库大坝建设、水土保持措施等人类活动的影响，黄河流域的水沙呈现显著的减少趋势（Miao and Borthwick，2010；Shi et al.，2013；Gao et al.，2011）。Gao 等（2011）研究发现人类活动对黄河中游水、沙减少的贡献率分别为 72% 和 87.8%。对于无定河流域，人类活动对径流减少的贡献率为 70%（Zhou et al.，2013），对输沙减少的贡献率为 88.9%①。Liang 等（2013）分析了人类活动对窟野河流域径流减少的影响，指出人类活动的贡献率为 60%。对于皇甫川流域，人类活动对径流减少的贡献率为 70%（王随继等，2012）。所有这些研究成果表明，近年来人类活动成为影响黄河中游径流和输沙减少的主要因素。本研究说明在黄河上游也存在着相同的现象。

黄河流域早在 20 世纪 50 年代就开始实施了水土保持措施，到 20 世纪 70 年代，水土保持得到了加强（Shi et al.，2013）。相比之下，西柳沟流域实施水土保持措施的时间较晚（许炯心，2014a）。到 2007 年，水土保持面积达到该流域总面积的约 37.8%，其中，除修建淤地坝 47 座外，植树造林 26020 hm^2、种草 976 hm^2、封禁 2100 hm^2（陈怀伟等，2008）。本书利用 AVHRR NDVI 数据和 MODIS NDVI 数据，基于像元二分法（李苗苗等，2004），计算西柳沟流域的植被覆盖度，并点绘该流域 1981 ~ 2010 年的植被覆盖度图（图 3.25）。从图上可以看出，植被覆盖度上升趋势明显，且超过了 99% 显著性水平。1999 ~ 2010 年，平均植被覆盖度达 44%，与 1960 ~ 1998 年相比，增加了 10%。由图 3.21 和表 3.11 可以看出，在 1999 ~ 2012 年，西柳沟流域的降水量并没有升高，考虑到在干旱半干旱区域，降雨是控制植被生长的关键因素，所以水土保持措施是造成这一时期植被覆盖度增加的主要原因。植被覆盖度的增加改变了降雨-径流-产沙的关系，进而减少了流域的产水产沙量。

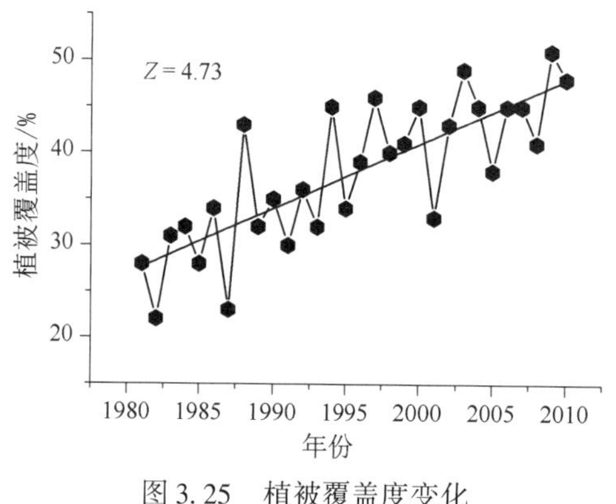

图 3.25　植被覆盖度变化

3. 时段水沙关系和分级流量频率变化

西柳沟流域在 1999 ~ 2012 年径流量减少幅度较大。为比较不同流量级别在基准期和

① 高鹏.2010. 黄河中游水沙变化及其对人类活动的响应. 中国科学院研究生院（教育部水土保持与生态环境研究中心）博士学位论文。

变化期的频率分布情况，将流量按照<1m³/s、1 ~ 5m³/s、5 ~ 10m³/s、10 ~ 20m³/s、20 ~ 30m³/s、30 ~ 50m³/s、50 ~ 100m³/s、100 ~ 500m³/s、500 ~ 1000m³/s、≥1000m³/s 划分为 10 级，点绘分级流量的频率图（图 3. 26）。由图 3. 26 可以看出，与 1964 ~ 1990 年相比，在 2006 ~ 2012 年，小于 5m³/s 的流量所占比例明显增高，占据了总量的 64. 1%，尤其是小于 1m³/s 的流量数据所占比例为 42. 1%，5 ~ 1000m³/s 的流量所占比例均低于 1964 ~ 1990 年，而≥1000m³/s 的流量所占比例与 1964 ~ 1990 年相当。对比基准期，该流域在变化期出现小流量频率升高，中、大流量频率降低的现象。产生这种现象的原因主要是由于水土保持措施的影响。如前所述，西柳沟流域自实施水土保持措施之后，植被覆盖度呈现显著升高的趋势（图 3. 25）。植被通过截留、蒸发、增加下渗等作用可以有效减少地表总的径流量，但是却提高了小流量出现的频率。因此，水土保持措施的实施是西柳沟流域 0 ~ 5m³/s流量频率增加，而 5 ~ 1000m³/s 流量频率降低的主要原因。Wolman 和 Miller（1960）的研究发现多数河流的大部分泥沙量是被中等量级的径流挟带走的。因此，在变化期小流量频率升高、中等流量频率降低是导致西柳沟流域输沙量减少的主要因子。除分级流量频率变化外，我们使用西柳沟流域洪水实测数据点绘了基准期和变化期流量与含沙量的关系（图 3. 27）。可以看出，2006 ~ 2012 年，相同大流量条件下，含沙量明显降低，造成这一结果的原因也与水土保持密切相关。因此，在今后的流域治理中仍需要加大综合治理力度，包括封山育林育草、淤地坝建设等，从而有效减少流域内的泥沙危害。

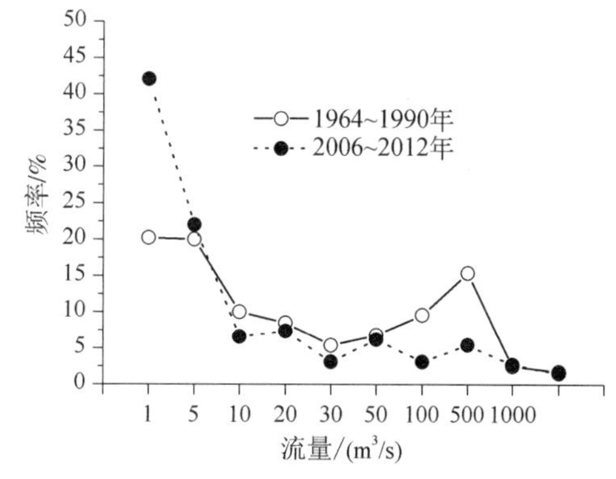

图 3. 26　分级流量频率分布

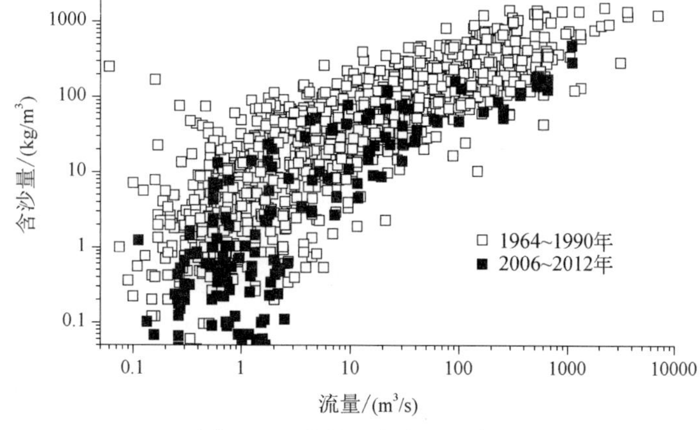

图 3. 27　流量和含沙量的关系

第 4 章　洪水过程中的河床演变机理

以往，由于问题复杂和观测困难，河床演变多以河道冲淤为代表，建立冲淤量与流量和含沙量的关系进行研究，其实质是悬移质的冲淤，漏掉了推移质引起的河床变化。或以物理试验为手段进行研究，受相似性影响，其结果与天然状况结果间总存在一定差别。事实上，从水动力学角度出发，研究河床横向演变的机理才是对河床演变最为基础、最为重要的工作。

河床演变是水流、河槽及河床岸间相互作用结果的表现。三者作用中的纽带是泥沙，它的几何性质、运动能量来源导致的特定运动规律，对河床演变有着很大影响。因此，在探讨宁蒙河道河床演变时，首先应了解泥沙的组成及运动特性、岸滩土的特性，再来研究宁蒙河道洪水过程中洪、床、岸相互作用下的河床演变。

4.1　内蒙古河道的泥沙特点

4.1.1　河槽泥沙的组成及运动形态转换的界限粒径

1. 泥沙组成

2008 年中国科学院寒区旱区环境与工程研究所（简称寒旱所）对宁蒙河道粗泥沙的分布特征进行了钻探分析研究①。宁蒙河道河心滩 3 ~ 4. 5m 深的 90 根钻孔资料指出：河床质粒径在垂直方向上的分布呈典型的二元结构，即表层细沙组分与底层粗泥沙组分。表层细沙较薄，一般小于 0. 5m 左右，个别达 1 ~ 2m。平均 72% 左右的泥沙粒径分布在大于 0. 05mm 的范围内。表层细沙不稳定，随水流状态冲淤流失变化；底层粗沙层深厚，67% 泥沙的粒径集中分布在大于 0. 08mm 范围内，尤其是在宁夏河东沙地，与乌兰布和沙漠河段，70% 分布在大于 0. 1mm 的范围，80% 在大于 0. 08mm 的范围。显然，比大于 0. 05mm 的泥沙占到 90% 的黄河下游的河床质泥沙粗。从 1960 ~ 1965 年的观测床沙质级配（图 4. 1）看到，悬移质的主体粒径是 0. 025 ~ 0. 1mm，河床质的粒径范围是 0. 05 ~ 1. 0mm，主体粒径范围在河段上下游明显不同。上游石嘴山—巴彦高勒河段，河床质主体粒径为 0. 1 ~ 0. 5mm，约占 84%，且 0. 1 ~ 0. 25mm 的泥沙所占份额最大，约为 55%，0. 1mm 以下的泥沙份额不到 10%，尽管粒径沿程略有调整，但不明显，河床质粒径级分布几乎相当；下游头道拐河段，虽然主体粒径依然是 0. 1 ~ 0. 5mm 的泥沙，但从所占份额看，0. 25 ~ 0. 5mm 的粗泥沙所占份额由 31% 左右降低到约 4%，0. 1 ~ 0. 25mm 的泥沙份额却从上游的

① 拓万全等．黄河宁蒙河道泥沙来源与淤积变化过程研究．中国科学院寒区旱区环境与工程研究所，2009. 12-27。

55%提高到68%，0.1mm以下的泥沙份额也提高到21%，河床质粒径明显细化。然而，对于内蒙古河段，不论是河段上游还是河段下游，床沙分布的共同特点是0.1mm以上的粗泥沙分布集中度高，上游均匀系数为0.58，下游为0.6，即具有沿程集中度增加的趋向性。表4.1表明，尽管自20世纪60年代以来，上游修建了许多大中型水利工程和灌溉工程，但这种泥沙的组成情况至今没有发生大的改变。它表明河段的粗（基于运动性质而言）泥沙主要来自河段周边。

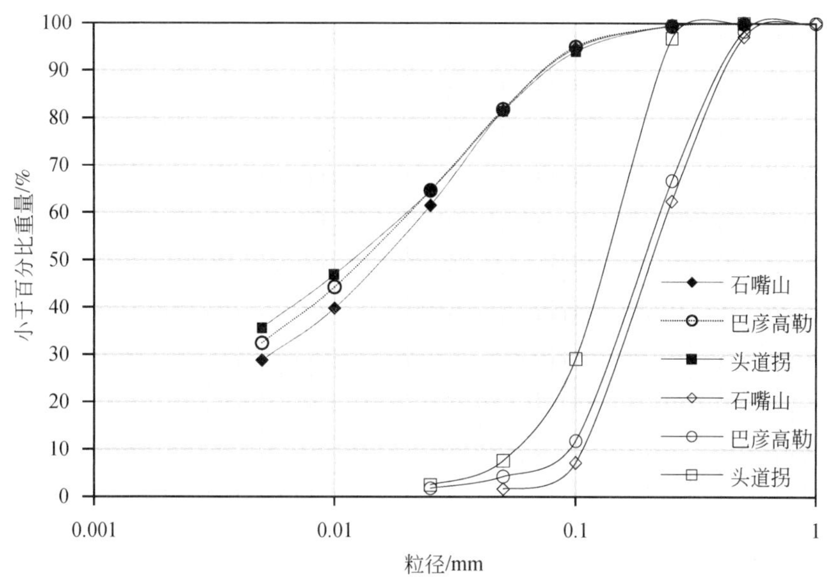

图4.1　内蒙古河段泥沙颗粒级配

注：虚线为悬移质颗粒级配；实线为河床质颗粒级配

表4.1　2012年9月大洪水过程中三湖河口断面水流动力区实测泥沙组成

悬移质					床沙	
测点位置（相对水深）		0.6	0.8	0.9		
距离河底高度/m		2.11	1.06	0.53	河底	河底下
粒径级/mm	<0.005	8.32	7.94	9.16	3.18	0.30
	0.005～0.01	5.76	5.33	6.05	3.18	0.3
	0.01～0.025	19.23	18.52	18.73	2.02	0.2
	0.025～0.05	31.60	33.23	29.91	9.20	0.7
	0.05～0.1	24.82	26.67	24.52	21.40	28.7
	0.1～0.25	7.84	7.09	9.30	27.18	45.0
	0.25～0.5	1.84	1.06	2.07	29.78	10.0
	0.5～1.0	0.59	0.16	0.26	6.93	8.20
	>1.0	0.0	0.0	0.0		

注：实测时动力区水力要素：流量为2210m^3/s，平均垂线流速为1.85m/s，含沙量为6.91 kg/m^3，平均垂线水深为5.28m。

2. 悬推和推悬集中转换的界限粒径

宁蒙河道，尤其是青铜峡上游和乌海下游河道泥沙颗粒粗，存在推移质运动形态，这一点不仅可以从20世纪60年代，头道拐站在1962～1967年实测到了推移质得以证明，而且从悬移质颗粒级配可以看到，悬移质中存在约33%的粒径为0.05～0.25mm的泥沙，特别在相对水深0.9处，即临河底处，0.1～0.25mm的颗粒占到约10%，考虑到这些粗颗粒泥沙分布的均匀性，及图4.2给出的洪水过程中三湖河口断面水流动力区河底高程随时间呈趋势性且带有波动性的变化，可以设想到临底应有数量不小的泥沙做推悬交换运动。推悬交换的比例影响了河段的冲淤演变，而交换的比例与悬推和推悬交换的界限粒径有关。

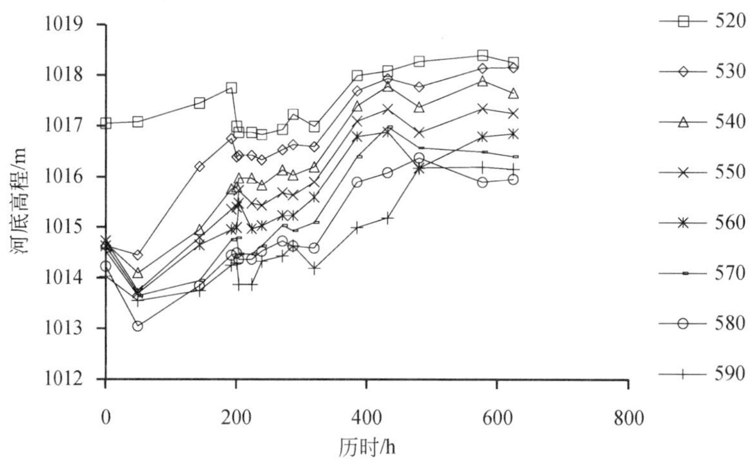

图4.2　三湖河口2011年洪水过程中各垂线河底高的变化

在悬推集中转换的物理图形中，悬移质转换为推移质的粒径应是做悬移运动，但悬浮高度处于临底层，并具有一定挟沙力的泥沙粒径。据此，分析了 d = 0.08～0.1mm粒径组泥沙在常遇流量500m³/s、1000m³/s及洪水流量2000m³/s情况下的挟沙力和悬浮高度。分析中按双值挟沙力公式及悬浮指标公式计算相关数值。

$$\omega_{\mathrm{ms}} = \omega_{\mathrm{m}} (1 - S_{\mathrm{v}})^{m} \tag{4.1}$$

$$S_{*} = 0.0002 \frac{\gamma_{\mathrm{m}}}{\gamma_{\mathrm{s}} - \gamma_{\mathrm{m}}} \frac{(U - U_0)^3}{gR\omega_{\mathrm{ms}}} \tag{4.2}$$

$$U_0 = \left[1.1 \frac{(0.7 - \varepsilon)^4}{d} + 0.43 d^{3/4}\right]^{0.5} R^{0.2} \tag{4.3}$$

式中，ω_{ms}为浑水中泥沙的群体沉速（m/s）；ω_{m}为清水泥沙群体沉速（m/s）；S_{v}为体积比含沙量；S_{*}为挟沙力（kg/m³）；γ_{m}、γ_{s}分别为浑水和清水的容重（kg/m³）；U是平均流速（m/s）；U_0是挟动流速，当泥沙由静止转为运动时，取起动流速，按照式（4.3）计算（m/s）；R为水力半径（m）；d为悬移质粒径（mm）。表4.2为分析计算结果，可见0.08～0.1mm粒径组泥沙在常遇流量1000m³/s时的冲刷挟沙力0.68～1.41kg/m³，在500m³/s时的冲刷挟沙力几乎为零，在2000m³/s时则为3.67～5.62kg/m³，且大部分该粒径组泥沙的悬浮高度处于临底约20 cm的厚度范围内，笔者曾在三湖河口站临底层20 cm

左右范围内取样分析，说明了该范围内的粗沙含量高，也说明了 0.6 相对水深处的一点取样法漏测了临底层悬移的粗沙和推移质。分析计算说明 d = 0.08 ~ 0.1mm 的泥沙冲刷难、淤积易。一旦洪水退落，悬移的泥沙将集中转为推移运动，故可认为宁蒙河段悬推集中转换的界限粒径可定为 0.08 ~ 0.1mm。

表 4.2　头道拐站挟沙力

粒径/mm	沉速/(m/s)	流量/(m^3/s)	水深/m	流速/(m/s)	扬动流速/(m/s)	冲刷挟沙力/(kg/m^3)	淤积挟沙力/(kg/m^3)
0.08	0.0056	500	2.2	0.8	0.49	0.25	0.63
		1000	2.5	1.2	0.50	1.41	3.53
		2000	3.0	1.8	0.52	5.62	14.05
0.1	0.0084	500	2.2	0.8	0.54	0.15	0.38
		1000	2.5	1.2	0.55	0.68	1.70
		2000	3.0	1.8	0.58	3.67	9.18

同理，推移质运动含有跃移形式，故也可根据悬浮指标经验地判定。经验认为，当悬浮指标 z<0.06 时，泥沙可以全部悬浮至水面，泥沙为冲泻质；z 大于 0.1 时为河床质；z 大于 3 时，90% 泥沙的悬浮高度不超过 0.1 倍的水深，泥沙只能在邻河底处做推移运动，即为推移质。笔者根据内蒙古河段三湖河口水文站实测资料，计算了代表年 120 多个样本点不同粒径的悬浮指标，经假设检验，表明粒径 d>0.3mm 的泥沙悬浮指标与推移临界悬浮指标无差异，粒径在 0.05mm<d<0.125mm 范围的泥沙差异显著。根据 Bagnold（1956）的分析方法，建立无量纲的单宽输沙率（φ）与无量纲水流拖曳力（θ_*）的关系，同样可以看到类似的结论：即洪水期粒径 d 大于 0.3mm 的泥沙做推移质运动，0.05mm<d<0.1mm 的泥沙多做悬移质运动，是悬推交换的主体，0.1mm<d<0.25mm 则是床沙质推悬交换的主体。这也就是为什么粒径大于 0.25mm 的颗粒在多年平均悬移质级配中所占分量不高，而 0.1 ~ 0.25mm 的颗粒在悬移质中约占 10%，在床沙中占到近 60% 的原因。寒旱所钻孔探测成果指示河心滩的泥沙组成绝大部分在 0.08mm 左右，也证明了水流不能将粒径大于 0.25mm 的泥沙大量扬起，搬运到河心滩上。从实测结果表 4.1 中也可以看到粒径大于 0.1mm 的泥沙中至少有 64% 悬浮高度小于 0.53m，随着粒径的加大，这个比例也会加大至 90% 以上。至于粒径为 0.025 ~ 0.075mm 的泥沙，无论从悬浮指标还是实际观测结果看，在中洪水（约 2500m^3/s）期的运动基本为悬移质运动形态，只有在小流量时，0.05 ~ 0.1mm 的泥沙从悬移转变到推移，对河床暂态性冲淤变化起作用。

4.1.2　滩岸土的特性

本次研究对黄河宁蒙河段的三湖河口、临河渡口、磴口三个典型断面滩岸土进行了试验，分析了滩岸土的组成及力学特性。在黄河宁蒙河段的三湖河口和临河渡口的两个典型断面的左岸和右岸分别取原状样和扰动状样，采取人工挖探井、分层取样的方法取样。在磴口断面的左岸取扰动样。取样点布置在主流靠近边滩（嫩滩）且塌岸较明显的滩岸上，为了比较，在离嫩滩较远处也设置了取样点。在靠近边滩（嫩滩）的滩岸处，由于地下水位较浅，土的饱和度皆很大，探井深度较大时易坍塌，故取样最大深度为1.0m。在远离边滩的滩岸处，地下水位较深，取样最大深度为2.0m。对取得的沙洋进行物理和力学特性试验。物理特性试验包括含水率、密度、界限含水率、颗粒大小分析试验，力学特性试验包括渗透、压缩、静三轴、动三轴试验。所有土样的物理性质试验和力学试验的操作均按《土工试验规程》（SL 237—1999）进行。

1. 滩岸土的物理特性

从滩岸土样的物理性质试验结果（表4.3）中可得以下结论。

（1）磴口断面滩岸土体在垂直及水平方向皆为粉土和粉砂的互层结构。粉土的平均粒径为0.026mm，比临河渡口与三湖河口滩岸粉土的颗粒粗；粉砂的平均粒径为0.083mm。与磴口左滩岸相连接的沙漠砂平均粒径为0.14mm，定名为细砂。表明滩岸粉砂非沙漠砂且系河流淤积而成。临河渡口、三湖河口及磴口三个断面上粉土的平均粒径分别为0.021mm、0.021mm、0.026mm，临河渡口、三湖河口两个断面上粉质黏土的平均粒径分别为0.007mm、0.016mm，表明三个断面滩岸土体组成有差别，总体上磴口滩岸土的颗粒最粗，其次为三湖河口，临河渡口土的颗粒最细。

（2）在天然状态下，三个断面滩岸土的干密度较小，孔隙比较大，饱和度大，且三个断面指标相差较小。

2. 滩岸土的力学特性

由于洪水期滩岸土的饱和度较大，故基本力学特性试验时，试样的状态均为饱和状态，即最不利情况。从滩岸土样的力学性质试验结果可得以下结论。

（1）临河渡口和三湖河口两个断面滩岸土样均属于中压缩性土，处于微透水至中等透水状态。磴口断面滩岸土样处于中等透水状态。

（2）临河渡口断面滩岸土样抗剪强度指标较大。整体来看，黄河岸滩土多为粉土，其抗剪强度较大，主要与土样干密度相对较大、结构性较强有关。含水率变化对三湖河口及临河渡口两个断面滩岸粉土的抗剪强度有明显的影响，抗剪强度随着含水率的增大而减小，见图4.3。冻融循环对三湖河口及临河渡口两个断面滩岸粉土的抗剪强度皆有明显的影响，抗剪强度随冻融循环次数的增大而减小，第一次冻融循环对抗剪强度的影响较大。对于三湖河口滩岸粉土，冻融循环次数对内摩擦角的影响较大。对于临河渡口滩岸粉土，冻融循环次数对黏聚力的影响较大。

（3）对三湖河口粉土及磴口粉砂样进行了饱和固结不排水动三轴试验。试验结果表明，滩岸土在动应力持续作用下会出现有效应力为零、强度完全丧失的液化现象。以孔压等于围压，即土样产生液化作为破坏标准，得到在液化振次1000次下动抗剪强度总应力指标，见表4.4。可见，三湖河口滩岸粉土及磴口粉土的动三轴抗剪强度指标皆远小于其静三轴抗剪强度指标，动黏聚力为0。

表 4.3　岸滩土的物理性质指标

断面名称	土样编号	土层厚度 /m	土样名称	颗粒组成百分比/%			平均粒径 d_{50}/mm	液限 w_L /%	塑限 w_P /%	塑性指数	天然状态下的物理指标				
				砂粒	粉粒	黏粒					含水率 w/%	饱和密度 ρ_s /(g/cm³)	干密度 ρ_d /(g/cm³)	孔隙比 e	饱和度 S_r/%
临河渡口左岸	LHZ1-1 表层	0.2	粉土	9.5	66.6	24.0	0.023	27.8	20.1	7.7	10.41	1.94	1.50	0.804	35
	LHZ1-2 中层	0.3	粉质黏土	5.0	65.0	30.0	0.008	36.5	23.8	12.8	30.35	1.89	1.42	0.903	91
	LHZ1-3 下层	0.5	粉土	4.1	75.8	20.1	0.020	28.4	20.4	8.1	27.37	1.96	1.51	0.777	95
	LHZ2-1 表层	0.2	粉土	5.4	74.8	19.8	0.020	28.4	20.6	7.8	20.28	1.86	1.37	0.971	56
	LHZ2-2 下层	1.5	粉质黏土	3.5	52.0	44.5	0.006	40.2	25.4	14.7	31.68	1.88	1.40	0.929	92
临河渡口右岸	LHY2-1 单层	1.0	粉土	2.3	78.6	19.1	0.020	28.8	19.9	8.9	26.63	1.96	1.53	0.769	94
三湖河口左岸	SHZ1-1 单层	1.0	粉土	1.9	78.1	20.0	0.020	29.1	20.5	8.7	30.52	1.91	1.43	0.874	94
	SHZ4-1 单层	1.5	粉土	1.4	72.1	26.5	0.020	28.2	19.5	8.7	31.18	1.91	1.43	0.874	96
三湖河口右岸	SHY1-1 表层	0.5	粉土	5.4	67.8	26.9	0.021	29.1	20.6	8.6	19.52	1.90	1.42	0.888	59
	SHY1-2 下层	0.7	粉质黏土	2.3	74.3	23.4	0.021	30.9	19.9	11.0	35.16	1.83	1.31	1.041	90
	SHY3-1 表层	0.3	粉土	3.3	78.5	18.3	0.021	29.8	20.5	9.3	25.25	1.88	1.39	0.931	73
	SHY4-1 下层	0.5	粉质黏土	3.2	69.7	27.1	0.010	32.5	20.3	12.2	52.29	1.70	1.11	1.432	99
磴口左岸	DKZ-1 单层	0.3	粉砂	54.2	33.5	12.3	0.083	—	—	—	10.37	1.89	1.41	0.915	31
	DKZ-2 单层	0.3	粉土	12.8	69.7	17.5	0.026	—	—	—	24.68	1.93	1.47	0.837	80

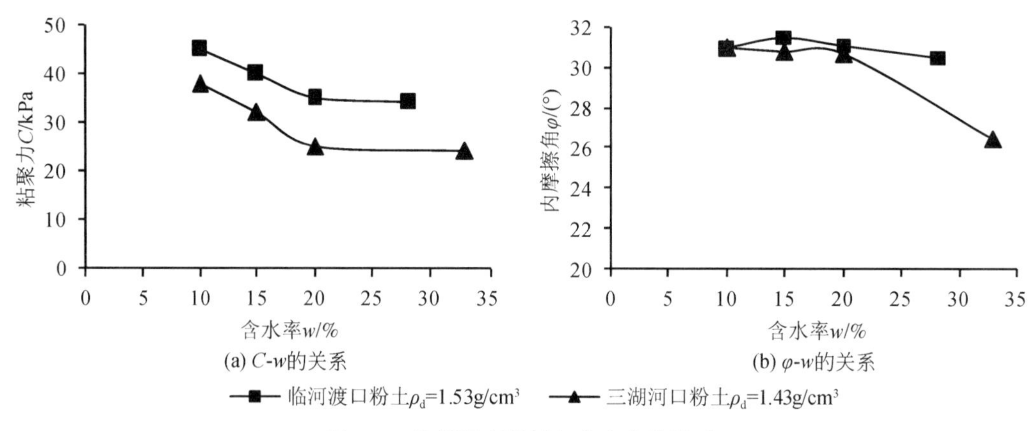

图 4.3　抗剪强度指标与含水率的关系

表 4.4　静动抗剪强度指标

土样	静三轴抗剪强度指标		动三轴抗剪强度指标	
	C/kPa	φ/(°)	C/kPa	φ/(°)
三湖河口粉土	15	28.8	0	7.4
磴口粉砂	15	22.2	0	7.2

3. 滩岸土的稳定性

河岸后退是河岸土体和近岸水流相互作用的结果。水流直接冲刷河岸及重力作用下的河岸崩塌是导致河岸后退的两个主要因素。近岸水流直接冲刷河岸坡脚使岸坡变陡，或者近岸床面冲刷使岸高增加，都会导致河岸稳定性降低。因此，需要分析滩岸土体的抗冲性，根据土力学中的边坡稳定性分析方法对实测的河岸进行稳定性分析。

当用河流动力学中的方法来分析滩岸土体的抗冲性时，采用启动切应力来表示滩岸土体抗冲能力的强弱。当水流的冲刷力大于滩岸土体的抗冲力时，就可以冲动滩岸边坡上水面以下的表层土体，导致岸坡变陡或变深，从而引起岸坡失稳坍塌。

滩岸土的启动拖曳力 τ_c 采用唐存本（1963）、钱宁和万兆惠（1983）的公式计算得到启动拖曳力。水流剪切应力 τ_0 采用钱宁和万兆惠（1983）、贝让（1983）的公式计算。依据三湖河口 2012 年汛期的水位、流量（图 4.4）及河床断面的实测数据（图 4.5）进行计算，结果表明，水流剪切应力 τ_0 皆远大于泥沙起动拖曳力 τ_c 的值。可见，滩岸土的抗冲能力差，洪水冲刷河床及滩岸土可使岸坡变陡，或者岸高增大，是 2012 年汛期滩岸后退的一个重要原因。

三湖河口滩岸坡角的最大值（为 38.7°）小于 60°，属于缓坡（Taylor，1948），滑动面为圆弧曲面，不能用 Osman 提出的陡坡平面滑动理论进行滩岸稳定分析方法（Osman and Thorne，1988；Thorne and Osman，1988）。因此，以 2012 年三湖河口汛期实测水位（图 4.4）及岸坡后退时典型的河床断面形态（图 4.5）为依据，采用土力学中 Fellenius（瑞典圆弧法）及 Bishop 条分法的边坡稳定性理论，对滩岸后退时典型的岸坡断面进行稳

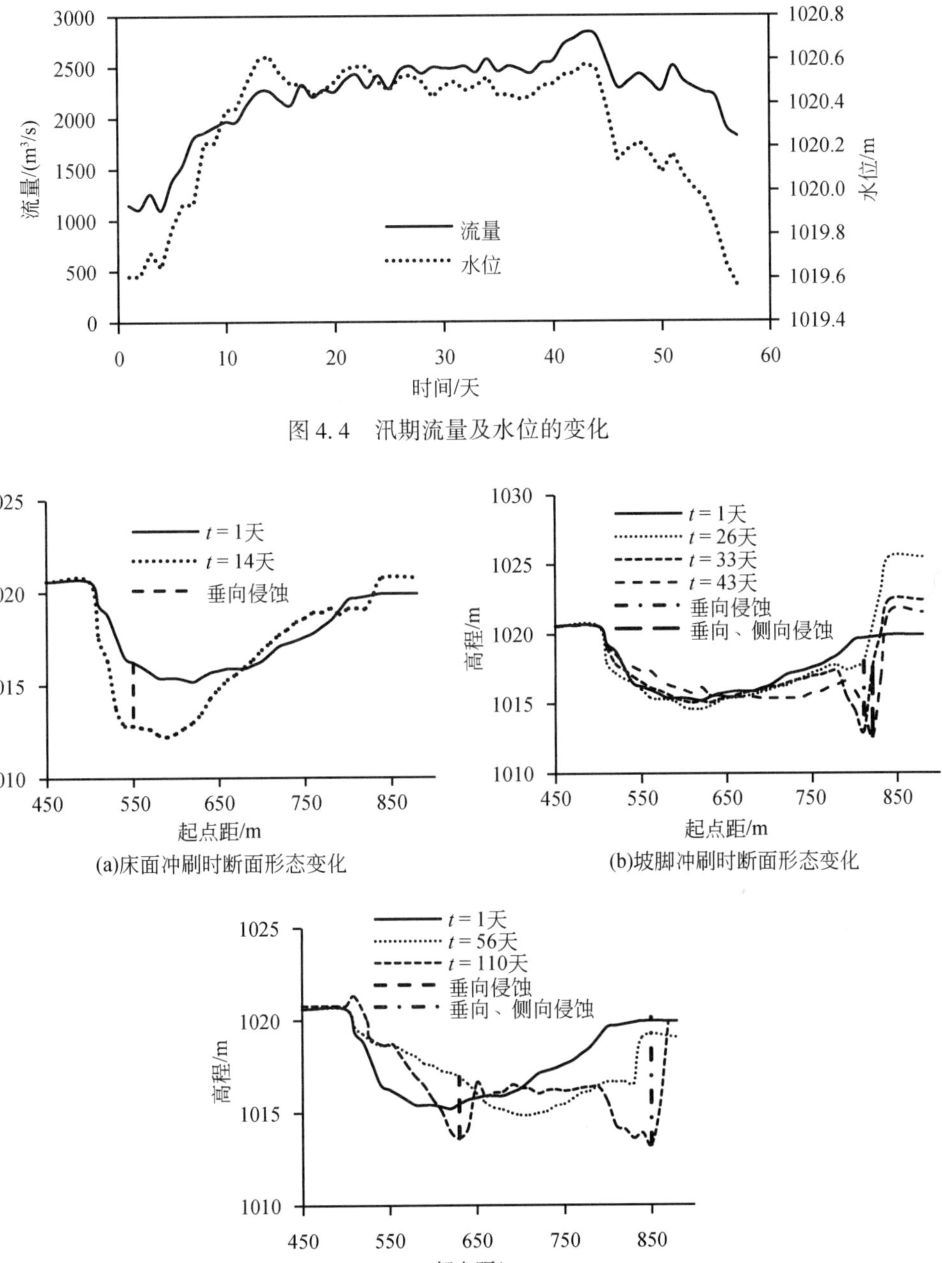

图 4.4　汛期流量及水位的变化

图 4.5　不同冲淤条件下的断面形态变化

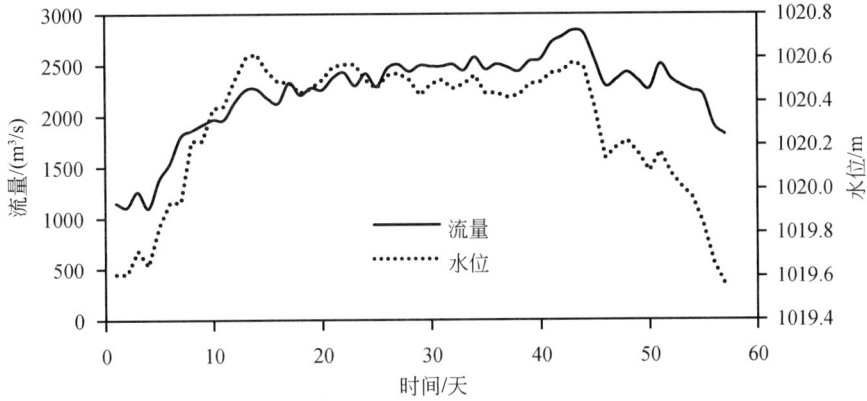

定性分析。结果表明，岸坡后退不完全由前期的岸坡冲刷下切到一定深度及侧向冲刷到一定宽度后岸坡不稳定崩塌所致。河岸后退的主导因素是水流冲刷侵蚀河岸及河床，同时，由于在波浪荷载持续作用下，滩岸土的孔压上升，产生动力液化破坏时，抗剪强度丧失，也是滩岸土出现崩塌现象需要考虑的因素。

综上所述，内蒙古河道岸坡形态稳定，岸土透水性中等，在动荷载作用下，土体出现液化现象，多次冻融条件下，土的抗剪强度明显减弱。故在大洪水作用下，岸坡容易被冲刷。

4.2　洪–床–岸相互作用机理

4.2.1　河床横向演变机理

洪床岸相互作用的实质是河床形态、水动力轴线和河岸相互作用的结果，他们之间互为因果关系，由于影响因素众多，过程非常复杂。但一般来看，天然河段洪、床、岸相互作用的一般模式见示意图4.6，即在一定的河床平面形态下，特定的河床形态决定了水流动力区（河段横断面内最大单宽流量及其附近与之数量相近的单宽流量集合区域）轴线的位置与方向，水流动力区的能量强弱带来了临近区域内泥沙运动的变化，进而改变了河底的形态和糙度，随之改变了动力轴线位置和顶冲河底、河岸的角度。水流顶冲的结果是产生或增强涡流，使被顶冲的河底和河岸产生淘刷。可以推测，越是起伏变化大的地方，越是有角落的地方，越是容易产生涡流。涡流能否成功淘刷河床、岸，取决于河床、河岸物质组成的物理力学性质和涡流作用时间与作用频率。对河岸而言，若在洪水过程中河岸的浸润线位置越高，浸泡时间越长，坡脚涡流强度越大，河岸稳定性越低。一旦河岸失稳便会塌岸，河床形态发生变化，进而导致新一轮由新河床形态决定的洪床岸相互作用过程。对于弯道河流，水流动力轴线遵循大水趋直、小水走湾、凸岸淤积、凹岸冲刷的规律。但有时受河岸抗冲能力和水流挟带泥沙特性的影响，也会出现异常。

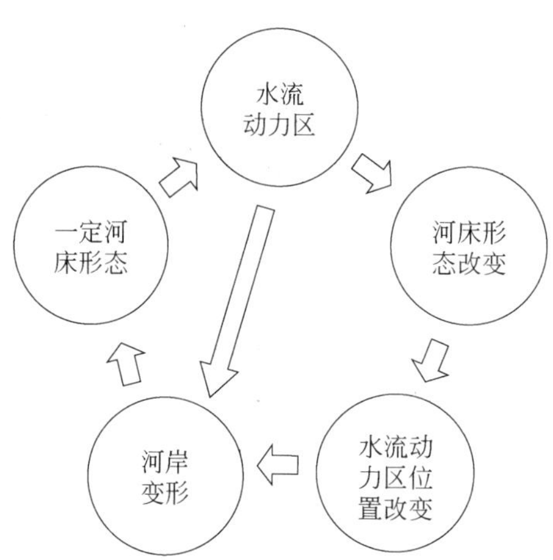

图4.6　河段洪、床、岸相互作用示意图

在上述整个洪床岸相互作用中，始终存在相互对立的两组作用力。一组是促使河床形态变化的动力，包括流量、洪水过程形状、洪水历时等的组合情况；另一组是河床形态抵抗变形的能力，包括河床物质组成及前期河床形态等。水流通过断面时，初始断面形态、河床组成及水流所挟带的泥沙等对水流产生阻力，消耗挟沙水流的动能，引起河床的冲刷和淤积。其中，水流动力区流速最大、具有的能量最大，所携带的泥沙最多且数量对能量变化最为敏感。当水流动力区发生冲刷时，其位置将基本保持不变；若动力区阻力增大，水流为减小自身能量的消耗，便绕开阻力区从能量消耗最小的地方流过，产生主动力区位置的变化，导致断面形态发生变化，从而进入新一轮的洪、床、岸的相互作用。由上述可推断，断面形态的变化过程，是水流动力不断被挟沙、边界等阻力因素消耗的过程，过程中，动力区的位置经常发生变化。因此，断面的变化很大程度上取决于水流的动力与阻力大小的对比关系。

4.2.2 河床横向演变机理的试验验证

我们用概化水槽试验对上述机理进行验证。水槽长27m，宽2m。选择渭河下游河流中中值粒径约为0.05mm的泥沙作为实验沙，铺在27m的水槽中形成动床。为了防止塌岸对流速产生影响，在实验段两岸砖砌防护。试验中流量由电磁流量计测量。为了能够测动力区位置的变化，我们用三维流速仪代替一维流速仪进行流速的测量。同时以ADV方式监测流速的变化。试验的流量在0.02m^3/s左右。为了增加水流阻力，在实验段上游动力区范围内加入实验沙，形成挟沙水流。

在水流运动初期，用流速仪寻找出流速最大的动力区，并将流速仪一直置于此处，流速变化见图4.7。从图中可以看出，纵向X方向流速减小，横向Y方向的流速就会增大。这表明在X方向，包括沙粒阻力、沙波阻力和淤积体阻力在内的总阻力增大，水流为减小自身能量的消耗开始避让阻力区，表现出Y方向流速增大的现象。如果此时拆除护岸物，则河岸将会大量坍塌。可以想象，随着阻力持续增大，动力区会偏离原来位置；否则，水流动力区位置保持不变。试验中岸壁坍塌量大的主要原因是沙土堆积体的抗剪性差，但动力区位置靠向河岸，并冲击岸壁不能不说是另一诱因。

4.2.3 河床横断面冲淤演变的实例分析

2012年7月下旬至10月，黄河上游干流发生了一场近20年来最大的洪水，为我们认识洪、床、岸的相互作用提供了难以获得的实例，同时也提供了检验上述理论的资料。

此处，以宁蒙河道三湖河口断面为研究对象，以实际观测资料为基础，结合上述理论分析洪水过程中河床横断面形态的变化。三湖河口河段位于黄河上游的下半段，内蒙古乌拉特前旗境内，是宽河谷河段，具有游荡性。河段设有三湖河口水文站，它处于弯道向直道过渡的地方，见图4.8。分析显示三湖河口河段无论在20世纪60年代还是90年代，逐年淤积量都在增大，河床萎缩严重，洪灾风险高。

1. 洪水特征分析

洪水是河床演变的动力，因此，首先应对其特征进行分析。2012年7～10月，河道发生了自1989年以来最大的洪水，洪峰流量达2850m^3/s，其中流量大于2000m^3/s的历时为43.7天；大于2500m^3/s的为18天；大于2700m^3/s的为4天。2000m^3/s流量对应的断面

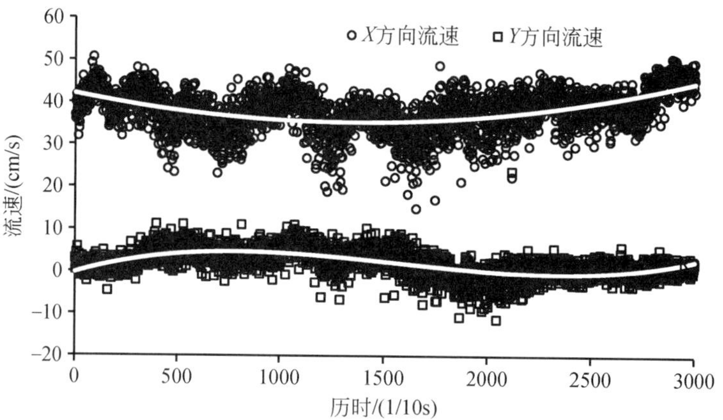

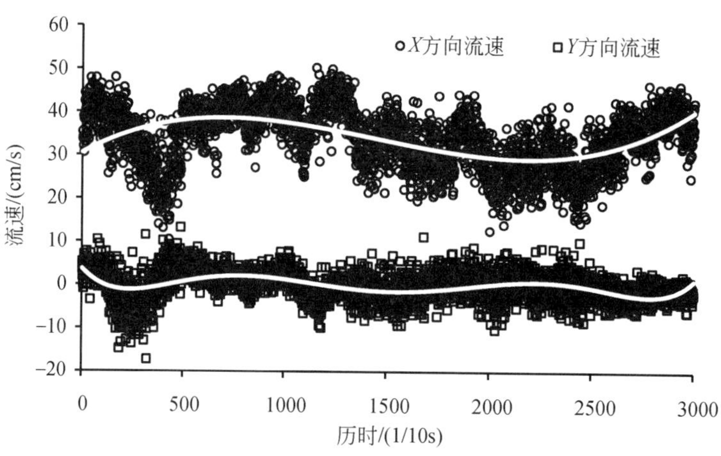

图 4.7　水流主动力区流速变化

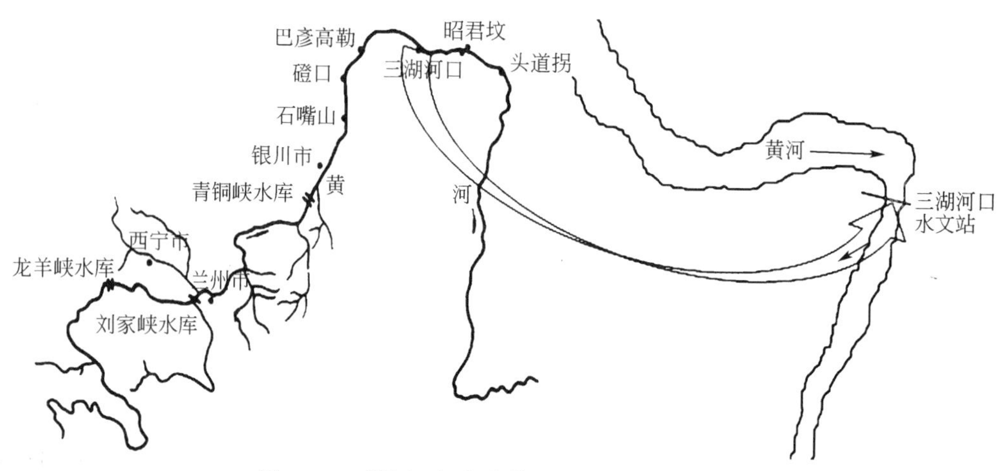

图 4.8　三湖河口河段在黄河上游的位置示意图

平均流速多在 1.8m/s 以上。这场洪水历时长，流量大，是研究河床演变的理想洪水。

4.1 节述及，水流动力区内的河床演变是河床演变的主体，横断面的变化很大程度上取决于水流的动力与阻力大小的对比关系。因此，这里从分析河段水流动力区的特征入手，分析河床横断面演变。

河段水流动力区，为河段内水流流程各横断面内单宽流量 q 相较于同断面其他位置明显偏大的区域，这里取单宽流量范围为（0.9 qm，1.1 qm）的区域作为水流动力区，其中 qm 为横断面上最大单宽流量，动力区所对应的河道宽度为动力区宽度，qm 所处的起点距为动力区位置。实测资料表明，在洪水过程中，水流动力区的宽度、位置和动力区的能量（动力区的平均单宽流量）均随流量过程的变化而变化，见图 4.9～图 4.11。图 4.12 中的距离为从左岸向右岸发展的距离。可以看到，涨、退水过程中的动力区特征明显有别：涨水时动力区位置从左岸移至右岸，退水时移回左岸，但移回的轨迹不同，存在明显夹角，且洪峰流量越大，夹角越大，动力区位置的摆动幅度越大。动力区的宽度随流量的变化规律为涨水增加，落水减小，但能量正相反，涨水能量小于落水能量。

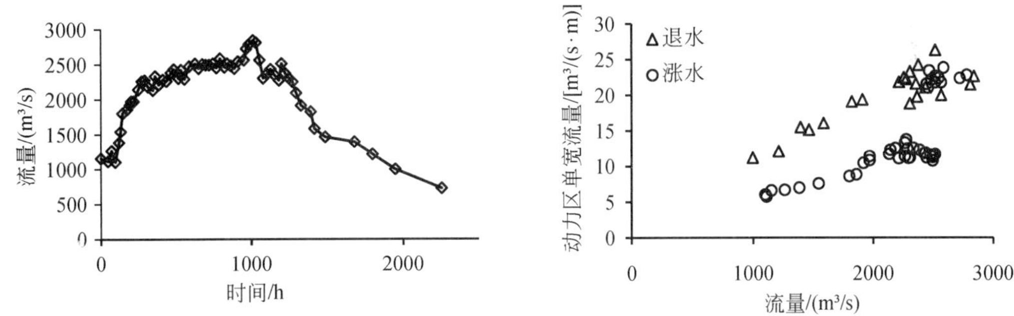

图 4.9　三湖河口河段洪水过程及动力区单宽流量与断面流量的关系

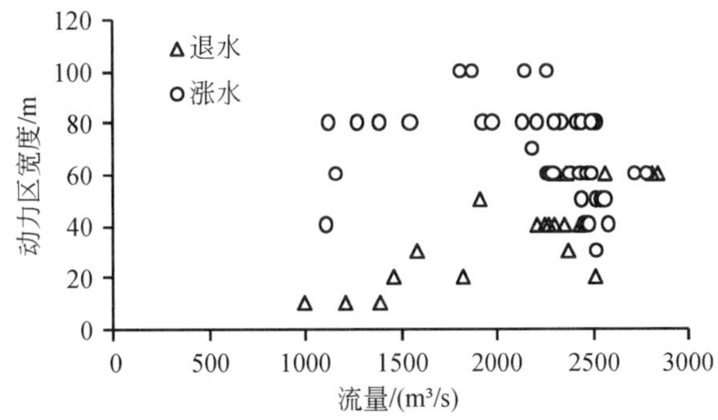

图 4.10　三湖河口河段洪水动力区宽度变化

2. 弯道中的横向环流作用

对于天然弯曲河段的河道，除存在纵向水流外，还存在横向环流，一般认为，横向环流对弯道河床演变产生了很大影响，是凹岸冲刷、凸岸淤积的重要原因。研究指出，弯道环流主要是纵轴环流，纵轴环流的旋转轴基本上与主流平行，对河床变形影响很大。弯道

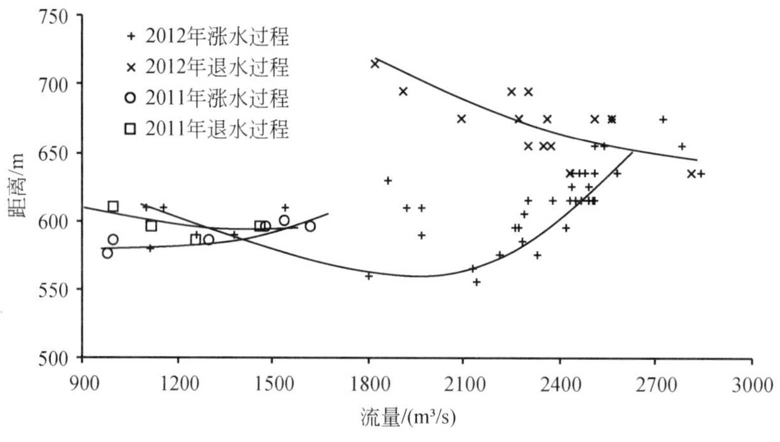

图 4.11　三湖河口河段洪水动力区位置变化

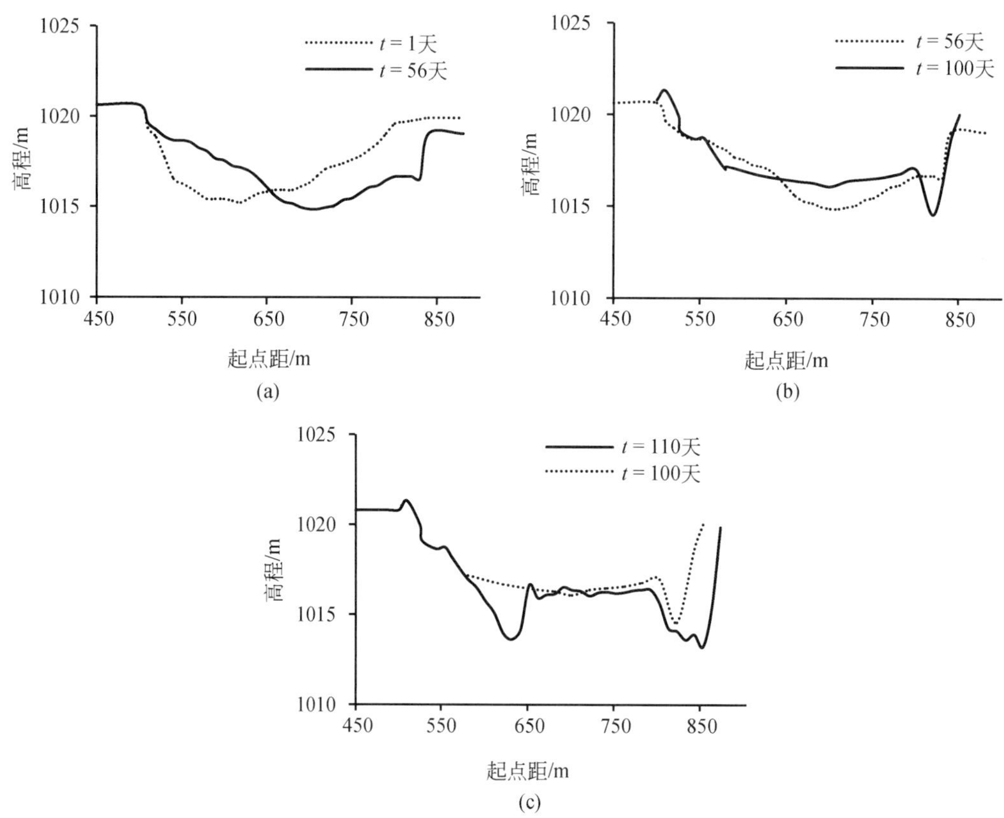

图 4.12　2012 年洪水过程中的河床横断面演变

环流是因离心惯性力的作用而形成的环流，在临近河底处，由于横向流速较大，纵向流速较小，故产生了较大的螺旋流；在水面附近，横向环流虽然大，但是纵向流速更大，故螺旋流不一定大。由于螺旋流在河底附近具有较大的旋度，故对于泥沙的横向转移起着重要的作用。为此，应用文献（张红武和吕昕，1993）中的环流计算公式：

$$v_r = 86.7(v_{cp}h)/r[(1 + 5.75g/c^2)\eta^{1.857} - 0.88\eta^{2.14} + (0.034 - 12.5g/c^2)\eta^{0.857} + 4.72g/c^2 - 0.088] \tag{4.4}$$

式中，v_r为横向环流流速（m/s）；v_{cp}为垂线平均流速（m/s）；h 为垂线水深（m）；r 为弯道的曲率半径（m）；g 为重力加速度（m/s^2）；c 为谢才系数；η 为相对水深。根据 2012 年可计算横向环流的 5 个测次资料进行了分析。对各测次的每根垂线上相对水深 0.8、0.6 和 0.2 的地方都进行了环流流速计算，取相对水深 0.8 处的横向流速列于表 4.5 中。结果表明相对水深 0.8 各处最大环流流速只有 0.0648m/s，而相对水深 0.8 处是近河底处，也是环流较大的地方，这就意味着横向环流和水流纵向流速比起来，其强度弱小，不足以将凹岸的粗泥沙带向凸岸，所能带走的只是细颗粒泥沙，从表 4.6 中可以看到大洪水时凸岸的悬移质含沙量大于凹岸，但泥沙颗粒较凹岸细。因此，在三湖河口附近，横向环流对河床演变基本没有作用。

表 4.5　计算横向环流的资料与计算结果

Q/（m^3/s）	断面平均流速/(m/s)	垂线数	最大值/(m/s)
1380	1.53	15	0.0448
2210	1.6	16	0.0641
2490	1.79	16	0.0648
2560	1.82	16	0.0575
2090	1.76	16	0.0625

表 4.6　2012 年洪水过程中悬移质某粒径的沙量百分比

时间	流量/(m^3/s)	垂线位置	含沙量/(kg/m^3)	某粒径的沙量百分比/%						
				0.005mm	0.01mm	0.025mm	0.05mm	0.075mm	0.08mm	0.1mm
5.29	800	距凹岸边 7m	4.12	6.1	4.7	22.1	32.0	16.1	2.0	5.8
		距凹岸边 17m	3.12	5.5	3.8	20.3	35.4	18.4	2.2	6.0
		深泓	3.9	8.4	6.7	17.9	24.9	14.5	2.0	6.0
		距凸岸边 28m	2.54	9.8	6.7	24.1	33.9	15.3	1.7	4.4
		距凸岸边 13m	4.11	6.2	4.2	17.2	32.2	17.8	2.2	6.1
7.28	1380	距凹岸边 17m	2.91	9.0	6.1	19.4	32.6	17.5	2.1	5.8
		距凹岸边 37m	4.88	6.2	4.0	16.2	29.9	17.3	2.3	7.0
		深泓	4	12.0	9.0	29.4	31.9	11.4	1.1	2.7
		距凸岸边 40m	6.9	4.9	3.0	10.9	31.2	23.3	3.3	9.4
		距凸岸边 20m	6.17	4.3	2.4	11.7	34.2	23.2	3.1	8.7
8.02	2400	距凹岸边 20m	6.11	8.8	6.4	21.3	32.3	16.2	1.9	5.2
		距凹岸边 40m	6.65	7.4	5.2	18.6	32.1	17.7	2.2	6.1
		深泓	6.78	7.8	5.5	19.9	33.0	17.4	2.1	5.7
		距凸岸边 40m	8.52	7.9	5.8	20.4	32.4	16.5	2.0	5.2
		距凸岸边 20m	10.2	5.4	3.3	15.1	37.7	23.6	3.0	7.8

续表

时间	流量 /(m^3/s)	垂线位置	含沙量 /(kg/m^3)	某粒径的沙量百分比/%						
				0.005mm	0.01mm	0.025mm	0.05mm	0.075mm	0.08mm	0.1mm
8.22	2510	距凹岸边 9m	6.33	6.7	4.8	15.2	27.5	17.5	2.5	7.5
		距凹岸边 19m	4.6	8.0	5.3	16.9	29.8	17.2	2.2	6.5
		深泓	7.58	6.7	4.4	14.7	25.6	16.2	2.3	7.4
		距凸岸边 40m	6.49	7.3	4.9	14.7	30.5	20.6	2.8	8.0
		距凸岸边 20m	6.96	7.3	5.1	16.4	35.4	21.4	2.6	6.9

3. 洪水中的河床横向演变

水流动力区也是输沙最大的区域，它所带来的河床演变决定了河床横向演变的发展方向。图 4.12 给出了 2012 年洪水过程中河床横断面的演变情况。其中，图 4.12（a）反映涨水开始到落水初期时段中河床深泓向右岸移动约 100m。其形成的原因是涨水初期，受弯道河势的影响，水流动力区靠近左岸，在冲走大量细泥沙（小于 0.05mm）外，积极参与推悬交换的泥沙（0.05～0.25mm）也开始大量运动到左岸，且流量越大，挟带的量越大，携带的颗粒越粗。表 4.7 反映涨水时左岸的泥沙较右岸粗，特别是接近峰顶时，0.1～0.25mm泥沙大量运动。然而，这部分泥沙的悬移高度低，很容易做推移运动，并因推移质运动呈间歇性、表层性、或层移性（钱宁和万兆惠，1983）和易产生河床形态阻力的特点，而使河床左侧阻力增大、河床淤积抬高，这个过程可以通过图 4.13（a）～图 4.13（c）明显观察到。伴随左侧淤积的发展，以及水流流量的增大，河床综合阻力不断加大，见图 4.14，直到水流动力相较阻力变为弱势，根据试验结果可以推断，x 方向流速减小，y 方向流速增加，则水流动力区向右岸移动。同时，淤积减小过水面积造成动力区能量快速加大，右岸冲刷，见图 4.13（d）。随着退水流量的不断减少，动力区能量减小，动力区原本携带的以 0.25mm 为主体的粗泥沙淤积下来，见表 4.7 和图 4.13（b）。由于淤积下来的粗泥沙在原动力区位置（起点距 530～630m）形成了较大的水流阻力，伴随退水过程中一直处于越来越弱势的水流动力区 y 方向流速的加大，水流向河道两侧绕行。同样因两侧过水面积小，使得退水的动力区宽度减小，但动能较涨水时大，见图 4.9，对岸壁冲刷的力更强［见图 4.13（d）右岸的冲淤情况］，而在河道的中部，因动力减小到不能挟带大量泥沙，此处的河床变得稳定，最终形成“W”河床形态（或心滩），见图 4.13（c），并使河道展宽，其宽深比由 6 增加到 8.7，见图 4.15，提高了过流能力，但这种形态是暂时的，由于河道变宽浅，将有利于泥沙的再度淤积。

表 4.7　洪水起涨期至降落初期河底沙样粒径在横向上的分布

采样时间	流量 /(m³/s)	流速 /(m/s)	采样位置	给定粒径的泥沙颗粒含量/%		
				0.05～0.1mm	0.1～0.25mm	0.25～0.5mm
2012.8.15（涨水）	2290	1.73	左岸边	33.3	26.3	5.5
			主流区左侧	25.0	25.2	6.8
			主流（中）	25.6	26.3	8.8
			主流区右侧	38.9	19.6	1.4
			右岸边	15.6	3.3	0.3
2012.8.20（涨水）	2490	1.87	左岸边	35.0	31.6	2.7
			主流区左侧	31.4	22.0	4.1
			主流（中）	32.5	27.8	5.1
			主流区右侧	38.6	19.9	2.6
			右岸边	15.5	1.2	0.0
2012.8.31（涨水并接近峰顶）	2720	1.88	左岸边	23.9	9.3	1.7
			主流区左侧	10.9	57.9	21.7
			主流（中）	18.6	48.3	14.2
			主流区右侧	18.0	4.3	1.1
			右岸边	30.4	14.9	2.4
2012.9.15（降落）	2210	1.86	左岸边	28.4	15.4	3.0
			主流区左侧	23.6	29.3	7.6
			主流（中）	32.0	54.4	5.8
			主流区右侧	31.2	22.3	3.9
			右岸边	25.2	62.8	5.1

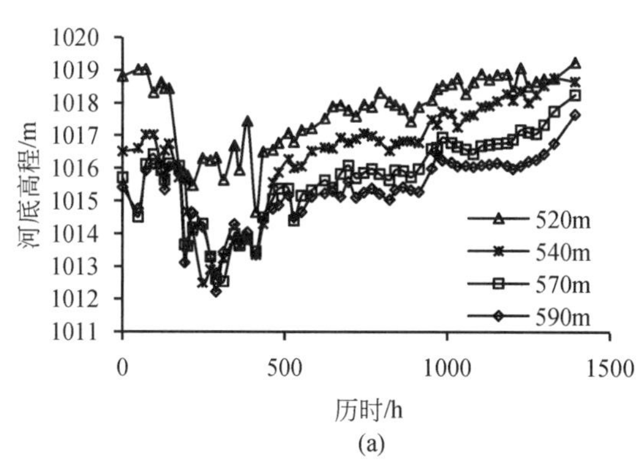

(a)

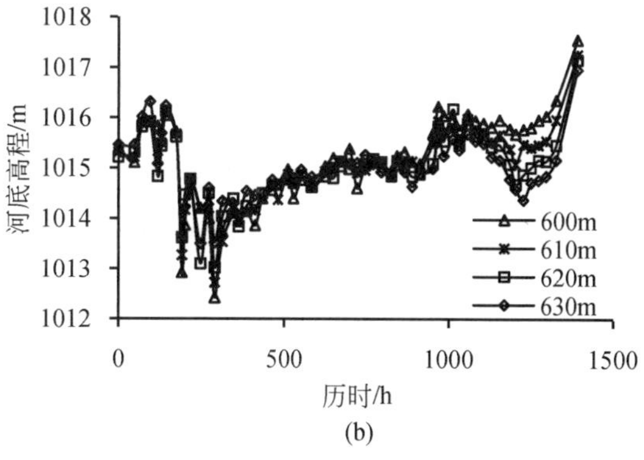

(b)

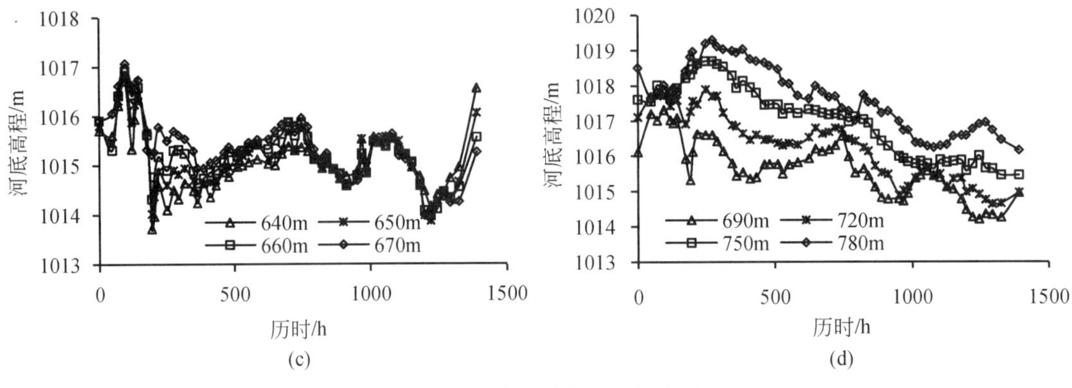

图 4.13　河床随洪水历时的变化

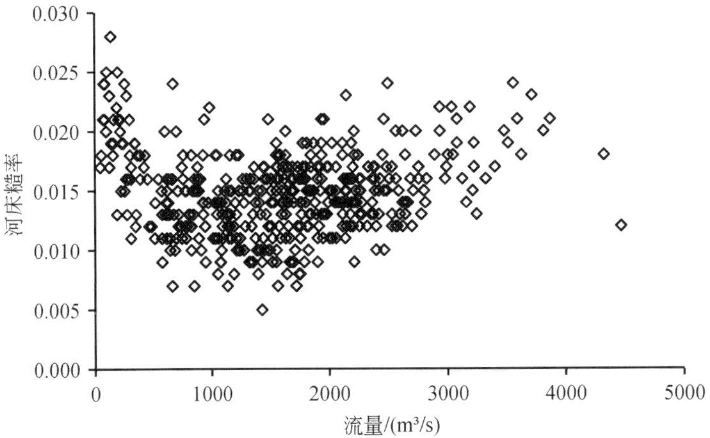

图 4.14　河床糙率与洪水流量的关系图

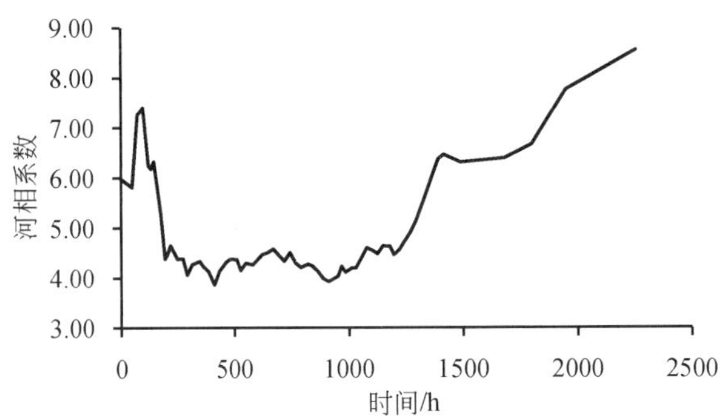

图 4.15　2012 年洪水过程中河床横断面宽深比的变化

作为前述的河床横断面演变机理的例证，上述实例分析表明，强劲的水流动力区使粗泥沙在河床临底处或悬浮或推移式地运动，河床会因粗泥沙形成的动床阻力抵消水动力而使河床淤积，进而增加了水流 y 方向的能量，使水动力区的位置与强度发生变化，产生新的河床形态。牛占等（2000）也曾提出，从物理原理看，水量对断面的塑造是“能量”在起作用。

4.3　河床横断面形态调整模型

4.3.1　断面宽深比的调整模型

根据上面提出的横断面演变机理，在横断面的演变中，一定存在水流能量与综合阻力大小的对比关系，可以用综合能量消耗与能量的比值，即能耗比来表达。不同的能耗比带来河床的演变程度不同。断面宽深比因可以较好地代表河床形态的窄深和宽浅，进一步表现河床的输沙和行洪能力，这里被用来作为河床横断面形态的指标，利用其变化的程度反映河床横断面的演变。设断面宽深比与能耗比之间的关系表达为

$$\sqrt{B}/h = f(R_d/E_T) \tag{4.5}$$

$$E_T = U^2/(2g) + H + Z \tag{4.6}$$

$$R_d = \Delta H_f \tag{4.7}$$

式中，E_T为进入该河段水流的总水头（m）；R_d为演变过程中的能耗（m）；U 为进入河段的断面平均流速；H 为上断面的平均水深（m）；Z 为上断面的河底高程（m）；ΔH_f 为河段的总水头损失；B 为水面宽（m）；h 为该断面平均水深（m）。为了确定上述函数关系，我们展开了试验研究。利用 4.2 节中的试验系统观察能耗比与横断面变化的关系。在试验段入水口和出水口布设两个横断面进行监控，每个横断面上的 7 条垂线监测水位和水深，同时测量水面宽。试验的相关水沙参数见表 4.8。根据实验中前后期横断面的变化，将取得的点据资料划分为冲刷、淤积和平衡三部分，得到图 4.16 和图 4.17。

表 4.8　实验基本参数设置

基本参数名称	大小范围	单位
流量	3.5 ~ 10.08	L/s
流速	25 ~ 53	cm/s
水流含沙量	6 ~ 19	kg/m^3
泥沙颗粒级配	0.199 ~ 0.259	mm

分析图 4.16 和图 4.17 可知，断面宽深比与能耗比的变化规律为线性。冲刷过程和淤积过程所对应的变化规律不同。因此，横断面演变模型可以写成：

淤积时，
$$\frac{\sqrt{B}}{h} = k_1\left(\frac{R_d}{E_T}\right) + \varepsilon \tag{4.8}$$

冲刷时，
$$\frac{\sqrt{B}}{h} = k_2\left(\frac{R_d}{E_T}\right) + \varepsilon \tag{4.9}$$

式中，ε 为宽深比的随机项；k_1 和 k_2分别为淤积和冲刷时的经验系数，$k_1<0$ 和 $k_2>0$，它表明淤积条件下，河槽若由宽浅变窄深，即向冲刷方向发展，能耗会增加，若向更宽浅的方

向发展，则因需要较小的能耗变得更容易。而冲刷条件下，河槽变窄深所需的能耗小于变宽浅。它意味着，淤积性河流河槽宽浅难冲刷，侵蚀性河流河槽窄深难淤积。由此，再根据河床演变的最小能量原理，可以推断出另一个结论：横断面形态的变化与初始形态关系密切。这与梁志勇和张德茹（1994）在假定河床有“记忆”的条件下，通过河相关系分析推导出的结果一致，与前面所述的河床演变模式相一致。牛占等（2000）在对实测资料进行统计分析后，提出黄河下游某年的河床演变与前5年的来水量关系密切，对此现象，梁志勇解释为是河床的“记忆”。

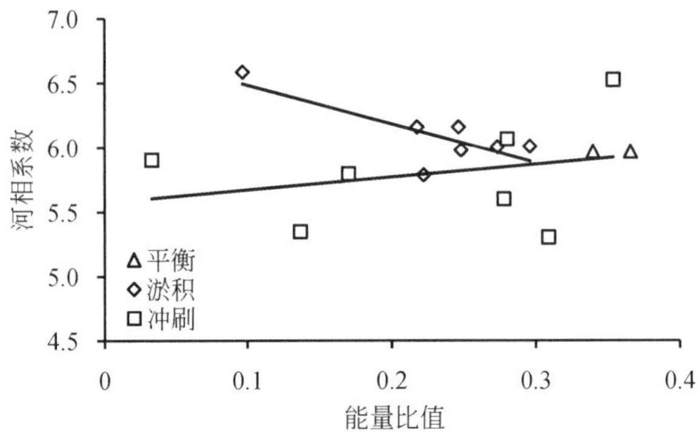

图4.16　同流量下河相系数与能量比的关系

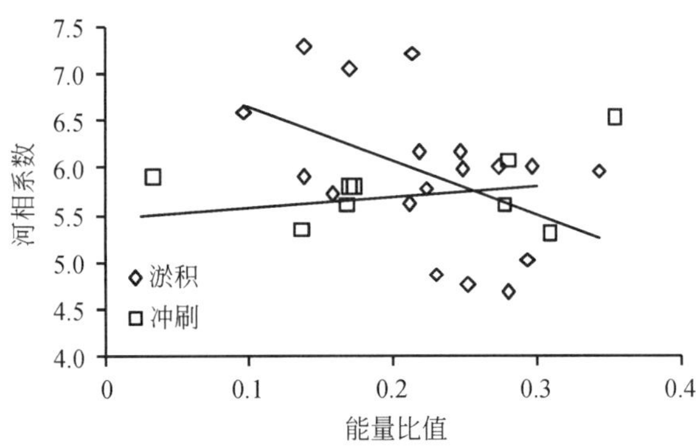

图4.17　不同流量下河相系数与能量比的关系

4.3.2　断面宽深比的实用预测模型

根据4.2节的结论，横断面形态的变化与初始形态关系密切，同时也与当前的水动力条件有关，故可建立如下的宽深比与流量的变化关系：

$$\frac{\sqrt{B}}{h} = k\,\overline{Q}^{\alpha}\left(\frac{\sqrt{B}}{h}\right)_0^{\beta} \tag{4.10}$$

式中，$\left(\frac{\sqrt{B}}{h}\right)_0$为前期宽深比，$\alpha$、$\beta$为经验参数。利用三湖河口实测资料分析得出经验参数的数值列于表 4.9 中。可以看到，初始宽深比的贡献率均在 0.3 以上，远大于流量的贡献率（小于 0.00048），再一次表明上述结论的正确性。通过这个模型即可以预测不同流量级下的断面宽深比，又可以通过分析不同流量级对宽深比变化的贡献率来探讨流量对河床冲淤变化的影响。

表 4.9　三湖河口不同流量级下横断面宽深比变化

水情	流量级 /(m^3/s)	时段平均流量因子指数 α	前期河相系数因子指数 β	复相关系数	横断面形态变化趋势	样本容量
涨水	<1500	0.0302	0.8845	0.904	变宽浅/流量影响不显著	290
	1500～2000	0.1306	0.9441	0.951	变宽浅/易淤	127
	2000～2500	-0.0502	0.9029	0.9276	变窄深/流量影响不显著	115
	2500～3000	0.0049	0.9047	0.9413	变宽浅/流量影响不显著	86
	>3000	-0.2315	0.8683	0.8187	变窄深/易冲	41
退水	3000～2500	-0.021	0.9691	0.9503	变宽浅/流量影响不显著	48
	2500～2000	0.2107	0.8956	0.8653	变窄深/易冲	75
	2000～1500	-0.2331	0.8826	0.8691	变宽浅/易淤	103
	<1500	-0.0187	0.9792	0.9721	变宽浅/流量影响不显著	270

表 4.9 给出了涨退水过程中宽深比随流量级的变化规律，由此规律可进一步判断流量对河床冲淤的影响。在涨水过程中，随着流量起涨至 1500m^3/s 时，宽深比不断加大，河道处于轻微易淤状态；当流量在 1500～2000m^3/s 时，河道明显变宽浅，河床处于明显易淤状态，这主要是粗泥沙开始不连续性运动并形成较大阻力的缘故；当流量增加到 2000～3000m^3/s 时，更多的粗泥沙开始运动，河流动力和阻力都在增强，变化随机，河床存在冲淤。这种冲淤变化是在河床形态条件和泥沙条件的随机作用下发生的，与流量关系不大，整体上看，河床基本保持冲淤平衡。而当流量增加到 3500m^3/s 以上，河床处于明显易冲刷状态，这是动力进一步增强到可以挟带更多泥沙所致。退水过程中，流量从 3000m^3/s 变化到 2000m^3/s 时，随着流量减小，宽深比显著减小，表明河床再次处于易冲状态，由于动力区宽度也随之减小，故若冲刷，也是在小范围内进行的。当流量在 2000m^3/s 以下时，随着退水的水流动力不断减小，河床再度处于明显易淤状态。

继续以 2012 年、2013 年的洪水为例。2012 年的洪水的流量变化范围为 1000～2870m^3/s，2013 年为 1000～1720m^3/s。计算 2012 年和 2013 年前后低水位（1018.42m）下河床的面积变化（表 4.10），可以看到，2012～2013 年的非汛期，三湖河口的河底发生淤积。而在 2013 年汛期河床的变化较为剧烈，冲淤交替出现。表明 2012 年的洪水虽然是近 20 年来最大的，达十年一遇的标准，但并没有打破河床平衡的格局，证实了前面的分析，即 2000～3000m^3/s 流量时，动力与阻力基本平衡，河床随机冲淤。

表 4.10　2012 年、2013 年三湖河口河段低水位下断面面积变化　（单位：m^2）

时间	2012 年		2013 年			
	7 月 23 日	10 月 25 日	汛前（3 月）	7 月 2 日	9 月 29 日	汛末（10 月）
面积	522.377	508.809	474.559	609.056	478.566	625.5
面积差（与上次断面相比）		13.568	34.250	-134.497	130.490	-146.934
面积差（与 2012 汛末相比）			34.250	-100.247	30.243	-116.691

注：表中负值表示该冲刷，正值表示淤积。2013 年 7 月 2 日和 9 月 29 日为洪水期前后。

4.4　黄河上游河道水力几何形态特征

冲积河流的河道在流水作用下，通常都能通过自动调整使得河流系统达到动态的冲淤平衡状态，在这一调整过程中，河道过水断面的各形态因素（水面宽、水深等）与流域因子（如流量）间存在某种定量的函数关系，这一函数关系被称为河道水力几何形态关系。目前，对于河道水力几何形态关系的研究普遍采用 Leopold 和 Maddock（1953）基于冲积河流研究提出的水面宽（W）、平均水深（D）、平均流速（V）与流量（Q）之间的幂函数关系式：

$$W = aQ^b \tag{4.11}$$

$$D = cQ^f \tag{4.12}$$

$$V = kQ^m \tag{4.13}$$

上述三式结合水流连续方程（$Q = WDV$）联解可得：$a \times c \times k = 1$；$b + f + m = 1$。

尽管上述关系是在对冲积河流的研究中得出的，但随着研究的不断深入，不少研究者发现，山地河流过水断面各形态要素与流量间同样遵循上述关系（Andrews，1984；Wohl and Wilcox，2005；Wohl and Merritt，2008；王随继等，2009）。近几十年来，国内对河道水力几何形态的研究，主要侧重在长江、黄河、珠江等大河河段，并取得了不少研究成果（齐璞和王昌高，1992；贾良文等，2002；王随继，2002；许炯心，2006b）。其中，对黄河水力几何形态关系的研究主要侧重于黄河下游的游荡型河道（王随继，2003；冯普林等，2005；李小平等，2007），而对黄河上游段的水力几何形态关系鲜有涉及。因此，对黄河上游河段的水力几何形态关系的研究不但会填补目前有关黄河水力几何形态关系研究中的不足，而且期望能够揭示一些未曾发现的演变规律，并为今后黄河上游段的河道治理和水资源开发利用提供理论支撑。

4.4.1　研究区域的概况及数据来源

从黄河源至内蒙古托克托县河口镇的河段为黄河上游段，其流域面积为 38.6 万 km^2，全长 3472km，水面落差 3496m，平均比降为 1.01‰，发育有较大支流 43 条（赵文林，1996）。在玛曲以上，黄河流经山间的平川宽谷，地势较缓；自玛曲以下，黄河进入第三级阶梯向第二级阶梯过渡带的高山峡谷区，河道蜿蜒曲折，比降增大，水力资源丰富。自进入宁夏境内以后，黄河主要流经宁蒙冲积平原区，河道变得宽浅，同时比降平缓，河道发生微淤现象（程秀文等，1993）。

黄河上游河段的多年平均径流量占黄河来水量的 54%，而多年平均来沙量只占到黄河来沙量的 8%，因此，上游段是黄河的主要汇水区。此外，黄河上游明显具有水沙异源的特征，其来水量几乎全部来自兰州以上，天然年径流量占黄河上游总水量的 99%（张世军等，2005）。而泥沙主要来自兰州至青铜峡区间，特别是其支流祖厉河和清水河，这两条支流合计的多年平均来沙量占黄河上游来沙量的 54%。新中国成立以后，在黄河上游干流上修建了不少水库，给干流河道演变带来了深刻的影响。尤其是龙羊峡、刘家峡两水库联合调节运用，改变了水沙的年内分配，导致汛期内水沙量明显减少，缩短了洪峰流量历时而延长了枯水期流量的历时，同时水沙量的年际变幅也大大减小，造成宁蒙冲积平原段河道淤积抬升（申冠卿等，2007）。

本研究利用黄河上游干流的吉迈、玛曲、唐乃亥、贵德、循化、青铜峡、磴口、巴彦高勒、三湖河口和头道拐共 10 个水文断面作为研究断面（其位置见图 4.18），其中，唐乃亥、循化、青铜峡和磴口 4 个断面位于峡谷区，河床横断面受两岸基岩的影响，形态较为稳定；吉迈、玛曲和贵德 3 个断面尽管位于青藏高原峡谷区，但都存在河岸滩地，主流流线不定，水流常发生横向摆动；巴彦高勒、三湖河口和头道拐 3 个断面位于冲积平原区，河道侧向摆动明显，近几十年来，由于大量防洪工程、生产堤的修建，水流侧向摆动的强度明显减弱。本节将依据黄河上游干流沿程的 10 个断面来研究其水力几何形态关系。所采用的数据均来自黄河水利委员会出版的黄河流域水文资料。

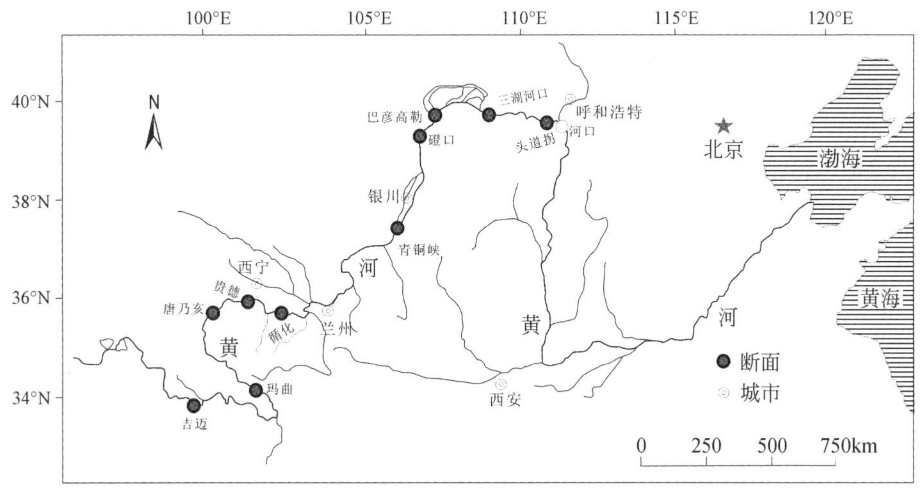

图 4.18　研究区及断面位置

4.4.2　干流断面水力几何形态关系

1. 沿程参数变化特征

依据黄河上游干流各水文测站 1956 ~ 1989 年的长时间序列水文资料，建立了各测站断面水面宽、平均水深、平均流速与流量之间的水力几何形态关系，得到了各断面水力几何形态关系参数的年算术平均值（表4.11）。

表4.11　黄河上游不同断面水力几何形态关系的相关参数

断面	起止年份	水面宽 B			平均水深 D			平均流速 V		
		a	b	R^2	c	f	R^2	k	m	R^2
吉迈	1958～1989	27	0.29	0.76	0.21	0.30	0.78	0.20	0.41	0.91
玛曲	1959～1989	198	0.06	0.58	0.16	0.50	0.61	0.04	0.44	0.81
唐乃亥	1956～1989	83	0.08	0.72	0.09	0.51	0.95	0.14	0.41	0.98
贵德	1956～1989	57	0.16	0.77	0.25	0.36	0.82	0.08	0.48	0.95
循化	1956～1989	56	0.17	0.82	0.15	0.43	0.77	0.14	0.40	0.92
青铜峡	1956～1990	106	0.12	0.74	0.26	0.35	0.77	0.04	0.53	0.89
磴口	1962～1989	96	0.18	0.81	0.41	0.23	0.76	0.03	0.59	0.93
巴彦高勒	1972～1988	107	0.22	0.70	0.15	0.39	0.71	0.08	0.39	0.89
三湖河口	1956～1989	111	0.18	0.80	0.28	0.26	0.74	0.04	0.56	0.91
头道拐	1958～1989	104	0.20	0.75	0.37	0.22	0.79	0.03	0.58	0.94

在表4.11中，R^2表示相关系数的平方，对比水面宽、平均水深和平均流速与流量的拟合关系，可以发现平均流速与流量的拟合关系最好，平均水深与流量的拟合关系次之，而水面宽与流量的拟合关系最差。从各个断面来看，除玛曲断面以外，其余各断面的R^2普遍都在0.7以上，表明这些函数关系在研究山地河流的水力几何形态关系上也是合理的。

为了更清楚地考察各参数的沿程变化趋势，将表4.11中的相关数值点汇到图4.19所示的曲线图中。从图4.19（a）中可以看出，系数a和系数c呈沿程增大趋势（在玛曲断面系数a发生突变），而系数k有沿程有变小的趋势。其中，自吉迈至循化的5个断面，其系数k为0.04～0.20，而自青铜峡至头道拐的5个断面，系数k低幅度变化，平均约为0.04。

在图4.19（b）中，指数b除在吉迈断面外，沿程低幅度变化并有增大趋势，平均值为0.17。而指数f和指数m表现为相反的变化趋势。指数f表现为沿程减小的趋势，说明平均水深随流量的变化速率沿程减小，这与河道断面形态由窄深向宽浅发展有关。黄河自出青铜峡断面以后，指数f值在磴口、三湖河口和头道拐断面相差不大，平均为0.24，但在巴彦高勒断面相对较高。指数m沿程表现为，在吉迈至循化的5个断面差异不大，而自循化断面以下则逐渐增大，在青铜峡、磴口、三湖河口和头道拐断面，其值为0.53～0.59，而巴彦高勒断面为0.39。在宁蒙河段，巴彦高勒断面的指数f比其他4个断面明显偏大，而指数m则明显偏小，这与黄河在巴彦高勒河段呈宽浅的辫状河型有关。

断面各形态要素的参数变化，与河道边界的物质组成和断面上游的来水情况密切相关。玛曲断面的床面物质以砾石为主，表明其水动力较强，但受制于河道较强的抗冲刷性能，其断面形态在短期内不易被流水改造；同时含沙量很小（多年平均含沙量为0.31kg/m^3），断面上游悬移质来沙量远小于其水流挟沙能力，上游来沙几乎全部经水流挟带而下

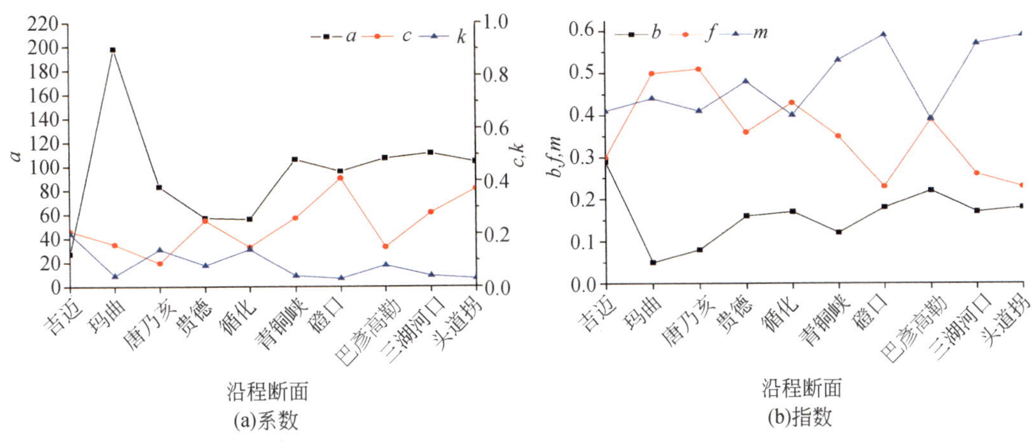

图 4.19　黄河上游不同断面水力几何形态关系参数的沿程变化

泄。从图 4.20 中可以看出，横断面形态呈“U”型稳定状态（其中，因 1978 年断面上迁 2050m，导致 1975～1980 年的断面形态变化发生了变化），在研究时段未发生明显的冲淤现象。另外，尽管汛期来水占全年来水的比例很大（58.6%），但即便在枯水期，水流仍将漫过整个河床床面，根据玛曲水文站 1959～1989 年的水文资料分析发现，漫过整个河床床面所需的最低水位为 1993.49m（此处为假定基面），而在研究时段内达到或超过这一水位的高水位期占 92%。因此，在河岸较陡的情况下，流量的变化基本上表现为水位的起落，似与河宽关系不密切，因而其指数 b 较小。尽管系数 a 较大，但在指数 b 非常小（0.06）的情况下，在所测得的流量范围内，水面宽随流量的变化同样有限。

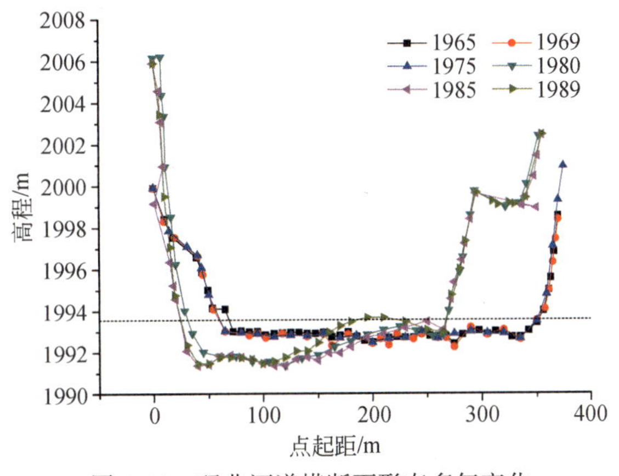

图 4.20　玛曲河道横断面形态多年变化

从各参数的沿程变化趋势可以发现，不论是峡谷区还是冲积区，水面宽随流量的变化速率相近，略有增大；而平均水深随流量的变化速率沿程减小。值得注意的是，黄河自源头至循化断面的河段主要处于峡谷区，河道比降较大（平均比降为 1.28‰），河流流速随流量的变化速率却小于其下游的冲积平原段，说明峡谷区的流速由河道比降决定，而冲积区流速的变化受流量变化的影响。此外，流速随流量的变化情况可能还受到其他因素，诸如含沙量、河道断面形态因素等的影响。

结合图4.19（a）和图4.19（b），各系数和对应的指数间表现出了良好的互补性，在水面宽与流量的拟合关系中，从沿程方向来看，自玛曲断面以下，指数 b 沿程变化不大，但呈缓慢递增趋势，系数 a 沿程增大，由 $W=aQ^b$ 可知，表明河道水面的宽度在沿程增大，这与黄河进入宁蒙河段冲积区后，河道对水流的约束能力减弱有关。另外，在磴口、三湖河口和头道拐3个断面，不论是系数值 a、c、k，还是指数值 b、f、m，对应的参数值都趋于相近，表明黄河在内蒙古冲积平原段3个断面的水力几何形态关系表现较为一致，同时也说明，相对于上游峡谷区，黄河内蒙古段的来水来沙情况和河岸物质组成较为相似，河道断面形态随流量变化的调整具有一致性。

2. 沿程断面水力几何形态关系分析

黄河上游河流水力几何形态沿程差别明显。为了深入分析各参数在沿程各断面的变化趋势及原因，在图4.21中点汇了沿程各断面的多年平均流量和多年平均含沙量折线图，从中可见，黄河自源区至唐乃亥段，由于流域雨量丰沛，流量沿程增加迅速，是黄河流域的主要来水区。自唐乃亥至头道拐，各断面多年平均流量变化不大，尽管黄河在这一区间有不少支流汇入，但随着黄河进入宁蒙地区，农业灌溉的引水分流直接导致黄河干流流量明显减少（李凤鸣等，2002），因此，由支流汇入干流的水量被渠道分流所抵消。多年平均含沙量在吉迈、玛曲、唐乃亥、贵德和循化5个断面沿程缓慢增大，但含沙量较小（图4.21）。黄河自进入黄土高原地区，由于不少高含沙支流的汇入，导致干流含沙量迅速增大。但在青铜峡水库中一部分泥沙发生沉积，导致水库下游的含沙量有所减少。对比图4.19和图4.21可以发现，流量的变化主要对水力几何形态关系式中的系数产生影响，而对指数的影响较小；含沙量则主要影响指数变化。

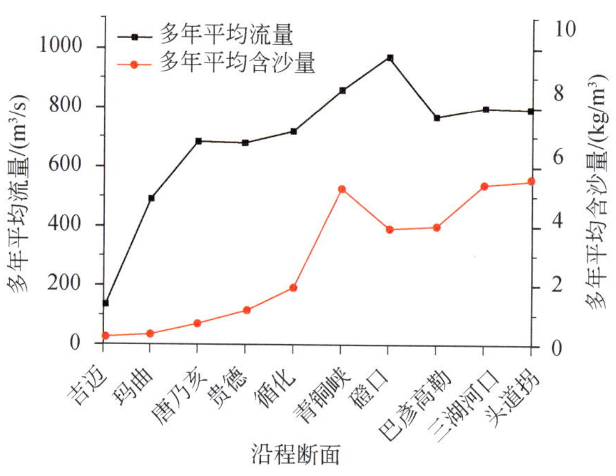

图4.21　黄河上游年均流量和年均含沙量沿程变化

4.4.3　黄河上游段的水力几何形态关系拟合函数

根据以上分析，结合河道来水来沙搭配特征和边界物质条件的相近性，以及水力几何形态关系中各参数的沿程变化特征，将黄河干流上游分为上、下两段，上段为从河源至循化断面（包括循化断面），下段为从循化断面至河口镇。对于上段，黄河自源头开始，穿越青藏高原东部进入第二级阶梯，沿程比降较大，河道水流多以下切侵蚀为主，形成窄深断面形态，水面宽变化受边界条件的限制严重，河道水力几何形态的调整主要通过水深和流速的共同调整来实现。而在下段，黄河主要流经冲积平原地区，河道比降较上段明显减小（平均比降为 0.174‰），河道断面形态宽浅，加之沿程水利工程的年内调节影响，汛期水量减少，河床下切减弱，导致水深随流量的变化速率减小。同时，由于修建了大量人工堤岸，河道水流被束缚在一定宽度的河槽范围内，水面宽随流量的变化速率仍然较小，水力几何形态的调整更多地依赖流速变化来实现。针对上、下段的上述特征，得出了黄河上游河段的河道断面形态要素与流量的数学关系如下。

黄河上游上段：$W=84Q^{0.15}$，$D=0.17Q^{0.42}$，$V=0.12Q^{0.43}$；黄河上游下段：$W=105Q^{0.18}$，$D=0.29Q^{0.29}$，$V=0.04Q^{0.53}$。

4.4.4　水力几何形态关系参数对比

1. 与黄河下游水力几何形态关系指数对比

水力几何形态关系中的系数的差异反映了河道断面的尺度、流量级别和流域自然条件的不同。同时，不同河型其水力几何形态的指数也不同，如辫状河段的水力几何形态的调整主要通过水面宽来实现，因而指数 b 比较大；而弯曲河流及顺直河流在达到平滩流量之前，水力几何形态的调整主要通过增加水深（吴保生和李凌云，2008）和增大流速来实现（表 4.12）。

表 4.12　黄河上、下游河段断面水力几何形态指数对比

河段或断面	所在河段性质	b	f	m	资料来源
上游上段	峡谷区为主	0.15	0.42	0.43	
上游下段	冲积平原区为主	0.18	0.29	0.53	
下游花园口—高村河段	辫状河段	0.509	0.186	0.305	赵文林，1996
下游高村以上河段	辫状河段	0.51	0.185	0.305	赵文林，1996
下游艾山断面	弯曲河段	0.18	0.26	0.56	齐璞和王昌高，1992
下游泺口断面	弯曲—顺直转化河段	0.24	0.15	0.61	齐璞和王昌高，1992
下游利津断面	顺直河段	0.24	0.19	0.57	齐璞和王昌高，1992

由表 4.12 可知，黄河主流的水力几何形态关系沿程表现出不同的变化趋势。黄河下游段的水面宽指数 b 在辫状河段最大；弯曲河段次之，但只略大于黄河上游段。水深指数 f 表现为黄河下游辫状河段最小，上游区上段最大，上游区下段和下游区的艾山断面相差不大。流速指数 m 在下游弯曲河段最大，辫状河段最小，上游区的两段介于两者之间。

沿程各参数的上述变化，表明不同的河道形态，断面水力几何形态的调整方式各不相同。在黄河上游区上段，河道受两岸地形因素控制影响较大，河道断面多呈“V”型窄深形态，河道的横向展宽难以实现，河道水力几何形态关系的调整主要只能通过水深和流速的调整来实现，而且水深和流速的调整幅度相当。在黄河上游区下段，水面宽指数 b 仍然很小，水深的调整幅度明显减弱，水力几何形态关系调整主要依赖流速来实现，这与该河段河道边界组成物质较细，河床较为稳定有关。同时水利工程调节蓄水，削弱洪峰流量，延长低水历时，尽管断面多呈“U”型宽浅形态，但水流主要在主槽内进行，漫滩概率较小，因此水面宽指数 b 仍然较小。另外，水深随流量变化亦较小，因此，在流量漫滩之前，河道水力几何形态关系主要依靠调整流速来实现。在黄河下游的辫状河段，河岸物质组成松散，植被稀少，抗冲性能差，汛期洪水极易造成河岸坍塌后退，导致主流流线不定，滩槽高差变小，断面形态朝宽浅方向发展，水力几何形态关系的调整主要通过水面宽的调整来实现，水深随流量变化速率很小，流速对流量变化的响应也较弱。黄河下游的弯曲河段，河岸抗冲性相对辫状河段较强，在流量发生变化时，水面宽度调整幅度不大，因此，其指数 b 较小。同时，河道床沙组成 d_{50} = 0.07 ~0.1mm，在流量约为 1500m^3/s 左右时，河床阻力最小（齐璞和王昌高，1992），意味着水流流速随流量的变化速率最大，河流水力几何形态关系主要依靠流速来实现。

在冲积性河流的河道形态分类中，依据其平面形态及沉积物特征可将其分为辫状河流、弯曲河流、分叉河流、顺直河流和网状河流（王随继和任明达，1999）。从河道的水力几何形态来看，当这一关系的调整主要通过流速来实现时，意味着水面宽和水深对流量的响应较弱，说明河道的断面几何形态较为稳定，反映在局部河段上表现为河道稳定。而当这一关系主要通过调整水面宽或水深来实现时，则表明河道横向摆动剧烈或床面冲淤起伏不定，而河道断面在横向发生剧烈变化正是辫状河流的特性。因此，从水力几何形态关系中各变量的指数大小，可以定性地说明河道的稳定性，并且根据沿程河段的参数变化，可以判别沿程河型的转化。

2. 与国内外其他河流的水力几何形态关系指数对比

为了分析黄河上游河段与国内外相关河流在水力几何形态关系上的异同，表 4.13 列举出了黄河上游与世界其他一些河流的水力几何形态关系中指数的平均值。

表 4.13　世界上一些河流的断面水力几何形态关系指数平均值

国内外相关河流	b	f	m	资料来源
美国 158 处水文站	0.12	0.45	0.43	钱宁等，1987
英国 Ryton 河 206 个断面	0.16	0.43	0.42	钱宁等，1987
欧洲莱茵河 10 处水文站平均值	0.13	0.41	0.43	钱宁等，1987
美国中西部常流性河流	0.26	0.40	0.34	钱宁等，1987
英国南部三条小河	0.13	0.42	0.44	钱宁等，1987
澳大利亚东南部 17 条河流	0.11	0.28	0.52	Stewardson，2005
新西兰 73 条河流	0.18	0.31	0.43	Jowett，1998
长江荆江段 3 个断面的平均值	0.08	0.46	0.46	钱宁等，1987
珠江三角洲网状河道	0.14	0.21	0.65	贾良文等，2002

从表 4.13 中可以看出，黄河上游区内两段的指数 b 值与世界上大多数河流相比，差异不大，但明显大于长江荆江段而小于美国中西部河流的。这是因为长江荆江段修建的人工堤岸使河道难以展宽（黄莉等，2008），因此，流量对水面宽的影响幅度很小。美国中西部沙漠中的冲积性河流，由于河岸物质组成松散，河岸抗冲性差，导致河床断面宽浅，因此，水面宽随流量的变化速率较大。黄河上游区上段的水深指数 f 跟世界上其他大多数河流相差不大，而下段则有明显差异，但与珠江三角洲网状河流的相接近，表明黄河上游自循化断面以下的水深随流量变化较为缓慢，河道水流猛涨猛落的现象不明显，这与黄河干流的大型水利工程削弱洪峰流量，改变水、沙的年内分配有关（唐德善，1996；王彦成等，1996）。黄河上游上段的流速指数 m 明显小于珠江三角洲网状河道的，而与世界上其他一些河流的相当，而其下段的和珠江三角洲网状河道的接近，且明显大于世界上其他一些河流的，这主要与黄河上游下段河道阻力较小，而含沙量较大（但小于 7kg/m^3），导致水流的有效黏度增大有关，从而增大了流速随流量的变化速率。

4.5　洪峰过程断面冲淤调整

黄河内蒙古河段的河道淤积近年来有所加重，同时，随着两岸人口的增长、滨河土地的开发及工业的发展，使黄河内蒙古河段的人民面临着严重的洪水灾害威胁，防洪任务加重。最近几十年内，就发生了危害十分严重的洪水灾害。例如，1981 年 8 月 13 日至 9 月 13 日，黄河上游地区连续降雨 30 天，经刘家峡水库调蓄、河套灌区总干渠适时分洪后，黄河内蒙古河段的巴彦高勒、三湖河口和昭君坟三站的洪峰流量仍然分别达 5380m^3/s，5450m^3/s 和 5500m^3/s，其中，4000m^3/s 以上的洪水持续了约 20 天。这次洪水造成 9 段堤防决口，淹没耕地 27.72 万亩①，毁掉耕地 4 万余亩，水淹、水围村庄 50 余个，房屋倒塌 6200 间，冲毁输电线路 28km、电塔两处、扬水站 18 处、公路 21km，直接经济损失为 9248.5 万元（1994 年价），给国家和当地人民群众造成了重大损失。除伏秋大汛洪水外，内蒙古河段凌汛洪水灾害也很严重。1996 年 3 月发生的凌汛，在三湖河口水文站流量仅有 1490m^3/s，但相应水位为 1020m，相当于伏秋洪水 6500m^3/s 流量时的水位，超过百年一遇的洪水位，比 1981 年大洪水最高的洪水位还高 0.37m，造成伊盟达旗乌兰、解放滩乡堤防两处决口，淹没 9 个村、39 个社，耕地 7.35 万亩，草场 2.1 万亩；致使 2510 间房屋进水，其中，倒塌 1165 间，造成危房 1345 间。显然，该河段的洪水灾害的严重性及防治的紧迫性已经引起了人们的重视，一些研究者针对该段冰凌的时相特点、凌汛的传播特征等进行过必要的研究（杨赉斐，1992；佟铮等，2003；姚惠明等，2007），并在河流治理方面提出过相应的对策（冯国华，2002；杨根生等，2003）；许多研究者对黄河内蒙古河段河床抬高的原因进行过必要的探讨（王彦成等，1996；李栋梁和张佳丽，1998；侯素珍等，2007b；申冠卿等，2007），认为黄河上游大坝建设及其水库的运行方式导致了该河段水沙条件变化、引起河床升高；近年来对包括内蒙古河段在内的黄河上游水力几何形态关

---

① 1 亩≈666.67m^2。

系及悬沙冲淤量的时空变化也进行过初步的研究（冉立山等，2009；冉立山和王随继，2010；王随继等，2010a）。无论如何，人类活动，尤其是大坝建设引起下游河床的调整是人们非常关注的（Wang et al.，2007；Pereira et al.，2007；Zahar et al.，2008；Ta et al.，2008）。所有这些研究工作，对于了解黄河内蒙古河段的水沙特性、演变趋势及洪灾威胁等方面都不无裨益。为了消除该河段的洪水威胁，最近有人呼吁在黑山峡出口建设高坝水库、制造人工洪峰来冲刷内蒙古河道的泥沙，从而降低河床高程以达到防洪的目的。

该文重点针对典型年份的最大洪水过程的演进特点和黄河内蒙古区间不同河型段分别对它的响应进行初步分析，在回答上述问题的同时，揭示该段河流的洪水响应机制，从而为研究区洪水灾害的防治提供理论依据。

4.5.1　研究区简介

黄河内蒙古河段，自宁蒙交界的麻黄沟至准格尔旗马栅乡榆树湾（图 4.22），干流全长 823km。这一河段大部分位于河套盆地，而河套盆地自西向东可划分为 3 个次级的凹陷区，分别为临河凹陷、白彦花凹陷和呼和浩特凹陷（国家地震局鄂尔多斯活动断裂课题组，1988）。自第四纪以来，这一区域间歇性下沉，地壳沉降速率达 0.20 ~ 0.30 cm/a（戴英生，1986），黄河在该盆地发育为冲积性河流。流域内气候干燥，降雨稀少，自西向东，年均降水量由 150mm 增大到 400mm，多年平均径流量为 251.6 亿 m^3/a。内蒙古河段上段西有乌兰布和沙漠，整个河段南部比邻库布齐沙漠，流经库布齐沙漠的十大孔兑，每年向黄河平均输入泥沙 0.2381 亿 t/a（侯素珍等，2007a），为该段河流粗泥沙的主要来源地。整个河段年均输沙 1.44 亿 t/a，河床质平均中值粒径为 0.104mm（赵文林，1996）。黄河内蒙古河段除了磴口以上的为半限制性河段、喇嘛湾以下的为峡谷河段外，中间冲积性河段沿程由辫状河段、弯曲河段和顺直河段组成（王随继，2008），其中，辫状河段位于磴口—西山嘴之间，弯曲河段位于西山嘴—十二连城之间，顺直河段位于十二连城—喇嘛湾之间（图 4.22）。

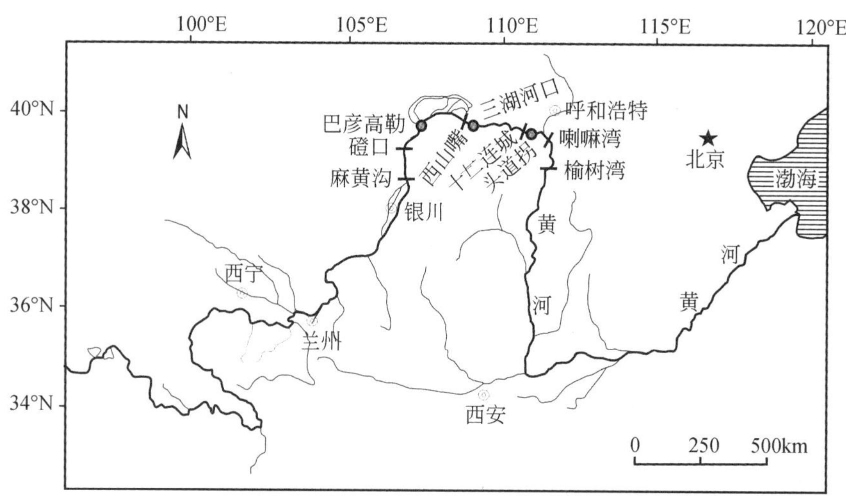

图 4.22　黄河内蒙古河段水文站位置图

该研究用到的洪水资料收集于黄河水利委员会根据实测数据汇编的黄河水沙年报，选取的水文站有巴彦高勒、三湖河口和头道拐，这3个水文站分别位于辫状河段、弯曲河段和顺直河段。黄河内蒙古河段上述各站自1950年以来的洪水参数记载非常丰富，要逐年进行分析显得很繁复，为此，主要选取在一些典型年份发生的洪水来分析其过程及河道响应特征。这里选取以下4个年份发生的最大洪水过程，即黄河上游青铜峡、刘家峡、龙羊峡3个大型水库未建之前的1956年，青铜峡、刘家峡建成而龙羊峡未建的1976年，3个大型水库都建成之后的1986年和2006年。其中，巴彦高勒水文站建站较晚，没有1970年以前的观测数据。另外，头道拐断面缺乏1956年的观测资料，因此，要增补该站1966年的洪水实测资料。

4.5.2　辫状河段洪水过程及河道响应

巴彦高勒水文站在1976年、1986年和2006年发生的最大洪水的洪峰流量分别为3910m³/s、2730m³/s和1330m³/s。上述三次洪水的流量-水位过程线见图4.23。

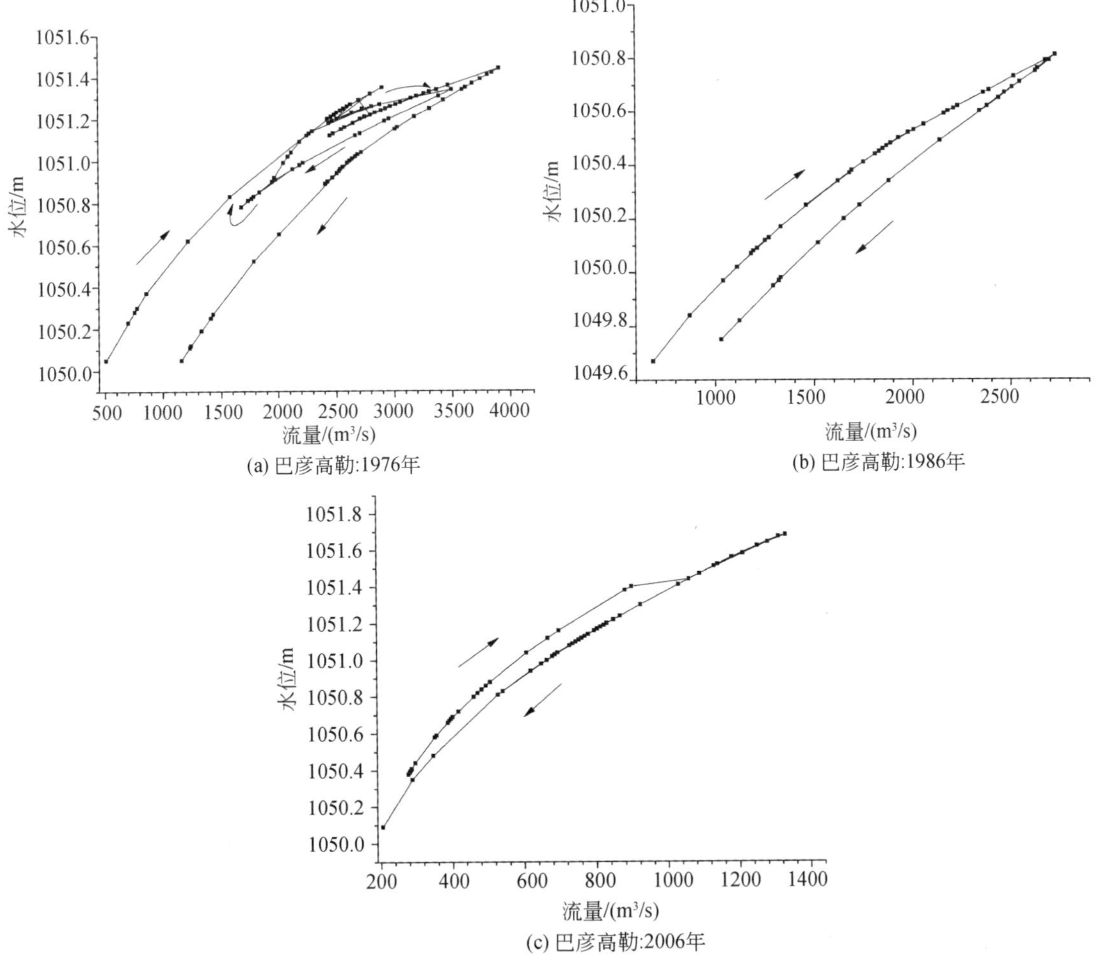

图4.23　巴彦高勒断面典型年份洪水的流量-水位过程线

由图 4. 23 可见，巴彦高勒断面 1976 年发生的最大洪水的流量–水位过程线当流量超过 2000m³/s 时比较复杂，但总体上呈现顺时针环线特征，同流量水位在洪水上涨阶段比洪水下降阶段高，这表明河床发生了明显的侵蚀，该断面附近的河道对该次洪水的响应特征是河床平均高程因侵蚀而降低。

1986 年发生的最大洪水的流量–水位过程线明显呈现顺时针环线，同流量水位在洪水上涨阶段明显比洪水下降阶段高，河道对该次洪水的响应特征是河床平均高程侵蚀降低。2006 年发生的最大洪水的流量–水位过程线由洪峰附近的线形和洪水初始阶段与洪水结束阶段共同构成的顺时针环线两类过程组成。表明洪峰前后的高水位时期，该断面附近的河床冲淤平衡；而在中、低水位期，河床明显侵蚀。

这三次洪水总体上对巴彦高勒断面及其附近的河床都进行了不同程度的冲刷侵蚀，河床平均高程都有不同程度的降低。

4. 5. 3 弯曲河段洪水过程及河道响应

三湖河口水文站在 1956 年、1976 年、1986 年和 2006 年发生的最大洪水的洪峰流量分别为 1740m³/s、3850m³/s、2820m³/s 和 1550m³/s。上述四次洪水的流量–水位过程线见图 4. 24。

由图 4. 24 可见，三湖河口断面 1956 年最大洪水的流量–水位过程线基本呈现逆时针环线特征，表明洪水过程中河床加积升高，该断面附近河道对该次洪水的响应特征是河床平均高程因沉积而升高。

1976 年该断面的最大洪水的流量–水位过程线基本呈现“8”字形环线和高水位期的线形特征，表明洪水在低水位期河床以侵蚀为主，中高水位期以河床堆积为主，高水位期河床基本保持不冲不淤状态。该断面附近的河道对该次洪水的响应特征是，河床平均高程在低水位期因侵蚀而降低，中高水位期因淤积而升高，高水位期河床冲淤平衡。

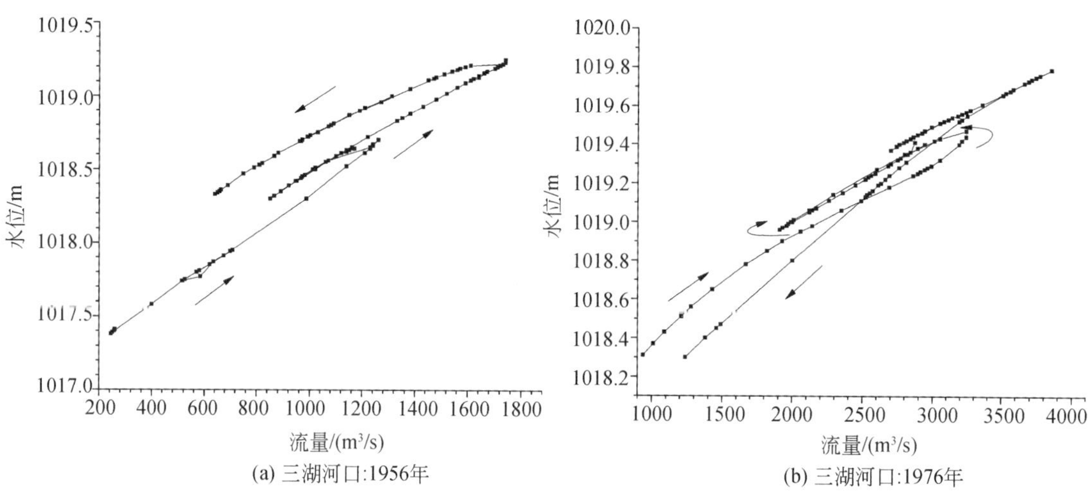

(a) 三湖河口:1956年

(b) 三湖河口:1976年

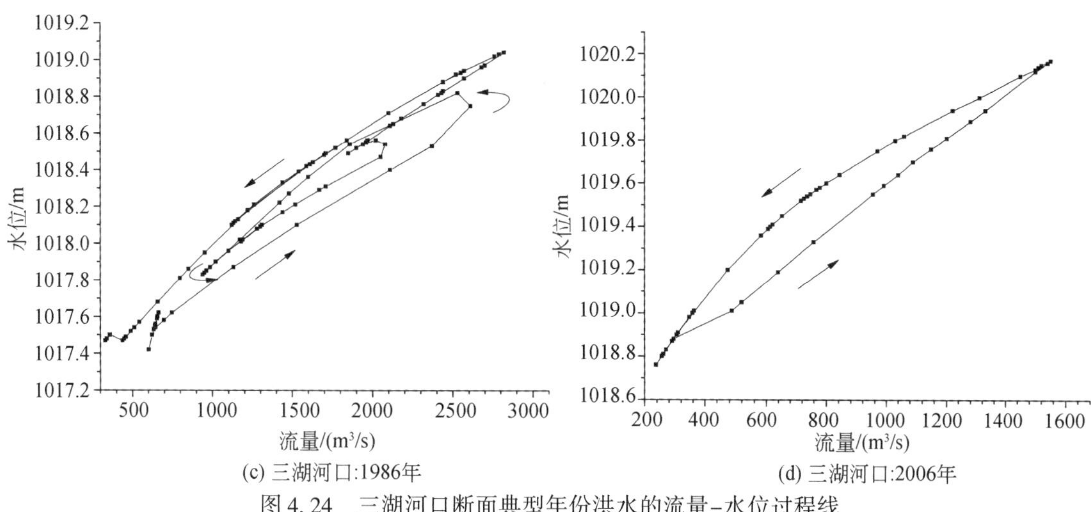

图 4.24　三湖河口断面典型年份洪水的流量-水位过程线

1986 年该断面的最大洪水升降反复，其流量-水位过程线呈现两个逆时针嵌套，总体上呈现逆时针环线特征；2006 年该断面的最大洪水的流量-水位过程线呈现典型的逆时针环线特征。河床对这两次洪水的响应特征与 1956 年的基本相似，都引起了明显的沉积。

4.5.4　顺直河段洪水过程及河道响应

头道拐水文站在 1966 年、1976 年、1986 年和 2006 年发生的最大洪水的洪峰流量分别为 3050m^3/s、3650m^3/s、2600m^3/s 和 1350m^3/s。上述 4 次洪水的流量-水位过程线见图 4.25。

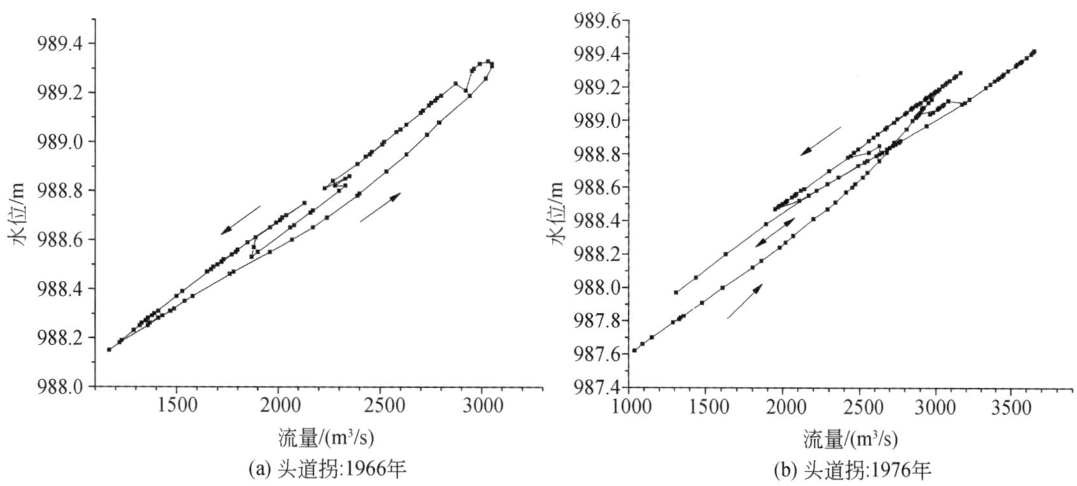

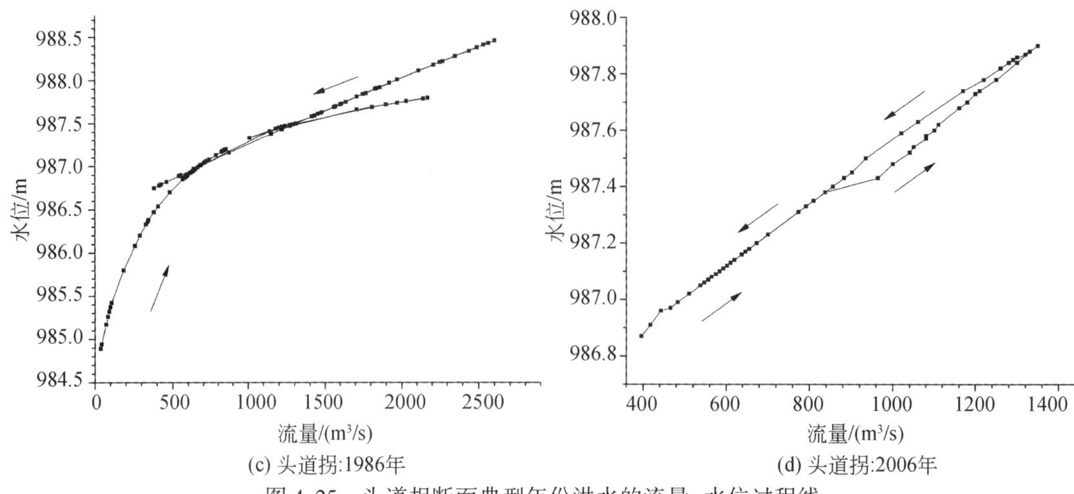

图 4.25　头道拐断面典型年份洪水的流量-水位过程线

由图 4.25 可见，头道拐断面 1966 年和 1976 年发生的最大洪水的流量-水位过程线总体上都呈现逆时针环线特征，表明这两次洪水过程导致断面附近的河床平均高程因淤积而升高。其不同之处在于，1976 年的洪水在洪峰前后高水位期还呈现线形特征，表明 1976 年洪水高水位期河床冲淤基本保持平衡。

1986 年发生的最大洪水升降反复，流量-水位过程线形成两个交叉线形特征，表明同流量水位在洪峰前后高程总体上不变。同流量水位只在流量小于 700m^3/s 时洪峰后的高于洪峰前的，这时河床略有淤积。因此，该断面附近的河道对这次洪水的响应特征是，河床基本不冲不淤，河床平均高程无明显变化。

2006 年发生的最大洪水的流量-水位过程线由低水位期的线形和高水位期的逆时针环线两个类型组成，前者表明河床不冲不淤，后者表明河床明显沉积。该断面附近的河道对这次洪水的响应特征是，低水位期河床基本不冲不淤，其平均高程保持不变；高水位期河床以沉积为主，河床平均高程因淤积升高。

4.5.5　讨论和结论

巴彦高勒断面位于辫状河段，三湖河口断面位于弯曲河段，而头道拐断面位于顺直河段。因此，不同断面处河道对给定年份同一次洪水的不同响应与其河型及其能耗率有关。

黄河内蒙古河段在上述三站洪水的流量-水位过程线可以分为单一关系和复合关系两大类，其中，单一关系又可分为线形关系、顺时针环线关系和逆时针环线关系三类；复合关系依低水位到高水位顺序，又可划分出线形+逆时针环线关系、逆时针环线+线形关系、“8”字形+线形关系、嵌套状逆时针环线关系（三湖河口 1986 年）、交叉线形关系（头道拐 1986 年）五类。逆时针环线及其与其他类型的复合关系出现的概率最大。

上述不同的洪水流量-水位过程线关系都反映了河道对相应洪水过程的不同响应，有的不冲不淤，有的单纯侵蚀，有的单纯沉积，有的低水位期不冲不淤、高水位期沉积，有的低水位期沉积、高水位期不冲不淤，有的低水位期侵蚀、中水位期沉积、高水位期不冲不淤，等等，河道对洪水的响应方式多种多样，但都不超出以下几种情况：即洪水过程中河床的响应是侵蚀还是淤积、何时沉积何时侵蚀，以及冲淤是否具有反复性等。

巴彦高勒断面三次洪水都为顺时针环线唯一类型。在给定洪水过程中都以河床侵蚀为特征，表明该辫状河段的洪水动能足够大，侵蚀能力相对强，这与该河段河道比降在内蒙古冲积河段最大相一致。而该辫状河段河道的平均宽深及其单位面积的能耗率也是内蒙古冲积河段中最大的，因此，当洪水经过该辫状河段之后，水动力将明显降低。进入弯曲河段时，能耗率大大降低，为适应水动力的降低，洪水在上段侵蚀而来的悬移质其部分相对较粗的泥沙将发生卸载而沉积于河床，导致弯曲河段的河床发生如三湖河口断面所显示的明显沉积，使弯曲河段的河床在洪水过程中以河床沉积为主，河床平均高程升高。至更下游的顺直河段，河道比降变得更小将减小河流的总能耗率，根据总能耗率公式 $\Omega=\gamma gQS$ 计算可得，顺直河段的总能耗率是弯曲河段的 69%；同时，顺直河段的河道宽度也相对变小，这将增大河流的单宽能耗率，根据单宽能耗率公式 $\Omega=\gamma gQS/B$ 计算可得，顺直河段的单宽能耗率是弯曲河段的 1.7 倍。单宽能耗率大反映河床单位面积上受到的水流作用力强。这就导致顺直河段的沉积作用较其上段的弯曲河段明显减小，表现出如头道拐断面所示的部分年份洪水过程导致河床发生沉积，部分年份只在洪峰前后发生沉积，部分年份则冲淤平衡。

黄河内蒙古河段洪水过程中的水动力沿程变小、能耗率沿程变小，使得其洪峰含沙量明显沿程变小（表 4.14），其中，辫状河段的能耗率减小幅度最大，从而导致辫状河段的洪峰含沙量远大于弯曲河段的；而弯曲河段的能耗率较小，使得该段洪峰含沙量比其下游的顺直河段略大一些。

表 4.14　黄河内蒙古河段各年份最大洪水的洪峰含沙量比较　（单位：kg/m^3）

典型年份	辫状河段（巴彦高勒站）	弯曲河段（三湖河口站）	顺直河段（头道拐站）
1976	29.9	18.0	19.1
1986	62.1	43.8	34.5
2006	33.4	14.2	13.1
平均	41.8	25.3	24.5

从以上的分析可以得出如下初步结论。

（1）黄河内蒙古河段洪水的流量–水位过程线类型有线形、顺时针环线、逆时针环线三类单一关系，以及线形+逆时针环线、逆时针环线+线形、“8”字形+线形、嵌套状逆时针环线和交叉线形五类复合关系。这些关系总体上反映了洪水过程中河床是侵蚀还是沉积、何时侵蚀何时沉积，以及冲淤是否具有反复性。

（2）黄河内蒙古冲积性河段的河道对同一次洪水过程的响应沿程出现分化，其中，辫状河段以河床侵蚀下降为特征，弯曲河段以河床明显沉积升高为特征，而顺直河段以少量沉积或冲淤平衡为特征。不同河型段的河道对洪水的响应趋势与河道比降、宽深比及能耗率沿程减小有关，即与洪水动能的沿程减小相适应，洪峰含沙量沿程减小是该趋势的具体体现。

（3）根据黄河内蒙古河段天然洪水过程的河道响应特征可以推断，假如利用人造洪峰冲沙，其结果与上述天然洪水的冲淤现象应该相似，侵蚀将发生在内蒙古辫状河段，而沉积将仍然出现在弯曲河段，而顺直河段的沉积稍小一些。人造洪峰可以使辫状河段的河床略有降低，但弯曲河段仍然持续抬升，对于洪灾防治帮助不大。

4.6　十大孔兑淤堵干流的过程与机理研究

十大孔兑输送到黄河的粗颗粒泥沙，绝大部分淤积在河道中，导致了河床淤积抬高。上游一系列水库修建之后，特别是库容达 247 亿 m^3、以发电为主的多年调节水库龙羊峡水库于 1986 年建成蓄水后，极大地改变了水库下游的径流过程，汛期径流大幅度减小，输沙能力减弱，三湖河口—头道拐河段的淤积更为严重，成为制约黄河上游河道管理的主要“瓶颈”。来自十大孔兑的高含沙水流，在黄河干流产生强淤积，常常导致淤堵事件的发生，产生严重的泥沙灾害和巨大的经济损失。西柳沟是十大孔兑中输沙量最大的，来自西柳沟的洪水泥沙极易造成干流淤堵。西柳沟汇入黄河的汇口位于黄河干流昭君坟水文站以下 1.5km 处，该站可以代表发生淤堵时的干流水沙条件。前人对于十大孔兑淤堵干流事件已进行过一些研究（支俊峰和时明立，2002；张原锋等，2013；王平等，2013b；吴保生，2014），我们在前人工作基础上，着眼于干支流水文地貌相互作用，以西柳沟为例研究了十大孔兑淤堵干流的过程与机理（Xu，2015c）。

4.6.1　支流淤堵干流事件的确定

支流淤堵干流事件（以下简称淤堵事件）是指当干流的泥沙输移能力大大小于支流洪水输入干流的泥沙量时，干支流汇流区发生强烈淤积，形成部分或全部堵塞干流的水下泥沙堆积体，使干流水位急剧抬升的泥沙灾害事件。随着干流水位不断壅高，该泥沙堆积体会被冲决而逐渐趋于消失。淤堵事件可以通过对位于汇流带干流水文站的水位-流量关系曲线的分析来确定。一般而言，某一水文站的水位与流量的对数具有很好的线性正相关。如果泥沙淤积体部分堵塞河道，使水流受阻，则在水位升高的同时，流量会减小，出现反常的水位-流量变化，使点子向左上方升高（图 4.26）。随着淤积体被冲开，流量会增大，水位会下降，使点子向右下方下降，因而出现顺时针绳套。当恢复正常过流时，点子又会回到趋势线上。按照这种方法可以确定发生了淤堵事件。据统计，1961～1998 年，来自十大孔兑的西柳沟、毛不拉孔兑、罕台川的洪水泥沙曾发生过 7 次泥沙淤堵黄河的现象，分别发生于 1961 年 8 月 21 日、1966 年 8 月 13 日、1976 年 8 月 2 日、1984 年 8 月 9 日、1989 年 7 月 21 日 、1994 年 7 月 25 日、1998 年 7 月 12 日。据报道，2002 年也发生过淤堵黄河现象。在这 8 年中，十大孔兑来沙量之和和三头河段淤积量之和分别为 4.287 亿 t 和 4.8037 亿 t，分别占 1960～2005 年总来沙量和总淤积量的 56.9% 和 49.8% 。也就是说，8 次十大孔兑堵河造成的淤积量占 45 年总淤积量的一半。可见，淤堵事件对于三头河段淤积过程的影响是很大的。依据黄河干流昭君坟和西柳沟龙头拐两站的水文泥沙资料，我们研究了西柳沟洪水泥沙事件的时间过程与淤堵事件时间过程之间的联系。

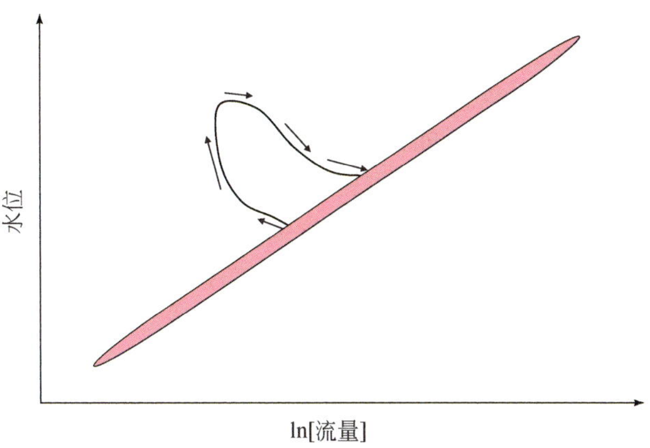

(a) 淤堵事件水位-流量关系示意图

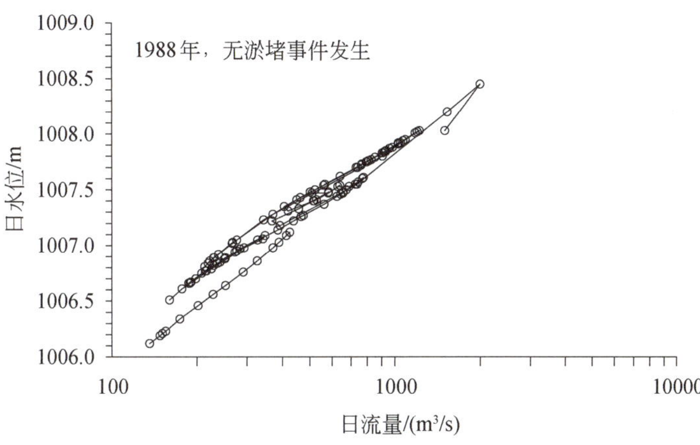

(b) 1988年水位-流量关系

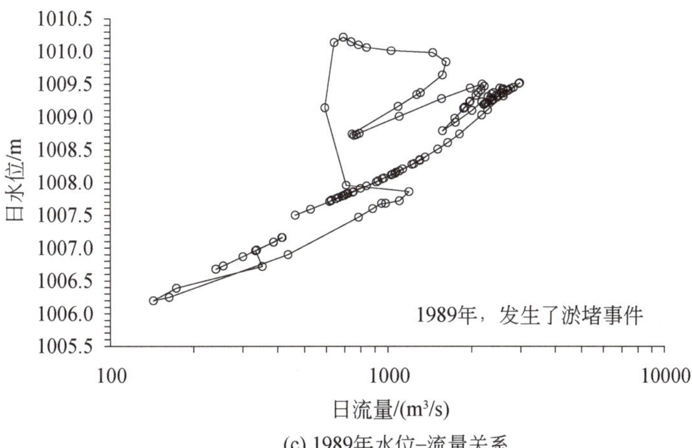

(c) 1989年水位-流量关系

图 4. 26　淤堵事件的确定

4.6.2　典型淤堵事件的发生、发展过程

我们以规模最大、淤堵黄河时间最长的西柳沟 1989 年 7 月 21 日的洪水（以下称 89.7.21 洪水）为例，分析了淤堵事件的发生、发展过程。

据 1989 年黄河流域水文资料，7 月 20～21 日，毛不拉孔兑和西柳沟出现了一次历时短、强度大的降水过程。毛不拉孔兑的哈拉汉图壕站，20 日降水量达 98.2mm，占年降水量的 32%；西柳沟的高头窑站，20 日降水量达 147.0mm，占年降水量的 38%。两个支流同时出现了设站以来的第一大洪水。1989 年 7 月 21 日，毛不拉孔兑的图格日格水文站发生了 $5600m^3/s$ 的洪峰流量，此次洪水输沙量为 6690 万 t；西柳沟的龙头拐水文站发生了 $6940m^3/s$ 的洪峰流量，此次洪水输沙量为 4740 万 t。

依据水文站观测得到的洪水要素资料，表 4.15 中给出了 89.7.21 洪水中西柳沟龙头拐水文站水文要素（水位、流量、含沙量和输沙率）的变化过程，图 4.27 中点绘了距 1989 年 7 月 20 日 8 时的 84 小时内的过程线。暴雨发生后，水位从 3 时 48 分开始起涨，8 分钟之内水位上涨了 3.61m，流量和含沙量分别由 $0.15m^3/s$ 和 $0.20kg/m^3$ 增加至 $2450m^3/s$ 和 $927kg/m^3$，输沙率则从接近于 0 增至 271 t/s，形成第一次洪峰。此后，洪水退落，到 5 时 54 分流量减至 $960m^3/s$，含沙量减至 $708kg/m^3$。此后，第二次洪峰到来，9 分钟后流量增至 $9640m^3/s$，含沙量增至 $1240kg/m^3$。从 6 时 26 分洪峰退落，到 12 时 00 分流量减至 $371m^3/s$，含沙量减至 $144kg/m^3$。与此同时，位于昭君坟水文站以上 105km 的毛不拉孔兑发生了 $5600m^3/s$ 的洪峰流量，洪水输沙量为 6690 万 t。两条孔兑输入黄河的泥沙量共计 1.143 亿 t，致使黄河干流发生了严重淤积。西柳沟汇入黄河干流的高含沙洪水，在短时间内使河床大幅度淤积抬高，形成水下沙坝，使河道堵塞。据洪水后调查，1989 年 7 月 21 日西柳沟洪水，在入黄河的汇口处形成了长 600 多米、宽约 7km、高 5m 多的沙坝，堆积泥沙约 3000 万 t（黄河水利科学研究院，2009）。

表 4.15　西柳沟龙头拐水文站 89.7.21 洪水期间水文要素变化过程

月.日	时：分	水位/m	流量/(m^3/s)	含沙量/(kg/m^3)	输沙率/(t/s)
7.19	8：00	1044.40	0.16	0.4	0.000064
7.19	20：00	1044.40	0.16		
7.20	8：00	1044.39	0.15	0.2	0.00003
7.20	12：00	1044.38	0.14		
7.21	0：00	1044.38	0.14		
7.21	3：48	1044.39	0.15	0.2	0.00003
7.21	3：56	1048.00	2450	927	2271.15
7.21	4：12	1047.90	2290		
7.21	4：30	1047.45	1640		
7.21	4：36	1047.20	1320	689	909.48
7.21	4：54	1047.10	1200		

续表

月.日	时：分	水位/m	流量/(m^3/s)	含沙量/(kg/m^3)	输沙率/(t/s)
7.21	5：06	1046.95	1020		
7.21	5：36	1046.90	960	708	679.68
7.21	5：54	1046.90	960	708	679.68
7.21	6：03	1049.79	6940	1240	8605.60
7.21	6：26	1049.79	6940	292	2026.48
7.21	7：00	1048.95	5380		
7.21	8：00	1047.50	3130		
7.21	9：00	1046.45	1670		
7.21	9：30	1046.25	1420		
7.21	10：00	1045.97	1080		
7.21	10：30	1045.80	895		
7.21	11：00	1045.55	660		
7.21	12：00	1045.20	371	144	53.42
7.21	14：00	1044.90	178		
7.21	18：00	1044.56	26.1		
7.21	18：30	1044.56	26.1		
7.21	20：00	1044.35	12	53.8	0.6456
7.22	0：00	1044.24	8.19		
7.22	8：00	1044.18	6.41	20	0.1282
7.22	20：00	1044.11	4.39		
7.23	8：00	1044.07	3.26	4.58	0.014931

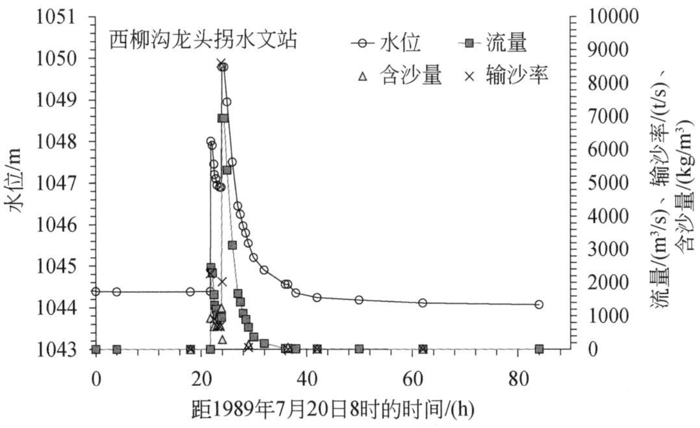

图 4.27 西柳沟站水位、流量、输沙率和含沙量过程线

河道堵塞后，西柳沟汇口以上 1.5km 的昭君坟水文站的水位骤然升高，流量减小，水

位-流量关系发生了强烈变化。依据昭君坟水文站的洪水要素观测资料，表4.16中给出了89.7.21洪水中该站水位、流量、含沙量和输沙率的变化过程，在图4.28（a）和图4.28（b）中点绘了距1989年7月20日8时的84小时内的变化过程线。7月21日6时24分，尚未发生淤堵，昭君坟流量为1260m³/s，水位为1008.04m。前一日含沙量为4.85kg/m³。到8时00分，水位上涨至1008.76m，涨幅为0.72m，流量反而减至836m³/s，说明西柳沟汇口以下沙坝的形成导致了昭君坟水位抬升，泥沙的淤积使得含沙量减至1.26kg/m³。到12时00分，水位继续上涨至1009.69m，流量则降至386m³/s，累计上涨达1.65m，含沙量进一步降至0.46kg/m³。到20时00分水位进一步升至1009.81m，累计上涨达1.77m，含沙量进一步降至0.18kg/m³。

表4.16　黄河昭君坟水文站89.7.21洪水期间水文要素变化过程

月.日	时：分	水位/m	流量/(m³/s)	含沙量/(kg/m³)	输沙率/(t/s)
7.20	8：00	1007.96	1190	4.85	5.772
7.20	16：00	1007.96	1190		
7.20	20：00	1007.98	1210		
7.21	0：00	1008.00	1220		
7.21	6：24	1008.04	1260		
7.21	8：00	1008.76	836	1.26	1.053
7.21	12：00	1009.69	368	0.46	0.169
7.21	13：30	1009.84	430		
7.21	14：00	1009.82	421		
7.21	15：00	1009.81	416		
7.21	16：00	1009.76	395		
7.21	17：20	1009.74	383		
7.21	20：00	1009.81	416	0.18	0.075
7.21	22：00	1009.86	439		
7.22	8：00	1010.14	589		
7.22	11：00	1010.18	614		
7.22	16：00	1010.21	633		
7.22	20：00	1010.20	627		
7.22	20：30	1010.22	660		
7.23	0：00	1010.21	633		
7.23	4：00	1010.22	640		
7.23	16.30	1010.22	640		

依据昭君坟站的实测流量资料，图4.29对于与淤堵过程有关的21天中西柳沟的水位、流量、水面宽、过水面积、断面平均流速的变化过程进行了比较。7月21日6时03分西柳沟输沙率达到峰值，5小时45分钟后，昭君坟水位即上升至1009.82m，比起涨前的1008.04m高1.78m，流量则由1260m³/s减至368m³/s；水面宽迅速增大，由300余米增至700余米；过水断面面积由870m²扩大至1260m²［图4.29（a）］。与此同时，流速由

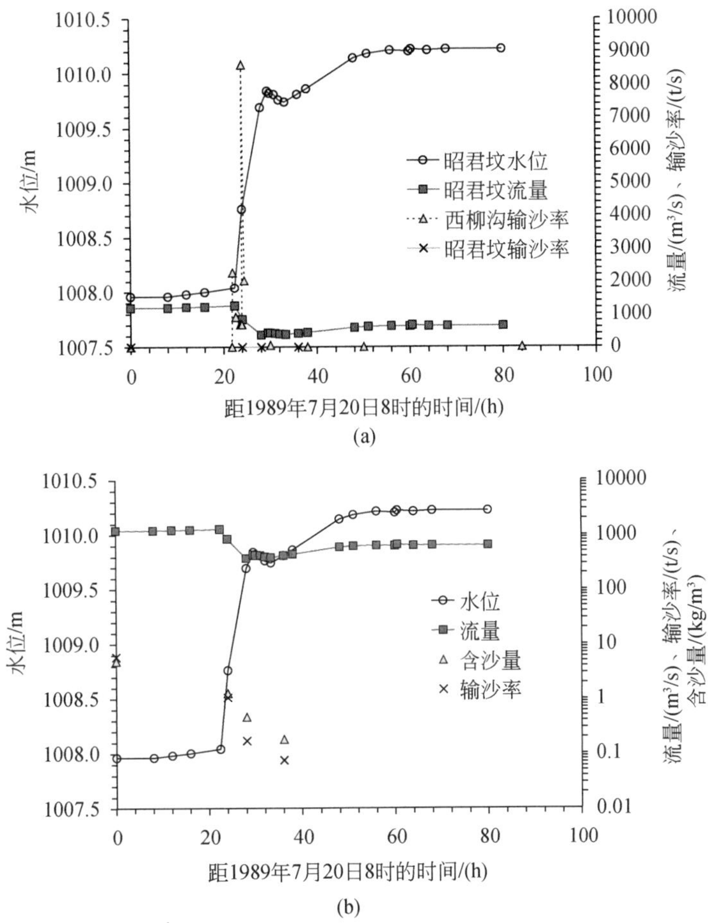

图4.28 西柳沟站、昭君坟站水位、流量、输沙率过程线的比较（a）和昭君坟站水位、流量、输沙率和含沙量过程线的比较（b）

淤堵前的1.4m/s减至0.33m/s，但随后又增大［图4.29（b）］。

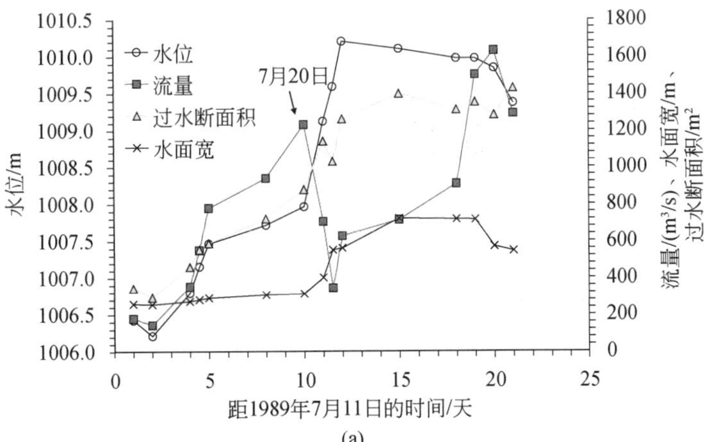

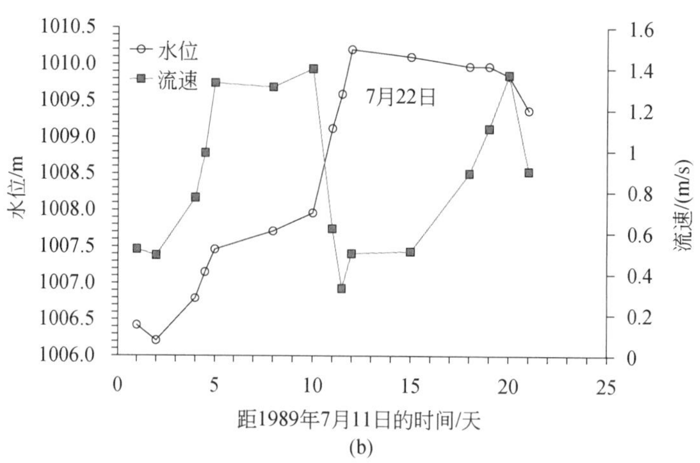

图 4.29　西柳沟站水位、流量、过水断面、水面宽过程线的比较（a）和昭君坟站水位、流速过程线的比较（b）

基于整个汛期（7 月 1 日 ~10 月 31 日）逐日水位和流量资料，我们点绘了昭君坟站水位-流量关系曲线（图 4.30），以便在更长的时间中考察此次淤堵的全过程。7 月 20 日即西柳沟站发生洪峰前一日，昭君坟站流量为 1190m^3/s，水位为 1007.96m，点子位于汛期水位-流量关系的趋势线附近，为正常状态。7 月 22 日即西柳沟站发生洪峰后一日，昭君坟站流量骤降为 593m^3/s，水位却大幅度上升至 1010.14m，即在流量减少 597m^3/s 的同时，水位却上升了 2.18m，说明发生了河床淤堵。7 月 24 日 ~7 月 30 日，流量增大，水位由 1010.22m 下降至 1009.84m，下降了 0.38m，说明淤堵程度减轻。7 月 30 日 ~8 月 4 日，流量减小，水位由 1009.84m 快速下降至 1008.74m，下降了 1.1m。这一水位与大致同流量、位于淤堵发生后水位最高值（1010.22m）的 7 月 24 日相比，下降了 1.48m。说明淤堵的影响已大大减小，水下沙坝大部分冲开。8 月 12 日 ~23 日，流量减小，水位进一步下降到 1008.79m，这一水位与大致同流量的 8 月 8 日相比，下降了 0.49m。23 日昭

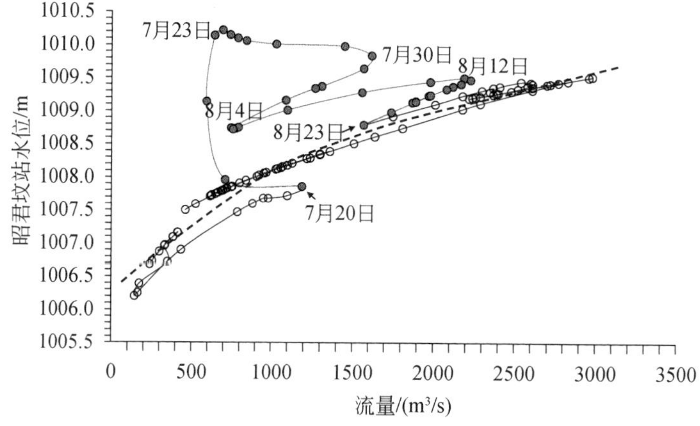

图 4.30　1989 汛期（7 月 1 日 ~10 月 31 日）昭君坟站水位-流量关系曲线

注：实心点子为淤堵过程中（7 月 20 日 ~8 月 23 日）的点子；粗实线为汛期水位-流量关系趋势线

君坟站流量为1570m³/s，水位为1008.7m，点子已接近汛期水位-流量关系趋势线，说明河道过流恢复正常，此次淤堵事件的影响结束。从7月21日开始到8月23日结束，此次淤堵的影响历时34天，是历次淤堵事件中最长的一次。

图4.31中给出了昭君坟站测流断面在淤堵过程中6次断面图的套绘，从中可以看出淤堵过程中河道的淤积状况。图中1989年7月20日0时02分的断面代表淤堵前，7月21日9时05分和11时05分的两次断面则反映了淤堵过程中两次洪峰到来后河床淤积导致的变化。可以看到，第一次洪峰到来后形成了沙坝，主要淤在右岸主槽，淤高约1m；第二次洪峰10时左右到达黄河，沙坝继续堆积。将7月21日9时05分和11时05分的两次断面相比较可知，第二次洪峰导致的淤积，主槽可达到2.0m，滩地可达到1.5m。将7月21日11时05分和28日9时30分的断面相比较可知，直到28日，淤积仍在进行。然而，到10月13日水文站进行大断面测量，主槽由7月28日断面向下大幅度冲刷加深达7m左右，反映了淤堵之后昭君坟站断面的恢复调整过程。到1990年4月23日，主槽又向上淤高了5m左右。这表明，昭君坟站测流断面的冲淤调整十分剧烈。据支俊峰和时明立（2002）的调查，89.7.21洪水西柳沟两岸决堤数处，相当一部分泥沙淤积在龙头拐以下平原地带。此次洪水峰高量大，均超过各孔兑防洪标准，造成多处决口，其中较大的有43处，决口长度约34km，数乡被水淹，大片农田、草场变成一片汪洋，水深0.6～2.0m。由水沙关系计算十大孔兑区输沙总量为1.13亿t。据三湖河口、头道拐两站进出沙量来看，本次洪水排出沙量仅0.13亿t（7月21日～10月6日），可见进入河道的泥沙大部分淤积在河道里。

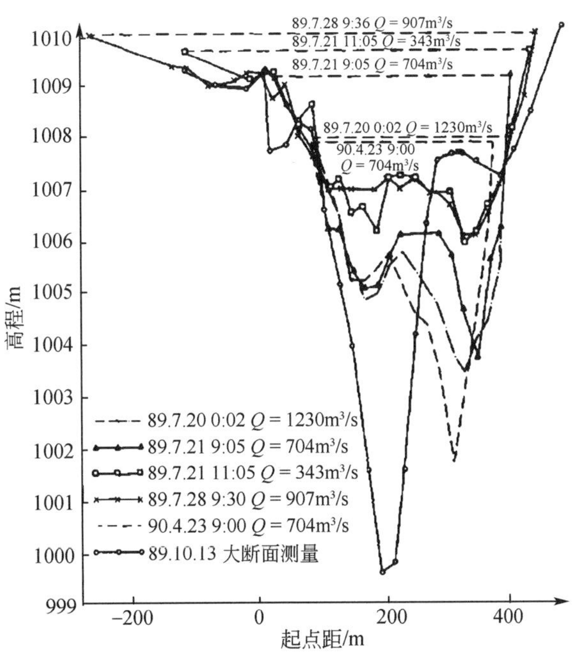

图4.31　昭君坟站测流断面在河道淤堵前后的断面套绘

资料来源：引自支俊峰、时明立，2002

在从淤堵的形成、发展到逐渐冲开、消失到恢复正常水位的全过程中，各项水文泥沙和河道形态变量都表现出有规律的变化。水位先升高然后降低，流量先减小然后增大，输沙率、含沙量先减小然后增大，流速先减小然后增大；水面宽先增大然后减小，过水断面面积先增大然后减小（见图 4. 28、图 4. 29）。在淤堵事件的发生、发展到消亡的过程中，河床地貌形态也逐渐调整。我们以水位、河底高程、深泓线高程、河道过水断面宽深比的变化来反映河道的调整过程，以水位、平均河底高程、深泓点高程在不同时段中的变化率来反映河床冲淤速率，其中，平均河底高程的变化率可以代表河床的冲淤速率；以宽深比在各个时段中的增量代表河道形态的变化。通过分析上述指标的时间过程线，可以解释淤堵事件中河床地貌的响应过程。图 4. 32（a）～图 4. 32（c）显示，上述变量都经历了先增大然后减小的过程。图 4. 32（d）则显示，宽深比的增量与河道淤积速率有很好的正相关，表明泥沙冲淤是河床形态调整的重要因素。

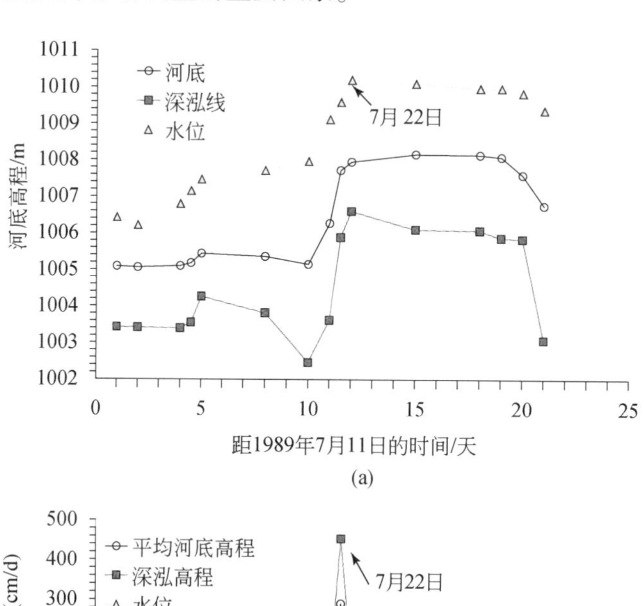

(a)

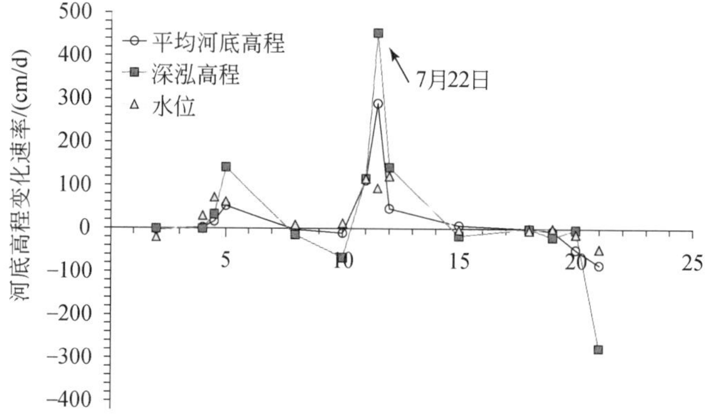

(b)

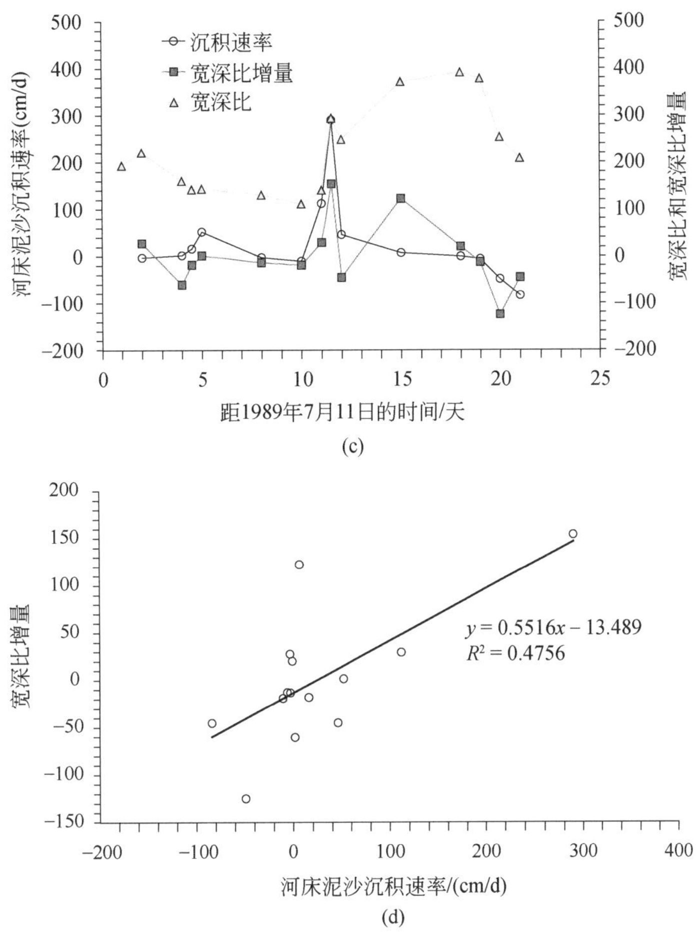

(c)

(d)

图 4. 32　1989. 7. 20 昭君坟站淤堵事件过程中水面和河底高程（a）、水面和河底高程变化速率（b）、宽深比、宽深比增量、河床泥沙沉积速率（c）的变化过程以及宽深比增量与河床泥沙沉积速率的关系（d）

4. 6. 3　淤堵洪水和非淤堵洪水的判别关系

为了揭示支流来沙造成干流淤堵的机理，需要查明的一个重要问题是在什么条件下会出现淤堵。河流地貌系统是一个复杂的系统，它的各个组成部分之间存在复杂的相互作用，如流域-河道相互作用和干支流相互作用（Brierley and Fryirs，1999；Harvey，2001；Harvey，2002；Fryir and Brierley，2007；Rice et al. ，2008）。发生于干支流交汇带中的淤堵现象就是干支流相互作用的结果。支流对于干流的地貌有效性（tributary's geomorphic effectiveness）是干支流关系研究中的一个重要概念（Field，2001；Miller，1990；Dean and Schmidt，2013）。支流汇入的泥沙是否会在干流中发生淤积而影响干流的地貌塑造过程，取决于干流水流对于支流泥沙的搬运能力，可以以支流来沙量与干流搬运能力之比来表示这一关系，称为支流对于干流的地貌有效性指标，用 I_{TE} 来表示。对于西柳沟-干流耦合系统，可以以西柳沟场次洪水来沙量与干流昭君坟站来水量之比来表示 I_{TE}：$I_{TE} = Q_{s,LTG} : Q_{w,ZJF}$，这里

$Q_{s,LTG}$是场次洪水中西柳沟龙头拐站的输沙量（万 t），$Q_{w,ZJF}$是干流昭君坟站在支流洪水发生前的 1 天（24 小时）中的来流量（万 m^3），因为西柳沟的洪水历时比 24 小时短得多。基于 1961～1989 年 19 场洪水的资料，我们研究了淤堵洪水与非淤堵洪水的差异（表 4. 17，表 4. 18）。将 I_{TE}分别对 $Q_{w,ZJF}$点绘作图［图 4. 33（a）］，发现在双对数坐标中所有的数据点可以被一条直线分为两部分，淤堵洪水位于直线上方，非淤堵洪水位于下方。从图中可以看到，在 6 次淤堵事件中，只有 1982 年淤堵事件的数据点位于临界线以下。这是由于，1982 西柳沟洪水的输沙量较小，仅 257 万 t，但含沙量大，最大含沙量 C_{max}高达 1320kg/m^3，因而对于干流造成了较小规模的淤堵。图中的直线和拟合方程代表了发生淤堵的水沙临界条件。临界方程为

$$I_{TE} = 5.0 \times 10^{10} Q_{w,\ ZJF}{}^{-2.1787} \tag{4.14}$$

这意味着，当 $I_{TE} > 5.0\times10^{10} Q_{w,ZJF}{}^{-2.1787}$时，淤堵事件会发生；当 $I_{TE} \leqslant 5.0\times10^{10} Q_{w,ZJF}{}^{-2.1787}$时，淤堵事件不会发生。

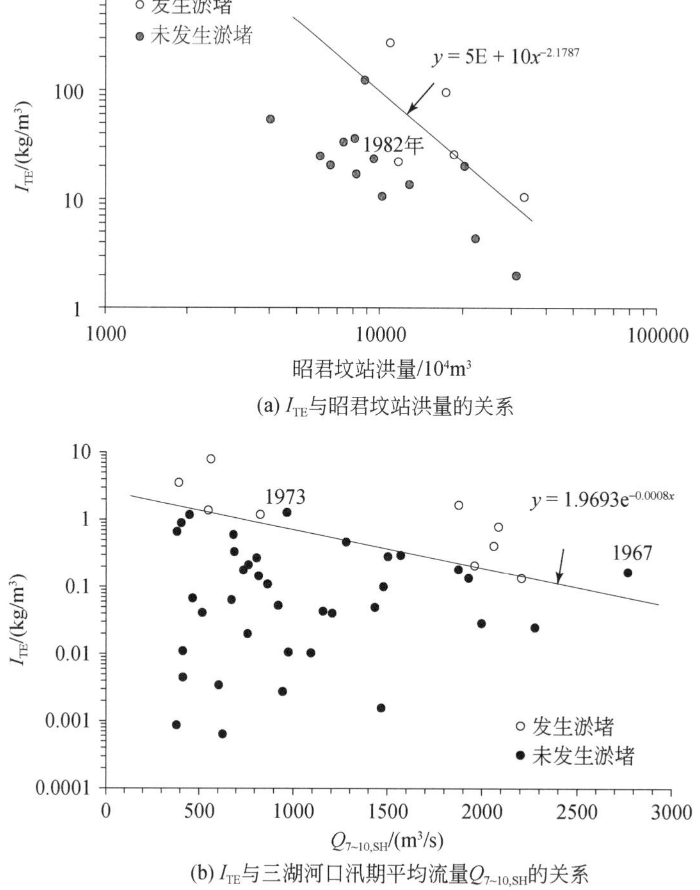

(a) I_{TE}与昭君坟站洪量的关系

(b) I_{TE}与三湖河口汛期平均流量$Q_{7\sim10,SH}$的关系

图 4. 33　淤堵洪水和非淤堵洪水的判别关系

表 4.17　西柳沟龙头拐站 19 次洪水的特征值与干流昭君坟站的相应特征值

洪水编号	$Q_{max,LTG}$ /(m³/s)	$Q_{w,LTG}$ /万 m³	$Q_{s,LTG}$ /万 t	$C_{max,LTG}$ /(kg/m³)	$C_{mean,LTG}$ /(kg/m³)	$Q_{w,ZJF}$ /万 m³	$Q_{s,ZJF}$ /万 t	$C_{mean,ZJF}$ /(kg/m³)	I_{TE}	类型
610821	3180	5300	2968	1200	560	10886	111.5	10.2	0.0182	淤堵
660813	3660	2320	1656	1380	714	17280	168.5	9.8	0.0137	淤堵
760802	3377	2164	476.1	731	220	18490	45.9	2.5	0.0114	淤堵
820916	449	586	257	1320	439	11664	63.2	5.4	0.0123	淤堵
840809	660	956	347	651	363	33178	281.7	8.5	0.0234	淤堵
890721	6940	7350	4740	1240	645	6126	7.6	1.2	0.0019	淤堵
710831	602	356	217	1420	610	4026	8.1	2.0	0.0033	非淤堵
730710	640	554	139	563	251	8208	34.6	4.2	0.0167	非淤堵
730717	3620	1370	1090	1550	796	8813	49.5	5.6	0.0070	非淤堵
750811	476	668	96.8	667	145	22205	143.4	6.5	0.0448	非淤堵
780812	722	1100	246	404	224	7361	34.0	4.6	0.0205	非淤堵
780807	296	1100	150	557	136	6048	34.6	5.7	0.0419	非淤堵
780830	618	1350	292	342	216	8096	28.5	3.5	0.0162	非淤堵
790726	342	657	135	775	205	6592	24.2	3.7	0.0180	非淤堵
790813	701	592	406	1150	686	20218	216.0	10.7	0.0156	非淤堵
810701	884	393	223	1337	567	9504	45.4	4.8	0.0085	非淤堵
810726	312	364	174	955	478	12787	66.6	5.2	0.0109	非淤堵
840730	264	215	62.3	792	290	31190	286.0	9.2	0.0317	非淤堵
850824	547	710	108	376	152	10195	62.6	6.1	0.0401	非淤堵

注：$Q_{max,LTG}$为龙头拐站最大流量；$Q_{w,LTG}$为龙头拐站洪量；$Q_{s,LTG}$为龙头拐站洪水输沙量；$C_{max,LTG}$为龙头拐站最大含沙量；$C_{mean,LTG}$为龙头拐站平均流量；$Q_{w,ZJF}$为昭君坟站前一日径流量；$Q_{s,ZJF}$为昭君坟站前一日输沙量；$C_{mean,ZJF}$为昭君坟站前一日含沙量；I_{TE}为支流对于干流的地貌有效性指标。

表 4.18　1961～1989 年 6 次淤堵事件干流水位变化

洪水编号	正常水位恢复历时/天	淤堵事件中水位变幅/m	正常水位流量关系恢复历时/天
610821	13	2.42	5
660813	20	2.38	8
760802	7	1.49	4
820916	8	1.62	3
840809	4	1.96	2.5
890721	34	2.26	14

我们还发现，三湖河口汛期（7～10 月）平均流量 $Q_{7\sim10,SH}$ 也可以用于淤堵洪水与非淤堵洪水的判别。将 I_{TE} 对于 $Q_{7\sim10,SH}$ 点绘作图［图 4.33（b）］，发现在双对数坐标中所有的数据点也可以被一条直线分为两部分，淤堵洪水位于直线上方，非淤堵洪水位于下方。临界方程为

$$I_{TE} = 1.9693\exp(-0.0008Q_{7\sim10,\ SH}) \tag{4.15}$$

这意味着，当 $I_{TE} > 1.9693\exp(-0.0008Q_{7\sim10,SH})$ 时，淤堵事件会发生；当 $I_{TE} \leqslant 1.9693\exp(-0.0008Q_{7\sim10,SH})$ 时，淤堵事件不会发生。

4.6.4　淤堵指标与影响因素的关系

支流输入的泥沙导致干流淤堵的事件具有不同的量级，量级的大小取决于3个特征值：正常水位恢复历时 D_{SJE1}、正常水位-流量关系恢复历时 D_{SJE2} 和淤堵事件中水位的变幅 R_{wl}。D_{SJE1}、D_{SJE2} 和 R_{wl} 越大，淤堵事件的规模及其致灾效应也越大。为了用一个单一的指标来表示淤堵事件的量级，我们还引入了综合性的场次洪水淤堵指标 $I_{淤堵}$：$I_{淤堵} = (D_{SJE1} \times D_{SJE2})^{0.5} \times R_{wl}$。

上文中我们引入了针对西柳沟的支流对于干流的地貌有效性指标 I_{TE}：$I_{TE} = Q_{s,LTG}/Q_{w,ZJF}$。事实上，支流洪水的地貌有效性，不仅与洪水的输沙量有关，而且与含沙量和泥沙的粒径有关。由于西柳沟龙头拐站尚未进行泥沙粒径的系统观测，暂不能包括泥沙粒径变量，但可以以场次洪水最大含沙量 C_{max} 来反映高含沙水流的影响。为此，将 I_{TE} 指标扩充为：$I_{TE2,Xiliu} = (Q_{s,LTG} \times C_{max,LTG})/Q_{w,ZJF}$。为了进行区分，将原来的 I_{TE} 记为 I_{TE1}：$I_{TE1} = Q_{s,LTG}/Q_{w,ZJF}$。

为了进一步将淤堵指标与场次洪水水沙因子相联系，我们基于6次淤堵事件进行了相关分析。引入如下的场次洪水水沙因子：$Q_{w,LTG}$、$Q_{s,LTG}$、$Q_{max,LTG}$、$C_{max,LTG}$、$Q_{w,ZJF}$ 和 $Q_{s,ZJF}$，将淤堵指标 D_{SJE1}、D_{SJE2}、R_{wl} 与这些变量相联系，计算出了相关系数矩阵（表4.19）。表中标出了显著性概率小于0.05和0.01的变量。图4.34中给出了存在显著相关性的若干变量间的关系图。图中显示，I_{TE1} 和 I_{TE1}，以及西柳沟龙头拐站的洪水量、洪水输沙量和最大流量对于淤堵指标 $(D_{SJE1} \times D_{SJE2})^{0.5} \times R_{wl}$ 都有显著的影响。

表4.19　淤堵指标与影响因子的相关系数

Items	$\ln Q_{w,LTG}$	$\ln Q_{s,LTG}$	$\ln Q_{max,LTG}$	$\ln C_{max,LTG}$	$\ln Q_{w,ZJF}$	$\ln Q_{s,ZJF}$	$\ln I_{TE1}$	$\ln I_{TE2}$
1	2	3	4	5	6	7	8	9
$\ln D_{SJE1}$	0.81*	0.88*	0.85*	0.57	−0.72	−0.66	0.89*	0.89*
$\ln D_{SJE2}$	0.75	0.87*	0.77	0.75	−0.81*	−0.63	0.92**	0.94**
$\ln R_{wl}$	0.63	0.81*	0.47	0.48	−0.29	0.07	0.69	0.70
$(D_{SJE1} \times D_{SJE})^{0.5} \times R_{wl}$	0.81*	0.90*	0.82*	0.65	−0.74	−0.61	0.92**	0.93

* 显著性概率 $p<0.05$；** $p<0.01$。

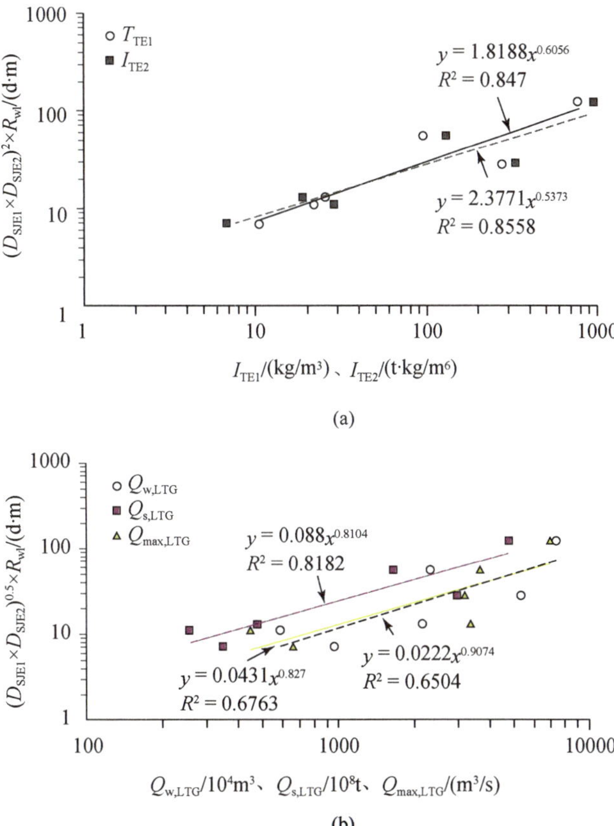

图 4.34　淤堵指标（$D_{SJE1}\times D_{SJE2}$）$^{0.5}\times R_{wl}$与 I_{TE1}、I_{TE2}的关系（a）和与 $Q_{w,LTG}$、$Q_{s,LTG}$、$Q_{max,LTG}$（b）的关系

第5章　近几十年河床演变特征及原因研究

河流的河床形态及其变化是河床演变学的研究内容（钱宁等，1987），了解和掌握在自然条件变化和人类活动影响下河道发育过程和演变规律对水沙资源开发利用、流域和河道的治理有着重要的意义。我国多泥沙河流分布广泛，多泥沙河流河床演变剧烈，产生的灾害和环境问题比较严重。黄河因其含沙量大、淤积强烈、河道摆动频繁，经常造成巨大洪涝灾害，黄河的灾害与治理构成了中国历史一个重要组成部分。历史上黄河的问题主要在下游，因此，黄河下游河道的演变也得到了广泛关注和研究，对黄河下游的泥沙输移和冲淤、河床断面形态、河型、河槽和滩地发育特征及其演变规律等问题的认识不断深入（钱宁和周文浩，1965；叶青超等，1990；钱意颖等，1993；赵业安等，1998；胡春宏，2005；许炯心，2012）。相对来说，黄河上游宁蒙河段因上游来沙少，有利于引水灌溉发展农业，有俗语“黄河百害，唯富一套”。然而，随着黄河上游水利资源开发和其他人类活动加强，水沙条件发生了显著变化，黄河上游内蒙古河段河道已发生了明显的调整，突出表现为河道萎缩、河床抬高，导致凌汛灾害加剧。开展河床形态的变化过程及其与来水来沙条件的关系等问题的研究对正确认识宁蒙河段出现的环境灾害，指导上游水沙调控和宁蒙河道整治十分必要。本章利用宁蒙河段河道断面测量数据、遥感影像和水沙资料对这些问题进行了探讨。

5.1　内蒙古河段1962～2000年河道断面冲淤特征及其影响因素

近几十年内，宁蒙河段下段内蒙古段淤积比较严重，河槽萎缩行洪能力降低明显。长期大断面测量能够客观地记录这一河床淤积和河槽形态变化过程，本节利用了1962～2000年对内蒙古河段几次系统的大断面测量数据和水沙资料，从分析内蒙古河段河道河床演变过程入手，结合上游水库建设，以及气候变化等引起的来水来沙条件变化，探讨内蒙古河段河床演变的机制。

5.1.1　断面数据及其代表性

收集了1962年、1982年、1991年、2000年共四期内蒙古河道的大断面测量数据。四期共有363组，最少的1962年有94组，最多的1991年有113组。大断面间距介于1～8km，平均约4km。断面分布如图5.1所示。利用与断面测验时期同期或时间上十分接近的地图和卫片，判断出各个断面与河道主流线的夹角，以此将断面线与河道主流线的夹角小于90°的断面形态参数纠正到二者相互垂直下的数值。

1962～2000年的四期断面测量数据是2000年以前对该段河道仅有的几期大断面测量

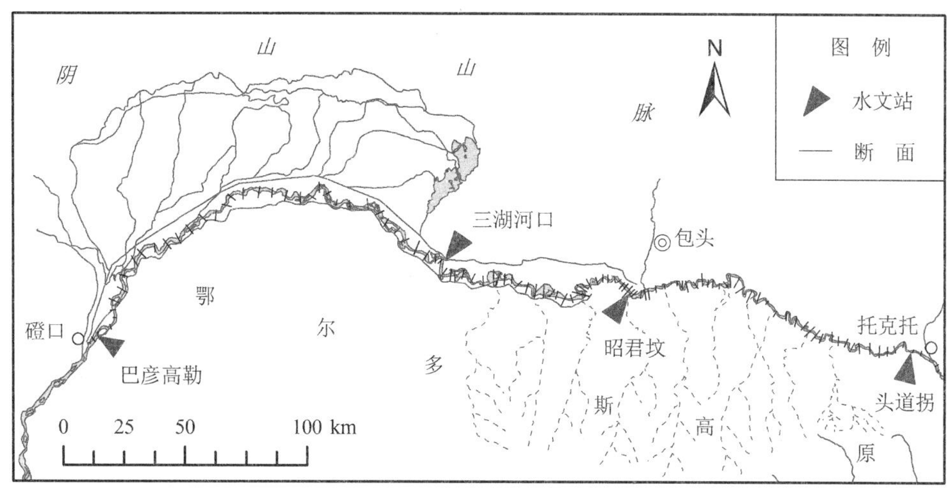

图 5.1　黄河内蒙古段概图

数据。这四期大断面是否能较好地反映内蒙古河段河床冲淤演变特征呢？图 5.2 是三湖河口水文站 1000m^3/s 水位的变化过程，可见在 1962 年和 1982 年前后，三湖河口水文站水位变化趋势发生了转变，其中，1962～1982 年该站 1000m^3/s 水位年均降低-0.055m/a，1982～1991 年和 1991～2000 年两个时期年均分别抬升 0.099m/a 和 0.086m/a。即前两期大断面测量时间恰好处于内蒙古河段多年冲淤趋势变化中从淤积到冲刷，以及从冲刷到淤积的转折年，后两期的测量时间基本覆盖了 20 世纪末内蒙古河段持续淤积过程。因此，四期断面测量资料虽然有限，但仍然能够较好地反映 1962～2000 年近 40 年的河道冲淤和河床形态演变特征。

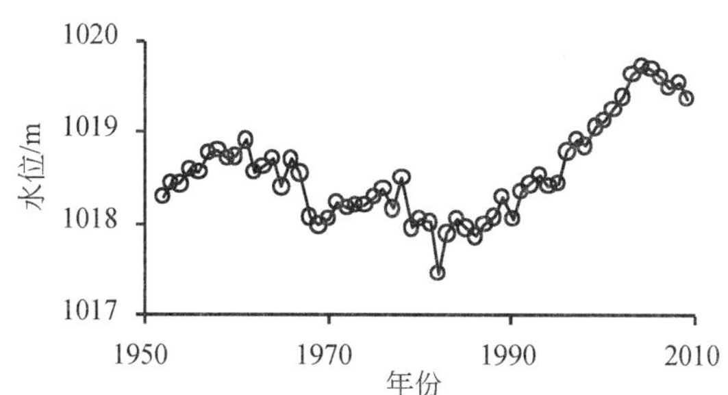

图 5.2　三湖河口站汛前 1000m^3/s 流量水位历年变化

5.1.2　河床冲淤与形态变化

1. 河床冲淤变化

不同时期深泓点的变化见图 5.3（a），可见 1962～1982 年多数断面发生了冲刷，平均冲刷-0.77m（均方差为 2.52m），年均-0.039m/a；1991 年相对 1982 年和 2000 年相对

1991 年，深泓点多数发生了抬高，分别是 0.90m（均方差为 2.18m）和 0.97m（均方差为 1.32m），年均速率比较接近，分别是 0.10m/a 和 0.11m/a。经假设检验，三个时段深泓点平均冲淤都在 0.01 水平上显著。

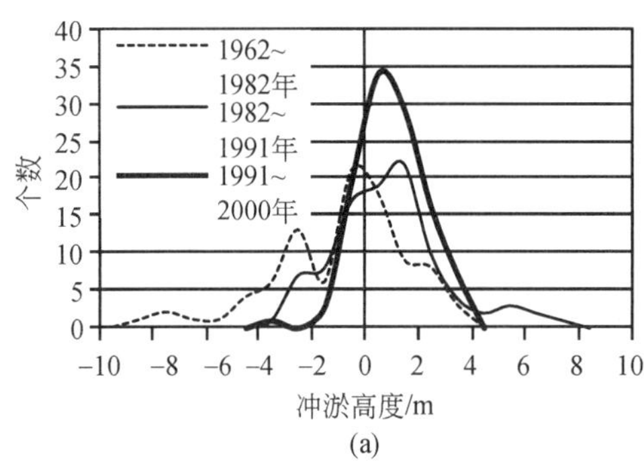

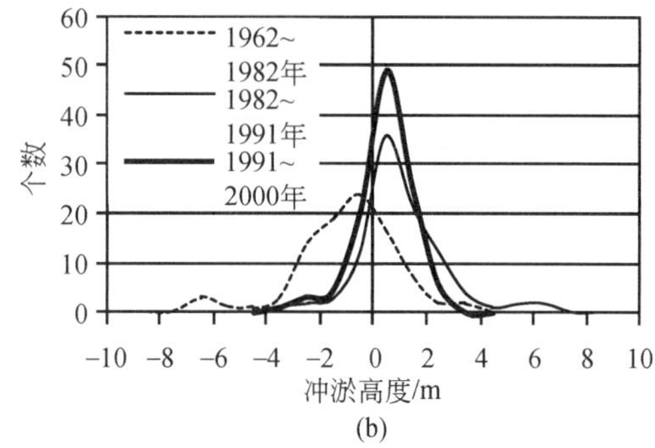

图 5.3　不同时期河床深泓点（a）和 500m² 过水面积河槽河底（b）高程变化（负为降低；正为抬升）频率分布

为降低深泓点单点代表性差的问题，计算了 500m² 过水面积下的河底高程，以便说明河槽河底高程的变化。如图 5.3（b）所示，1982 年相对 1962 年多数断面 500m² 过水面积下的河底发生了冲刷，冲淤高度平均值为 -0.92m（均方差为 1.88m），年均冲刷深度 -0.046m/a；1982～1991 年发生了淤积，冲淤高度平均值为 1.09m（均方差为 1.58m），年均淤积高度为 0.12m/a；1991～2000 年进一步发生淤积，冲淤高度平均值为 0.48m（均方差为 1.05m），年均淤积高度为 0.053m/a。1982～1991 年淤积速率大致是 1991～2000 年的 2 倍。同样经假设检验，三个时段河槽河底平均冲淤都在 0.01 水平上显著。

滩地的冲淤变化如图 5.4 所示。为了对比合理，这里的滩地指四期河床测量断面中同一个起点至终点范围内的滩地，各期扣除了其间主槽部分。图 5.4 显示滩地的冲淤变化比河槽要小。其中，1962～1982 年和 1982～1991 年滩地表现出淤积的趋势，前一个时段，平均总淤积厚度为 0.11m（均方差 0.40m）；后一个时段，平均总淤积厚度为 0.13m（均方差为 0.35m）。2000 年相对于 1991 年，滩地冲淤不明显，只有 0.02m（均方差为 0.51m）。三个时段平均冲淤速率分别为 0.0056m/a，0.014m/a，0.0020m/a。前两个时段变化趋势都在 0.01 水平上显著，后一阶段不显著。

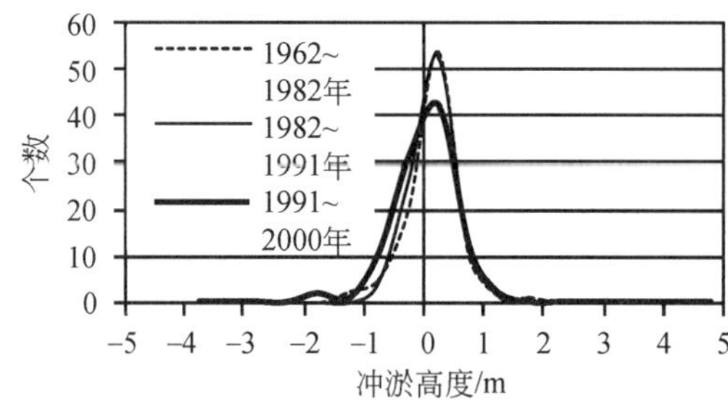

图 5.4　不同时期滩地高程变化（负为降低；正为抬升）频率分布

2. 主槽过水面积变化

图 5. 5 显示从 1962 ~ 1982 年主槽平均过水面积增大，之后至 1991 年，再到 2000 年，过水面积又逐渐减小，变化都在 0. 05 水平上显著。其中，1962 年主槽平均过水面积为 1774m^2（均方差为 695m^2）；1982 年增加到 2149m^2（均方差为 623m^2）；1991 年减少到 1920m^2（均方差为 669m^2）；2000 年进一步减少到 1060m^2（均方差为 620m^2）。可见，河槽表现出明显的萎缩趋势。

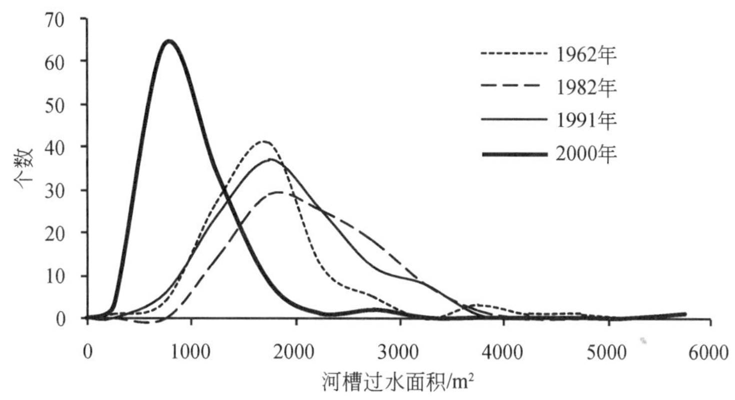

图 5. 5　不同时期河槽过水面积变化频率分布

3. 河槽形态变化

由图 5. 6 可见，1982 年相对于 1962 年河槽平均宽度与深度都增加，但宽度变化不显著；至 1991 年河槽平均宽度显著增加，深度显著减小；反过来，至 2000 年河槽平均宽度显著减小，深度显著增加。1962 ~ 2000 年，河槽平均宽度显著减小，深度变化不显著。内蒙古河段河槽宽深比值分布峰值历年都接近 5 ~ 10，但是变化范围有所不同，以 1991 年分布范围较宽，而以 2000 分布最为集中。图 5. 6（c）显示出河槽从宽浅向窄深，又从窄深向宽浅，再向窄深发展的趋势，其中，1982 年相对于 1962 年的宽深比变化不显著。

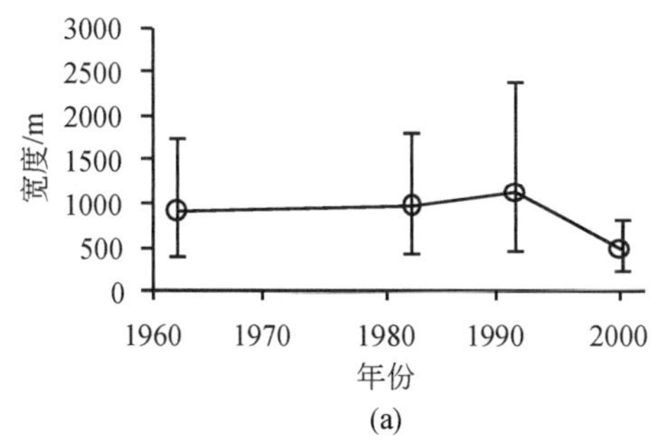

(a)

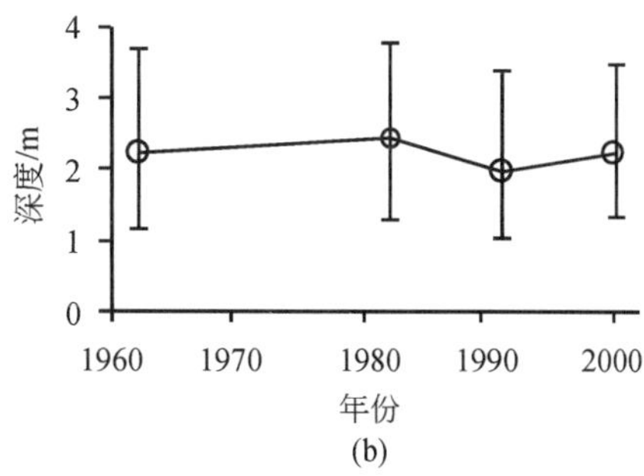

(b)

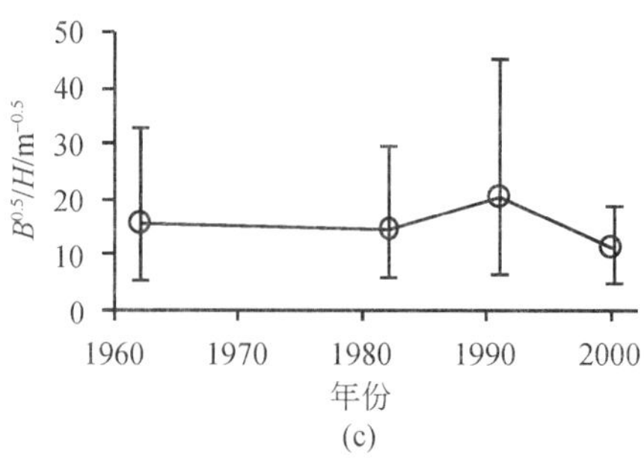

图 5.6 不同年份河槽宽度（B）（a）、深度（H）（b）与宽深比（$B^{0.5}/H$）（c）变化（竖线表示 5% ~95% 范围，下同）

4. 分阶段变化速率

由此可见，20 世纪后 40 年中，大致以 80 年代中期为界，内蒙古河段河道经历了一个冲刷过程和一个淤积过程。冲淤主要发生在河槽。整个河段平均，冲刷时期 500m² 过水面积下河底年均下切-0. 046m；淤积时期年均抬高 0. 087m，其中，前 9 年淤积速率较高。河槽深泓点高程变化大致反映了与 500m² 过水面积下河底变化相同的方向和幅度。滩地在河槽淤积中发生淤积，在河槽冲刷时期也发生淤积，长期年均淤积 0. 0088m，其中，1991 ~ 2000 年淤积速率最小，只有 0. 002m/a，淤积不显著。在垂向上，河槽平均淤积速率是滩地的近 10 倍。在河床冲刷时期，内蒙古河段河槽平均过水面积增加了 20%；之后在河床淤积时期，河槽过水面积逐渐减小，相对于 1982 年，2000 年降低了 51%。

5. 1. 3 河段冲淤与河槽形态调整的空间变化

黄河内蒙古河段大致以三湖河口和昭君坟为界，从上到下河型分为游荡型、弯曲性过渡段和弯曲型河段。下面分河型河段对内蒙古河段冲淤和河槽形态变化过程进行分析。

1. 河槽的冲淤与形态变化

1）*游荡段*

游荡段河槽 500m² 过水面积的河底在 1962 ~ 1982 年、1982 ~ 1991 年和 1991 ~ 2000 年三个时段高度变化分布如图 5. 7 所示，平均冲淤高度为-0. 49m、0. 63m、0. 36m，其中，前两个阶段在 0. 05 水平上显著，后一阶段不显著。深泓点高程变化在三个时段分别为-0. 56m、0. 52m、0. 93m，只有后一阶段的抬高在 0. 01 水平上显著，前两个时段在 0. 05 水平上不显著。可见河槽的冲淤变化方向与整个河段基本相同。

游荡段河槽过水面积从 1962 年到 1982 年再到 1991 年变化较小，介于 2035 ~ 2162m² 之间，但到 2000 年显著减小到大约 994m²。1962 ~ 1982 年河床宽度平均值有所减少，但在 0. 05 水平上不显著，深度有显著增加；1991 年河槽宽度曾显著增加，同时河槽平均深度显著减小；2000 年河槽宽度比 1991 年缩窄约 2/3，也不足 1982 年的一半，是 2000 年河

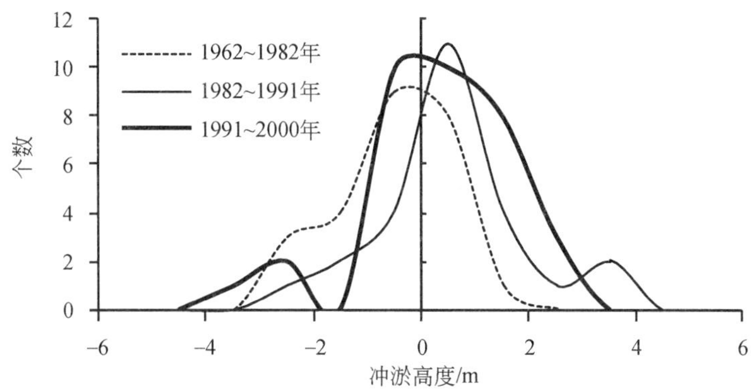

图 5.7 游荡段不同时期 500m²过水面积河槽河底高程变化（负为降低；正为抬升）频率分布

槽过水面积减少的主要原因。在这个过程中，河槽宽深比值经历了降低、升高、再降低的过程，其中，1982 ~ 1991 年的增加显著，1991 ~ 2000 年降低得也显著（图 5.8）。

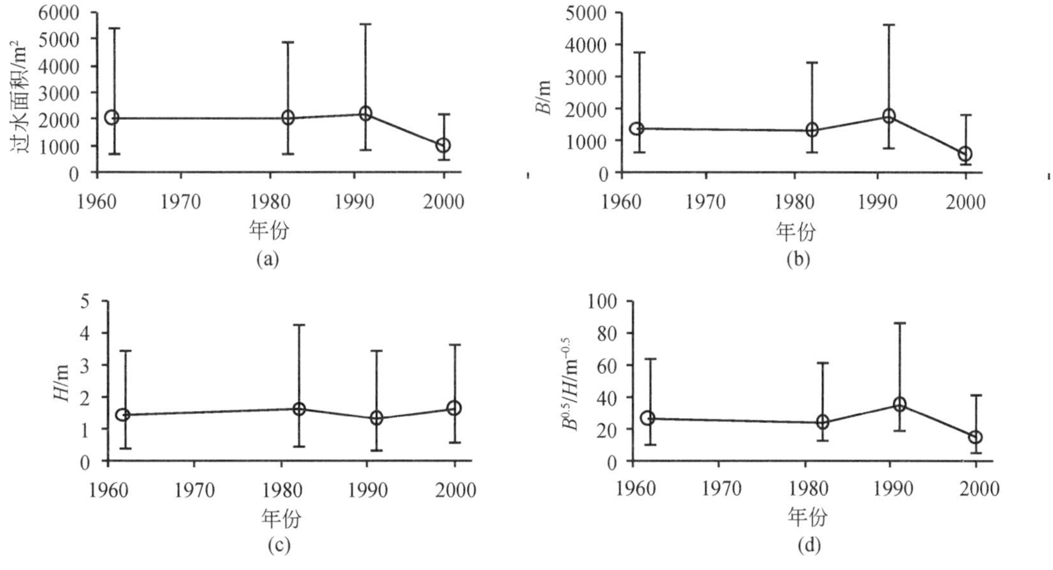

图 5.8 游荡段不同年份河槽过水面积（a）、宽度（B）（b）、深度（H）（c）与宽深比（$B^{0.5}/H$）（d）变化

2）过渡段

过渡段 500m²过水面积的河底在 1962 ~ 1982 年、1982 ~ 1991 年和 1991 ~ 2000 年的高度变化分布如图 5.9 所示，三个时段平均冲淤高度为 -1.16m、1.45m、0.58m，三个时期都在 0.01 水平上显著。深泓点高程变化在三个时段分别为 -0.73m、1.07m、1.04m，在 0.05 水平上前一阶段的冲刷不显著；后两个时段显著。河槽的冲淤变化方向与整个河段也基本相同。

1962 ~ 1982 年，过渡段河槽深度增加不显著，宽度显著增加，河槽过水面积也显著增加，河槽宽深比增加不显著；1982 ~ 1991 年过渡段河槽深度显著减少，宽度增加不显著，

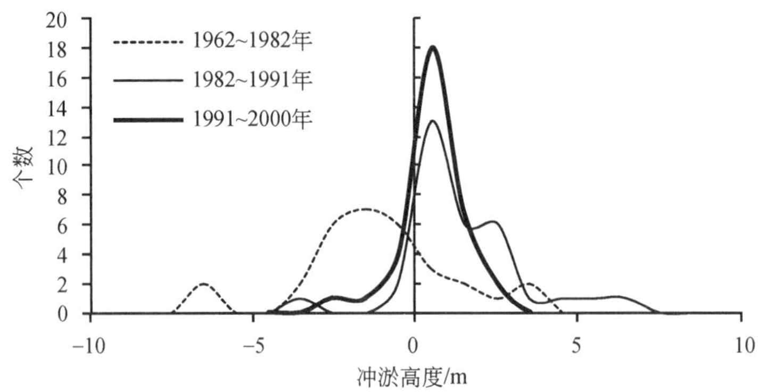

图 5.9　过渡段不同时期 500m² 过水面积河槽河底高程变化（负为降低；正为抬升）频率分布

河槽过水面积显著减小，河槽宽深比显著增加；1991～2000 年过渡段河槽深度显著增加，宽度、河槽过水面积、河槽宽深比都显著减小。2000 年相对于 1962 年，河槽过水面积减少了约 1/3，河槽显著缩窄和变浅，但宽深比变化不显著（图 5.10）。

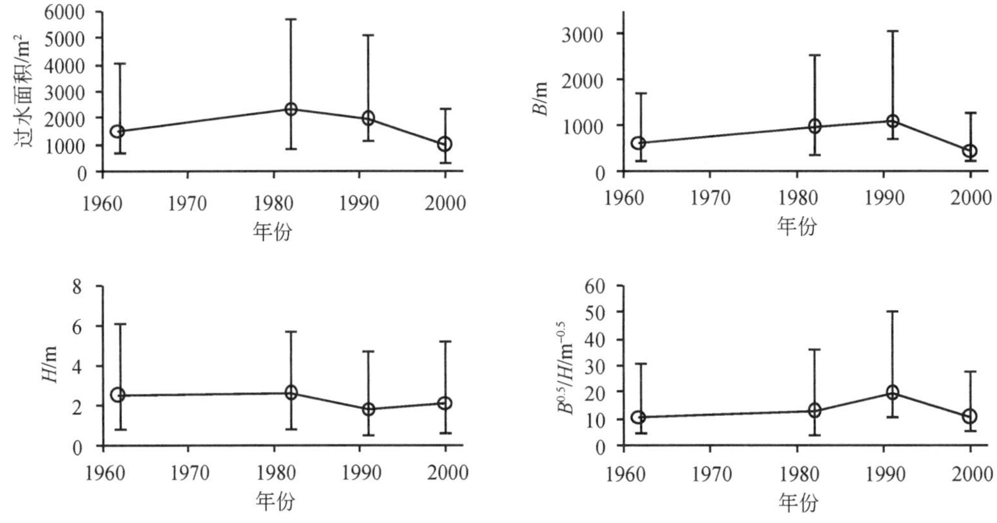

图 5.10　过渡段不同年份河槽过水面积、宽度（B）、深度（H）与宽深比（$B^{0.5}/H$）变化

3）弯曲段

弯曲段 500m² 过水面积的河底在 1962～1982 年、1982～1991 年和 1991～2000 年三个时段的高度变化分布如图 5.11 所示，平均冲淤为−1.01m、1.08m、0.51m，三个时期都在 0.01 水平上显著。深泓点高程变化在三个时段分别为−0.94m、1.01m、0.95m，前一阶段的冲刷在 0.05 水平上显著；后两个时段在 0.01 水平上显著。河槽的冲淤变化方向与整个河段也基本相同。

由图 5.12 可见，1962～1982 年，弯曲段河槽深度增加不显著，宽度减少不显著，河槽过水面积显著增加，河槽宽深比显著减小；1982～1991 年弯曲段河槽深度显著减少，宽度增加不显著，河槽过水面积减小不显著，河槽宽深比显著增加；1991～2000 年弯曲段河

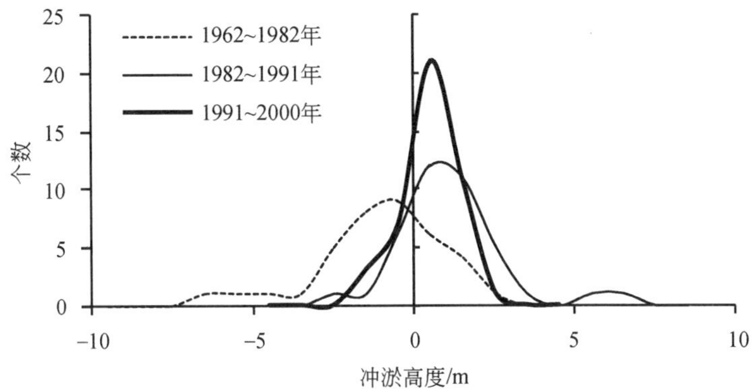

图 5.11　弯曲段不同时期 500m² 过水面积河槽河底高程变化（负为降低；正为抬升）频率分布

槽宽度、过水面积、河槽宽深比都显著减小，深度有所增加，但不够显著。2000 年相对于 1962 年，河槽显著缩窄约 1/3，河槽过水面积也减少了约 1/3，但深度变化不显著。

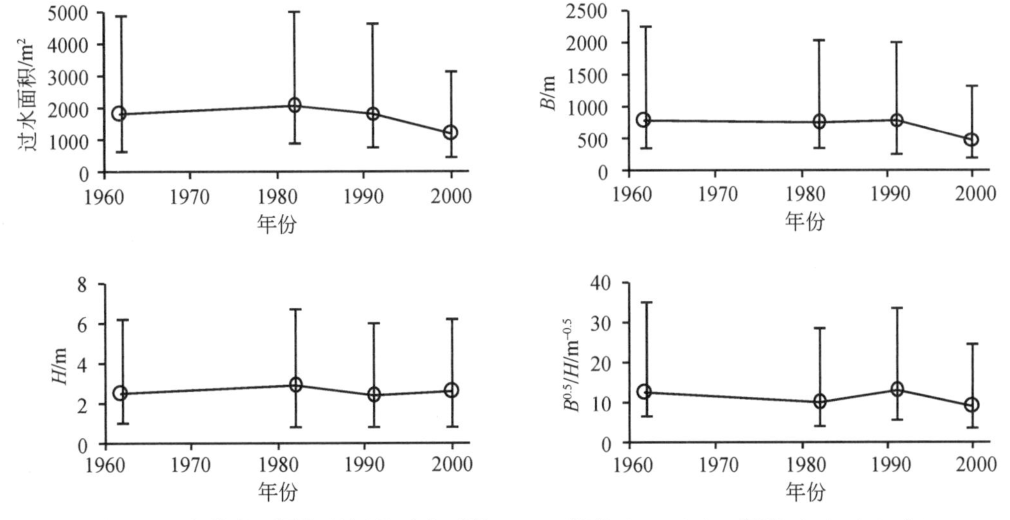

图 5.12　弯曲段不同年份河槽过水面积（a）、宽度（B）（b）、深度（H）（c）与宽深比（$B^{0.5}/H$）（d）变化

4）三个河段对比

对比三个河段，以三湖河口至昭君坟过渡段的河槽平均冲淤幅度最大，其次是昭君坟以下的弯曲段，游荡段最小。游荡段在内蒙古河段整体冲刷时期和淤积时期的前 9 年河槽容积变化不大，但在淤积时期的后 9 年河槽容积降低了 54%。过渡段和弯曲段河槽漫滩过水面积变化与河槽的冲淤过程同步。过渡段河槽漫滩过水面积变化的程度比整个河段要大；弯曲段的变化程度比整个河段低。1962 ~ 1982 年河槽平均深度显著增加，主要发生在游荡段和弯曲段，过渡段表现为显著展宽，河槽宽深比值除弯曲段河槽显著变小外，游荡段和过渡段变化不明显；河槽淤积时期的前 9 年三个河段河槽深度都显著减小，游荡段平均宽度显著增加，三个河段河槽宽深比值显著增大；河槽淤积时期的后 9 年三个河段河槽

平均宽度显著减小，深度显著增加，而宽深比值减小。

2. 滩地冲淤

游荡段滩地高度 1962 ~ 1982 年间变化较小；至 1991 年有所淤积，在 0. 05 水平上显著，但相比 1982 年只抬高了 0. 13m；至 2000 年又有所降低，近-0. 24m。

过渡段滩地高度 1962 ~ 1982 年间变化也较小；至 1991 年有所淤积，相比 1982 年抬高了 0. 13m，在 0. 05 水平上显著；至 2000 年进一步抬高 0. 16m，在 0. 05 水平上显著。

弯曲段滩地 1962 ~ 1982 年的抬升量为 0. 24m；1982 ~ 1991 年为 0. 13m；1991 ~ 2000 年抬升量为 0. 029m。其中，前两个时期都在 0. 05 水平上显著；后一时期在 0. 05 水平上不显著。弯曲段滩地的冲淤变化趋势代表了整个河段的状况。

可见，前 20 年弯曲段滩地淤积较明显，年均 0. 012m/a，游荡段与过渡段不明显；1982 ~ 1991 年各段抬升速率一致，都是 0. 014m/a；1991 年以后 9 年，各河段冲淤差别明显，游荡段滩地年均冲刷-0. 027m/a，过渡段年均淤积 0. 018m/a，弯曲段变化不显著。

5. 1. 4　河道冲淤变化的原因

上面的分析揭示，1962 ~ 2000 年期间的 1962 ~ 1982 年、1982 ~ 1991 年、1991 ~ 2000 年三个时段内内蒙古整个河段平均滩地冲淤速率分别为 0. 0056m/a、0. 014m/a、0. 0020m/a，断面 500m^2过水面积下河底年均冲淤厚度分别为-0. 046m/a、0. 12m/a 和 0. 053m/a，河槽过水面积从 1962 年的 1774m^2增加到 1982 年的 2149m^2，1991 年又减少到 1920m^2，2000 年进一步减少到 1060m^2。冲积性河道的冲淤和河床变形与河床边界和来水来沙条件有着密切的关系。而对于洪枯流量变化十分明显的河流，决定来水来沙条件的主要是汛期或洪峰时期的水沙条件，尤其是洪峰流量的大小。为此，我们统计了内蒙古河段入口站巴彦高勒站 1955 ~ 1962 年、1963 ~ 1982 年、1983 ~ 1991 年和 1992 ~ 2000 年四个时段的汛期平均流量、含沙量、来沙系数，以及日流量大于 1000m^3/s 的天数及其平均流量、含沙量、来沙系数，还有日流量大于 3000m^3/s 的天数。

首先，点绘四个年份河槽过水面积与四个时段各水沙因子的关系，并作统计分析，发现河槽过水面积与汛期平均来沙系数，以及与日流量大于 1000m^3/s 的平均流量及其平均来沙系数关系在 0. 01 水平上显著，与日流量大于 1000m^3/s 的平均来沙系数关系在 0. 05 水平上显著。其中，河槽过水面积与汛期平均来沙系数呈负相关［图 5. 13（a)］，与日流量大于 1000m^3/s 的平均流量呈正相关［图 5. 13（b)］，即时段汛期来沙系数越大，大流量越小，则河槽过水面积越小。

其次，对比时段水沙因子与滩槽冲淤变化图（图 5. 14)，发现 1962 ~ 2000 年三个时段日流量大于 1000m^3/s 的平均流量，以及日流量大于 1000m^3/s 年均日数和大于 3000m^3/s 年均日数呈减少趋势。而河底与滩地的冲淤中都显示出以 1982 ~ 1991 年淤积速率最大，与水沙条件变化不同步。其中，1962 ~ 1982 年河底冲刷，1983 ~ 1991 年淤积与前期大流量频率高后期小有关，至于 1992 ~ 2000 年河底淤积速率相对前一时期减小，应该与此期河槽淤积中主要以河岸淤积，河槽缩窄有关，其中的原因后面将进一步加以解释。滩地淤

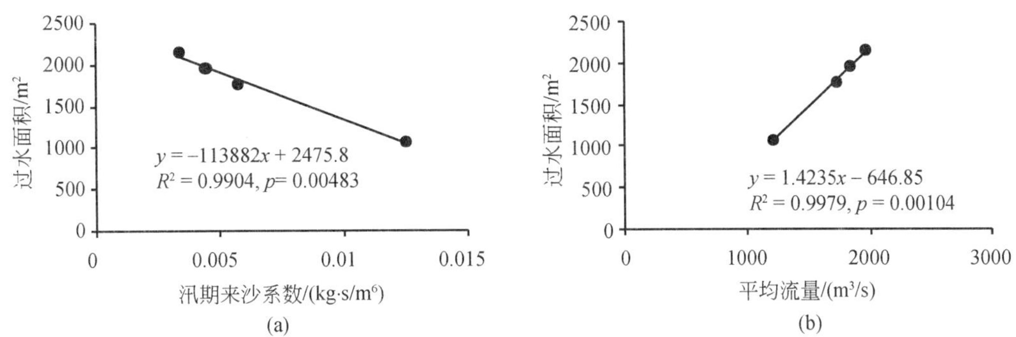

图 5.13　河槽漫滩水位下的过水面积与时段汛期平均来沙系数（a）及日流量>1000m³/s 平均流量（b）的关系

积主要产生于大流量漫滩，其高度在 1992 ~ 2000 年变化微小与此期日流量没有出现超过 3000m³/s 的流量有一定关系。至于 1983 ~ 1991 年大流量出现频率相对前一时期减小的情况下，滩地淤积速率反而增加，其原因可能与此期漫滩流量相对前一时期小，大流量频率较低但漫滩机会多有关，但是确切原因还有待掌握更多的证据。来水含沙量按其影响泥沙冲淤机理，应该是含沙量大有利于淤积，反之有利于冲刷。但从图 5.14 看，1983 ~ 1991 年滩槽淤积速率最大时，含沙量最小。从这个角度看，含沙量变化与三个时段滩槽垂向冲淤的差异关系不大。

河道大断面的冲淤与形态变化直接反映了河段泥沙的冲淤变化，而河段泥沙冲淤是河段来水来沙条件变化的结果，河段来水来沙条件变化则缘于上游流域水沙产输环境的变化。由于气候变化导致的上游主要径流来源区径流量的变化及其产沙量的变化，主要产沙支流入黄沙量的变化，加上人类活动（主要包括引水引沙），以及 20 世纪 60 年代以后干流上陆续修建的大型水库对水沙的调节，内蒙古河段的水沙过程发生了明显变化。这些自然变化和人为干扰引起的内蒙古河段泥沙冲淤变化将在后面的 6.4 节加以探讨，这里不再赘述。

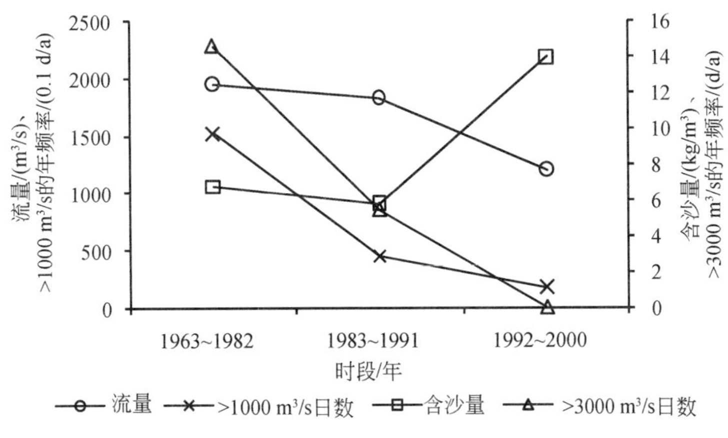

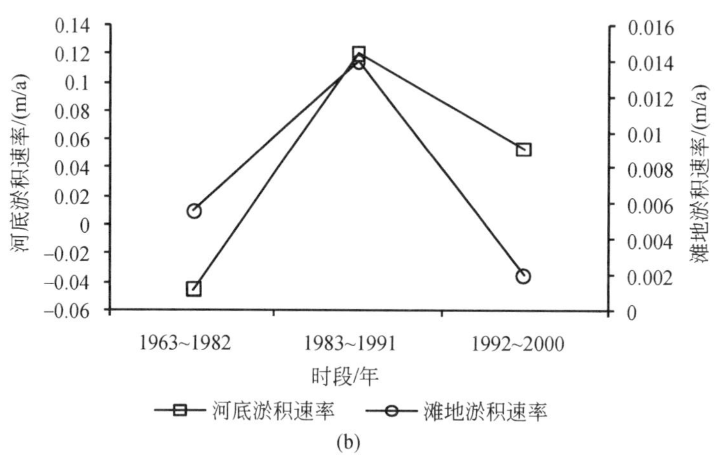

(b)

图 5.14 时段水沙条件（a）与滩槽冲淤变化（b）对比

5.1.5 河槽形态调整机制

河槽形态的变化是河槽在垂向和横向两个方向的调整，是河槽冲淤的表现或结果，河槽宽深比值是河槽宽度与深度共同变化的结果，变化相对复杂。经 1963 ~ 1982 年河槽冲刷过程，内蒙古河段中游荡段和弯曲段主要表现为河床加深，过渡段河床宽度增加显著。游荡段和弯曲段在冲刷中所表现出的河床调整方向与三门峡水库修建后黄河下游河道调整方向一致（钱宁等，1987）。河流应对水流冲刷所做的适应性调整是，通过粗化河床组成，增加糙率，以降低水流的输沙能力。水库下游河道的冲刷随着河床的粗化，河床下切受到限制，将逐渐向展宽发展（许炯心，1989）。虽然导致内蒙古河段冲刷的因素较多，但因为建成运用于 1967 年的青铜峡水库库容较小，几年内即基本淤满；分别于 1968 年和 1986 年建成运行的刘家峡和龙羊峡水库，虽然库容较大，但是只能拦截兰州以上来沙，水库下游仍然有大量泥沙入黄，因此，尽管经历了约 20 年的冲刷期，内蒙古河段上段和下段都还没有出现展宽现象。至于中间过渡段展宽可能与两个因素有关，一是这一河段在 1962 年河槽宽度平均只有 640m，比弯曲段 778m 还小，有利于在冲刷中展宽；二是这一河段垂向冲刷最大，河床粗化程度因此有可能较高，有从河床切深为主向展宽为主转化的可能性。在 1983 ~ 1991 年的河槽淤积过程中，整个内蒙古河段表现为河槽淤浅，同时河床展宽，不过只有游荡段河槽展宽在统计上显著，三个河段河槽宽深比值都显著增加。这种河槽形态调整方式反映了水量相对减小，不能携带来沙后，在一个原来大流量条件下形成的河槽中，水沙与边界初期相互适应的过程。这期间，1986 年龙羊峡水库建成运用，造成汛期大流量频率明显减小。因为流量减小，河流在宽河床上淤积和摆动，使原来宽深的河槽变成宽浅的河槽。尤其在游荡段，淤积使河槽变浅，更有利于河道游荡（钱宁等，1987），河道因摆动而明显展宽。1992 ~ 2000 年，随着流量进一步显著减小，水流挟沙能力愈加降低，在淤积中塑造适应新水沙条件的河槽，因此，河槽过水面积显著减小。这一时期，河槽形态也变成了水流用于提高挟沙能力的因素，即通过塑造窄深的河槽提高水流的挟沙能力。由此可见，由于初始河槽的边界条件不同，以及河流应对水沙条件变化进行自动调整以达到平衡输沙的目的，可以通过改变一种或几种影响水流挟沙力的要素（包括河床糙率、河床宽深比等）来实现。因此，河槽形态在冲淤中的调整可以表现出复杂的过程。

5.2　内蒙古河段近年河床演变特征及原因

河流泥沙冲淤和河床形态与水沙条件有着密切的关系（Schumm，1977；钱宁等，1987；许炯心，2004b）。气候变化和人类活动（包括水土保持、水库建设和引水等）引起的河流来水来沙变化导致河流河床剧烈演变的现象十分普遍（Gregory，2006；Rădoane et al.，2013；Besné and Ibisate，2015；Kiss and Blanka，2012；许炯心，2010；师长兴，2000）。河流具有输沙和河床演变平衡倾向性（韩其为，2011），根据水沙变化可预测河床形态演变的方向和调整量（Schumm，1977；韩其为，2011）。但是河流是一个具有多自由度的非线性系统，河床演变异常复杂（Schumm，1977；Petts，1979；Xu，1990），深入河床演变研究仍需要进行天然河道的观测和分析（周志德，2003）。

河套平原自然环境的形成和演化与黄河密不可分。自古以来河套平原人民的生产生活依赖于黄河，但是黄河洪水也不断给河套平原的工农业生产带来严重的灾害。自 20 世纪 80 年代以后，黄河内蒙古段经历了一个持续的河道淤积抬高和河槽萎缩过程，致使洪水发生的风险增大，迫切需要对这段河道演变的原因及其发展趋势加以研究，以便确定合理有效的河流整治措施，减小洪灾风险和提高水资源的利用效率。因此，近十余年来，一些学者利用不同资料和方法对这段河道的淤积过程和河床形态变化及其原因开展了分析研究工作（刘晓燕等，2009；侯素珍等，2010；秦毅等，2011；师长兴等，2013）。然而，相对黄河下游，对这段河道地形的重复测量数据较少，制约了科研工作者对这段河道河床演变的深入研究。为此，近 4 年每年汛前汛后我们对内蒙河道进行了河床大断面测量，以掌握近期该段河道泥沙冲淤状况和河床演变特征，寻找关键影响因子，深化河床演变机理的认识，为确定控制河道稳定的条件提供基础。

河流河岸侵蚀和淤积是河床演变的一个主要表现形式，而且河岸侵蚀和淤积可造成沿岸农田坍塌入河，毁坏防洪、引水、航运、交通等工程设施（杨文和杨湘奎，1997；师长兴，1999；姚仕明等，2009；Thakur et al.，2012）。在一些河流上河岸侵蚀还是泥沙的主要来源之一（杨根生等，1988；Bull，1997；Kronvang et al.，2013），塌岸泥沙入河加重河道淤积和降低水质。因此，控制河岸侵蚀和河道摆动一直是河流治理的重点。近年来，一些学者主要利用遥感数据和水文站大断面数据对这段河道河岸冲淤变化和原因进行分析研究（Yao et al.，2011；Ta et al.，2013；秦毅等，2011）。然而，因分辨率和有限的可用时段数据问题，对河岸冲淤过程的认识仍有待深入，因此，我们利用大断面观测数据对内蒙古河段的河岸侵蚀和淤积也进行了分析研究。

5.2.1　断面测量与分析方法

2011～2014 年，我们在内蒙古巴彦高勒至头道拐河段设置断面线 28 条（位置见

图 5.15），于每年的 6 月和 9 月底至 11 月初分两次对这些断面进行重复测量。在断面上的测量范围为河道主槽和主槽两侧年内被水淹没的区域。陆地上利用中国南方科力达风云 K9 实时差分 GPS 进行断面测量，该仪器 RTK 平面精度为±1cm，垂直精度为±2cm。水下河床高度测量用美国 SonTek 公司 RiverSurveyor S5 型多普勒流速剖面仪进行水深测量，该仪器的测深范围为 0.06 ~ 15m，精度为 1cm。利用 GPS 测得的水边线高程，将所测得的水深转换为河底高程。水深测量时，载仪器的双体船用汽艇牵引，在水中的船速控制在 2m/s 以下，平均 1m/s 左右，水深探测器每 1 秒采集一组数据，同时用置于探测器上方的差分 GPS 记录水平位置。为保证采集到足够的水深数据，每个断面通常巡航 3 次，或更多次。每个断面端点设 1 ~ 2 个冻结基面，以保障不同期断面间的精确对比。由于河道发生裁弯取直或大范围摆动，淤泥滩不能通行，抑或测量仪器出现故障，部分断面上未能每次都测得有效数据。这样，所设 28 条断面线上共获得可用的断面测量数据 157 条。

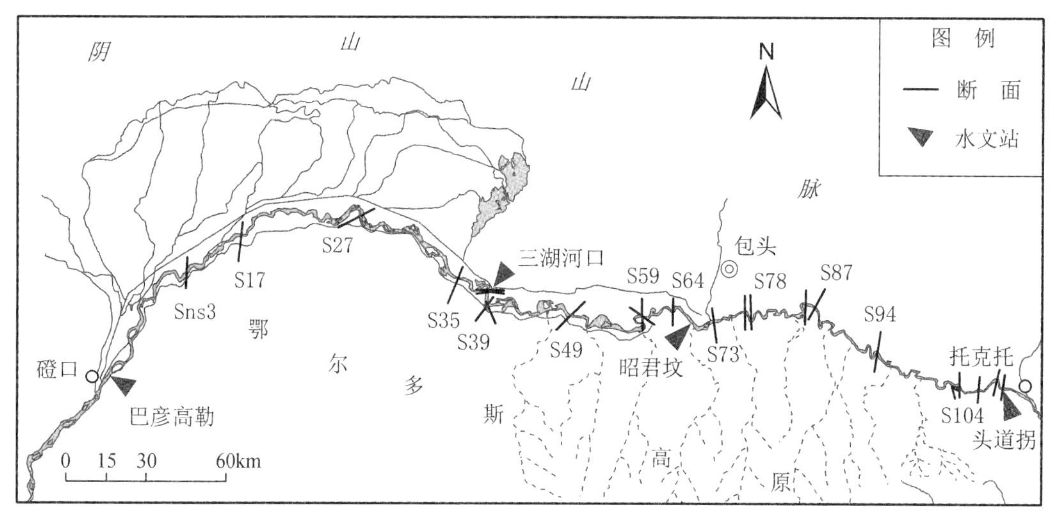

图 5.15 黄河内蒙古河段河道和断面位置图

利用断面数据，分析了全断面、河槽的漫滩水位、过水面积、河底高程、宽度、深度和宽深比，以及河岸淤进和蚀退的变化过程。本书所说的河岸位置是河槽与滩地之间岸坡转折最明显的地方。岸坡陡峭的断面很容易确定，岸坡较缓时，需要结合滩地高度和岸坡的倾斜情况，并参考对岸滩地高度和河槽过水面积确定。

5.2.2 河槽冲淤与形态演变

1. 河床冲淤过程

统计计算 28 个断面每条断面同一基准面以上全断面面积，并为对比不同断面的冲淤变化计算了各断面全断面面积的距平值。求游荡段（巴彦高勒至三湖河口）、过渡段（三湖河口至昭君坟）、弯曲段（昭君坟至头道拐）三个河段及全河段各年汛前汛后断面面积距平值的平均值，点绘如图 5.16 所示。可见，近 4 年内，2011 年汛期内蒙古河段整体断面面积有少量的增大，即少量的淤积；从2011年汛后至2012年汛后面积明显减小，即表现为断面的冲刷过程；2012年汛期之后总体呈现持续淤积的过程。分河段看，弯曲段和过渡段与整个河段相似，都是在2012年表现为大幅度冲刷，其他时段为淤积或少量冲刷；而游荡段在2011年汛后至2012年汛后也表现为冲刷，但其后至2014年汛后总趋势仍为冲刷，且主要为汛期中的冲刷。

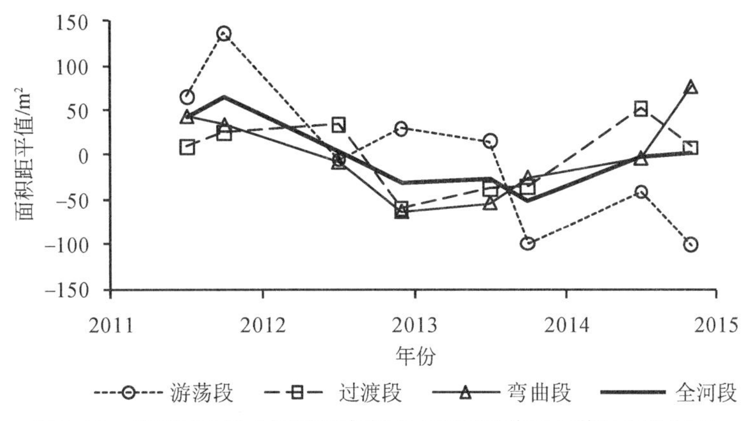

图5.16　不同河段及全河段河床断面面积距平值平均值的变化过程

从2011年汛后至2014年汛后，全河段断面平均冲刷了64m²，其中，游荡段冲刷了238m²，过渡段冲刷了16m²，弯曲段淤积了43m²。冲刷主要发生在2011年汛后至2012年汛后期间，全河段断面平均冲刷了98m²，其中，游荡段107m²，过渡段85m²，弯曲段98m²。从2012年汛后至2014年汛后，整个河段断面平均淤积了34m²，其中，游荡段继续冲刷了130m²，过渡段淤积了69m²，弯曲段淤积了141m²。

2. 漫滩水位下河槽过水面积及形态变化过程

1）漫滩水位和河底高程

内蒙古河段的漫滩水位（或滩唇高度）和河槽河底高程变化如图5.17所示。其中，河槽河底高程变化与全断面面积变化过程分时段变化方向基本一致［图5.17（a）］，而且除个别时段外，各分河段和整个河段的河槽河底高程变化幅度接近。从2011年汛后至2014年汛后，整个河段河槽河底平均冲刷了0.16m，其中，游荡段冲刷了0.21m，过渡段冲刷了0.03m，弯曲段冲刷了0.20m。冲刷主要发生在2011年汛后至2012年汛后，整个河段平均冲刷了0.27m，其中，游荡段冲刷了0.17m，过渡段冲刷了0.28m，弯曲段冲刷了0.33m。与河槽河底高程相比，漫滩水位变化幅度较小，在2012年汛前和汛期各河段变化方向一致，其他时间各不相同。2011～2014年，全河段平均漫滩水位调整幅度为0.14m，但4年间总降低量只有0.0044m。

2）过水面积

图5.18显示了河槽漫滩水位下过水面积变化过程。可见，虽然不同时段各河段间变化幅度有差异，但都表现出在2011年汛后至2012年汛后之间一个增加的过程，之后除游

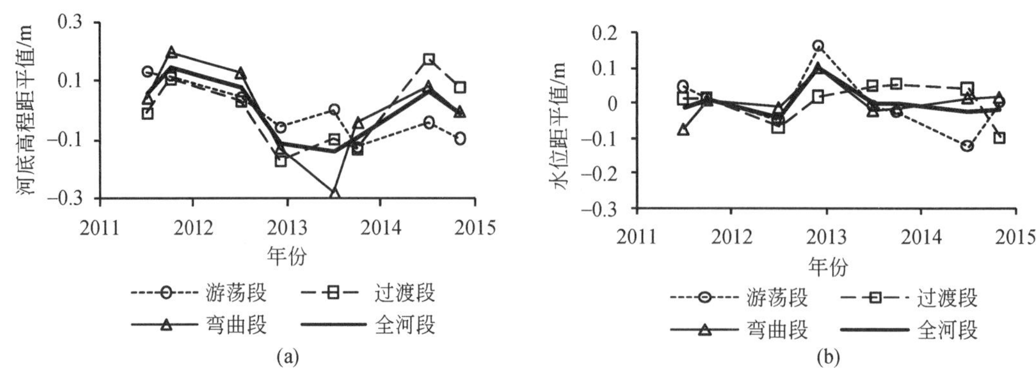

图 5.17　不同河段河底高程（a）与漫滩水位（b）距平值平均值的变化过程

荡段在两个汛期和过渡段在 2013 年非汛期加大外，都呈现逐渐下降的过程。从 2011 年汛后至 2014 年汛后，游荡段河槽过水面积平均增加了 161m²，过渡段减少了 12m²，弯曲段增加了 9m²，三个河段整体平均增加了 53m²，增加了 4.4%。在 2011 年汛后至 2012 年汛后期间，整个河段河槽过水面积平均增加了 216m²，其中，游荡段平均增加高达 278m²。

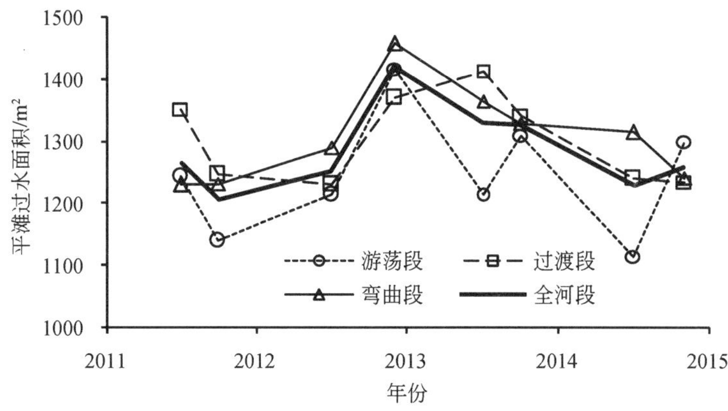

图 5.18　不同河段漫滩过水面积的变化过程

3）宽度和平均深度

河槽宽度变化过程如图 5.19（a）所示，显然，游荡段表现出较大的起伏变化，而过渡段和弯曲段变化不明显。2014 年汛后相对 2011 年汛后整个河段河槽宽度平均增加约 4.6m，为河槽宽度的 0.88%。与河槽宽度不同，平均深度变化幅度较大［图 5.19（b）］，而且分河段及整个河段平均深度［图 5.19（b）］显示出与漫滩过水面积（图 5.18）相似的变化过程。2011 年汛后至 2014 年汛后整个河段河槽平均深度增加了 0.13m，为 2011 年汛后河槽平均深度的 4.9%，其中，游荡段、弯曲段河槽平均深度都增加了 0.20m，而过渡段河槽平均深度减少了 0.086m。这几年中以 2012 年汛期河槽深度增加最大。由此可见，过渡段、弯曲段在冲淤过程中，以河底的冲淤为主；而游荡段河底和河岸冲淤幅度都比较大。

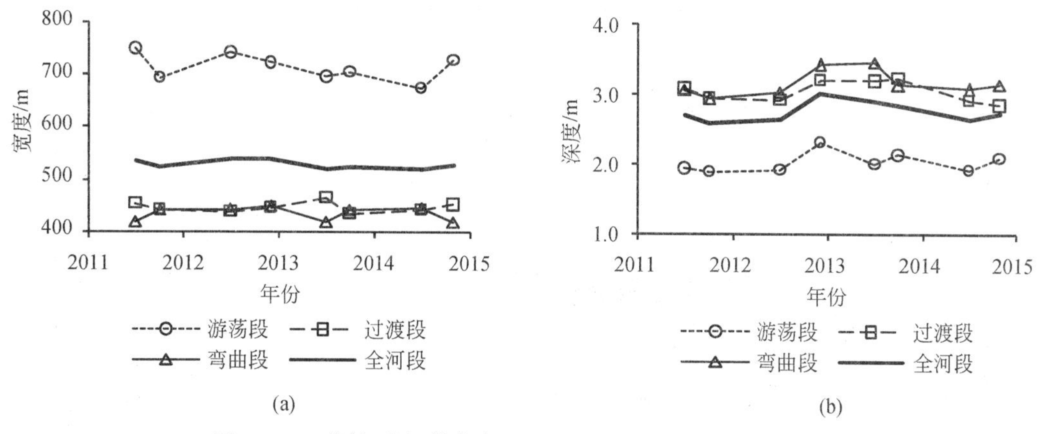

图5.19 不同河段河槽宽度（a）和平均水深（b）变化过程

4）宽深比

2011～2014年，全河段平均河槽宽深比的变化显示出河槽向窄深变化的趋向，同样以2012年的变化最为明显（图5.20）。2011年汛后至2014年汛后，游荡段河槽宽深比值减小了0.84，过渡段增加了0.27，弯曲段减小了0.72。全河段平均减少了0.51，是原河槽宽深比值的4.8%。同样河槽宽深比的减小程度以2012年汛期为最大。

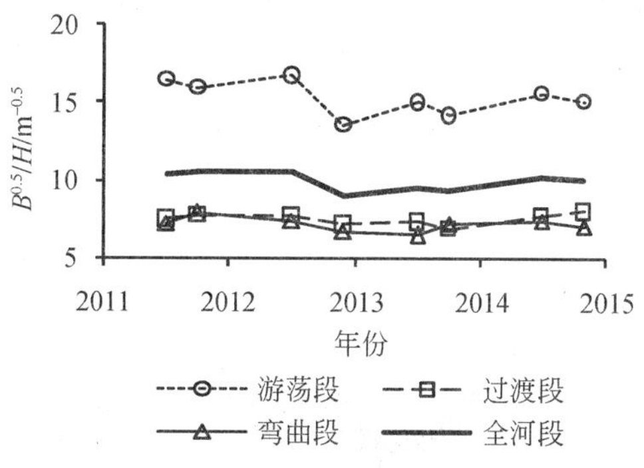

图5.20 不同河段河槽宽深比变化过程

5.2.3 河岸淤进与蚀退

黄河内蒙古段为冲积性河床，两岸基本上为砂层、粉砂层和黏土层组成，受水流的冲蚀，容易发生坍塌后退。野外考察时，常见到大块岸坡土体轰然崩塌入河的现象[图5.21（a）]。为控制河岸侵蚀，减少农田损失，同时保护堤防安全，国家投入大量资金，沿河修建了大量护滩控导工程[图5.21（b）]。

1. 河岸的蚀退特征

图5.22显示出断面S73在2011～2014年期间的冲淤变化过程。显示出断面的左岸不

图 5.21　黄河内蒙古段典型河段河岸侵蚀（a）与护岸工程（b）（师长兴摄）

断侵蚀后退。右岸在 2011 年汛期和 2012 年汛期发生冲刷后退，2013 年汛期右岸边滩明显淤积抬升，2014 年汛期继续抬高成滩。侵蚀性河岸大多位于河段的凹岸。凹岸滩地受水流不断冲蚀，常形成壁立的岸坡，岸坡蚀退速度可能不大，但持续不断。如 S94 断面，3m 多高的左岸在 2011 年 6 月至 2014 年 10 月期间断续崩塌后退了 23.1m。在游荡段，因河势变化、河道摆动，河岸蚀退往往很快，如 Sns3 断面，在 2012 年 11 月至 2014 年 10 月期间 2m 多高的左岸断续后退了 351m，而且其中 2012 年 11 月至 2013 年 6 月共 7 个月间就后退了 269m，是测到的枯水期后退速率最大值。在弯曲河道，蚀退速率也可以十分快，测到的后退最快的是断面 W01 的左岸，该处位于一个弯道的凸岸，在 2012 年 6 月至 11 月洪水期间因河势变化，发生了凸岸边滩切滩，在 5 个月内河岸后退了 222m。

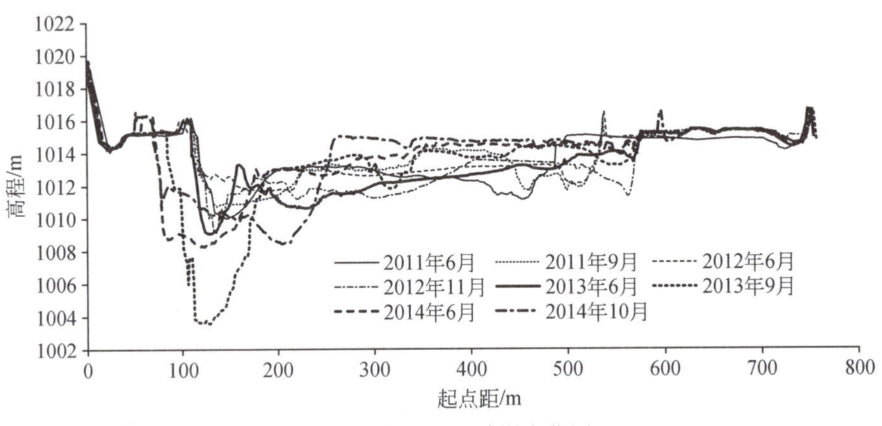

图 5.22　断面 S73 冲淤变化图

按所有观测断面测次间的河岸蚀淤状况，测次间蚀退岸总蚀退量为 3133m，蚀退岸段约占总数的 64%。统计观测断面中蚀退河岸蚀退速率的分布，结果显示平均值为 0.147m/d，最大值为 2.63m/d，频率分布显示出明显的偏态［图 5.23（a）］，偏度系数为 4.376。将蚀退速率取以 2 为底的负对数（ϕ 值），其频率分布见图［5.23（b）］，其平均值为 5.23，标准方差为 2.84。通过绘制蚀退速率 ϕ 值 Q-Q 图，及进行 Kolmogorov-Smirnov（K-S）检验，得 K-S 统计量 Z 为 0.685，相应概率为 0.735，大于显著性水平 0.05，证明蚀退速率对数值服从正态分布。

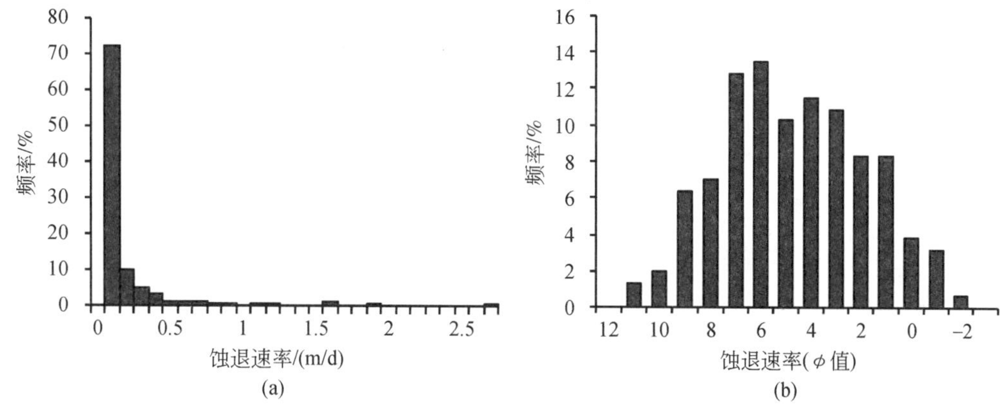

图 5.23　河岸蚀退速率（a）及其 ϕ 值（b）的频率分布

2. 河岸的淤进特征

与河岸侵蚀相对的是河岸淤积，而且一岸的侵蚀往往伴随着对岸的淤积。河岸的淤积因水沙条件改变和河床自身演变产生，河岸的淤积又促进河床进一步演变，包括维持和加强对岸的侵蚀。所以，分析河岸淤积过程对全面了解河床演化过程和机理同样重要。

河岸淤进可以通过凸岸边滩持续向前淤积，也可通过边滩淤积抬高成滩（图 5.22 断面 S73 在 2014 年汛期右岸边滩抬高成岸），或汊道淤浅而心滩并岸（图 5.24 中 S17 断面在 2012 年汛期形成的汊道，之后淤浅，心滩已成为右岸滩地的一部分）。新淤成的河岸滩地相对来说要低于其后的老滩，淤积成岸的速率或快或慢。

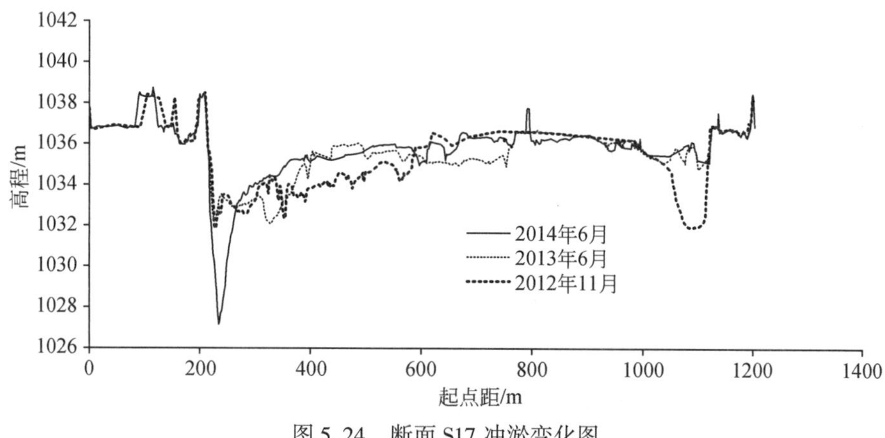

图 5.24　断面 S17 冲淤变化图

对所有观测断面测次间淤进河岸进行统计，得到测次间淤进河岸总淤进量为 3556m，淤进岸段约占总数的 31%。图 5.25（a）显示了观测断面淤积河岸淤进速率的分布特征，其最大值为7.90m/d，平均值为0.335m/d，与河岸蚀退速率整体分布类似，也显示出明显的正偏，偏度值接近5.41。淤进速率的ϕ值也服从正态分布［图5.25（b）］，非参数K-S检验的概率为0.102，大于显著水平0.05。其平均值为5.35，标准方差为3.23。

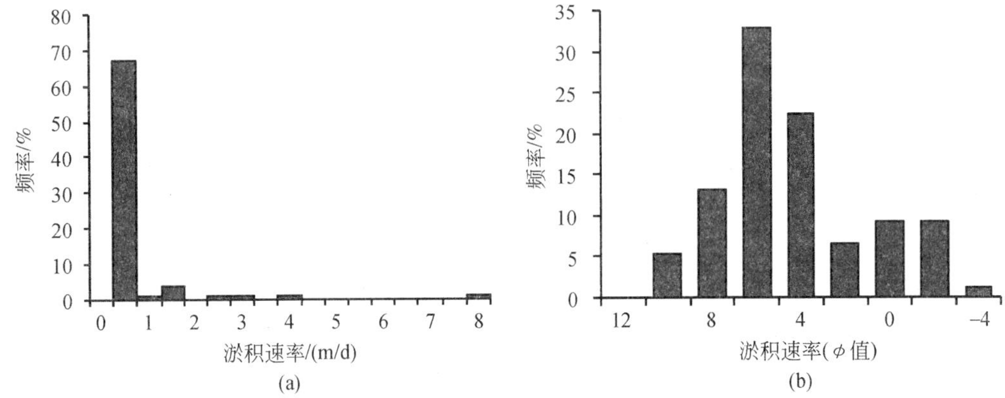

图5.25　河岸淤进速率（a）及其ϕ值（以2为底对数的负值）（b）的分布特征

20世纪80年代和90年代，因大流量频率减小，内蒙古段河道曾经历了一个萎缩过程（刘晓燕等，2009；秦毅等，2011）。河段平均河槽宽度从1982年的966m减少到2000年的507m（师长兴等，2013），年均减小速率为25.5m/a，远远大于上述2011～2014年河岸平均淤蚀速率之差，说明近期河槽宽度可能已变得比较稳定，缩窄趋势减缓。

3. 汛期与非汛期河岸蚀退与淤积对比

将河岸蚀退与淤积按汛期和非汛期分开，分别统计蚀退与淤进速率，计算汛期和非汛期的平均值。结果为，汛期发生蚀退的河岸占61%，平均蚀退速率为0.23m/d；非汛期发生蚀退的河岸占68.9%，平均蚀退速率为0.056m/d；汛期发生淤进的河岸占35.3%，平均淤进速率为0.44m/d；非汛期发生淤进的河岸占26.4%，平均淤进速率为0.16m/d（图5.26）。可见，汛期比非汛期河岸平均蚀退和淤进速率都大2～3倍。

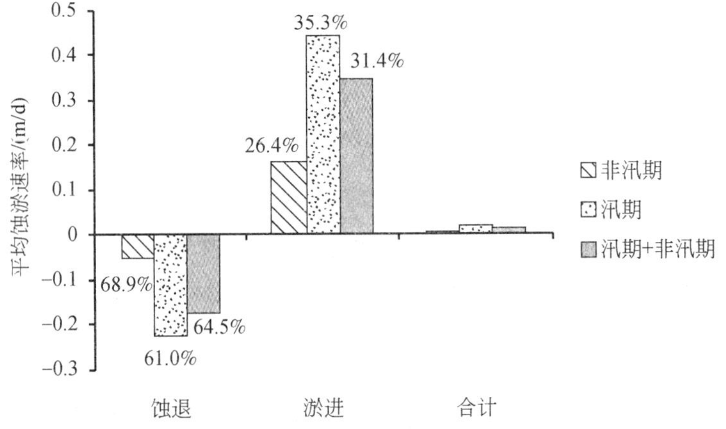

图5.26　汛期非汛期及全年河岸蚀淤速率对比（百分数表示蚀淤河岸分别占全部岸数的比例）

4. 汛期分年和分河段河岸蚀退与淤进对比

统计各年汛期河岸蚀淤速率，结果如图 5.27（a）所示。可见 2012 年和 2013 年汛期平均蚀退速率接近，前者为 0.31m/d，后者为 0.33m/d，都比 2011 年和 2014 年高出两倍以上；河岸淤进速率以 2012 年最大，为 0.98m/d；蚀淤合计，2012 年河岸有净淤进，其他三年几乎蚀淤相抵。按河段统计汛期河岸蚀淤速率，结果显示出游荡段蚀淤速率最大［图 5.27（b）］，但差别不大。四年汛期蚀淤合计，过渡段存在净淤进，上下两段蚀淤几乎相抵。

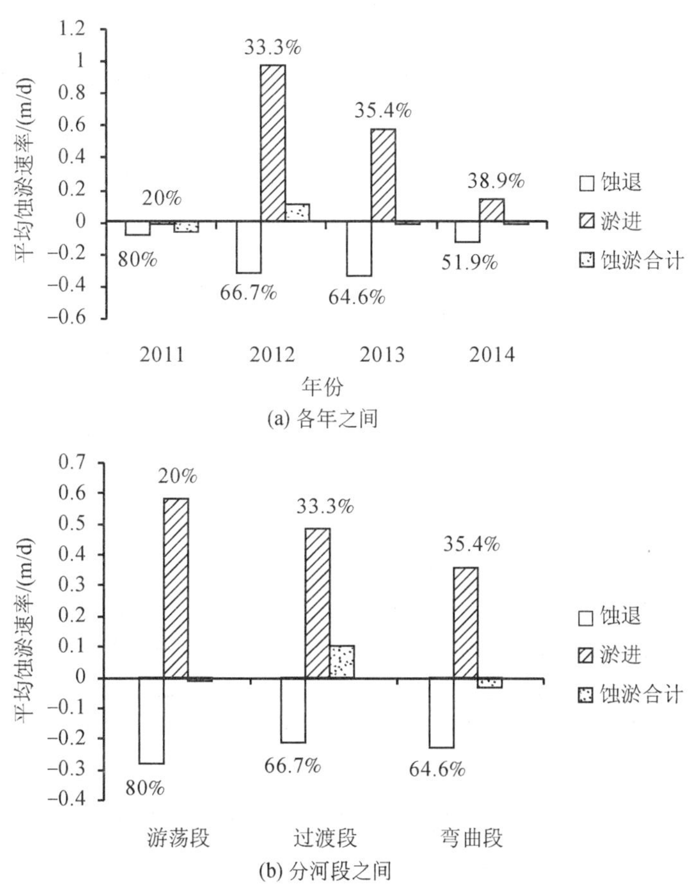

图 5.27　汛期河岸蚀淤对比（百分数表示蚀淤河岸分别占全部岸数的比例）

5.2.4　河床调整原因分析

1. 近年河槽淤积和形态演变与长期趋势的对比

图 5.26 和图 5.27 显示了近 4 年来黄河内蒙古段河槽的冲淤过程，整体显示出冲刷趋势。图 5.28 为巴彦高勒站、三湖河口站、头道拐站 20 世纪 50 年代至 2013 年汛前的水位

变化过程，可见近 4 年河道冲淤过程继承了自 2004 年以来该段河道冲淤变化趋势。内蒙古河段 4 年来整体的冲刷趋势主要产生于 2011 年汛后至 2012 年汛后这段时间（图 5.16），这与 2012 年遇到大流量、长历时、低含沙量的洪峰（王卫红等，2014）有关。按巴彦高勒站水文记录，2012 年最大洪峰流量是 1990 年以来出现的最大的洪峰流量，年径流量是 1984 年以来最大的年径流量。2012 年河槽形态也发生了明显的变化，河槽漫滩过水面积增大，河槽加深，宽深比减小。

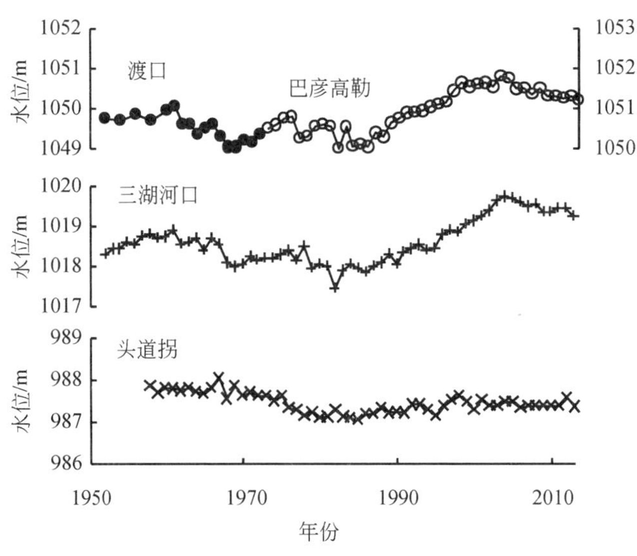

图 5.28　内蒙古河段 3 个水文站汛前 $1000m^3/s$ 水位变化过程

在 5.1 节中，利用 1962 年和 2000 年期间 4 期河道大断面数据，研究了黄河内蒙古段河槽形态演变，发现 1982 ~ 2000 年内蒙古河段河道逐渐淤积抬高，同时河槽萎缩，过水面积平均从 $2149m^2$ 减少到 $1060m^2$，减小了 $1089m^2$，即减少了 51%。在河槽萎缩过程中，河槽宽度有一个先增加、后减小的过程，河槽深度有一个先减小后增大的过程。从 1982 年、1991 年至 2000 年，宽度从 966m 增加到 1140m，再降低至 507m，同时深度从 2.46m 减小到 1.96m，再增加至 2.22m。1982 ~ 2000 年河槽宽度减少 48%，深度减少 10%，宽度减少程度明显比深度大，显示在 1982 ~ 2000 年河槽萎缩主要通过河槽的缩窄来实现。上面分析得出在 2011 ~ 2014 年，诸测次河槽过水面积河段平均为 1205 ~ $1421m^2$，最小值比 2000 年的面积略大。另外，2011 ~ 2014 年逐测次平均河槽宽度为 520 ~ 539m，平均河槽深度为 2.60 ~ 3.01m，宽度与深度也比 2000 年大。2014 年汛后河槽过水面积为 $1258m^2$，宽度为 529m，深度为 2.73m。秦毅等（2011）据内蒙古河段两个水文站断面 1976 ~ 2006 年冲淤过程，分析认为 2000 年后断面冲淤演变没有趋势性，处于一个相对稳定期，反映了所谓稳定期早期的河床演变特征。如果将 2014 年与 2000 年的河槽形态进行对比，2014 年汛后河槽过水面积增加 19%，宽度增加 4.3%，深度增加 23%。由此说明，自 1982 年以来河槽逐渐萎缩的趋势已明显减弱，并且可能自 2004 年以后河槽有逐渐缓慢扩大的倾向，其中以河床冲刷、河槽深度加大为主。

图 5.29 显示水文站水位和河槽过水面积的变化与 1982 年以来巴彦高勒站年径流的变

化过程基本上同步，说明流量变化是近30多年来河槽冲淤变化和形态调整的主要原因，其中，近年来河槽不再持续淤积萎缩与近期流量相对20世纪末至21世纪初流量有所增加有密切关系。

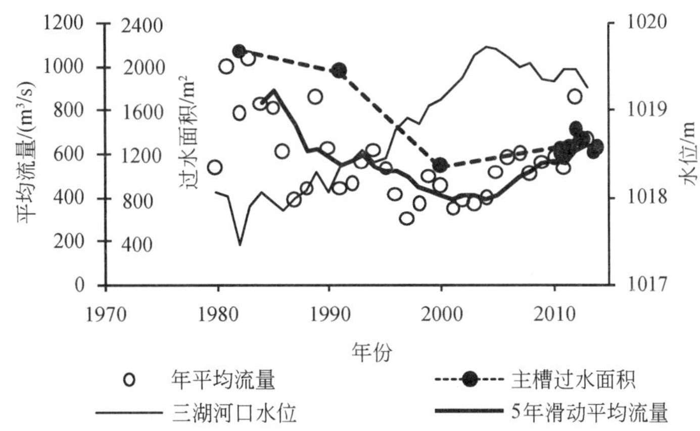

图5.29　巴彦高勒站年平均流量、三湖河口站1000m³/s水位及内蒙古段平均河槽过水面积变化过程对比图

2. 河槽冲淤及形态变化与来水来沙条件的关系

黄河内蒙古段是典型的冲积性河道，尽管沿岸部分河段修建了护滩工程，但河道仍有较高的调整自由度，因此，上述内蒙古河段泥沙冲淤与河槽形态变化主要由来水来沙条件决定。下面对分时段水沙条件与分河段平均冲淤及河槽形态变化率的关系进行分析。

将水沙资料按断面观测时间进行分段，得到2011～2013年5个时段巴彦高勒站和三湖河口站的平均流量、平均含沙量和平均来沙系数。计算河段河槽冲淤及形态指标在各阶段的变化速率与水沙变量之间的关系系数，其中，游荡段对应巴彦高勒站水沙变量，其他两河段对应三湖河口站水沙变量，结果见表5.1。显然，全断面面积、平均河宽与水沙因子之间不存在显著的相关关系；除漫滩水位与平均含沙量外，来沙系数及平均含沙量与河槽冲淤及形态指标之间的关系也散乱。存在比较显著相关关系的是流量与漫滩水位、河槽过水面积、平均水深和宽深比。

表5.1　黄河内蒙古段水沙因子与漫滩水位下河槽形态指标相关系数矩阵

	流量	平均含沙量	来沙系数	全断面面积	漫滩水位	平均河底高	河槽过水面积	平均水深	平均河宽	宽深比
流量	1.00									
平均含沙量	0.73**	1.00								
来沙系数	-0.40	0.31	1.00							
全断面面积	-0.28	-0.04	0.34	1.00						
漫滩水位	0.67**	0.61*	0.03	-0.03	1.00					
平均河底高	-0.42	-0.13	0.40	0.52*	-0.10	1.00				

续表

	流量	平均含沙量	来沙系数	全断面面积	漫滩水位	平均河底高	河槽过水面积	平均水深	平均河宽	宽深比
河槽过水面积	0.64*	0.31	-0.38	-0.60*	0.65**	-0.57*	1.00			
平均水深	0.57*	0.28	-0.35	-0.44	0.47	-0.91**	0.75**	1.00		
平均河宽	0.12	0.14	0.01	-0.52*	0.24	0.23	0.48	-0.14	1.00	
宽深比	-0.53*	-0.10	0.42	0.11	-0.50	0.66**	-0.58*	-0.82**	0.37	1.00

** 显著水平为 0.01（双尾）；* 显著水平为 0.05（双尾）。

点绘表 5.1 中达到显著水平的水沙指标与河槽冲淤及形态指标变化量之间的关系，如图 5.30 所示。可见，随流量增大，滩唇高度、河槽过水面积和平均深度增加，宽深比值减少，[图 5.30（a）~图 5.30（d）]。另外，河底高变率与流量间的相关关系虽不显著，但是如果删去一个明显的奇异点，则两者之间的相关关系显著水平可达 0.01 [图 5.30（e）]。随流量增大，河底高度降低。

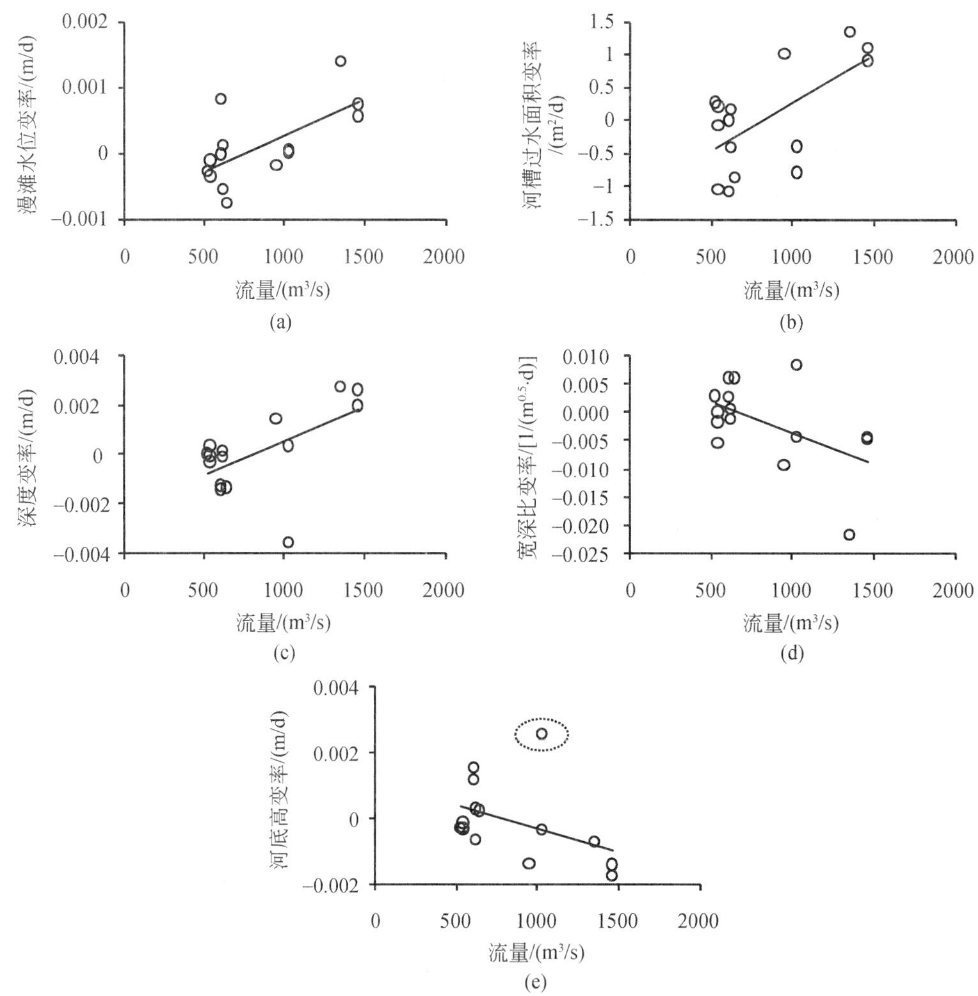

图 5.30　黄河内蒙古段平均流量与滩唇高度（a）、过水面积（b）、深度（c）、宽深比（d）、河槽河底高度（e）变率的关系

上述河槽形态要素与水沙因子关系反映出近期黄河内蒙古段河床响应水沙变化而调整的特征。其一，与流量关系密切的河槽形态要素是滩唇高度、河槽过水面积、平均深度、宽深比及河槽河底高度，而河槽宽度调整与水沙因子变化关系不大。说明这4年中水沙变化主要引起内蒙古河道垂向冲淤。其二，按5个时期最大与最小流量的比值为2.8倍，最大与最小含沙量的比值为4.2倍，含沙量的变差比流量还大，但是流量对内蒙古河段河槽冲淤及形态调整起着控制作用。从表5.1中的相关系数看，多数河槽形态要素的变化与流量有关。相对而言，除漫滩水位外，来水含沙量与其他河槽形态要素关系不显著。而且，即使是漫滩水位与平均含沙量之间的关系，也可能是因为随着流量增加，含沙量增大，两者之间存在正相关（表5.1），间接反映了流量对漫滩水位变化的影响。做漫滩水位变率与流量和含沙量之间逐步回归，含沙量被从回归关系中排除。其三，来沙系数对河槽冲淤及形态调整影响不明显。来沙系数是含沙量与流量之比，表达输沙动力与负载的比值（许炯心，2014b），可作为河道冲淤的判数（吴保生和申冠卿，2008）。但是从表5.1中可见，来沙系数变化在近期黄河内蒙古段河槽冲淤和形态调整中作用不显著。

部分河槽形态指标与水沙因子间的关系显著性水平不太高，其中原因各有不同。首先，尽管流量增大时，河槽宽度倾向于增加（Knighton，1998），但是在短期内，减小的流量主要在原来大水时塑造的宽浅河道中的深泓流动，泥沙淤积将主要发生于河底，河岸淤积成滩致河宽减小的概率小；另外，流量较大时，含沙量也明显提高，河岸侵蚀加强的同时，近岸浅滩淤积成滩的概率也增加。因此，河槽宽度变化与水沙条件间无显著关系。其次，全断面的冲淤包括了河槽和滩地泥沙侵蚀与沉积过程，影响因素多而且复杂，没有长期的资料序列，不易正确揭示内蒙古河段水沙条件与全断面冲淤的关系。

按上述来水来沙因子与河槽冲淤及形态变化相关关系，流量变化对近期内蒙古河段河槽冲淤及形态调整起着控制作用。

3. 滩岸冲淤与来水来沙条件的关系

计算2011～2013年水沙因子平均值（三湖河口站水沙测量值）与河段蚀退岸平均河岸蚀退速率及河段淤积岸平均河岸淤积速率的相关关系，结果见表5.2。可见，河岸蚀退速率与平均流量成正相关，河岸淤积速率与平均流量也成正相关；河岸蚀退速率及河岸淤积速率与含沙量关系不显著；在河岸蚀退速率与淤积速率之间也同样存在正相关关系。

表5.2　内蒙古段河岸蚀淤与水沙因子相关系数矩阵

	平均流量	含沙量	来沙系数	河岸蚀退速率	河岸淤积速率
平均流量	1				
含沙量	0.93*	1			
来沙系数	-0.64	-0.32	1		
河岸蚀退速率	0.91*	0.78	0.71	1	
河岸淤积速率	0.98**	0.83	-0.79	0.91*	1

* 显著水平为0.05（双尾）；** 显著水平为0.01（双尾）

上述水沙因子与河岸蚀退及淤积速率间的关系反映了河床演变对水沙过程变化的响应

规律。河岸蚀退速率与淤积速率都随流量的增加而增加（图 5. 31），这体现了随着平均流量的增加，河流造床能力提高，河床包括河岸冲淤幅度相应增大这一过程的作用。这一过程和两岸冲淤相对现象也使得河岸蚀退速率与淤积速率两者之间存在正相关关系（表 5. 2）。不仅如此，在洪水期，虽然河岸蚀退加速，但在某些河段因边滩淤积抬高成滩岸，或汊道淤塞，心滩靠岸，导致河槽大幅度缩窄，因此，平均流量大的时段河岸淤积速率比蚀退速率还要大。对比图 5. 31（a）与图 5. 31（b），可以看出大流量时河岸淤积速率高于蚀退速率。相反，在流量较小时，即在非汛期，小水归槽，尽管水流动力小，但仍有能力侵蚀河岸，造成河岸小幅度后退，虽然同时河槽河底可能发生淤积，但水流水位低，淤滩成岸的情况少。这一现象反映出在洪枯水期水量变化过程中河岸冲淤变化的特点，这与长时间尺度流量明显增加或减小情况下河宽增加或减小有所不同。尽管按河床响应河床质来沙量增加自动调整中，河床宽度倾向于增加（Knighton，1998），但是在研究时段含沙量变化中，因这一机制所产生的河岸冲淤，显然比流量变化的作用小而不显著。

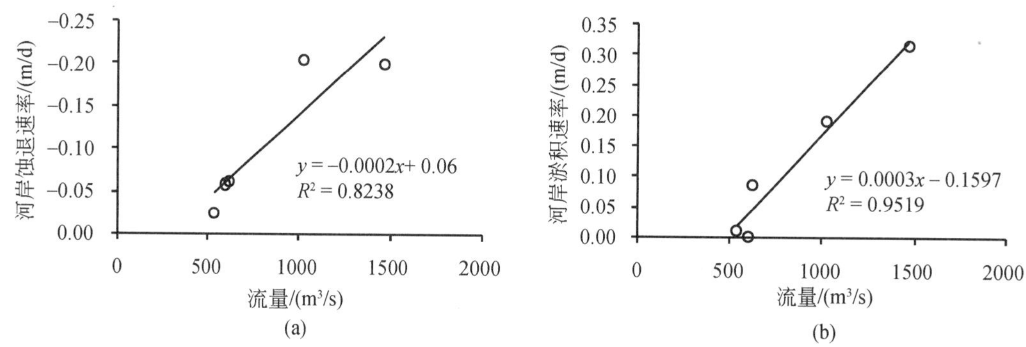

图 5. 31　黄河内蒙古段河岸蚀退速率（a）及河岸淤积速率（b）与时段平均流量的关系

5. 3　水文站大断面演变过程及原因

5. 3. 1　河床断面冲淤变化过程及其与水沙条件的关系

宁蒙河段水沙条件的显著改变必然使河道演变失衡，引发河流相应调整。水量减少，洪水不足，水沙搭配不利，沙漠粗颗粒泥沙补给不断，水流挟带泥沙能力减弱，必然带来河道淤积。将宁蒙河段内各干流控制水文站的大断面按起点距 5m 内插并依年代求平均值，求得河道横断面形态随时间萎缩变化，见图 5. 32。由于各河段地理条件不同，萎缩变形的表现形式也有所不同。

头道拐断面的改变仅仅是变窄，河底高程不变。变窄是由于长期缺乏大洪水，靠近河岸的水流能量不足以带走泥沙，淤积所致；河底高程不变则是因为头道拐下游是坡度很陡的峡谷区，在峡谷区与平原区交界的地方形成局部侵蚀基准面。由于它没有发生变化，所以头道拐的河底高程不会发生变化。

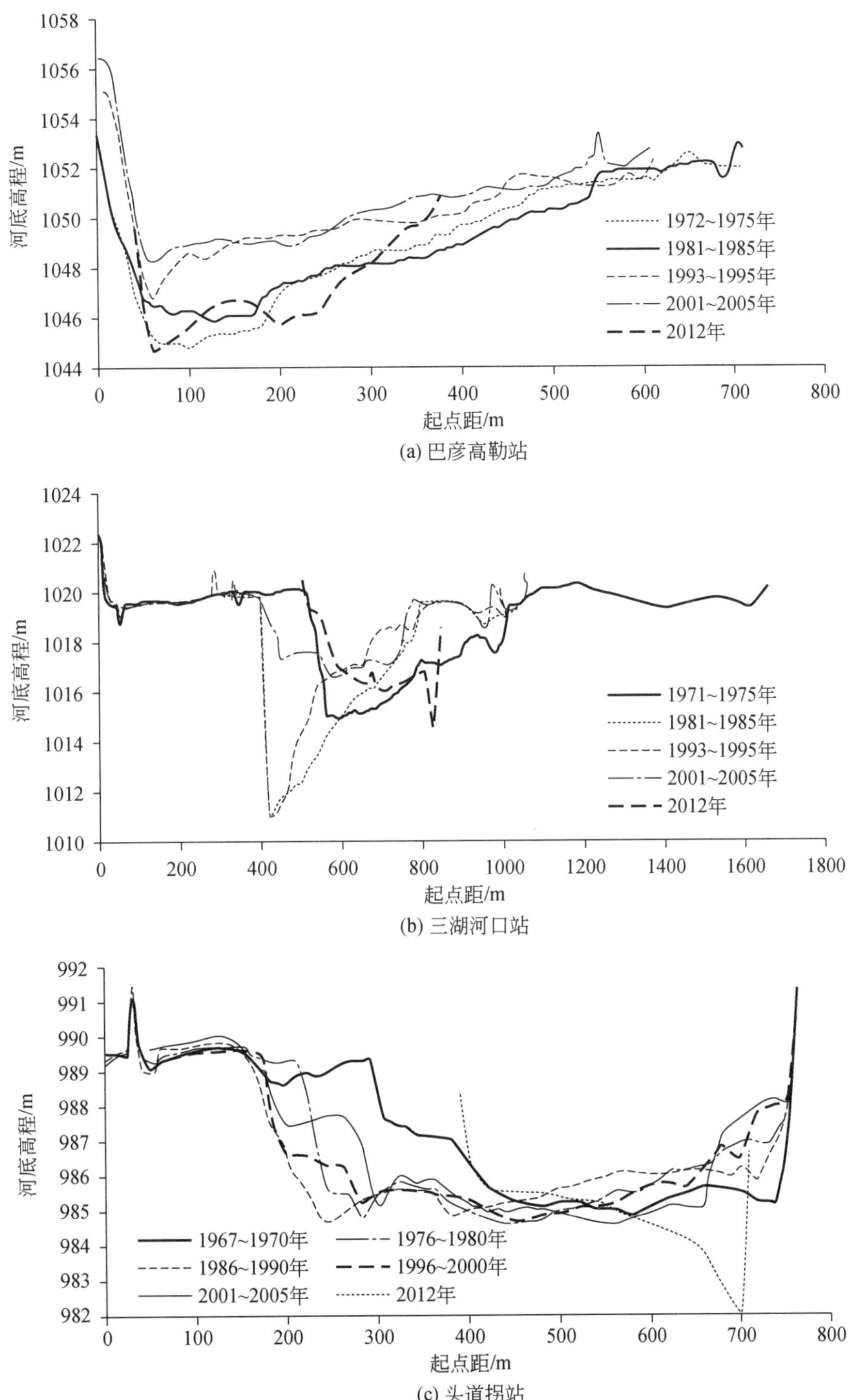

图5.32　内蒙古河段各水文站断面形态演变

巴彦高勒、三湖河口断面均发生了典型的萎缩淤积，横断面变窄，河底抬高更加明显，见表5.3。可见，石嘴山—巴彦高勒比降减小，三湖河口—头道拐比降加大。说明伴随着水沙条件的变化，相应地引起河道纵、横向形态的调整变化。

表 5.3　宁蒙河道比降变化

时段		石嘴山	巴彦高勒	三湖河口	头道拐
1976～1990年	河底高程/m	1083.4	1046.69	1013.19	984.85
	比降/‰		0.258	0.151	0.094
1991～2005年	河底高程/m	1083.93	1048.16	1013.66	984.793
	比降/‰		0.251	0.156	0.096

研究水沙因素对河槽形态的影响可以通过建立 $H=f_n(Q,\ s)$，$B=f_B(Q,\ s)$，$J=f_J(Q,\ s)$ 的关系来实现。一般根据水流运动规律和输沙规律，即水流连续方程 $Q=hB$、水流阻力公式 $V=1/nR^{2/3}J^{0.5}$和水流挟沙力公式 $S=kV^3/(gR\omega)$ 进行求解。考虑到 V 是未知数，与河槽断面形态有关，所以再补充另一个条件：河相系数 $\xi=\sqrt{B}/h$ 参与求解。与一般情况不同，由于双值挟沙力公式物理意义清晰，相对更符合事物变化规律，故这里采用之。联解后得到如下双值性纵横向形态参数表达式：

$$H=\frac{Q^{0.3}c^{0.1}}{(gs\omega)^{0.1\ 02}(\xi)^{0.6}\eta^{0.3}} \tag{5.1}$$

$$B=\frac{Q^{0.6}c^{0.2}(\xi)^{0.3}}{(gs\omega)^{0.1\ 0.2}\eta^{0.6}} \tag{5.2}$$

$$J=\frac{n^2g^{0.73}s^{0.73}\omega^{0.73}(\xi)^{0.4}\eta^{2.2}}{Q^{0.2}c^{0.73}} \tag{5.3}$$

式中，H 为水深；B 为河宽；J 为比降；Q 为流量；s 为含沙量；g 为重力加速度；ω 为泥沙沉速；n 为糙率；c 为常数；η 为水流动力因子，$\eta=V/(V-V_0)$。与谢鉴衡公式相比，式（5.1）、式（5.2）和式（5.3）中多了反映水流动力比的系数 η。由于 $V_s>V_h$，冲刷时的 $\eta_{冲}=V/(V-V_s)$ 大于淤积时的 $\eta_{淤}=V/(V-V_h)$，则公式给出冲刷时水面宽减小，淤积时水面宽增加的结论，这是符合实际的。可见公式可以将冲淤的不同体现出来。

由式（5.1）、式（5.2）和式（5.3）看到，当流量 Q 减小时，或当 s 增加时，或当泥沙颗粒变粗时（ω 增大），或当流速 V 增加时，H、B 减小，比降 J 会增大。而这十多年来在宁蒙河段上述条件恰恰同时发生。这就从理论上说明了宁蒙河道的河槽变形与水沙条件的变化密切相关。由于河道淤积中比降倾向于增大，必然导致上游河底高程淤积抬高。其结果是巴彦高勒河底高程抬高最多，三湖河口其次，受到头道拐处的侵蚀基准面控制，头道拐河底高程不变（表5.4）。由于水库拦阻泥沙的作用，青铜峡至巴彦高勒河段的比降被调平，淤积有可能继续。石嘴山断面基本无变化，主要原因是河道比降大，石嘴山下游河拐子河段有基岩出露，青铜峡拦阻粗颗粒泥沙，为减少石嘴山淤积作出了贡献。

大流量发生频率的减少会带来另一方面的问题。常用的沙莫夫推移质输沙率公式为

$$g_b=0.95\sqrt{D}\left(\frac{v}{\frac{v_c}{1.2}}\right)^3\left(v-\frac{v_c}{1.2}\right)\left(\frac{D}{h}\right)^{\frac{1}{4}} \tag{5.4}$$

式（5.4）和其他以流速为参数的推移质输沙律 g_b 计算公式都说明 g_b 与流速的 4 次方成正比，大流量减少后，床沙运动减弱，淤滩刷槽等大水出好河的机会大幅减少，见表 5.4。河槽淤积萎缩在所难免。

表 5.4　内蒙古河段不同时段断面法年平均冲淤量　（单位：m）

河段	时间							
	1962 ~ 1982 年		1982 ~ 1991.12		1991.12 ~ 2000.08		2000.08 ~ 2004.08	
	主槽	滩地	主槽	滩地	主槽	滩地	主槽	滩地
巴彦高勒—三湖河口	-0.074	0.022	0.057	0.040	0.103	0.017	0.209	0.005
三湖河口—昭君坟	-0.084	0.012	0.119	0.064	0.206	0.027	0.142	0.025
昭君坟—蒲滩拐	-0.023	0.138	0.036	0.063	0.164	0.023	0.222	0.017
巴彦高勒—蒲滩拐	-0.181	0.172	0.213	0.166	0.473	0.067	0.573	0.047

资料来源：张建等，2008。

5.3.2　断面冲淤变化的阶段性

从巴彦高勒、三湖河口站的横断面冲淤指标变化图（图 5.33、图 5.34）中可以看到（秦毅等，2011），两个断面的变化趋势十分相似，都存在明显的三个阶段的趋势变化。对于三湖河口来说，1976 ~ 1990 年是一个相对稳定期，表现为这十几年中虽然冲淤变化不断，即汛期大水时冲刷、非汛期又回淤，但到年末的时候冲淤面积变化一般都不大（图 5.34中 A 点为 1981 年大洪水期间冲刷面积变化值，比 1976 年初始面积增加了 1200m^2，B 点为年末变化值，约为 190m^2），没有明显的变化趋势，说明横断面基本保持稳定。1991 ~ 1999年横断面冲淤指标持续减小，河道开始淤积，处于不平衡变化阶段，经过这个剧烈变化调整期，2000 年以后又达到一个新的稳定期，表现为冲淤可以恢复，再次失去趋势性，但是此时的断面面积相对 1976 年已经萎缩了将近 400m^2。另外一个值得注意的现象是巴彦高勒变化的时间比三湖河口提前三四年时间。

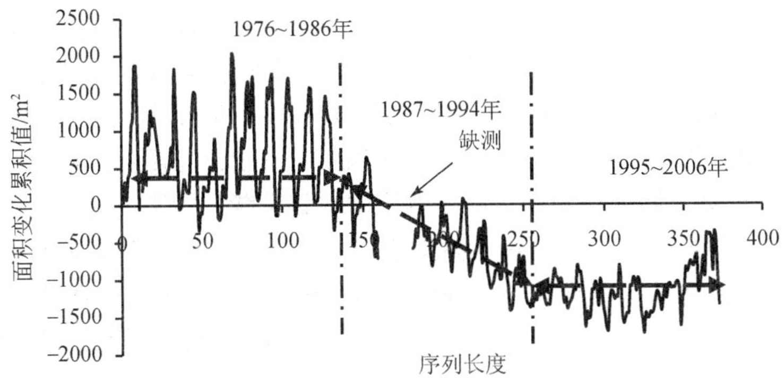

图 5.33　巴彦高勒站 1976 ~ 2006 年冲淤面积变化图（正值为冲刷，负值为淤积）

河道横断面的演变是水沙条件与河床边界条件相互作用的结果，分析三湖河口站三个时

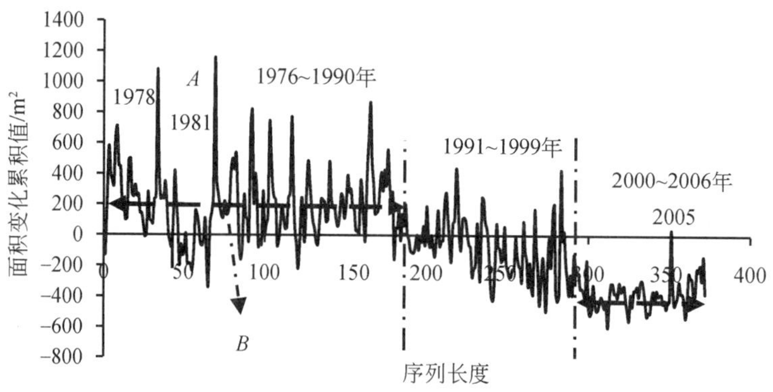

图 5.34　三湖河口站 1976～2006 年冲淤面积变化图（正值为冲刷，负值为淤积）

期的水沙条件发现，1976～1990 年汛期来水来沙系数比较稳定，维持在 0.004kg·s/m³左右，从 1991 年开始持续增加，1997 年增大到 0.010kg·s/m³，之后几年保持在 0.009kg·s/m³附近变化。这与横断面变化的三阶段特征相对应。

5.3.3　2012 年洪水及其后断面冲淤

2012 年洪水是自 2006 年后最大的洪水，也是值得研究洪水带来的河床演变的一场洪水。我们对 2012 年洪水对断面变化产生的影响，以及 2013 年、2014 年的断面情况进行套绘分析，见图 5.35。

从巴彦高勒站的情况来看，2012 年大洪水时的断面明显大于 2013 年 3 月底凌汛期的断面，说明发生大洪水时断面发生冲刷，然而洪水过后到凌汛末，泥沙又会发生淤积，而对比 2012 年和 2014 年大洪水时的断面情况来看，断面有淤积，呈现宽浅态势。

三湖河口实测资料较多。2012 年河道深泓从左侧摆到了右侧，整个洪水中的断面变化已在第 3 章 3.4 节中详述。而对比 2012 年汛末和 2013 年、2014 年的断面，除了在 2013 年 9 月大洪水发生时河床抬高外，其他时间的断面形态虽然冲冲淤淤，但并未发生太大变化、主槽未发生大幅度摆动。

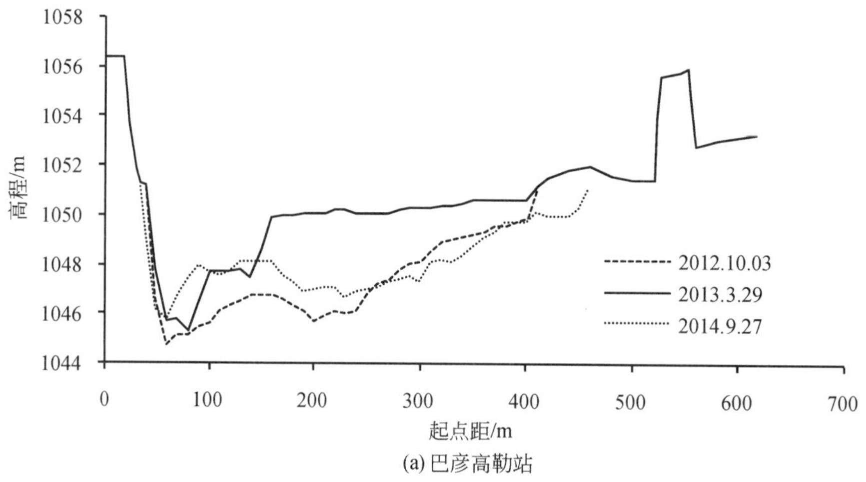

(a) 巴彦高勒站

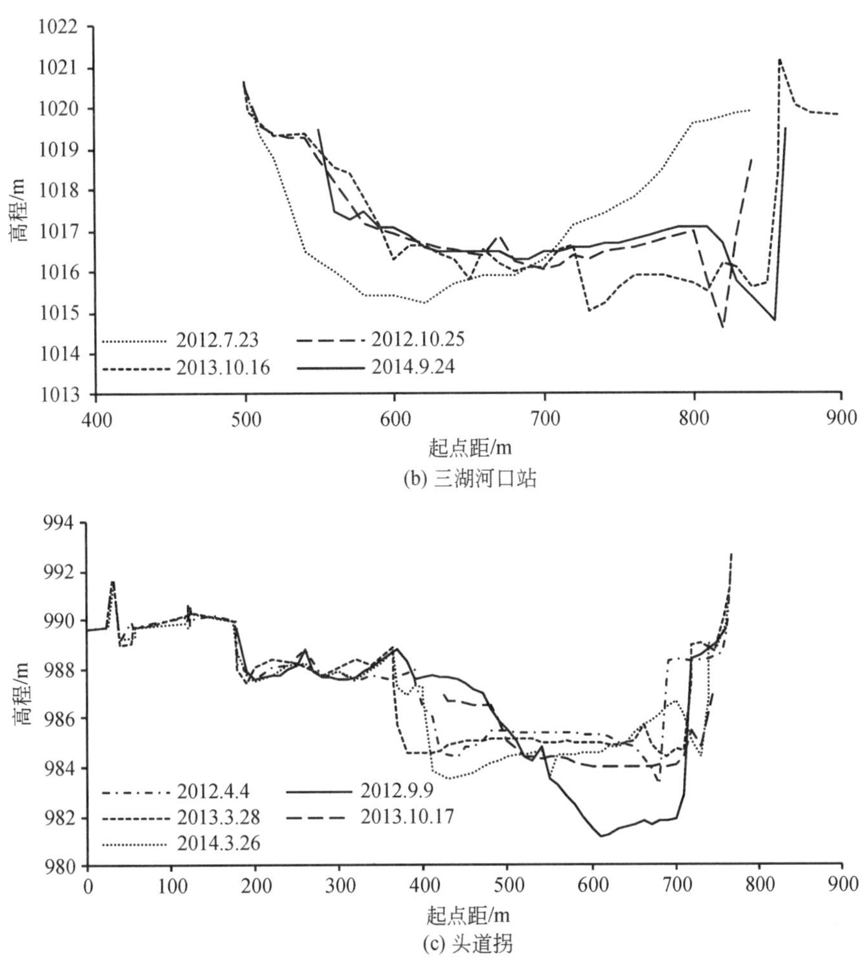

(b) 三湖河口站

(c) 头道拐

图 5.35　2012～2014 年水文站断面的变化

头道拐断面在 2012 年 9 月 9 日洪峰时河床被明显冲刷，但大洪水过后断面又恢复到洪水发生前的形态，冲淤变化不大。而对比 2012 年汛后，以及 2013 年、2014 年的汛前汛后断面发现，汛期或者非汛期过后，主槽都会发生摆动。根据以往和第 3 章中的理论，初步预估是粗泥沙运动引起的，有待后期进一步分析研究。

从 3 个水文站 2012～2014 年的断面分析来看，内蒙古河段的确处于一个新的相对稳定期。会因为大洪水出现短暂的冲淤，但洪水过后又恢复原来的形态。主槽会有摆动，然而总体河床相对平衡。

5.4　内蒙古河段大断面反映的平滩流量变化

平滩流量是水位平滩时局部河段过流时各种水力因子的综合体现，能反映冲积河流的河道形态、水流造床能力和河道排洪输沙能力（Dury，1976），其相应水流的流速大，输沙能力高，造床作用强。因此，平滩流量是主槽过流能力的一个重要指标，常作为造床流量评价水流造床能力和河道排洪输沙能力（钱宁等，1987）。平滩水位和平滩流量下的水流过水断面主要在有冲淤变化的河漫滩之下，因而，平滩流量最有利于形成稳定的河道断面，进而维持断面特征，输送泥沙。从真实的物理图景看，平滩流量是指在滩槽分明的河道内，主槽充满以后，与新生河漫滩表面平齐时的流量；从几何意义上看，平滩流量通常是断面宽深比发生突然扩展的转折点；从动力学意义上看，平滩流量是来水来沙的动力作用从塑造主槽到塑造滩地的转折点。因此，平滩水流是研究河流形态、泥沙输移、洪水动力传输及其造床作用和生态影响等的重要指标，在河床演变学中具有很多重要的物理意义（Wolman and Leopold，1957；夏军强等，2009）。

本节根据内蒙古河段的5次大断面资料分析河段平滩流量的变化，并进一步分析影响河段平滩流量估算的各种因素。

5.4.1 估算方法

在确定平滩流量时，先从河床横断面图上确定河漫滩前缘高程，即平滩水位，相应于平滩水位的流量则为平滩流量。采用基于断面几何标准的改进WOL方法确定各个断面的平滩水位。WOL方法选取河宽与平均水深的最小比值为平滩水位（Wolman and Leopold，1957）；为了适应复合河道和多流路河道，对断面过水面积进行了一定的限制：①最大河宽是对比各期大断面资料，划分出其中有冲淤变化的部分河宽；②最大河宽的基础仍然需要一定的有效河宽，有效河宽即在最大河宽的基础上乘以缩小系数，本书计算中最大河宽的缩小系数选取（0.1，0.9）（贺莉等，2015）。该方法同时适合于多流路和单流路的断面。

河段平滩流量的计算则采用Navratil等（2006）提出的收敛法，即计算不同流量下的水面线，并与河段内各断面的平滩高程相对比，平均绝对误差（EM）最小时的流量即为河段平滩流量QBFR。Navratil等（2006）认为，一个流量能否作为满足沿程各断面平滩高程的平滩流量，可以采用以下两个参数判断：①水面线与平滩高程剖面之间的EM；②平滩流量达到收敛需要的河段长度（LC）。其中，EM可用来衡量河段中各断面平滩高程的变化，而LC可衡量调查或计算河段平滩流量时所需要的河段长度。

在计算过程中，从河段上游入口两个断面开始，计算不同长度河段（D）对应的QBF（D）。为了能在不同河段之间进行对比分析，将QBF（D）和D分别用河段平滩流量QBFR和平均河宽进行无量纲化，收敛长度LC即$|1-\text{QBF}(D)/\text{QBFR}|$减小到并保持小于10%时的长度。

$$\text{EM}(Q)=1/N\sum_{i=1}^{N}|Z_{\text{water}}(Q)_i-Zbf_i| \tag{5.5}$$

式中，N为研究河段内的断面个数；Zbf_i为断面i的平滩高程；$Z_{\text{water}}(Q)_i$为断面i在流量Q时的水位。

河段在不同流量下的水面线采用一维水沙动力学模型计算（贺莉等，2012），即入口给定恒定流量Q，计算沿程各个断面的水位（$Z_{\text{water}}(Q)_i$）。然后，从上游至下游逐个断面计算不同长度河段（D）对应的$Qbf(D)$，以及该河段的平均河宽（Bavg_i），这两个值分

别以巴彦高勒至头道拐的平滩流量 QBFR 和巴彦高勒至头道拐河段的平均河宽 Bavg 进行无量纲化。最后计算水面线（$Z_{\mathrm{water}}(Q)_i$）与平滩高程（Zbf_{i}）剖面之间的 EM（Q）。变化 Q 值重复以上步骤，对比获得最小的 EM（Q）值，该值对应的 QBFR 即最终的河段平滩流量，|1-QBF（D）/QBFR|减小到并保持小于 10% 时的长度为计算河段平滩流量时所需要的长度 LC。

5.4.2　河段平滩流量

内蒙古河段有 5 次河道断面测验资料，观测时间分别为 1962 年、1982 年、1991 年、2000 年和 2004 年，选取黄断 13 至黄断 111 之间的河段为研究对象，大断面的间距为 4.26～9.34km，其中，2004 年的实测断面数最少（46 个），平均断面间距为 9.34km。在 1962～2004 年的实测大断面资料中，三湖河口—昭君坟段的大断面观测范围最大（约 4580m），而昭君坟—头道拐段的观测范围最小（约 3860m），大断面资料的测量范围能包含断面的滩槽。而历年地形资料中，各年实测的大断面范围逐年缩小，尤其是昭君坟—头道拐段在 2004 年的实测范围缩窄明显，测量范围仅 2740m。而各大断面中实测断面中各子断面的宽度，三湖河口—昭君坟段的子断面宽度最大，而巴彦高勒—三湖河口段的子断面宽度最小，但子断面宽度逐年增大，其中 1991 年的子断面宽度最大，约 70m 即记录断面的一个高程点。部分断面呈现复式断面形态，不是很容易判断滩槽和主槽的范围。例如，在巴彦高勒—三湖河口段，部分河段主槽已高出堤内地面。

在研究河段内先后设置了 6 个水文站，包括巴彦高勒、渡口、三湖河口、昭君坟、包头、头道拐。渡口站水文测量止于 1972 年年底，巴彦高勒起于 1973 年年初，两站距离相近，可作为一个水文站对待；包头站水文测量终于 1965 年，昭君坟站始于 1966 年，两站也较靠近，可作为一个水文站对待（师长兴等，2012）。所以，整个河段可依据 4 个水文站分为三段，即巴彦高勒至三湖河口（简称巴—三段）、三湖河口至昭君坟（简称三—昭段）及昭君坟至头道拐（简称昭—头段）。

针对各年汛前、汛后的地形判断滩槽。然后采用基于断面几何标准的 WOL 方法估算各个断面的平滩高程，最后采用收敛法计算各年的河段平滩流量。图 5.36 和图 5.37 所示为 1962 年和 2004 年的河段平滩流量、收敛河长，以及河段平滩流量的沿程分布。

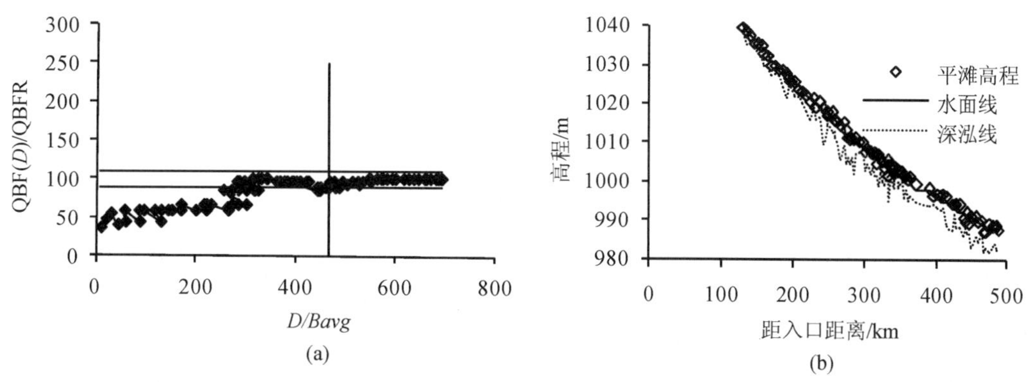

图 5.36　1962 年宁蒙河段的河段平滩流量及收敛长度（a）和平滩流量对应的水面线及平滩高程（b）

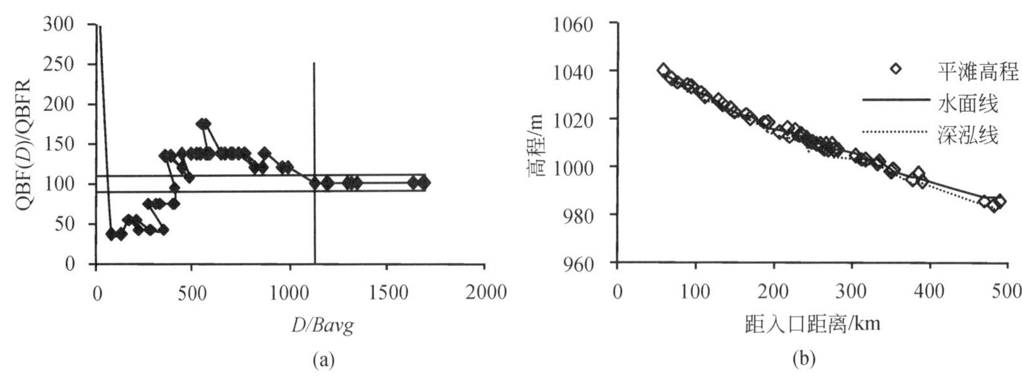

图 5.37　2004 年宁蒙河段的河段平滩流量及收敛长度（a）和平滩流量对应的水面线及平滩高程（b）

图 5.38 和表 5.5 所示为收敛法计算的河段平滩流量，图 5.38（a）中的实测值为巴彦高勒站和三湖河口站的平均断面平滩流量（侯素珍等，2007a）。由表 5.5 可知，根据本书方法估算的河段平滩流量与实测平滩流量吻合较好，基本能体现巴彦高勒至头道拐河段不同时期平滩流量的变化趋势。此外，河段平均的平滩高程在 1962 ~ 2000 年略有下降，而在 2004 年则有较大抬升，但河段平滩流量在 2004 年并没有明显增加。而 2004 年估算平滩流量的 EM 值较大。

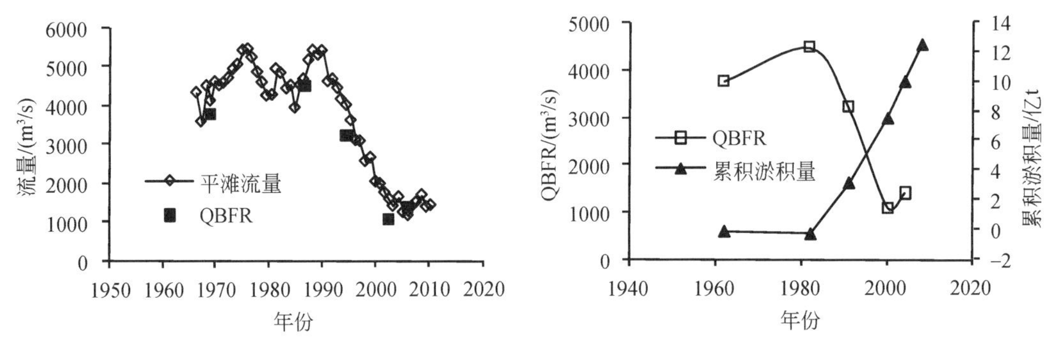

图 5.38　河段平滩流量与河段淤积量的关系

表 5.5　巴彦高勒—头道拐河段在各年的河段平滩特征参数

序号	年份	断面间距 /km	平滩高程/m	QBFR	LC	EM
1	1962	4.62	1008.2	3780	468.05	1.04
2	1982	4.62	1007.8	4480	509.29	1.03
3	1999	4.26	1007.5	3220	565.35	1.04
4	2000	5.17	1007.6	1100	373.2	1.14
5	2004	9.34	1012.4	1400	1522.8	0.84

图 5.38 中的河段淤积量根据四站（巴彦高勒、三湖河口、昭君坟、头道拐）的水沙资料，采用沙量平衡法计算河段淤积量。内蒙古巴彦高勒（位于三盛公闸下 400m 处）—头道拐河段的冲淤变化既受上游来水来沙的影响，又与区间来水来沙量等有关。区间来沙

量主要考虑支流入黄沙量、风成沙入黄量，灌溉引水引沙主要在巴彦高勒以上，在此不予考虑。区间支流主要分布在三湖河口以下至头道拐河段的右岸，共十条支流穿过库布齐沙漠入汇黄河干流，自西向东依次分别为毛不拉孔兑、卜尔色太沟、黑赖沟、西柳沟、罕台川、壕庆河、哈什拉川、母花沟、东柳沟和呼斯太河（王平等，2013a），即十大孔兑。由图5.38可知，1962～1982年，河段整体表现为冲刷趋势，平滩流量增大，此后，河段平滩流量逐渐减小，与河段的累积淤积的变化趋势正相反。在1962～1982年，河段整体表现为冲刷趋势，平滩流量增大，此后，河段平滩流量逐渐减小，与河段的累积淤积的变化趋势正相反。

考虑到不同水位下各年的平均河宽不同，将无量纲的收敛河长LC转换为实际的河长，对比分析各年用于获得河段平滩流量的河长范围变化。由图5.39可以看出，用于获得河段平滩流量的收敛河长的变化，从昭君坟上游断面逐渐延长至昭君坟下游断面，河长距离也从约300km延长至400km。其中，1991～2000年，收敛河长略有缩短，但整体的趋势为增长。

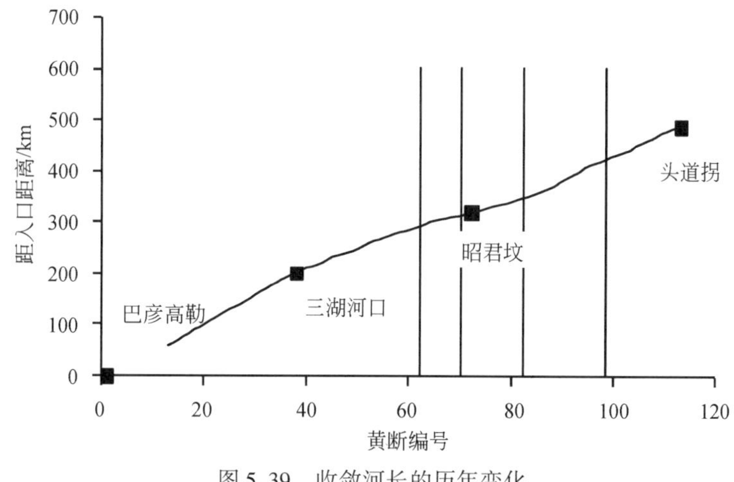

图5.39　收敛河长的历年变化

5.4.3　影响因素分析

需要指出的是，在估算河段平滩流量的数据处理过程中存在一定的主观判断，如主槽和滩地的划分，同时，估算方法受到实测地形资料的影响，为了更好地了解河段平滩流量估算过程中的影响因素，接下来以2000年的断面数据为基础，分析主槽判定、断面平均间距以及子断面间距对估算河段平滩流量的影响。

1. 大断面纵向平均间距的影响

2000年实测大断面资料的大断面数量为82，平均断面间距为5.2km，逐渐减小断面数，即大断面平均间距逐渐增大到10.2km、12.1km、15km和18.2km，整个巴彦高勒—头道拐河段的大断面数量依次减小为42个、33个、26个和21个。在初始情况下（即大断面平均间距为5.2km)，平均子断面数为96个，平均子断面的宽度为48.7m，最小子断面数和最大子断面数分别为40个和189个；而在断面平均间距为18.2km时，断面数量为21个，平均的子断面数为102个，平均子断面的宽度为49.2m，最小子断面数和最大子断面数分别为42个和182个。对比图5.40中两种情景的断面，能看出来，在减少断面过程中，保留的断面基本能反映河段的高低起伏。

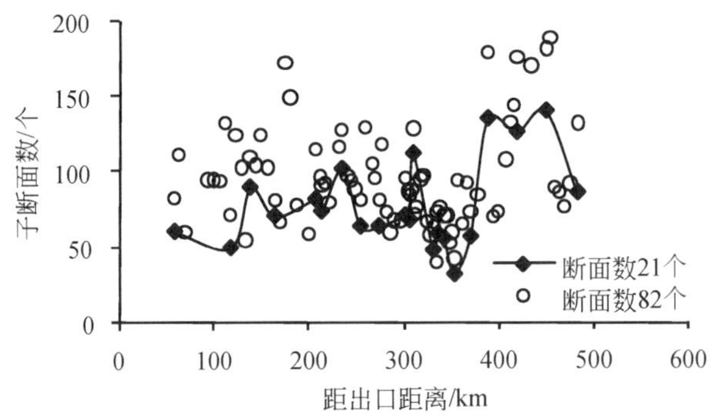

图5.40　不同大断面间距资料中的子断面数

计算不同大断面间距情景下的河段平滩特征，由图5.41可知，大断面资料减少，大断面平均间距增大，河段平滩流量逐渐增加，收敛时的EM值则相对减小。而收敛河长则随着断面平均间距的增大变化不大。大断面间距增大251倍，河段平滩流量增大约27%。具体来说，大断面间距增大251倍，河段平滩流量增大约27%，收敛河长仅增大约6%；大断面间距由5km增大到10km，河段平滩流量增大约18%。

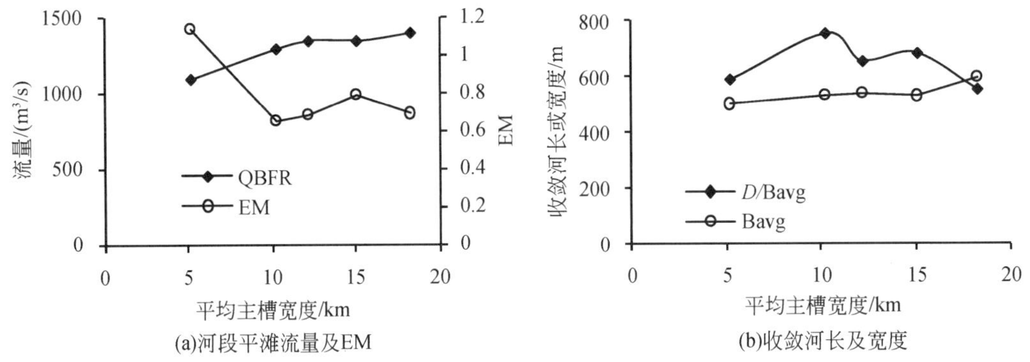

图5.41　平均断面间距对各平滩参数的影响

2. 子断面横向平均间距的影响

在大断面地形的观测过程中，横向测量的高程点数越多，则子断面数越多，而子断面间距越小则会忽略大断面中的一定断面细节。因此，进一步分析观测大断面时高程点数的变化对估算河段平滩高程的影响，即子断面横向平均间距对河段平滩流量的影响。同样以2000年的地形资料为基础，逐渐改变断面内子断面的个数，即对应的实测高程数量减少。需要指出的是，在减小子断面数的过程中，会注意尽量减小对大断面形态的影响，保证最终大断面形态的完整。

2000年断面实测资料的平均测量宽度是4380m，横向上平均48.7m有一个高程测点，属于测量数据较多的年份。考虑到工作量，这里将在21个大断面数的地形基础上分析子断面变化对平滩特征的影响，各个情景中子断面横向平均间距变化特征如图5.42所示。由图可知，初始状况下沿程各断面的子断面横向平均间距大约为47.3m，其余情景中的子断面横向平均间距依次为52.1m、59.1m和83.8m。在减少子断面数的过程中，尽量减小对断面形态的影响。

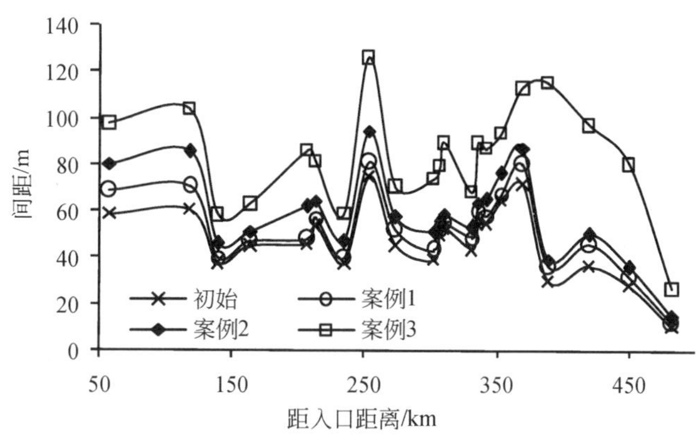

图5.42 不同案例中子断面间距的沿程变化

计算不同子断面间距情景下的河段平滩特征，子断面间距增大对河段平滩流量的估算影响不大，当子断面太少时可能达到收敛时的EM值略小，但无量纲收敛长度LC随着子断面间距的增大而增大（图5.43）。子断面平均宽度增大77%，而平滩流量和达到收敛的收敛长度均减小约1%，达到收敛时的EM值增大约5%，但无量纲收敛长度LC随着子断面间距的增大而减小了约50%。

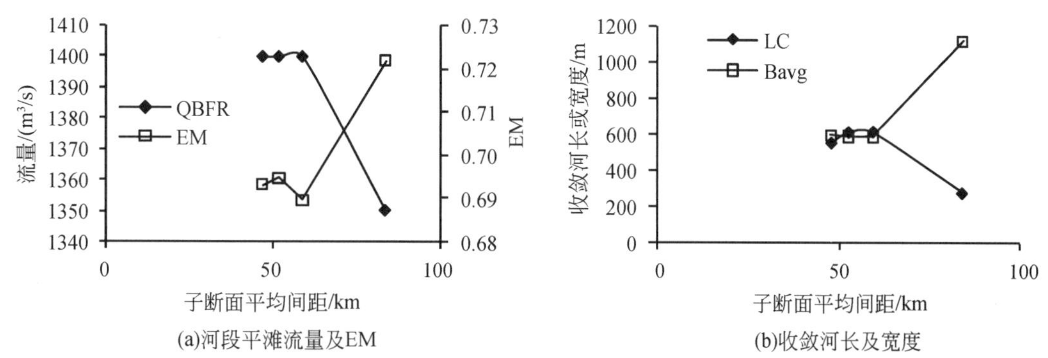

(a)河段平滩流量及EM　(b)收敛河长及宽度

图5.43 子断面间距变化对各平滩参数的影响

3. 主槽判定对河段平滩流量的影响

在估算平滩高程时，很多研究学者（夏军强等，2010）关注主槽和滩地的划分，因为对主槽和滩地的不同处理会影响到河段平滩流量的估算，然而，在划分主槽和滩地的过程中包含大量的主观判断。为了明确滩槽划分过程中主观因素对平滩特征的影响，这里分别估算减小和增大主槽宽度对估算河段平滩流量的影响。水槽范围变小和增大对河段平滩特征的影响如图 5.44 所示，主槽范围扩大 1.7 倍，估算的河段平滩流量增大 45%，EM 减小约 16%，收敛长度减小约 81%；而主槽范围缩小一半，则河段平滩流量缩小 27%，EM 增大约 11%，收敛长度减少约 42%。由此可发现，在估算河段平滩流量的过程中，根据汛前、汛后地形判断滩槽对于估算结果的重要性。

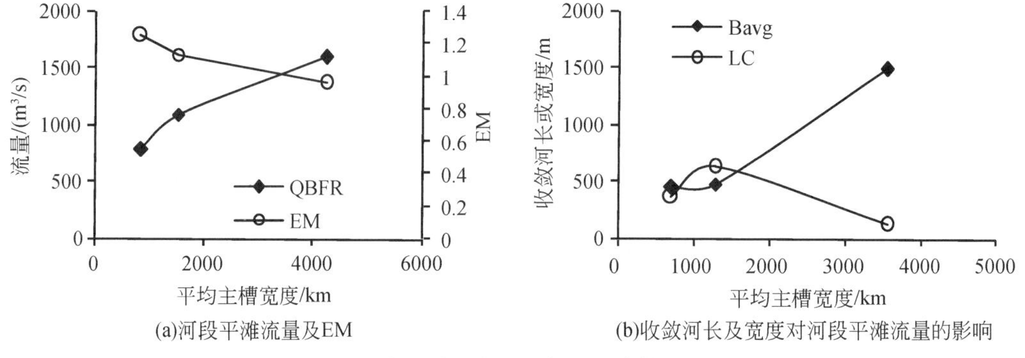

图 5.44　主槽范围变化对各平滩参数的影响

5.5　河床平面形态变化过程及河道摆动速率

黄河宁蒙河段河道的淤积呈现加速趋势，部分河段已经形成类似于下游的悬河，对于泥沙的输移、河道周边的生产生活都是极为不利的（申冠卿等，2007；郑广兴和罗义贤，1998；冉立山和王随继，2010；Ta et al.，2008）。近年的洪水灾害严重威胁着沿河附近村镇人民的生命及财产安全，洪水灾害的严重性及防治的紧迫性已经引起了人们的重视。该段河道泥沙淤积有其自然性，主要由地质背景和地貌条件所决定。黄河宁蒙河段处于二级阶梯的内部，流经受青藏高原隆升推挤形成的一系列断裂带，如银川盆地和河套盆地①（刘正宏和徐仲元，2003；邓起东和尤惠川，1985），因此，地势低洼，成为黄河上游重要的泥沙堆积场所。人类活动的影响也是近几十年来泥沙加速淤积的非自然影响因素之一。已有的研究者对黄河内蒙古河段河床抬高的原因进行过探讨（侯素珍等，2007b；李栋梁和张佳丽，1998；王彦成等，1996；王随继等，2010a），认为黄河上游大坝建设及其水库的运行方式导致了该河段水沙条件变化、引起河床升高；近年来对包括内蒙古河段在内的黄河上游河流典型断面形态及悬沙冲淤量的时空变化也进行过初步的研究（王随继等，2010a，2010b）。这些工作对于探寻解决洪水灾害的办法提供了很好的支撑，但是由于河流较长，不同的河段、河型之间的差异较大，以前大多数研究在分析时仅利用几个水文站的测量数据进行分析还是不够的。从平面形态的变化来分析宁蒙河段的近期变化将有助于提高河道输水输沙能力减弱的认识。

① 李建彪. 2006. 河套盆地晚第四纪成湖环境变化与构造活动研究. 中国地震局地质研究所.

5.5.1　宁蒙河段河床平面形态变化

1. 宁蒙河段河床平面形态的基本特征

黄河上游冲积河段西起宁夏的青铜峡水库，东至内蒙古托克托县的河口镇，长约 880km，高差为 160m，比降为 0.18‰。该河段流经宁夏的银川盆地、贺兰山与平罗山之间的宽浅谷地和河套平原，而河套平原又由临河凹陷、白彦花凹陷和呼和浩特凹陷构成，也就是由四个盆地和一个谷地构成（国家地震局，1988）（图 5.45）。

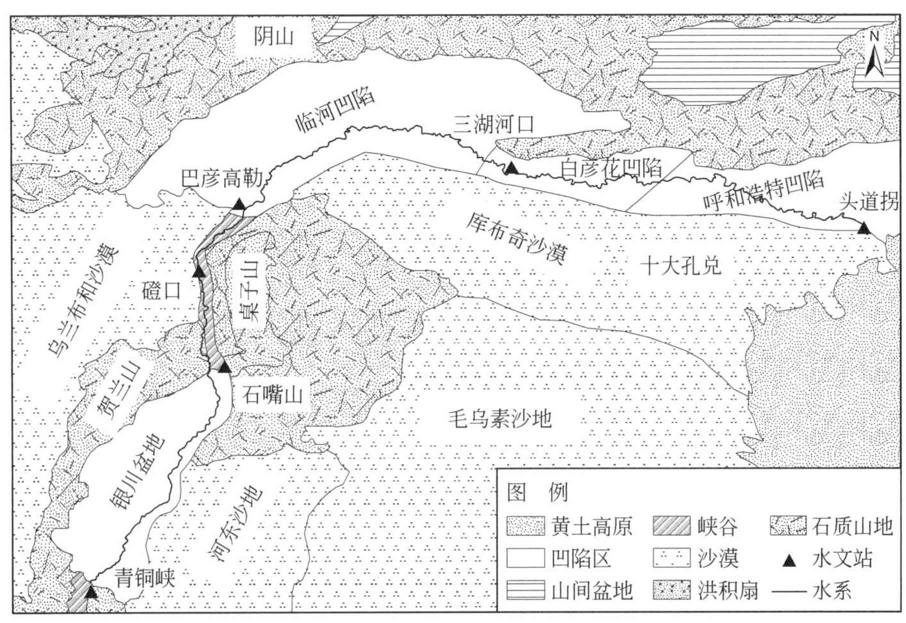

图 5.45　研究区概图

以 1978 年的遥感影像解译作为参考，根据当地的地质地貌条件将宁蒙河段划分为四段：青铜峡—石嘴山（青石段）、石嘴山—巴彦高勒（石巴段）、巴彦高勒—三湖河口（巴三段）、三湖河口—头道拐（三头段）。按照钱宁的河型划分标准，分汊、顺直、游荡和弯曲四种河型在宁蒙河段具有较为明显的发育，并沿青铜峡至头道拐依次展布。青石段为一狭长的冲积盆地，河道基本沿着盆地东侧穿过，大部分河段的河道变化较快，具有游荡型，而在游荡段之间的部分河段发育有明显的江心洲，1978 年该段 202km 内有 16 个江心洲，15 个沙洲，两种河型在该段交错分布，因此，称为游荡与分汊河型共同组成的交错复合型。石巴段穿过贺兰山与鄂尔多斯高原之间的峡谷段，河床为基岩，河岸部分为高大沙丘、部分为基岩，河道走向及摆动总体上被限制在峡谷中，地质构造是主要控制因素。河道相对窄深，江心洲鲜见，1978 年超过 $1km^2$ 的江心洲仅有 5 个，其他都是面积较小的心滩，该段河流除磴口以下河道外基本属于顺直河型。巴三段出峡谷后进入冲积平原区，河道自由迁移能力增强，主要迁移方向是由北向南（李炳元等，2003），近期的河道摆动仍然明显，河道宽浅，沙洲散乱，江心洲发育较少，河道的游荡特性突出，形成游荡型的巴三段。三头段绕过乌拉尔山山嘴后，河道比降减小，河岸物质中黏粒含量增多，河流相对窄深，河曲发育，河道由不同的大小弧形连接而成，受十大孔兑偶发性洪水冲泻的泥沙堆积的影响，河道中段明显地被挤压向北迁移，总体上形成北凸的弧形，为比较典型的弯曲河型。

2. 宁蒙河段不同河型的近期平面变化

1）河道主流线变化

河道主流线是河槽各断面水流流速最大处的连线，也是水流与河床交互作用过程中形成的深泓线。整个河段主流线长度总体上表现为先缩短后加长，由于受边界条件和上游来水来沙变化的影响存在极大差异，不同河段四个时期的主流线变化的表现也不同（图 5.46）。

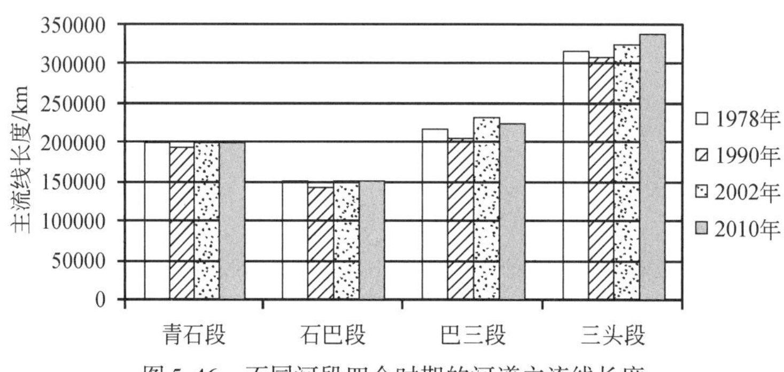

图 5.46　不同河段四个时期的河道主流线长度

从长度、纵向及横向迁移三个方面考察，青石段和石巴段变化都较小，巴三段和三头段在变化的时间和方向上存在明显差异。青石段流经银川平原，上部位于黄河出山口，河道比较顺直，因此，水沙量和频率有变化的情形下，河道主流线的摆动并不明显，1978 年的长度最大，为 202.23km，2000 年的长度最小，为 197.71km，相差不足 5km。石巴段在两山之间的基岩上发育形成，受到基岩的钳制，河道主流线也未发生明显变化，1978 年的 146.45km 与 2010 年的 146.81km 相差仅 0.36km。巴三段河道主流线长度先减小后增大，长度有所增加，表明河槽的弯曲度有所增大，1990 年比 1978 年的河道主流线长度缩短了 26.08km，之后又开始变长，到 2010 年，主流线长度为 225.72km，与 1978 年相差缩小到 7.8km。三头段呈现出逐渐增大的趋势，增加部分主要是河道弯曲度增加所致，从 1978 年到 2010 年，主流线长度增加了 24.9km。

2）河道宽度的变化

1978 ~ 2010 年，由于各个河段的河型不同，相应的变化也存在差异，从河道平均宽度来看，青石段先略微加宽后开始束窄，石巴段除了前期加宽更明显外，变化趋势与青石段相同，巴三段变化趋势与前两者相反，呈现出先减小后增大的演变过程，三头段河道宽度是逐渐缩小的，对比各个河段宽度变化的位置可以发现，青石段和石巴段宽度变化最大的位置大多位于河道比较宽敞处，这些位置在径流量小时，泥沙易堆积，反之则会遭到强烈的冲刷（图 5.47）；游荡型河段的边界限制条件较小，河道的加宽和缩窄会在整个河段内发生［图5.48（a）］；弯曲型河道宽度的变化包含了漫滩和涡流的双重作用，当水流增大，超过弯道正常过水能力时，累积的流水将造成弯道上方发生漫滩，弯道上水流冲刷凹岸的速度大于凸岸堆积的速度，河道宽度增加，反之，水流归槽，漫滩机会减少，弯曲段虽然凹岸依然会遭到冲刷，但冲刷力明显减小，后退速率降低，凸岸的堆积速率却会大大提高，河道开始变窄［图5.48（b）］。

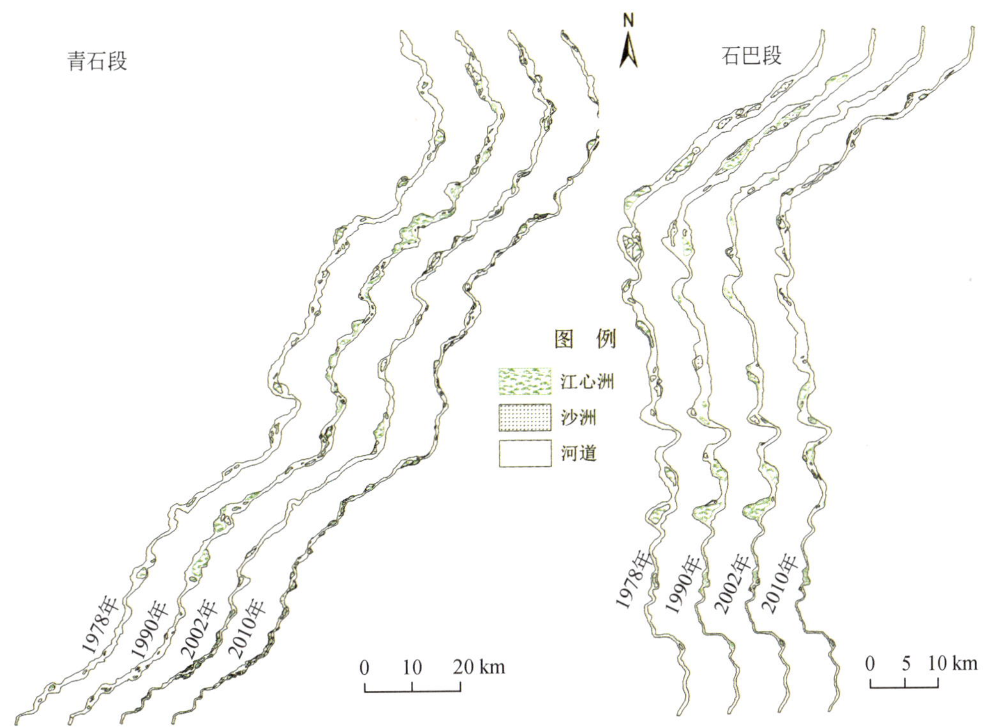

图5.47　青石段及石巴段1978年、1990年、2002年和2010年四期河道平面形态解译图

比较1990年与1978年的河道平均宽度，石巴段加宽最多，增长了397m，青石段加宽并不明显，仅72m，而巴三段和三头段河道宽度变化完全相反，表现出缩窄，分别减少了540m和236m。之后青石段和石巴段开始变窄，青石段变化最明显，2002年宽度减少了379m，2010年又减少了199m，与最初的1274m相比，河道宽度减少了2/5，石巴段到2002年河道宽度减少了340m，之后变化甚微。巴三段在后期开始加宽，到2010年已经达到2996m，与1990年的宽度相比，增加值超过了1000m。三头段进一步缩窄后稳定下来，2002年比1990年宽度减少了349m，之后变化较小（图5.49）。

总体来看，除石巴段近似顺直河道在近30年变化较小外，其他河段都发生了显著变化，或缩窄或加宽。

3）不同河型内的河心洲变化

这里所指的河心洲包括相对稳定的江心洲和变迁不定的沙洲。宁蒙段河道内的河心洲变化可以分为两种情形：石巴段和三头段的河心洲数量变化较小，只是略微增加，但河心洲的位置有所改变；青石段和巴三段的河心洲发生了明显的改变，河心洲数量的变化过程

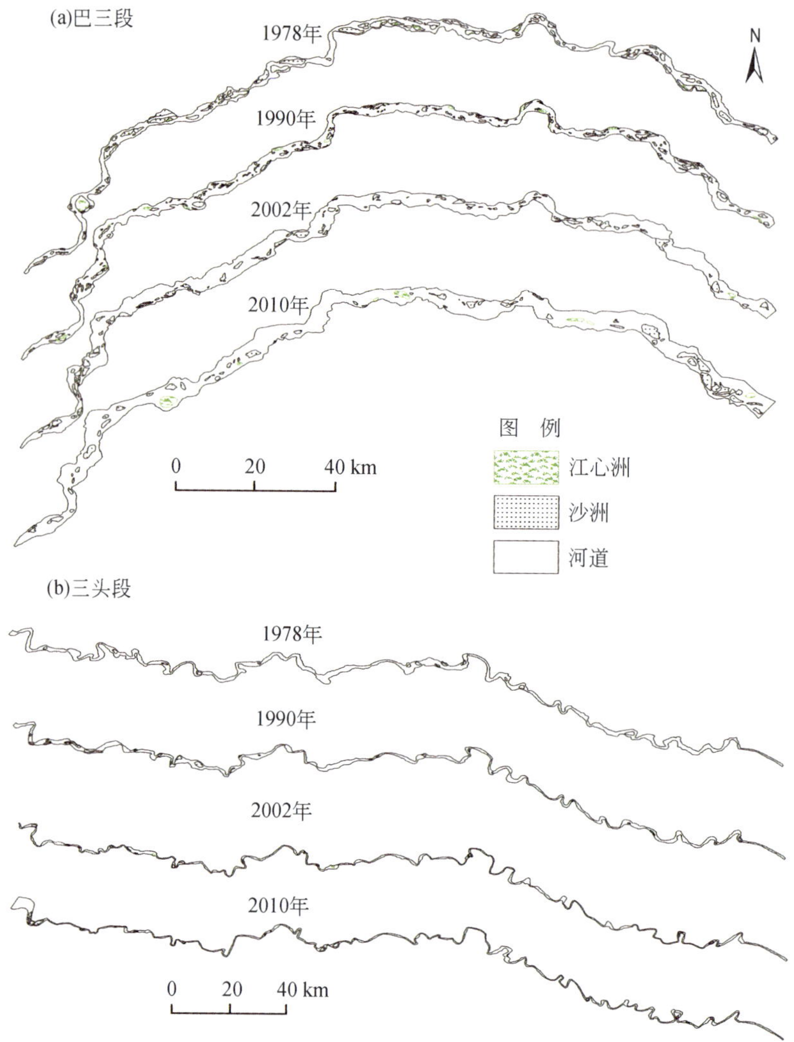

图 5.48　巴三段（a）及三头段（b）1978 年、1990 年、2002 年和 2010 年四期河道平面形态解译图

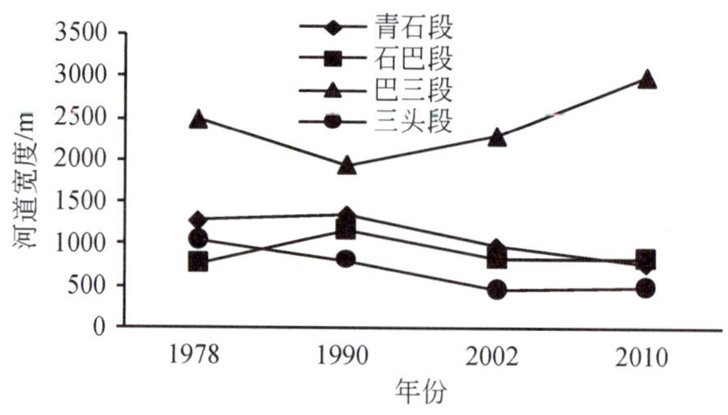

图 5.49　四个河段各时期河道平均宽度

基本相同，都表现为先增多后减少。在1978年，整个河段内稳定的江心洲较多，规模上远大于后期，880km长的河道内共有44个江心洲，其中，面积大于0.5km^2的有35个；到1990年，青石段和三头段江心洲和心滩明显增加，但江心洲的规模小于前期，对比两期影像可以发现，前期完整的江心洲在1990年已经变得有些破碎，有明显的被水流撕裂的痕迹，而更多的心滩出现在水面上。之后青石段和巴三段的河心洲的数量开始减少，后两期的河心洲数量与1978年的基本持平（图5.50）。

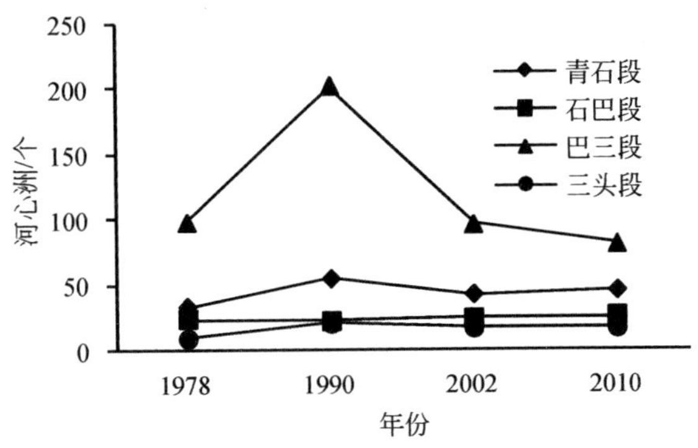

图5.50　四个河段各时期的河心洲数量变化图

3. 宁蒙河段河床平面形态变化原因

综合该河段的自然地理条件和前人的研究成果（王随继等，2010b；杨忠敏和任宏斌，2004；秦毅等，2011），河道形态变化的主要原因是水库的建设和使用，水库的利用方式不断变化是造成该河段河道平面形态不断变化的主要原因。

从1971～2010年该河段出口站头道拐水文站的年径流量及泥沙输出量来看（图5.51），1990年以前，径流量和输沙量都较高，年均值分别为237亿m^3和1.058亿t；之后急剧减少，1991～2000年径流量和输沙量多年平均值分别为150亿m^3和0.3784亿t，2001～2010年略有增加，也分别仅为151亿m^3和0.4206亿t。可见，径流量的减少是导致后期河道萎缩的主要原因。但是径流量的变化在不同河型上却有不同的响应过程，径流量增大使得游荡河型的巴三段宽度减小，河道主流线缩短，说明径流量增大能将该段的水流边界塑造得更趋近于直线，水流更为集中于河槽中。而在游荡与分汊交错的青石段和弯曲的三头段，水流增大时，主流线长度和宽度的变化与游荡段相反，这主要是由边界条件的差异所致，在游荡型的巴三段，河道由粉砂和细粉砂构成，抗蚀能力差，容易被改造。青石段和三头段的边界完全不同，青石段的部分河段紧靠基岩，三头段的河岸物质为细粉砂与黏土组成的二元结构（冉立山等，2009），抗冲刷能力较强，由于两个河段内都存在比较大的弯曲段，凹岸顶点偏下方所受的冲击力被反射至凸岸顶点的下方，河道弯曲度越大，凹岸受力点与凸岸反射点之间的距离越近，两处都会受到不同程度的冲刷，这样，不但使得河道的主流线延长，河道宽度也相应增加。

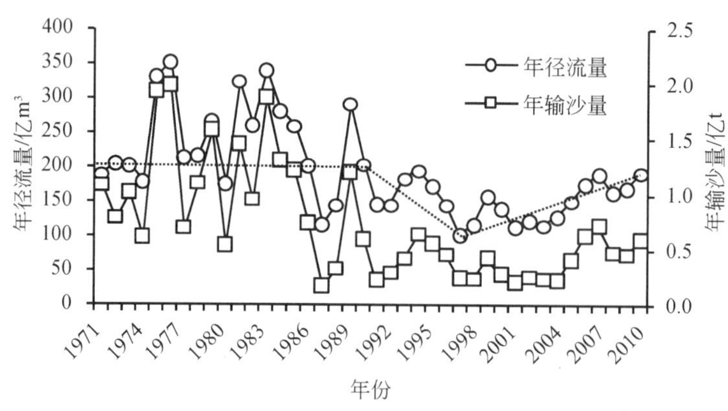

图5.51 头道拐水文站1971～2010年历年年径流量和年输沙量变化图

受气候变化、水土保持工程和水库建设的影响，水量急剧减少，发生漫滩的概率和幅度都大为减少，导致河道逐渐萎缩，而这是比较危险的，在河道束窄的同时，河道又淤积抬高，过水能力大幅降低，在这种发展趋势下，一旦发生大洪水，对河堤的冲击必然更高，给防洪带来更大隐患。同时，风沙入黄、堤坝和引水引沙等也是影响宁蒙河段河道平面变化的重要影响因素。

由于该冲积河道较长，引起各段平面变化的因素众多，用某一个或某几个因素去分析整个上游冲积河段的平面形态变化并不能准确量化。这些因素包括河道的侧向侵蚀、上方来水来沙的变化、风沙入黄、人为引水引沙和修筑堤坝等。因此，对于该冲积河段的平面变化的原因还需根据每段的具体情况做单独分析，然后再统筹协调，以便为河道不断淤积抬高的治理提供解决思路。

5.5.2 银川平原段河岸摆动速率变化及原因

黄河上游（河口镇以上）的流域面积为38.6万km^2，全长3472km，平均比降为1.01‰（赵文林，1996），呈现玛曲段和宁蒙段两个主要冲积河段。其中，宁蒙冲积河段的河道冲淤演变复杂，泥沙的沉积量及其来源，以及人类活动的影响受到普遍关注。杨根生等（2003）认为黄河内蒙古段淤积泥沙主要来自乌兰布和沙漠和十大孔兑。申冠卿等（2007）认为1968年和1986年相继投入运行的青铜峡水库、刘家峡水库和龙羊峡水库的削减洪峰的径流调节作用，给黄河宁蒙河道的演变带来了深刻影响。随着这些大型水利枢纽的建成，黄河宁蒙河道经历了微淤—冲刷—淤积的演变过程（张晓华等，2002）。Yao等（2011）通过不同年份卫星影像的对比估算了宁蒙河段河岸区冲淤面积变化，认为河岸年均侵蚀面积从1958年起持续下降。还有研究者从河流熵（孙东坡，1999）和能耗率角度（孙东坡等，2011）探讨宁蒙河段的河道调整规律。有关黄河宁蒙河段河道演变的其他研究工作主要针对凌汛过程特征（杨赉斐，1992）、河型变化（王随继和2008）、河道水力几何形态变化对比（Ran et al.，2012）、不同河段的淤积量和河道沉积速率的时空变化（Wang et al.，2012）、洪水过程的河道断面响应（王随继和范小黎，2010）及河道演变

（范小黎等，2012）等，也对宁蒙河段河道演变的影响因素进行过必要的探讨（侯素珍等，2007b；冉立山等，2009；范小黎等，2010；王随继和范小黎，2010；Wang et al.，2012）。无论如何，有关黄河宁蒙段河岸迁移摆动速率的系统研究尚未见报道。在河势资料十分缺乏的条件下如何获得河岸摆动速率数据，对于理解河道的变迁至关重要（Petts，1995）。本书以黄河银川平原河段（青铜峡—石嘴山水文站之间）为例，利用不同年份的卫星影像资料绘制当年的河道形态，设定 153 条平均间距为 1.3km 的固定数字横断面，分析对比不同年份里这些断面与河岸交点的变化，从而计算不同时期河岸的摆动速率。研究结果对于了解黄河银川平原段河道演变具有重要意义，可为该河段的河道治理提供指导作用。

1. 研究方法

黄河银川平原河段位于青铜峡水文站与石嘴山水文站之间，长约 196km，河道处于银川平原东缘和鄂尔多斯高原西缘的交接带。该河段河道平均比降为 0.18‰（王随继，2012）；而河型以辫状河流为主，局部为弯曲河流；河床质以砂质为主，河宽 0.2～5.0km，水深 2～6m。紧邻青铜峡大坝的上段为顺直河流段，河床质由砾质逐渐过渡为砂质；中下部河段的河床质从砂质逐渐过渡到粉砂质。整个河段入汇支流很少，较大的支流仅有苦水河，但其来水来沙微不足道。

不同时期卫星影像资料的对比给河流平面形态变化的研究带来了便利，成为近年来一种广泛采用的手段（Khan and Islam，2003；Yao et al.，2011；杨树文等，2011）。对于实测河道断面很少的河段，设立固定数字横断面可以为河道演变研究带来便利，利用不同年份河势图上河岸线与固定数字河道横断面的交点位置变化可以估算河岸的摆动速率，这是该研究在方法上的主要创新。

本书采用 1975 年的 MSS 数据（分辨率 60m），1990 年、2010 年和 2011 年的 TM 数据（分辨率 30m），这些遥感图像是向美国地质调查局申请使用的并下载于其官方网站（US Geological Survey，2012）。上述各年份的图像均为当年汛期采集（6～9 月）。仅根据水面来勾画河道边线位置则会出现较大误差，因为汛期的流量也有很大变化（表 5.6），为了消除该河段水位涨落引起的河宽变化，我们采用河道两边的植被边界作为河道边界，因为银川平原的黄河滨岸带地下水丰富，如果没有流水的冲蚀，则在一个生长季就会发育丰茂的草本植被，而流水波及的地方则难以生长植被，用植被边界来确定河道边界是被广泛证明的一种有效方法（Gurnell，1997；Winterbottom，2000；Richard et al.，2005；Yao et al.，2013）。采用 WGS84 坐标系，对上述遥感图像进行如下处理：①选用 1∶50000 地形图作为标准，对 MSS 和 TM 遥感影像进行配准。②以 1975 年的河道作为基准，设立需要对比的固定数字河道横断面，计 153 个［图 5.52（a）］，断面编号为 S114～S266，其平均间距约 1.3km，断面密度很高。这些断面线与 1975 年的河道大体垂直，且为矢量，维持其位置在后续年份保持不变，以便计算河岸位置变动值。③利用 ArcGIS 软件，对遥感图像河岸进行数字化，绘制上述各年份的河道平面形态及不同年份的河道套绘图［图 5.52（b）］。④在 FME 软件中，提取不同年份河道的左、右岸线数据及与各个断面的交点坐标值。

表 5.6　图像采集日青铜峡站的流量、年最大流量及河道边界勾绘误差

卫片时间	当日流量/(m^3/s)	当年最大流量/(m^3/s)	图像分辨率/m	全河段平均河宽/m	相对误差/%
1975. 9. 15	2580	2740	60	1354	8. 86
1990. 8. 30	944	1410	30	1386	4. 33
2010. 8. 18	905	1520	30	749	8. 01
2011. 6. 18	1134	1990	30	688	8. 72

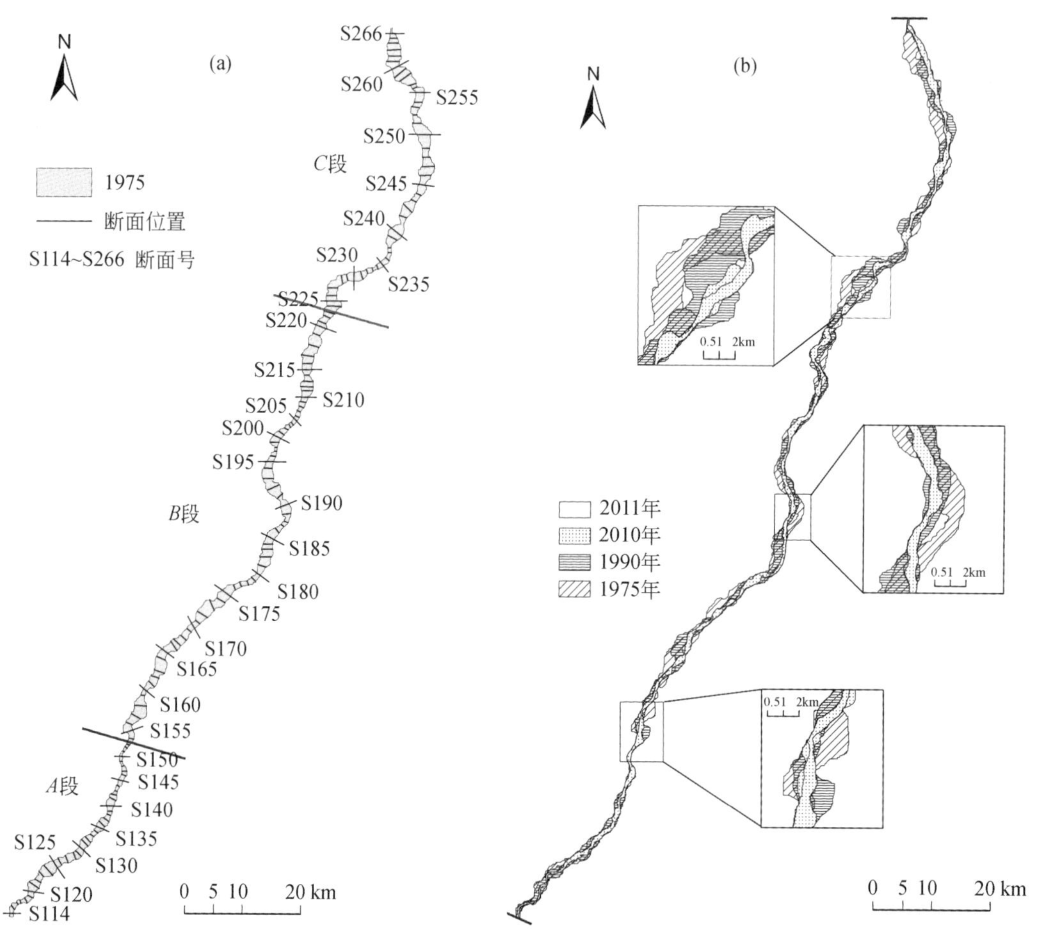

图 5.52　黄河银川平原河段 153 个河道断面位置图（a）及不同年份河道套绘及局部特征（b）

四期遥感图像采集日的流量及当年最大日均流量见表 5.6。以河道两侧植被边界来勾绘河道其精度取决于图像分辨率，分辨率的大小主要影响到近岸处的勾绘精度，而对河道两岸内部远离分辨率长度之间的河宽几乎没有影响，因此，图像配准及河道勾绘可能存在的误差为河道宽度除以 2 倍分辨率。据此方法我们计算图像配准和河道勾绘时的相对误差见表 5.6，河岸摆动速率的计算误差主要体现在上述方面，不同时期的计算误差等于表 5.6 中相应的误差数值。

2. 研究结果

主要对比不同时期河道左岸和右岸摆动速率变化特征及其沿程演变特征，并计算了不同时期不同区段的河岸平均摆动速率。其中，正数表示河道沿断面线向右摆动，负数表示河道向左摆动。在计算某河段的平均摆动速率时，由于存在正负数，因此，将这些数据简单相加再计算平均值，将会使计算值严重偏小，因此，分别计算了向左及向右摆动的平均值，即将正负数分别进行考虑，这样可以得到上述两个方向的平均摆动速率数据。根据河道左右岸的摆动特征，可以将整个研究区河道划分为三个河段［图 5. 52（a）］：①*A* 段（断面 S114 ~ S153），河岸摆动速率最小的河段；②*B* 段（断面 S154 ~ S223），研究区中段为摆动速率中等的河段；③*C* 段（断面 S224 ~ S266），摆动速率最大。

1）*左右河岸的摆动幅度*

a. 最大摆幅

不同时期左、右河岸最大摆动幅度见表 5. 7。以 1975 ~ 2011 年左右岸最大摆动幅度为例加以说明：*A* 段河道左岸向左和向右累计最大摆动幅度分别为 191. 4m 和 1286. 7m；右岸向左和向右累计最大摆动幅度分别为 806. 3m 和 160. 3m。*B* 段河道左岸向左和向右累计最大摆动幅度分别为 1476. 9m 和 2225. 8m；右岸向左和向右累计最大摆动幅度分别为 1915. 6m 和 1691. 5m。*C* 段河道左岸向左和向右累计最大摆动幅度分别为 700. 8m 和 5114. 7m；右岸向左和向右累计最大摆动幅度分别为 1462. 5m 和 4218. 7m。无论是河道左岸还是右岸，其向右摆动的最大幅度远大于向左的，而在 *A*、*B*、*C* 三个河段，其最大摆动幅度呈现增大的趋势。

表 5. 7　不同区间特定时期河岸最大摆动幅度　（单位：m）

河段	位置	1975 ~ 1990 年	1990 ~ 2010 年	2010 ~ 2011 年	1975 ~ 2011 年
A 段	左岸	−627. 8	−152. 1	−375. 8	−191. 4
		763. 5	961. 1	162. 6	1286. 7
	右岸	−411. 6	−982. 4	−97. 4	−806. 3
		185. 1	216. 7	306. 1	160. 3
B 段	左岸	−1476. 2	−1873. 9	−577. 3	−1476. 9
		2059. 3	1694. 0	431. 0	2225. 8
	右岸	−1427. 3	−1881. 5	−771. 8	−1915. 6
		1780. 0	1069. 0	251. 0	1691. 5
C 段	左岸	−1733. 5	−930. 8	−42. 9	−700. 8
		3182. 9	3467. 7	1051. 6	5114. 7
	右岸	−1087. 8	−3398. 7	−498. 8	−1462. 5
		4143. 7	4198. 8	40. 5	4218. 7

b. 平均摆幅

不同时期不同河段左岸、右岸的平均摆幅见表 5. 8。以 1975 ~ 2011 年左右岸平均摆动幅度为例加以说明：*A* 段河道左岸 13 个断面向左平均摆动 63. 0m，27 个断面向右平均摆动 451. 4m；右岸 32 个断面向左平均摆动 285. 2m，8 个断面向右平均摆动 78. 5m。*B* 段河道左岸 20 个断面向左平均摆动 491. 8m，50 个断面向右平均摆动 784. 0m；右岸 53 个断面向左平均摆动 511. 3m，17 个断面向右平均摆动 446. 8m。*C* 段河道左岸 9 个断面向左平均摆动 298. 7m，34 个断面向右平均摆动 1703. 2m；右岸 22 个断面向左平均摆动 336. 3m，21 个断面向右平均摆动 1404. 9m。向左摆动幅度最大的河岸在 *B* 段，向右摆动幅度最大的在 *C* 段。总体上左岸以向右摆动为主、右岸以向左摆动为主，显示河道总体上在萎缩，并有向右迁移之趋势。

表 5. 8　不同区间特定时期河岸平均摆动幅度

河段	位置	1975～1990 年		1990～2010 年		2010～2011 年		1975～2011 年	
		平均/m	断面数/个	平均/m	断面数/个	平均/m	断面数/个	平均/m	断面数/个
A 段	左岸	−134. 4	20	−58. 8	7	−46. 5	10	−63. 0	13
		183. 5	20	310. 4	33	33. 9	30	451. 4	27
	右岸	−102. 6	27	−283. 3	33	−29. 7	18	−285. 2	32
		71. 5	13	98. 5	7	39. 7	22	78. 5	8
B 段	左岸	−416. 5	38	−197. 8	20	−68. 0	21	−491. 8	20
		535. 6	32	607. 0	50	63. 0	49	784. 0	50
	右岸	−424. 3	40	−538. 9	51	−81. 1	46	−511. 3	53
		343. 5	30	283. 3	19	34. 9	24	446. 8	17
C 段	左岸	−737. 8	18	−415. 2	7	−16. 0	12	−298. 7	9
		1248. 7	25	1032. 1	36	104. 1	31	1703. 2	34
	右岸	−291. 0	14	−723. 9	25	−53. 6	31	−336. 3	22
		1298. 6	29	606. 9	18	11. 5	12	1404. 9	21
全河段	左岸	−418. 3	76	−224. 0	34	−48. 5	43	−317. 7	42
		675. 7	77	649. 9	119	66. 6	110	984. 6	111
	右岸	−294. 0	81	−515. 4	109	−62. 4	95	−407. 7	107
		679. 1	72	329. 5	44	31. 9	58	820. 1	46

2）*左岸的摆动速率及其变化趋势*

图 5. 53 表示黄河银川平原段河道左岸在不同时期的摆动速率及其沿程变化特征。由图可见，左岸摆动速率最大的河段主要是 *C* 段，而最小的为 *A* 段。对于不同时期全部河段 153 个河道断面处左岸的平均摆动速率分述如下。

1975～1990 年［图 5. 53（a）和表 5. 9］，有 76 处向左摆动，平均速率为−27. 9m/a，77 处向右摆动，平均速率为 45. 0m/a，以 153 个断面进行平均则分别为−13. 9m/a 和 22. 6m/a，那么左岸总的平均摆动速率为 36. 5m/a。*A*、*B*、*C* 三段河道左岸向左和向右的平均摆动速率之比分别为 1∶3. 1∶5. 5 和 1∶2. 9∶6. 8，显然，左岸的平均摆动速率沿上述河段明显递增。

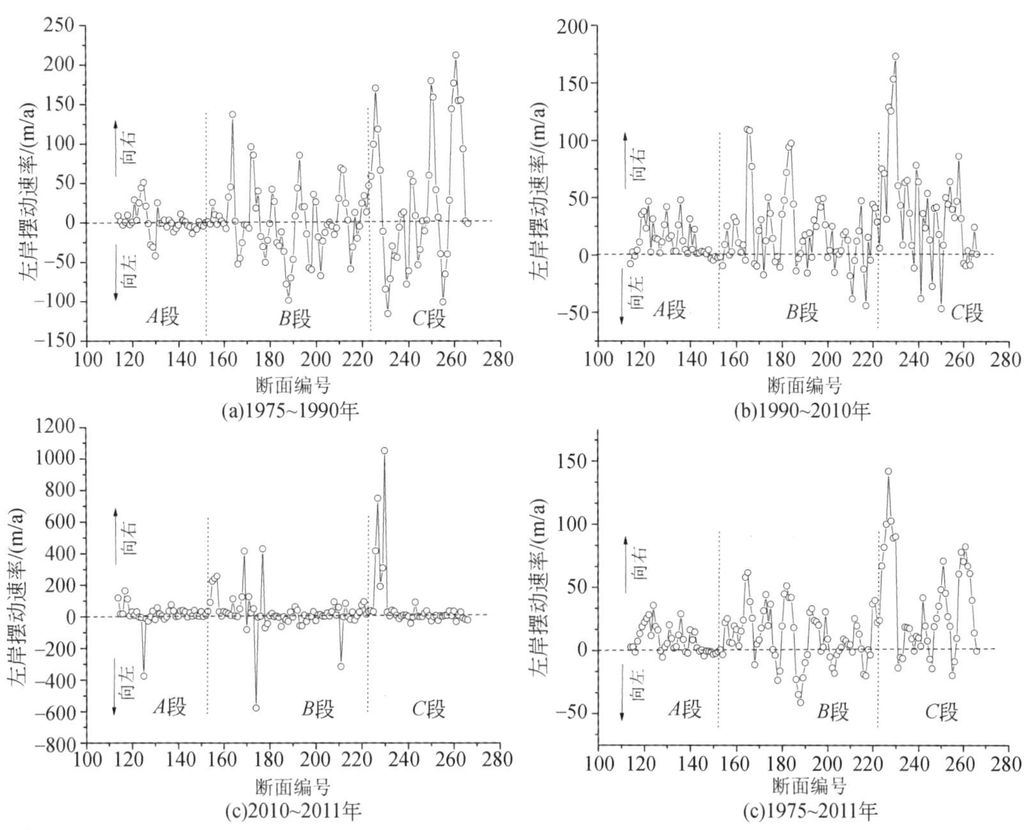

图5.53　黄河银川平原段不同时期河道左岸摆动速率沿程变化特征

表5.9　不同区间特定时期左岸摆动速率

河段	位置	1975~1990年		1990~2010年		2010~2011年		1975~2011年	
		速率 m/a	断面数/个	速率 m/a	断面数/个	速率 m/a	断面数/个	速率 m/a	断面数/个
*A*段	左岸	-9.0	20	-2.9	7	-46.5	10	-1.8	13
		12.3	20	15.5	33	33.9	30	12.5	27
*B*段	左岸	-27.8	38	-9.9	20	-68.0	21	-13.7	20
		35.7	32	30.4	50	63.0	49	21.8	50
*C*段	左岸	-49.2	18	-20.8	7	-16.0	12	-8.3	9
		83.3	25	51.6	36	104.1	31	47.3	34
全河段	左岸	-27.9	76	-11.2	34	-48.5	43	-8.8	42
		45.0	77	32.5	119	66.6	110	27.4	111
全河段平均	左岸	-13.9	153	-2.5	153	-13.6	153	-2.4	153
		22.6	153	25.3	153	47.9	153	19.9	153
总摆动速率	左岸	36.5	153	27.8	153	61.5	153	22.3	153

1990~2010年［图5.53（b）和表5.9］，有34个断面向左摆动，平均速率为

-11. 2m/a，119 处向右摆动，平均速率为 32. 5m/a，以 153 个断面进行平均，则分别为-2. 5m/a和 25. 3m/a，左岸总的平均摆动速率为 27. 8m/a。显然，无论从断面数还是从实际摆动速率来看，该时期河道左岸以向右摆动为主。*A*、*B*、*C* 三段左岸向左和向右的平均摆动速率之比分别为 1 ∶ 3. 4 ∶ 7. 2 和 1 ∶ 2. 0 ∶ 3. 3。该时期左岸的平均摆动速率沿上述河段同样具有递增趋势。

2010 ~ 2011 年 [图 5. 53 (c) 和表 5. 9]，有 43 处向左摆动，平均速率为-48. 5m/a，110 处向右摆动，平均速率为 66. 6m/a，以 153 个断面进行平均，则分别为-13. 6m/a 和 47. 9m/a，左岸总的平均摆动速率为 61. 5m/a。在这一年中，河道左岸仍然以向右摆动为主。*A*、*B*、*C* 三段，左岸向左的平均摆动速率之比为 1 ∶ 1. 5 ∶ 0. 3，与前一时段相同，最大摆动速率在 *B* 段；向右的为 1 ∶ 1. 9 ∶ 3. 1，同样具有沿程递增趋势。

在 1975 ~ 2011 年的 36 年 [图 5. 53 (d) 和表 5. 9]，有 42 处向左摆动，平均速率为-8. 8m/a，111 处向右摆动，平均速率为 27. 4m/a，以 153 个断面进行平均，则分别为-2. 4m/a 和 19. 9m/a，左岸总的平均摆动速率为 22. 3m/a。显然，36 年间河道左岸总体上向右摆动。*A*、*B*、*C* 三段向左的平均摆动速率之比为 1 ∶ 7. 6 ∶ 4. 6；向右的为 1 ∶ 1. 7 ∶ 3. 8。显然，36 年间，左岸向左和向右的最大摆动速率分别在 *B* 段和 *C* 段。

3）*右岸的摆动速率及其变化趋势*

图 5. 54 表示黄河银川平原段河道右岸在不同时期的摆动速率及其沿程变化特征。由图可见，右岸摆动速率最大的河段是 *C* 段，*B* 段少见，*A* 段最小。对于不同时期全部河段 153 个河道断面处右岸的平均摆动速率分述如下。

1975 ~ 1990 年 [图 5. 54 (a) 和表 5. 10]，有 81 处向左摆动，平均速率为-19. 6m/a，72 处向右摆动，平均速率为 45. 3m/a，以 153 个断面进行平均，则分别为-10. 4m/a 和 21. 3m/a，右岸总的平均摆动速率为 31. 7m/a。*A*、*B*、*C* 三段向左的平均摆动速率之比为 1 ∶ 4. 2 ∶ 2. 9；向右的为 1 ∶ 4. 8 ∶ 18. 0。向左的最大平均摆动速率出现在 *B* 段，而向右的平均摆动速率在上述三个河段明显递增，其中 *B* 段和 *C* 段分别约是 *A* 段的 5 倍和 17 倍。

1990 ~ 2010 年 [图 5. 54 (b) 和表 5. 10]，有 109 处向左摆动、44 处向右摆动，其平均摆动速率分别为-25. 8m/a 和 16. 5m/a，以 153 个断面进行平均，则分别为-18. 4m/a 和 4. 7m/a，右岸总的平均摆动速率为 23. 1m/a。*A*、*B*、*C* 三段，向左和向右的平均摆动速率之比分别为 1 ∶ 1. 9 ∶ 2. 5 和 1 ∶ 2. 9 ∶ 6. 2，都具有沿程明显增大之趋势。

2010 ~ 2011 年 [图 5. 54 (c) 和表 5. 10)]，有 95 处向左摆动、58 处向右摆动，其平均速率分别为-62. 4m/a 和 31. 9m/a，以 153 个断面进行平均，则分别为-38. 7m/a 和 12. 1m/a，右岸总的平均摆动速率为 50. 8m/a。*A*、*B*、*C* 三段，向左的平均摆动速率之比分别为 1 ∶ 2. 7 ∶ 1. 8，*B* 段最大、*C* 段次之；向右的为 1 ∶ 0. 9 ∶ 0. 3，明显递减。

在 1975 ~ 2011 年的 36 年 [图 5. 54 (d) 和表 5. 10]，有 107 处向左摆动，平均速率为-11. 3m/a，46 处向右摆动，平均速率为 22. 8m/a，以 153 个断面进行平均，则分别为-7. 9m/a和 6. 9m/a，右岸总的平均摆动速率为 14. 8m/a。*A*、*B*、*C* 三段右岸向左的平均摆动速率之比为 1 ∶ 1. 8 ∶ 1. 2，*A* 段最小，*B* 段最大；向右的为 1 ∶ 5. 6 ∶ 17. 7，明显递增。

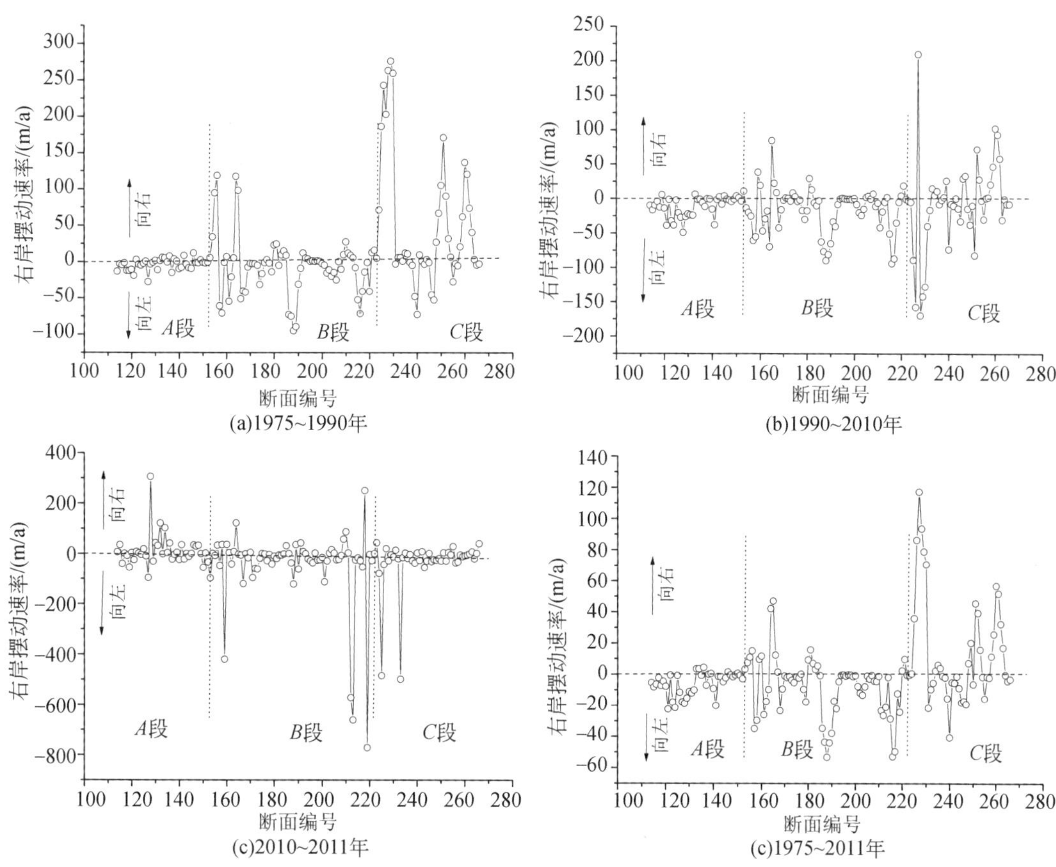

(a)1975~1990年　(b)1990~2010年　(c)2010~2011年　(c)1975~2011年

图 5.54　黄河银川平原段不同时期河道右岸摆动速率沿程变化特征

表 5.10　不同区间特定时期右岸平均摆动速率

河段	位置	1975 ~ 1990 年		1990 ~ 2010 年		2010 ~ 2011 年		1975 ~ 2011 年	
		速率 m/a	断面数/个	速率 m/a	断面数/个	速率 m/a	断面数/个	速率 m/a	断面数/个
A 段	右岸	−6. 8	27	−14. 2	33	−29. 7	18	−7. 9	32
		4. 8	13	4. 9	7	39. 7	22	2. 2	8
B 段	右岸	−28. 3	40	−27. 0	51	−81. 1	46	−14. 2	53
		22. 9	30	14. 2	19	34. 9	24	12. 4	17
C 段	右岸	−19. 4	14	−36. 2	25	−53. 6	31	−9. 3	22
		86. 6	29	30. 4	18	11. 5	12	39. 0	21
全河段	右岸	−19. 6	81	−25. 8	109	−62. 4	95	−11. 3	107
		45. 3	72	16. 5	44	31. 9	58	22. 8	46
加权平均	右岸	−10. 4	153	−18. 4	153	−38. 7	153	−7. 9	153
		21. 3	153	4. 7	153	12. 1	153	6. 9	153
总摆动速率	右岸	31. 7	153	23. 1	153	50. 8	153	14. 8	153

3. 讨论和结论

河岸的摆动速率大小反映了河道的侧向可动性能力，是河道演变研究的重要内容，而河道演变是含沙水流与河床相互作用过程中必然产生的形变现象，其中，水流是动力因子，为河道演变的冲淤提供动力作用，而河床和河岸的组成物质则是响应水动力的从属因素，其抗冲性大小影响河道的形变，常常可见水动力相差不大的水流在抗冲性悬殊的河段引起悬殊的河道形变。

如前所述，黄河银川平原段的河岸摆动速率在不同时期、不同河段都有明显的差异。同一河段不同时期的差异形变主要决定于流量的大小变化，尤其是汛期流量的变化，同时还与所对比的河势的间隔时间有关。由于青铜峡水库、刘家峡水库分别于 1964 年、1968 年建成，龙羊峡水库于 1986 年建成，它们的联合运行，使得研究河段的汛期日均最大流量大幅度减小（图 5.55），从 1975～1986 年的平均值 3105.8m^3/s 减小到 1987～1990 年的平均值 2136.7m^3/s，即河道的造床流量明显减小，使得河道逐渐萎缩，这引起河道左岸和右岸在 1975～1990 年的年均 4.8m（左岸摆动速率减右岸摆动速率）的相向趋近摆动成为必然趋势，当然，该时期河道总体上以年均 31.7m/a 的速率向右摆动，这与河道右岸相对较弱的抗冲性密切相关。

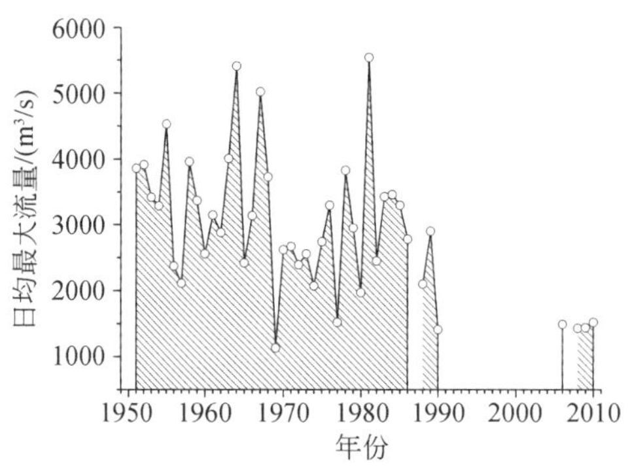

图 5.55　青铜峡站日均最大流量

青铜峡站最大流量在 1990 年为 1410m^3/s，在 2010 年为 1520m^3/s（图 5.55），显然，最大日均流量差别不大，另外，从表 5.6 中可见，尽管 1990 年 8 月 30 日和 2010 年 8 月 18 日的实测流量分别为 944m^3/s 和 905m^3/s，非常接近，但是，该时期该河段河道年均收缩 4.7m/a（左岸摆动速率减右岸摆动速率），整个河段平均向右年均摆动 23.1m/a。在 2010～2011 的一年期间，河道收缩 10.7m（左岸摆动速率减右岸摆动速率），整个河段向右平均摆动 50.8m。在上述三个不同时间尺度上，黄河银川平原段河道的河岸总体上以向右摆动为主，反映了右岸物质的抗冲性小于左岸物质的抗冲性。实际上，以粉砂质河岸为主的黄河银川平原河段，其河岸摆动速率在短期的变化未必小于多年的累积变化，因为，河岸摆动在多年间可能出现往复，从而使计算所得的平均摆动速率数值明显偏小，本书长时间尺度和短时间尺度的摆动速率数值则可证明。

黄河银川平原河段河岸摆动速率在不同河段的差别，其主要控制因素则是河岸及冲积平原区的物质组成不同，而流量则为次要因素，因为该河段四期影像拍摄日期的流量除了 1975 年较大外，其他日期的流量差别不大（表 5.6）。根据 Hudson 和 Kesel（2000）的报道，在 1877 ~ 1924 年密西西比河上游弯曲带的平均摆动速率为 45.2m/a，因为该河段冲积平原区有较多的黏土节点，而在其下游则增大至 59.1m/a，因为这里黏土节点相对很少。显然，河道弯曲段的摆动速率与冲积平原区的不同沉积相关联。该研究区的 *A* 段位于银川平原的上段，地下沉积物以冲积扇的粗粒物质为主，河床质由卵石逐渐过渡到砾石和粗砂，该河段的河岸物质较粗，难以被水流侵蚀冲刷，同时，该河段的比降较大，河道不易于弯曲，而弯曲是增大摆动速率的主要方式。*B* 段河岸主要由下层中细砂质和上层泥质沉积物构成，水流通过淘蚀下部细砂层、使上部泥质层崩塌的方式而使河岸发生明显的摆动，因此，在该河段，其河岸的摆动速率明显比 *A* 段的大，尤其是河岸向左摆动的速率是全河段最大的。*C* 段位于银川平原的下游地区，无论是河岸组成物质还是河床质都比 *B* 段明显变细，其中，河岸物质以上部泥质层和下部细砂粉砂质层组成的二元沉积结构，但是，细砂粉砂质相对于 *B* 段中的细砂质层更易于被水流侵蚀，这是该段河岸摆动速率最大的根本原因。至于黄河银川平原河段河岸组成物质的粒度参数的沿程分布特征及其与河岸摆动速率之间的潜在统计关系，则是将来需要进一步系统开展的研究工作。

综上所述，该研究的主要结论概括如下。

（1）在 1975 ~ 1990 年、1990 ~ 2010 年、2010 ~ 2011 年三个不同尺度的时期内，黄河银川平原河段 153 个数字河道横断面上，河道左岸发生向左摆动的断面分别有为 76 个、34 个和 43 个，其平均摆动速率分别为 −27.9m/a、−11.2m/a 和 −48.5m/a；左岸发生向右摆动的断面分别有 77 个、119 个和 110 个，其平均摆动速率分别为 45.0m/a、32.5m/a 和 66.6m/a。右岸发生向左摆动的断面分别有 81 个、109 个和 95 个，其平均摆动速率分别为 −19.6m/a、−25.8m/a 和 −62.4m/a；右岸发生向右摆动的断面分别有 72 个、44 个和 58 个，其平均摆动速率分别为 45.3m/a、16.5m/a 和 31.9m/a。

（2）加权平均结果表明，左右岸总体上都在向右摆动，在上述三个时期，整个河段左岸平均摆动速率分别为 36.5m/a、27.8m/a 和 61.5m/a，右岸平均摆动速率分别为 31.7m/a、23.1m/a 和 50.85m/a；同时，河道收缩速率分别为 −2.2m/a、36.5m/a 和 60.9m/a。2010 ~ 2011 年的年际变化表明，考察较长时间尺度的河道摆动速率时，不可避免地包含了河道往复摆动的影响。

（3）河岸摆动速率在空间上也表现出了明显的变化趋势。对于 *A*、*B*、*C* 三个河段来说，在 1975 ~ 2011 的 36 年，左岸向左和向右的平均摆动速率之比分别为 1 : 7.6 : 4.6 和 1 : 1.7 : 3.8；右岸向左和向右的平均摆动速率之比为 1 : 1.8 : 1.2 和 1 : 5.6 : 17.7。显然，无论左岸右岸，它们在 *A* 段的摆动速率最小，向左摆动速率最大的出现在 *B* 段，而向右摆动速率最大的则是 *C* 段。这与左右岸组成物质的粒度空间分布有关、也与二元河岸物质结构中泥质层厚度相关。至于河岸粒度与河岸摆动速率之间的潜在统计关系，还需要进一步研究。

第6章　宁蒙河段冲淤特征和影响因子分析

6.1　泥沙冲淤时空变化特征

6.1.1　研究现状

黄河上游根据地貌特征可以划分为以峡谷为主的上段（黑山峡以上河段）和以冲积平原为主的下段（宁蒙河段）。黄河上游的降水、土地退化等自然环境变化，以及人类活动等主要影响的河段是宁蒙河段。迄今有关对黄河宁蒙河段的研究工作主要有以下几个方面：宁蒙河段区间粗沙来源问题（杨根生等，2003；杨忠敏和任宏斌，2004）；宁蒙河段的凌汛灾害及其防治问题（路秉慧等，2005；杨淑萍等，2005；龙虎等，2007）；上游大型水库的调水调沙对宁蒙河段的影响问题（郑广兴和罗义贤，1998；申冠卿等，2007；Ta et al.，2008；冉立山等，2009；王随继和范小黎，2010）；宁蒙河段的河道演变及泥沙淤积问题（赵文林，1996；赵文林等，1999；王维第等，2002；杨赉斐等，2002；侯素珍等，2007a；冉立山和王随继，2010）。

宁蒙河段的粗沙来源主要是周边的沙漠，这些粗泥沙是引起该河段河床抬升的主要原因，但来沙量估算还有待深入观测。由于该河段在冬季结冰，而开河时上游先融冰，导致沿程壅水形成低流量高水位现象，常常造成严重的凌汛灾害，一些研究人员已经对该河段近年来凌汛的特点及危害进行过必要的分析。黄河上游水库建设对该河段的影响已经有比较充分的研究（申冠卿等，2007；郑广兴和罗义贤，1998；Ta et al.，2008；冉立山等，2009；王随继和范小黎，2010），并基本揭示了其影响方式、范围和程度。赵文林等（1999）认为青铜峡、刘家峡水库运用后，水库大量拦沙，宁蒙河道发生冲刷；龙羊峡、刘家峡水库联合运用后使宁蒙河道水流挟沙能力降低；河道淤积加重。有关宁蒙河段的河道演变及泥沙淤积问题讨论相对较多，如杨忠敏和任宏斌（2004）通过对黄河水沙资料的统计分析，认为兰州至石嘴山河段基本冲淤平衡，宁蒙河段冲淤交替，表现为淤积，黄河石嘴山—磴口河段的区间来沙，主要来自乌兰布和沙漠。冉立山等（2009）以头道拐断面的河道断面形态变化及其对水沙的响应来揭示上游大型水库的修建引起河床粗化现象及其过程。近来，有关黄河上游河道的水力几何形态的研究也有开展（冉立山和王随继，2010），这有助于理解研究区河道演变的相关内在驱动机制。无论如何，有关黄河宁蒙河段悬移质泥沙（悬沙）冲淤量的研究还有待加强，尤其是对不同时期、不同区段的对比研究及原因分析还有待拓展和深化。本书期望用黄河宁蒙河段有关水文站50余年的实测资料来系统分析悬沙冲淤量的时空变化特征，并揭示导致这些变化的影响因素。该研究工作对于深入认识黄河宁蒙河段河道的冲淤演变有着重要的意义，而不同河型段的冲淤强度及其原因分析对于河型演变理论也有探索意义，研究结果对于研究区伏汛凌汛的洪灾防治也有借鉴作用。

6.1.2　河段概况及资料来源

黄河宁蒙河段位于下河沿至头道拐之间（图 6.1），全长 990.5km，高差 246m，平均比降为 0.25‰，区间流域总面积为 13.2 万 km^2。该区的冲积平原有银川平原及河套平原，西边有腾格里沙漠、乌兰布和沙漠和贺兰山，北部为狼山及大青山山脉，河流的右岸为鄂尔多斯高原。区间来自黄土高原的支流有清水河，为区间细泥沙的主要来源区；来自库布齐沙漠及其附近的季节性河流主要有十大孔兑，它们是粗泥沙的主要来源区。研究区属于暖温带半干旱草原带，年均降水量为 150～363mm，该区约 2/3 河长的上段由南向北流，冬季结冰封河北部较早、春季开河南部较早，由此导致凌汛灾害及风险的长期困扰。该区段河型多样，在宁夏境内沿程有卵石质辫状河段，经过青铜峡库区后变为砂砾质辫状河段，再变为砂质辫状河段（范小黎等，2010）；在内蒙古境内沿程由辫状河段变为弯曲河段、在末段变为顺直河段（王随继，2008）。

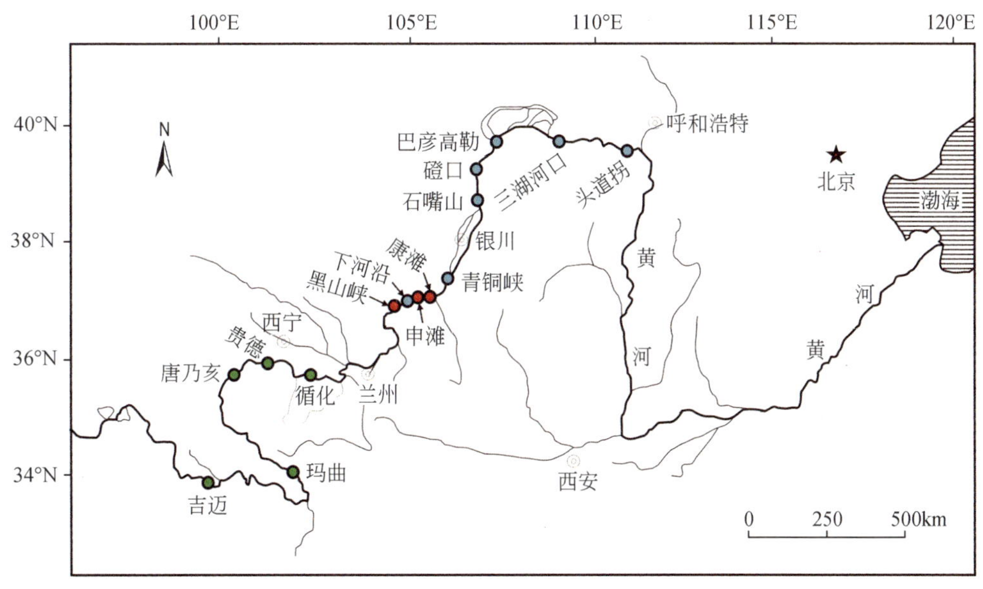

图 6.1　黄河宁蒙河段水文站位置图

该研究用到的有关水文站的水沙资料收集于黄河水利委员会的实测数据，测量年份为 1952～2003 年；还有部分数据收集于有关文献。

6.1.3　不同时期悬沙冲淤量变化特征

1. 悬沙冲淤量变化的五阶段对比

首先将黄河宁蒙河段 1952～2003 年的悬移质泥沙观测序列划分为如图 6.2 所示的五

个不同时段，运用输沙平衡法分别计算上述各时期宁蒙河段的年均悬沙冲淤量，计算结果以柱状图形式绘制在图 6. 2 中。由该图可见，在人类活动影响非常有限的 1952 ~ 1959 年，宁蒙河段的年均悬沙淤积量最大，达 0. 9588 亿 t/a。净冲刷发生在 1960 ~ 1968 年，年均悬沙净冲刷量为 0. 6127 亿 t/a。

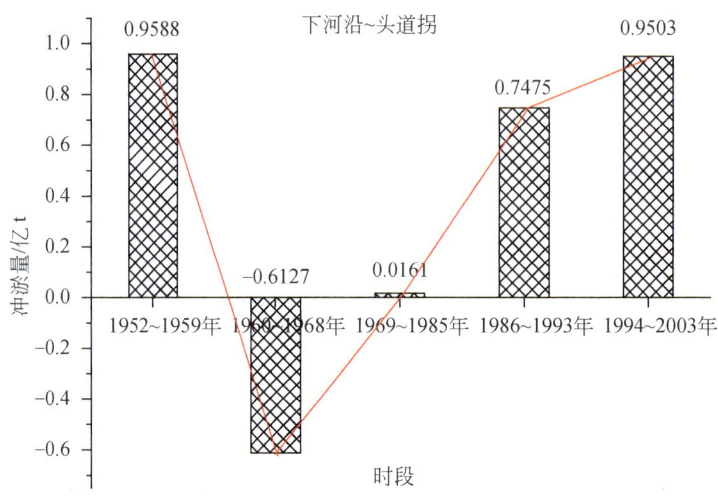

图 6. 2　黄河宁蒙河段 5 个不同时段年均悬沙冲淤量比较

从变化趋势来看，在 1952 ~ 1959 与 1960 ~ 1968 两个时期内，宁蒙河段的年均悬沙淤积量明显减少，由净淤积 0. 9588 亿 t/a 减小到净冲刷 0. 6127 亿 t/a。在此后三个时期，宁蒙河段的年均悬沙淤积量又逐渐增大，由 0. 0161 亿 t/a 增至 0. 7475 亿 t/a，再增至 0. 9503 亿 t/a。

显然，从上述分析可以看出，黄河宁蒙河段严重冲刷时段在青铜峡、刘家峡和龙羊峡水库完工之前的 1960 ~ 1968 年，但并非水库建设之前该河段总是处于冲刷之中，如 1952 ~ 1959 年，宁蒙河段的淤积量非常强烈，并和 1994 ~ 2003 年的淤积量非常接近。上述三个水库对宁蒙河段悬沙冲淤量的影响应该以在 1969 ~ 1985 年最为强烈，但此时该河段处于微淤状态。也许，1960 ~ 1968 年的反常较强烈冲刷现象有水库建设之外的其他因素影响，其中，区间悬沙来量变化可能是主要因素之一。

2. 悬沙冲淤量变化的四阶段对比

如果将黄河宁蒙河段 1952 ~ 2003 年的悬沙观测序列划分为如图 6. 3 所示的四个不同时段，则各时段年均悬沙冲淤量变化有所不同。

年均悬沙冲淤量在 1967 ~ 1986 年为负值，表明该时段河流以侵蚀为主，年均侵蚀量为 0. 189 亿 t。另外三个时段黄河宁蒙河段以淤积为主，年均淤积量在 1952 ~ 1966 年为 0. 408 亿 t/a、1987 ~ 1993 年为 0. 866 亿 t/a、1994 ~ 2003 年为 0. 952 亿 t/a。自 1986 年以后，黄河宁蒙河段的悬沙淤积量大幅度增加，有许多研究者将这一现象归结为刘家峡、龙羊峡等水库调水调沙而导致的不良后果。显然，上述第一时段是黄河上游三大水库修建之前时段，宁蒙河段的淤积量较小；在青铜峡、刘家峡于 1968 年建成运行及龙羊峡基本完

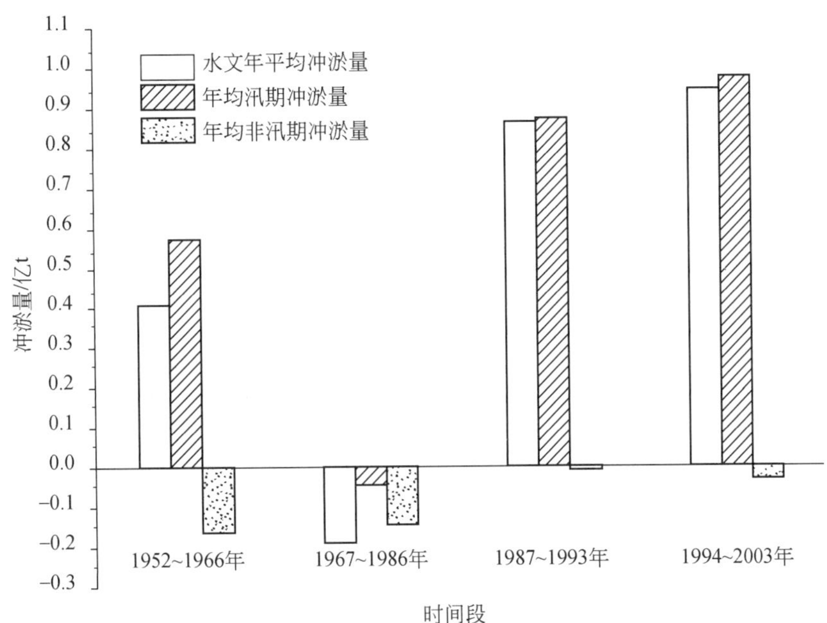

图 6.3　黄河宁蒙河段四个不同时段年均悬沙冲淤量比较

工的第二时段，宁蒙河段发生冲刷；而在上述三个水库联合运行之后的第三时段和第四时段，宁蒙河段严重淤积，并有升高趋势。这似乎表明，水库是悬沙冲淤量变化的主因。

考察汛期和非汛期宁蒙河段悬移质冲淤量的变化可以发现（图 6.3），在第二时段，汛期和非汛期都以冲刷为主，年均冲刷量分别为 0.049 亿 t/a 和 0.147 亿 t/a，汛期小；在其他三个时段都表现为汛期大量淤积而非汛期少量或微量冲刷，其中，汛期的淤积量分别为 0.571 亿 t/a、0.872 亿 t/a 和 0.978 亿 t/a，非汛期的冲刷量则分别为 0.163 亿 t/a、0.005 亿 t/a 和 0.027 亿 t/a。这和我们日常观察到的河道汛期冲刷、非汛期淤积相矛盾，这就需要进一步分析区间的来沙量变化情况。

由上述分析可见，阶段划分常常受制于分析者的主观因素，此处将同一时期划分为五个和四个阶段，对宁蒙河段悬沙冲淤量变化是否受水库影响的判断也就不同，因为在四阶段分析中，将五阶段中建库之前 1952 ~ 1959 年宁蒙河段年均悬沙淤积量 0.9588 亿 t/a 高值模糊了，因而会认为水库的影响作用更大。因此，五阶段划分更具有现实意义、其结果与泥沙实际冲淤过程更为接近。

6.1.4　悬沙冲淤量的空间变化特征

1. 不同区段悬沙冲淤量的变化特征

根据地貌特征及水文站的空间布置等，黄河宁蒙河段可以划分为下河沿—青铜峡（下青）河段、青铜峡—石嘴山（青石）河段、石嘴山—巴彦高勒（石巴）河段、巴彦高勒—三湖河口（巴三）河段、三湖河口—头道拐（三头）河段。在 1952 ~ 2003 年，这些河段的年均悬沙冲淤量不尽相同，但总体上表现为淤积（图 6.4）。

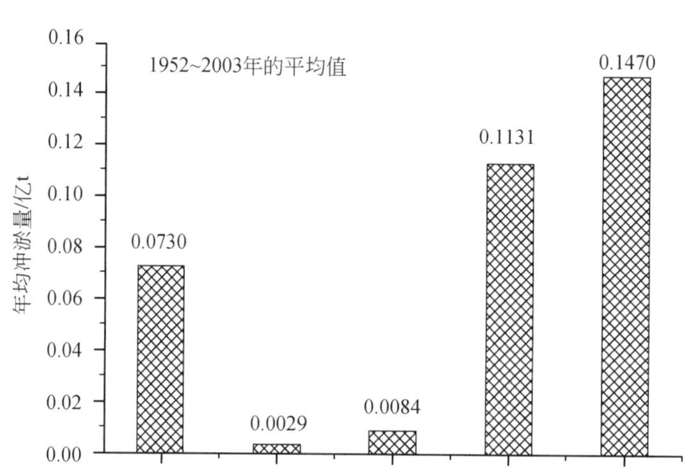

图 6.4　黄河宁蒙河段不同区间年均悬沙冲淤量比较

年均悬沙淤积量在黄河宁夏河段的下青河段较大，为 0.073 亿 t/a；在青石河段明显减小，为 0.003 亿 t/a，几乎为冲淤平衡状态；在黄河内蒙古河段的三个区段沿程增加，由石巴河段的 0.0084 亿 t/a 增大至巴三河段的 0.113 亿 t/a，至三头河段又增大至 0.147 亿 t/a。黄河宁蒙河段年均悬沙淤积总量为 0.345 亿 t/a，其中，宁夏、内蒙古河段分别为 0.076 亿 t/a 和 0.269 亿 t/a。

从以上现象可以看出，黄河宁蒙河段悬沙的主要淤积区域是内蒙古境内的巴彦高勒—头道拐河段，其次是宁夏境内的青铜峡以上的冲积河段。

2. 不同时段悬沙冲淤量的沿程变化特征

不同时段悬沙冲淤量的沿程变化特征见图 6.5。在黄河上游无大型水库的 1952 ~ 1959 年，黄河宁夏河段的上段（下青河段）和内蒙古河段的上段（石巴河段）的悬沙以侵蚀为主，其年均侵蚀量分别为 0.021 亿 t/a 和 0.066 亿 t/a。而在宁夏河段的下段（青石河段）和内蒙古河段的中段（巴三河段）及下段（三头河段），其悬沙则以沉积为主，年均悬沙沉积量分别为 0.486 亿 t/a、0.268 亿 t/a 和 0.292 亿 t/a，其中，最大沉积量发生在宁夏下段。

1960 ~ 1968 年，黄河宁蒙河段以侵蚀为主。宁夏全河段发生侵蚀，年均悬沙侵蚀量在其上、下段分别为 0.054 亿 t/a 和 0.399 亿 t/a。内蒙古上下两段微淤，淤积量分别为 0.012 亿 t/a 和 0.006 亿 t/a，中段以侵蚀为主，悬沙侵蚀量为 0.178 亿 t/a。最大侵蚀量发生在宁夏下段。

1969 ~ 1985 年，黄河宁蒙河段冲淤交替。宁夏河段上段淤积、下段侵蚀，上段悬沙淤积量为 0.164 亿 t/a，下段侵蚀量为 0.095 亿 t/a。内蒙古河段悬沙由上段 0.025 亿 t/a 的淤积量，变为中段 0.019 亿 t/a 的微蚀量，再变为下段 0.058 亿 t/a 的较大侵蚀量。

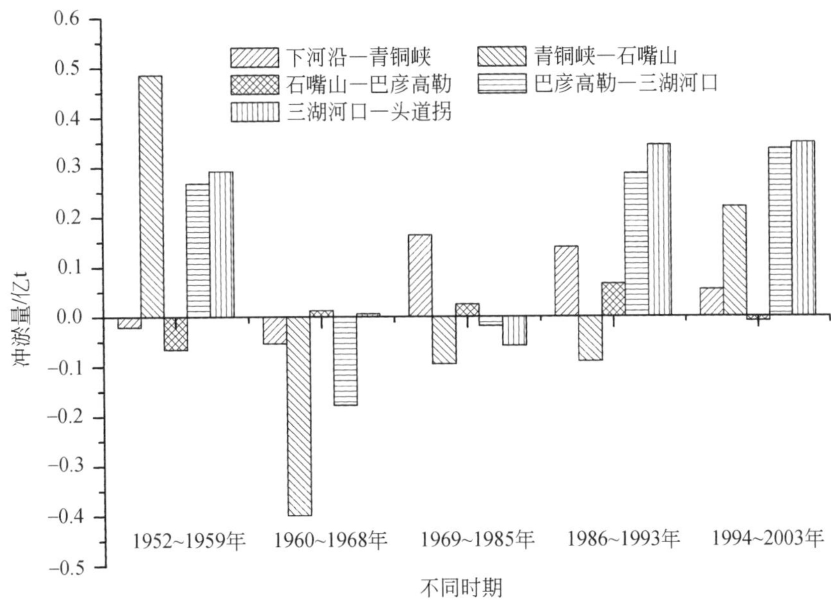

图6.5　黄河宁蒙河段不同区间不同时段年均悬沙冲淤量比较

1986~1993年，悬沙在宁蒙河段以沉积为主。宁夏河段上段沉积、下段侵蚀，悬沙沉积量和侵蚀量分别为0.140亿t/a和0.090亿t/a。在内蒙古三个河段都为沉积，沉积量沿程递增，分别为0.066亿t/a、0.287亿t/a和0.345亿t/a。最大沉积量出现在内蒙古下段。

1994~2003年，除内蒙古河段上段发生0.009亿t/a的微量侵蚀外，其他宁蒙河段都为沉积、沉积量沿程递增，分别为宁夏上段0.054亿t/a、宁夏下段0.220亿t/a、内蒙古中段的0.336亿t/a和下段的0.349亿t/a。最大沉积量依然出现在内蒙古下段。

6.1.5　悬沙冲淤量变化的原因分析

1. 支流悬沙来量变化的影响

1）清水河悬沙来量阶段性变化的影响

清水河是黄河宁夏境内最大的支流，以黄土丘陵为主，全长320km，平均河道比降为1.49‰。其年均径流量为1.09亿m^3/a，年均悬沙来量为0.236亿t/a。年均入黄的悬沙量在1955~1959年为0.540亿t/a，但是在1960~1969年大幅度减小至0.187亿t/a（图6.6），约为上一时段的35%（而年降水量却是所有时段中最大的）。显然，人类活动对流域水沙过程施加了巨大影响。此后直至1989年，基本保持在0.180亿~0.192亿t/a，变化幅度很小。在1990~2003年重新增加并达到0.392亿t/a。

黄土高原的各类水保措施中，淤地坝及水库的拦沙效益非常明显，已有的研究结果表明，拦沙量与其累计有效蓄水面积有关（王随继和冉立山，2008），显然，蓄水面积与其

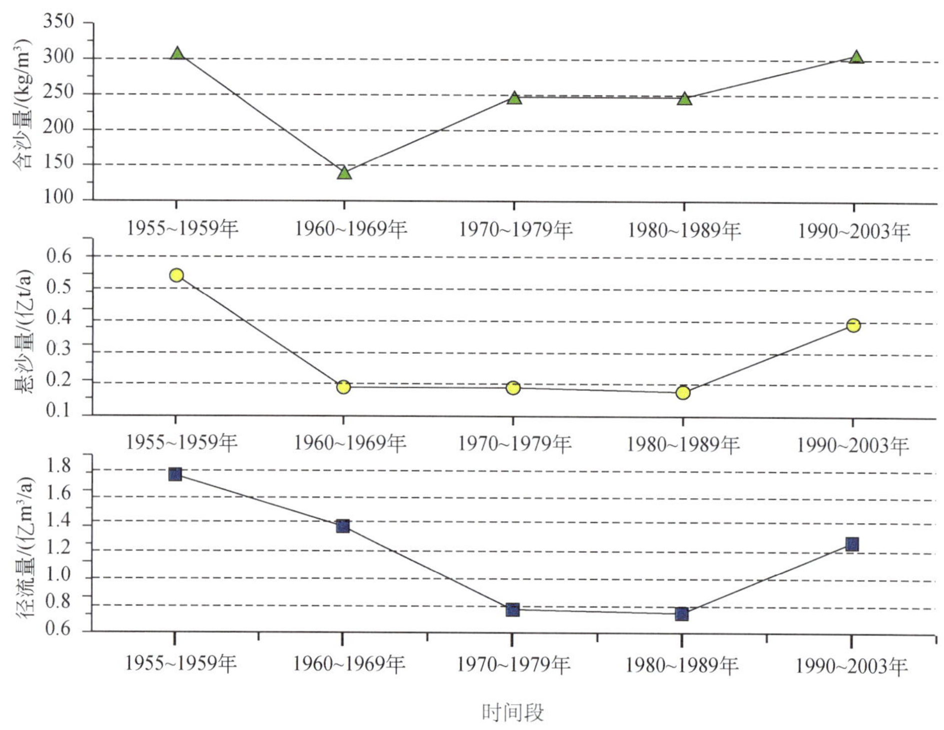

图 6.6　清水河流域不同时期输入黄河的水量、沙量和含沙量比较

库容呈正相关关系。1958 年和 1959 年两年，清水河流域修建了大中型水库 5 座，总库容 41300 万 m^3；小型水库两座，总库容 630 万 m^3（左仲国，2002）。这两年修建的水库总库容为 41630 万 m^3，占该流域 1958 ~ 2000 年 42 年间修建的全部水库总库容 92021 万 m^3 的 45.2%。显然，这些水库拦蓄了 1/3 左右的径流量，但拦截的泥沙比例更大，几乎达到年均的一半。拦蓄的径流量比例明显小于拦截的泥沙比例，从而导致进入黄河的水流的含沙量减为各时段的最小值。这是 1960 ~ 1969 年泥沙大幅度减小的主要原因。根据对相关资料的调研，此后上述水库及新建的水库持续拦水拦沙，直至进入 1990 年以后，早期的淤地坝大部分淤满，加之部分淤地坝及水库溃坝，导致其拦沙能力严重降低，从而造成 1990 ~ 2003年输沙量再度明显增大的事实（图 6.6）。

2）祖厉河悬沙来量的阶段性变化特征

祖厉河流域位于黄河宁蒙河段以上比邻地区，其年均径流量为 4.04m^3/a，年均输沙量为 0.564 亿 t，汛期（6 ~ 9 月）输沙量占全年输沙量的 93% ~ 98%，年均含沙量达 440.63kg/m^3，属于高含沙水流。表 6.1 显示，在 1955 ~ 1989 年的四个时段，其向黄河输入的悬沙量呈递减趋势。其中，1960 ~ 1969 年比 1955 ~ 1959 年的年均输沙量减少幅度最大，这也是导致 20 世纪 60 年代黄河宁蒙河段悬沙输沙量减小的关键因素之一。

表6.1　祖厉河流域不同时期的水沙量比较

时段/年	年均径流量/亿 m^3	汛期径流量/亿 m^3	年均输沙量/亿 t	汛期输沙量/亿 t	年均含沙量/(kg/m^3)	年均汛期含沙量/(kg/m^3)
1955～1959	1.92	1.75	1.000	0.982	520.83	561.14
1960～1969	1.37	1.02	0.583	0.541	425.55	530.39
1970～1979	1.16	0.93	0.508	0.485	437.93	521.51
1980～1989	0.98	0.74	0.382	0.358	389.80	483.78
1955～1989	1.28	1.02	0.564	0.536	440.63	525.49

资料来源：谢玉亭和王志文，2002。

黄河宁蒙河段的悬沙主要来源于祖厉河和清水河流域，它们在20世纪60年代的悬沙来量的大幅度减少是导致宁蒙河段严重侵蚀的根源。根据对相关资料分析可知，后来的悬沙淤积量的增大并不只是上游水库运行所导致的，而与祖厉河、清水河流域早期修建的水库的有效拦沙库容的减少有关，尤其与1990年以后这两个流域的一些淤地坝及水库的溃坝关系密切（图6.6，表6.1）。

3）十大孔兑水沙变化特征

十大孔兑位于伊盟北部，均位于鄂尔多斯高原分水岭以北，并向北流，上游为丘陵区、中游为库布齐沙漠、下游为黄河冲积平原，均是黄河的季节性一级支流。汛期易发洪水，由于其流域的风成沙遍布、河道比降大，因此，汛期的输沙量比较可观，尤其是来自风成沙的粗沙的比例很高，是黄河内蒙古河段南岸的主要粗泥沙来源区。

由表6.2可见，各支流的平均流量仅为0.49m^3/a，表明这些季节性支流在一年内大多数时间是干涸的，各支流的多年平均输沙量也只有271万t/a。10条支流的年均总输沙量为0.271亿t，该值与清水河的年均输沙量0.236亿t/a非常接近，但远小于祖厉河的年均输沙量0.564亿t/a。也就是说，十大孔兑的年均总来沙量仅占清水河与祖厉河年均来沙量的三分之一。同时，由于十大孔兑的来沙更粗，其部分悬沙进入黄河之后将变为黄河主流的河床质并导致河床严重淤积。因此，黄河宁蒙河段的悬沙主要是来自黄土高原的祖厉河及清水河。但是，十大孔兑洪水动能强，高含沙水流带来的粗悬移质及河床质，成为黄河内蒙古河段河床质不可忽视的来源区。

表6.2　十大孔兑水文泥沙特征

支流名称	年均径流量/万 m^3	平均流量/(m^3/s)	年输沙量/万 t	输沙模数/[t/(km^2·a)]
毛不拉孔兑	901	0.24	331	2624.9
卜尔色太沟	430	0.17	158	2894.3
黑赖沟	998	0.45	367	3888.5
西柳沟	3220	0.95	481	4029.2
罕台川	1880	0.69	274	3132.5
壕庆河	335	0.17	84	3938.1
哈拉什川	3510	1.04	524	4813.5

续表

支流名称	年均径流量/万 m^3	平均流量/(m^3/s)	年输沙量/万 t	输沙模数/[t/(km^2 · a)]
木哈尔河	669	0.39	177	4352.1
东柳沟	669	0.43	167	3701.2
呼斯太河	590	0.39	148	3645.3
平均	1320	0.49	271	3671.0

注：部分数据引自杨根生，2002。

2. 水库淤沙的影响

水库调水调沙对黄河宁蒙河段的悬沙冲淤量也存在一定的影响，但是黄河上游先后建成的三座大型水库的影响程度却不尽相同。刘家峡、龙羊峡位于上游上段，距离宁蒙河段很远，同时，龙、刘两库上游的悬沙来量很小，因此，这两个水库通过直接拦沙而对黄河宁蒙河段的悬沙冲淤量的影响是微不足道的，但是，两者削减汛期洪峰流量的作用却很明显，这使得汛期宁蒙河段的洪峰流量相对减小，影响到该河段汛期的悬沙输移能力。对宁蒙河段悬沙冲淤量影响最大的水库当属青铜峡，虽然该水库于 1967 年 4 月开始蓄水，1968 年建成，总设计库容为 6.06 亿 m^3，但在 1970 年前已经拦沙（杨赉斐等，2002）3.95 亿 m^3。在该库建成初期，蓄水的同时拦截泥沙，每年为防洪排出大量清水，这些清水将在库下河床造成强烈冲刷（Zahar et al.，2008），这是 1968 年前后两个时段悬沙在黄河宁蒙河段淤积少而侵蚀多的原因之一。当然，这方面的影响正好与清水河、祖厉河流域的悬沙来量大减相互叠加，共同造成了 1960～1968 年、1969～1985 年的年均悬沙低淤的结果。此后，青铜峡水库的拦沙库容因强烈淤积而基本消失，它对黄河宁蒙河段悬沙冲淤量的影响也就降到可以忽略不计的程度。

6.2 黄河上游异源水沙对悬移质泥沙冲淤的影响

河流系统的理论将流域划分为侵蚀带、输移带和沉积带三个子系统（Schumm，1977），其中，侵蚀带又可以再划分次一级的产沙产水子系统，即不同的水沙来源区（许炯心，1997）。不同来源区的水沙可以称为异源水沙。异源水沙对河道冲淤的影响是多泥沙河流研究中的一个重要科学问题。黄河流域具有十分鲜明的水沙异源特征（钱宁等，1980），这一特征对黄河下游泥沙输移与沉积有着十分深远的影响。钱宁等（1980）基于水沙异源的特征，将黄河流域分为不同的水沙来源区，即河口镇以上的清水区、河口镇至龙门的多沙粗沙区、龙门至三门峡的多沙细沙区，以及伊洛沁河清水区。前人已对 4 个不同来源区水沙对黄河下游沉积的影响进行了大量研究，取得了很多进展（钱宁等，1980；赵业安等，1998；许炯心，1997）。钱宁等（1980）将黄河流域的 103 次洪水按不同的水沙来源区分为 6 种组合，分别研究了这 6 种组合的洪水在下游河道产生的淤积量，发现在这 103 次洪水中，来自多沙粗沙区的只有 13 次，在下游所造成的淤积却占到 103 次洪水总淤积量的 60%。许炯心（1997）运用多元回归分析方法对于不同水沙来源区对下游河道淤积的影响进行了定量估算，表明来自多沙粗沙区的每 1t 泥沙，淤积在黄河下游河道的为 0. 455t；而来自多沙细沙区的每 1t 泥沙，淤积在黄河下游河道的仅为 0. 154t，即来自多沙粗沙区的每 1t 泥沙所导致的黄河下游河道淤积量，接近于来自多沙细沙区每 1t 泥沙所导致的淤积量的 3 倍。不同来源水沙对于黄河下游河道影响的机理，实质上在于清水区的低含沙洪水对多沙粗沙区和多沙细沙区的高含沙洪水有强烈的稀释作用，因而减少了下游河道的淤积。许炯心最近对这种稀释效应进行了定量研究，建立了若干定量关系（Xu，2014）。

作为黄河流域的重要沉积汇之一（Xu，2015a），黄河上游宁蒙河段的沉积近来受到人们的关注，已发表了不少研究成果，涉及河道水沙与冲淤变化趋势（赵文林等，1999；张晓华等，2008b；刘晓燕等，2009）、风沙活动对河道泥沙淤积的影响（杨根生等，1991，2003；杨根生，2002）、干流水库调节水沙对河道冲淤的影响（申冠卿等，2007；侯素珍等，2007a；尚红霞等，2008），以及河道的萎缩及其原因（刘晓燕等，2009）。事实上，与整个黄河流域相似，黄河上游也具有水沙异源特征，这对于黄河上游河道沉积过程有深远的影响，然而对此尚未进行过研究。着眼于水沙异源特性研究黄河上游河道沉积，不但对于宁蒙河段的减淤治理有重要意义，而且对于深化河流地貌系统理论中侵蚀带与沉积带的复杂耦合关系及其形成机理也有重要意义。我们在这方面进行了研究，取得了进展（许炯心，2014b）。

6. 2. 1　黄河上游水沙异源特征

1. 三个水沙来源区的划分

黄河上游河段的下界为河口镇，上游流域出口的水文控制站为头道拐站，控制流域面积为 367898km^2。按 1950 ~ 2008 年的资料统计，头道拐站多年平均径流量为 214. 6 亿 m^3，输沙量为 1. 06 亿 t。从自然地理上说，黄河上游流域由两个不同的自然地理单元构成，即兰州以上流域和河口镇至兰州区间。十大孔兑是位于黄河内蒙古段右岸的毛不拉孔兑、西柳沟、罕台川等 10 条支流的总称。由于自然地理条件的差异，黄河上游具有十分显著的水沙异源特征。按 1950 ~ 2005 年的统计，兰州站年均来沙量为 0. 707 亿 t，来水量为 308 亿 m^3。兰州以下主要支流为祖厉河和清水河，两条河流相加，年均来沙量为 0. 718 亿 t，来水量为 2. 31 亿 m^3；据估算①，十大孔兑年均来沙量为 0. 2098 亿 t，来水量为 1. 40 亿 m^3。祖厉河、清水河和十大孔兑增加的水量仅为 3. 71 亿 m^3，增加的沙量却高达 0. 9277 亿 t。由此计算出，河段年平均总来沙和总来水（即干流兰州站和支流祖厉河、清水河和十大孔兑之和）分别为 1. 6347 亿 m^3 和 311. 71 亿 m^3；干流来沙、来水分别占总来沙和来水的 43. 2% 和 98. 8%，而支流来沙和来水分别占总来沙和来水的 56. 8% 和 1. 2%。可见，黄河上游兰州以下的区间流域，对径流的补给量很小，对泥沙的补给量却很大。干流来水的平均含沙量为 2. 30kg/m^3，祖厉河、清水河的平均含沙量为 311kg/m^3，十大孔兑的平均含沙

① 黄河水利科学研究院黄河干流水库调水调沙关键技术研究与龙羊峡、刘家峡水库运用方式调整研究课题组. 黄河上游兰州至头道拐河段冲淤分析. 黄河水利科学研究院研究报告，2008 年 3 月。

量为 150kg/m³。兰州站含沙量仅为祖厉河、清水河两河的 1/135、为十大孔兑的 1/65。这种水沙异源特性十分触目，对于河道冲淤和河流地貌过程会产生十分深远的影响。

基于来水和来沙的差异，本书将黄河上游分为三个水沙来源区：①兰州以上清水来源区（以下简称区域 1）：流域面积为 222551km²，以兰州站的径流量和输沙量表示这一来源区的水沙量；②祖厉河、清水河流域多沙细沙区（以下简称区域 2）：两条河流的流域面积分别为 10647km²、14480km²，以祖厉河靖远站和清水河泉眼山站的径流量和输沙量表示这一来源区的水沙量；③十大孔兑流域多沙粗沙区（以下简称区域 3）。兰州以上流域来水很多，来沙相对较少，含沙量较低。祖厉河、清水河流域，来沙较多但较细，来水较少，含沙量很高。十大孔兑流域，来沙较多但较粗，来水很少，含沙量也很高。三个水沙来源区的主要特征见表 6.3。多沙粗沙区与多沙细沙区地表物质的粒度累积频率分布曲线见图 6.7。多沙粗沙区的地表物质主要为础砂岩、风成沙，多沙细沙区为黄土和典型黄土，前者的粒度比后者粗得多。

表 6.3　三个水沙来源区的主要特征

名称	自然地理条件	水沙特征
兰州以上清水来源区（区域 1）	位于青藏高原高寒半湿润区，局部为高寒湿润区，植被类型为高山草甸、高山草原，局部为高山森林草甸。降水量为 435mm，年均温 3.5℃，蒸发量小；黄土仅局部分布，地表物质抗蚀性较强	按 1950～2005 年统计，多年平均径流量、输沙量、含沙量、产沙模数分别为 308 亿 m³、0.707 亿 t、2.30kg/m³ 和 317 t/(km²·a)
祖厉河、清水河多沙细沙区（区域 2）	位于黄土高原西北边缘，地貌类型以黄土丘陵沟壑为主（祖厉河为 72%，清水河为 82%），地表物质为典型黄土和沙黄土，抗蚀性很弱，植被差，侵蚀强烈	按 1955～2005 年统计，多年平均径流量、输沙量、含沙量、产沙模数分别为 2.31 亿 m³、0.718 亿 t、311kg/m³ 和 2851 t/(km²·a)
十大孔兑多沙粗沙区（区域 3）	为温带干旱半干旱气候，植被差。上游位于鄂尔多斯高原北缘，占总面积的 48.0%，地表由薄层残积土、砂质黄土和风沙覆盖，下伏泥页岩、粉砂岩、砾岩，结构松散，极易风化，当地俗称“础砂岩”，抗蚀性很弱。中部为库布齐沙漠，占总面积的 25.7%。下游属于黄河冲积洪积平原区，占总面积的 26.3%	按 1960～2005 年统计，多年平均径流量、输沙量、含沙量、产沙模数，十大孔兑分别为 1.40 亿 m³、0.2097 亿 t、150kg/m³ 和 2839t/(km²·a)；毛不拉孔兑分别为 1406 万 m³、439 万 t、312kg/m³ 和 3481 t/(km²·a)；西柳沟分别为 3057 万 m³、482 万 t、157kg/m³ 和 4037 t/(km²·a)。西柳沟和毛不拉孔兑最大含沙量分别为 1550kg/m³ 和 1600kg/m³

自 1960 年以来，黄河上游已建水库 13 座。对水沙变化影响较大的有龙羊峡、李家峡、刘家峡、盐锅峡、青铜峡、三盛公等。其中，龙羊峡水库库容为 247 亿 m³，为多年调节水库；刘家峡水库库容为 57.1 亿 m³，为年调节水库。龙羊峡、刘家峡水库主要用于蓄水发电，对水量有很大的调节作用；其余水库库容较小，主要用于引水灌溉，对水量的调节作用很小。

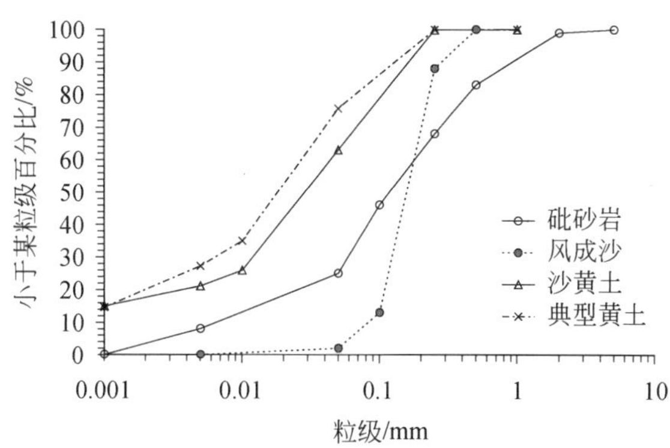

图 6.7　多沙粗沙区的地表物质（砒砂岩、风成沙）与多沙细沙区的地表物质（黄土、典型黄土）粒度频率分配曲线

2. 不同来源区水沙的耦合指标

兰州站含沙量低，基本上没有高含沙水流发生。祖厉河、清水河、十大孔兑高含沙水流发生频率很高，绝大部分汛期泥沙都以高含沙水流的形式输入黄河干流。来自祖厉河、清水河多沙细沙区和来自十大孔兑多沙粗沙区的高含沙水流，会受到兰州以上清水径流的稀释，从而缓解支流来沙在干流河道中的淤积。这种稀释效应与三个来源区的水沙耦合关系直接有关。

由于在三个水沙来源区中，90% 以上的径流均来自区域 1，该区的径流是兰州—头道拐兰头河段最主要的输沙动力，而来自区域 2、区域 3 的洪水均为高含沙洪水，而且这两个区域的来沙占该河段来沙的 56.8%，是主要的来源。因此，以区域 1 的汛期来水量与区域 2、区域 3 的来沙量，以及区域 2 和区域 3 来沙量之和的比值作为不同来源区水沙的耦合指标

$$\alpha_1 = Q_{wh,\ L}/Q_{sh,\ ZQ} \tag{6.1}$$

$$\alpha_2 = Q_{wh,\ L}/Q_{s,\ KD} \tag{6.2}$$

$$\alpha_3 = Q_{wh,\ L}/(Q_{sh,\ ZQ} + Q_{s,\ KD}) \tag{6.3}$$

式中，$Q_{wh,L}$为兰州站汛期（7 ~ 10 月）平均流量（m^3/s）；$Q_{sh,ZQ}$为祖厉河、清水河汛期输沙量之和（t），$Q_{s,KD}$为十大孔兑年输沙量（t）。十大孔兑输沙均发生于汛期，非汛期输沙量极少；由于缺少汛期输沙量的完整资料，以年输沙量代替汛期输沙量。

容易看到，上述水沙耦合指标反映了“输沙动力”与两个泥沙来源区加给兰头河段的“负载”之间的比值。前人已经发现，与输沙率-流量关系相比，黄河干支流的输沙率与流量的平方的关系更好，因此，常常以流量的平方作为反映输沙动力的指标（钱宁和周文浩，1965）。考虑到这一点，以流量的平方代替上述指标中的流量，得到如下指标：

$$\beta_1 = (Q_{wh,\ L})^2/Q_{sh,\ ZQ} \tag{6.4}$$

$$\beta_2 = (Q_{wh,\ L})^2/Q_{s,\ KD} \tag{6.5}$$

$$\beta_3 = (Q_{wh,\ L})^2/(Q_{sh,\ ZQ} + Q_{s,\ KD}) \tag{6.6}$$

很显然，上述各项指标值越大，则兰州以上清水来源区来水对两个多沙区来沙的稀释

效应越强。可以看到，上述指标相当于来沙系数（钱宁和周文浩，1965）。来沙系数有丰富的物理意义，是决定河道泥沙输移和冲淤的重要参数（吴保生和申冠卿，2008）。

6.2.2 河道冲淤量的确定

为了研究水库修建对河道冲淤的影响，必须获取河道冲淤量的资料。由于黄河上游缺乏系统的、长河段、长时间的河道断面观测资料，我们运用河段尺度上的泥沙收支平衡原理，基于水文站的输沙资料，运用输沙平衡的方法来计算兰头河段的冲淤量（$S_{\text{L-T}}$）。

按输沙平衡（即输沙率法）计算河段冲淤量，可以写出：

$$\text{河段冲淤量}=\text{进口输沙量}+\text{区间来沙量}-\text{库区拦沙量}-\text{灌溉引沙量}-\text{出口输沙量} \tag{6.7}$$

式中，河段进口站为兰州水文站，出口站为头道拐水文站。冲淤量为正值意味着淤积，为负值意味着冲刷。汇入支流中参与河道泥沙冲淤计算的有祖厉河、清水河、苦水河，以及发源于鄂尔多斯高原、向南汇入内蒙古河段的“十大孔兑”，即10条流域面积不大、来沙量却不可忽略的支流。位于本河段中的水库为青铜峡和三盛公水库，灌溉渠系为宁夏、内蒙古河套平原灌区的渠系。黄河水利科学研究院按上述方法，基于有关水文站水沙资料、灌区引水引沙资料计算出了兰头河段1952～2005年历年的冲淤量①，本书利用了这些数据。

对于河段冲淤量的确定，可以有两种方式。一种方式是只考虑河道冲淤量，不包含河段内干流水库的淤积量。式（6.1）的结果就是这一冲淤量。由于水库淤积量也发生在河段中，故广义的河段淤积量应包括水库淤积量。显然，将式（6.1）的结果加上河段内干流水库的淤积量，即得到广义的河段淤积量。如果无特别说明，本书中的河段冲淤量是广义的，等于兰头河段河道淤积量与水库淤积量（主要是青铜峡、三盛公两座水库的淤积量）之和。应该指出，由于黄河上游各水文站缺少推移质测验资料，进行输沙平衡计算所涉及的资料仅为悬移质，故本书所指的泥沙冲淤量为悬移质泥沙的冲淤量。还应指出，入河风沙量是黄河上游泥沙的重要来源，据杨根生等1985～1987年和2001年观测的结果，乌兰布和沙漠每年入黄沙量分别为0.19085亿t和0.28625亿t；库布齐沙漠多年平均年入黄沙量约为0.2368亿t（杨根生等，2003）。然而。本书以年系列资料进行研究，目前还很难得到长系列的历年入黄风成沙资料；同时就粒径而言，风成沙在悬移质输沙中所占的比例很小。因此，本研究暂未将风成沙考虑在内。

计算上述指标的资料来自各个相关的水文站。以上述资料和定量指标为基础，采用时间系列分析和统计分析方法进行了研究。

① 黄河水利科学研究院黄河干流水库调水调沙关键技术研究与龙羊峡、刘家峡水库运用方式调整研究课题组．黄河上游兰州至头道拐河段冲淤分析．黄河水利科学研究院研究报告，2008年3月。

6.2.3　异源水沙对于黄河上游河道冲淤的影响

上文已经指出，兰头河段流域具有水沙异源特征，可以分为三个水沙来源区，即兰州以上干流流域清水区，来自该区的水沙可以用兰州站代表；祖厉河、清水河流域多沙细沙区，来自该区的水沙可以用祖厉河靖远站和清水河泉眼沙站之和代表；十大孔兑流域多沙粗沙区，来自该区的水沙可以用十大孔兑之和代表。显然，三个不同水沙来源区的来水和来沙对于兰头河段冲淤的影响是不同的，可以建立多元回归方程来进行评价。兰州站的来沙和来水均很多，分别占总来沙、总来水的45.08%和94.81%，不能忽略；祖厉河、清水河，以及十大孔兑来沙量较大，而来水量很少，分别占总来沙和来水的54.92%和5.19%，故来沙不能忽略，来水可以在一定意义上忽略。可以认为，兰州站的来水是所研究河段主要的“输沙动力”，而兰州站的来沙和支流的来沙是输沙动力所搬运的“负载”。同时，输沙主要是汛期进行的，汛期径流直接决定了输沙的动力。在年径流量一定时，如果水库的调节减少了汛期径流，也会减弱输沙动力。进行回归分析时，以兰头河段的年冲淤量 $S_{\text{L-T}}$ 为因变量，以兰州站的汛期径流量 $Q_{\text{wh,L}}$、年输沙量 $Q_{\text{s,L}}$、祖厉河、清水河的年输沙量 $Q_{\text{s,ZQ}}$ 和十大孔兑的年输沙量 $Q_{\text{s,KD}}$ 为影响变量，其中，冲淤量、来沙量的单位均为亿t/a，径流量的单位为亿 m^3/a。各个变量之间的相关系数矩阵见表6.4。$Q_{\text{s,L}}$ 和 $Q_{\text{s,ZQ}}$ 与 $S_{\text{L-T}}$ 的相关系数在0.01的水平上是显著的，$Q_{\text{wh,L}}$ 和 $Q_{\text{s,KD}}$ 与 $S_{\text{L-T}}$ 的相关系数在0.05的水平上是显著的。以1955～2005年51年的资料为基础，经计算建立了如下回归方程：

$$S_{\text{L-T}} = 0.761 - 0.0114Q_{\text{wh,L}} + 0.930Q_{\text{s,L}} + 0.729Q_{\text{s,ZQ}} + 0.995Q_{\text{s,KD}} \tag{6.8}$$

式中的复相关系数 $R = 0.938$，样本数 $N=51$，标准均方根误差 SE＝0.2885。其余的统计参数见表6.5。对于回归方程的常数项和回归系数 b_i（$i=0, 1, 2, 3, 4$）在 $[H_0^{(i)}]$：$b_i=0$ 的假设下进行了检验，结果显示（表6.5），该假设被接受的概率 p 是极小的，因此，回归方程的质量是可以接受的。式（6.8）表明，河段冲淤量随兰州站以上清水区汛期径流的减小而增大，随兰州站以上清水区来沙量的增大而增大，随祖厉河、清水河多沙细沙区来沙量的增大而增大，随十大孔兑多沙粗沙区来沙量的增大而增大。式（6.8）计算值与实测值的比较见图6.8。由于各影响变量之间存在着一定程度的相关，按数据标准化后建立的回归方程的回归系数来判断各个影响变量的变化对于 $S_{\text{L-T}}$ 贡献率的大小不尽合理。在多元回归分析中，可以计算出各个影响变量的偏相关系数（partial correlation coefficient）和半偏相关系数（semi-partial correlation coefficient）。前者是指在固定了其他影响变量的影响时，因变量与某一个影响变量之间的相关系数；后者是指在剔除了其他变量的影响之后，因变量与某一个影响变量之间的相关系数（何晓群，2001）。四个影响变量的偏相关系数、半偏相关系数见表6.6。按半偏相关系数的大小对于各个影响变量的贡献率进行了估算。假定某一变量的贡献率与该变量的半偏相关系数的绝对值成正比，四个变量的总贡献率为100%，由此计算出4个变量的贡献率，并列入表6.6中。$Q_{\text{wh,L}}$、$Q_{\text{s,L}}$、$Q_{\text{s,ZQ}}$ 和 $Q_{\text{s,KD}}$ 对于 $S_{\text{L-T}}$ 变化的贡献率分别为39.6%、23.8%、14.0%和22.6%。$Q_{\text{wh,L}}$ 居第一，可见兰州汛期径流量对于兰头河段冲淤的影响很大。多沙粗沙区来沙的贡献率超过多沙细沙区，接近于干流来沙的贡献率。两个多沙区来沙贡献率之和为

36.6%，为干流来沙贡献率的1.41倍。

表6.4 $S_{L\text{-}T}$与$Q_{wh,L}$、$Q_{s,L}$、$Q_{s,ZQ}$和$Q_{s,SD}$之间的相关关系矩阵

	$Q_{wh,L}$	$Q_{s,L}$	$Q_{s,ZQ}$	$Q_{s,KD}$	$S_{L\text{-}T}$
$Q_{wh,L}$	1.000	0.594	0.259	0.247	-0.289
$Q_{s,L}$	0.594	1.000	0.672	0.158	0.454
$Q_{s,ZQ}$	0.259	0.672	1.000	-0.010	0.567
$Q_{s,KD}$	0.247	0.158	-0.010	1.000	0.293
$S_{L\text{-}T}$	-0.289	0.454	0.567	0.293	1.000

表6.5 对回归方程参数的统计检验结果

项目	数据标准化后的回归系数β	β的均方根误差	回归系数b	b的均方根误差	对b的t检验结果	概率p
常数项			0.7608	0.1438	5.2908	3.29×10^{-6}
$Q_{wh,L}$	-0.8860	0.0662	-0.0114	0.0009	-13.3843	1.79×10^{-17}
$Q_{s,L}$	0.6890	0.0855	0.9304	0.1155	8.0547	2.46×10^{-10}
$Q_{s,ZQ}$	0.3381	0.0715	0.7291	0.1541	4.7308	2.16×10^{-5}
$Q_{s,KD}$	0.4068	0.0531	0.9953	0.1299	7.6617	9.37×10^{-10}

表6.6 4个影响变量的偏相关系数

项目	偏相关系数（partial correlation coefficient）	半偏相关系数（semi-partial correlation coefficient）	显著性概率p	基于偏相关系数计算出的贡献率/%
$Q_{wh,L}$	-0.8920	-0.6837	1.79×10^{-17}	39.6
$Q_{s,L}$	0.7649	0.4114	2.46×10^{-10}	23.8
$Q_{s,ZQ}$	0.5721	0.2416	2.16×10^{-05}	14.0
$Q_{s,KD}$	0.7488	0.3914	9.37×10^{-10}	22.6

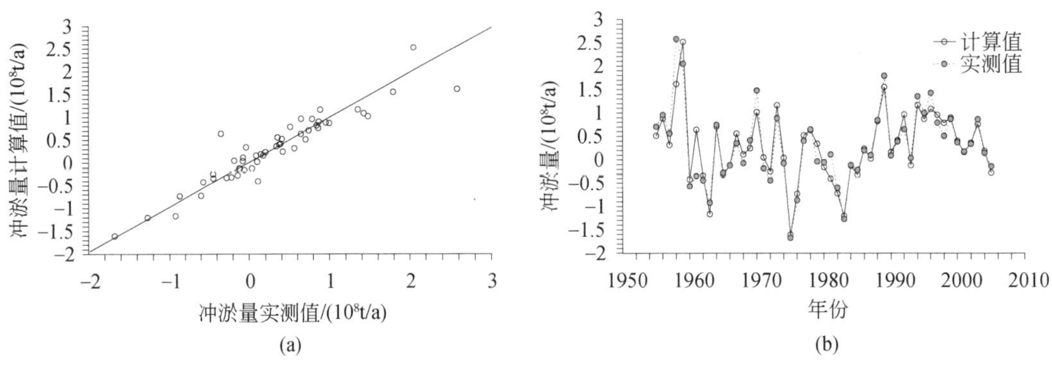

图6.8 式（6.8）计算值与实测值的比较（a）及历年变化（b）

式（6.8）以兰头河段的河床和河段中的青铜峡、三盛公两个水利枢纽的淤积量之和作为因变量。从河道治理的角度来看，应该把这两个水库的冲淤量从河段冲淤中区别出来，研究河床淤积量与影响因素的关系。因此，我们还以该河段的河床冲淤量 $S_{\text{L-T,河床}}$ 作为自变量，建立了多元回归方程为

$$S_{\text{L-T,河床}} = 0.727-0.0119Q_{\text{wh,L}} + 0.409Q_{\text{s,L}} + 1.026Q_{\text{s,ZQ}} + 1.212Q_{\text{s,KD}} \tag{6.9}$$

上式的复相关系数 $R = 0.819$，样本数 $N = 51$，标准均方根误差 SE=0.5422。虽然相关系数低一些，但对于河道减淤对策的确定有更好的参考意义。4 个变量的偏相关系数分别为-0.626、0.159、0.299、0.421。由此估算出，$Q_{\text{wh,L}}$、$Q_{\text{s,L}}$、$Q_{\text{s,ZQ}}$和 $Q_{\text{s,KD}}$对于 $S_{\text{L-T,河床}}$变化的贡献率分别为 41.6%、10.6%、19.9% 和 28.0%。与基于式（6.8）的估算结果相比，$Q_{\text{wh,L}}$和 $Q_{\text{s,KD}}$对河道冲淤的贡献率增大，而 $Q_{\text{s,L}}$和 $Q_{\text{s,ZQ}}$的贡献率有所减小。

6.2.4　不同来源区水沙耦合指标对兰头河段冲淤的影响

上文中已提出了不同来源区水沙的耦合指标。本节将河道冲淤量与这些指标相联系，以揭示不同来源区水沙之间的耦合对于河道冲淤的影响。图 6.9 中点绘了兰头河段河道冲淤量与 α_1、α_2、α_3的关系。对于相关系数的检验表明，显著性概率 p 均小于 0.01。决定系数 R^2 分别为 0.5911、0.2519 和 0.5810，说明河道冲淤量随时间变化的 59.1%、25.2% 和 58.1% 可以用 α_1、α_2、α_3随时间的变化来解释。图 6.10 中则点绘了兰头河段河道冲淤量与 β_1、β_2、β_3的关系。相关系数的检验表明，显著性概率 p 均小于 0.01。决定系数分别为 0.5353、0.2578 和 0.7674，说明河道冲淤量随时间变化的 53.5%、25.8% 和 76.74% 可以用 β_1、β_2、β_3随时间的变化来解释。按照上述百分比排序，可以确定各项耦合指标对于兰头冲淤量的影响大小（由大到小）：①β_3，76.7%；②α_1，59.1%；③α_3，58.1%；④β_1，53.5%；⑤β_2，25.8%；⑥α_2，25.2%。

β_3对于冲淤量的影响比 α_3大得多，说明以汛期流量的平方反映水流输沙动力要优于以汛期流量的一次方反映水流输沙动力。α_2和 β_2与冲淤量的关系远不如 α_1和 β_1与冲淤量的关系密切，可能是由于十大孔兑来沙主要为高含沙水流搬运进入黄河的风成沙，粒度很粗，干流水流搬运这部分泥沙的能力很弱。因此，冲淤量与 α_2和 β_2的相关系数相对较低。

$S_{\text{L-T}}$与 β_3的决定系数高达 0.7674，即 β_3的变化可以解释 $S_{\text{L-T}}$变化的 76.7%。它们之间的关系式为

$$S_{\text{L-T}} = -0.6515\ln\beta_3-2.1497 \tag{6.10}$$

由上式可知，要使 $S_{\text{L-T}}$减小，可以通过使 β_3增大来实现。按照定义，β_3由兰州站汛期流量 $Q_{\text{wh,L}}$和多沙区汛期来沙量 $Q_{\text{sh,ZQK}}$共同决定。要使 β_3增大，有两个途径可以实现：①增大兰州汛期流量；②减少多沙区汛期来沙量。为了达到前一目的，可以改变龙羊峡水库汛期调度的方式，适当减小水库对于洪峰的削减程度，使兰州站汛期流量增大；为了达到后一目的，应该进一步加强多沙细沙区（祖厉河、清水河流域）和多沙粗沙区（十大孔兑流域）水土保持措施的实施，使两个多沙区来沙量减小。同时，还可以通过上式来估算使冲淤量为 0 的 β_3临界值。令上式左端为 0，解之可得到 $\beta_3 = 0.03690\text{m}^6/(\text{t}\cdot\text{s}^2)$。如果通过上述两方面的措施使得 β_3大于这一临界值，则兰头河段可以实现冲淤平衡。这一临界值对于兰头河段的冲淤调控有一定的应用意义。

我们还可以通过比较 $S_{\text{L-T}}$与 β_3的时间变化过程，以及兰州站汛期流量和多沙区汛期来

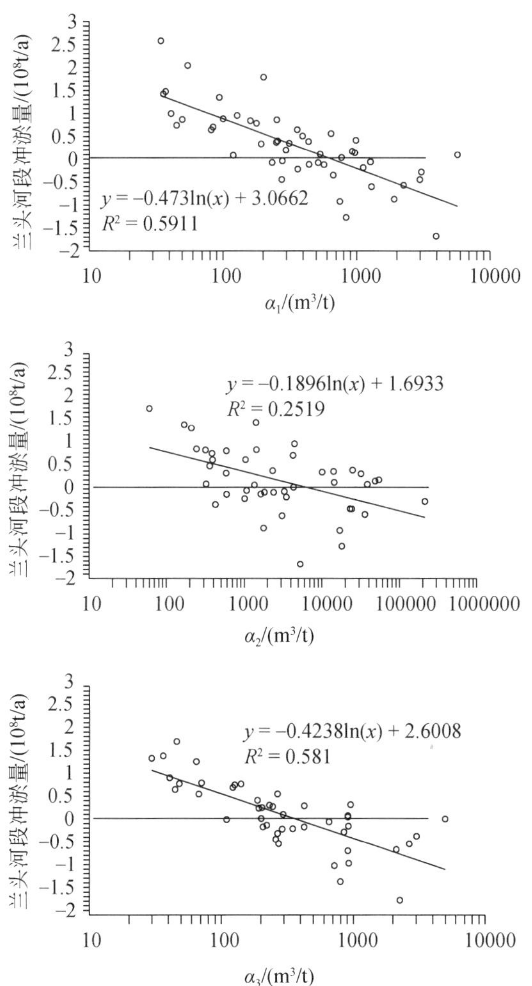

图 6.9　兰头河段河道冲淤量与不同来源区水沙耦合指标 α_1、α_2、α_3 的关系

沙量的时间变化过程，来讨论 S_{L-T} 发生变化的原因。图6.11 中点绘了冲淤量与影响因素的时间变化过程。为了更好地揭示变化趋势，图中绘出了 3 年滑动平均线。图 6.11（a）显示，S_{L-T} 与 β_3 的滑动平均线有很好的镜像关系，S_{L-T} 的上升段与 β_3 的下降段同步，S_{L-T} 的下降段与 β_3 的上升段同步。还可以看到，1985 年（即龙羊峡水库蓄水）以前，S_{L-T} 与 β_3 的滑动平均线表现为上下波动，但没有长期变化趋势；1985 ~ 1996 年，S_{L-T} 表现出明显的减小趋势，而 β_3 则有明显的增大趋势。1996 年以后，S_{L-T} 趋于减小而 β_3 趋于增大。为了进一步解释 β_3 的变化原因，图 6.11（b）显示了兰州站汛期流量和多沙区汛期来沙量的时间变化。可以看到，1985 年以后，兰州站汛期流量滑动平均呈明显减小趋势。多沙区汛期来沙量滑动平均的变化趋势有所不同，1985 ~ 1996 年呈增大趋势，1996 年以后则呈减小趋势。因此，1985 ~ 1996 年，兰州站汛期流量的减小和多沙区汛期来沙量的增大，导致了 β_3 的显著减小，使得 S_{L-T} 增大。1996 年以后，兰州站汛期流量的减小趋缓，但多沙区汛期来沙量的减小速率很大，后者超过了前者，使得 β_3 表现出增大趋势，因而导致了 S_{L-T} 的减小。

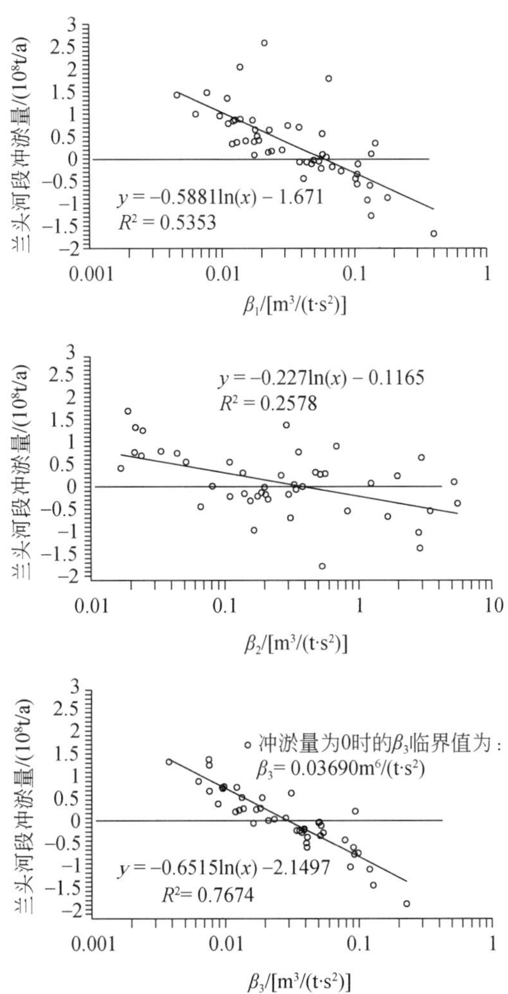

图6.10　兰头河段河道冲淤量与不同来源区水沙耦合指标β_1、β_2、β_3的关系

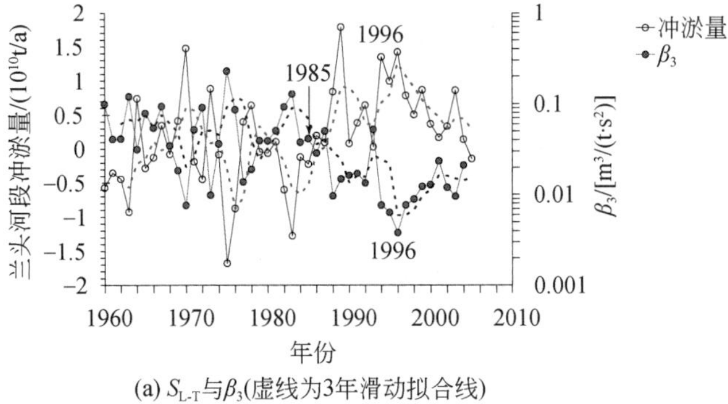

(a) S_{L-T}与β_3(虚线为3年滑动拟合线)

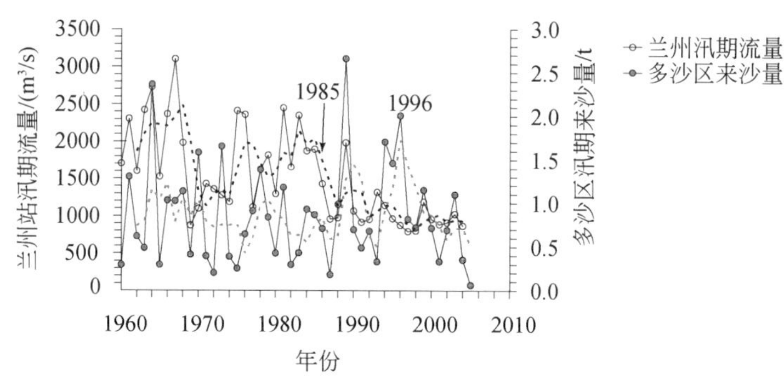

(b) 兰州站汛期流量和多沙区汛期来沙量(虚线为3年滑动拟合线)

图 6.11　冲淤量 $S_{\mathrm{L-T}}$ 与影响因素的时间变化过程

不同来源区的水沙进入干流河道后会发生相互作用。这种相互作用主要表现为来自清水区的低含沙水流对于来自多沙区的高含沙水流的稀释作用。高含沙水流能耗率较低，可以强化水流的挟沙能力，在一定条件下不但不会淤积，反而会导致冲刷（钱宁，1989；许炯心，1999a）。但是，这种作用只有在窄深河道中才能在长距离上保持（张仁等，1982）。如果进入宽浅河床，高含沙水流的稳定输送条件会受到破坏，由此导致强烈的淤积。所研究的河段位于宁夏—内蒙古平原，河道宽浅，以游荡河型为主。由于水流受河道的约束作用较弱，来自祖厉河、清水河、十大孔兑的高含沙洪水汇入干流以后，水流分散，比降减缓，一般会发生强烈淤积。但是，如果干流的流量较大，则会对于支流的高含沙洪水产生稀释作用，使淤积作用减弱。异源水沙耦合关系影响河道冲淤的机理，可以用上述稀释效应来解释。

6.2.5　应用意义

黄河上游具有十分显著的水沙异源特征，可以分为兰州以上清水来源区、祖厉河清水河多沙细沙区和十大孔兑多沙粗沙区三个水沙来源区。建立了兰头河段的年冲淤量与兰州以上汛期来水量（$Q_{\mathrm{wh,L}}$）、年来沙量（$Q_{\mathrm{s,L}}$）、祖厉河和清水河年来沙量（$Q_{\mathrm{s,ZQ}}$），以及十大孔兑年来沙量（$Q_{\mathrm{s,KD}}$）之间的多元回归方程。按半偏相关系数的大小估算出 $Q_{\mathrm{wh,L}}$、$Q_{\mathrm{s,L}}$、$Q_{\mathrm{s,ZQ}}$和 $Q_{\mathrm{s,KD}}$ 对于 $S_{\mathrm{L-T}}$ 变化的贡献率，分别为 39.6%、23.8%、14.0% 和 22.6%。$Q_{\mathrm{wh,L}}$居第一，可见兰州汛期径流量对于兰头河段冲淤的影响很大。多沙粗沙区来沙，即十大孔兑的贡献率超过多沙细沙区，接近于干流来沙的贡献率。两个多沙区来沙贡献率之和为 36.6%，为干流来沙贡献率的 1.41 倍。

异源水沙耦合关系影响河道冲淤的机理，可以用清水区径流对于多沙区高含沙洪水的稀释效应来解释。龙羊峡水库修建后兰州站汛期流量的减小和由此导致的清水区来水对于多沙区高含沙水流稀释效应的减弱，是 1986～1996 年兰头河段冲淤量增大的重要原因。

提出了不同水沙来源区来水来沙的耦合指标，以反映干流清水区径流对于支流多沙区高含沙洪水的稀释效应。建立了兰头河段冲淤量与这些指标的统计关系。其中，兰头河段冲淤量与 β_3 指标（兰州站汛期流量平方与多沙区汛期来沙之比）的关系最为密切，兰头河段冲淤量变化的 76.7% 可以用 β_3 来解释。得到了临界值 $\beta_3 = 0.03690\mathrm{m}^6/(\mathrm{t} \cdot \mathrm{s}^2)$。如果通过流域管理措施的实施使得 β_3 大于这一临界值，则兰头河段可以实现冲淤平衡。

基于本书的成果，对于黄河上游河道的减淤治理，应致力于两个方面：一是增大来自兰州以上清水区的汛期径流以增强对于支流高含沙水流的稀释效应；二是减少来自两个多沙区的泥沙以减轻干流的输沙“负载”。为了实现这一目标，建议采取如下措施。

第一，通过改变龙羊峡水库目前的运用方式，增加汛期进入兰州以下河道的清水流量，增强汛期的输沙动力。

第二，通过加强对于黄河上游多沙细沙区（祖厉河、清水河流域）的水土流失治理，减少进入黄河干流的细泥沙。

第三，通过加强对于黄河上游多沙粗沙区（十大孔兑流域）的水土流失和风沙治理，减少进入黄河干流的粗泥沙，从而减轻河道淤积，减少淤堵事件的发生。

应该指出，本研究在以下问题上还需要深化：①由于黄河上游推移质观测资料较少，难以得到各站推移质资料，本书河道冲淤量是基于悬移质泥沙输沙量的资料计算出来的，只是悬移质泥沙冲淤量。②因资料限制，本书尚未考虑入河风沙量和河岸侵蚀产生的泥沙量。由于风成沙粒度较粗，对于干流悬沙的贡献很小，未考虑入河风沙量对于悬移质泥沙冲淤量计算的结果影响不大。河岸侵蚀产生的泥沙量包括部分悬沙，随着河岸侵蚀而进入河道的泥沙量会与因滩地淤积生长而堆积在滩地上的泥沙量部分抵消，因而使未考虑河岸侵蚀而导致的误差减小，但误差仍会存在。③多元回归方程中考虑的因子尚不全面，稀释效应的研究过于宏观，未能具体分析支流汇口处的稀释过程。④兰头河段包括峡谷、库区、平原河道等不同地形条件，河床演变各有特点，一些支流仅影响部分河段，需要针对不同河段并突出重点河段进行研究。这些问题需要在今后的研究中解决和深化。

6.3　黄河上游河道冲淤对于水库修建的复杂响应

水库的修建是人类活动影响河流的重要方式。水库通过蓄水、拦沙，会改变水库下游河道的流量过程和输沙过程；通过抬高河流的局部基准面，又会改变水库上游河道的输沙过程。由此破坏了原已建立的流量过程和输沙过程之间的平衡关系，引起河道冲淤过程的改变和河道形态的调整。水库对河流的影响，不仅是局部地点的，而且在相当长的时间尺度上具有上游效应与下游效应，从而对河流系统产生影响。水库对河流水沙过程和河道调整的影响，因水库运用方式的不同而异。例如，黄河三门峡水库建成以来，其运用方式先后经历了“蓄水拦沙”、“滞洪排沙”和“蓄清排浑”等不同的阶段，对水库自身的淤积和下游河道的冲淤与演变的影响也迥然不同（赵业安等，1998）。通过不同的调度方式来调节下泄的流量、沙量及其过程（即“调水调沙”），从而改变下游河道的冲淤过程与河槽断面形态，使之朝着最有利的方向发展，是小浪底水库建成后的一个创举。黄河上游是黄河径流的主要来源区，来沙量较少。河道深切于青藏高原东北边缘，发育了一系列的峡谷，具有大量的优良坝址。因此，黄河上游是我国水电开发的重要基地，已修建了一系列用于蓄水发电的水库，其中最大的是龙羊峡水库和刘家峡水库。已经发表的对于水库的水文、地貌效应的研究成果，大多是考虑某一个水库，而没有考虑先后修建的两个或两个以上的水库的耦合影响。事实上，由于这种耦合关系的存在，水库所产生的水沙变化、泥沙冲淤和河床演变的效应要复杂得多。在一个河流系统中，随着越来越多水库的修建，这种耦合效应的影响会越来越复杂。对此，前人的研究还较少涉及。对这种复杂响应进行研究，不但对于揭示河流的复杂调整行为、深化河流系统理论有重要意义，而且也对河流系统的合理调控与科学管理有重要意义。我们对黄河上游刘家峡、龙羊峡等水库修建后河道冲淤的变化进行了研究，发现了一种复杂响应现象（Xu，2013）。

6.3.1　影响水库下游冲淤过程的流域来水来沙的空间分布

黄河上游河段的下界为河口镇，上游流域出口的水文控制站为头道拐站，控制流域面积为367898km^2。按1950～2008年的统计资料，头道拐站多年平均径流量为214.6亿m^3，输沙量为1.06亿t。从自然地理上说，黄河上游流域由两个不同的自然地理单元构成，即兰州以上流域和河口镇至兰州区间。兰州以上流域大部分位于高寒半湿润区，局部为高寒湿润区，植被类型为高山草甸、高山草原，局部为高山森林草甸。虽然降水量不多，但因气候寒冷，蒸发量小，河川径流比较丰沛，是黄河清水基流的主要来源。黄土仅局部分布，地表物质抗蚀性较强，因此产沙量少。兰州至河口镇区间属中温带半干旱区与干旱区，为温带荒漠草原，地表组成物质为洪积冲积物、风成沙、基岩，黄土分布不广，年降水量为200～400mm，水蚀作用不强，部分地区为风力-水力两相侵蚀，产流量较少，产沙量也不高，但在风力作用下进入黄河的粗泥沙不容忽视。虽然黄河上游流域总体上侵蚀较弱，但某些支流的侵蚀产沙强度仍很高，如祖厉河、清水河和十大孔兑。自20世纪60年代末以来，在这些流域中实施了水土保持措施，使土壤侵蚀在一定程度上得到了控制。

自1960年以来，黄河上游已建水库13座。对水沙变化影响大的有龙羊峡、李家峡、刘家峡、盐锅峡、青铜峡、三盛公等，其中，龙羊峡水库库容为247亿m^3，为多年调节水库，刘家峡水库库容为57.1亿m^3，为年调节水库。龙羊峡、刘家峡水库主要用于蓄水发电，对水量有很大的调节作用；其余水库库容较小，主要用于引水灌溉，对水量的调节作用很小。由于自然地理条件的差异，黄河上游具有十分显著的水沙异源特征。以刘家峡水库修建前，即1955～1967年的资料统计，兰州站年均来沙量为1.10亿t，来水量为322亿m^3。兰州以下，主要支流为祖厉河和清水河。祖厉河年均来沙量为0.773亿t，来水量为1.63亿m^3；清水河年均来沙量为0.296亿t，来水量为4.67亿m^3。两条支流增加的水量仅为3.1亿m^3，占兰州站的0.96%。增加的沙量却为1.07亿t，占兰州站的97.3%。此外，据估算，十大孔兑年均来沙量为0.22亿t①。若加上十大孔兑来沙量，则兰州以下支流来沙为每年1.29亿t。可见，黄河上游兰州以下的区间流域对径流的补给量很小，对泥沙的补给量却很大。黄河上游的径流，95%以上来自兰州以上流域，而泥沙则有54.0%以上来自兰州以下的支流，这种水沙异源特性对河流地貌过程会产生十分深远的影响。

---

① 黄河水利科学研究院黄河干流水库调水调沙关键技术研究与龙羊峡、刘家峡水库运用方式调整研究课题组.黄河上游兰州至头道拐河段冲淤分析.黄河水利科学研究院研究报告，2008年3月。

6.3.2　水库修建后的水沙变化特征

1. 年输沙量、年径流量和汛期径流量的变化

图 6.12 给出了兰州站年输沙量 Q_s、年径流量 Q_w 和汛期（7～10 月）径流量 $Q_{w,h}$ 随时间 t（年份）的变化，都具有明显的减小趋势，可以分别用线性回归方程来拟合。在“回归系数为 0 的假设”下进行了 t 检验，结果表明，对于式（6.11），这一假设被接受的概率 $p = 0.000008$；对于式（6.12），这一假设被接受的概率 $p = 0.0021$；对于式（6.13），这一假设被接受的概率 $p = 0.000002$。这说明年径流量和年输沙量随时间而减小的趋势都是显著的。事实上，图 6.12 中的变化并不是线性的，其变化趋势是依赖于时间的，尤其是依赖于水库修建对径流和泥沙的调节作用。为了对兰州站年输沙量和汛期变化的非线性进行研究，我们采用 Mann-Kendall 方法和双累积曲线方法，结果见图 6.13。

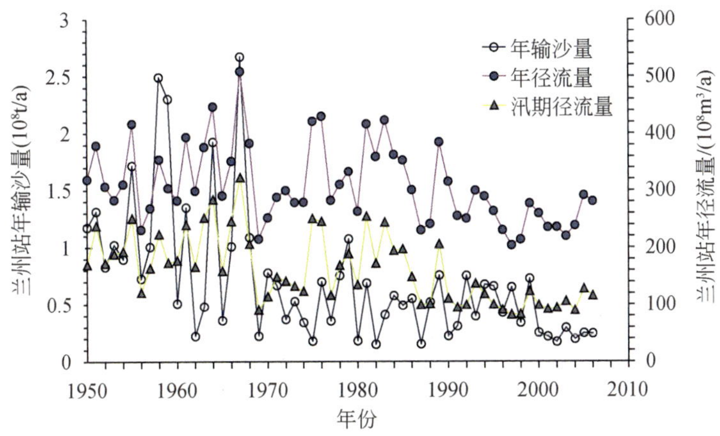

图 6.12　兰州站年输沙量、年径流量和汛期（7～10 月）径流量随时间的变化

$$Q_s = -0.0191t + 38.558(R^2 = 0.3056) \tag{6.11}$$

$$Q_w = -1.6503t + 3572.8(R^2 = 0.1595) \tag{6.12}$$

$$Q_{w,h} = -2.1195t + 4353.5(R^2 = 0.3418) \tag{6.13}$$

运用 Mann-Kendall 方法对输沙量的径流量变化及突变特征进行了研究。兰州站输沙量正序列 Mann-Kendall U 值曲线［图 6.13（a）］显示，从 1968 年开始，该曲线下降，说明输沙量开始减小，这显然与刘家峡水库 1968 年开始蓄水拦沙有关。正序列 U 值曲线与逆序列 U 值曲线相交于 1972 年，且交点位于两条临界线（对应于置信度为 0.05）之间，说明 1972 年是年输沙量减小的突变点，显然与刘家峡水库拦沙有关，同时对流域内水土保持措施生效也有一定的影响。还可以看到，正序列 U 值曲线的斜率从 1968 年以后逐渐减小，说明随着刘家峡水库有效库容因泥沙淤积而减小，拦沙作用逐渐衰减。从 2000 年开始，正序列 U 值曲线又开始加快下降，与 2000 年以后流域水土保持加强，特别是采取了退耕还林草和自然封禁等生态建设措施有关。兰州站汛期流量正序列 Mann-Kendall U 值曲

线［图6.13（b）］显示，从1968年开始，该曲线下降，说明刘家峡水库的蓄水对削减汛期径流有一定作用，但从1974年开始曲线有所上升，说明刘家峡水库对洪水径流的调节是有限的。从1985年开始，曲线以很大斜率下降。同时，正序列 U 值曲线与逆序列 U 值曲线相交于1987年，且交点位于两条临界线（对应于置信度为0.05）之间，说明1987年是汛期流量减小的突变点，这些变化显然与龙羊峡水库蓄水有关。作为一个主要用于蓄水发电的多年调节水库，龙羊峡水库每年进入汛期即大量拦截径流，使得兰州站的汛期径流较建库前大大减小。

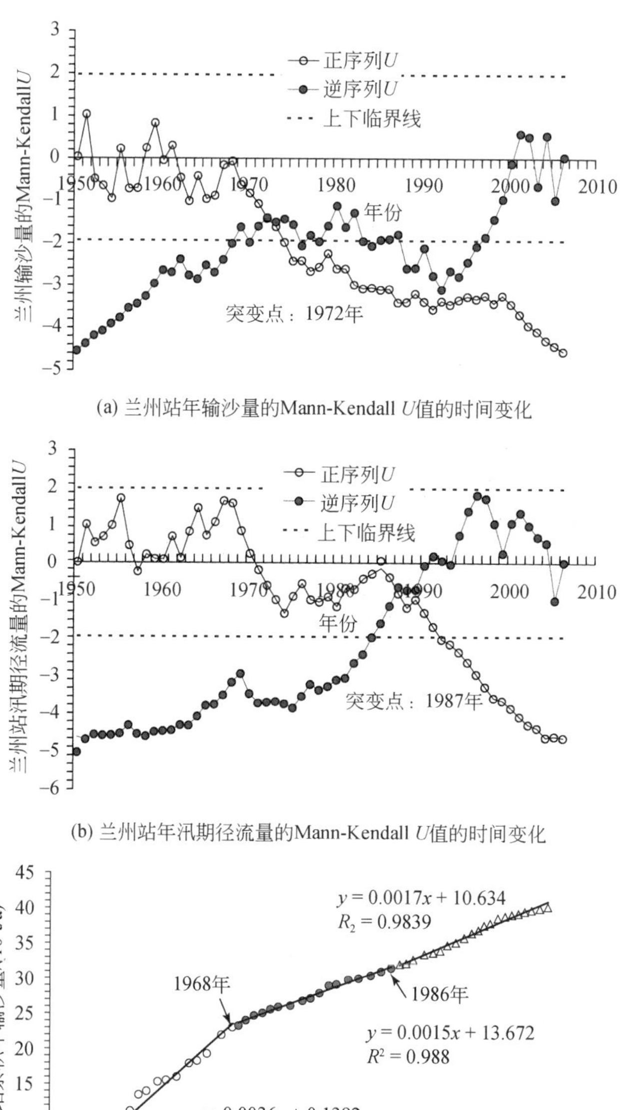

(a) 兰州站年输沙量的Mann-Kendall U值的时间变化

(b) 兰州站年汛期径流量的Mann-Kendall U值的时间变化

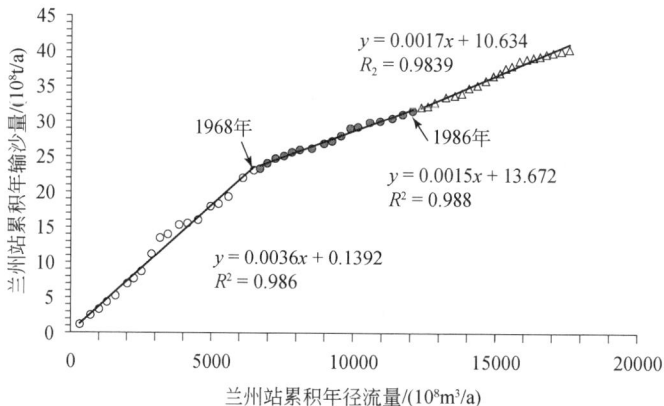

(c) 兰州站累积年输沙量与累积年径流量的双累积曲线

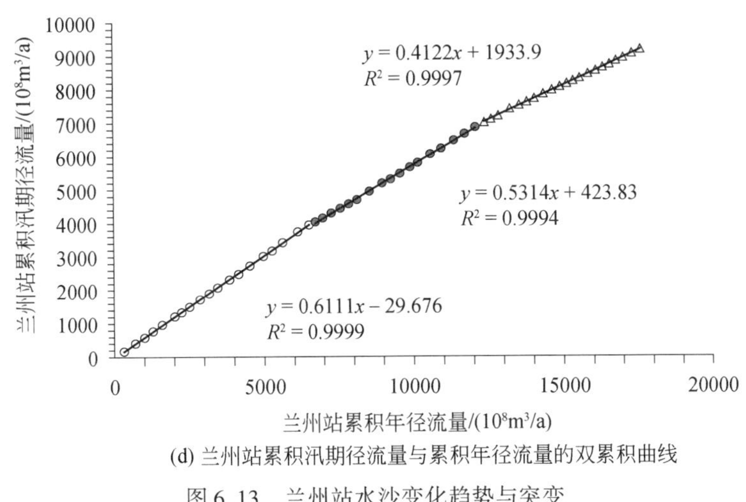

(d) 兰州站累积汛期径流量与累积年径流量的双累积曲线

图 6. 13　兰州站水沙变化趋势与突变

兰州站输沙量与径流量的双累积曲线［图 6. 13（c）］显示，1968 年出现一个向右偏转的转折点，说明在假定径流不变时，输沙量显著减少。这一转折点与 1968 年刘家峡水库建成后蓄水拦沙有关。值得注意的是，1986 年龙羊峡水库建成蓄水拦沙，并没有造成兰州站输沙量明显减少。1986 年并没有出现向右偏转的转折点。为了便于比较，我们在图中分别对 1950 ~ 1968 年、1968 ~ 1986 年、1987 ~ 2008 年的点子进行了线性拟合，回归方程的斜率表示各时段的累积输沙量对于累积径流量的变化率，实际上反映了径流的含沙量。含沙量减小幅度越大，水库拦沙对输沙量的减小效应越显著。可以看到，刘家峡水库建成后，这一斜率由 0. 0036 t/m^3减小为 0. 0015 t/m^3，可见刘家峡水库的拦沙作用很强。然而，龙羊峡水库建成蓄水后，这一斜率变为 0. 0017 t/m^3，基本上保持不变，甚至略有增大。意味着龙羊峡水库的建成蓄水并未导致兰州站含沙量的进一步减少。

兰州站汛期径流量与年径流量的双累积曲线［图 6. 13（d）］显示，1968 年出现一个向右偏转的转折点，说明在年径流不变时，汛期径流量有所减少。这意味着 1968 年刘家峡水库建成后导致了汛期流量的减少。1986 年再次出现一个向右偏转的转折点，说明 1986 年龙羊峡水库建成后，兰州站的汛期径流量进一步减小。为了比较这两个水库减小汛期径流的效应，我们在图中分别对 1950 ~ 1968 年、1968 ~ 1986 年、1987 ~ 2008 年的点子进行了线性拟合，回归方程的斜率表示各时段的累积输汛期径流量对于累积年径流量的变化率，实际上反映了汛期径流占年径流的比例。可以看到，刘家峡水库建成后，这一斜率由 0. 6111 减小为 0. 5314，龙羊峡水库建成蓄水后，这一斜率进一步减小为 0. 4122。如果以 1950 ~ 1968 年为水库修建前的基准期，则刘家峡水库建成后的斜率比基准期减小了 0. 0797，龙羊峡水库建成后的斜率比基准期减小了 0. 1989。可见龙羊峡水库的建成蓄水对汛期径流的削减作用比刘家水库要强得多。

2. 径流年内分配特征的变化

为了表达水库的修建对兰州站径流年内分配的影响，我们计算出了汛期径流占年径流比率、月径流变差系数、月径流平方之和与年径流之比，并将这 3 个指标随时间的变化点绘在图 6. 14 中，图中并给出了线性拟合曲线和回归方程。对回归系数进行了 t 检验，结果表明 3 个指标随时间而减小的趋势都是显著的。从图中还可以看到，刘家峡水库修建后，3 个指标值有一定程度的减小；龙羊峡水库修建后，3 个指标值发生了阶梯式下降。

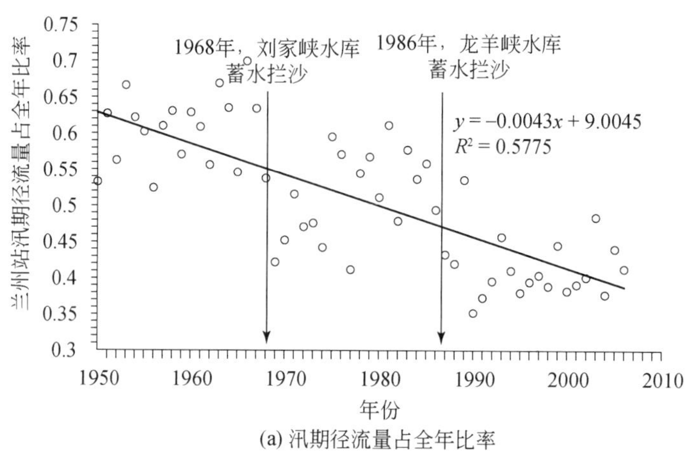

(a) 汛期径流量占全年比率

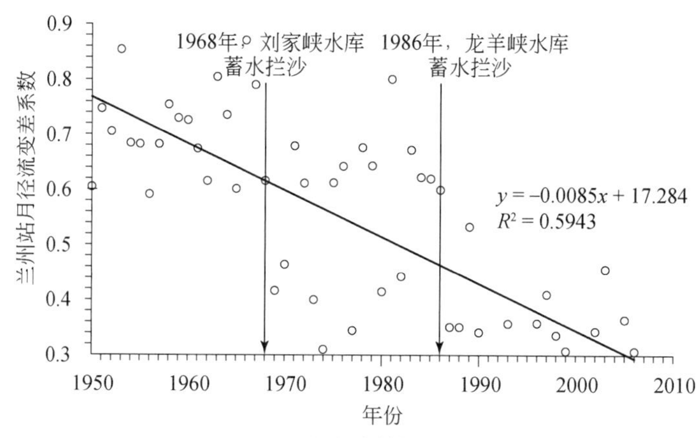

(b) 月径流量变差系数

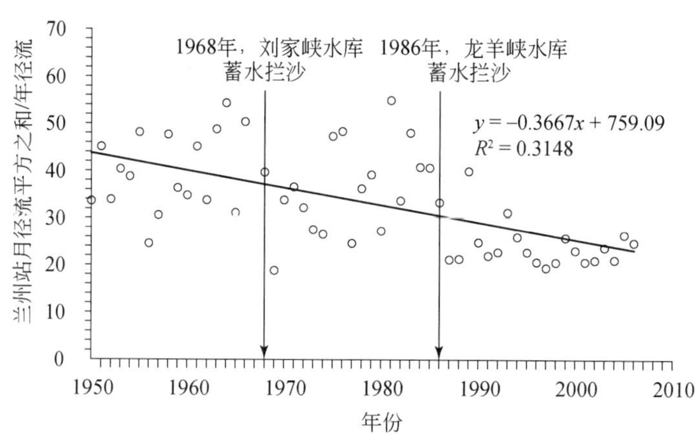

(c) 月径流平方之和与年径流之比

图 6. 14　径流年内分配特征的变化

3. 水库下游汛期水沙组合关系的变化

我们以兰州—头道拐河段表示龙羊峡水库和刘家峡水库下游。水沙组合关系以这一河段的汛期来水平均含沙量 C_{mean} 和平均来沙系数 ξ 来表示：

$$C_{\text{mean,H}} = Q_{\text{s,H}}/Q_{\text{w,H}}$$

$$\xi = C_{\text{mean,H}}/Q_{\text{mean,H}}$$

式中，$Q_{\text{s,H}}$、$Q_{\text{w,H}}$ 分别为汛期来沙量和汛期来水量；$Q_{\text{mean,H}}$ 为汛期平均流量。汛期来沙量和汛期来水量采用水库下游的汛期来沙量和汛期来水量，包括兰州站及兰州站与头道拐站之间的主要支流的汛期来沙量和汛期来水量。汛期来水平均含沙量和平均来沙系数的变化已经点绘在图 6.15 中，并以 4 次抛物线方程进行了拟合。C_{mean} 和 ξ 的变化趋势大致相似，经历了由大到小、再增大、又复减小的过程。由于刘家峡水库大坝 1960 年 1 月截流，导致了 1960 年以后，C_{mean} 和 ξ 显著减小，到 1980 年前后达到最低点。这与刘家峡水库的拦沙有直接的关系。值得注意的是，1970 年的 C_{mean} 和 ξ 偏高，是一种特殊情形；这一年刘家峡水库充水使径流减小，而该年水库下游支流来沙很多，因而 C_{mean} 和 ξ 偏大。1985 年后，

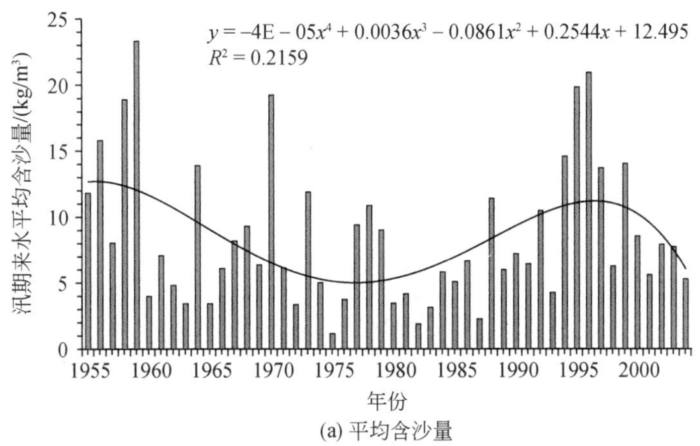

(a) 平均含沙量

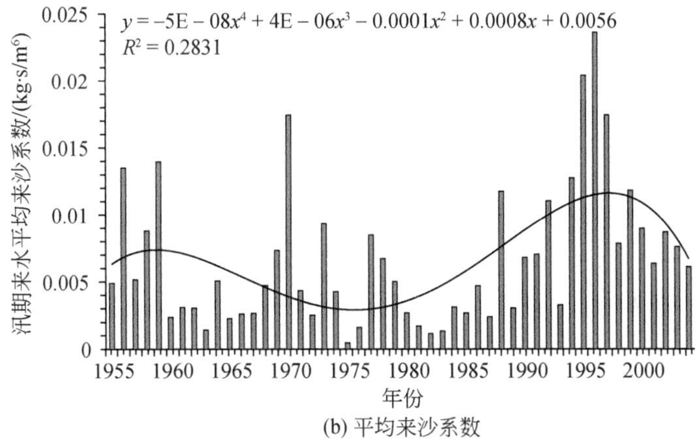

(b) 平均来沙系数

图 6.15　水库下游汛期水沙组合关系的变化

龙羊峡水库建成蓄水。该水库上游流域来沙较少，因而该水库所拦截的泥沙量不多，但汛期大量蓄水发电，使得水库下游汛期径流量显著减少，因而导致了 1985 年以后汛期含沙量和来沙系数均大幅度增大。1995 年以后，C_{mean} 和 ξ 有所减小。

4. 兰州以下支流来沙变化及其对水库下游来沙的贡献率

上文中已经指出，黄河上游的径流，95% 以上来自兰州以上流域，而泥沙则有 54% 以上来自兰州以下的支流，这种水沙异源特性对于河流地貌过程会产生十分深远的影响。图 6. 16中点绘了兰州站和兰州以下支流来沙量的变化和累积来沙量的变化。由图 6. 16（a）可见，支流来沙的变化趋势与干流兰州站不同，前者的变化较复杂，后者则呈明显的减小趋势。干流、支流来沙量的累积曲线［图 6. 16（b）］显示，兰州站来沙从 1968 年刘家峡水库蓄水后发生显著减小，而 1968 年支流来沙累积曲线也向右偏转，意味着支流来沙有所减少，这与水土保持措施生效有关。1988 年后，支流来沙双累积曲线向左偏转，说明来沙有所增大。这对于图 6. 15 中含沙量、来沙系数在 1985 年后的增大也有一定的影响。2000 年后，支流来沙累积曲线向右偏转，说明来沙有所减小，这一因素对于图 6. 15 中 2000 年以后含沙量、来沙系数的减小是有影响的。支流来沙的减少与水土保持措施的加强有关。

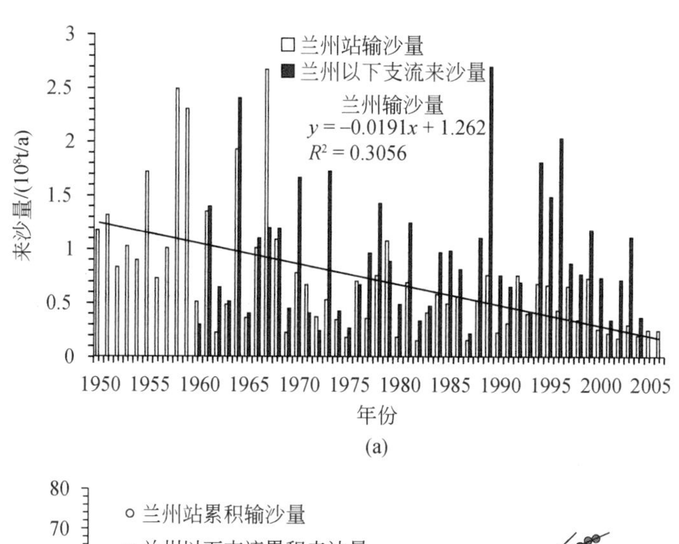

(a)

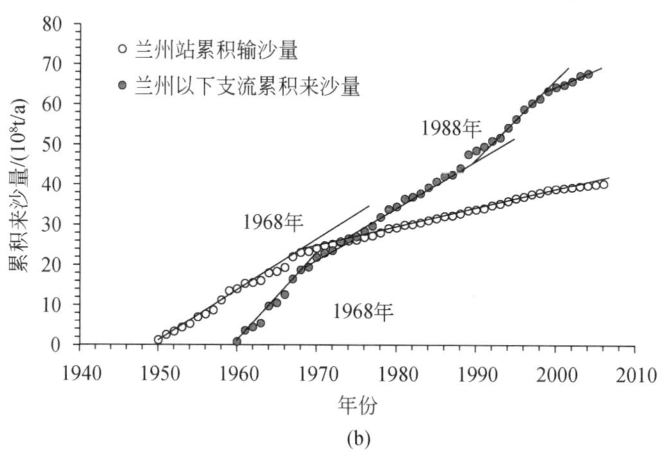

(b)

图 6. 16　兰州站和兰州以下支流来沙量变化

我们以水库下游支流来沙量占总来沙（即干流来沙量与支流来沙量之和）的比率表示支流对总来沙量的贡献率，其变化已点绘在图 6. 17 中。该图显示，这一比率呈增大的趋势，显著性概率为 0. 000355。这说明，水库修建以后，支流来沙的比重增大，会在水库下游河道的冲淤调整中起到更大的作用。

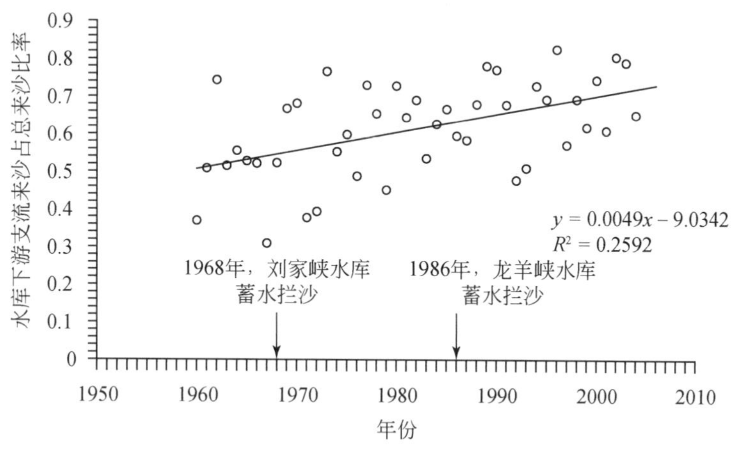

图 6. 17　水库下游支流来沙量占总来沙比率的变化

5. 三个时期的比较

上文中已对刘家峡水库、龙羊峡水库修建后河道的水沙变化进行了讨论。为了对水库修建前后的变化做进一步的比较，我们将 1950 ~ 2005 年划分为 3 个阶段：Ⅰ. 1950 ~ 1968 年，表示水库修建前；Ⅱ. 1969 ~ 1985 年，表示刘家峡水库修建后、龙羊峡水库修建前；Ⅲ. 1986 ~ 2005 年，表示龙羊峡水库修建后。分别计算出这 3 个阶段中若干水沙特征值，列入表 6. 7 中，以资比较。表中，Ⅰ、Ⅱ、Ⅲ分别表示上述 3 个时期，Ⅱ比Ⅰ减少或增加的百分比体现了刘家峡水库影响；Ⅲ比Ⅰ减少或增加的百分比体现了两水库的共同影响；Ⅲ比Ⅱ减少或增加的百分比体现了龙羊峡水库的影响。从表中可见，刘家峡水库修建后，兰州站来沙减少了 59. 07%，龙羊峡水库修建后，兰州站来沙减少了 16. 18%；刘家峡水库修建后，兰州站汛期径流量及兰州站月径流变差系数分别减少了 17. 37% 和 22. 25%，龙羊峡水库修建后，兰州站汛期径流量及兰州站月径流变差系数分别减少了 35. 56% 和 35. 85；刘家峡水库修建后，库下游汛期含沙量及汛期来沙系数分别减少了 34. 57% 和 10. 22%，龙羊峡水库修建后，库下游汛期含沙量及汛期来沙系数不但未减少，反而分别增加了 46. 07% 和 102. 27%。这说明，刘家峡水库对径流的调节作用较小，对泥沙的调节作用很大；龙羊峡水库对径流的调节作用很大，对泥沙的调节较小。另外，龙羊峡水库对水沙组合关系的调节很显著，超过刘家峡水库，而且调节的方向也与刘家峡水库相反。两个水库不同的调节特征导致了它们对兰州—头道拐间河道冲淤的影响有很大的差异。

表 6.7　刘家峡和龙羊峡水库对于兰州站径流和输沙的影响

时期	起止	兰州站输沙量/(亿 t/a)	兰州站径流量/(亿 m^3/a)	兰州站汛期输沙量/(亿 t/a)	兰州站汛期径流量/(亿 m^3/a)	兰州站汛期径流占全年比率	兰州站月径流变差系数
Ⅰ	1950～1968 年	1.22	342.4	1.031	207.7	0.603	0.709
Ⅱ	1969～1985 年	0.50	327.5	0.434	171.7	0.514	0.551
Ⅲ	1986～2005 年	0.42	262.7	0.317	110.6	0.418	0.353
Ⅱ比Ⅰ减少（-）或增加（+）%（体现刘家峡水库影响）		-59.07	-4.35	-57.89	-17.37	-14.76	-22.25
Ⅲ比Ⅰ减少%（体现两水库的共同影响）		-65.69	-23.29	-69.22	-46.76	-30.76	-50.16
Ⅲ比Ⅱ减少%（体现龙羊峡水库的影响）		-16.18	-19.80	-26.89	-35.56	-18.77	-35.89
Ⅰ	1950～1968 年	14713	41.32	9.86	0.00527	50.81	
Ⅱ	1969～1985 年	12529	36.55	6.45	0.00473	58.34	
Ⅲ	1986～2005 年	6662	24.68	9.42	0.00957	68.40	
Ⅱ比Ⅰ减少（-）或增加（+）%（体现刘家峡水库影响）		-14.84	-11.55	-34.57	-10.22	7.53	
Ⅲ比Ⅰ减少或增加%（体现两水库的共同影响）		-54.72	-40.26	-4.42	81.59	17.59	
Ⅲ比Ⅱ减少或增加%（体现龙羊峡水库的影响）		-46.83	-32.46	46.07	102.27	10.06	

上述调节方式的差异不仅与水库自身的差异有关，而且也与龙羊峡水库上游、龙羊峡水库与刘家峡水库之间的区间流域来沙的差异有关。以唐乃亥为龙羊峡水库入库水沙控制站，以贵德为出库水沙控制站，以贵德—兰州区间为龙羊峡水库至刘家峡水库之间的水沙来源区，按两库修建前 1956～1967 年的水沙资料计算可以得到：龙羊峡水库只控制了 0.11 亿 t/a 的来沙量，而龙羊峡水库与刘家峡水库之间流域的来沙增量高达 1.03 亿 t/a；龙羊峡水库控制了 200.02 亿 m^3/a 的来水量，而龙羊峡水库与刘家峡水库之间的来水增量为 133.15 亿 m^3/a。由此可知，龙羊峡水库控制了兰州以上的主要来水量，而刘家峡水库控制了兰州以上的主要来沙量。同时，由于龙羊峡水库的库容很大，为多年调节水库；刘家峡水库的库容相对较小，为年调节水库，两库对于兰州以上水沙量的调节作用显然是不同的：龙羊峡水库主要体现为对径流的调节，而刘家峡水库主要体现为对泥沙的调节。再加上两库修建的时间不同，便决定了兰州以下河道对于两库调节作用的响应过程会呈现出复杂的面貌。

6.3.3　河道冲淤量的时间变化

河道冲淤量按输沙平衡关系计算，这在书中已进行了介绍。兰州—头道拐之间的时间变化已经点绘在图6.18中，并以4次抛物线方程进行了拟合。C_{mean}和ξ的变化趋势大致相似，经历了由大到小、再增大、又复减小的过程。图6.18（a）中标出了刘家峡水库截流、建成蓄水和龙羊峡水库建成蓄水的时间。可以看到，刘家峡水库的截流（1960年）是所研究河段由淤积变为冲刷的转折点；龙羊峡水库的建成蓄水（1986年）是由冲刷变为淤积的转折点。

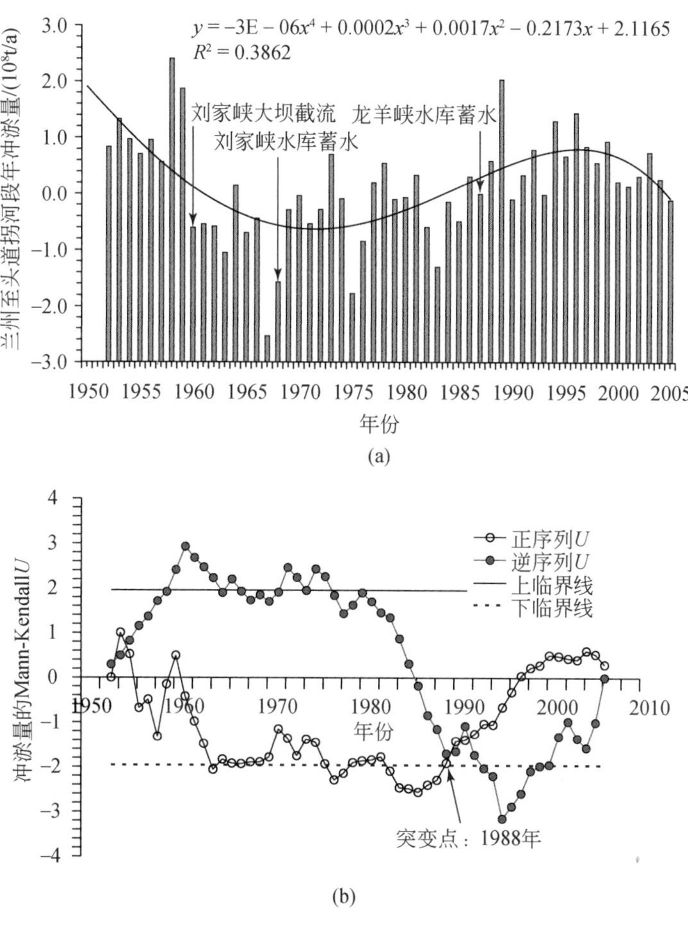

图6.18　冲淤量随时间的变化（a）与突变检验（b）

为了进一步揭示冲淤量的变化趋势，我们还采用了Mann-Kendall方法。冲淤量正序列Mann-Kendall U值曲线［图6.18（b）］显示，从1960年开始，该曲线下降，即淤积量减少、冲刷量增多，这显然与1960年刘家峡水库大坝截流拦沙导致河道冲刷有关。从1986年开始，曲线以很大斜率上升，即淤积量显著增大，这显然与龙羊峡水库1986年的建成蓄水导致河道淤积有关；同时，正序列U值曲线与逆序列U值曲线相交于1988年，且交点位于两条临界线之间，说明1988年是淤积量增大的突变点。

6.3.4　河道冲淤量与水沙组合特征的关系

1. 水沙组合特征对河道冲淤量的影响

图6.19中点绘了兰州—头道拐河段历年河道冲淤量 S_{dep} 与该河段汛期来水平均含沙量和来沙系数的关系。可以看到，S_{dep} 与 $C_{mean,H}$ 的决定系数为 $R^2=0.7536$，S_{dep} 与 ξ 的决定系数为 $R^2=0.7124$，这意味着 $C_{mean,H}$ 可以解释 S_{dep} 变化的75.36%，ξ 可以解释 S_{dep} 变化的71.24%。这说明，汛期水沙量及其搭配关系的变化是河道冲淤变化的主要控制因素。

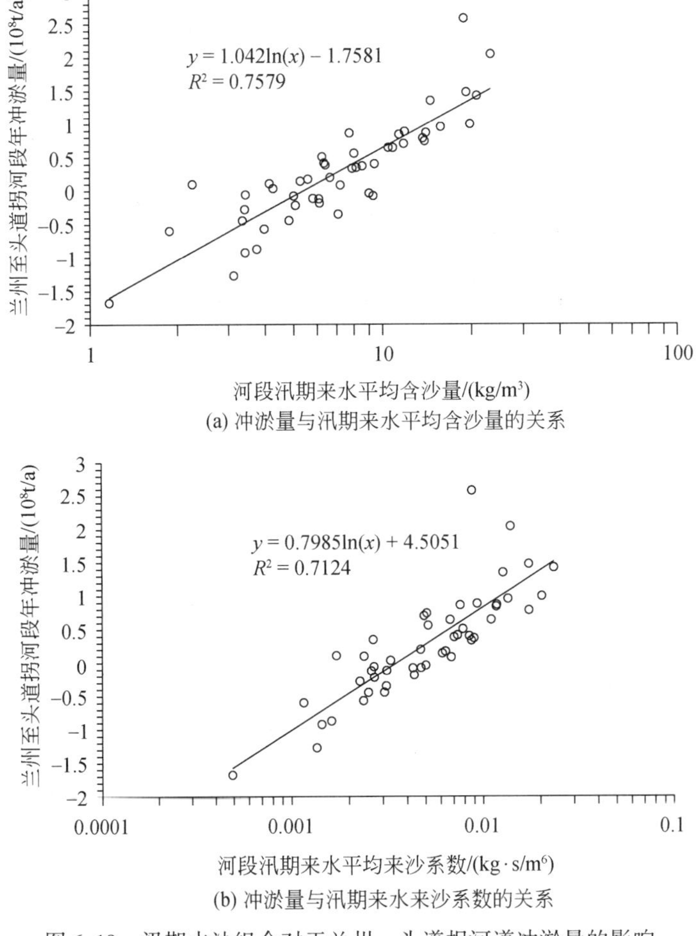

图6.19　汛期水沙组合对于兰州—头道拐河道冲淤量的影响

2. 河道冲淤量与水沙组合特征时间变化的比较

为了进一步揭示水库修建后汛期水沙组合变化与兰州—头道拐河道冲淤量变化之间的

内在联系，我们在同一坐标中分别点绘了冲淤量与汛期来水平均含沙量随时间的变化[图 6.20（a）]和冲淤量与汛期来水来沙系数随时间的变化［图 6.20（b）]，并分别以 4 次抛物线来拟合变化的趋势。为了便于观察，图中省略了具体的点子，只保留了拟合曲线。河道冲淤量 S_{dep} 随时间 t 变化的方程为

$$S_{\text{dep}} = -3\times10^{-6}t^4 + 0.0002t^3 + 0.0017t^2 - 0.2173t + 2.1165 \quad (R^2 = 0.3862) \tag{6.14}$$

汛期水库下游来沙系数 ξ 随时间 t 变化的方程为

$$\xi = -5\times10^{-8}t^4 + 0.0004t^3 - 1.1023t^2 + 1452.8t - 718058 \quad (R^2 = 0.2831) \tag{6.15}$$

汛期水库下游含沙量随时间变化的方程为

$$C_{\text{mean,H}} = -4\times10^{-5}t^4 + 0.3156t^3 - 935.55t^2 + 10^6t - 6\times108 \quad (R^2 = 0.2159) \tag{6.16}$$

图 6.20 中显示，河道冲淤量与来沙系数有很强的同步变化关系［图 6.20（a）]，河道冲淤量与含沙量也有很强的同步变化关系［图 6.20（b）]。这说明，水库的调节改变了汛期水沙组合方式，而改变后的汛期水沙组合方式对河道冲淤量产生了影响，因而出现了如图 6.20 所示的冲淤量变化图形。

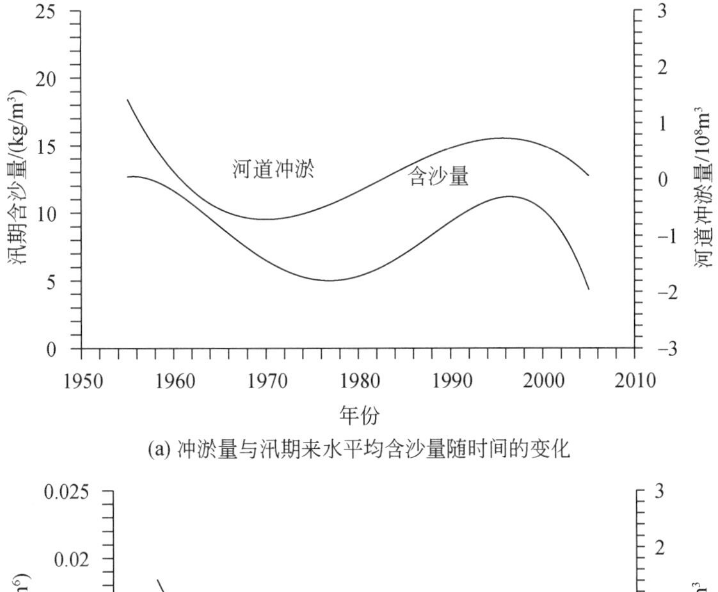

(a) 冲淤量与汛期来水平均含沙量随时间的变化

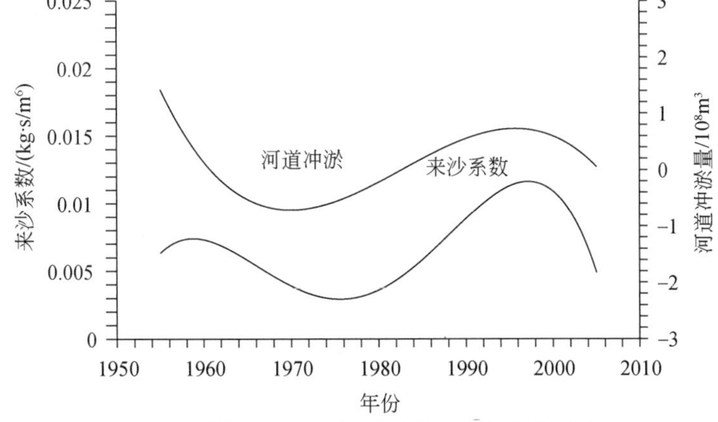

(b) 冲淤量与汛期来水平均来沙系数随时间的变化

图 6.20　河道冲淤量与水沙组合特征时间变化的比较

6.3.5 水库修建对河道冲淤的影响

1. 黄河下游河道对于刘家峡水库修建的响应

刘家峡水库大坝建于甘肃省永靖县境内，位于兰州市上游 99km 处。水库水面面积为 $130km^2$，正常蓄水位下总库容 57 亿 m^3，调节库容 41.5 亿 m^3，可灌溉 1500 多万亩农田。该枢纽工程于 1958 年 9 月开工兴建，1960 年大坝截流。由于国家遇到经济上的困难，该工程于 1961 年被迫停建。1964 年，该工程重新施工修建。1968 年 10 月蓄水。1969 年 3 月第一台机组发电。1974 年 12 月，5 台机组全部投入运行。刘家峡水库以发电为主，兼有防洪、灌溉、防凌、养殖等综合效益，为年调节水库。坝高 147m，造成黄河水流 100m 的落差。

水库蓄水以后，入库径流泥沙受到很大的调节。从 1969 年开始，兰州站输沙量显著减少［图 6.13（a）］，显然与刘家峡水库的拦沙有关。图 6.21 中点绘了刘家峡水库累积淤积量过程线，证明了这一点。图 6.13（a）所示的 Mann-Kendall 趋势性分析表明，兰州站输沙量从 1969 年开始减小，1972 年发生突变，都与刘家峡水库的拦沙有关。

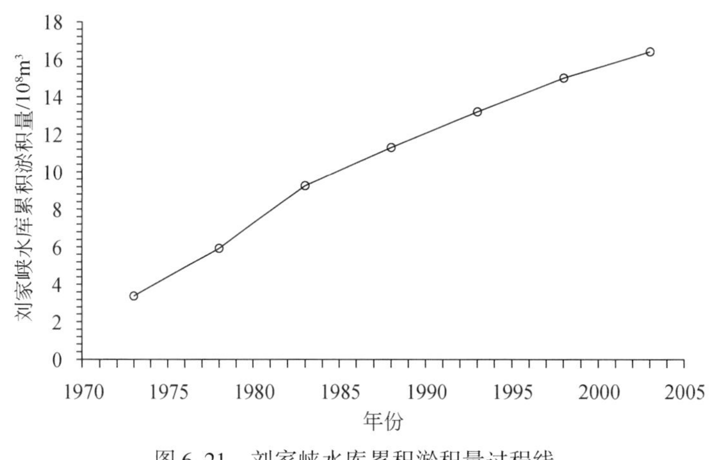

图 6.21 刘家峡水库累积淤积量过程线

从兰州—头道拐河道淤积量变化图［图 6.18（a）］中可以看到，从 1960 年大坝截流开始，兰州—头道拐河道淤积量减小，发生了明显的冲刷。冲刷的原因是，刘家峡库蓄水，拦截了大量泥沙，但对汛期径流影响不大，故汛期含沙量减少［图 6.15（a）］，汛期来沙系数也减小［图 6.15（b）］。由此导致了河道的冲刷。由于 1969 ~ 1985 年的冲刷，内蒙古河段巴彦高勒和三湖河口站同流量下水位持续降低（图 6.22）。

然而，在 1986 年龙羊峡水库建成蓄水之后，水库下游河道的冲淤动态发生了很大的变化。

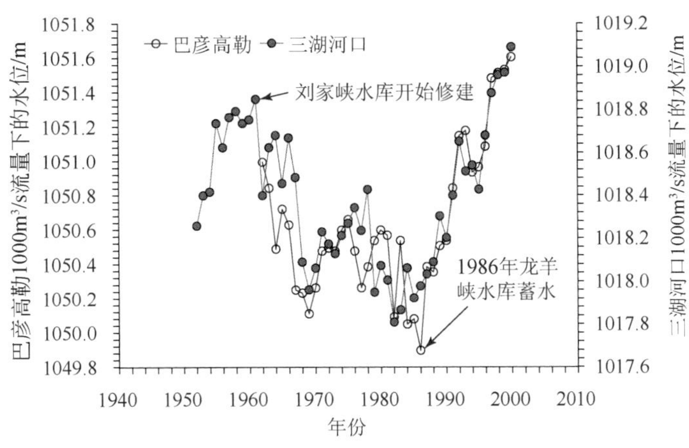

图6.22 内蒙古河段巴彦高勒站和三湖河口站同流量下水位的变化

2. 黄河下游河道对于龙羊峡水库修建的响应

龙羊峡水库位于青海省海南藏族自治州共和县和贵南县交界处，控制流域面积为131420km^2，占黄河流域面积的17.5％。大坝位于刘家峡水库大坝以上333km，位于兰州以上432km。枢纽工程于1977年12月动工，1979年12月截流，1986年10月下闸蓄水，1987年9月29日第一台机组发电。最大坝高178m，最大水头148.5m，正常蓄水位下总库容247亿m^3，调节库容193.5亿m^3。回水长度为107.82km，水库水面积为383km^2。龙羊峡水库是黄河上游对径流进行多年调节的大型水库，以发电为主，兼顾防洪、灌溉等功能。

为了发电的需要，龙羊峡水库每年汛期开始后都会拦截大量径流以提高水库水位，增大发电量。由于黄河上游的径流主要来自龙羊峡水库以上，龙羊峡水库对汛期径流的拦截在很大程度上改变了兰州站汛期径流量占年径流的比率，使得这一比率随时间减小，同时也使得月径流变差系数、月径流平方之和与年径流之比减小（图6.14）。龙羊峡水库上游位于青海高原，侵蚀较弱，来自该水库以上的悬移质泥沙多年平均为0.11亿t，而龙羊峡水库与刘家峡水库之间流域的来沙增量高达1.03亿t/a，同时，兰州以下支流的来沙量也很大，达到每年1.29亿t；但来水量却很少，不足上游总来水的5%。加之兰州以下灌溉引水量很大，且有增大趋势，故龙羊峡水库修建以后，两库下游河道汛期含沙量和来沙系数显著增大，河道的相对负载增大，这是水库下游河道在龙羊峡库蓄水后发生淤积的重要原因。同时，考虑到黄河宁夏—内蒙古河段穿越沙漠，风成沙入河量也较大（杨根生等，1991；杨根生，2002；杨根生等，2003），而径流减小后，河道输送这部分风成沙的能力减弱，也会导致淤积加剧，因此，从1986年龙羊峡水库蓄水之后，所研究河段发生了较强的淤积［图6.18（a）、图6.18（b）］。内蒙古河段巴彦高勒和三湖河口站相同流量下水位从1986年开始由此前的降低变为持续升高趋势（图6.22），也证明了河道的淤积趋势。

3. 复杂响应模式

先后于 1968 年和 1986 年建成蓄水的刘家峡水库和龙羊峡水库，是黄河上游的两个重要水库，两座水库的修建使水库下游河道冲淤过程发生了很大的变化。前文中的讨论已经表明，下游河道对于这两个水库的响应方式是不同的，整个过程呈现出复杂的面貌。从本质上说，这体现了河道系统对于两个相继修建，且对河流水沙影响方式不同的两个串联水库所作出的复杂响应。这种复杂响应可以分为两个阶段，分别在刘家峡水库和龙羊峡水库的主导影响下形成。

1）第一阶段：刘家峡水库修建后的变化（1960～1985 年）

如前所述，刘家峡水库拦沙作用显著，对径流调节作用较弱。该水库建成后发生的变化可以概括为以下响应：刘家峡水库建成→拦截泥沙→库下游河道冲刷→随着水库的淤积库容减小拦沙作用减弱→库下游河道冲刷减弱。

2）第二阶段：龙羊峡水库修建后的变化（1986～2008 年）

龙羊峡水库于 1985 年建成蓄水。因水库上游流域来沙很少，尽管作为一座多年调节的蓄水发电型水库，该水库在对径流过程产生很强调节作用的同时，对水库下游河流产生的减沙作用却不显著。该水库建成后发生的变化可以概括为以下响应：龙羊峡水库修建→汛期和年流量减小→库下游区间来沙（支流来沙、入河风成沙）不能被搬走→河道淤积加强。

这两个相继建成的水库所引起的上述变化，使得兰州以下河段经历了冲刷→冲刷减弱→淤积的变化过程，形成了一个复杂响应的旋回。这就是黄河上游河道冲淤对水库修建的复杂响应模式。这一模式不仅被图 6. 18（b）中所示的兰州—头道拐河道冲淤量的变化过程所证实，而且也被库下游巴彦高勒、三湖河口两个水文站 1000m^3/s 流量下水位的变化所证实（图 6. 22）。该图显示，刘家峡水库修建以后，由于河道的冲刷，位于水库下游内蒙古平原河段的巴彦高勒、三湖河口两个水文站 1000m^3/s 流量下的水位不断降低。到 1986 年龙羊峡水库建成蓄水以后，河道由淤积趋势变为冲刷趋势，导致了巴彦高勒、三湖河口两个水文站 1000m^3/s 流量下的水位不断降低。2000 年以后淤积量有所减小，原因是汛期来沙系数减小了。减小的原因与支流流域内水土保持加强，因而减少了支流来沙有密切的关系［图 6. 16（b）］。

6. 4 内蒙古河段冲淤变化的阶段性及原因分析

由于气候变化和人类活动，流域产水（大小、频率、持续时间）和产沙（体积、粒度、输移过程）经历着不断变化（Trimble，1981；Knox，1993；Kosmas et al.，1997；Arnell，1999；Bichet et al.，1999；Xu，2004；Walling，2009；Macklin et al.，2010；Shi et al.，2010）。随着气候变化，流域上游存在不同时间尺度的产水产沙变化（Ward et al.，2009；Korhonen and Kuusisto，2010；Shi et al.，2013 ；Schumm and Lichty，1965；Hay，1994；Owens and Slaymaker，1994；Zolitschka，1998；Tucker and Slingerland，1997；Clift，

2006)，另外，河流的水沙产输又受到各种各样人类活动的影响（Clark and Wilcock，2000；Meybeck，2003；Tornqvist，2007；Wilkinson and McElroy，2007；Syvitski and Kettner，2011)，而且河流因受到干扰所做出的调整将持续相当长的时间（Singer et al.，2013)。在各种人类活动中，水库大坝对河流水沙输移的干扰作用最为明显，也因此引起下游河道的明显调整（Vörösmarty et al.，2003；Syvitski et al.，2005；Walling，2006；Singer，2007；Syvitski and Milliman，2007；Schmidt and Wilcock，2008；Singer，2010)。随着人类生产力的发展和对水能水资源需求的不断增长，许多河流，甚至黄河这样的中国第二大河，因此而断流，泥沙输移终止（Zhang and Shi，2001；Xu，2004)，河流泥沙冲淤变化必然十分剧烈。

水沙输入是决定河段河床演变的上游流域控制条件（Mackin，1948；Tornqvist，2007)。水沙条件的变化导致河道的淤积和冲刷（Lane，1955；Williams and Wolman，1984；Clark and Wilcock，2000；Brandt，2000；Petts and Gurnell，2005；Slater and Singer，2013)。由于河流系统行为往往是复杂的和非线性的（Petts，1979；Gaeuman et al.，2005；Hoffmann et al.，2010)，预测河床冲淤的大小和方向往往比较困难。然而，河床冲淤变化常常带来不利的环境变化和经济损失，所以弄清河床冲淤与水沙条件的关系和导致水沙变化的原因对于制定流域水土流失治理、水利工程建设计划方案十分必要。

内蒙古段河道作为典型的冲积性河道，近期随着水沙条件的变化，经历了明显的调整，突出表现为河床淤积抬高，河道萎缩，凌汛灾害加剧。因此，近些年来，已有研究对河道的淤积过程，淤积的原因，河道萎缩、河道淤积与水沙变化的关系等问题进行了多方面的探讨（刘晓燕等，2009；Ta et al.，2008；Fan et al.，2012；Xu，2013)。但是定量地研究这一河段冲淤变化过程及其原因还不够。本节从分析此段河道冲淤演变过程的阶段性特征，到定量估算各要素对冲淤变化的贡献，期望揭示内蒙古河段冲淤演变过程及其驱动力。

6.4.1　数据和研究方法

1. 数据

收集了黄河下河沿至头道拐河段 1951 ~ 2010 年主要水文站的月平均流量、输沙量数据，同期兰州站实测与年天然径流和月均径流、泥沙数据，1955 ~ 2009 年上游兰州至头道拐段主要支流包括祖厉河、清水河、苦水河、毛不拉孔兑、西柳沟、罕台川的年径流泥沙数据，1968 ~ 2005 年刘家峡和龙羊峡水库汛期和非汛期蓄水数据，1952 ~ 2005 年宁夏和内蒙古年引水引沙数据，1961 ~ 2005 年盐锅峡、青铜峡、刘家峡和龙羊峡水库年拦沙数据，东胜和包头气象站气象资料。

内蒙古河段来沙中除上游来沙外，南岸十大孔兑的泥沙输入较大，需要考虑。但是在十大孔兑中只有上面提到的毛不拉孔兑、西柳沟、罕台川 3 个孔兑有长期泥沙观测资料，而且毛不拉孔兑、西柳沟开始于 1960 年，罕台川起始于 1980 年。十大孔兑上游位于黄土丘陵沟壑区，中游穿过库布齐沙漠，下游经冲积洪积平原从南向北注入黄河，为季节性河流，来沙往往随暴雨洪水阵发性入黄。从已有观测数据，只能对十大孔兑入黄泥沙做出大概的估算。估算分4步：①先计算出有观测数据的3个孔兑的年平均输沙模数；②建立年平均输沙模数与临近气象站东胜站和包头站降雨指标的关系；③利用年平均输沙模数与降雨指标的关系，外延1960年以前的输沙模数；④输沙模数与十大孔兑流域面积相乘，计算年总输沙量。

2. 水沙关系模型

通过建立汛期和非汛期，以及年输沙力与来水来沙的经验关系，计算各影响因素对内蒙古河段的冲淤量变化的贡献。水沙关系最常用的简单形式是输沙率与流量之间的幂函数关系（Campbell and Bauder，1940；Asselman，1999；Syvitski et al.，2000）：

$$Q_s = aQ^b \tag{6.17}$$

式中，Q_s为输沙率；Q为流量；a和b分别为拟合系数与指数。钱宁等（1981）通过对具有较高含沙量的黄河下游泥沙输移研究，发现河流的床沙质输沙率既与流量有关又与上游来水的含沙量有关。还有研究发现河流的全悬沙输沙率也可与流量及上游来水的含沙量建立关系（赵业安等，1998；Wu et al.，2008），即

$$Q_s = aQ^b C_{up}{}^c \tag{6.18}$$

式中，Q_s、Q、a和b同上；c为拟合指数；C_{up}为上游来水的含沙量，是上游净来水输沙率与净来水流量之比。一个河段的净来沙是干流和支流的来沙扣除河段内水库拦沙、引水引沙后的沙量，净来水是干支流来水减去引水及其他因素造成的明显的水流减少量。式（6.17）和式（6.18）属于黑箱模型，其适用的河段长短和时间尺度没有明确的限制。我们将利用IBM SPSS Statistics软件和水沙资料，通过逐步回归方法建立研究河段分段的式（6.17）和式（6.18）形式的水沙关系模型，并在模型建立过程中对每个模型都进行自相关、共线性和异方差的诊断和纠正。

3. 因子贡献率估算

使用式（6.17）或式（6.18）可以定量估算引起水沙变化因子对河流泥沙沉积的贡献量。如果只有一个因子改变了式（6.17）或式（6.18）中的Q或C_{up}，那么因此发生的泥沙输移和堆积完全可以归因于这个因子，其引起的冲淤体积就是被改变的与没被改变的因子带入式（6.17）或式（6.18）计算得到的输沙率之差值。

然而，当有两种以上的因子改变了Q和C_{up}时，由于水沙关系呈非线性，某个因子对泥沙冲淤的影响需要分步计算得到：首先，第i个因子引起的冲淤量（V_i）初步赋值为实测冲淤量与由这一因子改变前的水沙条件计算出的冲淤量之差：

$$V_i = (S - aQ^b C_{up}^c) - [S + \Delta S_i - a(Q + \Delta Q_i)^b (C_{up} + \Delta C_{upi})^c] \tag{6.19}$$

式中，ΔQ_i和ΔC_{upi}分别为第i个因子引起的流量和含沙量变化；S为河段实测净来沙率；ΔS_i为第i个因子引起的河段来沙率的变化量，其他符号同上。式（6.19）右侧（$S - aQ^b C_{up}^c$）是实测水沙条件下的冲淤量，（$S + \Delta S_i - a(Q + \Delta Q_i)^b (C_{up} + \Delta C_{upi})^c$）为在第$i$个因子没有引起水沙变化条件下的冲淤量。所有因子引起的总的冲淤量赋值为实测淤积量与由所有因子改变前的水沙条件计算出的冲淤量之差：

$$V_t = (S - aQ^b C_{up}{}^c) - [S + \sum \Delta S_i - a(Q + \sum \Delta Q_i)^b (C_{up} + \sum \Delta C_{upi})^c] \quad (6.20)$$

最后，按式（6.19）计算出的第 i 个因子引起的冲淤量绝对值与各因子引起的冲淤量绝对值之和的比值，将总的冲淤量与按式（6.19）计算出的各因子引起的冲淤量总和的差值分配给第 i 个因子，作为修正后的第 i 个因子引起的冲淤量 V_{ir}，即

$$V_{ir} = V_i + (V_t - \sum V_i) \mid V_i \mid / \sum \mid V_i \mid \quad (6.21)$$

6.4.2　影响水沙变化的主要因子

黄河上游流域的产水产沙不断发生变化，过去几十年水库建设和引水用水又强烈地影响着水沙的输移。概括起来，影响黄河内蒙古河段水沙变化的主要因素包括黄河上游径流主要来源区兰州以上流域的水沙变化、水库拦沙和调蓄径流、引水引沙和支流来沙变化。

1. 兰州以上流域水沙变化

气候变化可造成黄河上游径流明显的起伏变化（王云璋等，2004；康玲玲等，2006）。考虑到兰州以上流域人类活动影响较小，扣除上游龙刘水库调蓄，兰州站径流量变化可看作气候变化的结果。由图 6.23 可见，1961 ~ 1989 年，年径流量年际变化大，而且平均值也高，达 345 亿 m^3/a，1961 年之前和 1989 年之后年径流量都较低，1955 ~ 1960 年年均径流量约为 306 亿 m^3/a，1990 ~ 2004 年约为 251 亿 m^3/a。随着兰州以上产流的变化，产沙也有起伏。加上兰州以上水库拦沙量，兰州来沙量如图 6.23 所示，从 20 世纪 50 年代中期以来，表现为阶梯式减小，年际间变幅也降低，其中，1955 ~ 1968 年、1969 ~ 1999 年、2000 ~ 2004年 3 个时段的年平均输沙量是 1.47 亿 t/a、1.28 亿 t/a、0.81 亿 t/a。

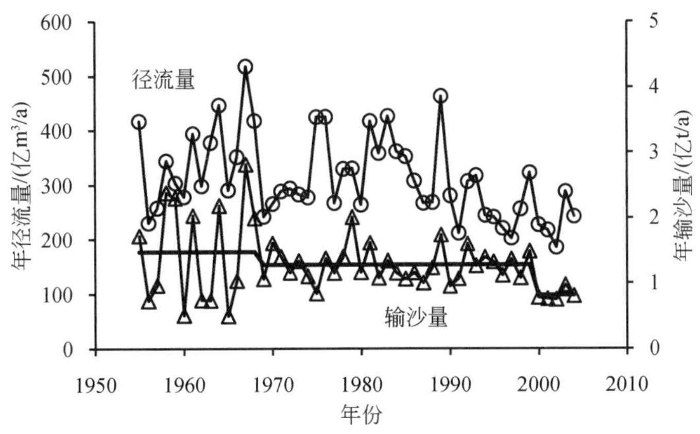

图 6.23　兰州站年径流量和年输沙量（扣除干流大型水库拦沙和水量调蓄后）

2. 水库拦沙和调蓄径流

修建较早，对宁蒙水沙影响较大的水库主要有盐锅峡水库、青铜峡水库、刘家峡水库和龙羊峡水库（表 1.1）。盐锅峡水库于 1961 年正式蓄水运用，其设计库容为 2.16 亿 m^3，由于泥沙淤积，至 1964 年水库库容减少了 71%（张毅，1999）。青铜峡水库于 1967 年开

始蓄水发电，该水库正常蓄水位设计库容为6.06亿m^3，属日调节水库，对内蒙古段河道冲淤变化的作用主要体现为建库初期拦沙减少下游淤积。其投入运用后的头5年因泥沙淤积，损失87%的库容（李天全，1998）。刘家峡水库于1968年下闸蓄水，水库正常蓄水位设计库容为57亿m^3，是一座年调节水库。蓄水运用后至2005年的37年期间共淤积泥沙16.32亿m^3（郭家麟，2011）。龙羊峡水库于1986年下闸蓄水，水库正常蓄水位设计库容为247亿m^3，对径流进行多年调节，至2005年淤积泥沙约4.2亿t，相比前面两座水库，拦沙作用还不大。图6.24显示了四座水库年拦沙量的变化过程。1961～2003年四座水库年均拦沙0.87亿t/a，与同期巴彦高勒站年均输沙量0.93亿t/a相比，水库年均拦沙量较大，对内蒙古河段必然起到了一定的减淤作用。刘家峡和龙羊峡水库除了拦沙外，更重要的是对水量的调节。其一是年际调节。龙羊峡水库1986年投入运用，至2006年共蓄水183亿m^3，年均增加蓄水8.7亿m^3/a，减少了下游径流。其二是两库对径流的年内调节。刘家峡水库单独运用时期，汛期（6～10月）年均蓄水29亿m^3，非汛期年均泄水大约相同的径流（图6.24）。1987年两库联合运用后，汛期年均蓄水增加到50亿m^3，非汛期年均泄水44亿m^3。相对巴彦高勒站1951～1961年年均汛期径流量177亿m^3/a来说，水库年内径流调节明显降低了汛期的径流量。

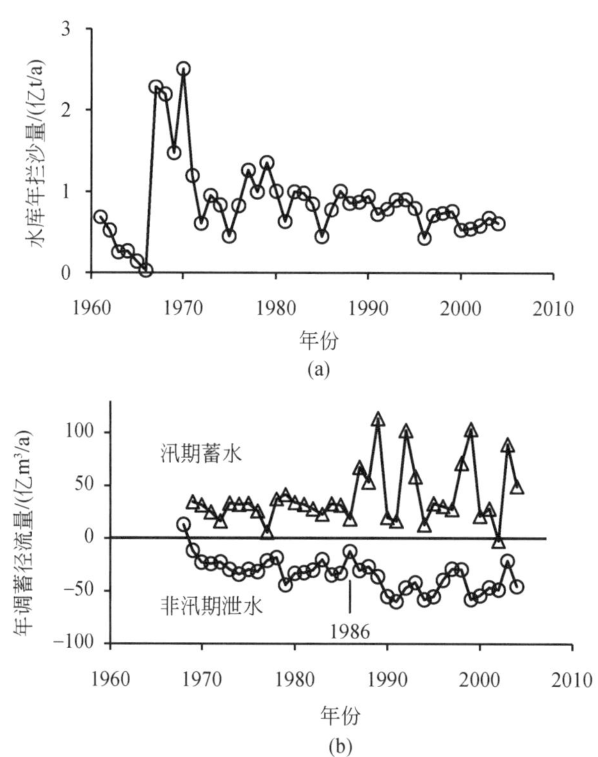

图6.24　盐锅峡、青铜峡、刘家峡和龙羊峡水库年拦沙量（a）和龙刘水库年内径流调蓄量（b）（数据来自文献①）

① 黄河水利科学研究院黄河干流水库调水调沙关键技术研究与龙羊峡、刘家峡水库运用方式调整研究课题组．黄河上游兰州至头道拐河段冲淤分析．黄河水利科学研究院研究报告，2008年3月．

3. 引水引沙

20 世纪 50 年代以来，宁蒙段引水不断增加（图 6.25），其中，1952 ~ 1999 年呈现逐渐增加的趋势，之后存在减小的趋势。1955 ~ 2003 年年均引水量达 96 亿 m^3/a，是同期头道拐站年径流量的 44%，1999 年引水量最大，达 118 亿 m^3/a，接近当年头道拐站年径流量的 3/4。引水的同时也引走一部分泥沙（图 6.25），1955 ~ 2003 年年均引沙 0.38 亿 t/a，相当于同期头道拐站年输沙量的 35%。引沙减小了进入内蒙古段的泥沙，但引水也减少了水流的挟沙能力，增加了淤积量。

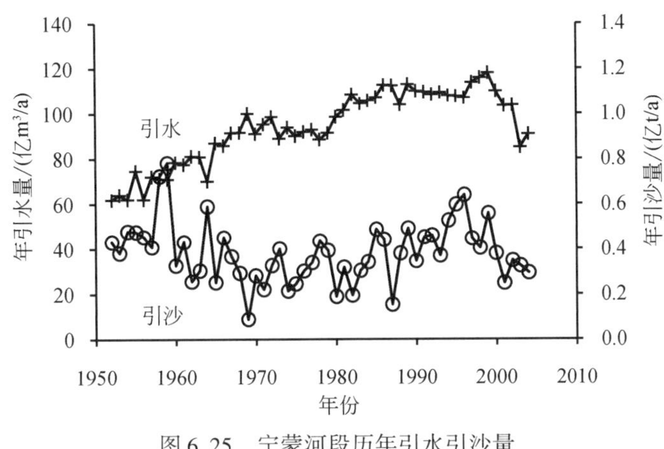

图 6.25　宁蒙河段历年引水引沙量

4. 支流来沙变化

祖厉河、清水沟和苦水河是兰州以下黄河进入内蒙古河段之前的主要产沙支流，其中，祖厉河与清水沟来沙占三支流来沙的 95% 以上。1955 ~ 1967 年三支流入黄泥沙总量为 14.1 亿 t，同期兰州来沙量为 16.7 亿 t，两者比较接近，因此，三条支流来沙变化对内蒙古河段的冲淤影响较大。这三条支流受气候变化和人类活动影响，来沙也随时间发生着明显变化（牛最荣，2002；左仲国，2002；杨永生和任东，2010）。自 20 世纪 70 年代中期至 90 年代中期输沙量明显降低（图 6.26）。

内蒙古河段内多沙支流十大孔兑的输沙量按上面给出的方法计算。在建立年平均输沙模数与降雨指标的关系中，东胜站降雨对十大孔兑流域降雨有更好的代表性，但东胜站只有 1957 年以后的数据，包头站有 1951 ~ 1959 年的降雨数据。为此利用 3 个孔兑的年平均输沙模数与东胜站降雨指标关系估算 1957 ~ 1959 年的输沙模数，利用 3 个孔兑的年平均输沙模数与包头站降雨指标关系估算 1951 ~ 1956 年的输沙模数。我们利用两站的日降雨数据计算了多种降雨指标，对比输沙模数与各种降雨指标关系发现，东胜站年最大三日降雨量与输沙模数之间及包头站年 7 ~ 9 月降雨量与输沙模数之间相关程度较高，如图 6.27 所示。最终估算出的十大孔兑年输沙变化过程如图 6.28 所示。可见，十大孔兑年输沙量年际间变化很大，最大 7 年的输沙量超过 1952 ~ 2009 年 58 年间总输沙量的一半以上。

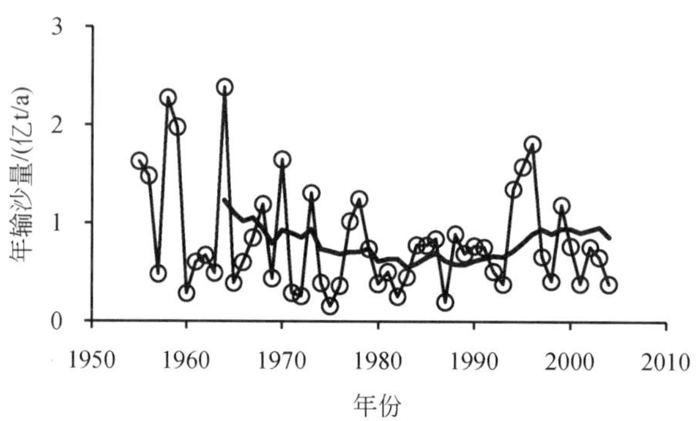

图 6.26　祖厉河、清水沟和苦水河年入黄泥沙量

注：粗黑线为 10 年滑动平均值

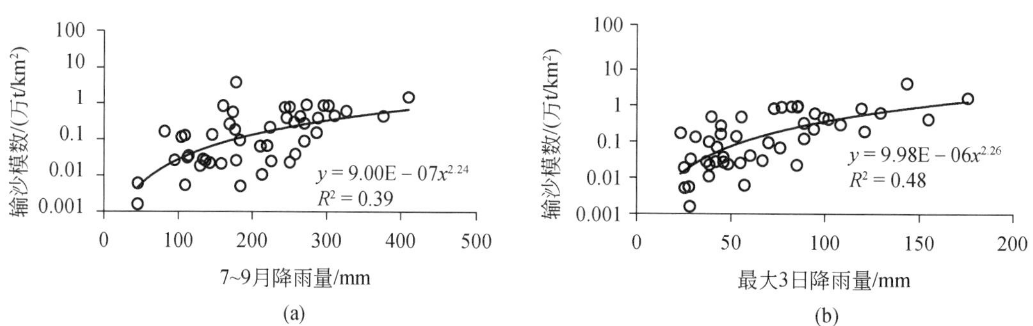

图 6.27　三孔兑输沙模数与包头站 7 ~ 9 月降雨量的关系（a）及东胜站最大 3 日降雨量的关系（b）

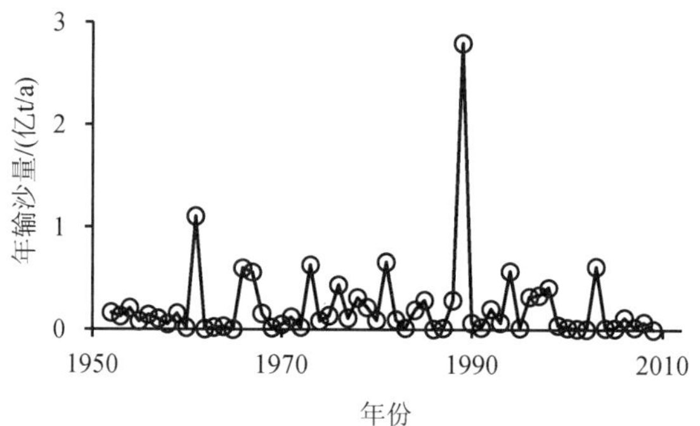

图 6.28　十大孔兑年入黄沙量变化图

6.4.3　水沙关系

1950 年以来内蒙古河段河道治理工程规模较小，对该河段的泥沙输移影响不大。因此，该河段的泥沙冲淤主要与来水来沙变化有关。为此将上游兰州至巴彦高勒段，以及兰州至头道拐站各作为一个河段，估算各种因素对泥沙输移和冲淤的影响。两个河段冲淤量

之差就是各影响因素在内蒙古河段引起的冲淤量。考虑收集到的资料年限，计算时段放在 1955 ~ 2003 年。

1. 汛期与非汛期水沙关系

水库对径流的年内调节主要是调平洪峰，增加枯水期径流量，虽然径流总量变化不大，但汛期和非汛期可能存在的不同的水沙关系以及水沙之间的幂函数关系，会造成总输沙能力的变化。如上所述，黄河上游只有刘家峡和龙羊峡水库能够相对明显改变径流的年内分配。刘家峡水库对径流的调节起始于 1968 年，1986 年龙羊峡水库建成运用后调节幅度增大。为了估计水库径流年内调节对输沙能力的作用，可以通过分别建立汛期和非汛期径流量与径流输沙能力的关系，计算出水库对径流的年内调节影响水流输沙能力的大小。为此我们建立了 1966 年以前还没有水库明显影响黄河上游径流过程条件下巴彦高勒站与头道拐站汛期和非汛期的水沙关系。其中：

头道拐 1951 ~ 1966 年汛期（6 ~ 10 月）平均输沙率（Q_s，亿 t/a）与流量（Q，亿 m^3/a）的关系可以表示为

$$Q_s = 0.0998Q^{1.60}Q_{-1}{}^{-1.13}Q_{s-1}{}^{0.706} \quad (N = 15;\ R^2 = 0.96;\ p = 2.46\text{E-}10), \tag{6.22}$$

非汛期（11 ~5 月）为

$$Q_s = 0.00000657Q^{2.36} \quad (N = 16;\ R^2 = 0.90;\ p = 2.08\text{E-}8) \tag{6.23}$$

巴彦高勒站 1955 ~ 1966 年汛期水沙关系可以表示为

$$Q_s = 0.00195Q^{1.04}C_{up}{}^{0.59} \quad (N = 12;\ R^2 = 0.95;\ p = 2.04\text{E-}6) \tag{6.24}$$

非汛期为

$$Q_s = 0.000674Q^{1.34}C_{up}{}^{0.217} \quad (N = 12;\ R^2 = 0.92;\ p = 9.39\text{E-}6) \tag{6.25}$$

式中，Q_s和 Q 分别为汛期或非汛期的年输沙量（亿 t/a）和径流量（亿 m^3/a）；C_{up}为研究河段汛期或非汛期来水年平均含沙量（kg/m^3）；Q_{-1}和 Q_{s-1}分别为上一年汛期的输沙量（亿 t/a）和径流量（亿 m^3/a），关系式后的括号内分别为样本数（N）、决定系数（R^2）、显著水平（p）。

由上述公式，利用已有 1968 ~ 2004 年龙刘水库对径流汛期和非汛期径流的调蓄量，可以粗略计算出巴彦高勒站以上和头道拐以上河段由于水库对径流的年内调节造成的输沙量的变化量。

2. 年水沙关系

对于气候变化和引水引沙改变径流，以及水库拦沙、干支流来沙变化对泥沙输移与沉积作用，可以利用巴彦高勒站和头道拐站年输沙量与来水来沙的关系进行估算。需要说明的是，兰州至巴彦高勒河段净来沙量包括兰州站和三条主要产沙支流（祖厉河、清水河、苦水河）的来沙量，减去河段内青铜峡水库拦沙和宁夏段引水引沙量；兰州至头道拐河段来沙还需加上十大孔兑的来沙和扣除内蒙古段的引水引沙。兰州至巴彦高勒河段的来水量为巴彦高勒站实测年径流量加上干流上龙刘水库的年蓄变量。由于 1960 年三盛公水利枢纽修建以后，内蒙古河段的引水口从巴彦高勒站以下移到巴彦高勒站上游，因为引水口靠近巴彦高勒站，内蒙古河段引水对兰州至巴彦高勒河段内泥沙输移影响不大，所以该河段

1960 年以后的年来水量需要加上内蒙古河段的年引水量。巴彦高勒站年输沙量为该站实测年输沙量加上估算出的龙刘水库调蓄径流在河段内的增淤量。同样，1960 年后该站的输沙量需加上内蒙古河段的年引沙量。兰州至头道拐河段来的水量为头道拐站的年径流量加上干流上龙刘水库的年蓄变量。头道拐站年输沙量为该站实测年输沙量加上估算出的龙刘水库调蓄径流在河段内的增淤量。这样，利用 1955 ~ 2004 年的年水沙序列，依模型(6.18)，建立了巴彦高勒站和头道拐站年输沙量与来水来沙的关系。

头道拐站：

$$Q_s = 0.00528Q^{1.99}Q_{-1}^{-1.01}Q_{s-1}^{0.508} \quad (N = 46;\ R^2 = 0.90;\ p = 6.84\text{E-}24) \tag{6.26}$$

巴彦高勒站：

$$Q_s = 0.00776Q^{1.56}C_{up}^{0.446}Q_{-1}^{-0.737}C_{up-1}^{-0.211}Q_{s-1}^{0.472}$$
$$(N = 47;\ R^2 = 0.89;\ p = 1.04\text{E-}21) \tag{6.27}$$

式中，Q_s为年输沙量（亿 t/a）；Q 为年径流量（亿 m^3/a）；C_{up}为来水年均含沙量（kg/m^3）；Q_{-1}、Q_{s-1}和 C_{up-1}分别为上一年的年输沙量（亿 t/a）、年径流量（亿 m^3/a）、来水年均含沙量（kg/m^3）。

利用关系式（6.19）~式（6.21）和式（6.26）可估算出各影响因子在兰州至头道拐河段引起的冲淤量；利用关系式（6.19）~式（6.21）和式（6.27）可估算出各影响因子在兰州至巴彦高勒河段引起的冲淤量。计算过程中，将 1955 ~ 1961 年兰州以上流域及以下主要支流的平均来水来沙作为标准，其后兰州以上和兰州以下区间支流逐年来水来沙与 1955 ~ 1961 年平均来水来沙的差值作为两个区间各自来水来沙的变化，引水引沙、水库拦沙和水库年蓄变量按各自的实测值，分别计算各因素变化后的输沙量与其无变化的输沙量的差值，将这一差值作为各要素变化引起的冲淤变化量，差值为负表示这一因素的变化导致河道冲刷，反之亦然。

6.4.4 内蒙古河段阶段性冲淤变化

由巴彦高勒站和头道拐站输沙量以及估算的十大孔兑入黄量，可以得到内蒙古河段年冲淤量的变化过程，如图 6.29（a）所示。由累积淤积量变化过程可见，河床淤积表现为以 1961 年、1987 年和 2003 年为界的阶段性变化。其中，1961 年以前河床持续淤积，1962 ~ 1987 年河床表现为冲刷，1988 ~ 2003 年又转而持续淤积，2004 年以后河床处于微弱的冲刷状态。

为了检验内蒙古河段年冲淤变化阶段性是否在统计上显著，对年冲淤量序列进行 Pettitt 检验，结果如图 6.29（b）所示。1961 年、1987 年和 2003 年三个突变点显著水平都达到 0.05，这三个突变点将年冲淤序列划分为 1952 ~ 1961 年、1962 ~ 1987 年、1988 ~ 2003 年和 2004 ~ 2009 年四个阶段。

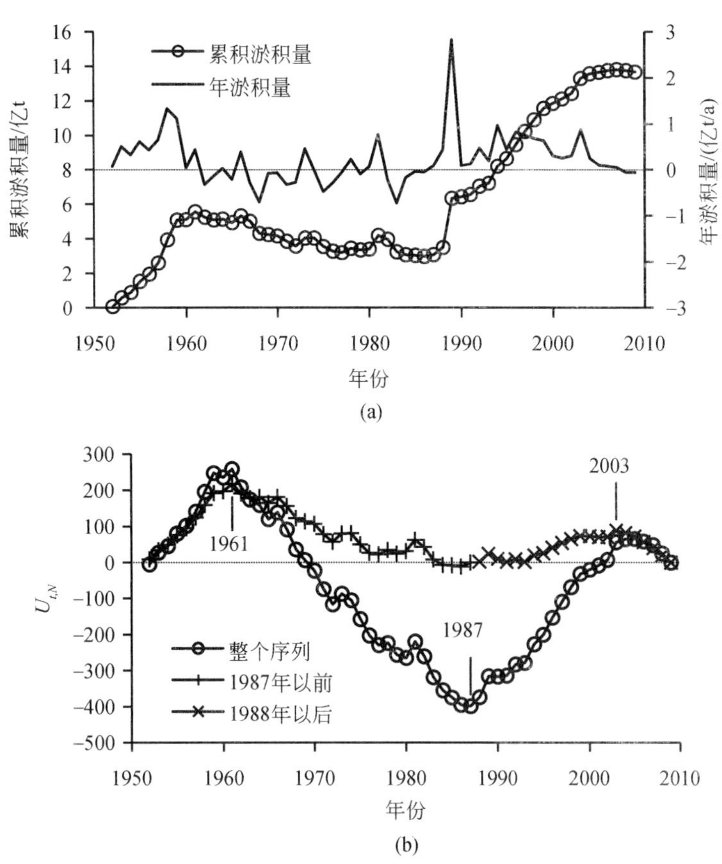

图6.29　内蒙古河段年淤积量和累积淤积量变化过程（a）及年淤积量突变点Pettitt检验结果（b）

6.4.5　影响因子对内蒙古河段冲淤贡献量及不确定性分析

1. 计算结果

通过对比巴彦高勒站和头道拐站实测输沙量和由关系式（6.22）~式（6.25）考虑无水库调蓄水量计算的两站输沙量，估算了水库调蓄增减淤积量。结果显示，1968~2003年头道拐以上河段由于汛期水库下泄径流减小，造成输沙年均减少0.35亿t/a，非汛期下泄径流增大，造成输沙增加0.18亿t/a，即水库对径流的年内调节导致年均减少输沙0.17亿t/a。同期巴彦高勒站以上河段因水库调蓄汛期输沙减少年均0.10亿t/a，非汛期又增加几乎相同的输沙量。因此，巴彦高勒至头道拐河段因水库对径流调蓄增加的淤积量多年平均约为0.17亿t/a，其年增冲淤量和累积淤积量如图6.30所示。

按关系式（6.26）、式（6.27）和式（6.19）~式（6.21）计算得到的各因素引起的内蒙古河段年冲淤变化量如图6.31所示。可见，1955~2003年引水引沙造成的内蒙古河段年冲淤量最大，增淤量年均约为0.64亿t/a。其他因素也在该河段冲淤变化中起到了重要作用，1962~2003年相比于1961年以前，兰州以上流域来水来沙变化减少淤积量0.23

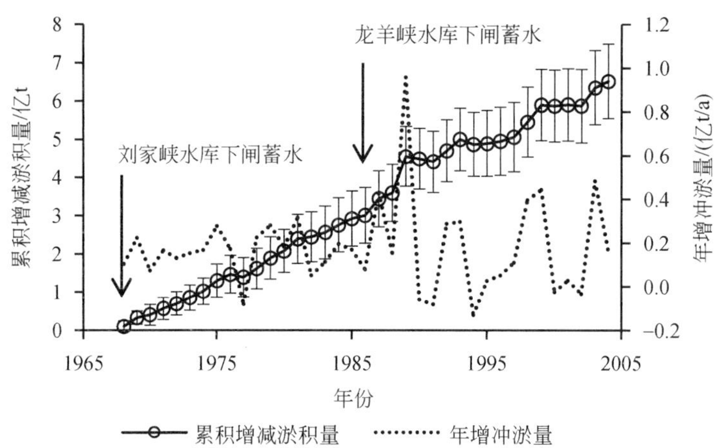

图 6.30　龙刘水库径流调蓄致内蒙古河段年增冲淤量和累积增减冲淤量

注：垂线为以标准差表示的不确定性

亿 t/a，主要支流来沙变化减少淤积 0.19 亿 t/a，干流水库拦沙和调蓄径流减少淤积量 0.21 亿 t/a。图 6.31（e）综合了这几种因素导致的年冲淤变化量，图中的滑动平均显示出计算出的年冲淤变化量与上述由实测输沙量得到的内蒙古河段年冲淤量具有相同的阶段变化。

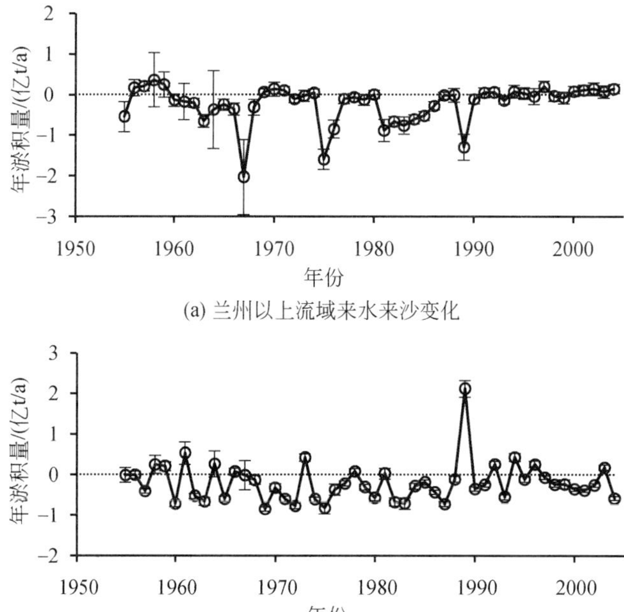

(a) 兰州以上流域来水来沙变化

(b) 主要支流来沙变化

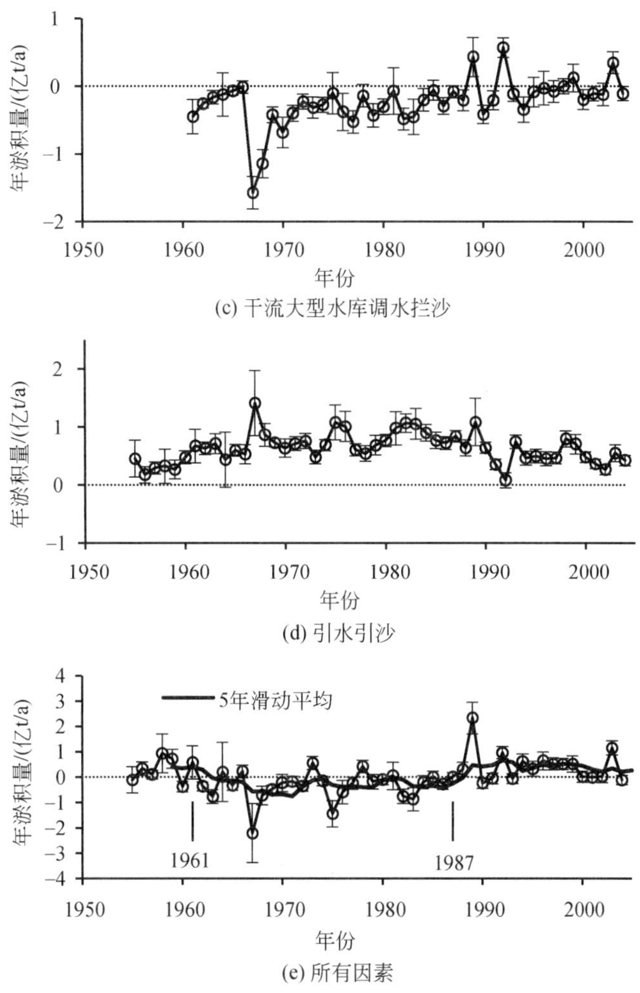

图6.31　各因素变化引起的内蒙古河段泥沙冲淤变化

注：垂线为以标准差表示的不确定性

2. 误差分析

为了验证计算结果的可靠性，分别对比了兰州至巴彦高勒以及兰州至头道拐两个河段各要素变化导致的年冲淤量之和与基于沙量平衡法计算的实测年冲淤量，如图6.32所示。可见计算值与实测值符合程度较好。其中，兰州至巴彦高勒河段实测与计算冲淤量的Nash-Sutcliffe效率系数为0.68，兰州至头道拐两个河段为0.84。另外，根据回归方程预测值的标准误差，对计算冲淤量的不确定性进行了分析，结果都显示在图6.30、图6.31、图6.33和图6.34中。这些不确定性估计中不包括水沙测量和水库拦沙等数据中无法定量表述的误差。

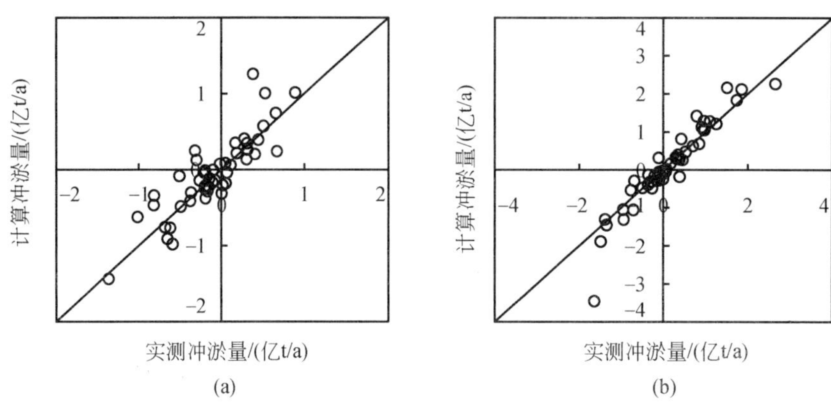

图 6.32　兰州至巴彦高勒站河段（a）及兰州至头道拐河段（b）冲淤量计算值与实测的对比

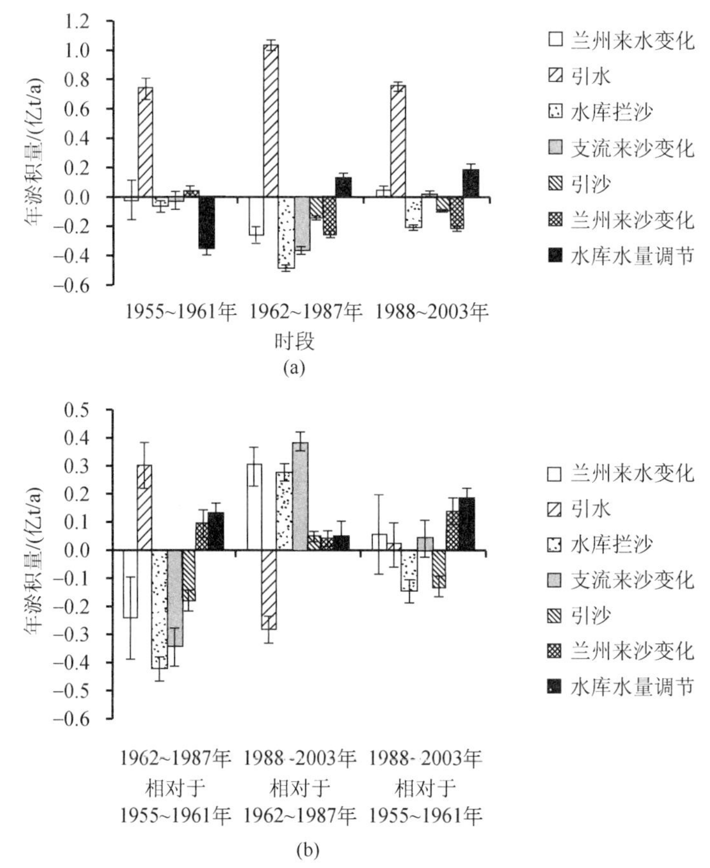

图 6.33　各阶段各要素变化引起的冲淤量（a）及相对于前一阶段各要素变化引起的冲淤量变化（b）

注：垂线为以标准差表示的不确定性

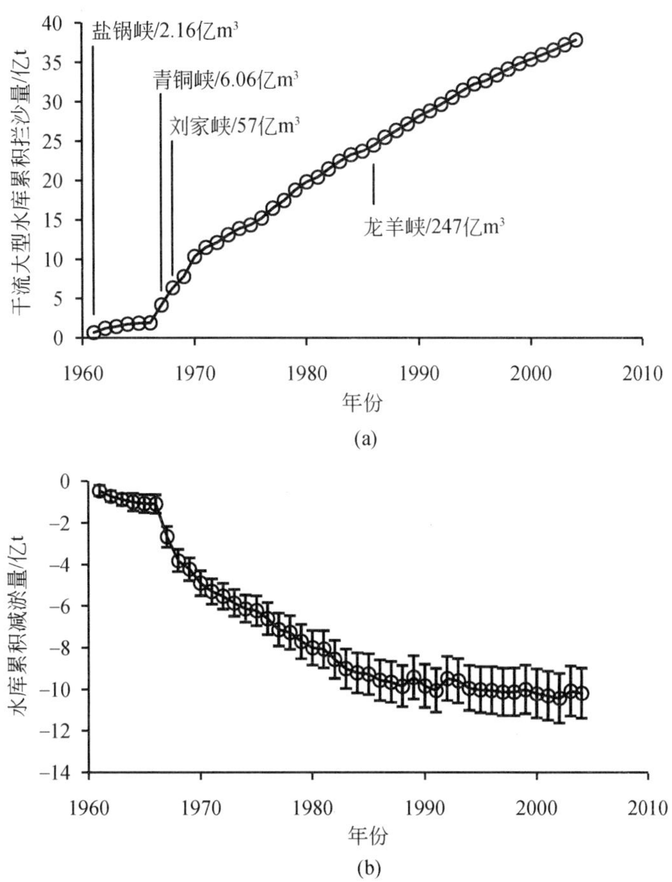

图6.34　黄河上游干流大型水库累积拦沙量（a）及其在内蒙古河段累积减淤量（b）的变化过程
注：垂线为以标准差表示的不确定性

6.4.6　内蒙古河段冲淤阶段性变化主要因素分析

按上述1955～2003年上游内蒙古河段冲淤变化过程，该河段冲淤存在三个阶段，即1955～1961年、1962～1987年和1986～2004年，其中，前一个时段和后一个时段以淤积为主，中间1962～1987年以冲刷为主。分别计算各时段各要素造成的年平均冲淤量，以及各时段相对前一时段冲淤变化中各要素贡献，绘于图6.33中，其中，各要素进一步划分为各要素引起的水量和沙量的变化。可以比较清楚地看到，相对无水沙变化情况，引水引沙是造成内蒙古河段淤积的主要原因［图6.33（a）］。但是从1955～1961年内蒙古河段河道呈淤积趋势转向1962～1987年呈冲刷趋势的原因来看，水库拦沙、兰州以上流域来水增加和支流来沙减少作用较大［图6.33（b）］，兰州以上来沙相对减少也对这一时段的河道冲刷起到了一定的作用。然而，引水增加、引沙减少和水库对径流的年内调节减缓了此期河道的冲刷。1986年以后在河道从冲刷转向淤积过程中，兰州以上流域来水相对明显减少、支流来沙相对增加（其中，1989年十大孔兑来沙对这一时段来沙相对增加影响很大）、水库拦沙相对减少作用最大，兰州以上流域来沙量变化增淤量相对提高、水库调蓄增淤量相对加大、引沙变化减淤量的减小对于河道由冲转淤也起到了一定作用。引水在此时段的增淤作用明显低于上一时段，从而减缓了这一时段的淤积。就 1988～2003 年相对 1955～1961 年淤积量的增加来说，水库对径流的调蓄、引沙减少和兰州以上流域来水变化的作用最大，支流来沙变化和引水变化也起到了一定的增淤作用，而水库拦沙和干流来沙减少起到了相反的作用。

已有研究发现气候变化和人类活动显著改变了许多河流的泥沙输移（Naik and Jay，2011；Slater and Singer，2013）。以上分析结果揭示出内蒙古河段冲淤在气候变化和人类活动影响下也发生了明显的变化，并且气候变化和人类活动对河道冲淤的作用不断转变。各种因素的综合作用足以使这条自然条件下呈持续淤积的河道（师长兴，2010）发生不断的、阶段性的持续淤积与持续冲刷之间的转换。

6.4.7　水库修建对宁蒙河道冲淤的影响

水库修建后下游河道是发生淤积还是冲刷或加重淤积和冲刷取决于建库前后流量、输沙量、河床比降和泥沙粒度的对比（Schmidt and Wilcock，2008）。尽管经水库调节后下泄水流的挟沙能力小于建库前，但是如果水库下泄的泥沙量比建库前减小程度大，建库后下泄水流的挟沙能力可以大于水库下泄的泥沙量，从而引起水库下游河道的冲刷，或淤积速率的减小。水库下游河道发生冲刷比较常见（Petts，1979；Williams and Wolman，1984；Xu，1990；Schmidt and Wilcock，2008）。本研究的分析结果揭示，尽管黄河上游干流上刘家峡和龙羊峡水库水量调节使宁蒙河段夏季洪峰减小，加重了河道淤积，但同时因为水库拦截了大量泥沙，一定时期内减弱了下游河道的淤积强度，并且后者超过了前者。1961～2003 年，由于先后修建盐锅峡、青铜峡、刘家峡、龙羊峡水库，巴彦高勒以上河道年淤积量减少了近 0.45 亿 t/a，内蒙古河段河道年淤积减少了近 0.23 亿 t/a。在 1962～1987 年 20 多年间内蒙古河段持续冲刷过程中水库减淤起到了重要作用。即使在以淤积为主要趋势的 1988～2003 年，水库修建减少巴彦高勒以上河段年淤积量约 0.41 亿 t/a，减少内蒙古河段年淤积量约 0.029 亿 t/a，就是说，干流上已修建的大型水库不是 1988～2003 年内蒙古河段强烈淤积的原因。但是，随着水库拦沙作用的减小，这些大型水库的减淤作用将逐渐减小。如图 6.34 所示，由于盐锅峡和青铜峡库容有限，这两座水库的减淤作用在运用后的几年内就消失了。刘家峡水库库容较大，其通过拦沙减少下游河道淤积的作用将持续较长的时间。然而，自 1986 年龙羊峡水库建成运用以来，由于龙羊峡水库大坝只能拦截产沙模数较小流域的少量来沙，这样在干流上的大型水库拦沙量没有增加的情况下，水库的径流调节程度明显增加［图 6.24、图 6.34（a）］。其结果是在 20 世纪的最后 10 年间，干流大型水库径流调蓄在内蒙古河段的增淤量在许多年份已超过了这些水库拦沙对该河段的减淤量［图 6.31（c）、图 6.34（b）］。也就是说，由于干流大型水库拦沙作用减弱，而调水作用增强，水库修建对内蒙古河段的冲淤作用已经从减少淤积向增加淤积转变。

6.4.8 减缓内蒙古河段淤积的措施探讨

从上述对内蒙古河段淤积过程的阶段性变化和各影响因素作用的定量分析结果，同时考虑对黄河下游的影响，控制引水，增加引沙量，减小重点支流来沙，在可能情况下配合水库调水调沙是目前比较合理的减缓内蒙古河段淤积的措施方案。首先，上述分析揭示引水增加对内蒙古河段长期淤积作用较大，因此，控制用水增加将减缓淤积加重的形势。同时发展引水引沙技术，增加引水的引沙量。历史上，内蒙古河段就是一条淤积性的河道（师长兴，2010）。西段引水灌溉用水最多，也是长期以来淤积比较强烈的河段。该河段位于河套盆地的后套平原内，后套平原西部发育冲积扇平原，东部是黄河泛滥冲积平原。黄河曾经在平原上不断发生摆动和泛滥（参见第1章）。也就是说，历史上这段河道虽然不断淤积，但是通过不断改道和平原上的分汊漫流，将泥沙广泛分布在平原上，因此没有形成地上悬河。现在，河道长期固定在一条流路上，如果要防止河道持续淤积，形成悬河，就需要在引水的同时引走大量泥沙，以减缓河道的淤积，同时加高平原地面，减小河道与平原的地势高差。其次，从头道拐站水沙关系看，内蒙古河段的输沙能力主要取决于来水量大小，也就是说一定的来水量决定了可输送的沙量，来沙量大于输沙量河道就会淤堵。因此，在不能减少对水资源需求的条件下，减少干支流的来沙，将基本上等量减少内蒙古河段的淤积。兰州至头道拐区间支流祖厉河、清水沟、苦水河及十大孔兑来沙占上游来沙近一半，这些支流流域面积只占上游流域面积的约10%，因此，在重点产沙支流加强水土保持措施，减少支流泥沙入黄对于减缓内蒙古河段淤积有显著效果。以上减淤措施中，控制引水将为中下游节省更多的水资源；增加引沙和降低重点支流产沙减少了进入下游的泥沙。也就是说，这些措施有利于内蒙古河段本身，也有利于黄河下游的多赢的措施。利用水库调水调沙可以在一定程度上减淤，但在这一水资源短缺地区，受防洪、发电、用水要求的限制，这一措施的减淤效果将不能保证，而且通过调水冲刷河道，将泥沙向下游输送，把问题转移到下游，因此，只能作为辅助措施在条件允许的情况下使用。当然，如果受自然因素的变化和人为因素的作用，上述措施不能达到控制河道进一步持续淤积的目的，则需要像黄河下游一样，修筑坚固的大堤和控导工程，以维持河道稳定和控制洪水灾害。

6.5 宁蒙河段两次冲淤过程变化及成因

对冲积性河道而言，来水来沙条件是影响河道冲淤最直接、最重要的因素（张晓华等，2008b）。黄河宁蒙河段位于我国地貌的第二“阶梯”上，鄂尔多斯高原西缘和北缘的断裂带内，由多个洼地构成。其径流主要来自于唐乃亥以上的山地及高寒区，泥沙主要来自于唐乃亥以下，该河段具有比较典型的北方河流的特征，冬季径流量较少，含沙量低；夏季水流充沛，含沙量较高。由于该河段集水面积较大，因此，冬季仍然有径流补给（蓝永超和康尔泗，2000）。宁蒙河段冲淤随水沙的周期变化有规律地不断调整。近期由于上游水库的修建和宁蒙灌区引水引沙的增加，使得宁蒙河段河道逐渐淤积抬高，淤积主要集中于内蒙古巴彦高勒—头道拐河段（申冠卿等，2007；侯素珍等，2012；张晓华等，2013）。学者对宁蒙河段近期的淤积进行了分析，指出水库运用是导致宁蒙河段水沙变化的主要原因（赵文林，2000；尚红霞等，2008；王随继等，2010a）。除了上游水库的调控外，河道淤积还受到其他因素的影响（许炯心，2013；刘韬等，2007；杨根生等，2003；方学敏，1993）。

本节以宁蒙河段6个水文站的逐日径流量、逐日含沙量、实测流量、实测大断面数据等为基础，首先分析了水文站断面年内的冲淤过程，结合径流量的年内分配，分析了河道的冲淤规律，然后分析各水文站断面的年际变化情况，结合径流量的年际变化，探讨了河道冲淤的成因。

6.5.1 数据来源及研究方法

在宁蒙河段主河道上先后建立了8个观测泥沙、径流和河道形态的水文站，有6个水文站进行了连续观测：青铜峡、石嘴山、磴口、巴彦高勒、三湖河口和头道拐。本研究中用到的数据为逐日平均水位、实测大断面资料、洪水水文要素和逐日平均流量，时间序列为1964～2010年（1991～2005年，以及1987年、2007年的数据缺失），其中，巴彦高勒水文站资料的起始时间为1973年，另外，磴口水文站还缺失1974年、1981年的资料。以往的研究中多用不同时期同流量水位相比较的方法说明河道冲淤情况，这种方法只能进行大致的比较，无法进行连续的对比和计算。为便于连续计算，本研究中引入标准断面这一概念，利用实测大断面资料，点绘并叠合所有实测大断面数据，从而发现每个断面不同位置的最大边界，利用这一最大断面作为标准断面。根据逐日水位计算逐日标准断面的面积，然后根据径流量和大断面数据拟合得到流量-河槽断面面积的拟合关系式，通过逐日流量计算逐日河槽断面面积，最后用标准断面面积减去河槽断面面积得到滩床断面面积，这里的滩床断面面积包括滩地和河床的断面面积。通过滩床断面面积的变化来反映河道的冲淤情况，滩床面积减少时，河道发生冲刷，反之则出现了淤积。

1. 标准断面的建立

在同一个水文站内，将不同年份汛前汛后的实测大断面数据进行叠加，寻找断面底部和侧边最大或者最为集中的部位作为河道理想断面的外部边界，再通过五点边壁界定法确定断面形态，首先取河道两侧比较固定的上沿作为河道断面的上边界点，取河道边壁两侧靠近底部比较固定的点作为下部边界点，最后取河道底部处于相对较深位置的有一定数据量的断面点作为底部边界点，当底部和侧边无明显转折时，仅通过左右两侧4个点构建理想断面。分别叠加6个水文站所有年份的大断面数据，取得6个水文站的最大边界点（表6.8），青铜峡、石嘴山、磴口和头道拐水文站断面侧边略有转折，取5个点作为标准断面边界点，其余两个水文站两侧转折较少，取4个点作为边界点。青铜峡、石嘴山和磴口水文站断面的形态都较为窄深，巴彦高勒和三湖河口的断面形态较宽浅，头道拐断面的形态介于前两者之间，但河道断面在整个标准断面间左右摆动，其本身也是一个窄深断面。在获得标准断面边界点后，根据逐日平均水位可以计算逐日平均水位所覆盖的标准断面面积。

表 6.8　宁蒙河段主要水文站标准断面边界点

项目		左岸上端边界点	左岸下端边界点	底部点	右岸下端边界点	右岸上端边界点
青铜峡	起点距/m	0	70	200	219	491
	高程/m	1140. 95	1130. 29	1129. 61	1130. 29	1140. 95
石嘴山	起点距/m	0	108	213	414	596
	高程/m	1094. 87	1081. 84	1082. 15	1085. 42	1094. 87
磴口	起点距/m	0	246	253	328	359
	高程/m	1062. 54	1053. 01	1052. 75	1053. 01	1062. 54
巴彦高勒	起点距/m	0	69		168	733
	高程/m	1052. 31	1043. 64		1043. 64	1052. 31
三湖河口	起点距/m	0	93		595	723
	高程/m	1020. 57	1010. 41		1012. 7	1020. 57
头道拐	起点距/m	0	81	96	576	609
	高程/m	989. 78	982. 33	981. 4	982. 33	989. 78

2. 河槽断面面积的计算

首先利用实测流量成果表中的流量和断面面积逐年建立最优拟合关系式，以此根据每年的逐日平均流量推算河槽的逐日平均断面面积。在进行流量-断面面积拟合时发现，青铜峡河段的河槽断面面积与流量间呈指数关系，其他 5 个站点的流量-断面面积关系呈线性关系。青铜峡水文站的河槽断面面积（A）与流量（Q）之间的拟合关系式为

$$A = aQ^b \tag{6.28}$$

式中，a 为系数，取值为 0. 32 ~ 0. 55，均值为 0. 45；b 为指数。

式（6. 28）的决定系数（R^2）超过 0. 9 的年份占全部年份的 80%，仅有 6 年的 R^2 值在 0. 8 左右。

其余 5 个水文站河槽断面面积与流量之间的线性拟合关系式为

$$A = cQ + d \tag{6.29}$$

式中，c 为系数；d 为截距。

式（6. 29）的决定系数均高于 0. 6，可以用于推算未测量时段的河道断面面积。

6. 5. 2　河道滩床二次冲淤的发生过程

分析逐日滩床断面面积随时间的变化，可以发现宁蒙河段河道在年内存在两个明显的水沙分布阶段，冬季枯水少沙阶段和春、夏、秋季丰水多沙阶段，这两个阶段保持着相对稳定的冲淤平衡，以春季河水上涨到一定水平作为起点，直到秋季河水开始下降作为丰水多沙期，这个阶段的平水期河道基本保持着微冲微淤状态，洪水期时河道会发生冲刷，而

这个时期被冲刷的部分也会在秋季洪水后退时通过淤积来填补，形成一个完整的冲刷–淤积平衡过程。因此，可以将春、夏、秋季里包含的平水期和洪水期划分为一次冲淤平衡过程。秋季中后期径流量降低导致河道内淤积发生，滩床断面面积增大，达到稳定后又保持较长时间的稳定状态，直到春季径流量增加引起河床冲刷，滩床面积减小，可见冬季初期发生的淤积与春季出现的冲刷形成冲淤平衡。人们将冬季和春、夏、秋季两个阶段各自保持河道冲淤稳定的状态称为河道的“二次冲淤平衡”。

以磴口站1964～1990年多年平均逐日滩床断面面积为例（图6.35），滩床断面面积从3月初的850m^{2}开始减小，到3月底减小到550m^2，之后的平水期持续到6月底，滩床面积保持在550～600m^2。洪水主要发生在7月至11月上旬，洪水期包括三个阶段：7月上半月的洪水上涨期，滩床断面面积进一步减小，从550m^{2}减小到450m^{2}左右；在450m^{2}上下波动，一直维持到10月中旬；到11月上旬洪水开始下降，断面面积再次回到平水期的550m^2，第二次平水期的维持时间约为一个月。从12月初开始，断面面积开始不断增大，直到恢复到枯水期的850m^2。

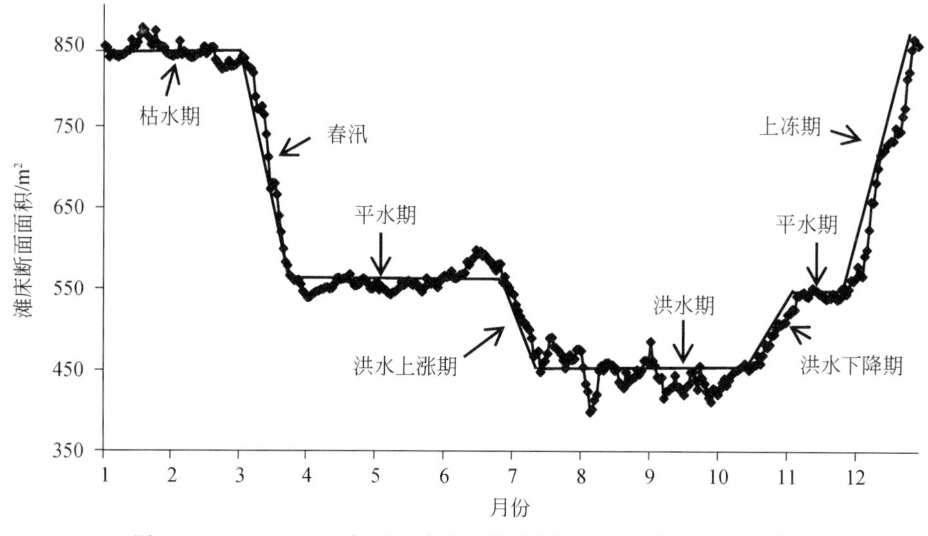

图6.35　1964～1990年磴口水文站滩床断面面积多年逐日平均值

6.5.3　近几十年二次冲淤的时空变化及原因

根据二次冲淤平衡的划分，将滩床断面冲淤过程划分为冬季枯水时段和春夏秋季多水时段，分别取两个时段的日平均值，点绘1964～2010年的滩床断面面积值于图6.36、图6.37中（青铜峡水文站紧邻大坝，受水库放水影响明显，而且河道两侧的河堤经过修整，其冲淤规律已经不具有参考性，故分析时不包括青铜峡水文站），发现其他5个断面的冬季冲淤和春夏秋冲淤在1990年以前变化均不大，只在接近1990年时有略微的冲刷，相比前期，磴口、巴彦高勒和三湖河口3个水文站2006～2010年的滩床断面面积明显增大，而石嘴山和头道拐水文站的滩床断面面积无明显变化，头道拐水文站的滩床断面面积还有略微减小。将5个断面的滩床断面面积变化划分为1990年以前及1990年以后（2006～2010年）两个时期，对比枯水时段和丰水时段的变化可知：在枯水时段，相比1990年以前，石嘴山和头道拐水文站的滩床断面面积在2006～2010年没有明显增大（见图6.36），石嘴山站的断面面积增量接近100m^2，而头道拐站断面面积仅增加27.84m^2。淤积主要发生在磴口、巴彦高勒和三湖河口3个水文站，磴口站淤积了532.47m^2，巴彦高勒和三湖河口的淤积面积比较接近，分别为970.21m^2、938.31m^2（表6.9）。相对于枯水时段来说，丰水时段滩床断面面积的变幅更小，头道拐水文站断面甚至出现了冲刷（图6.37），滩床断面面积减小了238.20m^2，石嘴山水文站的滩床断面面积没有出现明显变化，磴口、巴彦高勒和三湖河口水文站的断面面积明显增大，分别增加了192.23m^2、501.24m^2、618.77m^2。对比两个时期两次冲淤间的断面面积变化，1990年以前面积变化从大到小排序依次为：巴彦高勒、三湖河口、头道拐、石嘴山、磴口，从枯水时段转变到丰水时段，断面将分别被冲刷1323.42m^2、919.25m^2、771.67m^2、428.42m^2、362.59m^2；1990年以后该值有所增大，分别为1792.39m^2、1238.79m^2、1037.71m^2、529.62m^2、702.82m^2（表6.9）。也就是说，1990年以后丰水时段冲刷量高于1990年以前，而这些冲刷缘于洪水退水时的淤积和冬季的部分淤积。

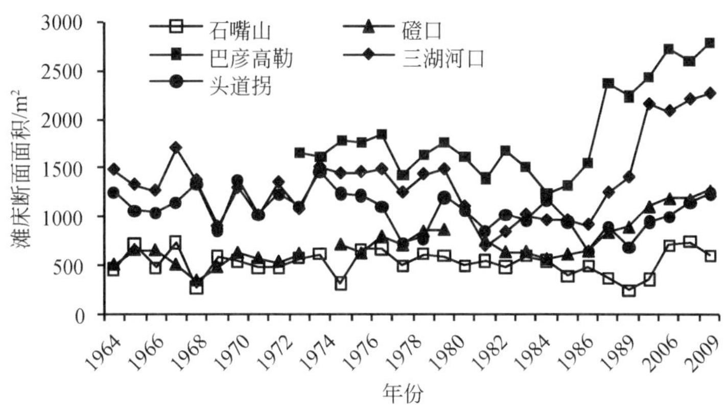

图6.36　1964～2010年宁蒙河段主要水文站枯水时段滩床断面面积

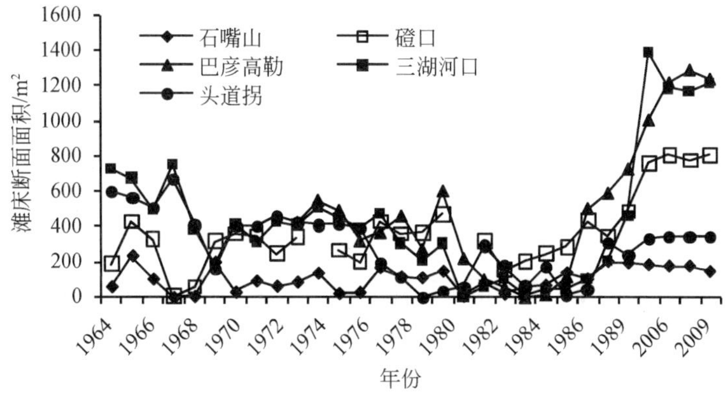

图6.37　1964～2010年宁蒙河段主要水文站丰水时段滩床断面面积

表 6.9　不同时期滩床断面面积二次冲淤的对比　　（单位：m^2）

站名	枯水时段			丰水时段		
	1990 年以前	2006 ~ 2010 年	差值	1990 年以前	2006 ~ 2010 年	差值
石嘴山	524.76	607.38	82.62	96.34	77.76	-18.58
磴口	660.01	1192.48	532.47	297.42	489.66	192.23
巴彦高勒	1667.03	2637.24	970.21	343.61	844.85	501.24
三湖河口	1234.46	2172.77	938.31	315.21	933.98	618.77
头道拐	1061.84	1089.68	27.84	290.17	51.97	-238.20

6.5.4　宁蒙河段二次冲淤的形成及近期调整的成因

1. 二次冲淤的成因

河道的冲淤调整主要取决于水沙变化，从石嘴山水文站测量的径流量来看，冬季为枯水期，3 月径流量开始增大，一直到 5 月均处于波动上升过程，之后径流量比较稳定地维持一个月左右，6 月底径流量开始明显增大，洪水期一直维持到 10 月中旬，之后水量开始减少，退水期约为 20 天，11 月中旬开始进入枯水期。从径流量变化过程来看，与滩床断面面积的变化并不完全对应，原因可能是：①所取的值为多年均值，其中的局部变化导致出现了不对应现象；②河段冲淤与径流量并非完全一致，尤其是大水时发生的冲刷不可能快速回淤，之后出现小流量时，滩床断面面积仍然很小，但是在关键的时间点上是基本对应的，径流量出现明显增大和减小时，滩床断面面积出现明显的减小和增大，两者之间存在很好的反向变动关系。

2. 二次冲淤近期调整的成因

从逐日平均流量来看，发现所有水文站 1990 年以后两个时段（枯水时段和丰水时段）的日平均流量均存在减少的情况，丰水时段明显减少，枯水时段减少量并不显著。其中，磴口水文站丰水时段日平均流量减少最多，为 167.43m^3/s，石嘴山水文站枯水时段的减少量最小，仅 14.27m^3/s。枯水时段径流的减少量可能对河道的淤积影响十分有限，而河道的淤积抬高主要还是因为丰水时段径流量的减少（表 6.10）。虽然丰水时段径流量的减少是可以察觉的，但减少的量与滩床的淤积量并不对称。因此，笔者进一步分析洪水的量级和频率，逐年统计 5 个水文站日均流量大于 1500m^3/s 的天数（图 6.38），发现 2006 年以后极少发生大于 1500m^3/s 的洪水。另外两个显著的时间点是 1968 年和 1986 年，1968 年以后出现了连续 6 年的洪水天数大幅减少，1986 年以后的洪水天数也显著减少，这两个时间点与上游刘家峡和龙羊峡水库的蓄水运用是对应的，可见两水库的联合调度是影响洪水和平均径流量的主要原因。

表 6.10　宁蒙河段 1990 年前后丰水与枯水时段河道断面面积对比　（单位：m^2）

站名	枯水时段			丰水时段		
	1990 年以前	2006 ~ 2010 年	差值	1990 年以前	2006 ~ 2010 年	差值
石嘴山	530.30	516.03	14.27	1 101.32	1 027.12	74.20
磴口	563.83	525.35	38.48	1 129.27	961.83	167.43
巴彦高勒	576.73	506.88	69.85	861.21	732.07	129.14
三湖河口	564.22	546.15	18.07	938.54	796.45	142.08
头道拐	536.16	516.03	20.14	895.51	744.51	151.00

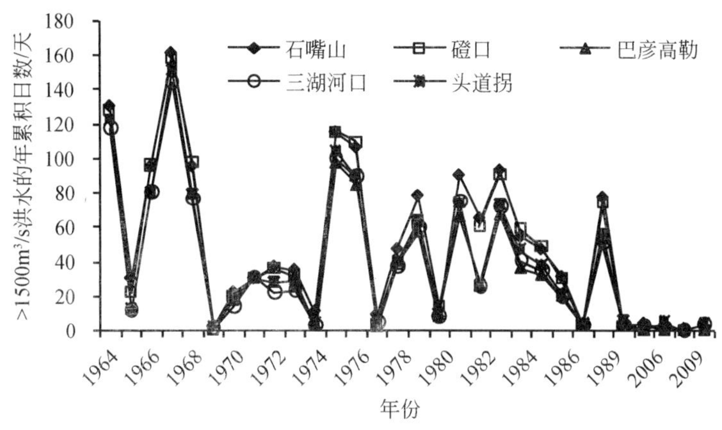

图 6.38　宁蒙河段水文站年内日平均径流量>1500m^3/s 的天数

6.5.5　结语

（1）宁蒙河段河道在年内经历两次冲淤平衡，一次是冬季的冲淤平衡，一次是春、夏、秋三季的冲淤平衡，前者为枯水期，而后者水量相对更为丰沛。从整体来看，对河道冲淤起主要作用的还是丰水期的冲淤平衡。

（2）20 世纪 60 年代初至 80 年代末宁蒙河段基本保持冲淤平衡，随着径流量的减少，河道呈淤积趋势。这与水量的急剧减少有关，更为主要的原因是大流量洪峰数量减少。

（3）宁蒙河段淤积主要发生在内蒙古河段。从断面上看，石嘴山和头道拐水文站的断面冲淤变化不大，其余水文站断面均发生了明显淤积。

宁蒙河段处于我国北方，冬、夏季水量差异明显，形成了两次具有独立特征的冲淤平衡：冬季枯水期的低位平衡和春、夏、秋季丰水期的高位平衡。两次平衡中以丰水期平衡为主导，而河道近几年的淤积正是由丰水期水量急剧减少和大流量洪峰日数锐减造成的。同时，也不能忽视枯水期的冲淤平衡，因为该河段春季的凌汛对河堤的威胁也很大。

河道在新的水沙状况下是否能进入新的冲淤平衡状态，还需要收集更多的数据来估算和验证，尤其是风沙输入的粗颗粒在河道内的持续淤积。无论河道是否能够在目前的水沙状况下实现冲淤平衡，水量突然提高对河道的潜在危险是不断增加的，对此要有足够的认识。

6.6　黄河上游河道输沙功能的变化及其原因

河流系统是一个开放系统，具有多种功能，包括生态功能、水资源功能、行洪功能、输沙功能、航运功能和环境美学功能等。对于黄河这样的多泥沙河流而言，输沙功能的研究具有重要意义。河流输沙功能取决于河流输沙的能力，而河流的输沙能力与流速的高次方成比例，因而也与流量的高次方成比例。同时，还与河流泥沙的数量与粒径有关。因此，河流的水沙组合方式与泥沙的输移有密切的关系。流域自然地理因子和人类活动的变化会导致径流量、泥沙量及其组合方式的变化。如果考虑到冲积河流的河道调整，则河道形态也会发生变化。这些变化将共同对河道的输沙功能产生影响。影响河流输沙功能的因子可以划分为两个层面，一是河道层面，包括进入河段的水量、沙量及其组合方式与河段的边界条件（几何形态、边界物质组成）；二是流域层面，包括对水沙条件起控制作用的流域自然地理因素和人为作用。由此，我们可以将河道输沙功能分别与河段的水沙条件和流域因素相联系，以阐明河道输沙功能变化的原因。对于黄河下游的输沙功能的变化及其原因，我们已经进行过研究（许炯心，2004a，2004b，2006a）。自从 20 世纪 80 年代中期以来，黄河上游河道淤积表现出增大趋势，在每年凌汛期间出现很大的防洪压力。这一问题引起了人们的广泛关注，已有不少成果发表（赵文林等，1999；申冠卿等，2007；侯素珍等，2007a；尚红霞等，2008；张晓华等，2008b；刘晓燕等，2009）。但是，前人的研究尚未涉及河道的输沙功能及其对水沙条件以流域因素变化的响应。本书在这方面进行了比较系统的研究，取得了进展（Xu，2015b）。

6.6.1　输沙功能指标和影响因子指标

1. 输沙功能指标

河道输沙功能是宏观意义上的，是针对一个河段而言的；它不要求满足输沙平衡条件，因为在天然情况下，河道可以是平衡的或非平衡的（包括淤积的和冲刷的），不同情形下的河道都具有输沙功能（许炯心，2004a）。我们以一个河道为单元，从泥沙收支平衡的概念（sediment budget）出发，来定义河道的输沙功能。设某一河道除干流外，还包括若干支流，干流进口控制站的全沙年输沙量为 $Q_{s,i}$，干流出口站的全沙年输沙量为 $Q_{s,o}$，各支流汇入的年沙量为 Q_{s,t_1}，Q_{s,t_2}，……，其和为 $\sum Q_{s,t}$。我们以某河道的输出泥沙量与进入该河道的泥沙总量之比来定义河段输沙功能 F_s：

$$F_s = Q_{s,o}/(Q_{s,i} + \sum Q_{s,t}) \tag{6.30}$$

式中，F_s可以称为输沙功能指标（许炯心，2004a）。

兰州—头道拐河段的进口控制站为兰州水文站，出口控制站为头道拐水文站。区间的主要支流包括祖厉河、清水河、苦水河、十大孔兑等。其余小支流来沙很少，可以忽略不计。此外，灌溉引水引走了一部分泥沙，这相当于输入泥沙量的减少。因此，按式

(6.30) 可以写出：

$$F_s = Q_{s,o}/(Q_{s,i} + \sum Q_{s,t}) = Q_{s,T}/(Q_{s,L} - Q_{s,div} + Q_{s,Z} + Q_{s,Q} + Q_{s,K} + Q_{s,KD}) \quad (6.31)$$

式中，$Q_{s,T}$、$Q_{s,L}$、$Q_{s,Z}$、$Q_{s,Q}$、$Q_{s,K}$、$Q_{s,KD}$分别为兰州站、头道拐站、祖厉河靖远站、清水河泉眼山站，以及苦水河和十大孔兑的年来沙量。$Q_{s,div}$为河段内每年灌溉引水引走的泥沙量。各变量的单位均为亿 t/a。输沙量数据来自有关的水文站，灌溉引沙量是按主要灌区（青铜峡水库灌区、三盛公水库灌区）历年引水量乘以引水期相应的含沙量而得到，资料来自黄河水利科学研究院。应该指出，由于黄河上游各水文站缺少推移质测验资料，故进行输沙功能计算时所涉及的资料仅为悬移质，故本书所指的输沙功能是指河道对于悬移质泥沙的输沙功能。

2. 影响因子指标

1）流域因子

影响输沙功能的因子分为两个层面，即流域层面和河道层面。影响水沙变化的流域因子自然因素与人类活动。我们以流域降水和温度特征来表示气候因素。由于兰州以上和以下流域的产流特性差别很大，故对这两个区域的降水量进行了区分。采用的指标如下：①降水量。分别用兰州以上流域年降水量 P_L、兰州到河口镇流域年降水量 P_{LH}、河口镇以上流域年降水量 P_H来表示。②气温。用河口镇以上流域年均气温 T_H来表示。降水量资料来自黄河水利委员会有关部门，是按各区域内所有雨量站的资料加权平均而得到。气温资料来自中国气象局，按研究区内各气象站的资料计算而得到。

人类活动可以分为三种类型，即水库修建、从河道中引水和实施水土保持措施。①水库调节：前已指出，黄河上游干流已建有 13 座水库，水库的调节作用改变了经水库下泄的径流和泥沙的时间分配过程，进而对泥沙的侵蚀、输移和沉积过程产生很大的影响。水库对径流的调节作用不仅取决于水库的库容，而且取决于水库所在河流的径流量。为此，以黄河上游干流各水库的总库容（$\sum C_{re}$）与河口镇历年实测径流量（Q_w）之比 R_{re}为指标：$R_{re} = \sum C_{re}/Q_w$，称为水库对实际径流的调节系数。②人类引水：黄河上游是著名的灌溉农业区，人类引水量很大。以净引水量（$Q_{w,div}$）为指标，即从黄河上游河道中的引水量减去用水后退回到河道中的水量。③水土保持措施：水土保持措施包括修筑梯田、造林、种草和修筑淤地坝拦沙等，梯田、造林、种草可以用这些措施的实施面积来表示，淤地坝的拦沙效应则用所拦截的泥沙淤成的坝地面积来表示。从本质上说，水土保持措施的减蚀减沙作用，是通过其对于径流的调节作用来实现的。水土保持面积越大，则降雨到天然径流的转化率［即许炯心（2004c）所定义的径流可再生性指标］越小。土壤溅蚀使坡面土壤分离，分散的土壤物质在坡面径流的作用下向下坡搬运。泥沙进入沟道、河道之后，在沟道、河道径流的作用下继续输运，最后到达流域出口控制断面而表现为流域产沙量。泥沙在沿着坡面、沟道、河道向下运动的过程中，随着径流搬运动力的变化，还可能会发生沉积。显然，上述各个环节都与径流有关。各项水土保持措施（梯田、造林、种草和修筑淤地坝）都会减小径流可再生性指标（许炯心，2004c）。因此，如果用径流可再生性指标来表达水土保持措施的作用，则不但可以使问题简化，而且也能更好地体现水土保持对侵蚀产沙过程减蚀减沙的物理机理。

2）河流水沙因子

由于缺少河道形态变化的资料，本书主要考虑河流水沙及其组合方式。除了与水沙量及其年内分配有关外，河道泥沙输移还受到来水来沙搭配关系的控制。如果来沙较多而来水偏少，则河道的相对“负载”较重，水流动力不足将来自流域的全部泥沙输移下行，会导致淤积的发生。反之，如果来水较多而来沙偏少，则河道的相对“负载”较轻，水流动力除了搬运来自流域的全部泥沙之外还有富余，会导致淤积的发生。衡量河道的相对负载（可以定义为河流来沙量与输沙能力之比）有很多指标。作为一种近似，由于河流输沙集中在汛期，可以用汛期输沙量与汛期径流量的对比关系来表示河流的相对负载。表达汛期输沙量与汛期径流量的对比关系（或称为“水沙搭配关系”）的指标有两种，即汛期来水平均含沙量 C_{mean} 和汛期来水平均来沙系数 ξ。还采用汛期（7 ~ 10 月）径流量占全年径流量的比率和月径流变差系数作为指标，以反映水库调节对径流年内分配的影响。同时，还采用了引水比为指标，因为研究区位于干旱区，灌溉引水量很大，这一因素对于河道径流量的影响不容忽视。

以上述指标的历年数据为基础，采用多元统计分析方法揭示了输沙功能指标与两个层面的影响因素的定量关系，并进而讨论黄河上游输沙功能减弱的原因。

6.6.2 河道 F_s 的时间变化

图 6.39（a）中点绘了兰州至头道拐河段的 F_s 随时间的变化，并给出了线性拟合方程、相关系数与显著性概率。在“H_0：回归系数为 0”的假设下进行了 t 检验，结果表明，对于所拟合的线性方程，这一假设被接受的概率 $p=0.000009$。这意味着，H_0 应该被拒绝，说明 F_s 随时间而减小的趋势是显著的。图 6.39（a）证明，自从 1960 年以来，兰州至头道拐河段的输沙功能明显减弱，这会导致河道的淤积，从而给防洪产生很大的压力。为此，必须研究输沙功能与影响因素的关系，从而为通过对流域人类活动的调控来增强河道输沙功能提供依据。从图中还看到，1960 ~ 1980 年，尽管输沙功能指标上下波动很大，但总体上减小的趋势不明显，但 1986 年以后，发生了阶梯式减小。为了进一步揭示输沙功能指标的变化趋势，我们运用 Mann-Kendall 方法对 F_s 变化的趋势进行了研究。图 6.39（b）中显示了基于正序列和逆序列的 F_s 数据所计算出的 Mann-Kendall U 值随时间的变化。图中正序列 U 值（曲线 C_1）随时间的变化显示了 F_s 的变化趋势。从总体上看，正序列 U 值是下降的，与图 6.39（a）中的趋势是一致的。除此之外，Mann-Kendall U 值的变化可以反映变化趋势的改变和突变。可以看到，正序列 U 值曲线和逆序列 U 值曲线在 1986 年有一个交点，且交点位于两条临界线之间，故 1986 年是一个突变点。此外，C_1 曲线还显示出一个转折点，位于 1974 年。1986 年是龙羊峡水库开始蓄水的时间，1974 年是刘家峡水库建成后 5 个机组开始同时发电的时间。可见，输沙功能的变化与水库有密切的关系。这在后文中还要进行讨论。

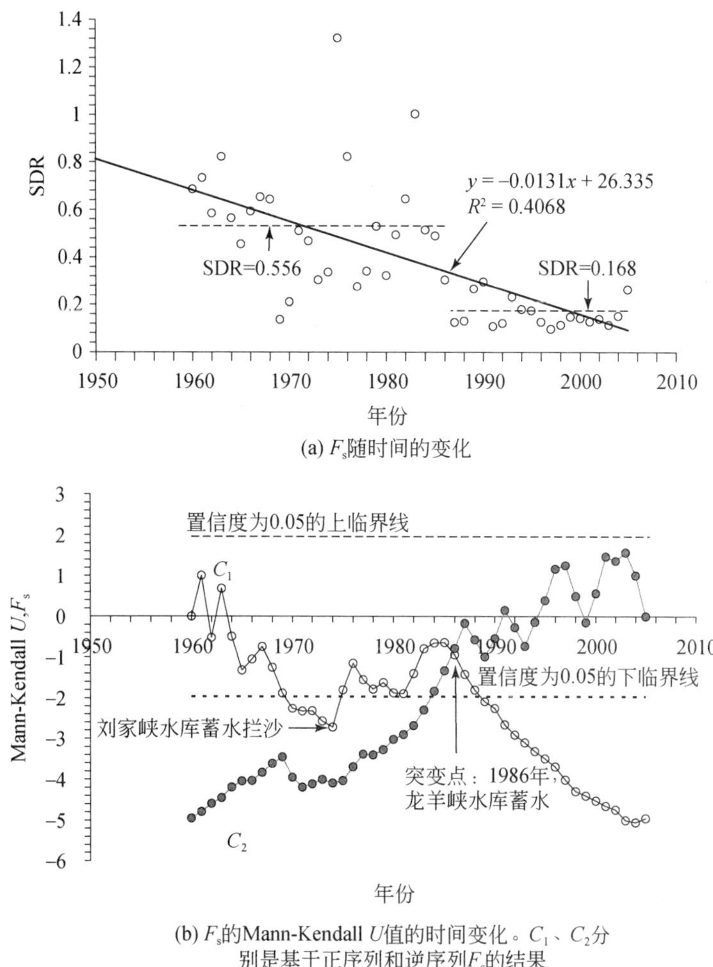

(a) F_s随时间的变化

(b) F_s的Mann-Kendall U值的时间变化。C_1、C_2分别是基于正序列和逆序列F_s的结果

图 6.39　兰州至头道拐河段的 F_s 随时间的变化

6.6.3　河道 F_s 与流域因子的关系

前已述及，在流域层面上，对于河流的 F_s 有影响的因素包括自然因素与人类活动因素，前者可以用兰州以上流域的降水量、年均气温来表示，后者可以用水库对实际径流的调节系数、水土保持措施（以兰州以上天然径流系数间接表示）、人类引水（净引水量、净引水比）来表示。图 6.40 中点绘了兰州至头道拐河段的输沙功能指标 F_s 与兰州以上流域降水量、年均气温的关系，并给出了拟合方程与相关系数和显著性概率。可以看到，F_s 与兰州以上年降水量的相关程度很低，显著性概率 p 仅为 0.343；但 F_s 与兰州以上年均气温的相关程度很高，显著性概率 p 远小于 0.001。河段输沙功能指标与流域气温负相关，是由于气温的升高会导致蒸发作用加剧，使得径流减少，进而使河道的输沙动力减弱。输沙功能指标与降水量的相关程度很低，可以解释如下。河道的相对负载可以用输沙量与径

流量之比来表示。降水的增加会同时导致径流量、输沙量的增加。输沙量的增大会导致相对负载增大；但与此同时，流量的增大则会导致相对负载减小。这两种相反影响会部分抵消，使得降水量变化对河道输沙功能指标变化的净影响减小。降水量减小对相对负载的变化影响是相似的。此外，资料分析表明，兰州以上年降水量与时间之间的相关程度很低，基本上不随时间而变化，决定系数 $R^2=0.0079$。F_s随时间而显著减小的趋势显然不是降水的变化所导致的。

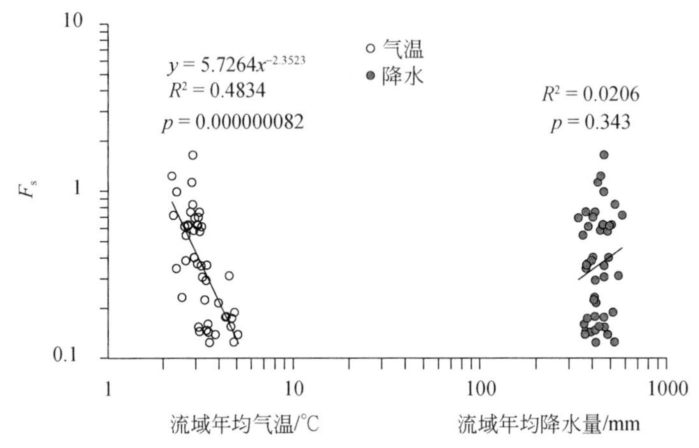

图 6.40　兰州至头道拐河段的 F_s与兰州以上流域降水量、年均气温的关系

图 6.41 中分别点绘了 F_s与水库对实际径流的调节系数、引水比和天然径流系数的关系，并给出了拟合方程与相关系数和显著性概率。可以看到，F_s与 3 个人类活动指标的关系都高度显著，显著性概率 p 都远小于 0.001。输沙功能指标与水库对径流的实际调节系数呈负相关，即在黄河上游，水库调节后下游河道输沙功能减弱了。水库对其下游河道输沙功能的影响可分为互相“拮抗”的两个方面。水库拦截泥沙，可以使水库下游负载减小，有利于增强输沙功能；水库调节径流，使汛期径流减小，使径流输沙动力减弱，又可能使水库输沙功能减弱。如果前一方面居于主导地位，则 F_s将增大；如果后一方面居于主导地位，则 F_s将减小。黄河上游兰州以下的区间流域，对径流的补给量很小，对泥沙的补给量却很大。上文中已指出，黄河上游的径流，95%以上来自兰州以上流域，而泥沙则有 54.0%以上来自兰州以下的支流。位于兰州以上的龙羊峡和刘家峡水库，其拦沙作用最多只能控制兰州—头道拐河段 46%的来沙，而不能控制水库下游兰州以下多达 56%的支流来沙，因此，水库对减小轻库下游泥沙负载的作用相对有限。另外，水库对兰州以上占总量 95%的径流有很强的控制作用，作为主要用于发电的多年调节水库，龙羊峡水库拦截了汛期的大量径流，使汛期流量大幅度减小。而来自兰州以下支流的仅占总量 5%的径流，显然不能增加水库下游河道的输沙动力。这样，刘家峡、龙羊峡两座水库修建后，特别是龙羊峡水库修建后，兰州—头道拐河段的相对负载不是减弱了，而是增大了。这是输沙功能减小的主要原因之一。

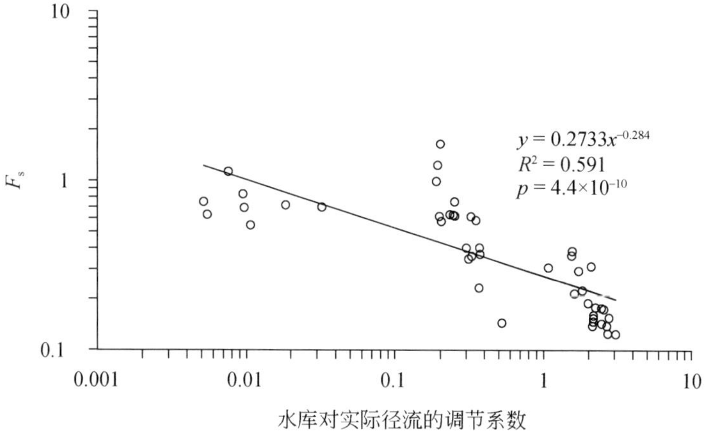

(a) F_s与水库对实际径流的调节系数的关系

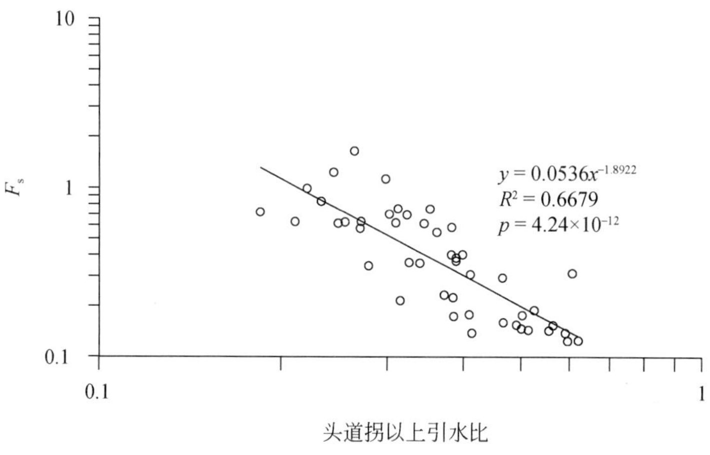

(b) F_s与引水比的关系

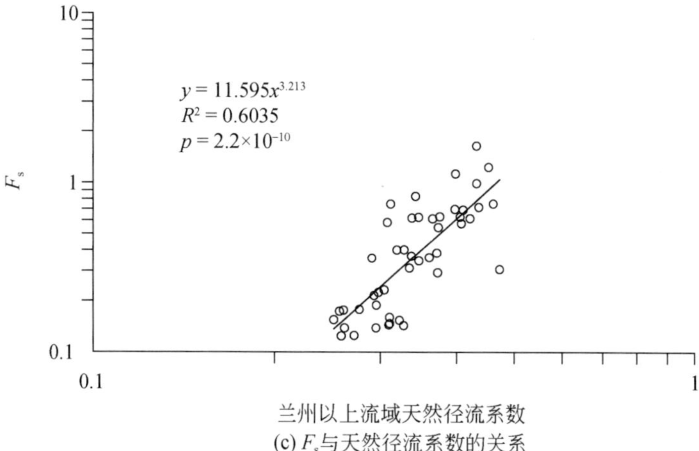

(c) F_s与天然径流系数的关系

图 6.41　兰州至头道拐河段的 F_s 与人类活动的关系

位于黄河上游的宁夏—内蒙古灌溉区是我国最著名的灌溉区之一，灌溉面积达98.5万 hm^2。黄河上游头道拐以上多年平均净引水量达114.6亿 m^3，历年净引水比（净引水量与天然径流量之比）变化于18.2%～62.1%，平均为35.3%。大量的径流被引走，会减小河道径流量，因而减小输沙动力，降低河道输沙功能。图6.41（c）显示，输沙功能指标与净引水比之间呈负相关，决定系数达0.6679，显著性概率 p 远小于0.001。上文已指出，水土保持措施使降雨过程中入渗水量增大，地表径流减少，从而使径流系数减小。因此，可以用天然径流系数来反映水土保持措施减少径流的效应。图6.41（c）显示输沙功能指标与净引水比之间呈负相关，决定系数 R^2 达0.6035，显著性概率 p 远小于0.001。这说明，水土保持措施通过对径流（特别是汛期径流）的削减，减少了进入河道的径流，因而使得输沙动力减弱，河道输沙功能降低。

6.6.4　河道 F_s 与河道水沙因子的关系

流域因素对河道的影响，归根结底是通过对进入河道的径流量、泥沙量及其时空分布过程进行控制，进而控制河道的输沙过程。因此，不仅需要讨论流域因子对河道输沙功能的影响，还需要讨论河道输沙功能指标与河道水沙因子的关系。

在河道水沙层面上，影响兰州—头道拐河段输沙功能的因子包括兰州站汛期流量 Q_{wh}、汛期径流量占年径流量的比率 R_{rh}、月径流变差系数 $C_{v,r}$、净引水量 $Q_{w,div}$、净引水比 R_{div} 等径流因子，以及表征水沙组合关系的汛期来水平均含沙量 C_{mean} 和汛期来水平均来沙系数 ξ 等。表6.11中列出了输沙功能对数值 $\ln F_s$ 与上述因子之间的相关系数矩阵。$\ln F_s$ 与上述因子之间的相关系数的显著性概率均小于0.01。

表6.11　$\ln F_s$ 与各个水沙变量对数值之间的相关系数矩阵

	$\ln C_{mean}$	$\ln\xi$	$\ln Q_{wh}$	$\ln R_{rh}$	$\ln C_{v,r}$	$\ln R_{div}$	$\ln Q_{w,div}$	$\ln F_s$
$\ln C_{mean}$	1.00	0.90	-0.35	-0.36	-0.32	0.17	-0.01	-0.51
$\ln\xi$	0.90	1.00	-0.72	-0.69	-0.63	0.52	0.12	-0.79
$\ln Q_{wh}$	-0.35	-0.72	1.00	0.93	0.86	-0.84	-0.26	0.89
$\ln R_{rh}$	-0.36	-0.69	0.93	1.00	0.93	-0.67	-0.17	0.82
$\ln C_{v,r}$	-0.32	-0.63	0.86	0.93	1.00	-0.65	-0.20	0.80
$\ln R_{div}$	0.17	0.52	-0.84	-0.67	-0.65	1.00	0.69	-0.84
$\ln Q_{w,div}$	-0.01	0.12	-0.26	-0.17	-0.20	0.69	1.00	-0.43
$\ln F_s$	-0.51	-0.79	0.89	0.82	0.80	-0.84	-0.43	1.00

图6.42中分别点绘了 F_s 与兰州站汛期径流量、汛期径流量占全年径流量比率、月径流变差系数的关系，并给出了拟合方程与相关系数和显著性概率。可以看到，F_s 与3个径流变量的关系都高度显著，显著性概率 p 都远小于0.001。兰州站汛径流占兰州—头道拐河段总径流的95%，区间支流来水量很少。兰州站的汛期径流是决定输沙动力的主要指标。兰州站汛期径流量占全年径流量的比率则可以反映水库和水土保持措施对汛期径流所占比例的改变。图6.42（a）和6.42（b）显示显著的正相关，即汛期径流越强大，汛期径流占全年径流的比率越大，则输沙功能越强。兰州站月径流变差系数 $C_{r,v}$ 反映了径流年

内分配的特征。$C_{r,v}$越小，则径流月际分配越均匀。这一指标也可以反映水库对径流的调节程度。当总径流量一定时，如果 $C_{r,v}$ 较大，则意味着较大的月流量出现的概率也较大。由于水流输沙能力与流量的高次方成正比（钱宁等，1981），此时水流挟沙能力也较强，因而河道输沙功能也较强，出现了 F_s 与 $C_{r,v}$之间的显著正相关关系。

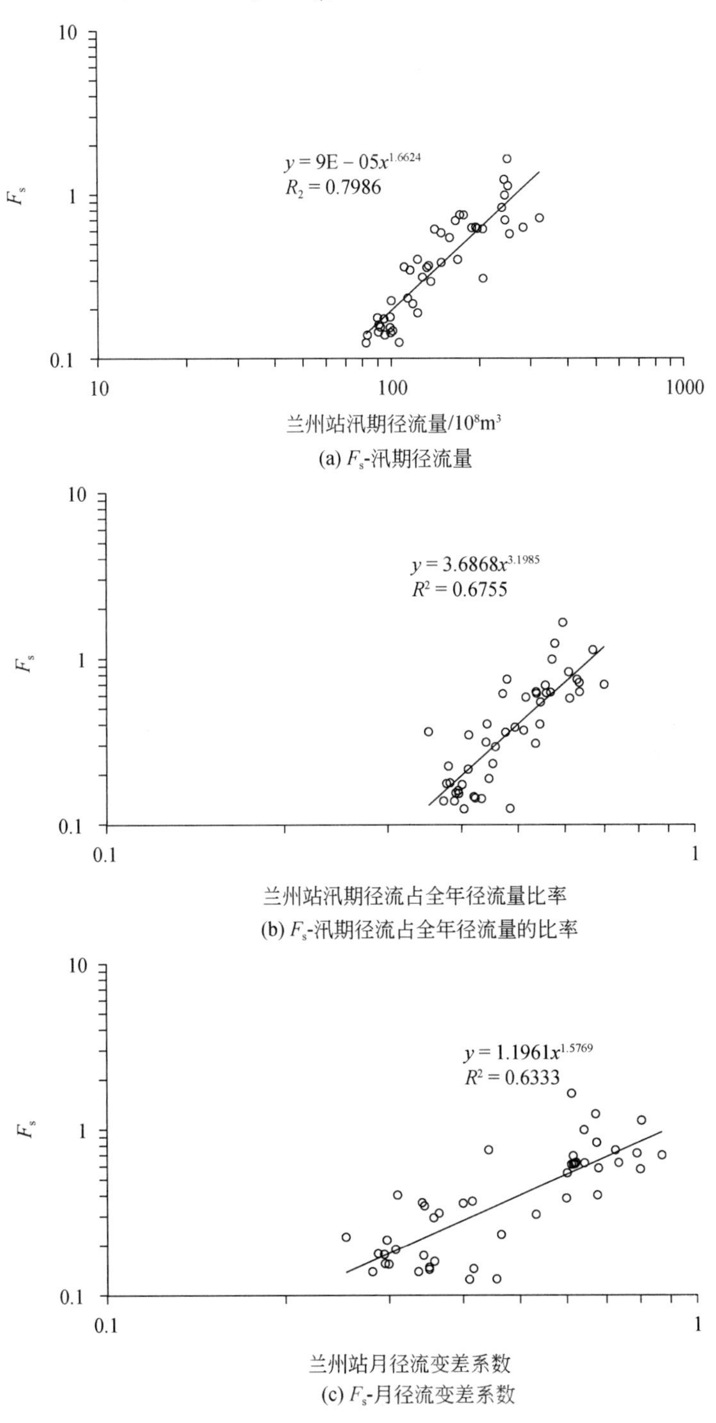

(a) F_s-汛期径流量

(b) F_s-汛期径流占全年径流量的比率

(c) F_s-月径流变差系数

图 6.42　F_s 与径流变量的关系

图 6.43 中分别点绘了 F_s 与汛期来水平均来沙系数和汛期来水平均含沙量 C_{mean} 的关系，并给出了拟合方程与相关系数和显著性概率。F_s 与 ξ 的关系高度显著，显著性概率 $p = 1.4\times10^{-10}$。F_s 与 C_{mean} 的关系也高度显著，显著性概率 $p = 0.000395$。ξ 和 C_{mean} 都反映了河道负载（输沙量）与动力（流量）的对比关系。在黄河干流，输沙率大致与流量的平方成正比（钱宁和周文浩，1965），即输沙动力与流量的平方成正比。故 ξ 可以更好地反映河道负载与动力的对比关系。如果 ξ 和 $C_{mean}\xi$ 较大，则说明河道的输沙负载较大而输沙动力相对较小，故输沙功能也较弱。图 6.43 显示，ξ 和 C_{mean} 均与 F_s 呈负相关，证明了这一点。该图还显示，ξ 和 F_s 的关系更为显著，也说明 ξ 可以更好地反映河道的负载与动力的对比关系，从而更好地解释输沙功能指标的形成机理。

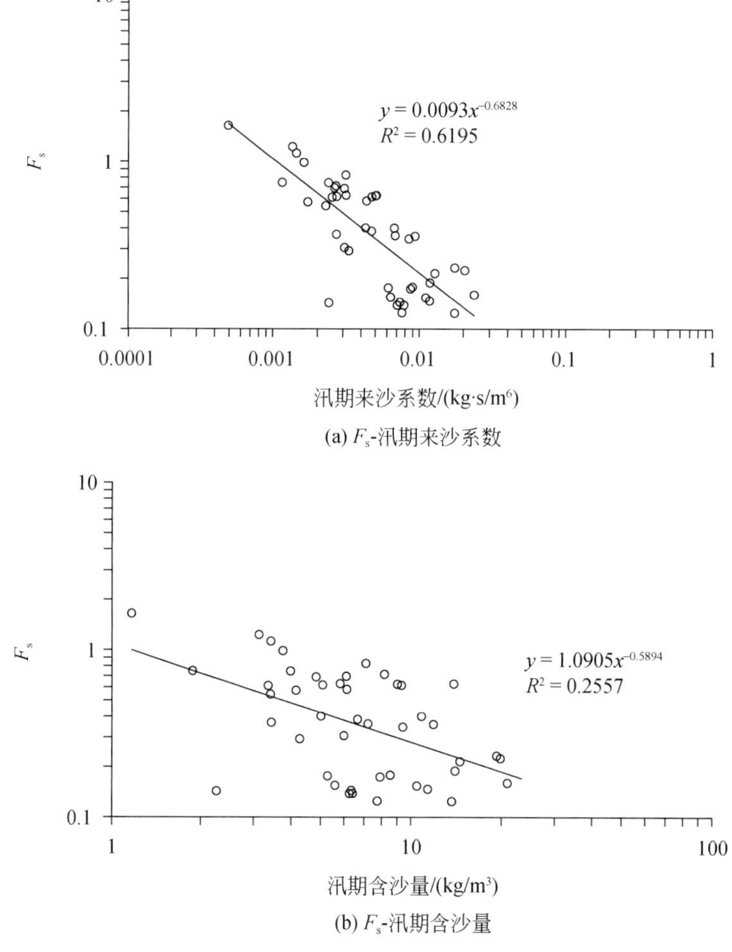

(a) F_s-汛期来沙系数

(b) F_s-汛期含沙量

图 6.43　F_s 与水沙组合变量的关系

6.6.5 多元回归分析

1. 河道 F_s 与流域因子的多元回归关系

我们运用多元回归方法来综合分析河道 F_s 与流域因子的关系。以兰州至头道拐河段的 F_s 为因变量，以兰州以上流域年降水量 P_m（mm）、年均气温 T（°C）、水库对实际径流的调节系数 R_{re}、兰州以上天然径流系数 $C_{r,n}$、头道拐以上净引水比 R_{div} 为影响变量。表6.12中给出了 $\ln F_s$ 与各个影响个变量对数值之间的相关系数矩阵。对于 F_s 与各个影响变量的相关关系进行了检验，结果表明，$\ln F_s$ 与 $\ln P_m$ 的相关关系不显著，$p=0.14$；与其余变量之间的相关系数均高度显著，$p<0.001$。

表 6.12 $\ln F_s$ 与各个流域变量对数值之间的相关系数矩阵

	$\ln P_m$	$\ln T$	$\ln R_{re}$	$\ln C_{r,n}$	$\ln R_{div}$	$\ln F_s$
$\ln P_m$	1.00	0.09	-0.06	0.04	-0.13	0.14
$\ln T$	0.09	1.00	0.59	-0.71	0.70	-0.70
$\ln R_{re}$	-0.06	0.59	1.00	-0.55	0.70	-0.77
$\ln C_{r,n}$	0.04	-0.71	-0.55	1.00	-0.67	0.78
$\ln R_{div}$	-0.13	0.70	0.70	-0.67	1.00	-0.82
$\ln F_s$	0.14	-0.70	-0.77	0.78	-0.82	1.00

受观测年限与资料可获得性的限制，各个变量数据的时间范围不同，F_s 的年限为1960～2005年。以1960～2005年的资料为基础，经计算建立了如下回归方程：

$$F_s = 0.0796 P_m^{0.389} T^{-0.105} R_{re}^{-0.120} C_{r,n}^{1.474} R_{div}^{-0.745} \tag{6.32}$$

式（6.32）的复相关系数 $R = 0.906$，样本数 $N = 46$，$F = 32.618$，标准均方根误差 SE= 0.3216。式（6.32）表明，河段 F_s 随流域降水量的增大而增大，随气温的升高而减小，随水库对实际径流的调节系数的增大而减小，随天然径流系数的增大而增大，随引水比的增大而减小。式（6.32）计算值与实测值的比较见图6.44。

由于式（6.32）中各变量的数量级相差很大，不能直接根据回归系数的大小来判定各变量贡献的大小。为此，我们对数据进行了标准化，然后重新进行回归计算，得

$$F_s = P_m^{0.0689} T^{-0.0311} R_{re}^{-0.324} C_{r,n}^{0.365} R_{div}^{-0.322} \tag{6.33}$$

式（6.33）中各变量系数绝对值的大小反映其变化对河段输沙功能指标变化贡献率的大小。设总的贡献率为100%，按式（6.33）中各变量系数的大小可以求得，P_m、T、R_r、$C_{r,n}$、R_{div} 对河段冲淤量 S_{L-T} 的贡献率分别为6.3%、2.8%、29.4%、32.3%、29.2%。可以看到，两个自然因子（降水量和气温）的贡献率之和为9.1%，3个人类活动因子（水库对径流的调节、水土保持、引水）的贡献率之和为90.9%，说明兰州—头道拐河段输沙功能的下降主要与人类活动有关，气候变化的影响是次要的。

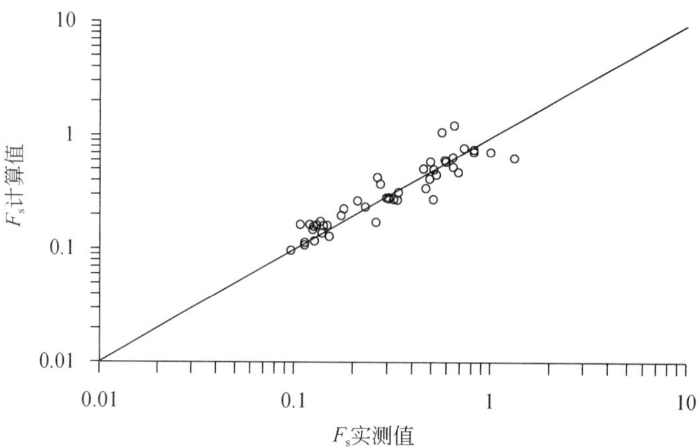

图 6.44　基于流域因素的输沙功能的计算值与实测值的比较

2. 河道 F_s 与河道水沙因子的多元回归关系

同样的，我们通过多元回归方法来综合表达河道 F_s 与河道水沙因子的关系，以兰州至头道拐河段的 F_s 为因变量，以 Q_{wh}、R_{rh}、$C_{v,r}$、$Q_{w,div}$、R_{div}、C_{mean} 和 ξ 为影响变量。表 6.11 中已经给出了 $\ln F_s$ 与各个影响变量对数值之间的相关系数矩阵。

由于影响变量较多，我们采用逐步回归分析进行计算。以 1960～2005 年的资料为基础，设定 F 的临界值 $F_c=3.0$，经计算得到了如下回归方程：

$$F_s = 0.0126 Q_{wh}^{\ 1.0989} \xi^{-0.288} Q_{w,div}^{\ -0.767} \tag{6.34}$$

进入回归方程的有 3 个变量，其余变量未能进入。上式的复相关系数 $R = 0.944$，样本数 $N = 45$，$F = 112.31$，标准均方根误差 SE= 0.2469。式（6.34）表明，河段 F_s 随汛期径流量的增大而增大，随汛期来沙系数的增大而减小，随净引水量的增大而减小。式（6.34）计算值与实测值的比较见图 6.45。

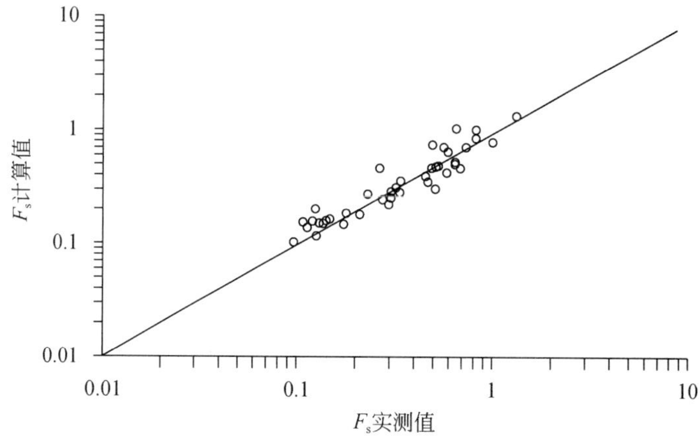

图 6.45　基于河道水沙因子的输沙功能的计算值与实测值的比较

由于式（6.34）中各变量的数量级相差很大，不能直接根据回归系数的大小来判定各变量贡献的大小。为此，我们对数据进行了标准化，然后重新进行回归计算，得

$$F_s = Q_{wh}{}^{0.590}\xi^{-0.332}Q_{w,div}{}^{-0.237} \tag{6.35}$$

式（6.35）中各变量系数绝对值的大小反映了其变化对河段输沙功能指标变化贡献率的大小。设总的贡献率为100%，按式（6.35）中各变量系数的大小可以求得，Q_{wh}、ξ、$Q_{w,div}$对河段输沙功能变化的贡献率分别为50.9%、28.7%、20.4%。

6.6.6　黄河上游河道输沙功能减弱的原因与调控对策

基于上文中所建立的多元回归方程，可以根据黄河上游河道输沙功能减弱的原因，进而对河流系统的调控和管理提出对策。

1. 输沙功能减弱的原因

为了判断各个影响变量随时间的变化趋势，我们计算出了它们与时间（年份）之间的相关系数。表6.13、表6.14中分别列出了式（6.33）、式（6.35）中各变量与时间（年份）的相关系数。表6.13、表6.14显示，除了年降水量随时间的变化不显著外，其余变量均有比较显著的趋势性变化（增大或减小），显著性概率p都小于0.01。将表6.13、表6.14中每一影响变量的时间变化趋势与式（6.33）或式（6.35）中该变量的变化与输沙功能指标变化的关系相对照，可以确定该变量的时间变化（随时间增大或减小）将导致F_s随时间增大抑或是减小。例如，表6.13中显示，气温随时间而升高；而式（6.33）显示，气温对于输沙功能的影响表现为负相关，气温升高将导致输沙功能减小，气温降低将导致输沙功能增大。因此，气温的升高是兰州—头道拐河段输沙功能下降的原因。用同样的方法考察表6.13中的其他影响变量，可以得到，水库对实际径流调节系数的增大、水土保持加强导致的天然径流系数的减小、人类净引水率的增大是兰州—头道拐河段输沙功能下降的原因。用同样的方法考察表6.14中的各个影响变量，可以判定，汛期流量的减小、汛期来沙系数的增大、净引水量的增大是兰州头道拐河段输沙功能下降的原因。气温和降水等自然因子是我们不能控制的，但通过对人类活动因子进行调控，可以在一定程度上影响河道输沙功能的变化趋势。

表6.13　式（6.33）中各变量与时间（年份）的相关系数

项目	$\ln P_m$	$\ln T$	$\ln R_{re}$	$\ln C_{r,n}$	$\ln R_{div}$	$\ln F_s$
与年份的相关系数	0.10	0.73	0.88	−0.55	0.66	−0.70
随时间变化趋势	不明显	增大	增大	减小	增大	减小
在式（6.33）中对F_s的影响*	+	−	−	+	−	
对河段输沙功能的影响	不明显	减小	减小	减小	减小	

* +表示某变量对于F_s的影响表现为正相关，即该变量增大会使F_s增大，该变量减小会使F_s减小；−表示某变量对于F_s的影响表现为负相关，即该变量增大会使F_s减小，该变量减小会使F_s增大。

表 6.14　式（6.35）中各变量与时间（年份）的相关系数

项目	$\ln Q_{wh}$	$\ln\xi$	$\ln Q_{w,div}$	$\ln F_s$
年份	-0.66	0.48	0.40	-0.72
随时间变化趋势	减小	增大	增大	
在式（6.35）中对 F_s 的影响*	+	-	-	
对河段输沙功能的影响	减小	减小	减小	

*解释同表 6.13。

2. 水库对输沙功能影响的进一步讨论

式（6.33）和式（6.35）已经显示出水库修建对输沙功能的影响。但是，以水库对实际径流的调节系数这一指标来表示水库的作用是十分粗略的，还需要对不同水库的影响做具体分析。在黄河上游已建有水库 13 座，其中，库容和调节库容很大、对河道输沙的冲淤影响较大的有两座，即龙羊峡水库和刘家峡水库。龙羊峡水库是黄河上游以发电为主，兼顾防洪灌溉等多年调节的大型水库。为了发电的需要，龙羊峡水库每年汛期开始后都会拦截大量径流以提高水库水位，增大发电量。两座水库对于黄河上游径流泥沙的调控是不同的。按两库修建前 1956～1967 年的水沙资料计算可以得到：龙羊峡水库只控制了 0.11 亿 t/a 的来沙量，而龙羊峡水库与刘家峡水库之间流域的来沙增量高达 1.03 亿 t/a；龙羊峡水库控制了 200.02 亿 m^3/a 的来水量，而龙羊峡水库与刘家峡水库之间的来水增量为 133.15 亿 m^3/a。由此可知，龙羊峡水库控制了兰州以上的主要来水量，而刘家峡水库控制了兰州以上的主要来沙量。同时，还考虑到龙羊峡水库的库容很大，为多年调节水库；刘家峡水库的库容相对较小，为年调节水库，两库对于兰州以上水量的调节作用是不同的：龙羊峡水库主要体现为对径流的调节，而刘家峡水库主要体现为对泥沙的调节。再加上两库修建的时间不同，便决定了兰州以下河道输沙功能指标对于两库调节作用的响应有很大不同。

一般而言，水库拦沙会减轻库下游河道的泥沙负载，而汛期大量蓄水则会减小水库下游河道的输沙动力。因此，水库对库下游河道输沙功能的影响取决于两者的对比关系。从 1974 年开始，刘家峡水库全部机组投入发电运行，水库在拦蓄径流的同时，也拦截了大量的泥沙，导致强烈的淤积。根据实测资料，1973～1988 年，水库内共淤积泥沙 7.92 亿 t，每年平均淤积 0.528 亿 t。由此导致兰州站输沙量的减少，河道输沙负载减轻。另外，刘家峡水库调节库容相对于汛期来水量而言是较小的，对汛期径流的拦截不会显著减弱水库下游河道的输沙动力。因此，1974 年以后输沙功能指标增高，致使曲线 C_1 上升，见图 6.39（b）。1986 年龙羊峡水库建成蓄水以后，情况有很大的变化。龙羊峡水库以上流域来沙量很少，尽管在蓄水的同时也拦截了泥沙，但拦截的泥沙总量是不多的。据研究，1986～2005 年，龙羊峡库区淤积的泥沙为 4 亿 t 左右（张晓华等，2008a），每年的淤积量仅为 0.2 亿 t。因此，龙羊峡水库拦沙减轻兰州站以下河道输沙负载的作用是不强的。与此同时，随着淤积的进行，刘家峡水库拦沙作用也发生衰减。1988～2003 年，库内淤积泥沙 5.1 亿 m^3，每年平均为 0.34 亿 m^3，对于减轻兰州以下河道输沙负载的作用大大削弱。另外，龙羊峡水库是多年调节水库，调节库容高达 193.6 亿 m^3，每年进入汛期都会拦截大量径流用于发电，使得兰州站汛期径流自 1986 年以后显著减少，极大地减弱了河道的输沙动力。因此，1986 年以后，河道输沙功能指标发生了突变式的减少。

第7章　河床稳定性指标体系

7.1　洪水期河道冲淤过程中的临界水沙条件

7.1.1　宁蒙河道洪水期河道冲淤过程及特点

本次研究以宁蒙河道1960～2012年的实测资料为基础，统计6～10月下河沿水文站洪峰流量大于1000m^3/s的场次洪水过程的基本特征，开展研究工作。河段中间有青铜峡、三盛公水库，由于缺少入库站资料，本次洪水期冲淤计算未排除水库的冲淤量，因此，在水库初期运用拦沙较多时对洪水期河道冲淤统计值有一定影响，但由于水库很快达到基本冲淤平衡状态，其后对所在河道冲淤影响较小。同样由于缺少红柳沟等小支流实测资料，因此未计入这些支流的来水来沙。

1. 长河段洪水期河道冲淤调整特点

长时期（1960～2012年）宁蒙河道洪水期总量呈淤积状态（表7.1），河段淤积总量为14.329亿t，场次洪水平均淤积0.083亿t。主要淤积时期是1987～1999年，洪水期淤积总量为9.762亿t，为长时期淤积量的68.1%，场次洪水平均淤积量为0.195亿t，是长时期平均值的2.36倍；其次是1960～1968年受青铜峡、三盛公水库初期拦沙库区淤积的影响，共淤积2.355亿t，占长时期总淤积量的16.4%；2000～2012年洪水期淤积2.131亿t，占长时期淤积量的14.9%，平均场次洪水淤积量0.046亿t；而1969～1986年由于刘家峡水库拦沙运用导致进入河道的沙量大为减少，而水量较大，因此，洪水期淤积较少，总共仅0.081亿t。

表7.1　宁蒙河道洪水期冲淤量时间分布

时期	冲淤总量/亿t	占总量比例/%	场次平均冲淤量/亿t
1960～1968年	2.355	16.4	0.098
1969～1986年	0.081	0.6	0.002
1987～1999年	9.762	68.1	0.195
2000～2012年	2.131	14.9	0.046
1960～2012年	14.329	100.0	0.083

长时期宁蒙河道洪水期淤积主要分布在内蒙古的三湖河口—头道拐河段和宁夏的青铜峡—石嘴山河段（表7.2），洪水淤积量分别为7.532亿t和5.784亿t，分别占长河段洪水期淤积总量的52.6%和40.4%，场次洪水平均淤积0.044亿t和0.033亿t；受青铜峡

水库库区淤积影响，下河沿—青铜峡河段也淤积了 2.910 亿 t，占长河段淤积总量的 20.3%，场次洪水淤积 0.017 亿 t；而石嘴山—巴彦高勒和巴彦高勒—三湖河口河段是冲刷的，冲刷总量分别为 0.447 亿 t 和 1.450 亿 t，场次洪水平均冲刷 0.003 亿 t 和 0.008 亿 t。

表 7.2　宁蒙河道洪水期冲淤量河段分布

河段	冲淤量/亿 t	占长河段总量比例/%	场次平均冲淤量/亿 t
下河沿—青铜峡	2.910	20.3	0.017
青铜峡—石嘴山	5.784	40.4	0.033
石嘴山—巴彦高勒	-0.447	-3.1	-0.003
巴彦高勒—三湖河口	-1.450	-10.1	-0.008
三湖河口—头道拐	7.532	52.6	0.044
下河沿—石嘴山	8.694	60.7	0.050
石嘴山—头道拐	5.635	39.3	0.033
下河沿—头道拐	14.329	100.0	0.083

2. 分河段洪水期河道冲淤调整特点

1）下河沿—青铜峡河段

总体来看，下河沿—青铜峡河段洪水期是淤积的（表 7.3），1960 ~ 2012 年共淤积 2.910 亿 t，场次洪水淤积 0.017 亿 t。该河段河道比降大、洪水期淤积并不严重，淤积量大主要是 20 世纪 60、70 年代青铜峡水库淤积造成。1987 ~ 1999 年场次洪水仅淤积 0.006 亿 t，2000 ~ 2012 年洪水基本不淤。

表 7.3　下河沿—青铜峡河段洪水期冲淤量的时间分布

时期	冲淤总量/亿 t	占总量比例/%	场次平均冲淤量/亿 t
1960 ~ 1968 年	1.703	58.5	0.071
1969 ~ 1986 年	0.902	31.0	0.017
1987 ~ 1999 年	0.286	9.8	0.006
2000 ~ 2012 年	0.019	0.7	0.000
1960 ~ 2012 年	2.910	100.0	0.017

2）青铜峡—石嘴山河段

青铜峡—石嘴山河段是宁蒙河段第一个泥沙调整河段，从洪水期总体来看，淤积量较大（表 7.4），达 5.784 亿 t，场次洪水淤积 0.033 亿 t。水沙条件最不利的 1987 ~ 1999 年洪水淤积严重，共淤积 3.752 亿 t，占长时期淤积总量的 64.9%，场次洪水淤积达 0.075 亿 t。而 1960 ~ 1968 年受青铜峡水库拦沙影响，出库泥沙减少，河道发生冲刷。其他几个时段洪水期有所淤积，但淤积量不大，为 0.02 亿 ~ 0.03 亿 t。

表 7.4　青铜峡–石嘴山河道洪水期冲淤量时间分布

时期	冲淤总量/亿 t	占总量比例/%	场次平均冲淤量/亿 t
1960 ~ 1968 年	-0. 623	-10. 8	-0. 026
1969 ~ 1986 年	1. 708	29. 5	0. 032
1987 ~ 1999 年	3. 752	64. 9	0. 075
2000 ~ 2012 年	0. 947	16. 4	0. 021
1960 ~ 2012 年	5. 784	100. 0	0. 033

3）石嘴山—巴彦高勒河段

石嘴山—巴彦高勒河段洪水期总体来看是冲刷的（表 7. 5），但量很小，仅为 0. 447 亿 t，场次洪水仅冲刷 0. 003 亿 t。该河段泥沙可调整河道较短，同时受三盛公水库运用的一定影响，各时期洪水期有冲有淤，调整量都不大。

表 7. 5　石嘴山—巴彦高勒河道洪水期冲淤量时间分布

时期	冲淤总量/亿 t	占总量比例/%	场次平均冲淤量/亿 t
1960 ~ 1968 年	0. 154	-34. 5	0. 006
1969 ~ 1986 年	-0. 592	132. 4	-0. 011
1987 ~ 1999 年	-0. 207	46. 2	-0. 004
2000 ~ 2012 年	0. 197	-44. 1	0. 004
1960 ~ 2012 年	-0. 447	100. 0	-0. 003

4）巴彦高勒—三湖河口河段

巴彦高勒—三湖河口河段洪水期以冲刷为主（表 7. 6），1960 ~ 2012 年共冲刷 1. 45 亿 t，场次平均冲刷 0. 008 亿 t。除 1987 ~ 1999 年水沙条件最为恶劣，河段洪水期淤积 1. 521 亿 t 外，其他各时期洪水期都是冲刷的。1960 ~ 1968 年受三盛公水库拦沙影响，冲刷量较大，场次洪水冲刷量达 0. 049 亿 t；2000 ~ 2012 年虽然水量少，但是来沙更少，洪水期也有少量冲刷。

表 7. 6　巴彦高勒—三湖河口河道洪水期冲淤量时间分布

时期	冲淤总量/亿 t	占总量比例/%	场次平均冲淤量/亿 t
1960 ~ 1968 年	-1. 182	81. 5	-0. 049
1969 ~ 1986 年	-1. 294	89. 2	-0. 024
1987 ~ 1999 年	1. 521	-104. 9	0. 030
2000 ~ 2012 年	-0. 496	34. 2	-0. 011
1960 ~ 2012 年	-1. 450	100. 0	-0. 008

5）三湖河口—头道拐河段

位于宁蒙河道尾端的三湖河口—头道拐河段除 1969 ~ 1986 年由于刘家峡水库拦沙河

道来沙少，且洪水多发生冲刷外，其他时期洪水期都是淤积的（表 7.7）。1960 ~ 2012 年洪水期共淤积 7.532 亿 t，场次洪水平均淤积 0.044 亿 t。时期淤积总量最大的是 1987 ~ 1999 年，共淤积 4.410 亿 t，占长时期总淤积量的 58.5%；其次是 1960 ~ 1968 年，共淤积 2.303 亿 t，占长时期总量的 30.6%。2000 ~ 2012 年在来沙显著减少的条件下，洪水期仍然淤积了 1.463 亿 t，占长时期淤积量的 19.4%。

表 7.7　三湖河口—头道拐河道洪水期冲淤量时间分布

时期	冲淤总量/亿 t	占总量比例/%	场次平均冲淤量/亿 t
1960 ~ 1968 年	2.303	30.6	0.096
1969 ~ 1986 年	-0.643	-8.5	-0.012
1987 ~ 1999 年	4.410	58.5	0.088
2000 ~ 2012 年	1.463	19.4	0.032
1960 ~ 2012 年	7.532	100.0	0.044

若比较场次洪水的冲淤量，1960 ~ 1968 年达 0.096 亿 t，大于 1987 ~ 1999 年的 0.088 亿 t，原因在于两个时期洪水历时的不同，前一个时期洪水历时长达 35.8 天，而后一个时期历时仅 20.5 天，因此，场次洪水的冲淤量前一个时期大，若是按日均冲淤量来计算冲淤强度，1960 ~ 1968 年为 26.8 万 t/d，而 1987 ~ 1999 年则高达 43.1 万 t/d。

7.1.2　不同水沙条件下河道洪水冲淤特点

1. 长河段不同水沙条件洪水的冲淤特点

就洪水特点来说，可区别为漫滩洪水和非漫滩洪水，由于漫滩洪水冲淤特点与非漫滩洪水相差较大，而洪水中绝大部分是非漫滩洪水，水库调控也以非漫滩洪水为主，因此，本部分研究针对非漫滩洪水。宁蒙河道洪水期冲淤受水沙条件影响较大，只是由于各河段沿程有支流和风沙加入，又兼有青铜峡水库和三盛公水库运用的影响，反映在含沙量和流量组次上冲淤量有跳跃，但基本规律还是显著的，含沙量低时冲刷，含沙量稍高即发生淤积。

由表 7.8 可见，宁蒙河道干流发生大流量洪水时含沙量也较高的场次不多，洪水总场次有 163 场，其中，洪水期平均流量大于 $2000m^3/s$ 的有 27 场，占总场次的 17%；同时含沙量大于 $10kg/m^3$ 的仅有 7 场，仅占总场次的 4%。说明干流发生较大洪水时与宁蒙河段区间支流（包括孔兑）很少遭遇。由表可见，含沙量小于 $7kg/m^3$ 时，除洪水期平均流量小于 $1000m^3/s$ 的洪水长河段淤积外，其他流量级洪水都是冲刷的；而含沙量超过 $7kg/m^3$ 时，从全河段来看就发生淤积。冲刷以河道的上段居多，尤其是下河沿—青铜峡河段处于河道的最上段，比降也大，更易于冲刷，含沙量小于 $7kg/m^3$ 时，在流量 $1000m^3/s$ 以下也能发生冲刷。由表 7.9 可见，同样水沙条件下上段的场次洪水冲刷量大于下段；而河道的下段在流量较大时才发生冲刷，尤其是三湖河口—头道拐河段，在低含沙条件下洪水期平均流量大于 $1500m^3/s$ 才冲刷。在含沙量为 7 ~ $10kg/m^3$ 和流量较大时，部分河段可发生冲刷，但场次洪水冲刷量都较小，仅在洪水期平均流量超过 $2500m^3/s$ 时冲刷量才较大。

表 7.8　宁蒙河道不同水沙条件下洪水期冲淤情况表（去掉漫滩洪水）

下河沿		下河沿+支流（清水河+苦水河+十大孔兑+风沙）场次洪水特征值			各河段冲淤量/亿 t					
含沙量 /（kg/m³）	流量级 /（m³/s）	总场次 /次	平均流量 /（m³/s）	含沙量 /（kg/m³）	下河沿—青铜峡	青铜峡—石嘴山	石嘴山—巴彦高勒	巴彦高勒—三湖河口	三湖河口—头道拐	全河段
<7	<1000	26	879	3. 4	−0. 5120	0. 2273	0. 0111	0. 0855	0. 2583	0. 0703
	1000 ~ 1500	37	1170	2. 5	−0. 8864	−0. 4247	0. 5315	−0. 6775	0. 1148	−1. 3423
	1500 ~ 2000	9	1776	2. 8	−0. 3037	−0. 7066	0. 2666	−0. 4028	−0. 1845	−1. 3309
	2000 ~ 2500	11	2196	3. 7	−0. 9448	−0. 3130	−0. 4219	−0. 2742	−0. 8050	−2. 7588
	>2500	5	2761	3. 5	−0. 6294	−0. 0952	−0. 1085	−0. 2145	−0. 4034	−1. 4511
7 ~ 10	<1000	4	794	8. 9	0. 1508	0. 0479	−0. 0253	0. 0330	0. 0302	0. 2367
	1000 ~ 1500	6	1266	8. 0	0. 2248	0. 0338	0. 0964	−0. 0287	0. 0216	0. 3478
	1500 ~ 2000	4	1673	8. 6	−0. 0542	0. 1560	−0. 0057	0. 0594	−0. 0224	0. 1331
	2000 ~ 2500	2	2098	8. 1	0. 3050	−0. 0944	−0. 0628	−0. 1097	0. 1042	0. 1423
	>2500	2	2870	8. 6	0. 5620	−0. 2233	−0. 1530	−0. 1021	0. 0397	0. 1233
10 ~ 20	<1000	8	863	12. 9	0. 2228	0. 2428	0. 0410	0. 0444	0. 1280	0. 6790
	1000 ~ 1500	13	1174	13. 0	0. 9989	0. 4063	0. 0837	0. 1507	0. 3319	1. 9715
	1500 ~ 2000	2	1904	15. 2	−0. 2598	0. 0874	0. 1331	−0. 1041	0. 9430	0. 7996
	2000 ~ 2500	2	2010	16. 6	0. 1334	0. 3686	0. 1222	0. 0631	0. 0114	0. 6988
	>2500	2	2556	16. 3	0. 0182	0. 1265	−0. 0169	0. 0534	0. 5578	0. 7389
>20	<1000	8	864	36. 4	0. 3814	1. 3157	−0. 2608	0. 7504	1. 4107	3. 5975
	1000 ~ 1500	15	1182	33. 5	1. 3489	3. 4564	0. 2391	0. 8746	1. 5156	7. 4346
	1500 ~ 2000	4	1721	37. 0	1. 2706	0. 4085	0. 0090	0. 0672	1. 8450	3. 6003
	2000 ~ 2500	1	2352	26. 2	0. 1722	−0. 0331	0. 0061	−0. 0270	0. 1846	0. 3027
	>2500	2	2676	25. 4	0. 1283	0. 5591	0. 2933	0. 0261	0. 1869	1. 1937

表 7.9　宁蒙河道不同水沙条件下场次洪水期冲淤情况表（去掉漫滩洪水）

下河沿		下河沿+支流（清水河+苦水河+十大孔兑+风沙）场次洪水特征值			各河段冲淤量/亿 t					
含沙量/（kg/m³）	流量级/（m³/s）	总场次/次	平均流量/（m³/s）	含沙量/（kg/m³）	下河沿—青铜峡	青铜峡—石嘴山	石嘴山—巴彦高勒	巴彦高勒—三湖河口	三湖河口—头道拐	全河段
<7	<1000	26	879	3. 4	-0. 0197	0. 0087	0. 0004	0. 0033	0. 0099	0. 0027
	1000 ~ 1500	37	1170	2. 5	-0. 0240	-0. 0115	0. 0144	-0. 0183	0. 0031	-0. 0363
	1500 ~ 2000	9	1776	2. 8	-0. 0337	-0. 0785	0. 0296	-0. 0448	-0. 0205	-0. 1479
	2000 ~ 2500	11	2196	3. 7	-0. 0859	-0. 0285	-0. 0384	-0. 0249	-0. 0732	-0. 2508
	>2500	5	2761	3. 5	-0. 1259	-0. 0190	-0. 0217	-0. 0429	-0. 0807	-0. 2902
7 ~ 10	<1000	4	794	8. 9	0. 0377	0. 0120	-0. 0063	0. 0083	0. 0076	0. 0592
	1000 ~ 1500	6	1266	8. 0	0. 0375	0. 0056	0. 0161	-0. 0048	0. 0036	0. 0580
	1500 ~ 2000	4	1673	8. 6	-0. 0135	0. 0390	-0. 0014	0. 0149	-0. 0056	0. 0333
	2000 ~ 2500	2	2098	8. 1	0. 1525	-0. 0472	-0. 0314	-0. 0548	0. 0521	0. 0712
	>2500	2	2870	8. 6	0. 2810	-0. 1117	-0. 0765	-0. 0511	0. 0199	0. 0617
10 ~ 20	<1000	8	863	12. 9	0. 0279	0. 0304	0. 0051	0. 0055	0. 0160	0. 0849
	1000 ~ 1500	13	1174	13. 0	0. 0768	0. 0313	0. 0064	0. 0116	0. 0255	0. 1517
	1500 ~ 2000	2	1904	15. 2	-0. 1299	0. 0437	0. 0666	-0. 0521	0. 4715	0. 3998
	2000 ~ 2500	2	2010	16. 6	0. 0667	0. 1843	0. 0611	0. 0316	0. 0057	0. 3494
	>2500	2	2556	16. 3	0. 0091	0. 0632	-0. 0085	0. 0267	0. 2789	0. 3695
>20	<1000	8	864	36. 4	0. 0477	0. 1645	-0. 0326	0. 0938	0. 1763	0. 4497
	1000 ~ 1500	15	1182	33. 5	0. 0899	0. 2304	0. 0159	0. 0583	0. 1010	0. 4956
	1500 ~ 2000	4	1721	37. 0	0. 3177	0. 1021	0. 0022	0. 0168	0. 4612	0. 9001
	2000 ~ 2500	1	2352	26. 2	0. 1722	-0. 0331	0. 0061	-0. 0270	0. 1846	0. 3027
	>2500	2	2676	25. 4	0. 0642	0. 2796	0. 1467	0. 0130	0. 0935	0. 5969

含沙量大于 7kg/m^{3}后，宁蒙长河段都是淤积的，且在相同含沙量条件下洪水期平均流量越大，淤积量越小。含沙量超过 10kg/m^{3}后，各河段基本上都会淤积，很少冲刷。同时由各段都淤积的场次洪水的场次冲淤量可见，淤积量大的主要是青铜峡—石嘴山、巴彦高勒—三湖河口和三湖河口—头道拐河段，尤其是含沙量较高的洪水，三湖河口—头道拐和青铜峡—石嘴山的淤积量很大。

2. 分河段不同水沙条件洪水的冲淤特点

主要分析青铜峡—石嘴山、巴彦高勒—三湖河口和三湖河口—头道拐这三个泥沙冲淤调整比较明显河段的洪水期冲淤特点。与长河段分析不同的是，分河段分析时水沙条件为各河段进口，而不是整个长河段的进口水沙条件。

1）青铜峡—石嘴山河段

青铜峡—石嘴山河段进口（青铜峡+苦水河+风沙）含沙量较高的洪水相对来说比较多。洪水期平均含沙量超过 10kg/m^{3}的有 49 场，占总场次的 30%；超过 20kg/m^{3}的有 21 场，占总场次的 13%。由图 7.1 可见，在进口含沙量低于 7kg/m^{3}时，各流量级洪水都发生冲刷，流量大于 2500m^3/s 时冲刷效率最高，达 2.2kg/m^3；在含沙量为 7～10kg/m^{3}时，流量超过 2500m^3/s，河段也发生少量冲刷。其他含沙量和流量级条件下都是淤积的，淤积效率明显随流量增大而减少，随含沙量增大而增大。最高淤积效率出现在含沙量超过 20kg/m^3、流量小于 1000m^3/s 的水沙组合洪水，淤积效率高达 18.8kg/m^3。河段冲淤效率基本上随流量增大而减小。

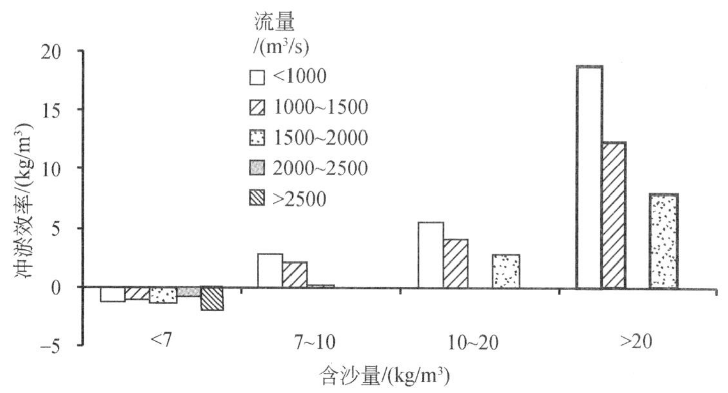

图 7.1　青铜峡—石嘴山河段洪水期不同水沙条件河道冲淤情况

2）巴彦高勒—三湖河口河段

巴彦高勒—三湖河口河段进口（巴彦高勒+风沙）含沙量高的洪水较少，洪水期平均含沙量超过 10kg/m^{3}的只有 22 场，占总场次的 13%；超过 20kg/m^{3}的仅有 3 场，占总场次的 2%。由图 7.2 可见，受三盛公水库排沙影响，洪水期冲淤效率与流量和含沙量的关系不太明显，仅在含沙量为 10～20kg/m^{3}的组次表现出随洪水期流量增大，冲淤效率降低的特点。在进口含沙量小于 7kg/m^{3}时，各流量条件下河段都是冲刷的，冲刷效率最大的流量为 1500～2000m^3/s，冲刷效率为 1.7kg/m^3；淤积效率最高的是含沙量最大、流量最小的含沙量大于 20kg/m^3、流量小于 1000m^3/s 的洪水，淤积效率为 15.1kg/m^3；最大冲刷效率和最大淤积效率都小于青铜峡—石嘴山河段。

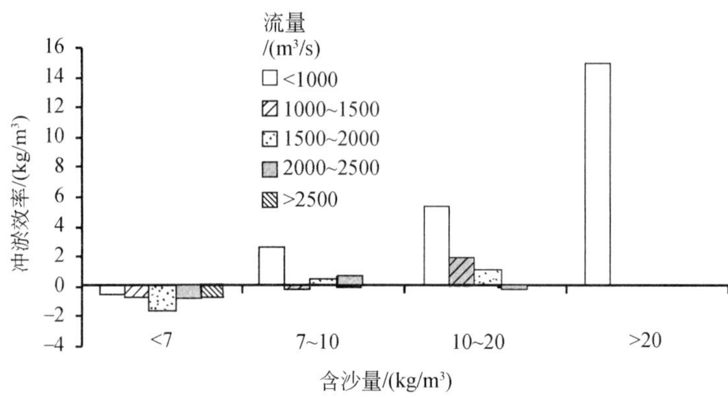

图 7.2　巴彦高勒—三湖河口河段洪水期不同水沙条件河道冲淤情况

3）三湖河口—头道拐河段

三湖河口—头道拐河段洪水期冲淤一定程度上受孔兑来沙的影响，进口（三湖河口+孔兑）含沙量较高的洪水一般均有孔兑加入。因此，该河段进口含沙量较高的洪水稍多，洪水期平均含沙量超过 10kg/m^{3}的有 26 场，占总场次的 20%；超过 20kg/m^{3}的有 8 场，占总场次的 5%。

该河段冲淤与水流大小关系密切，即使有孔兑的影响，也表现出随着流量增大，冲淤效率规律性减小的特点。因此，由图 7.3 可见，在进口含沙量小于 7kg/m^{3}时，1000m^3/s 以上流量条件下河段才发生冲刷，流量小时发生淤积；流量越大冲刷效率越大，2000m^3/s 以上流量洪水冲刷效率最大，冲刷效率为 1.7kg/m^3。含沙量为 7～10kg/m^{3}时，除流量小于 1000m^3/s 的小洪水淤积外，其他流量基本冲淤平衡。含沙量超过 10kg/m^{3}后，各流量级都是淤积的，而且淤积效率明显升高；含沙量超过 20kg/m^{3}后淤积效率均超过 10kg/m^3，最高的是流量在 1000～1500m^3/s 的洪水，淤积效率达 35.4kg/m^3，远高于其他河段。

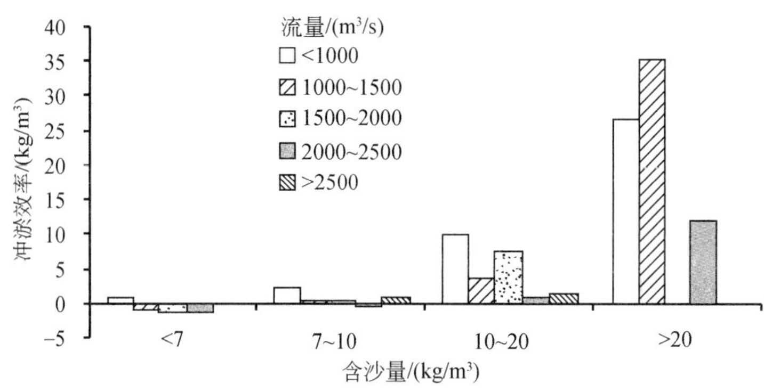

图 7.3　三湖河口—头道拐河段洪水期不同水沙条件河道冲淤情况

7.1.3　宁蒙河段洪水期冲淤临界水沙关系研究

1. 长河段洪水冲淤与水沙条件的关系

洪水是河道冲淤演变和塑造河床的最主要动力，来水来沙条件是影响宁蒙河道洪水期冲淤演变的主要因素。洪水漫滩后发生滩槽水沙交换，与非漫滩洪水水沙演变机制及特点差异较大，本章仅分析非漫滩洪水冲淤临界水沙关系。

宁蒙河道的水沙主要集中在汛期，尤其是汛期的洪水期，河道的冲淤调整也主要发生在汛期的洪水期，用来沙系数 C/Q（洪水期平均含沙量 C 与平均流量 Q 的比值）反映河道来水来沙条件的一个参数，从宁蒙河道洪水期冲淤效率与来沙系数的关系图（图 7.4）中可以看到，洪水期河道冲淤调整与水沙关系十分密切，冲淤效率随着来沙系数的增大而增大。来沙系数较小时，冲淤效率小，甚至冲刷。宁蒙河道冲淤效率与进口站来沙系数的关系为

$$\frac{\Delta ws}{w} = 790.2\frac{C}{Q} - 2.884 \tag{7.1}$$

式中冲淤效率与平均含沙量的 R^2 为 0.832。根据公式计算当宁蒙河道洪水期来沙系数 C/Q 约为 0.0037 $\mathrm{kg \cdot s/m^6}$ 时河道基本冲淤平衡，如洪水期平均流量为 2200$\mathrm{m^3/s}$，含沙量约 8.14$\mathrm{kg/m^3}$ 左右时，长河段冲淤基本平衡。

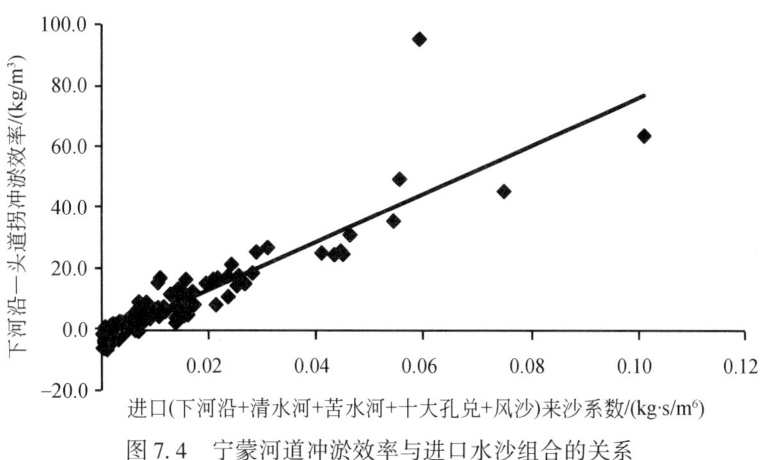

图 7.4　宁蒙河道冲淤效率与进口水沙组合的关系

将宁蒙河道分成宁夏河段（下河沿—石嘴山）和内蒙古河段（石嘴山—头道拐河段）分析，可以看到，两个河段的河道冲淤调整也符合上述规律，见图 7.5 和图 7.6，可建立各河段冲淤效率与进口站来沙系数的相关关系。

下河沿—石嘴山：

$$\frac{\Delta ws}{w} = 510.3\frac{C}{Q} - 1.718 \tag{7.2}$$

石嘴山—头道拐：

$$\frac{\Delta ws}{w} = 856.2\frac{C}{Q} - 3.396 \tag{7.3}$$

式（7.2）和式（7.3）中，冲淤效率与平均含沙量的 R^2 分别为 0.850 和 0.745。根据公式

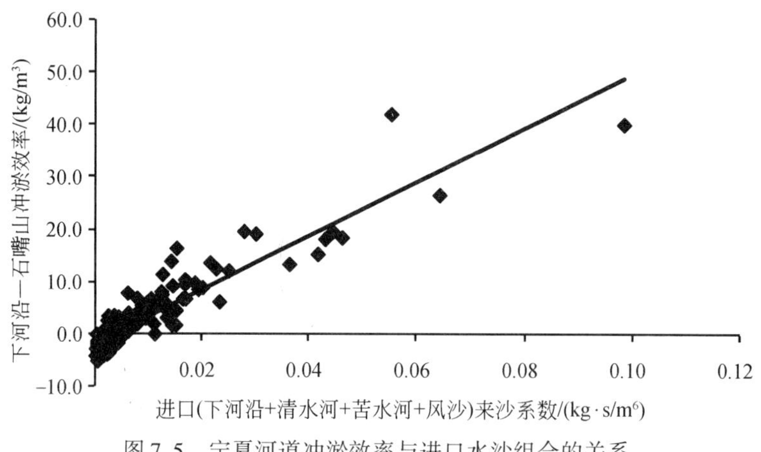

图 7.5　宁夏河道冲淤效率与进口水沙组合的关系

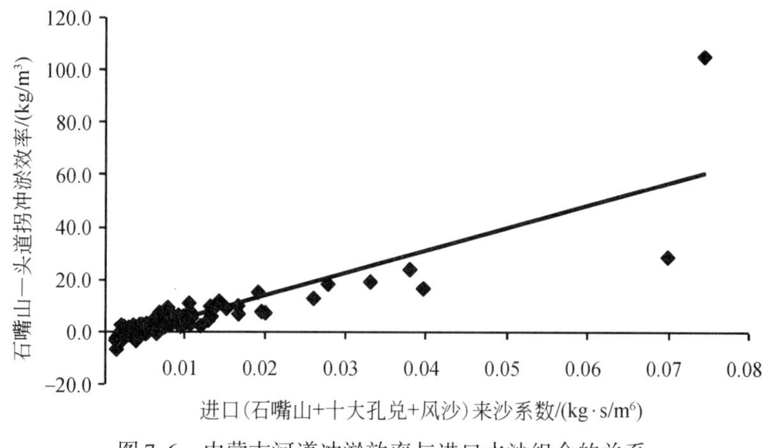

图 7.6　内蒙古河道冲淤效率与进口水沙组合的关系

计算出宁夏河段和内蒙古河段来沙系数分别约为 0.0034 kg · s/m^{6}和 0.0039 kg · s/m^{6}时，河道基本保持冲淤平衡，大于此值发生淤积，反之则发生冲刷。

2. 分河段河道冲淤临界水沙关系研究

由于宁蒙河段的冲淤调整主要发生在青铜峡—石嘴山、巴彦高勒—三湖河口和三湖河口—头道拐三个冲积性河段，三个河段有着相同的冲淤趋势，并且都与水沙条件关系密切。青铜峡—石嘴山河段的冲淤除受青铜峡以上干流来水来沙的影响之外，还受支流祖厉河、清水河、苦水河的来沙影响；巴彦高勒—三湖河口河段除受其上游干支流来沙影响外，还与上河段的冲淤调整有关；而三湖河口河段除了与其上游来水来沙有关外，更多取决于孔兑来沙，因此，详细分析这三个河段河道冲淤与水沙条件的关系。

点绘青铜峡—石嘴山、巴彦高勒—三湖河口和三湖河口—头道拐河段的冲淤效率与进口来沙系数之间的关系（图 7.7 至图 7.9），可以看到，这三个调整较大的河段也符合长河段冲淤规律。各河段冲淤效率与进口站来沙系数线性回归关系为青铜峡—石嘴山：
$$\frac{\Delta ws}{w} = 310.7\frac{C}{Q} - 1.625 \tag{7.4}$$

巴彦高勒—三湖河口：
$$\frac{\Delta ws}{w} = 329.1\frac{C}{Q} - 2.157 \tag{7.5}$$

三湖河口—头道拐：
$$\frac{\Delta ws}{w} = -845.3\frac{C}{Q} - 449.8\frac{C}{Q} - 1.892 \tag{7.6}$$

式（7.4）至式（7.6）中，冲淤效率与平均含沙量的 R^2 分别为0.834、0.632和0.752。根据公式可计算三河段来沙系数分别约为0.0052 kg·s/m^6、0.0066 kg·s/m^6、0.0040 kg·s/m^{6}时河道基本冲淤平衡，如洪水期进口平均流量为2200m^3/s，则含沙量分别约为11.44kg/m^3、14.52kg/m^3、8.8kg/m^{3}左右时，长河段冲淤基本平衡。

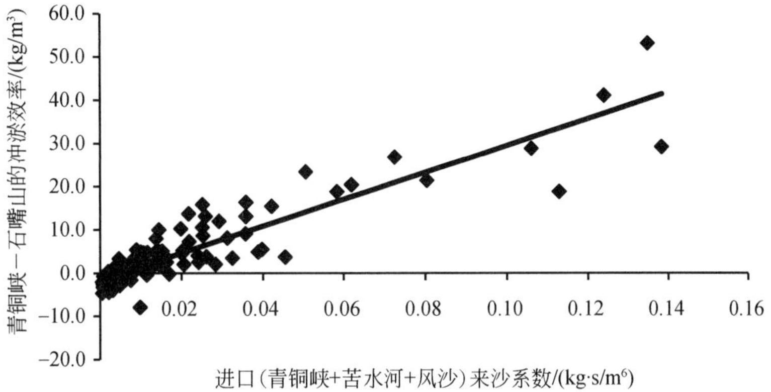

图7.7　青铜峡—石嘴山河段冲淤效率与进口水沙组合的关系

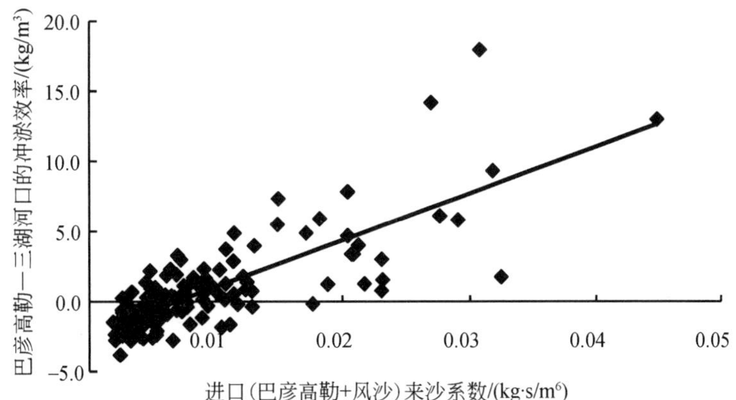

图7.8　巴彦高勒—三湖河口河段冲淤效率与进口水沙组合的关系

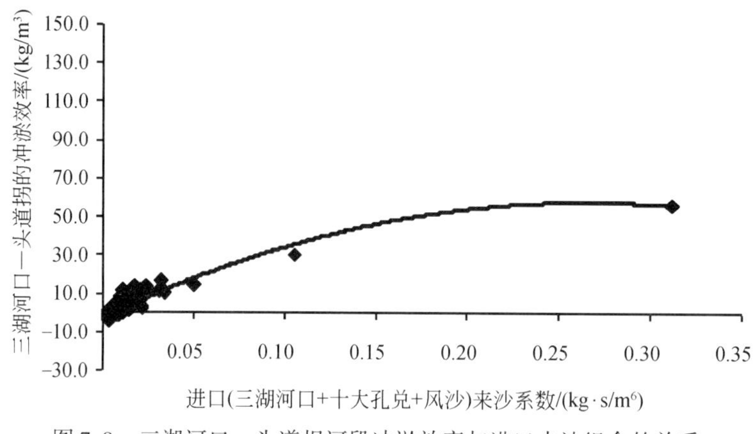

图 7.9　三湖河口—头道拐河段冲淤效率与进口水沙组合的关系

7.2　洪峰过程对河道过流能力的影响

7.2.1　平滩流量的计算方法及确定

所谓平滩流量是指某一断面的水位与该断面滩唇相平时该断面所通过的流量，是河道主河槽过流能力的标志；本次研究中平滩流量确定的具体步骤如下：①点绘宁蒙河段各水文站断面逐年的大断面图，根据逐年断面图确定相应年份的汛前滩唇高程；②根据各水文站日平均水位、流量资料建立相应年份的水位–流量关系图（高水位部分，参照相邻年份的关系进行外延）；③在已建立的水位–流量关系图上，查找已确定的汛前滩唇高程所对应的流量值，即为本研究中所确定的平滩流量。

由于宁蒙河道边界条件复杂，部分水文站断面的水位–流量关系不太稳定，因此，确定宁蒙河道平滩流量时，为确保各水文站平滩流量的合理性，还参考了河道冲淤变化及断面形态分析等资料，对平滩流量进行了进一步校核，由于宁蒙河道部分水文站下河沿、青铜峡、石嘴山、头道拐均布设于峡谷或者比较稳定的河段，难以反映河道的冲淤变化，因此，在与冲淤量进行对比时，选取位于冲积性河段的巴彦高勒、三湖河口水文站，同时增加了测量时间较短的原昭君坟水文站资料作为补充。

根据河道情况，采用水文站 1000m^3/s 水位与冲淤过程进行对比。由图 7.10 可见，水位变化与累积冲淤量过程符合较好，在 20 世纪 60 年代到 80 年代中期河道未发生累积淤积时期，各站水位基本未升高，个别站还有降低；80 年代后期河道开始持续淤积，直到 2004 年前后累积淤积量不断增加，而水位也在不断抬高，也在 2004 年前后水位达到最高；其后河道淤积有所减缓，尤其是巴彦高勒—三湖河口河段稍有冲刷，可以看到水位相应明显下降。

采用水文站的水位流量关系、河道冲淤变化及断面形态分析，得到 1980～2012 年历年汛前平滩流量，与相应河段冲淤量过程进行对比。由图 7.11 可见，1980 年以后平滩流

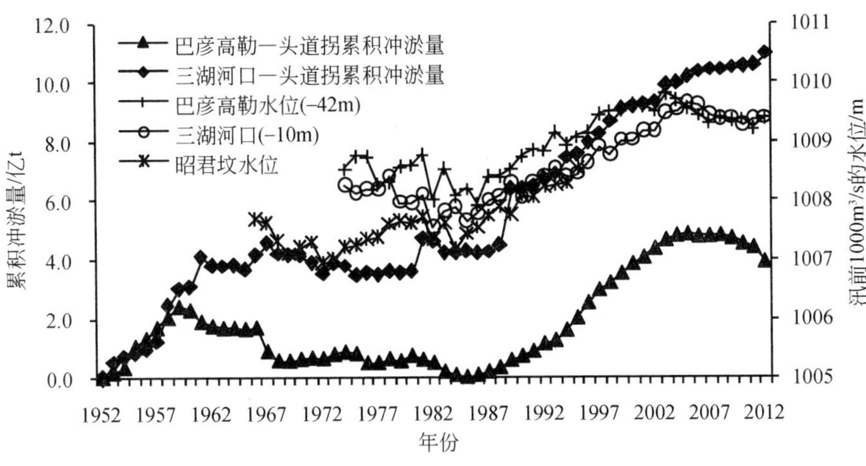

图 7.10　冲积性河段累积冲淤量过程与同流量水位变化对比

量变化过程与河道累积冲淤过程符合较好，随着河道累积淤积量持续增加，平滩流量不断降低，在累积淤积量最大的 2004 年前后平滩流量达到最小值，仅 1200m³/s 左右；其后随着淤积减缓，平滩流量有所恢复，2012 年洪水过后巴彦高勒平滩流量恢复到 3000m³/s 左右。

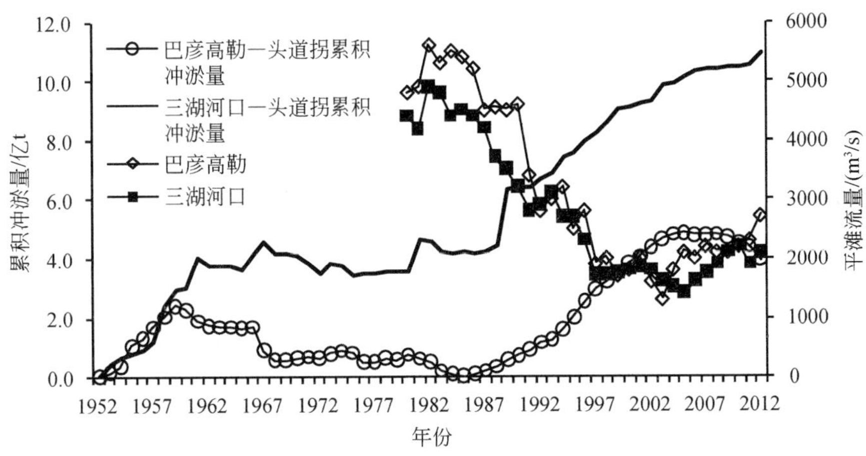

图 7.11　冲积性河段累积冲淤量过程与平滩流量变化对比

7.2.2　内蒙古各水文站逐年平滩流量变化特点

根据内蒙古河段水文站实测资料，通过水位流量关系、河道冲淤变化及断面形态等各种方法综合研究，得到 1980～2012 年历年汛前平滩流量，见图 7.12。可以看到 1986 年以来，宁蒙河段的排洪输沙能力降低，河槽淤积萎缩，平滩流量减少。不同时期平滩流量特点也有所不同。1980～1985 年来水来沙条件有利，河槽过流能力较大，巴彦高勒和头道拐平滩流量约为 4800～5600m³/s，三湖河口站为 4400～4900m³/s。1986～1997 年龙刘水库联合运用，平滩流量逐渐减少，至 1997 年巴彦高勒、三湖河口和头道拐减小为 $1900m^3/s$、$1700m^3/s$ 和 $3100m^3/s$。巴彦高勒和三湖河口平滩流量 1998 ~ 2001 年变幅较小，2002 ~ 2005 年有所减小，此后开始逐渐回升。头道拐平滩流量 1997 ~ 2005 年变幅较小，基本维持在 $3000m^3/s$ 左右，此后逐渐增大。2012 年汛前巴彦高勒、三湖河口和头道拐平滩流量分别为 $2460m^3/s$、$2000m^3/s$ 和 $3900m^3/s$。经过 2012 年大漫滩洪水之后，巴彦高勒、三湖河口、头道拐站平滩流量分别增大到 $3090m^3/s$、$2350m^3/s$ 和 $3980m^3/s$。

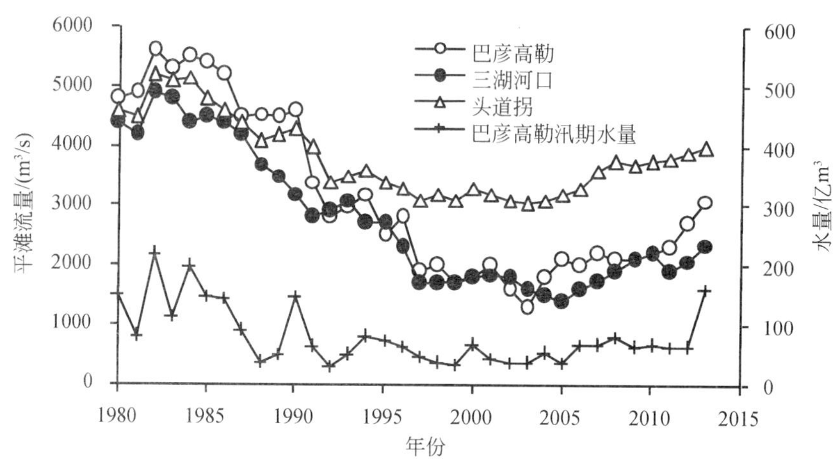

图 7.12　典型水文站主槽平滩流量及巴彦高勒站逐年水量变化

进一步分析可以看到，各站平滩流量变化与汛期来水条件适应性较好（图 7.12），不同的水沙条件塑造不同的河槽，因此，对应不同的平滩流量。即汛期来水量大，河道平滩流量就大，反之就小。例如，在来水量较丰的 1980 ~ 1985 年时段，汛期平均来水量达 150.8 亿 m^3，最大来水量为 217.4 亿 m^3，因此，该时期平滩流量也较大，巴彦高勒站最大平滩流量达 $5600m^3/s$；而 1987 年之后，由于来水量显著减少，因此平滩流量也相应有所降低，2003 年巴彦高勒站汛期来水量仅为 34.2 亿 m^3，平滩流量为 $1300m^3/s$。因此，可以看到内蒙古河道平滩流量有随来水量增大而增大、随来水量减少而减小的趋势，但是这种变化趋势并不是完全对应的，说明平滩流量还受其他因素的影响，如洪峰大小及其历时、前期河床条件等。

7.2.3　平滩流量与径流条件的响应关系

1. 平滩流量与汛期径流条件关系

点绘内蒙古巴彦高勒、三湖河口和头道拐水文站逐年平滩流量与汛期 5 年滑动平均水量关系（图 7.13 ~ 图 7.15），分析可以看到，平滩流量与汛期水量关系密切，随着汛期水量的增大，平滩流量迅速增大。但进一步分析发现，汛期水量越大，平滩流量的增幅有所减小。建立各水文站平滩流量与汛期 5 年滑动平均水量的关系式为

巴彦高勒：
$$Q_{巴平} = -0.2217W_{5年}^2 + 77.136W_{5年} - 1355 \tag{7.7}$$

三湖河口：　$Q_{三平}=-0.1317W_{5年}^2+54.047W_{5年}+789.41$　(7.8)

头道拐：　$Q_{头平}=-0.0608W_{5年}^2+26.758W_{5年}-2061.4$　(7.9)

式（7.7）至式（7.9）中，$Q_{巴平}$、$Q_{三平}$和$Q_{头平}$分别为巴彦高勒、三湖河口和头道拐站的平滩流量；$W_{5年}$为相应各站汛期 5 年滑动平均水量。式（7.7）至式（7.9）的 R^2 分别为 0.92、0.92 和 0.83。根据这几个公式可以初步匡算不同来水量条件下各站的平滩流量（表 7.10）。如当汛期来水量为 80 亿 m^3时，初步匡算巴彦高勒站、三湖河口站和头道拐站的平滩流量分别约可以达到 3397m^3/s、2691m^3/s 和 3813m^3/s。

表 7.10　不同来水量条件下各站平滩流量的预估

汛期 5 年滑动平均水量/亿 m^3	平滩流量/(m^3/s)		
	巴彦高勒	三湖河口	头道拐
80	3397	2691	3813
100	4142	3298	4129
150	5227	4354	4707

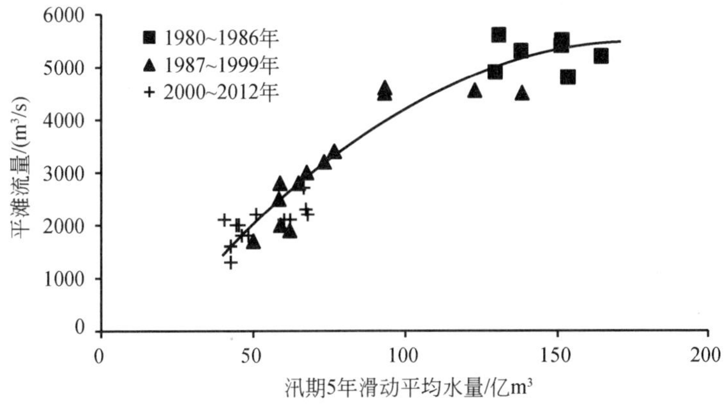

图 7.13　巴彦高勒平滩流量与汛期 5 年滑动平均水量

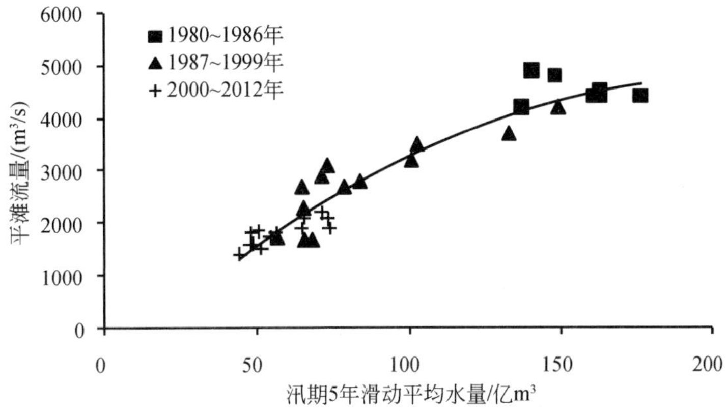

图 7.14　三湖河口站平滩流量与汛期 5 年滑动平均水量

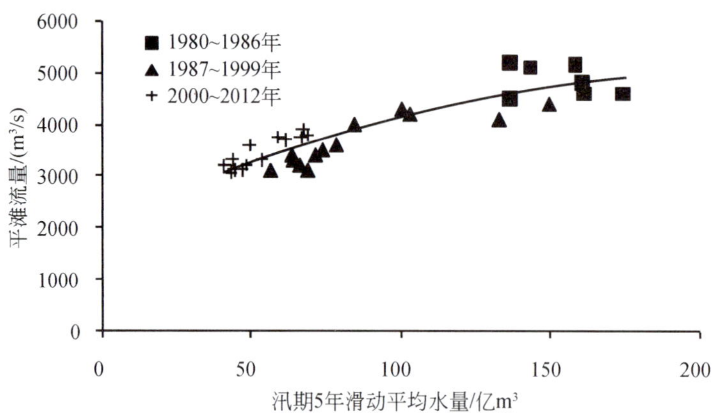

图 7.15　头道拐站平滩流量与汛期 5 年滑动平均水量

2. 平滩流量与洪水期径流条件关系

洪水是河道塑槽的主要源动力，洪水水量大，河道过流能力强，相应平滩流量大，平滩流量既是多年水沙条件累计塑造河床的结果，又与当年来水过程直接相关，特别是大水年份，当年的最大造床作用显著。综合分析平滩流量的形成，当年最大 3 日流量的作用占 80%，前期影响占 20%①。为了研究洪水过程（包括洪峰流量大小及历时）及前期河床条件对主槽过流能力的影响，采用巴彦高勒站、三湖河口、头道拐站实测水文资料，分别点绘各站 20 世纪 80 年代以来，平滩流量与当年最大 3 日流量平均值（代表洪峰大小和历时）和上一年平滩流量（代表前期河床条件）加权组合得到的综合因子的相关关系（图 7.16 ~ 图 7.18），可以看到各站平滩流量与当年最大流量和前期河床条件综合因子关系密切，随着各站综合因子值的增大而增大。各站的平滩流量与综合因子的回归关系式分别为

巴彦高勒：
$$Q_{巴平} = 2903\ln(W_{综合}) - 18757 \tag{7.10}$$

三湖河口：
$$Q_{三平} = 2398.7\ln(W_{综合}) - 15293 \tag{7.11}$$

头道拐：
$$Q_{头平} = 1313.9\ln(W_{综合}) - 6299.5 \tag{7.12}$$

式（7.10）至式（7.12）中，$Q_{巴平}$、$Q_{三}$和 $Q_{头平}$分别为巴彦高勒、三湖河口和头道拐站的平滩流量，$W_{综合}$ 为（$0.8Q_3$ 日$+0.2Q_{往年}$），即当年最大 3 日平均流量的 0.8 倍与往年平滩流量的 0.2 倍之和。式（7.10）至式（7.12）的相关系数 R^2 分别为 0.89、0.81 和 0.77。进一步说明宁蒙河道平滩流量的变化不仅与年水量有关，同时与当年的最大流量及持续的时间关系也特别密切。

① 小江调水济渭对渭河下游减淤作用分析．黄河水利科学研究院，zx-2005-04-05，2004 年 12 月．

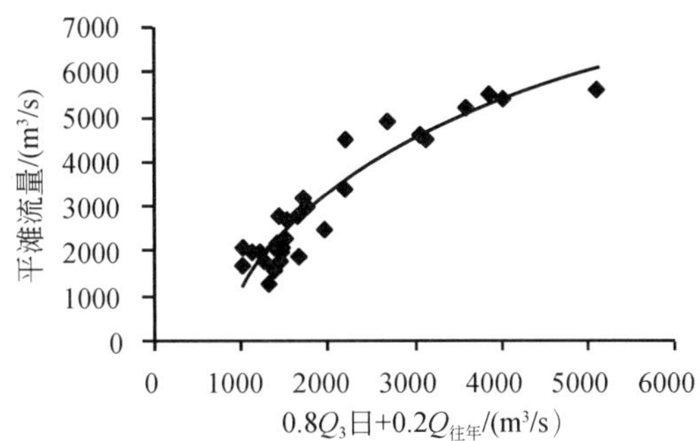

图 7.16　巴彦高勒平滩流量与当年最大 3 日流量平均值及往年平滩流量加权组合值的关系

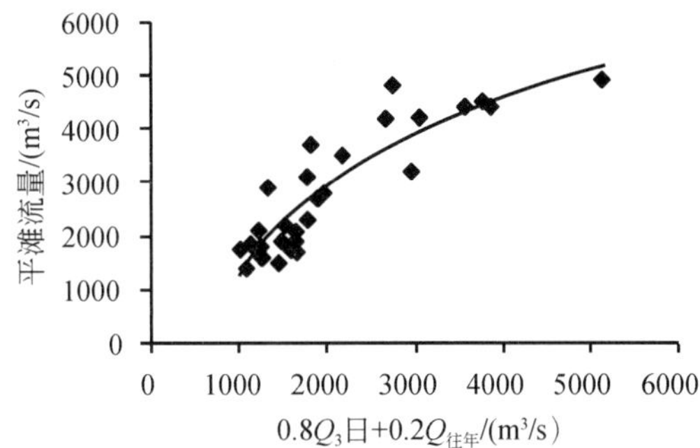

图 7.17　三湖河口站平滩流量与当年最大 3 日流量平均值及往年平滩流量加权组合值的关系

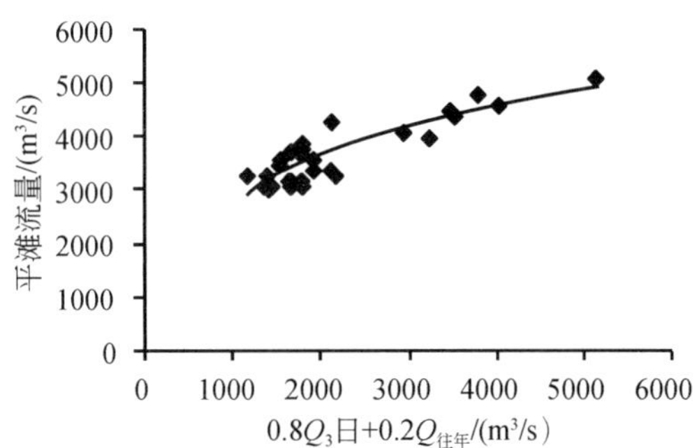

图 7.18　头道拐平滩流量与当年最大 3 日流量平均值及往年平滩流量加权组合值的关系

7.2.4　河道适宜过流能力分析

1. 有利于河道输沙、保障防洪安全流量

内蒙古巴彦高勒—头道拐河段是防洪、防凌形势比较严峻的河段，河道淤积严重，主槽淤积萎缩。由巴彦高勒—三湖河口河段代表断面三湖河口断面的流量与流速之间的关系（图 7.19），可见非漫滩洪水流速与流量关系非常密切，流速随着流量的增大而增大。但

是在水量较丰的20世纪80年代，各站平滩流量较大，为4000～5000m³/s。其中，三湖河口站最大平滩流量为4900m³/s，发生在1982年，其次较大的年份是1983年和1985年，平滩流量分别达4800m³/s和4500m³/s。还可以看到，流量在2000～2500m³/s时，主槽流速最大，此时河道输沙能力最强，但是当流量大于2500m³/s时，由于个别年份开始漫滩，断面平均流速急剧下降。因此，从有利于河道输沙和防洪安全角度来说，该河段的平滩流量应为2000～2500m³/s。

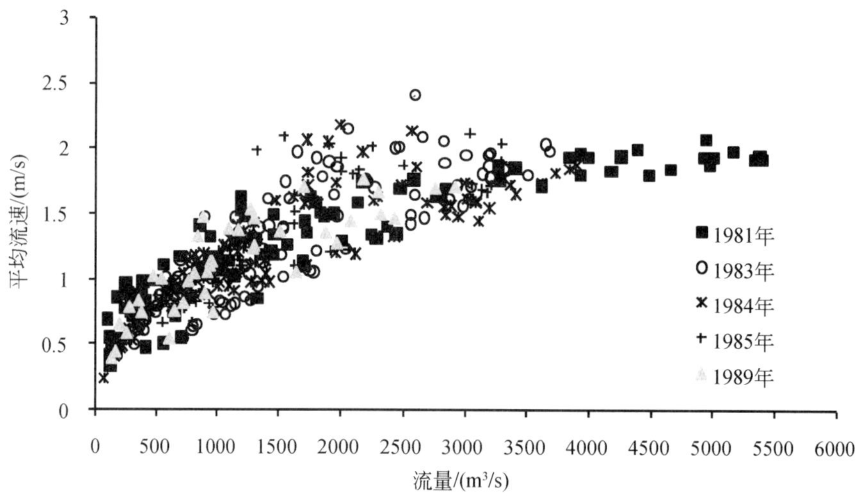

图7.19　三湖河口站20世纪80年代断面流量-流速关系

2. 保障防凌安全的过流能力研究

与伏秋汛相比，凌汛是内蒙古河段面临的更大问题，凌汛影响范围广，程度严重，发生频率高。尤其是1986年之后，由于内蒙古河道主槽淤积萎缩，排洪、排凌能力下降，内蒙古河段已发生7次凌汛决口，其中，2007～2008年度凌汛期间遭遇了40年来最为严重的凌汛，导致内蒙古杭锦旗奎素段堤防两次发生溃堤，造成了巨大的经济损失和社会影响。因此，防凌是目前宁蒙河段综合治理面临的最突出问题，保障该河段的防洪防凌安全是该河段河道的重要社会功能。

按“黄河环境流”（刘晓燕，2009）及“黄河健康修复目标及对策研究”① 的研究成果，三湖河口断面实测最高凌汛水位大都高于汛期设计洪水位。据统计，在1986年之前大部分年份凌汛期最高水位基本不超过了1020.5m，水位高于1020.0m的历时年均为1.14天，而1987年之后，由于主槽淤积萎缩，大多数年份水位都超过了1020m，1999～2007年凌汛期最高水位达1020.6m，1020m以上水位年均历时达57天，这给防洪防凌安全带来了巨大压力。因此，重点考虑内蒙古河段的凌汛因素是确定内蒙古河段良好河槽的标准。

① 刘晓燕，李小平等．黄河健康修复目标及对策研究．黄河水利委员会黄河水利科学研究院．zx-2009-119-228，2009年12月．

为认识内蒙古河道过流能力对该河段防凌的影响，点绘内蒙古三湖河口历年凌汛期洪峰流量及凌峰期最高水位的变化图（图7.20），可见，1960～1986年，三湖河口断面凌汛期凌峰流量范围为840～2200m³/s，最大凌峰流量发生在1967年，该时期平均凌峰流量为1382m³/s。1987～2005年三湖河口断面凌汛期凌峰流量范围为708～2190m³/s，最大凌峰流量发生在1998年，该时期平均凌峰流量为1266m³/s。

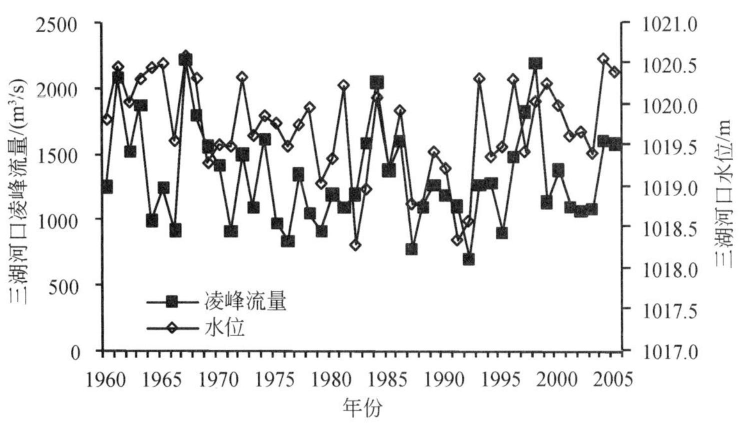

图7.20 内蒙古三湖河口断面历年凌汛期洪峰流量及最高水位变化

进一步分析三湖河口断面历年凌汛水位大于1020m天数的变化趋势，由图7.21可见，凌汛水位在1998年出现明显的“拐点”此时断面的平滩流量为2200m³/s左右（刘晓燕，2009），之后平滩流量下降到1800m³/s左右，凌汛期水位大幅度升高。

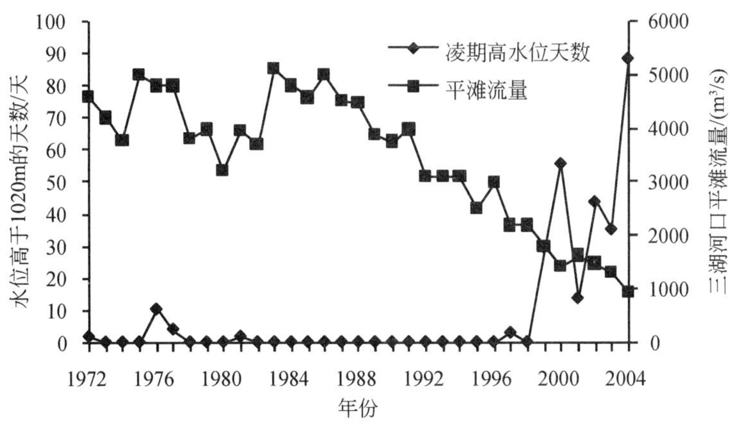

图7.21 内蒙古三湖河口断面历年水位高于1020m的天数变化

根据以上分析，未来三湖河口段凌汛期流量可能继续维持20世纪90年代以来的情况，开河期最大洪峰流量一般不超过2000～2200m³/s，所以，从保障河道防凌安全的角度考虑，该断面的平滩流量应不小于2000～2200m³/s。

因此，从河道高效输沙、保障防洪防凌安全及充分考虑未来水沙条件对主槽的塑造和维持能力角度，内蒙古河道主槽适宜过流能力为2000～2500m³/s。

7.3　宁蒙河道洪水期分组泥沙冲淤变化与冲淤效率

7.3.1　宁蒙河道分组沙冲淤量计算方法

本研究采用沙量平衡法计算宁蒙河道洪水期分组沙冲淤量，即根据实测输沙率、级配资料，计算逐场次洪水进入、输出河段的分组沙量（包括干流控制站、区间支流、引水引沙及风沙等，最终得到洪水期进入、输出河段的分组沙量差，作为河段分组冲淤量：河段分组冲淤量=河段上站分组来沙量+河段区间分组来沙量-河段渠系分组引沙量-河段下站分组输出沙量。计算公式为

$$\Delta W_s = W_{s进} + W_{s区间} - W_{s引} - W_{s出} \tag{7.13}$$

式中，ΔW_s为河段分组泥沙冲淤量（亿 t）；$W_{s进}$为河段进口分组沙量，即上站分组沙量（亿 t）；$W_{s区间}$为河段区间加入分组沙量，主要是指区间支流加入分组沙量（亿 t）及风沙量（亿 t）；$W_{s引}$主要是指河段区间渠系分组引沙量（亿 t）；$W_{s出}$为河段出口分组沙量，即区间下站分组沙量（亿 t）。

7.3.2　宁蒙河道不同时期分组沙冲淤特点

将泥沙分成四组：即细泥沙（d<0.025mm）、中泥沙（0.025mm <d<0.05mm）、粗泥沙（0.05mm <d<0.1mm）和特粗泥沙（d>0.1mm），计算得到 1969 ~ 2012 年整个宁蒙河道洪水期 144 场非漫滩洪水全沙和分组沙冲淤情况（表 7.11）。可以看到，长时期场次洪水全沙是淤积的，场次洪水平均淤积量为 0.069 亿 t，其中，细沙是淤积的主体，占全沙总淤积量的 53.6%，平均淤积量为 0.069 亿 t；其他几组分组沙淤积量相差不大，中沙、粗沙、特粗沙的淤积量分别为 0.013 亿 t、0.011 亿 t 和 0.007 亿 t；分别占总淤积量的 19.5%、16.3% 和 10.6%。

表 7.11　下河沿—头道拐河段洪水期场次洪水分组沙平均冲淤情况

项目		时段			
		1969 ~ 1986 年	1987 ~ 1999 年	2000 ~ 2012 年	1969 ~ 2012 年
冲淤量/亿 t	全沙	0.012	0.161	0.029	0.069
	细沙	0.007	0.085	0.016	0.037
	中沙	-0.002	0.032	0.004	0.011
	粗沙	-0.003	0.021	0.004	0.007
	特粗沙	0.010	0.024	0.006	0.013
分组沙冲淤占全沙冲淤的比例/%	细沙	60.2	52.9	55.0	53.6
	中沙	-19.6	19.6	12.5	16.3
	粗沙	-22.7	12.8	12.5	10.6
	特粗沙	82.1	14.7	20.1	19.5

由于不同时期水沙条件不同，因此，各时期的冲淤特点也有所不同。分析1969～1986年场次洪水全沙和分组沙的冲淤量情况可以看到，该时期宁蒙河道洪水期是淤积的，场次洪水平均冲刷量为0.012亿t；从分组沙的冲淤情况来看，细沙和特粗沙是淤积的，淤积量分别为0.007亿t和0.01亿t，占全沙淤积总量的60.2%和82.1%；而中沙和粗沙在该时期都是冲刷的，场次洪水平均冲刷量分别为0.002亿t、0.003亿t。

分析枯水少沙时期1987～1999年分组沙及全沙的冲淤情况可以看到，该时期洪水期全沙是淤积的，并且淤积量较大，场次洪水平均淤积量为0.161亿t，从分组沙的冲淤情况来看，该时期分组泥沙都处于淤积状态，淤积量最大的是细沙，淤积量为0.085亿t，占全沙淤积总量的52.9%，其次淤积量较大的是中沙，中沙场次洪水平均淤积量为0.032亿t，占全沙淤积总量的19.6%，淤积量较小的粗沙和特粗沙淤积量分别为0.021亿t、0.024亿t，分别占全沙淤积总量的12.8%和14.7%。2000～2012年场次洪水处于淤积状态，场次洪水平均淤积量为0.029亿t，从分组淤积量情况来看，淤积主要集中在细沙，细沙淤积量为0.018亿t，占全沙淤积总量的55%，而中沙、粗沙和特粗沙都处于微淤的状态，淤积量值不大。

7.3.3　洪水期分组泥沙冲淤与水沙条件的关系

1. 分组泥沙冲淤效率与含沙量的关系

黄河上游宁蒙河道洪水期河道冲淤效率（单位水量冲淤量，kg/m³）与来水含沙量关系密切，具有“多来、多淤、多排”的输沙特点。考虑支流和引水引沙条件，点绘宁蒙河道（下河沿—头道拐河段）全沙、分组沙洪水期河道冲淤效率与进口站（下河沿+支流）平均含沙量的关系（图7.22），分析可见，宁蒙河道洪水期全沙，以及分组沙河道冲淤效率与平均含沙量具有明显的正相关关系，全沙及分组沙冲淤效率随着进口站含沙量的增大而增大。进一步分析可以看到，河道在淤积状态下，当来沙量相同时，淤积量中细沙所占的比例最大，其次是中沙、粗沙和特粗沙。回归分析得到宁蒙河道全沙及分组沙冲淤效率与进口含沙量的关系式见式（7.14）至式（7.18）。

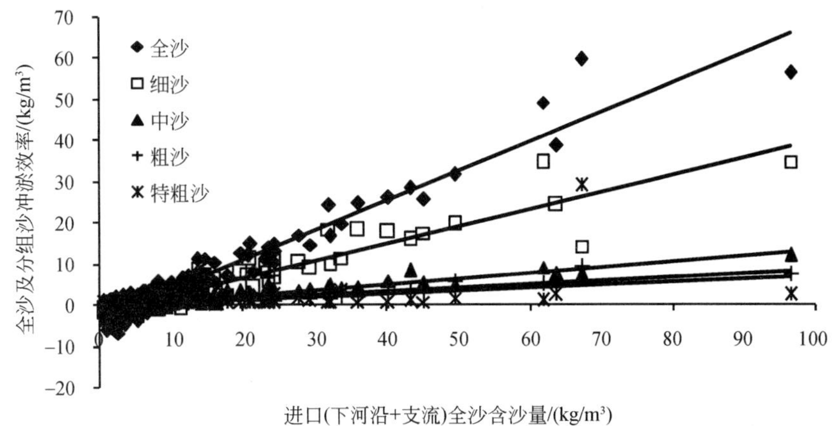

图7.22　宁蒙河道全沙及分组沙洪水冲淤效率与平均含沙量的关系

全沙：
$$\eta_{全沙} = 0.7191C_{全沙} - 3.4808 \tag{7.14}$$
细沙：
$$\eta_{细沙} = 0.4181C_{全沙} - 2.1335 \tag{7.15}$$
中沙：
$$\eta_{中沙} = 0.1376C_{全沙} - 0.6777 \tag{7.16}$$
粗沙：
$$\eta_{粗沙} = 0.0907C_{全沙} - 0.4758 \tag{7.17}$$
特粗沙：
$$\eta_{特粗沙} = 0.0727C_{全沙} - 0.1938 \tag{7.18}$$

式中，η 为下河沿—头道拐河段分组沙冲淤效率（kg/m^3），$C_{全沙}$为进口站全沙含沙量（kg/m^3）。全沙、细沙、中沙、粗沙、特粗沙冲淤效率与进口平均含沙量的相关系数 R^2 分别为 0.941、0.898、0.882、0.835、0.192，可见特粗沙的冲淤效率与进口含沙量大小关系不大。

2. 宁蒙河道洪水期分组泥沙冲淤效率与水流条件的关系

河道冲淤不仅与河道进口流量有关，而且与来沙条件关系密切。点绘宁蒙河道不同来沙条件下（含沙量<$7kg/m^3$，7～$20kg/m^3$和 >$20kg/m^3$）分组沙冲淤效率与进口平均流量的相关关系（图 7.23 至图 7.25），可以看到，当来水含沙量小于 $7kg/m^3$，场次洪水过程中进口站平均流量大于 $2000m^3/s$ 时，宁蒙河道细沙、中沙、粗沙可以达到冲刷状态。而对于特粗颗粒泥沙（图 7.23），从不同含沙量条件下特粗沙冲淤效率与进口站平均流量的关系图上可以看到，当含沙量小于 $7kg/m^3$，流量大于 $2500m^3/s$ 时，特粗沙也能够冲刷，但是量值较小。当含沙量大于 $7kg/m^3$时（图 7.24、图 7.25），全沙淤积效率明显增大，并且细沙、中沙、粗沙基本上都处于淤积的状态。在相同流量条件下，细沙的淤积效率较大。例如，对于进口来水含沙量为 7～$20kg/m^3$的情况下，当平均流量为 $1000m^3/s$ 时，细沙的最大淤积效率可以达到 $8.4kg/m^3$，中沙、粗沙、特粗沙的淤积效率分别为 $3.1kg/m^3$、$1.36kg/m^3$和 $1.29kg/m^3$。

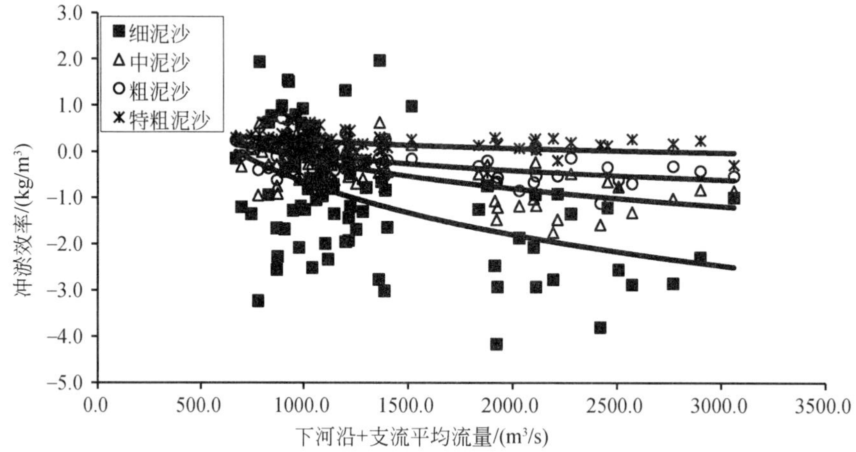

图 7.23　宁蒙河道分组沙冲淤效率与进口平均流量的关系（含沙量<$7kg/m^3$）

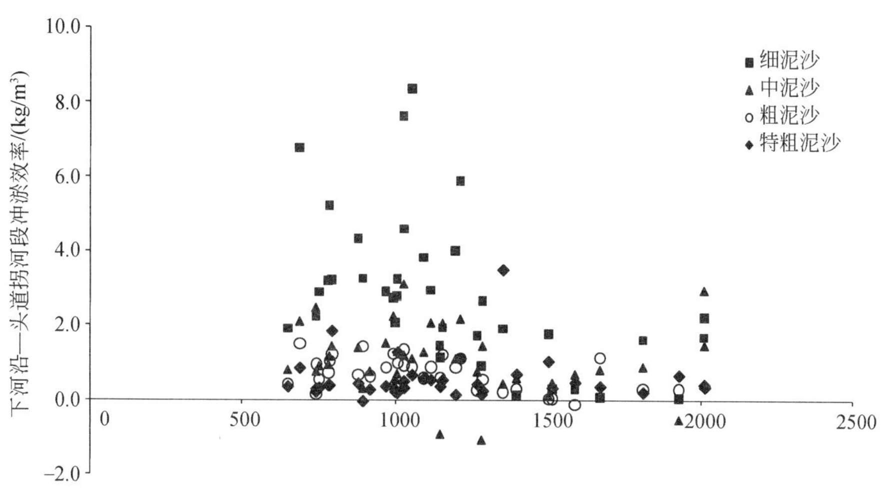

图 7.24　宁蒙河道分组沙冲淤效率与进口平均流量的关系（含沙量为 7 ~ 20kg/m³）

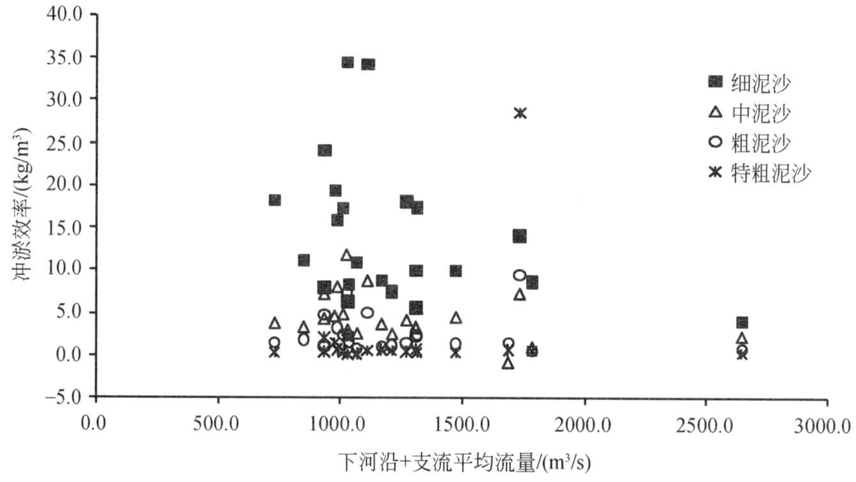

图 7.25　宁蒙河道分组沙冲淤效率与进口平均流量的关系（含沙量>20kg/m³）

7.4　河势演变参数的时空变化特征及原因

7.4.1　河流平面形态相关指标

由于河道演变过程的复杂性、原因的多样性和各种因素之间存在相互联系的性质，只用个别指标来反映河道河势的变化是不够的，需要建立一个指标体系来描述和研究。

反映河道平面的指标如下。

（1）支汊：分汊型河床的若干汊道中，除去主汊外的其余汊道；

（2）心滩：河床中枯水期出露水面的浅滩；

（3）畸形河湾：随着流量的减小，曲流带宽度及河湾形态指标，如跨度、弯道半径等也将减小，这时就会使弯道变形，甚至出现倒转，失控的弯顶继续下移，当它移动到下游方的弯顶以下时产生畸形河湾；

（4）弦高：某一弯曲段弯顶垂直其弦的距离；

（5）弯曲系数：某一弯曲段主流线长度与弯曲段两端点间直线距离（或弦长）的比值，反映了主流线的弯曲程度；

（6）弯曲半径：拟合某一弯曲段圆弧的半径，表示河湾的弯曲程度。

7.4.2　河势各指标的提取和计算

用 ArcGIS 软件将已有的 1977～2012 年的遥感图像（分别为 1977 年、1978 年、1987 年、1990 年、1992 年、1999～2010 年和 2012 年）进行数字向量化，首先对河道水边线和河心滩地进行前期数字化。在本研究中采取分段提取指针资料的方法。以相邻两黄断面为一个单位，从黄断 1 号到黄断 100 号把研究区段分为 99 个单位，再在 99 个单位中分别提取所需的河势形态指标。

黄断 1 号至黄断 100 号的距离为 381km，平均断面间距为 3.84km。巴彦高勒水文站位于黄断 1 号上游 400m 处，三湖河口水位站位于 38 号断面和 39 号断面之间，昭君坟水文站位于 69 号断面和 70 号断面之间，头道拐水文站在 108 号断面和 109 号断面之间。

1. 心滩和支汊个数变化趋势

心滩个数提取：以相邻两个断面之间所有数字化出的心滩个数为标准将总数进行统计，断面经过的河心滩以在哪个单位中的面积大归为哪个断面区间为标准。

统计出 1978～2010 年每 10 个单位区段不同年份平均的心滩数量以及整个研究区段河心滩的总量，其沿程变化趋势见图 7.26。从图中可看出，心滩数量从研究区段内的上游到下游呈下降的趋势，游荡段、过渡段和弯曲段的变化趋势明显。

支汊个数提取：以一个单位区段内出现的最大支汊数量为此单位区段的支汊个数作为统计，面积过于偏小的河心滩且不影响整条主流水边线几何形态的不作为支汊统计。

1978～2010 年每 10 个单位区段不同年份平均的支汊个数变化趋势见图 7.27。支汊数量从研究区段内的上游到下游呈下降的趋势。

2. 畸形河湾个数变化趋势

畸形河湾是一种变形的、扭曲的、过度弯曲的河湾形态，它通常形成在某种局部存在的抗冲性边界条件的控制下。当河道发生萎缩，并伴随频繁的断流，游荡性河道的一些河段就容易发育形成畸形河湾。畸形河湾的发育使得河道弯曲系数增大，河段比降减小，流速减慢，同流量下水位壅高，以及导致横河、斜河的出现。

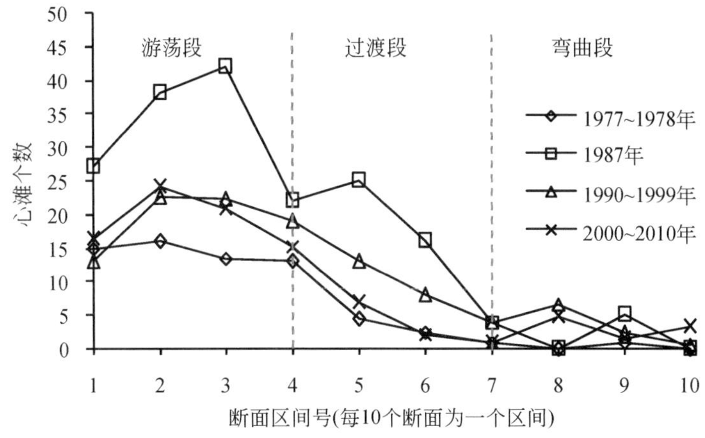

图 7.26 黄断 1 ~ 100 河段 1978 ~ 2010 年河心滩个数变化

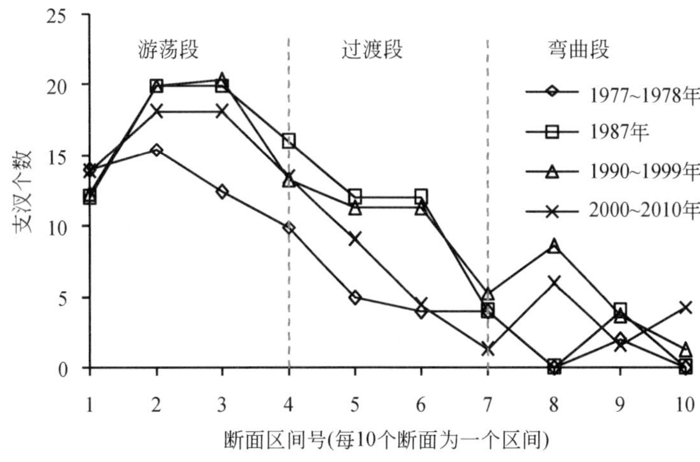

图 7.27 黄断 1 ~ 100 河段 1978 ~ 2010 年支汊个数变化

1978 ~ 2010 年每 10 个单位区段不同年份平均的畸形河湾数量见图 7.28。畸形河湾个数沿程变化没有明显趋势。从时间变化来看，2000 ~ 2010 年畸形河湾平均个数有所增加。

3. 主流线长变化趋势

用黄断断面将整个河段的主流分段，每一段为一个单独的研究对象，计算主流线长、主流线弦长、弦高。并以此为基础计算出每个区段的弯曲半径和弯曲系数。

为了分析主流线长度的变化趋势，引入 STDEV 函数计算基于样本估算的标准偏差。此标准偏差反映样本中单个数值相对于平均值的离散程度，值越大则表示此数值相对均值差别越大。主流线长度的标准偏差总体上呈以下规律分布（图 7.29）：黄断 1 至黄断 40 附近>黄断 40 至黄断 70 附近>黄断 70 至黄断 100，也即巴彦高勒—三湖河口段>三湖河口—昭君坟段>昭君坟—头道拐段。

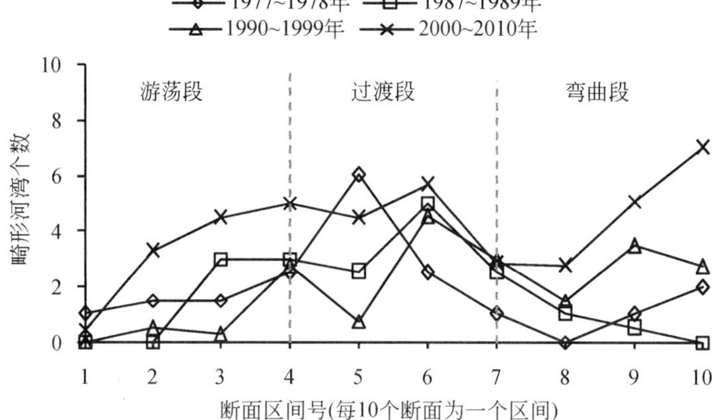

图 7.28　黄断 1～100 河段 1978～2010 年畸形河湾个数变化

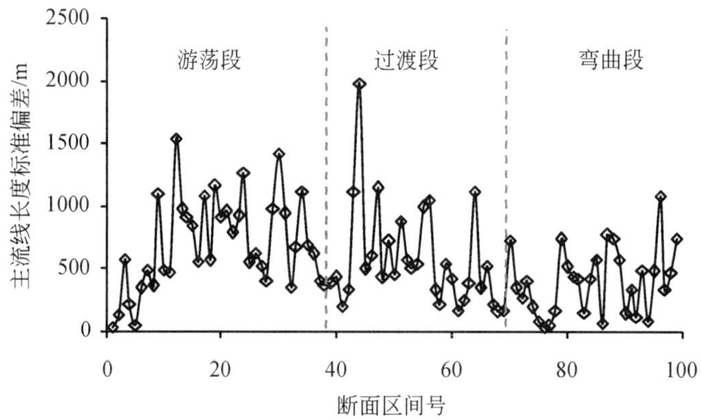

图 7.29　黄断 1～100 河段主流线长度标准偏差变化

4. 弯曲半径和弯曲系数变化趋势

弯曲半径是把曲线上的某一段用一段圆弧代替，这个圆的半径就是弯曲半径。弯曲半径的计算方法如下：

$$\tan\theta = \frac{l/2}{h} \tag{7.19}$$

$$\theta = \arctan\frac{l/2}{h} \tag{7.20}$$

$$\alpha = 2(180 - 2\theta) \tag{7.21}$$

$$\text{rad} = \frac{\alpha\pi}{180} \tag{7.22}$$

$$r = \frac{L}{\text{rad}} \tag{7.23}$$

式中，L 为弧长；l 为弦长；h 为弦高；r 为弯曲半径（图 7.30）。由测得的主流线长、主流线弦长和弦高数据，可由以上公式求得每个单位区段河道主流线的弯曲半径。沿程 10

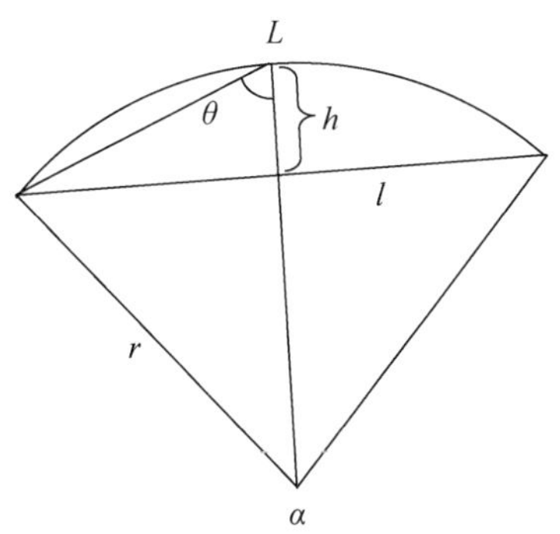

图 7.30　圆弧几何形态指标示意图

个断面区间平均弯曲半径变化见图 7.31，弯曲半径自黄断 1 至黄断 80 区间大体上呈下降趋势，然后开始呈增加趋势。即在游荡段和过渡段弯曲半径沿程逐渐减小，弯曲程度沿程增加；而在弯曲段，弯曲半径沿程增加，弯曲程度沿程减小。在时间上，游荡段和过渡段弯曲半径在整体上不同时期变化不大，弯曲段 2000 年以来弯曲半径有所增加。

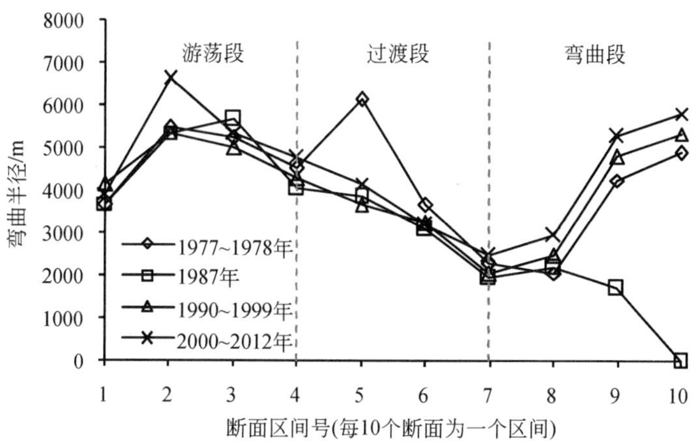

图 7.31　黄断 1 ~ 100 河段 1977 ~ 2012 年弯曲半径变化

弯曲系数是指某一弯曲段主流线长度与弯曲段两端点直线间的距离，即弦长的比值。弯曲系数反映了主流线的弯曲程度。弯曲系数越大，主流线相对越弯曲。体现到河势变化中为河湾弯曲半径越大则河湾越大，河道弯曲程度越小。沿程 10 个断面区间的平均弯曲系数变化见图 7.32。沿程来看，弯曲段部分时段弯曲系数呈增加趋势，其他河段变化不明显。从时间上看，除个别河段外，2000 年以来弯曲系数大体呈增加趋势。

5. 主流摆幅变化趋势

在 ArcGIS 中以目测的方式画出相邻年际间主流线位移的最大值，以对其最大值的测量作为该断面区间此相邻年际间的最大摆幅。作出相邻年际间的摆幅线，进而对其测量。由于 1999 年之前的资料很少而且不连续，因此，主要对之后年份的主流摆幅进行统计（图 7.33）。

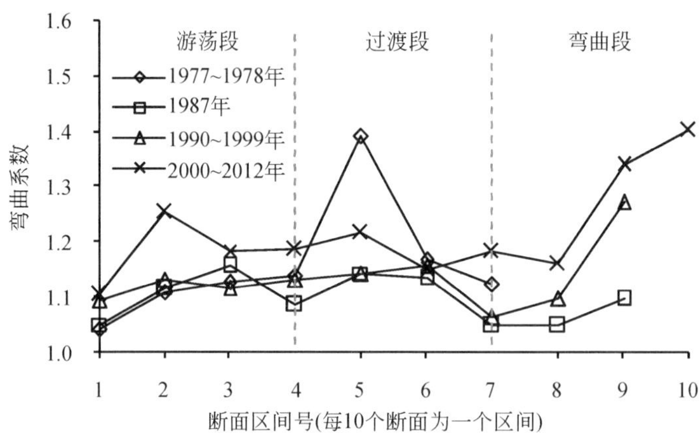

图 7.32　黄断 1 ~ 100 河段 1977 ~ 2012 年弯曲系数变化

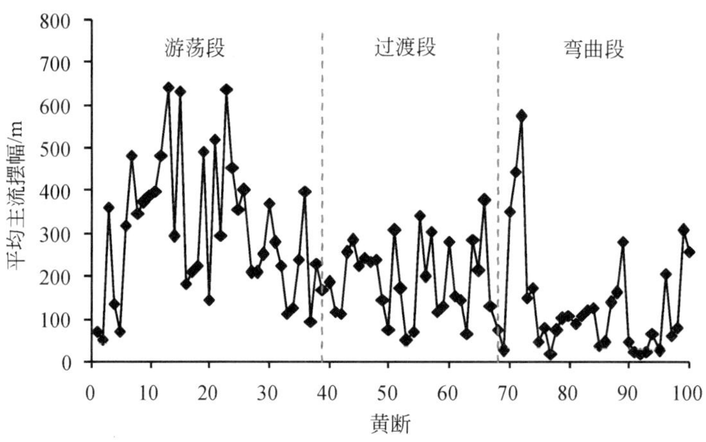

图 7.33　黄断 1 ~ 100 河段 1999 ~ 2012 年主流平均摆幅统计

总体上来看，游荡段、过渡段和弯曲段的平均主流摆幅分别为 317m、184m 和 150m，呈沿程减小趋势。从时间变化趋势来看（图 7.34），以 10 个断面统计的平均主流摆幅，过渡段和弯曲段变化不大，游荡段在 2008 年后明显增加，尤其是靠近巴彦高勒水文站附近河段。

6. 分形维数变化趋势

分形维数是综合反映数据及图形散乱、间断和不规则特性的重要参数之一。自从分形理论出现后，已经有许多学者将其引入到河流地貌领域的研究中。分形理论的创始人 Mandelbrot（1983）首先将分形方法引入到地理学和水文学研究当中。之后，Rosso（1991）及 LaBarbera 和 Rosso（1989）利用分形方法提出了河道分维数和水系分维数的计算公式。国内研究者李后强和艾南山（1991）从地貌学角度，导出了水系分形维数与水系级别的关系表达式。汪富泉等（2002）从地球内外营力及河网系统的开放性、非线性、随机性、耗散性等角度探讨河网系统自组织及分形结构产生的物理机制。

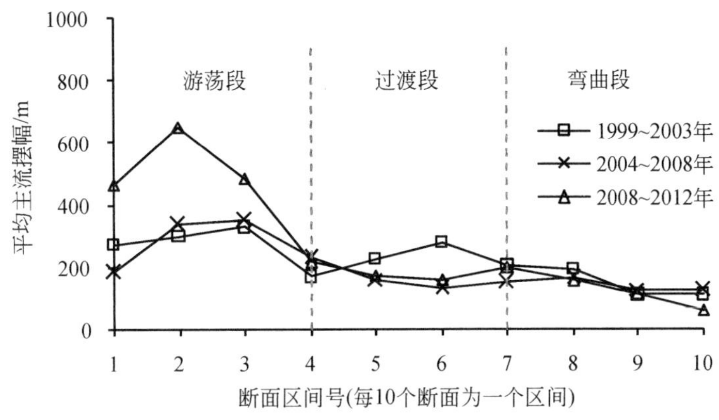

图7.34　黄断1～100河段不同时段主流平均摆幅统计

上述相关研究主要是从大尺度视角揭示地貌及大中流域的河网的分形特性，并没有涉及小尺度的局部河势的分形特性的研究。本研究重点放在宁蒙河道的小尺度典型河段，特别在游荡性和过渡性河段，通过对利用GIS所提取出的不同年份及不同位置河势线（包括边线、江心滩轮廓复杂图形等）进行分形维数计算，寻找相应河型河势散乱程度在时间及空间上的规律性。

本次所进行的研究是对上述矢量化后的河势边线求解其分形维数。主要方法为，利用程序自河势线的起点开始获取沿线方向的节点坐标。之后首先用约等于河长1/5的长度尺度 r_1 沿河势方向对整个河势线进行测量计数，并记此次的测量次数为 N_1。然后用尺度为 $r_{i+1}=\frac{1}{2}r_i$ 的长度尺度对河势线进行覆盖，得到相对于长度尺度 r_{i+1} 的测尺所测得的河势线长度 N_{i+1}。当测量长度尺度 r_i 足够小时停止计算，并点绘上述过程中的 $\ln N_i$ 与 $\ln r_i$ 的关系曲线，取曲线中直线段（即分形无标度区）的斜率 d 作为该条河势线的河段分形维数。

对河段各个黄断面区间河段分别进行分形维数计算，计算10个区间的平均值，并统计1977～1978年、1987年、1990～1999年、2000～2006年和2007～2012年的平均分形维数变化趋势（图7.35）。

从沿程变化来看，2000年以前平均分形维数呈减小趋势，而之后的分析维数先减小，然后在昭君坟水文站附近突然增加而后再呈减小。从时间变化来看，2007年以来的分析维数与2000～2006年相比均有所减小。

7.4.3　河势演变的时空特征和原因

1. 河势演变的时空特征

综合上述各个指标，河势演变的沿程变化的主要特征如下。

（1）心滩和支汊个数从巴彦高勒至头道拐沿程呈下降的趋势，至弯曲段趋于稳定；

（2）主流线长度变化呈现逐渐减小趋势；

（3）弯曲半径从巴彦高勒至头道拐沿程呈减小趋势，在弯曲段部分呈增加趋势；弯曲

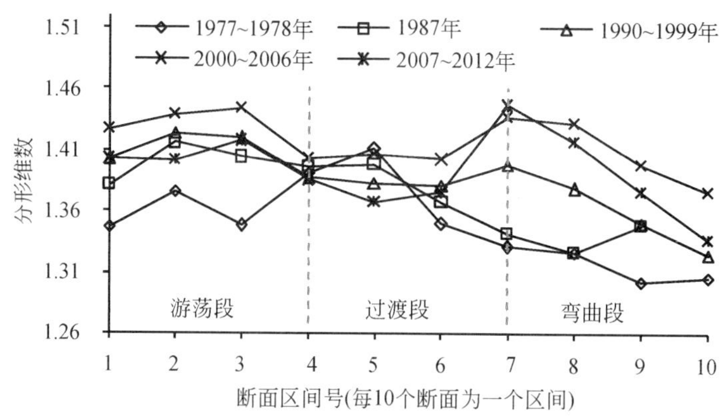

图 7.35　黄断 1 ~ 100 河段不同时段分形维数统计

系数从巴彦高勒至头道拐沿程变化不明显，在弯曲段部分呈增加趋势；

（4）主流线摆幅从巴彦高勒至头道拐沿程呈减小趋势；

（5）平均分形维数的沿程变化，2000 年以前呈减小趋势，之后先减小，然后在昭君坟水文站附近突然增加而后再呈减小。

综合上述各个指标，河势演变的时间特征如下。

（1）2000 年以后心滩和支汊个数均有所减小，畸形河湾个数增加；

（2）2000 年以后弯曲半径变化不明显，弯曲系数有所增加；

（3）2008 年以来游荡段的主流摆幅明显增加，过渡段和弯曲段变化不明显；

（4）2008 年以来河道分形维数普遍减小。

总体来看，河势的游荡散乱程度呈现沿程减小的趋势，逐渐向归顺方向变化，弯曲程度逐渐在增加，在昭君坟附近局部变化趋势较为复杂。从时间变化来看，河势的游荡散乱程度逐渐降低，弯曲程度有所增加，游荡段的摆动幅度增加。

2. 河势演变的原因

黄河内蒙古河段河势演变主要影响因素为水沙条件。该河段控制站巴彦高勒水文站的年来水量和来沙量变化趋势见图 7.36。水量和沙量变化情况大致一致，都呈减小趋势，并且沙量的减小趋势更明显。在 1968 年，水沙量有较大幅度锐减。这是由于上游刘家峡水库在 1968 年 10 月开始蓄水，此后一段时间径流有相当一部分被拦蓄在水库中，下游径流则受影响。水库蓄满后，水量又大致回到 1968 年之前的水平。同样在 1987 年由于龙羊峡水库蓄水出现这种来水大幅减少的情况，但之后水量未恢复到之前的水平，仍保持较小水量。此外，2005 年之后来水量维持在约 200 亿 m^3的水平，变化较小。

对巴彦高勒站汛期、非汛期及全年来水来沙量进行 MWP 检验（表 7.12）。巴彦高勒站汛期和全年的来水量突变点在 1985 年。关于 1985 年前后来水来沙条件的突变已有较多分析和研究，一般认为与龙羊峡水库的建成运用有很大关系。

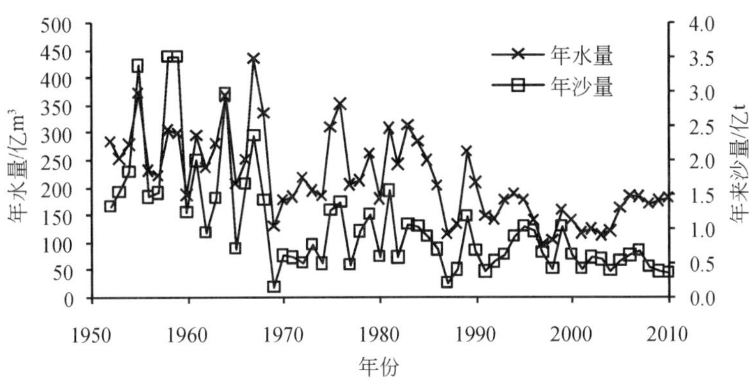

图 7.36　巴彦高勒水文站年来水来沙量（1952～2010 年）

表 7.12　巴彦高勒站水沙条件时间变点

项目	来水量			来沙量		
	非汛期	汛期	全年	非汛期	汛期	全年
突变点	1995 年	1985 年	1985 年	1988 年	1968 年	1968 年
概率	0.8035	0.9999	0.9999	0.7045	0.9999	0.9999

从河势指标来看，1999 年以后来水来沙量较之前明显偏小，河势的游荡散乱程度逐渐降低。但是在长期小水作用下，弯曲程度增加。对于游荡段，河势摆动幅度加剧。而对于过渡段和弯曲段，河势相对稳定，变化幅度不大。

7.5　河势演化与来水来沙条件的关系

7.5.1　平面形态与水沙条件的关系

河流在演变过程中形成某种具体的平面形态，主要以弦高、弯曲半径、弯曲系数和分形维数表示。对这些参数与水沙条件进行 spearman 相关性检验。所选取的水沙参数包括三湖河口、巴彦高勒两站汛期、非汛期及全年的来水来沙量；为考虑洪流因素，同时选取两站 8 月和 9 月来水及来水量之和作为洪水因子。为提高检验的准确性，弦高、弯曲半径、弯曲系数、分形维数均按游荡段、过渡段、弯曲段分开检验（表 7.13 和表 7.14）。

平面形态与水沙条件的关系如下。

（1）在弦高与各个水沙参数的相关系数中只有游荡段弦高与巴彦高勒全年来水量相关；

（2）弯曲系数与弯曲半径类似，这两个参数在游荡段中与两站全年来水量相关，在弯曲段中分别与两站非汛期和汛期来沙量有关；

（3）游荡段的分形维数与三湖河口汛期和全年来水量相关性较强，与巴彦高勒汛期及全年的来水量也有一定相关性；

表 7.13　河势参数与水沙条件的相关系数表

河势参数	三湖河口						巴彦高勒					
	汛期		非汛期		全年		汛期		非汛期		全年	
	来水	来沙	来水	来沙	来水	来沙	来水	来沙	来水	来沙	来水	来沙
游荡段弦高	−0.418	−0.286	−0.164	−0.218	−0.467	−0.428	−0.360	−0.373	−0.123	−0.069	−0.482	−0.416
过渡段弦高	0.055	−0.112	0.040	−0.108	0.183	−0.069	0.082	−0.015	0.063	−0.207	0.257	−0.036
弯曲段弦高	−0.136	−0.089	0.432	0.364	0.025	−0.057	0.007	−0.443	0.454	0.171	0.043	−0.386
游荡段弯曲半径	−0.416	−0.222	−0.220	−0.261	−0.490	−0.410	−0.296	−0.263	−0.154	−0.094	−0.496	−0.360
过渡段弯曲半径	−0.038	−0.069	0.046	−0.067	0.162	−0.038	0.135	−0.121	0.057	−0.276	0.228	−0.168
弯曲段弯曲半径	−0.179	−0.156	0.209	0.470	−0.042	0.028	−0.057	−0.525	0.172	0.265	−0.067	−0.286
游荡段弯曲系数	−0.441	−0.230	−0.236	−0.133	−0.503	−0.344	−0.267	−0.296	−0.197	0.009	−0.515	−0.327
过渡段弯曲系数	0.164	0.112	0.193	0.123	0.327	0.128	0.348	−0.122	0.210	−0.353	0.409	−0.241
弯曲段弯曲系数	−0.199	−0.166	0.261	0.529	−0.015	0.013	−0.026	−0.498	0.205	0.276	−0.038	−0.313
游荡段分形维数	−0.713	−0.465	−0.298	−0.032	−0.622	−0.401	−0.507	−0.226	−0.298	−0.348	−0.585	−0.049
过渡段分形维数	−0.329	−0.044	−0.302	0.094	−0.437	−0.032	−0.172	−0.028	−0.232	0.276	−0.377	0.030
弯曲段分形维数	−0.083	0.113	0.127	0.282	−0.096	0.081	0.039	−0.029	0.154	0.194	−0.105	−0.071

注：表中相关系数标单下划线表示这两个参数在 0.05 水平上显著相关，标双下划线表示这两个参数在 0.01 水平上显著相关，无下划线则表示这两个参数的相关性不显著。

（4）各个过渡段的河势参数，以及弯曲段的弦高、分形维数与水沙条件没有明显相关性。

表 7.14　河势参数与洪水参数相关系数

河势参数	三湖河口		巴彦高勒	
	8 月、9 月来水量	8 月、9 月来沙量	8 月、9 月来水量	8 月、9 月来沙量
游荡段弦高	−0. 191	−0. 074	−0. 113	−0. 196
过渡段弦高	−0. 105	−0. 159	−0. 025	0. 044
弯曲段弦高	−0. 018	0. 043	0. 164	−0. 396
游荡段弯曲半径	−0. 233	−0. 056	−0. 135	−0. 096
过渡段弯曲半径	−0. 118	−0. 152	0. 010	−0. 176
弯曲段弯曲半径	−0. 132	0. 159	0. 208	−0. 336
游荡段弯曲系数	−0. 307	−0. 034	−0. 218	−0. 107
过渡段弯曲系数	0. 117	−0. 002	0. 233	−0. 287
弯曲段弯曲系数	0. 034	0. 105	0. 132	−0. 395
游荡段分形维数	−0. 740	−0. 441	−0. 657	−0. 098
过渡段分形维数	−0. 333	0. 054	−0. 324	0. 081
弯曲段分形维数	0. 044	0. 262	0. 112	0. 068

注：表中相关系数标单下划线表示这两个参数在 0. 05 水平上显著相关，标双下划线表示这两个参数在 0. 01 水平上显著相关，无下划线则表示这两个参数的相关性不显著。

考察游荡段并对比该段各河势参数。首先要说明，对河流平面形态的定量描述可以十分具体，如弦高、弯曲半径等；也可以十分概括，如弯曲系数、分形维数就是对河流整体的描述。

虽然弯曲段弦高与巴彦高勒全年来水量表现出相关性，但总体上相关性较弱，而较概括的分形维数就表现出较强相关性。如果可以统计出描述更细致的参数，如河湾的位置、形状等，这些更细致的参数与水沙参数相关性较弱。不难想象，越细致的参数与水沙条件越无关，越笼统概括的参数与水沙条件越相关。所以对游荡性河道而言，河道所形成的具体形态是有一定随机性的，这条“曲线”具体是什么样并不是由水沙条件决定的，但是其总体特征是确定的，并与水沙条件有关。举例说明，一条游荡性河段不会由于特定的水沙条件而在某处一定形成河湾或在另一处一定顺直，但无论水沙条件如何，该河段是游荡性河段，河道总是散乱不规则的，而不可能像弯曲性河道一样，但同时其散乱程度可能会受到水流影响，并根据水流条件发生变化。

在过渡段，各河势参数均与水沙条件无关，这进一步说明水沙条件不会决定河流具体的形态。并且过渡段也没有明确的总体性质（从游荡向弯曲过渡），这也解释了该段概括性的参数也与水沙条件无关。对于弯曲段，河流平面形态较稳定，受水沙条件影响不大。

对比弯曲半径和弯曲系数在不同河段与水沙条件的相关性，在游荡段与水量较相关，在弯曲段与沙量较相关。这说明在游荡段水流对河槽的作用比沙明显，而在弯曲段沙对河槽的作用比水流明显。

分析洪水因子与河势参数的关系发现，只有游荡段分形维数与两站 8 月和 9 月来水量表现出较强相关性，其他河势参数与洪水因素均无关系，两站汛期来水量与各个参数的相关性也印证了这一点。这说明分形维数对历时短的洪水响应强烈，注意到分形维数可以表征河势的散乱、游荡程度，可见一场洪水就能强烈地改变河流散乱程度。分形维数不仅对洪水响应强烈，与全年水量也相关，进一步说明分形维数对水流十分敏感。其他河势参数则需要通过水流长时间的作用才能变化，对历时短但强度大的洪水响应微弱。

此外，还应考虑静态河势参数变化率与水沙条件的关系。河势参数变化率是指后一年减去前一年所得的差值。选取弯曲半径、弯曲系数、分形维数参数的两年间变化率与相应水沙参数进行相关性分析。这些参数的变化率也可以反映河流动态的特征。

从图 7.37 中可以看出三湖河口年来水量总体呈增加趋势，而弯曲半径变化率处于波动状态，并有增有减。相关性检验结果显示，其相关系数为-0.309，相关性不显著。

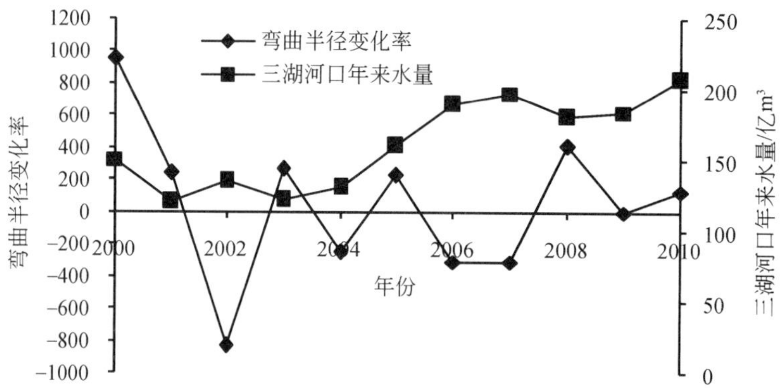

图 7.37　弯曲半径变化率与三湖河口年来水量的关系

图 7.38 中的弯曲系数变化率和三湖河口年来水量大致有反相关系，其相关系数为-0.356，相关性不显著。

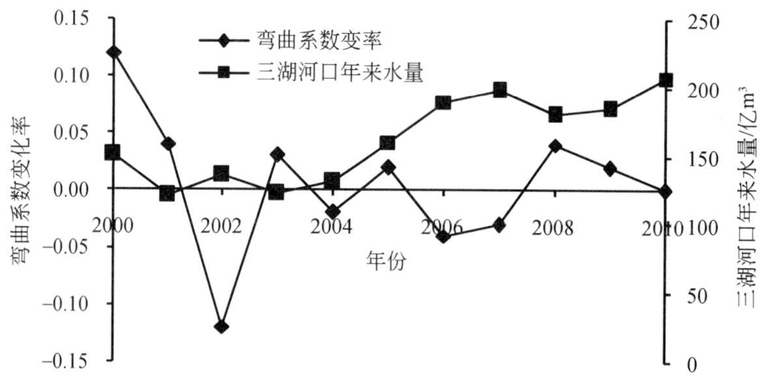

图 7.38　弯曲系数变化率与三湖河口年来水量的关系

图 7.39 中分形维数变化率与三湖河口年来水量有时呈正相关，有时呈负相关，其相关系数为-0.228，不显著。

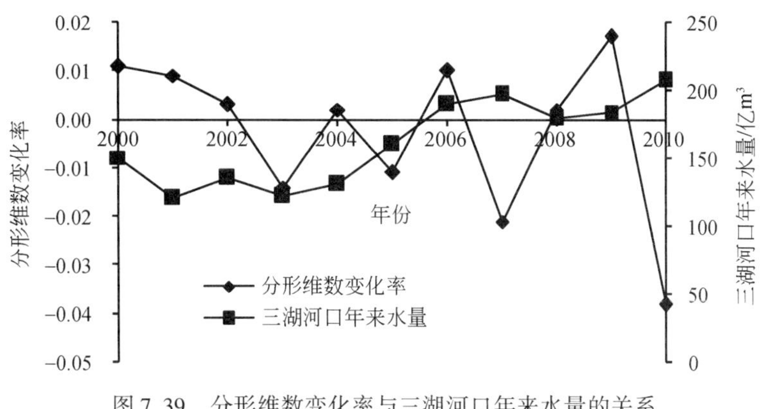

图 7.39　分形维数变化率与三湖河口年来水量的关系

上述结果可见，这些与水沙条件有相关性的静态河势参数，其变化率反而不与相应水沙参数相关。

7.5.2　河道摆动与水沙条件的关系

与其他河势参数类似，河道摆动也与水沙条件有关，且这一点比形态更为重要。河道摆动仍用主流摆幅参数表示，根据现有数据（17 组），这里的主流摆幅指相邻两年间汛前的摆动，将其与对应年份水沙条件进行相关性检验。汛期对应年份是指前一年的汛期，非汛期对应年份指当年，全年则指前一年汛期加上当年非汛期。例如，1977 ~ 1978 年的主流摆幅分别于与 1977 年汛期、1978 年非汛期的水沙条件对应全年水沙条件则是两者之和。这是由于主流摆幅参数是通过汛前的卫星图片统计得到的，两年间主流摆幅的时间跨度即为上一年汛期和下一年非汛期。检验仍然分游荡段、过渡段、弯曲段进行。检验所得相关性系数见表 7.15。

表 7.15　主流摆幅与水沙条件相关系数表

主摆幅	三湖河口						巴彦高勒					
	汛期		非汛期		全年		汛期		非汛期		全年	
	水	沙	水	沙	水	沙	水	沙	水	沙	水	沙
游荡段	0.287	0.328	0.640	0.223	0.583	0.348	0.260	0.103	0.632	0.342	0.483	0.172
过渡段	−0.061	0.211	0.164	−0.137	0.142	0.059	−0.037	0.358	0.230	0.471	0.093	0.375
弯曲段	0.294	0.268	0.138	−0.179	0.350	0.088	0.124	0.350	0.103	0.419	0.238	0.226

注：表中相关系数标单下划线表示这两个参数在 0.05 水平上显著相关，标双下划线表示这两个参数在 0.01 水平上显著相关，无下划线则表示这两个参数的相关性不显著。

从表 7.15 中可以看到，游荡段的主流摆幅与两站非汛期来水量相关性较显著，同时与两站全年来水量也有一定相关性。由于两站水沙条件有很强相关性，三湖河口站和巴彦高勒站非汛期来水量 spearman 相关系数高达 0.954，在 0.01 水平上显著相关，它们与河势参数有相近的相关性是必然的。

一般而言，全年的水文特性基本由汛期决定，并且一场洪水就能剧烈地改变河势，但上述结果显示主流摆幅与非汛期的来水量相关，而与汛期来水量单因子相关性不显著。对此首先应该指出，这里的主流摆幅统计时刻在每年汛前，反映了河道经历完整一年的摆动(两相邻年际间)，这期间的摆动过程既受洪水的强烈作用，也受非汛期水流的持续作用，并且数据并不反映演变的过程，只表现了汛前某一时间点的状态。特别是非汛期直接位于统计时刻点前，主流摆幅对非汛期水沙条件作用的反应更直接。其次虽然汛期水量集中，造床作用强烈，但根据水文资料，非汛期的总来水量比汛期大（统计出主流摆幅数据的年份 1978 年、1989 年、1990 年、1992 年、1995 年、1999 ~ 2010 年非汛期来水量是汛期的 1.48 倍)，作用时间也长，最终与主流摆幅单因子相关性最强的反而是非汛期来水量。此外，也应考虑到主流摆幅未必是水沙条件的单因子函数，可能存在复合因素的综合作用，且许多因素并未进行分析。

上述结果在此说明，在时间跨度为一年的演变过程中，非汛期来水量对游荡段“汛前”主流摆动影响较汛期明显。要进一步单独研究洪水对河势的影响，可以有针对性地统计一年中汛前、汛后的河势参数和这期间的洪水参数，再对其进行分析。

过渡段与弯曲段的主流摆幅与水沙条件单因子相关性均较弱。过渡段性质介于游荡段与弯曲段之间，演变规律有待进一步研究。弯曲段本身河道比较稳定，主流摆动缓慢，水沙条件对其影响有限，其他影响弯曲段河势的因素有待发掘。

7.6　河势定量表征指标体系与河势稳定

7.6.1　河势定量表征指标体系

河势指标体系的建立是为了完整地评价河势特征。所建立的指标体系应具有以下特点。

(1) 系统性，整个体系有若干层次。

(2) 相互独立性，同一层次上的指标应相互独立，反映了河流的不同方面。

指标体系的建立依据上述相关性检验结果，排除两个十分相关的参数。

所建立的指标体系见表 7.16。

该指标分为三级，一级指标包括摆动状态和平面形态，分别反映了河道运动的状态和演变的现状。摆动状态下的二级指标为主流摆幅，平面形态下的二级指标包括弯曲程度、散乱程度和河湾特征，其下又各有三级指标。整个指标体系可以总体描述河势，反映河势动静态的基本信息。

表 7.16　河势定量表征指标体系

<table>
<tr><th colspan="2">一级指标</th><th colspan="2">二级指标</th><th colspan="2">三级指标</th></tr>
<tr><th>指标名称</th><th>指示意义</th><th>指标名称</th><th>指示意义</th><th>指标名称</th><th>评价</th></tr>
<tr><td>摆动状态</td><td>摆动剧烈
摆动缓慢</td><td>主流摆幅</td><td>具体数值</td><td>—</td><td>—</td></tr>
<tr><td rowspan="6">平面形态</td><td>游荡型</td><td>弯曲程度</td><td>弯曲
顺直</td><td>弯曲系数</td><td>具体数值</td></tr>
<tr><td rowspan="3">过渡型</td><td rowspan="3">散乱程度</td><td rowspan="3">规则
散乱</td><td>分形维数</td><td>具体数值</td></tr>
<tr><td>心滩个数</td><td>具体数值</td></tr>
<tr><td>支汊个数</td><td>具体数值</td></tr>
<tr><td rowspan="2">弯曲型</td><td rowspan="2">河湾特征</td><td rowspan="2">尺度大、较畸形
尺度大、不畸形
尺度小、较畸形
尺度小、不畸形</td><td>弯曲半径</td><td>具体数值</td></tr>
<tr><td>畸形河湾数</td><td>具体数值</td></tr>
</table>

7.6.2　河势稳定

1. 河势相对稳定的含义

弯曲段的河道相对于游荡段是较稳定的，这一点可以通过上述论述得知，同时也可以通过河势参数的变化量加以佐证。计算弯曲系数在各个河段的最大与最小值之差，在游荡段、弯曲段求平均，可以比较两段河势参数的变幅。例如，弯曲系数在游荡段平均变幅为 0.449，在弯曲段为 0.354；再如，可以直接比较两段摆幅的平均值，游荡段为 345m，弯曲段为 166m，差别明显。所以这里讨论的河势相对稳定只是针对游荡段而言的，对于弯曲段则默认其河势是相对稳定的。对于过渡段，由于它是从游荡段到弯曲段的过渡，其河势兼具两段性质，所以认为当游荡段河势相对稳定时，过渡段也能达到相对稳定状态，河势相对稳定的判断也是根据游荡段做出的。

对河流平面河势的研究，最终的目的是为防洪措施提供依据，如堤防、治导线的位置选择。之所以产生这些问题是由于河流总是不断变化，防洪工程的建设必须要考虑河流的变化特性。所以涉及防洪工程建设的河势参数都应在判定河势相对稳定时被考虑在内。

显然，河道横向摆动是决定堤防等防洪措施的重要因素，再从本课题研究目的上讲，河势相对稳定所关注的就是河流在平面上的相对稳定（相对于竖向的冲淤稳定），是针对指标体系中第一层的“摆动状态”指标，与此对应的河势参数就是主流摆幅。作为反映河流平面动态特性的指标，主流摆幅无疑是判断河势相对稳定时的首要参数。

对于反映河流平面形态的参数，它们只表示了河流静态的特征，是指标体系第一层中的“平面形态”指标，虽然河流的平面形态也能影响防洪（如畸形河湾），但其只是河势现状，并不能反映河势的稳定性，只可以作为判别河型的依据，即不论这些参数是大是小，它们只能说明河流平面形态有何特点，但并不意味河势稳定或不稳定。同样的，一个稳定的河势也未必就是利于防洪的河势，其流路也可能畸形且泄洪不畅。着眼于河势的稳定性上，最终确定将主流摆幅作为判定河势相对稳定的主要参数，指标体系中的其他参数只作为辅助指标兼顾考虑。

在对河势相对稳定的研究中，目前尚无明确且统一的定义与判断，河势相对稳定的确定应与具体的堤防、控导等工程应用或研究目标相协调，取决于实际问题。在此，认为河势相对稳定就是指一定时期内河流摆动速率在某一定范围内，也即一定时段内的主流摆幅不超过某值。游荡段主流摆幅的平均值为 345m，中值为 326m，根据游荡段主流摆幅频率曲线（图 7.40），大于 300m 的主流摆幅个数占全部的约 60%，可见 300m 为较小值。本书采用游荡段平均值偏下的 300m 作为判别标准，一定时期内游荡段平均的主流摆幅不大于 300m，就认为河势是相对稳定的。

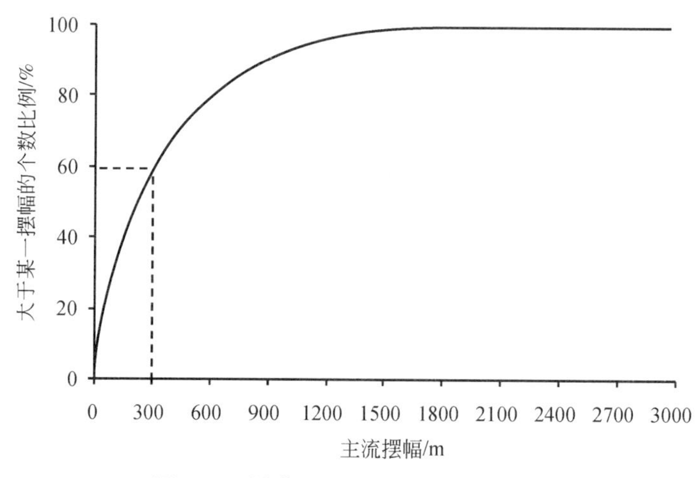

图 7.40　游荡段平均主流摆幅频率曲线

2. 河势相对稳定对应的水沙条件

综合分析游荡段平均主流摆幅、平均弯曲半径、平均弯曲系数和河势分维数和典型断面平滩流量变化，河势相对稳定主要出现在两个时段：2001 ~ 2005 年和 2008 ~ 2010 年。

2001 ~ 2005 年平均来水量为 128 亿 m^3，平均来沙量为 0.50 亿 t，处于枯水少沙时期，平滩流量大都在 2000m^3/s 以下，说明该时期的稳定主要是由于来水来沙较少。河势虽然相对稳定，但是不是河道整治所期望的。

2008 ~ 2010 年平均来水量为 177 亿 m^3，平均来沙量为 0.40 亿 t。河道平滩流量为 2000 ~ 2200m^3/s。虽然河道平均主流摆幅有所增加，但河道过流能力很强，综合考虑在这种状态下的河势相对稳定是河道整治所期望的。

7.7　2012年洪水冲淤演变作用及河势变化特点

7.7.1　2012年洪水特点

1. 洪水主要来自兰州以上降雨，雨量偏多

2012年8月宁蒙河道洪水主要以黄河上游兰州以上和兰州至托克托县区间支流来水为主。黄河上游汛期降雨偏多，7月兰州以上和兰托区间降雨量分别为130mm和108mm，较多年平均偏多42.1%和92.5%；8月兰州以上和兰托区间的降雨量分别为158mm和60mm，较多年平均偏多51.1%和50.3%（表7.17）。

表7.17　主要来水区间雨区降水量　（单位：mm）

区间名称	7月上旬	7月中旬	7月下旬	8月上旬	8月中旬	8月下旬
兰州以上	38	37	55	18	42	98
兰托区间	6	41	61	11	6	43

2. 水库对洪水过程调控较大

2012年入汛后，由于黄河上游降水偏多，上游唐乃亥水文站流量从6月底开始起涨，7月25日洪峰流量为3440m^3/s，为1986年以来的最大洪峰，大于2000m^3/s的流量历时长达54天。龙羊峡和刘家峡水库联合对来水过程进行了调蓄，较大地改变了洪水过程（图7.41和图7.42）。8月2日8时，唐乃亥水文站流量为2730m^3/s，龙羊峡水库水位为2591.33m，刘家峡水库水位为1728.31m。根据黄河水利委员会防汛总指挥部的要求：龙羊峡、刘家峡水库调度控制黄河兰州段流量不超过3500m^3/s。洪水期间（7月20日～10月9日）龙羊峡和刘家峡水库分别蓄水32.4亿m^{3}和1.82亿m^3，分别在设计汛限水位（2594m和1726m）以上运用48天和36天；分别在防洪运用汛限水位（2588m和1727m）以上运用79天和31天。

洪水期间宁蒙灌区引走了部分水量，（7月20日～10月10日）青铜峡灌区和三盛公灌区共引水16.0亿m^{3}和16.50亿m^3。

3. 洪量大、沙量少

与上游以往的洪水相比，本次洪水的洪峰流量并不高，仅为3000m^3/s左右，但是独特之处为洪量非常大，达148.9亿m^3（下河沿）。由表7.18可见，洪水期宁蒙河道各水文站日均流量仍在2000m^3/s左右。简单还原水库调蓄，若此次洪水龙羊峡和刘家峡水库不调蓄，洪量将达约200亿m^3（下河沿），洪水期各站日均流量将达2500～3000m^3/s。

与洪量形成鲜明对比的是，本次洪水期间支流来沙很少，因而干流站沙量较小，进入宁夏和内蒙古河段的沙量分别为0.532亿t和0.416亿t，河道调整后出河段的沙量仅为

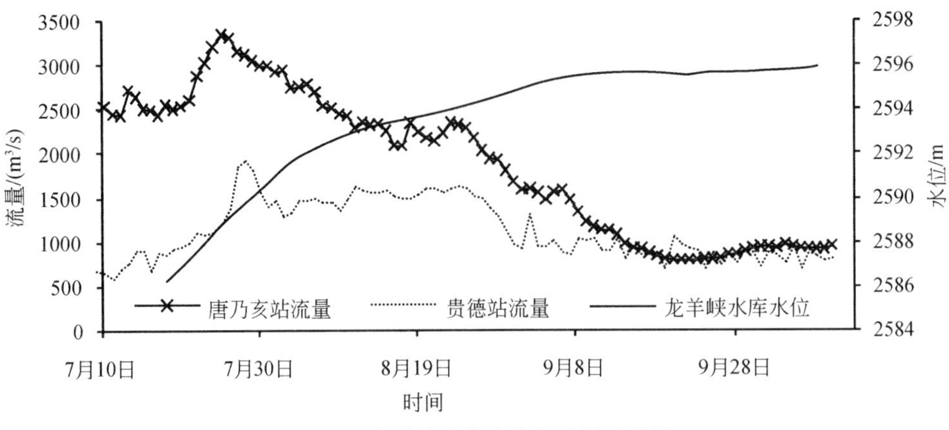

图 7.41　龙羊峡水库水位与流量过程图

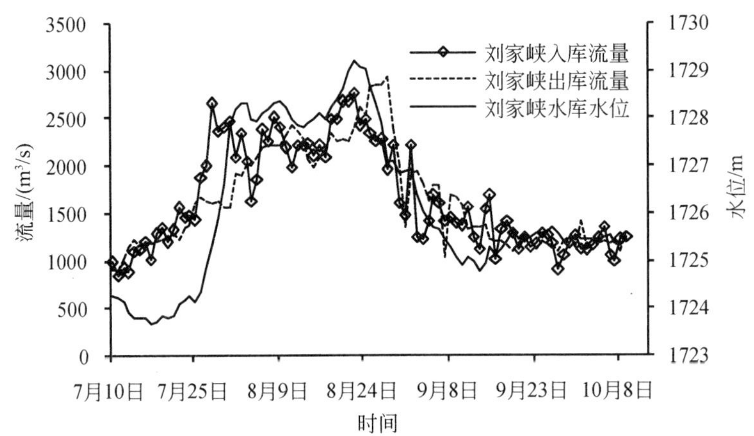

图 7.42　刘家峡水库水位与流量过程图

0.385 亿 t。

洪量大沙量小形成此次洪水含沙量较低，各站洪水期平均含沙量仅为 2.67 ~ 5.55kg/m^3。

表 7.18　宁蒙河道 2012 年洪水水沙特征

水文站	时间 /(月.日)	历时 /天	洪峰流量 /(m^3/s)	水量 /亿 m^3	沙量 /亿 t	平均流量 /(m^3/s)	平均含沙量 /(kg/m^3)
下河沿	7.18 ~ 10.4	78	3360	148.9	0.532	2210	3.57
青铜峡	7.19 ~ 10.5	78	3050	123.1	0.439	1826	3.57
石嘴山	7.20 ~ 10.6	78	3390	156.0	0.416	2315	2.67
巴彦高勒	7.22 ~ 10.8	78	2710	130.7	0.405	1939	3.10
三湖河口	7.23 ~ 10.9	78	2840	136.3	0.756	2022	5.55
头道拐	7.24 ~ 10.10	78	3030	139.5	0.385	2070	2.76

4. 洪水位表现高

如表 7.19 所示，巴彦高勒（2710m³/s）和三湖河口（2840m³/s）水位分别为 1052.21m 和 1020.58m，较 1981 年流量分别为 5290m³/s 和 5500m³/s 的相应水位 1052.07m 和 1019.97m，还高 0.14m 和 0.61m。头道拐（3020m³/s）相应水位为 989.65m，较 1989 年（3030m³/s）相应水位 988.91m 还高 0.74m。

表 7.19　洪峰流量和最高水位比较

项目		下河沿	青铜峡	石嘴山	巴彦高勒	三湖河口	头道拐
最大流量/(m³/s)	2012 年	3360	3050	3390	2710	2840	3030
	1989 年	3710	3400	3390	2780	3000	3030
	1981 年	5780	5870	5660	5290	5500	5150
	1967 年	5240	5020	5240	4990	5380	5310
相应水位/m	2012 年	1233.63	1137.55	1090.06	1052.21	1020.58	989.65
	1989 年	1233.54	1137.26	1090.13	1051.21	1019.15	988.91
	1981 年	1235.16	1138.87	1091.89	1052.07	1019.97	990.33
	1967 年	1234.83	1138.57	1091.7	1051.77	1020.20	990.69
汛期历史最高水位/m		1235.19	1138.87	1092.35	1052.07	1020.38	990.69
相应时间/(年.月.日)		1981.9.16	1981.9.17	1946.9.18	1981.9.22	1967.9.13	1967.9.21

5. 洪峰传播速度慢、洪峰沿程变形

由于本次洪水是在 20 世纪 80 年代后期以来持续淤积的河道边界条件下发生的，洪峰流量大于河道过流能力，因此，洪水漫滩严重，滩区进退水等因素影响洪水的正常演进，传播时间滞后，与 1981 年和 1989 年的洪水相比，巴彦高勒—三湖河口分别慢了 85.3h 和 30h，三湖河口—头道拐分别慢了 24h 和 8h。

三湖河口至头道拐区间由于洪水漫滩和滩区退水形成的附加洪峰汇入，使得洪峰变形较大，头道拐洪峰流量比三湖河口增大 190m³/s，进入内蒙古的两个洪峰传播至头道拐时合成一个（图 7.43）。

7.7.2　2012 年洪水冲淤演变作用

1. 淤滩刷槽效果显著

统计分析宁蒙河道 2012 年洪水期河道冲淤量的滩槽分布（表 7.20），可以看到 2012 年汛期洪水期宁蒙河道全断面仅淤积了 0.116 亿 t，淤积量不大，但是主槽发生了强烈冲刷，总共冲刷 1.916 亿 t，相应滩地大量淤积达 2.032 亿 t，这一泥沙的滩槽分布非常有利于河槽的恢复。宁夏和内蒙古河段冲淤情况与整体相同，全断面微淤，主槽冲刷、滩地淤积，其中，宁夏下河沿—石嘴山主槽冲刷 0.557 亿 t，滩地淤积 0.644 亿 t；内蒙古巴彦高

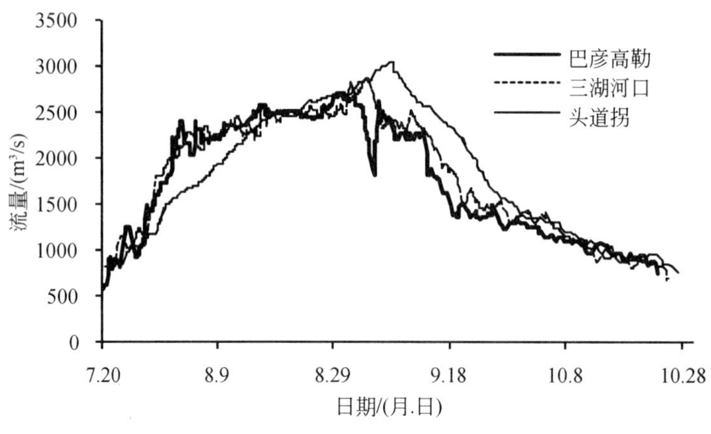

图 7.43　2012 年内蒙古河段洪水演进过程

勒—头道拐河段主槽冲刷 1.359 亿 t，滩地淤积 1.388 亿 t。2012 年洪水的滩槽冲淤分布反映出大洪水改善河道条件的积极作用。

表 7.20　宁蒙河道 2012 年洪水期河道冲淤量纵横分布　(单位：亿 t)

河段	全断面	河槽	滩地
下河沿—青铜峡	0.050	−0.016	0.066
青铜峡—石嘴山	0.037	−0.541	0.578
小计	0.087	−0.557	0.644
巴彦高勒—三湖河口	−0.346	−0.684	0.338
三湖河口—昭君坟	0.375	−0.675	0.600
昭君坟—头道拐			0.450
小计	0.029	−1.359	1.388
合计	0.116	−1.916	2.032

2. 河道过洪能力得到有效恢复

洪水前后同流量水位以下降为主。巴彦高勒 1000m³/s 流量水位降低约为 0.43m（图 7.44）；三湖河口 1000m³/s 流量水位降低 0.63m（图 7.45）；头道拐由于河势稳定，反映不了冲淤变化，1000m³/s 流量水位升高 0.12m（图 7.46）。

洪水期内蒙古各水文站断面以冲刷为主，期间有冲淤交替。巴彦高勒、三湖河口和头道拐分别冲刷 341.6m²、110.4m² 和 164.4m²。洪水过后河道过流能力有所提高，初步估算巴彦高勒平滩流量增加约 588m³/s，三湖河口增加约 201m³/s，头道拐增加约 252m³/s（表 7.21）。

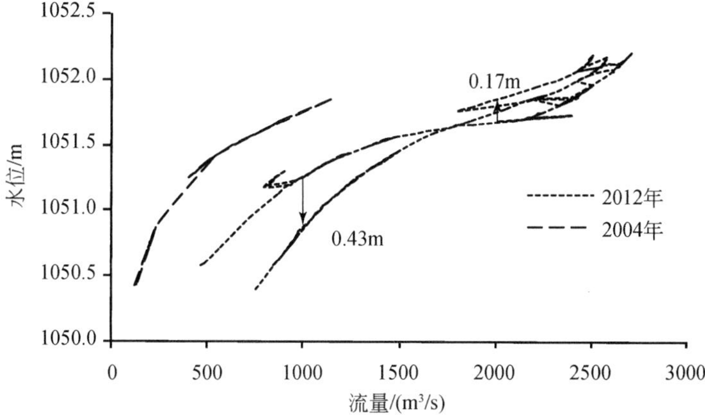

图 7.44　巴彦高勒站典型洪水水位流量关系对比

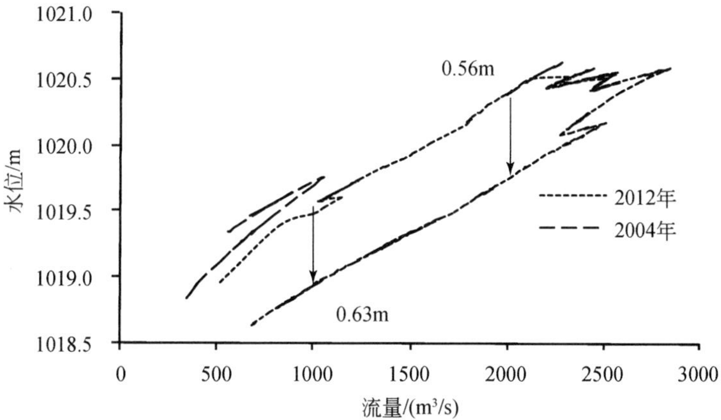

图 7.45　三湖河口典型洪水水位流量关系对比

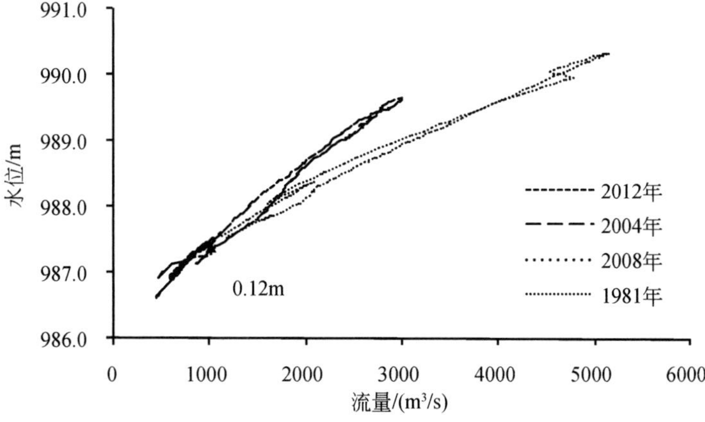

图 7.46　头道拐典型洪水水位流量关系对比

表 7.21　2012 年洪水典型水文站 7 月 21 日至 9 月 29 日平滩流量变化值

站名	冲淤面积/m^2	平均流速/(m/s)	平滩流量增加值/(m^3/s)
巴彦高勒	-341.6	1.72	588
三湖河口	-110.4	1.82	201
头道拐	-164.4	1.53	252

3. 淤滩刷槽效果较好的原因初步分析

从泥沙输移的角度来看，2012 年洪水一是历时长、进出滩水量大、滩槽水沙交换次数多、交换充分；二是洪水前期河道长期淤积萎缩、过流能力较小，涨水期小流量即发生大漫滩，小流量漫滩进滩水流含沙量相对较大，有利于滩地泥沙落淤，同时滩地过流时间长、范围大，也有利于滩槽水沙充分交换；三是主槽长期淤积萎缩，内蒙古河道已形成“悬河”，滩地横比降的存在导致洪水漫过嫩滩后水流易于携带泥沙大量进入大滩区，大量落淤。利用 2012 年汛后的实测大断面资料，统计了本次洪水漫滩最为严重的三湖河口—昭君坟河段的滩地横比降（图 7.47），该河段滩地平均横比降左滩为 6.87 $^0/_{000}$，右岸为 8.71 $^0/_{000}$；四是经过 20 多年基本上持续的小流量淤积，河道床沙组成偏细，有利于泥沙冲刷并带至滩地。

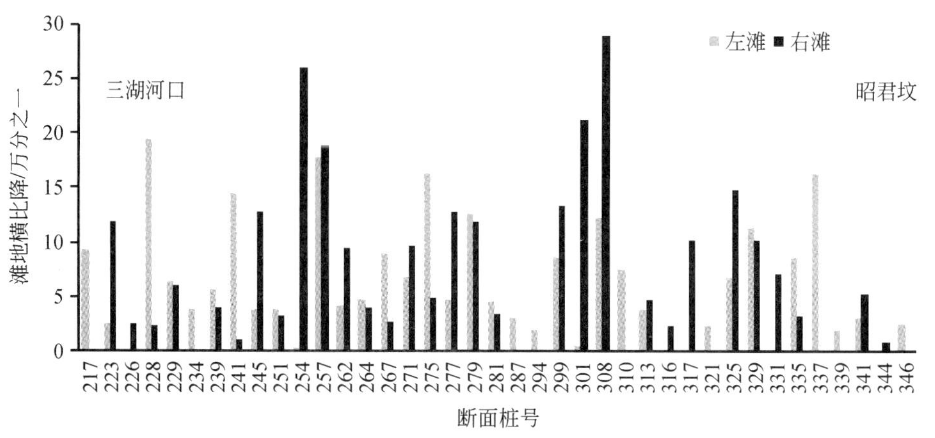

图 7.47　三湖河口—昭君坟河段滩地横比降

从河床演变的角度来看，河道在长期小水作用下，由于流量小，水流动力弱，形成断面萎缩，流路增长，比降变缓。当大流量到来时，水流不畅，洪水演进速度慢，并产生壅水，洪水位上涨；当水流漫过边滩，洪水淹没弯道凸岸边滩，河面变宽，河道变直，比降增大，冲刷作用增强，并产生切滩撇弯，重新冲出较为顺直和宽深的河槽。所以大洪水是河流在原有小水形成的河床上重新塑造河道的过程，此时由于流量大，河槽变直，比降增大，加大了河槽的冲刷，冲出新的河槽对后续行洪排凌极为有利。由此可以认为：①河道保留一定的滩地有利于洪水泥沙在滩槽的交换，可形成淤滩刷槽的态势。例如，由于河流在长期小水作用下，主河槽萎缩，过洪能力减小，涨洪初期，行洪不畅，洪水演进慢，洪水位抬升，滩地极易上水漫滩，此时滩地可以滞纳洪水泥沙，既可使泥沙在滩地落淤、又可使主槽冲刷下切，使主槽洪水位上升变缓。②大洪水时河道的冲刷得益于漫过边滩河面变宽后，流程变直、变短、比降较大，冲刷作用增强，使大洪水重新塑槽作用。③大洪水形成的宽深河槽对后续行洪、排洪都是有利的。

经过本次淤滩刷槽后，河道的边界条件发生了较大变化，在此基础上若发生相同的洪水，预估效果应该没有本次显著。

7.7.3　2012 年洪水对河势影响分析

1. 2012 年洪水前后河势统计特征

洪水是塑造河道的主要动力，洪水前后河势往往发生较大变化，尤其是对于像黄河这样的游荡性河道。河势的变化主要通过主流线摆幅和河段裁弯比表示。主流线摆幅表示河道的游荡程度，主流摆幅越大说明河道的游荡性越强。河段裁弯比是由于裁弯引起河道主流线河长的缩短值与裁弯前河道主流线长度的比值，反映了洪水作用后河道顺直程度的变化。

根据黄河内蒙古巴彦高勒—头道拐河段 2012 年 5 月、8 月、10 月（分别对应洪水前、洪水期、洪水后，下同）的卫星遥感影像统计了洪水前后主流摆幅和河段裁弯比。从主流摆幅的沿程变化来看（图 7. 48），部分断面主流线基本保持稳定，主流摆幅为 0。在黄断 21、27、55 ~ 57、64 ~ 66、82 ~ 83、96 ~ 97、103 ~ 104 附近主流摆幅出现极大值，摆动幅度为 1062 ~ 1962m。结合河势水边线分析，前两处河势出现坐弯，后五处河势出现裁弯取直。主流摆幅整体趋势自上而下逐渐增大，在黄断 48 处达到最大，然后逐渐减小。

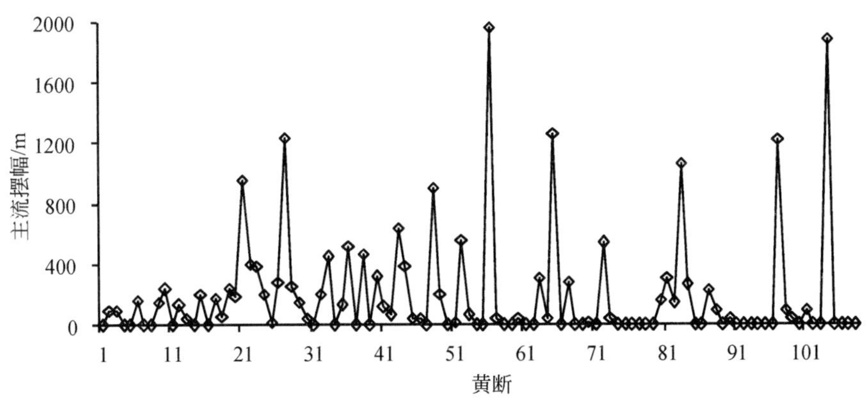

图 7. 48　黄河内蒙古河段 2012 年洪水前后主流摆幅

三个河段的主流平均摆幅以三湖河口—昭君坟过渡段最大（图 7. 48 和表 7. 22）。但是，由于裁弯时主流摆幅度很大，扣除裁弯的影响后三个河段自上而下主流平均摆幅和最大摆幅依次减小，这也反映了三个河段的稳定性依次增强。与近期（2007 ~ 2012 年）平均摆幅相比，游荡段和弯曲段的主流平均摆幅明显减小，过渡段的摆幅有所增加。

表 7.22　黄河内蒙古河段 2012 年洪水前后主流摆幅统计

河段	平均摆幅/m	扣除裁弯影响的平均摆幅/m	扣除裁弯影响的最大摆幅/m	裁弯个数	2007 ~ 2010 年的平均摆幅/m
巴彦高勒—三湖河口	200	200	1240		361
三湖河口—昭君坟	245	154	904	2	123
昭君坟—头道拐	158	55	544	3	165

河道发生裁弯时河长出现大幅度缩短，大洪水过后 5 处出现裁弯的断面区间裁弯比为 25% ~ 45%，总体平均裁弯比为 37%（表 7.23）。

表 7.23　2012 年洪水前后三湖河口—头道拐河段的裁弯特征

河段	裁弯统计区间	裁弯前河长/km	裁弯后河长/km	裁弯比/%
三湖河口—昭君坟	黄断 55 ~ 57	11.15	6.87	38
	黄断 64 ~ 66	7.88	4.35	45
昭君坟—头道拐	黄断 82 ~ 83	3.90	2.44	37
	黄断 96 ~ 97	5.49	4.11	25
	黄断 103 ~ 104	12.81	8.01	37

2. 游荡型河段特性未变

巴彦高勒—三湖河口河段洪水期出现漫滩现象，局部河段河势有所趋直。洪水过后，部分河段，如黄断 14 ~ 17 河段［图 7.49（a）］心滩众多，河势仍然散乱；而有些河段，如黄断 20 ~ 24 河段［图 7.49（b）］呈现规则的微弯型。

不考虑裁弯影响，洪水过后主流最大摆幅为 1240m，出现在黄断 27 附近，根据资料分析，是由河流坐湾所致。从洪水前后主流平均摆幅看，游荡性河段主流平均摆幅为 200m，与 2007 ~ 2010 年主流平均摆幅 361m 相比有明显减小。心滩数量较洪水前尽管有所减少，但仍有多处发育，同时大尺度心滩增多。总体来说，河势演变特征与洪水前的基本趋同，表明虽然经大水长历时作用，河道的游荡特性未改变。

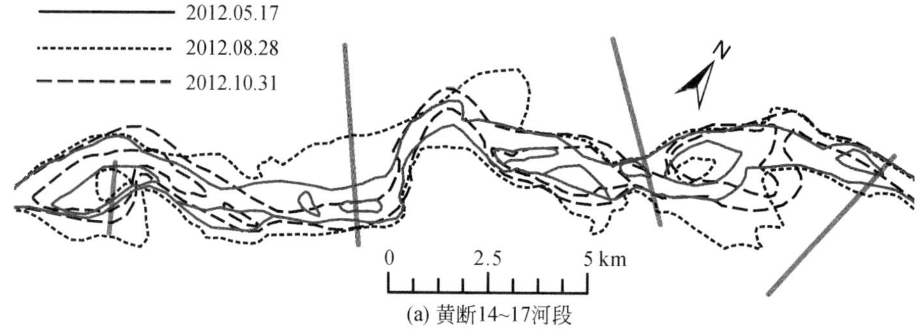

(a) 黄断14~17河段

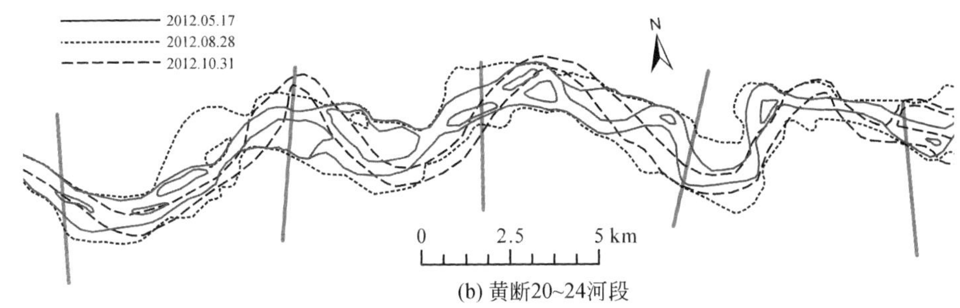

(b) 黄断20~24河段

图 7.49　黄河内蒙古河段洪水前后河势变化示意图

3. 过渡性河段裁弯明显

洪水过程中三湖河口以上仅有轻微漫滩，以下（从黄断 47 开始）出现大漫滩。漫滩范围遍及堤根，河宽近 2000m，平均漫滩宽度为 1470m，漫滩面积为 $185km^2$。洪水过后在黄断 55 ~57 和黄断 64 ~66 处发生裁弯现象（图 7.50），裁弯比为 38% 和 45%（表 7.23）。根据洪水前后主流摆幅变化过程分析，过渡性河段的主流摆幅比游荡段的小，不考虑裁弯的平均摆幅为 154m，但是最大摆幅仍达 904m（图 7.50）。

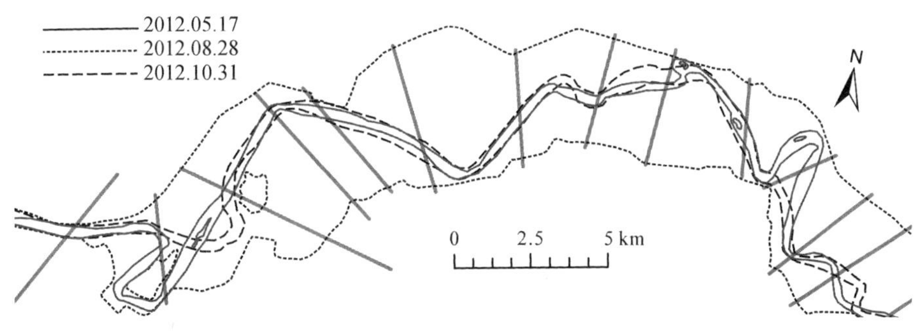

图 7.50　黄断 55 ~67 河段河势裁弯取直变化示意图

4. 弯曲性河段裁弯多，主流线趋直

昭君坟—头道拐河段漫滩严重，漫滩范围大都达到堤根，平均漫滩宽度达 1800m，漫滩面积为 $314km^2$，河宽为 2100m。河势变化的突出表现是洪水过后出现 3 处裁弯，分别是黄断 82 ~83、黄断 96 ~97 和黄断 103 ~104，裁弯比分别为 37%、25% 和 37%（表 7.24）。其中后两处裁弯取直变化见图 7.51。主流摆幅总体不大，平均为 55m，但局部摆幅较大，可达 544m（图 7.51）。

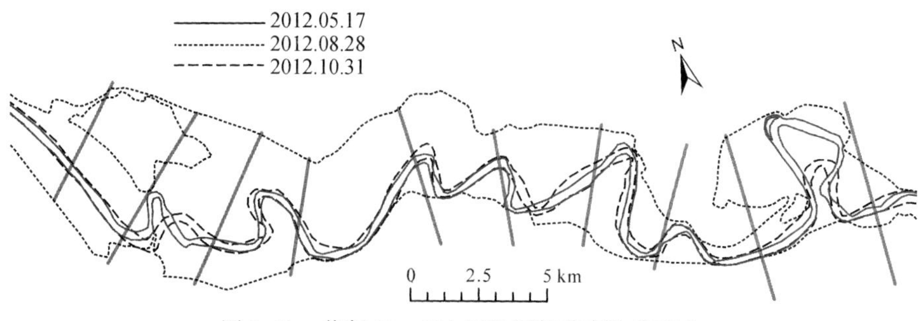

图 7.51　黄断 95 ~ 104 河段河势裁弯取直变化

第 8 章　可控洪峰冲淤效应研究

8.1　黄河上游洪水变化趋势预测

唐乃亥站以上流域是黄河的主要来水区，面积为 12.20 万 km^2，径流量约占兰州以上来水量的 65%（张正萍，2009）。另外，由于唐乃亥以上受人类活动影响较小，其流域面积较大，湖泊、沼泽众多，基本无工农业用水，水量变化主要受自然地理条件和气候因素的制约，实测洪水变化代表了天然来水的变化。故通过分析唐乃亥流域的未来洪水情势可为其下游内蒙古河段的防洪减淤提供参考。本节通过综合周期波叠加、加权马尔科夫和历史演变三种方法结合非线性趋势估计来进一步预估唐乃亥流域未来几年的洪水发展情势，力求计算结果合理可靠。

8.1.1　唐乃亥年最大洪峰序列特征分析

通过分析唐乃亥流域 1956～2013 年共 58 年的洪水资料可知，其洪水过程多缓涨缓落，持续时间较长，40 天左右，且多呈单峰，复峰仅占约 17%。本次共收集唐乃亥流域 1956～2013 年共 58 年的洪水资料，通过对其年最大洪峰流量分析可知，序列相关系数 R 为 0.112，经零相关检验和 Mann-Kendall 秩次相关检验均可知序列无趋势，并由有序聚类分析法可知序列亦不存在突变点。

用 Morlet 小波对唐乃亥流域的洪峰序列进行周期成分的识别与提取，分析天然情况下黄河源区洪峰序列的周期性变化。采用洪峰序列进行小波连续变换，经分析可知序列的主周期为 18 年，大周期是 34 年，小周期为 7 年。

分析其峰量关系，由图 8.1 可知其年最大洪峰与洪量的互相关系数达 0.854，可知唐乃亥站的峰量关系较好，即在洪峰足够大的情况下，其来水亦充足。

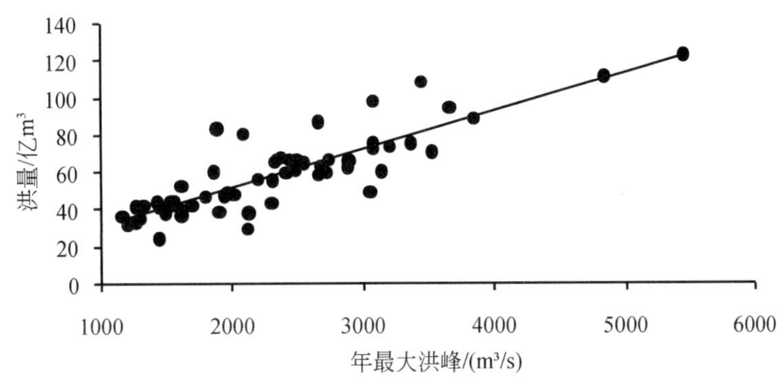

图 8.1　唐乃亥站年最大洪峰与洪量的拟合曲线

8.1.2　唐乃亥流域洪水变化趋势预估

1. 周期波叠加预估

一个水文要素随时间变化的过程不尽相同，但总可以把它看成是有限个具有不同周期的周期波叠加而形成的过程，其数学模型为

$$x(t) = p_1(t) + p_2(t) + \cdots + p_n(t) + \varepsilon(t) = \sum_{i=1}^{n} p_i(t) + \varepsilon(t) \tag{8.1}$$

式中，$x(t)$ 为水文要素序列；$p_i(t)$ 为第 i 个周期波序列；$\varepsilon(t)$ 为误差项。只要根据实测的水文要素数据，分析识别出水文要素所含有的周期，而且这些周期在预测区间内仍然保持不变的话，那么就可以根据分析出来的周期分别进行外延，然后再叠加起来进行预报，这种方法称为周期叠加（范钟秀，1999）。经计算，可预测出 2014 ~ 2018 年的洪峰流量见表 8.1，其实测过程线和拟合过程线如图 8.2 所示。

表 8.1　各方法预测结果汇总表

方法	洪峰流量/(m^3/s)				
	2014 年	2015 年	2016 年	2017 年	2018 年
周期波叠加	1870	1710	1970	4090	2060
加权马尔科夫	3050	2580	3090	2660	3070
历史演变法	(1790，2040)	(1340，1540)	(1730，1870)	(2160，2340)	(1580，1800)
综合值	2310	2060	2420	3520	2460

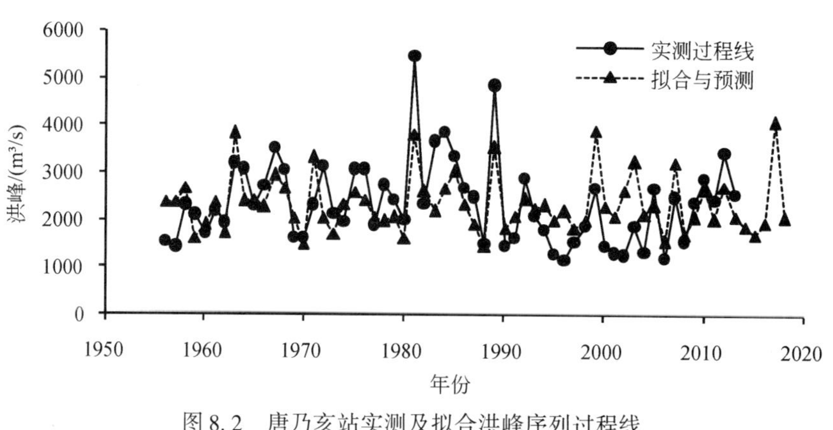

图 8.2　唐乃亥站实测及拟合洪峰序列过程线

2. 加权马尔科夫预估

一列相依的随机变量，其各阶自相关系数刻画了各种滞时的状态间的相关关系的强弱。因此，可考虑先分别依其前面若干时段的要素值的状态进行预测，然后，按前面各年

与该年相依关系的强弱进行加权求和，充分合理地利用信息进行预测，这就是加权马尔科夫链预测的基本思想（范志成等，2015）。但加权马尔科夫预测出的结果只是下一年的状态区间，对未来几年进行预测的话需要知道其具体值，在此用模糊集理论来求出其具体要素值。

经计算，可预测出 2014 ~ 2018 年的洪峰流量见表 8.1，由预测结果可知未来五年丰平交替出现，这是由马尔科夫过程的无后效性导致的，所以加权马尔科夫的预测方法在此预测出的结果有一定的局限性，但趋势与之前预测出的基本一致，升降的幅度均在 20% 左右，由此方法的预测结果可知，在未来几年之中，有丰水年出现，但是丰水年的峰值未能超过 2012 年。

3. 历史演变法预估

首先绘制唐乃亥流域的年最大洪峰历史演变曲线，如图 8.3 所示。横坐标表示年份，纵坐标表示要素年最大洪峰流量，由图可知，年最大洪峰流量上升的持久程度不超过 3 年，下降的持久程度不超过 4 年，且连降两年的话，第 3 年的趋势肯定为升，但升降幅度跨度较大；1 段（1956 ~ 1968 年）和 2 段（2001 ~ 2013 年）的趋势基本一致，且由 1956 ~ 2001 年约经过了 3 个主周期，说明所选相似时期可靠，转折点在 2013 年以后的 5 年内出现的概率极小。经分析可知，2014 年的洪峰极有可能降，1956 ~ 1968 年及其之后的 5 年里其年最大洪峰值大于 3520m^3/s 和小于 1430m^3/s 均是最小可能性，历史变化范围约为 1% ~ 60%，最大可能性为 20% ~ 30%，因此，2014 年的值应为 1790 ~ 2040m^3/s。以此类推，分析序列主要规律，得 2015 ~ 2018 年的洪峰流量，见表 8.1。

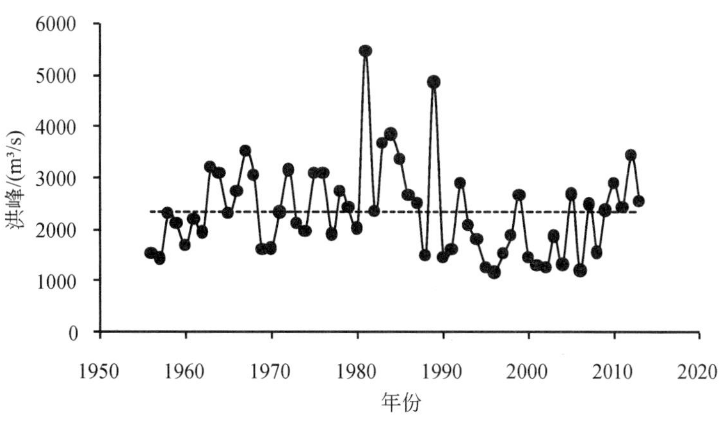

图 8.3 唐乃亥流域年最大洪峰流量时序曲线

4. 综合值确定

对模糊数学而言，在模糊集理论的许多方面，如模糊聚类分析、模糊优选模型和模糊综合评判模型等，为了反映不同指标的重要程度，通常考虑到各指标所起的作用不同，需要对它们赋予不同的权重。权重集确定的恰当与否，将直接影响最终的综合评判结果①。通常属性权重的确定方法是根据决策者的先验知识来确定。本书根据粗集理论中属性重要度的判断方法，将决策者先验知识给定的权重同粗集理论确定的属性重要度结合起来最终确定属性权重，即基于粗集理论的属性权重确定，实现主观先验知识同客观情况的统一，从而得出更加理想的权重确定结果。

由于周期波叠加预测未考虑误差项 $\varepsilon(t)$ ，加权马尔科夫的预测值与前一时刻的状态有很大关系，其预测存在一定的变幅，所以在确定综合值的时候将以历史演变法预测出的结果为指标，给出周期波叠加及加权马尔科夫预测出的各个年最大洪峰流量值的权重。经计算，可得 2014 ~2018 年的洪峰流量，见表 8. 1。

8. 1. 3　非线性趋势估计

研究表明（侯素珍和王平，2005），黄河上游量级在 2500m^3/s 以上的洪水历时长、水量大，可冲开河道，对唐乃亥与下游各站的年最大洪峰流量作对比分析，在龙刘两库联调以后，下游各站的流量减小趋势比较明显，经计算可知，从唐乃亥至内蒙古河段的削峰比约为 20%。这说明当内蒙古河道所需来水为 2500m^3/s 时，上游唐乃亥的洪峰流量应达到 3130m^3/s，但黄河水资源十分有限，这就要求人为地借助大水冲开河道来解决内蒙古河段的防洪减淤问题。为进一步了解黄河上游天然状态下的 3130m^3/s 以上量级洪峰流量出现的可能性，本书在给出综合预测值之后，进一步用非线性趋势估计的方法来计算极端事件出现的概率。通过对唐乃亥站 58 年的资料分析，对因变量，即年最大洪峰流量取二分类值（即 0 或 1），即大于等于 3130m^3/s 取为 1，反之为 0。将序列分成 7 组，对其分别进行分析，结果见表 8. 2。由表可知，其优势比均小于等于 1. 7，这就说明在未来的 8 年之中，3130m^3/s 量级以上大的流量出现的概率不会超过 50%。

表 8. 2　唐乃亥流域年最大洪峰流量非线性趋势估计表

序列号	二分类值		n_j	优势比
	0	1		
1	9	1	10	0. 11
2	7	1	8	0. 14
3	7	1	8	0. 14
4	4	4	8	1. 00
5	7	1	8	0. 14
6	8	0	8	0
7	7	1	8	0. 14

① 张荣雨. 2008. 基于安全监测的海塘综合评判隶属度和权值的研究. 上海交通大学硕士学位论文.

8.1.4　以唐乃亥为基础其下游内蒙古河段洪峰流量分析

要解决内蒙古河段的防洪减淤问题，就需要在对唐乃亥流域的年最大洪峰流量进行预估的基础之上进一步预估其下游各站在未来几年中的洪水情势。自 20 世纪 90 年代以来，龙刘两库联调，唐乃亥下游站点其来水量明显呈减小趋势，区间来水被刘家峡水库拦截。1986 年以前，龙羊峡来水量平均占青铜峡水量的 69%，当龙羊峡来水量不够时，下游天然来水量也紧张，尽管可以有水库调节区间水量，但不可能长期得到保障。1986 年以后，多年平均占 73%，区间用水量有增无减，这就说明下游更依赖于唐乃亥的水量。通过对唐乃亥站的峰量关系进行分析可知，其峰值若是足够，量值亦然。对唐乃亥与下游各站的年最大洪峰流量作对比分析，在龙刘两库联调以后，下游各站的流量减小趋势比较明显，由非线性趋势估计的结果来看，5 年内唐乃亥发生超过 $3130m^3/s$ 洪水的概率很小，不超过 50%。

8.1.5　结论

（1）唐乃亥流域周期波叠加法和历史演变法预测出的结果表明唐乃亥流域在未来几年将进入丰平枯交替出现且偏靠枯水的时期，而加权马尔科夫和综合预测值则较为均匀，未来 5 年呈丰水或偏丰状态，由综合预估模型的预测结果可知，唐乃亥在未来 5 年内有超过 $3130m^3/s$ 量级洪水出现的可能，洪峰流量在 2017 年达到最大。

（2）通过非线性趋势估计可知，唐乃亥站在未来几年之中超过 $3130m^3/s$ 量级的洪水出现的概率不会超过 50%。

8.2　可控洪峰冲淤效应统计模型估算

本节以主要干流水文站划分河段，从干流及支流日平均水沙数据提取洪峰数据。通过建立分河段历史洪峰水沙关系统计模型，计算可控洪峰条件下宁蒙分河段不同粒径组泥沙的冲淤量和头道拐输沙量，以此估计可控洪峰的冲淤效应。

8.2.1　洪峰水沙特征值提取

按第 1 章洪峰划分和估算洪峰传播时间方法，计算干流逐个水文站和主要支流（包括湟水、大通河、祖厉河、清水河）把口站的洪峰过程平均流量、持续时间、平均输沙率，以及黏土（<0.005mm）、粉砂（0.005～0.05mm）、细砂（0.05～0.1mm）、粗砂（>0.1mm）含沙量等洪峰水沙特征值。

下河沿以下宁蒙灌区每年从黄河大量引水引沙，对宁蒙段冲淤产生重要影响。因此，利用宁蒙段引水引沙和退水退沙月均数据，做了次洪峰时段下河沿—青铜峡、青铜峡—石嘴山、巴彦高勒—头道拐三个河段相应引退水沙量。但是引水与退水输沙的粒度测量资料少，为此需要加以估算。1968 年后，宁蒙河段的引水口主要分布于三处：①下河沿水位站上下；②青铜峡水文站上游青铜峡水库；③巴彦高勒上游三盛公枢纽。因此假定从三处引水口的引沙粒度组成与三个水文站输沙的粒度组成相近具有一定合理性。三个河段退水虽然携带一定的退沙，但根据实测资料，各次洪峰时期在三个河段的退沙总量都小于干流输沙总量的 5%，因此，其作用可不加考虑。

另外，除清水河外，三个河段还有一些支流入黄，但没有测量其输沙的粒度组成。为了减少这些支流入黄泥沙粒度组成未知数对建立河段水沙关系的影响，只保留这些支流输沙总量小于黄河干流输沙总量 5% 的次洪峰。十大孔兑是黄河上游下段主要来沙支流，但是这些支流中只有三条支流有水沙测量数据，而且没有泥沙粒度资料，考虑这十大孔兑对不同粒度泥沙输移的影响有一定的困难。不过，不考虑十大孔兑的作用估计对结果影响不大。原因是，这些孔兑，按其蒙语是洪水沟，平时无水或水很小，入河泥沙也微乎其微。往往只有在大洪水时才携带大量粗颗粒泥沙入黄，并在入黄口形成大量沉积，不随干流水流下移。因此，除孔兑入口上下局部河段外，对干流水流的输沙过程影响估计不大。

8.2.2　水沙关系模型

此处采用河段出口站含沙量与本站流量和上站来水含沙量相关模型（钱宁等，1981；赵业安等，1998），同时考虑到随着时间的延长，可能存在水流不断冲刷下河床粗化的影响，因此，造成出口站同流量含沙量减小，所以也将洪峰历时作为一个因素加以考虑。这样水沙关系模型采用如下形式：

$$C = kQ^{a} C_{\mathrm{up}}{}^{b} T^{c} \tag{8.2}$$

式中，C 与 Q 分别是河段出口站水流含沙量与流量；k 为系数；a，b，c 为幂指数；C_{up} 为河段来水含沙量；T 为洪峰持续时间。对于粒径分组泥沙，等式两边分别用粒径分组含沙量。考虑到模型主要用于计算大流量洪峰的冲淤量，建立分河段水沙关系经验模型时，只用平均流量大于 1000$\mathrm{m^3/s}$ 的洪峰。另外，由于 1971 年以前多站缺乏泥沙粒度测量数据，所以采用的都是 1972 年以后的洪峰特征值。

利用分河段的水沙特征值，取对数后，做逐步线性回归分析，以消除共线性问题。对回归方程残差与影响因子进行 Spearman 秩相关分析，检验异方差性，并进行异方差纠正。最后得到分河段全悬沙和分粒径组泥沙的水沙关系。

8.2.3　分河段水沙关系

按主要干流控制站，将干流划分为 6 个河段：小川—兰州、兰州—下河沿、下河沿—青铜峡、青铜峡—石嘴山、石嘴山—巴彦高勒、巴彦高勒—头道拐。

1. 小川至兰州河段

兰州站含沙量不仅与上游来水含沙量关系密切，而且与流量，甚至洪峰的历时都有关系（表 8.3）。这与湟水下游及小川至兰州河段干流比降减小，河谷展宽，泥沙发生存储与释放过程有关。但黏土粒径组与流量无关，显示了冲泻质多来多排的特性。粉砂和细砂及粗砂含沙量与流量大小有关，越粗，流量的作用越大。洪峰历时对粉砂和黏土级颗粒作用明显，且呈负相关，说明河床粗化作用的影响。

表 8.3　小川至兰州河段分粒径组水沙关系（对数线性回归关系）

分组沙	因子	非标准化系数		标准系数	t 值	显著水平	决定系数 R^2	样本数 N
		B	标准误差					
全悬沙	（常量）	-1.061	0.598		-1.77	0.080	0.77	84
	C_{up}	0.703	0.043	0.884	16.3	0.000		
	Q	0.509	0.189	0.145	2.69	0.009		
	T	-0.297	0.099	-0.165	-3.01	0.003		
<0.005mm	（常量）	0.410	0.114		3.61	0.001	0.83	84
	C_{up}	0.750	0.038	0.921	19.9	0.000		
	T	-0.293	0.091	-0.148	-3.21	0.002		
0.005 ~ 0.05mm	（常量）	-0.980	0.613		-1.60	0.114	0.781	84
	C_{up}	0.698	0.042	0.888	16.8	0.000		
	Q	0.465	0.194	0.126	2.40	0.019		
	T	-0.310	0.101	-0.164	-3.07	0.003		
0.05 ~ 0.1mm	（常量）	-2.989	0.840		-3.56	0.001	0.562	84
	C_{up}	0.587	0.060	0.722	9.80	0.000		
	Q	0.887	0.265	0.247	3.35	0.001		
>0.1mm	（常量）	-7.341	0.992		-7.40	0.000	0.472	83
	C_{up}	0.432	0.077	0.455	5.59	0.000		
	Q	2.090	0.309	0.551	6.76	0.000		

2. 兰州至下河沿河段

下河沿的含沙量主要与上游来水含沙量有关，即粗细泥沙均多来多排（表 8.4）。反映出此河段河谷狭窄，河道泥沙存储与释放过程也不明显。

表 8.4　兰州至下河沿河段分粒径组水沙关系（对数线性回归关系）

分组沙	因子	非标准化系数		标准系数	t 值	显著水平	决定系数 R^2	样本数 N
		B	标准误差					
全悬沙	（常量）	0.216	0.018		-11.8	0.000	0.929	81
	C_{up}	0.802	0.025	0.964	32.1	0.000		
<0.005mm	（常量）	0.075	0.017		4.45	0.000	0.914	81
	C_{up}	0.887	0.031	0.956	29.0	0.000		

续表

分组沙	因子	非标准化系数		标准系数	t 值	显著水平	决定系数 R^2	样本数 N
		B	标准误差					
0. 005 ~ 0. 05mm	(常量)	0. 149	0. 016		9. 18	0. 000	0. 924	81
	C_{up}	0. 830	0. 027	0. 961	31. 1	0. 000		
0. 05 ~ 0. 1mm	(常量)	−0. 019	0. 029		−0. 670	0. 505	0. 755	81
	C_{up}	0. 749	0. 048	0. 869	15. 6	0. 000		
>0. 1mm	(常量)	−0. 275	0. 060		−4. 54	0. 000	0. 367	81
	C_{up}	0. 372	0. 055	0. 606	6. 77	0. 000		

3. 下河沿至青铜峡河段

黄河在此进入卫宁盆地，属冲积性河道，随来水来沙条件的变化，发生泥沙冲淤。上游来水含沙量仍然是河段出口含沙量变化的主要影响因素，同时流量和洪峰历时也起到了一定的作用（表 8. 5）。各粒级泥沙含量都与洪峰历时呈负相关，表明随着洪峰历时的延长，河床冲刷粗化，从河床得到的泥沙补给减少。此段出口有青铜峡水库，因其库容小，而且在建成运用的头几年就已淤满库容，所以该水库 1972 年以后调水调沙作用有限，建立河段的水沙关系时可不考虑其影响。

表 8. 5　下河沿至青铜峡河段分粒径组水沙关系（对数线性回归关系）

分组沙	因子	非标准化系数		标准系数	t 值	显著水平	决定系数 R^2	样本数 N
		B	标准误差					
全悬沙	(常量)	−0. 986	0. 720		−1. 37	0. 177	0. 689	59
	C_{up}	0. 626	0. 073	0. 673	8. 63	0. 000		
	Q	0. 602	0. 231	0. 206	2. 61	0. 012		
	T	−0. 551	0. 113	−0. 375	−4. 90	0. 000		
<0. 005mm	(常量)	0. 573	0. 115		4. 98	0. 000	0. 802	59
	C_{up}	0. 687	0. 048	0. 854	14. 4	0. 000		
	T	−0. 458	0. 095	−0. 286	−4. 82	0. 000		
0. 005 ~ 0. 05mm	(常量)	−0. 916	0. 661		−1. 39	0. 171	0. 752	59
	C_{up}	0. 645	0. 061	0. 741	10. 6	0. 000		
	Q	0. 527	0. 211	0. 178	2. 50	0. 015		
	T	−0. 495	0. 102	−0. 331	−4. 84	0. 000		
0. 05 ~ 0. 1mm	(常量)	−2. 737	1. 127		−2. 43	0. 019	0. 523	59
	C_{up}	0. 580	0. 115	0. 485	5. 05	0. 000		
	Q	1. 110	0. 356	0. 301	3. 12	0. 003		
	T	−0. 698	0. 178	−0. 377	−3. 93	0. 000		

续表

分组沙	因子	非标准化系数		标准系数	t 值	显著水平	决定系数 R^2	样本数 N
		B	标准误差					
>0. 1mm	（常数）	1. 042	0. 432		2. 41	0. 019	0. 328	57
	C_{up}	0. 952	0. 243	0. 438	3. 93	0. 000		
	T	−1. 156	0. 332	−0. 389	−3. 49	0. 001		

4. 青铜峡至石嘴山河段

黄河在此段穿过银川盆地，具有冲积性游荡型河道。该河段出口石嘴山站水流含沙量与上站含沙量关系相对密切（表 8. 6）。除细砂级泥沙外，全沙和粉砂、粗砂粒径组泥沙含量还与流量相关。异常的是粗砂含沙量与流量成反比，可能与大流量漫滩，水动力条件减弱，即随着流量增加，断面整体水流挟沙能力降低这一现象有一定的关系。

表 8. 6　青铜峡至石嘴山河段分粒径组水沙关系（对数线性回归关系）

分组沙	因子	非标准化系数		标准系数	t 值	显著水平	决定系数 R^2	样本数 N
		B	标准误差					
全悬沙	（常量）	0. 355	0. 029		12. 4	0. 000	0. 642	59
	C_{up}	0. 410	0. 041	0. 801	10. 1	0. 000		
<0. 005mm	（常量）	−0. 016	0. 019		−0. 825	0. 413	0. 796	59
	C_{up}	0. 684	0. 046	0. 892	14. 9	0. 000		
0. 005 ~ 0. 05mm	（常量）	−0. 613	0. 382		−1. 60	0. 115	0. 707	59
	C_{up}	0. 442	0. 044	0. 775	10. 1	0. 000		
	Q	0. 253	0. 121	0. 160	2. 09	0. 041		
0. 05 ~ 0. 1mm	（常量）	−0. 175	0. 026		−6. 60	0. 000	0. 293	59
	C_{up}	0. 221	0. 045	0. 541	4. 86	0. 000		
>0. 1mm	（常数）	2. 177	0. 749		2. 91	0. 005	0. 254	59
	C_{up}	0. 137	0. 039	0. 438	3. 48	0. 001		
	Q	−0. 856	0. 231	−0. 465	−3. 70	0. 000		

5. 石嘴山至巴彦高勒河段

黄河在此段流行于相对窄深河槽中。表 8. 7 显示，河段出口含沙量主要与来水含沙量有关。其次是平均流量，而且平均流量超过了来水含沙量对粗中沙输移的影响。只有细沙级泥沙输移与洪峰历时有关。

表 8.7　石嘴山至巴彦高勒河段分粒径组水沙关系（对数线性回归关系）

分组沙	因子	非标准化系数		标准系数	t 值	显著水平	决定系数 R^2	样本数 N
		B	标准误差					
全悬沙	（常量）	-1. 630	0. 288		-5. 67	0. 000	0. 773	78
	C_{up}	0. 805	0. 063	0. 730	12. 8	0. 000		
	Q	0. 546	0. 093	0. 336	5. 90	0. 000		
<0. 005mm	（常量）	0. 012	0. 015		0. 80	0. 428	0. 842	78
	C_{up}	0. 928	0. 046	0. 918	20. 2	0. 000		
0. 005 ~0. 05mm	（常量）	-1. 641	0. 311		-5. 27	0. 000	0. 771	78
	C_{up}	0. 747	0. 060	0. 722	12. 4	0. 000		
	Q	0. 539	0. 100	0. 316	5. 41	0. 000		
0. 05 ~0. 1mm	（常量）	-2. 771	0. 672		-4. 12	0. 000	0. 500	78
	C_{up}	0. 715	0. 138	0. 456	5. 18	0. 000		
	Q	0. 919	0. 215	0. 376	4. 27	0. 000		
	T	-0. 228	0. 090	-0. 216	-2. 53	0. 014		
>0. 1mm	（常量）	-5. 474	1. 059		-5. 17	0. 000	0. 300	78
	C_{up}	0. 684	0. 158	0. 433	4. 33	0. 000		
	Q	1. 607	0. 343	0. 469	4. 68	0. 000		

6. 巴彦高勒至头道拐河段

此河段具有典型的冲积性河道。由表 8. 8 可见，出口断面含沙量与流量和来水含沙量都有密切的关系。其中中等粒级含沙量主要与流量关系更大，黏土粒级及粗砂的含沙量与来水含沙量关系更大。需要说明的是，因数据量少，此站使用了部分平均流量小于 $1000m^3/s$ 的洪峰数据。

表 8.8　巴彦高勒至头道拐河段分粒径组水沙关系（对数线性回归关系）

分组沙	因子	非标准化系数		标准系数	t 值	显著水平	决定系数 R^2	样本数 N
		B	标准误差					
全悬沙	（常量）	-0. 677	0. 190		-3. 57	0. 001	0. 648	100
	C_{up}	0. 300	0. 051	0. 446	5. 92	0. 000		
	Q	0. 405	0. 067	0. 453	6. 02	0. 000		
<0. 005mm	（常量）	-0. 631	0. 189		-3. 34	0. 001	0. 811	100
	C_{up}	0. 546	0. 034	0. 795	16. 2	0. 000		
	Q	0. 255	0. 063	0. 199	4. 05	0. 000		
0. 005 ~0. 05mm	（常量）	-0. 915	0. 192		-4. 76	0. 000	0. 687	100
	C_{up}	0. 302	0. 048	0. 458	6. 32	0. 000		
	Q	0. 418	0. 066	0. 462	6. 37	0. 000		

续表

分组沙	因子	非标准化系数		标准系数	t 值	显著水平	决定系数 R^2	样本数 N
		B	标准误差					
0.05～0.1mm	（常量）	-1.470	0.337		-4.37	0.000	0.396	100
	C_{up}	0.271	0.066	0.359	4.11	0.000		
	Q	0.486	0.110	0.386	4.43	0.000		
>0.1mm	（常量）	-1.819	0.427		-4.27	0.000	0.310	100
	C_{up}	0.299	0.063	0.413	4.78	0.000		
	Q	0.483	0.142	0.294	3.40	0.001		

8.2.4　洪峰冲淤计算

1. 计算水沙条件

黄河上游干流上对径流进行调节的两座大型水库——龙羊峡水库和刘家峡水库都在小川水文站以上。小川水文站距刘家峡大坝约 1.7km，其观测资料反映了刘家峡水库下泄的水沙过程。

假设龙刘水库联合调度，最后在刘家峡产生一个人造洪峰。洪峰输沙量按水库出口站含沙量-流量关系确定。如图 8.4 所示，刘家峡水库出库（小川站）洪峰含沙量与流量间关系不显著。因此，选三种含沙量情况，即历史洪峰平均含沙量累积频率为 10%、50% 与 90% 的含沙量。分析发现它们分别约为 0.01kg/m³、0.175kg/m³ 和 2.5kg/m³。

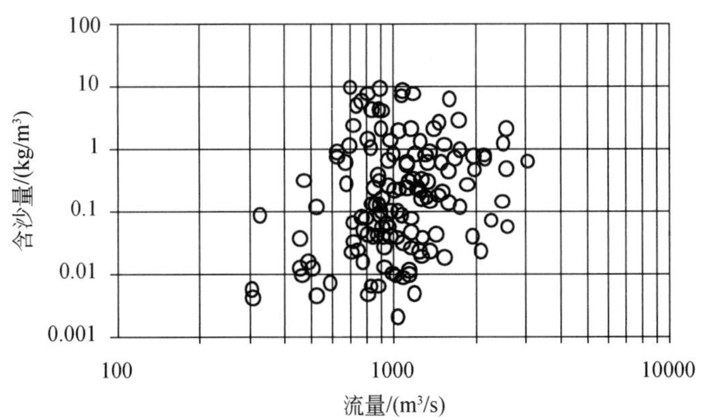

图 8.4　小川站洪峰平均流量和含沙量的关系

洪峰挟沙的粒度组成利用历史洪峰的含沙量与分级粒度含沙量关系确定。如图 8.5 所示，两者之间有较好的相关关系。

这样，按水库调洪平均流量分别为 3000m³/s 和 4000m³/s，含沙量分别为 0.01kg/m³、0.175kg/m³ 和 2.5kg/m³，共有 6 种情形。将这些洪峰叠加在历次洪水过程中不同支流和引退水过程上，计算人造洪峰在刘家峡至头道拐段的泥沙输移过程。

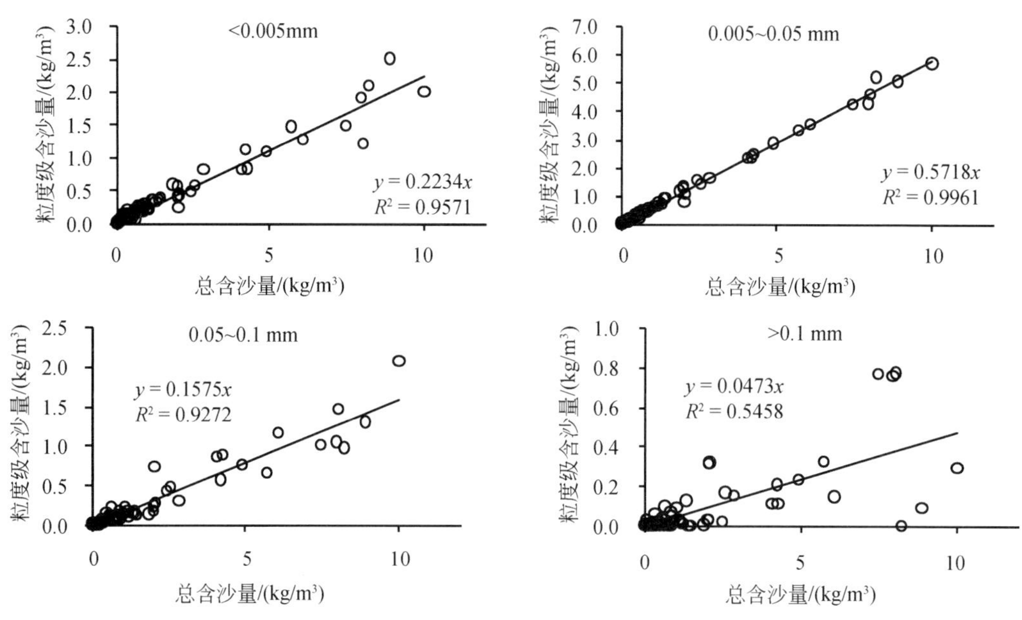

图 8.5　小川站洪峰全悬沙含沙与分粒径组泥沙含沙量的关系

计算不同河段人造洪峰条件下水沙输移时，选 1972 ~ 1989 年粒度资料从小川至头道拐全程都有的径流过程，保留其中的支流和引退水水沙量，即支流及引退水沙按历史实测平均流量和输沙率及分组粒径组成。干流河段入口站的水沙条件为根据上一河段干流和支流（及引退水沙）按河段水沙关系计算得到的该站水沙条件。共选取过去 34 次历史洪峰主要支流和引退水径流过程与人造洪峰匹配。表 8.9 为这 34 次历史洪峰主要支流和引退水的水沙特征值。图 8.6 ~ 图 8.7 给出了 34 次主要支流和引水退水水沙量。另外，还计算了支流无水沙入汇和无引退水情况下的人造洪峰宁蒙段河道泥沙冲淤过程，编号为 35。

表 8.9　实测 34 次历史洪峰主要支流和引退水的水沙特征值

项目			最大	最小	平均
湟水（享堂与民和站之和）	平均流量/(m³/s)		910	36	288
	平均输沙率/(kg/s)	全悬沙	8755	19	1433
		<0.005mm	2423	5	373
		0.005 ~ 0.05mm	7070	16	1126
		0.05 ~ 0.1mm	8240	18	1333
		>0.1mm	515	1	99

续表

项目			最大	最小	平均
祖厉河与清水河流量	平均流量/(m^3/s)		44	1. 1	10
	平均输沙率/(kg/s)	全悬沙	27459	21	4179
		<0. 005mm	4569	6	799
		0. 005 ~ 0. 05mm	22794	15	3286
		0. 05 ~ 0. 1mm	26173	16	3991
		>0. 1mm	1287	4	187
其他支流（下河沿至头道拐段）	平均流量/(m^3/s)		51	2. 9	31
	平均输沙率/(kg/s)		671	0. 31	180
引水	平均流量/(m^3/s)		1152	2. 1	784
退水	平均流量/(m^3/s)		301	6. 2	179

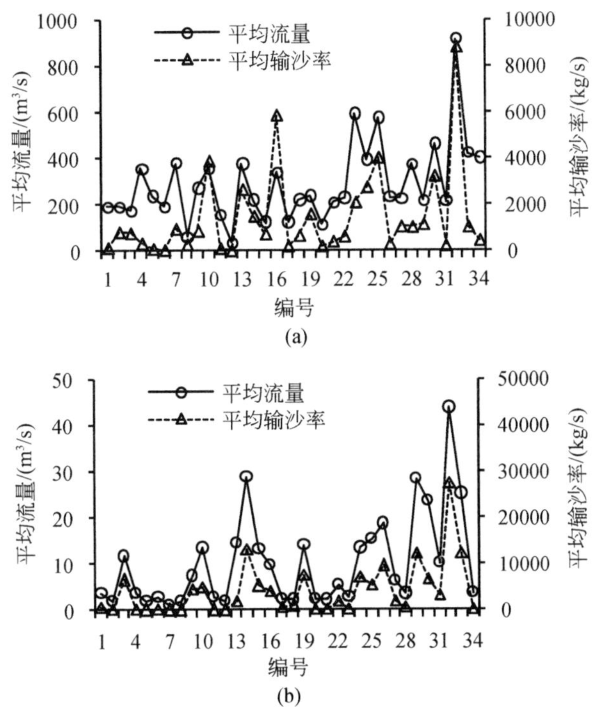

图 8. 6　黄河干流 34 次历史洪峰中湟水（a）及祖厉河与清水河（b）历次平均流量和平均输沙率

2. 计算结果

1）情形一

假设龙刘水库联合调水造峰，从刘家峡下泄平均流量为 $3000m^3/s$ 的洪峰，持续 10 天，平均含沙量为 $0.01kg/m^3$，在不同支流入汇和引退水情况下，计算得到下河沿至头道

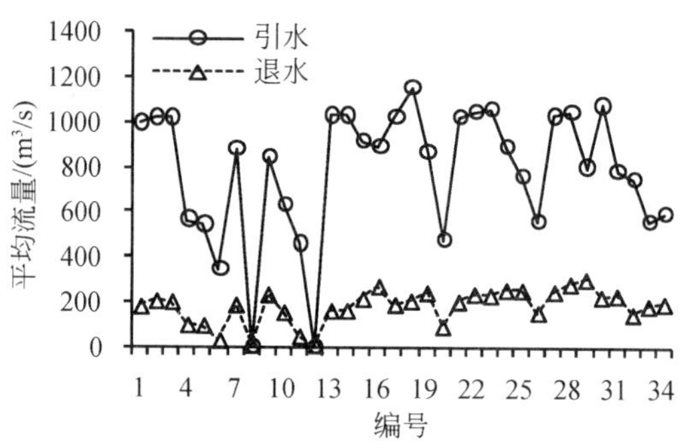

图 8.7　黄河干流 34 次历史洪峰中历次平均引退水流量

拐 4 个河段的泥沙冲淤量，结果列于表 8.10 和绘于图 8.8。可见，整个下河沿至头道拐河段全悬沙平均冲刷量为 1543 万 t，>0.1mm 的粗泥沙平均冲刷 43 万 t。其中，下河沿—青铜峡段>0.1mm 粒级的泥沙将发生淤积，其他粒级泥沙将被冲刷；青铜峡—石嘴山除少数情况下粉砂和黏土粒级的泥沙将被冲刷外，都将发生淤积。石嘴山—头道拐段绝大多数情况下所有粒级的泥沙都将被冲刷。头道拐站洪峰将输出 1500 万 t 以上泥沙，其中，>0.1mm泥沙在 100 万 t 上下（图 8.9）。

表 8.10　人造洪峰下河沿至头道拐河段冲淤计算结果（平均流量为 3000m³/s）

（单位：万 t）

河段	粒级	含沙量											
		0.01kg/m³				0.175kg/m³				2.5kg/m³			
		最大	最小	平均	无支流及引水	最大	最小	平均	无支流及引水	最大	最小	平均	无支流及引水
下河沿—青铜峡	全沙	2116	352	989	291	2116	667	1082	642	2096	1091	1328	1069
	C_1*	92	3	68	21	94	0	75	57	89	-43	67	78
	C_2	1192	189	550	151	1191	375	608	360	1163	636	757	620
	C_3	958	141	389	125	962	245	418	235	1015	401	527	389
	C_4	-7	-36	-17	-6	-11	-36	-18	-10	-18	-39	-23	-18
青铜峡—石嘴山	全沙	251	-2846	-430	262	8	-2880	-537	19	-764	-3285	-1210	-887
	C_1	34	-177	-1	26	31	-180	-6	30	-30	-219	-62	-41
	C_2	230	-1588	-124	228	123	-1609	-185	122	-376	-1862	-608	-431
	C_3	-4	-992	-274	9	-111	-1002	-312	-117	-314	-1109	-492	-375
	C_4	-3	-88	-30	-1	-12	-89	-34	-17	-30	-95	-48	-39
石嘴山—巴彦高勒	全沙	713	278	414	397	713	275	415	424	705	243	396	408
	C_1	11	-5	8	8	11	-5	8	10	6	-9	3	5
	C_2	377	153	221	215	377	149	221	231	370	120	203	213
	C_3	253	85	136	126	253	86	137	134	255	88	140	140
	C_4	88	30	49	48	88	31	49	49	88	31	50	50

续表

河段	粒级	含沙量											
		0.01kg/m³				0.175kg/m³				2.5kg/m³			
		最大	最小	平均	无支流及引水	最大	最小	平均	无支流及引水	最大	最小	平均	无支流及引水
巴彦高勒—头道拐	全沙	913	314	571	907	807	306	539	793	580	236	407	569
	C_1	232	129	170	152	231	137	175	194	224	135	173	205
	C_2	531	−57	257	542	413	−60	225	408	198	−103	107	196
	C_3	161	64	102	160	143	63	98	140	120	59	87	118
	C_4	54	31	41	53	54	31	41	51	53	31	40	50
头道拐站输沙量	全沙	3354	1509	2046	1954	3357	1567	2097	2224	3404	1728	2260	2550
	C_1	711	208	357	214	714	257	381	337	740	361	470	513
	C_2	1878	855	1176	1170	1879	888	1200	1302	1897	966	1267	1437
	C_3	594	295	397	438	594	299	399	452	596	307	406	465
	C_4	171	87	116	132	171	87	116	133	171	88	117	135

* C_1，<0.005mm；C_2，0.005 ~ 0.05mm；C_3，0.05 ~ 0.1mm；C_4，>0.1mm。

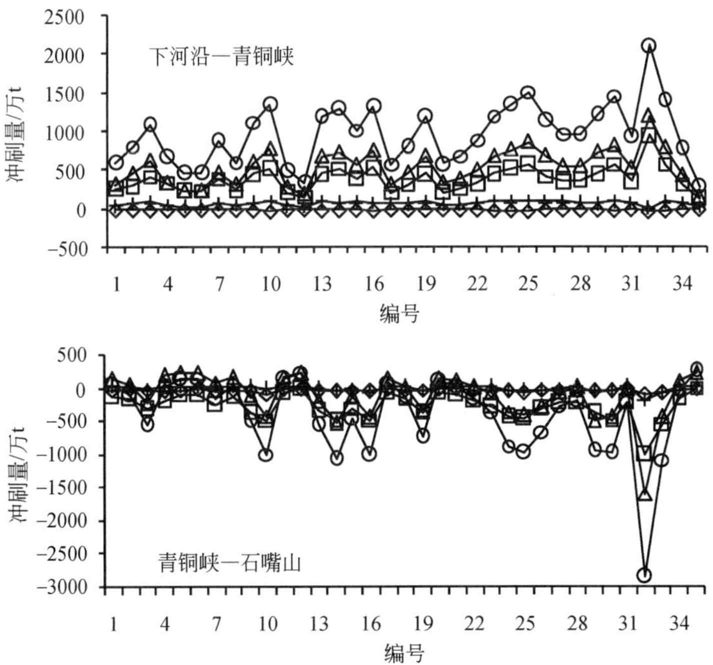

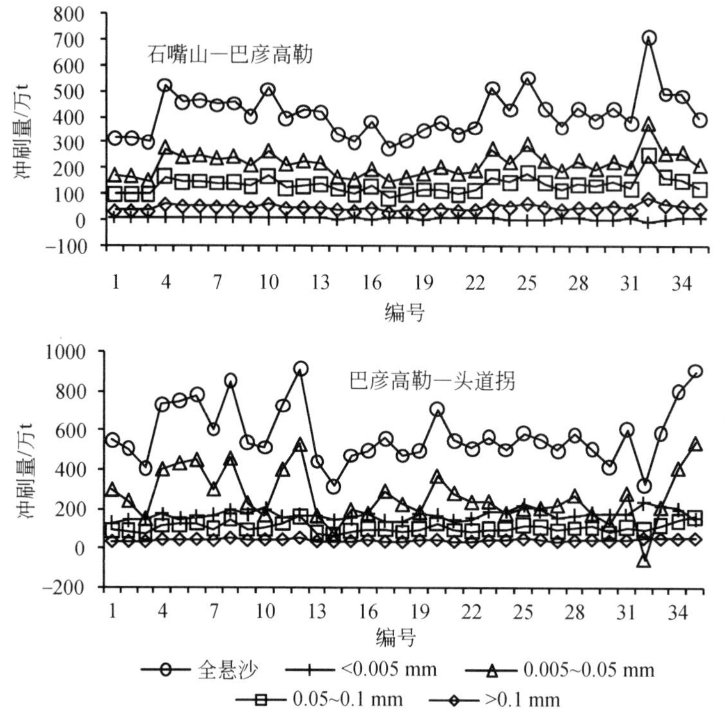

图 8.8　下河沿至头道拐分河段人造洪峰（$3000m^3/s$，$0.01kg/m^3$）不同粒级泥沙冲淤量

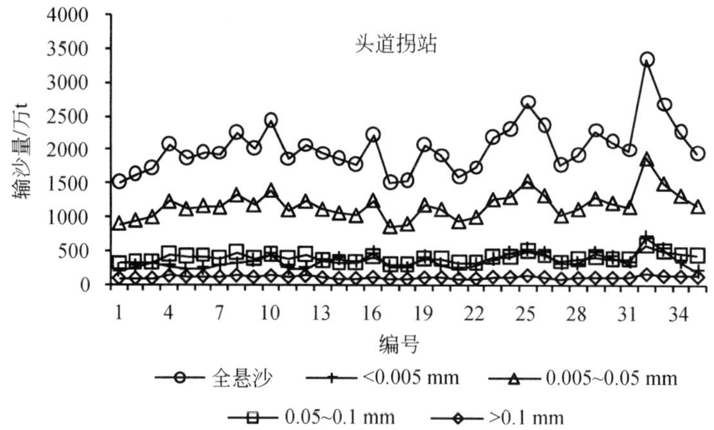

图 8.9　头道拐站人造洪峰（$3000m^3/s$，$0.01kg/m^3$）不同粒级泥沙输沙量

2）情形二

假设龙刘水库联合调水造峰，从刘家峡仍下泄平均流量为 $3000m^3/s$ 的洪峰，仍持续 10 天，但平均含沙量提高到 $0.175kg/m^3$，计算得到的下河沿至头道拐 4 个河段的泥沙冲淤量也列于表 8.10 中。对比两种含沙量情况，可见下河沿至头道拐 4 个河段的泥沙冲淤量基本一致。整个下河沿至头道拐河段全悬沙平均冲刷量为 1500 万 t，>0.1mm 的粗泥沙

平均冲刷 38 万 t。

3）情形三

假设从刘家峡下泄平均流量仍为 3000m³/s 的洪峰，持续 10 天，平均含沙量提高到 2.5kg/m³，计算结果显示，青铜峡—石嘴山段所有情况下将发生淤积，其他河段不同粒度泥沙冲淤趋势与上面两种情况基本相同（表 8.10）。整个下河沿至头道拐河段全悬沙平均冲刷量为 921 万 t，>0.1mm 的粗泥沙平均冲刷量为 19 万 t。头道拐站洪峰输出泥沙总量增加，主要是中细粒度的泥沙，>0.1mm 的粗泥沙输出量变化不大。

对比上述三种情形不同河段不同粒级组泥沙冲淤的平均值（图 8.10），可见，随着人造洪峰含沙量的增加，下河沿—青铜峡段各粒径级冲淤量逐渐增加，全悬沙平均冲刷量从 989 万 t 增加到 1328 万 t，>0.1mm 泥沙淤积量的平均值从 17 万 t 增加到 23 万 t；青铜峡—石嘴山淤积量也逐渐增加，全悬沙平均淤积量从 430 万 t 增加到 1210 万 t，>0.1mm 泥沙的淤积量平均值从 30 万 t 增加到 48 万 t；而石嘴山—巴彦高勒三种情形变化不大，全悬沙冲刷量平均值介于 396 万 ~414 万 t，>0.1mm 泥沙的冲刷量平均值介于 49 万 ~50 万 t；随人造洪峰含沙量增大，巴彦高勒—头道拐段全悬沙平均冲刷量从 571 万 t 减少到 407 万 t，其中，主要是粉砂级泥沙的平均冲刷量从 257 万 t 减少到了 107 万 t，其他粒级泥沙冲刷量变化不大，>0.1mm 泥沙的冲刷量平均值介于 40 万 ~41 万 t 之间。

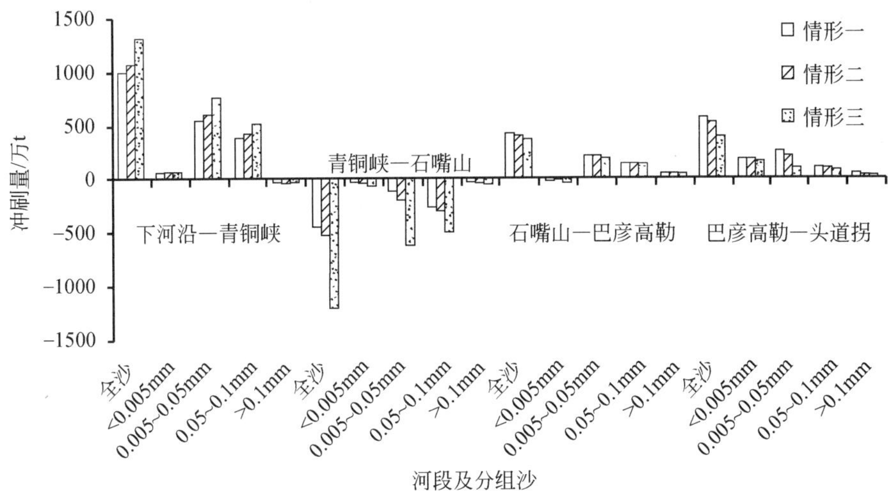

图 8.10　人造洪峰 3000m³/s 三种含沙量情形下不同河段不同粒级组泥沙冲淤的平均值对比

4）情形四 ~ 六

假设龙刘水库联合调水造峰，从刘家峡水库下泄平均流量为 4000m³/s 的洪峰，持续 10 天，平均含沙量分别为 0.01kg/m³、0.175kg/m³ 和 2.5kg/m³，计算出的下河沿至头道拐 4 个河段的泥沙冲淤量与 3000m³/s 洪峰不同含沙量情形下的分河段冲淤方向基本一致，但绝对量有明显增加（表 8.11 和图 8.11）。头道拐站洪峰输出的泥沙总量明显增加（图 8.12）。

表 8.11　人造洪峰下河沿至头道拐河段冲淤计算结果（平均流量为 4000m³/s）

（单位：万 t）

河段	粒级	含沙量 0.01kg/m³				含沙量 0.175kg/m³				含沙量 2.5kg/m³			
		最大	最小	平均	无支流及引水	最大	最小	平均	无支流及引水	最大	最小	平均	无支流及引水
下河沿—青铜峡	全沙	3736	623	1687	540	3754	1233	1900	1199	3904	2173	2554	2137
	C_1*	124	35	89	28	123	45	100	75	115	-9	94	104
	C_2	2054	308	887	258	2060	651	1013	633	2112	1205	1393	1182
	C_3	1683	290	736	265	1698	523	815	509	1856	902	1104	881
	C_4	-11	-50	-25	-10	-19	-50	-28	-18	-31	-55	-37	-31
青铜峡—石嘴山	全沙	267	-4020	-742	291	-220	-4089	-966	-202	-1642	-4884	-2246	-1835
	C_1	45	-180	8	35	41	-184	2	40	-43	-241	-77	-54
	C_2	344	-2035	-136	345	147	-2075	-253	148	-726	-2549	-1018	-805
	C_3	-93	-1672	-554	-70	-328	-1695	-647	-345	-785	-1946	-1057	-891
	C_4	-23	-134	-61	-19	-41	-135	-68	-46	-73	-148	-95	-85
石嘴山—巴彦高勒	全沙	1543	733	987	873	1544	759	1007	980	1548	775	1030	1036
	C_1	14	-2	11	11	15	-3	11	14	8	-8	5	7
	C_2	866	397	537	458	866	413	551	533	868	418	564	569
	C_3	511	237	324	294	512	245	329	318	518	260	343	342
	C_4	169	87	115	110	169	88	115	114	170	91	118	118
巴彦高勒—头道拐	全沙	1323	362	838	1326	1109	352	769	1097	698	237	505	690
	C_1	368	207	270	224	368	233	281	293	361	242	289	326
	C_2	784	-174	371	805	553	-183	299	550	157	-279	55	157
	C_3	218	84	134	219	181	81	126	179	137	68	100	136
	C_4	79	52	63	78	76	51	62	75	73	50	60	71
头道拐站输沙量	全沙	5034	2658	3366	3180	5042	2788	3461	3598	5131	3088	3743	4098
	C_1	948	313	508	307	952	398	549	483	998	571	693	736
	C_2	2877	1546	1969	1916	2881	1616	2017	2132	2918	1764	2142	2354
	C_3	938	554	688	735	939	563	692	759	943	578	704	781
	C_4	271	164	202	221	271	165	202	224	272	167	204	227

* C_1，<0.005mm；C_2，0.005～0.05mm；C_3，0.05～0.1mm；C_4，>0.1mm。

上述人造洪峰冲淤计算结果显示，水库下泄流量在 3000～4000m³/s 时，下河沿至头道拐分河段将经历不同的冲淤变化，其中，下河沿—青铜峡段除>0.1mm 粒级的泥沙将发生淤积外，其他粒级泥沙将被冲刷；青铜峡—石嘴山段在水库下泄洪峰的含沙量较小时，大多数案例情况下所有粒级泥沙都将发生淤积，只有少数情况下粉砂和黏土粒级的泥沙将被冲刷，当水库下泄洪峰较小时，所有案例下粗细粒级泥沙都将发生淤积；石嘴山—头道拐段绝大多

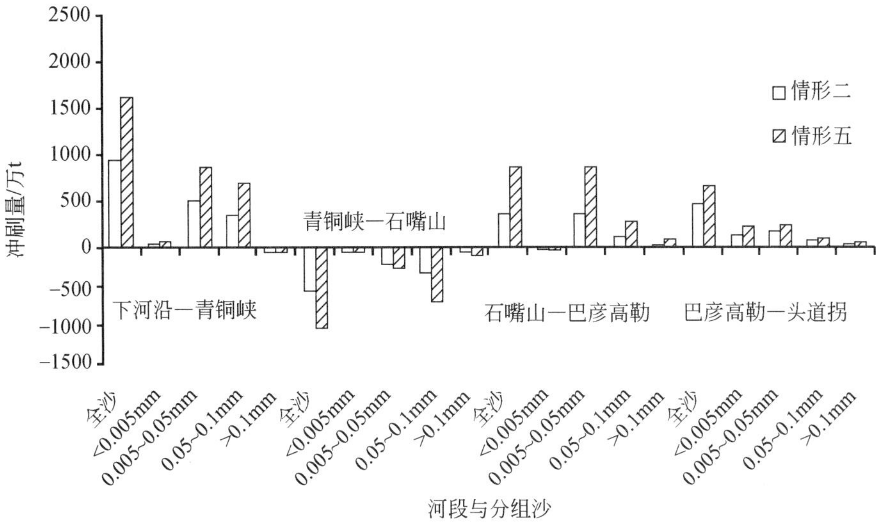

图 8.11　人造洪峰 3000m³/s 与 4000m³/s 含沙量 0.175kg/m³ 情形下不同河段不同粒级组泥沙冲淤的平均值对比

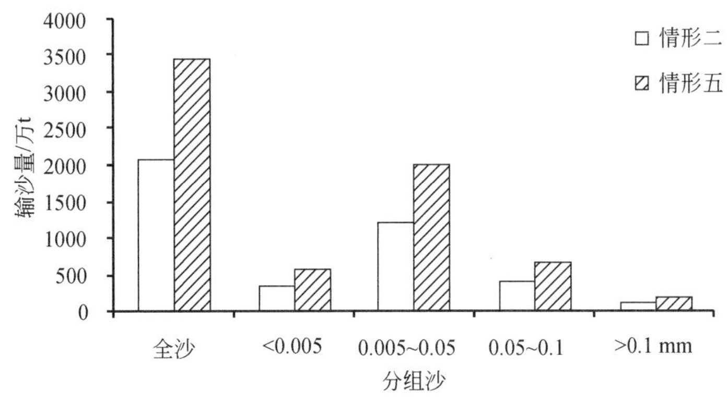

图 8.12　人造洪峰 3000m³/s 与 4000m³/s 含沙量 0.175kg/m³ 情形下头道拐站不同粒级组平均输沙量对比

数情况下所有粒级的泥沙都将被冲刷。整个河段全悬沙平均冲刷量为 921 万 ~1543 万 t，其中，>0.1mm 的泥沙平均冲刷量为 19 万 ~43 万 t。巴彦高勒至头道拐河段全悬沙平均冲刷量为 407 万 ~571 万 t，其中，>0.1mm 泥沙冲刷量的平均值为 40 万 ~41 万 t。

水库下泄流量 4000m³/s 相比于 3000m³/s，下河沿至头道拐分河段河道冲淤幅度明显增大，多数情况下增加 1.5 倍以上。整个河段全悬沙的平均冲刷量为 1840 万 ~2770 万 t，>0.1mm泥沙的冲刷量平均值为 46 万 ~91 万 t。

在所有案例中头道拐站洪峰将输出 1500 万 t 以上的泥沙，最大输出量为 5130 万 t。>0.1mm 的泥沙输出量平均值在人造洪峰 3000m³/s 时约为 116 万 t，4000m³/s 时约为 203 万 t。相对于每年几千万吨风沙来源的粗颗粒入黄泥沙量（杨根生，2002），一次泄量 26 亿 ~35 亿 m³的洪峰带走的粗泥沙量显得明显不足。

8.3 可控洪峰河段冲淤效应一维数值模型模拟

8.3.1 河道数学模型

基于适用于高含沙洪水的河道一维水沙动力学模型，模型封闭方程考虑了高含沙量对泥沙沉速、挟沙能力、洪水演进和泥沙冲淤的影响。为考虑非均匀沙及滩槽交换，模型中考虑了9组粒径组成的混合沙，考虑了各因素在子断面和断面之间的不同，即滩槽含沙量之间的关系（挟沙力横向分布、含沙量横向分布）、水力要素的横向分布、泥沙冲淤面积的横向分配等。为了数值计算结果的稳定性，数值格式采用先进的 Godunov 有限体积法，用 HLL（Harten-Lax-Leer）格式计算数值通量的逼近值。

1. 控制方程组

模型采用的控制方程包括浑水质量守恒方程、动量守恒方程、悬沙不平衡输沙方程及河床变形方程。模型数值格式采用先进的 Godunov 有限体积法，采用 HLL（Harten-Lax-Leer）格式计算数值通量的逼近值，能更好地模拟急流等特殊流态。

$$\frac{\partial(\rho A)}{\partial t}+\frac{\partial(\rho Q)}{\partial x}=-\frac{\partial(\rho_{\mathrm{b}}A_{\mathrm{b}})}{\partial t}+\rho_{1}q_{1} \tag{8.3}$$

$$\frac{\partial(\rho Q)}{\partial t}+\frac{\partial}{\partial x}\left(\rho\frac{Q^{2}}{A}\right)+\frac{1}{2}gAh_{\mathrm{p}}\frac{\partial\rho}{\partial x}=-\rho gA\frac{\partial Z_{\mathrm{s}}}{\partial x}-\rho g\frac{n^{2}Q\,|\,Q\,|}{AR^{\frac{4}{3}}}+\beta_{1}\rho_{1}q_{1}u \tag{8.4}$$

$$\frac{\partial(C_{k}A)}{\partial t}+\frac{\partial(C_{k}Q)}{\partial x}=-\alpha_{sk}\omega_{sk}B(\beta_{k}C_{k}-C_{*k})+C_{1,k}q_{1}=(E-D)_{k} \tag{8.5}$$

$$\frac{\partial A_{\mathrm{b}}}{\partial t}=-\frac{1}{1-p_{\mathrm{m}}}(E-D) \tag{8.6}$$

式中，x 为沿程距离（m）；t 为时间（s）；Q 为流量（$\mathrm{m^3/s}$）；Z_{s}为水面高程（m）；A 为过水面积（$\mathrm{m^2}$）；B 为过水断面宽（m）；g 为重力加速度（$\mathrm{m/s^2}$）；ρ 为浑水密度（$\mathrm{kg/m^3}$），$\rho=C\rho_{\mathrm{s}}+(1-C)\rho_{\mathrm{w}}$，$\rho_{\mathrm{w}}$、$\rho_{\mathrm{s}}$ 分别为水和沙粒的密度（$\mathrm{kg/m^3}$）；ρ_{b} 为床沙密度（$\mathrm{kg/m^3}$），$\rho_{\mathrm{b}}=(1-p_{\mathrm{m}})\rho_{\mathrm{s}}+p_{\mathrm{m}}\rho_{\mathrm{w}}$，$p_{\mathrm{m}}$ 为底沙孔隙率；C_{k}、C_{*k}、ω_{sk}、α_{sk} 分别为第 k 粒径组泥沙的体积比含沙量、分组挟沙力、在浑水中的有效沉速（m/s）和恢复饱和系数；A_{b} 为总的河床变形面积（$\mathrm{m^2}$）；E 为底沙启动量（$\mathrm{m^2/s}$）；D 为悬沙下沉量（$\mathrm{m^2/s}$）；β_{k} 为不饱和系数；N 为非均匀沙分组数；n 为床底糙率；R 为水力半径（m）；u 为流速（m/s）；$h_{\mathrm{p}}=\int_{0}^{B}h_{2\mathrm{d}}y\mathrm{d}y/A$，其中，$h_{2\mathrm{d}}$ 为局部水深（m），y 为断面的横向距离（m）；q_{1} 为单位距离的支流入流（$\mathrm{m^2/s}$）；ρ_{1} 为支流含沙量（$\mathrm{kg/m^3}$）。

高含沙洪水中的细沙会增加水流黏性，降低泥沙沉速，有时甚至不再是牛顿体。模型封闭方程等均考虑了高含沙量对泥沙沉速、挟沙能力、洪水演进和泥沙冲淤的影响。例如，水流挟沙力公式采用目前在泥沙数学模型中应用较广、考虑因素较全面的张红武挟沙力公式，公式考虑了全部悬移质泥沙，更适用于高含沙紊流，充分考虑含沙量对挟沙能力的影响。实现控制方程组的封闭还需要确定挟沙力的计算公式，总挟沙力采用张红武公式：

$$S_* = 2.5\left[\frac{(0.0022 + S_v)V^3}{\kappa\frac{\rho_s - \rho}{\rho}gh\overline{\omega}}\ln\left(\frac{h}{6D_{50}}\right)\right]^{0.62} \tag{8.7}$$

式中，卡门系数 $\kappa = 0.4 - 1.68(0.365 - S_v)\sqrt{S_v}$；$S_v$ 为断面的体积比含沙量；$\overline{\omega}$ 为断面平均浑水沉速，$\overline{\omega} = [\sum_k (p_{s,k} \cdot \omega_{s,k}^{0.92})]^{\frac{1}{0.92}}$。

断面平均浑水沉速可用下式计算而得

$$\overline{\omega} = [\sum_k (p_{s,k} \cdot \omega_{s,k}^{0.92})]^{\frac{1}{0.92}} \tag{8.8}$$

式中，第 k 组粒径的挟沙力百分比 $p_{s,k}$：

$$p_{s,k} = \frac{\left(\frac{p_k}{\omega_{s,k}}\right)^\beta}{\sum_k \left(\frac{p_k}{\omega_{s,k}}\right)^\beta} \tag{8.9}$$

式中，$\beta = 0.8$；p_k 是第 k 组粒径的床沙级配。

$$S_{*,k} = S_* p_{s,k} \tag{8.10}$$

k 组粒径在浑水中的沉速

$$\omega_{s,k} = \omega_{0,k}\left[1 - \frac{S_v}{2.25\sqrt{d_k}}\right]^{3.5}(1 - 1.25S_v) \tag{8.11}$$

$$\omega_{0,k} = \sqrt{\left(13.95\frac{\nu}{d_k}\right)^2 + 1.09\frac{\rho_s - \rho}{\rho}gd_k} - 13.95\frac{\nu}{d_k} \tag{8.12}$$

式中，ν 为运动粘滞系数；d_k 为第 k 组泥沙的粒径。

模型计算中考虑了 9 组粒径组成的混合沙，在计算过程中会计算或调整悬移质、床沙、挟沙力的分组百分比，逐个计算悬移质泥沙、床沙和挟沙力的分组量。例如，模型中先计算全沙挟沙力，然后乘以挟沙力百分比 $p_{s,k} = \frac{\left(\frac{p_k}{\omega_{s,k}}\right)^\beta}{\sum_k \left(\frac{p_k}{\omega_{s,k}}\right)^\beta}$，求得分组挟沙力 $S_{*,k} = S_* p_{s,k}$。

计算过程中考虑了各因素在子断面和断面之间的不同，即滩槽含沙量之间的关系。挟沙力横向分布公式为

$$\frac{S_{*k,i,j}}{S_{*k,i}} = \frac{Q_i \cdot S_{*k,i,j}^{(1)^\gamma}}{\sum_j Q_{ij} \cdot S_{*k,i,j}^{(1)^\gamma}}$$

式中，$S_{*kij}^{(1)} = 2.5\left[\frac{(0.0022 + Sv_{ij})U_{ij}^3}{\kappa_{ij}\left(\frac{\gamma_s - \gamma_m}{\gamma_m}\right)_{ij} gh_{i,j}\omega_{kij}}\ln\left(\frac{h_{ij}}{6D_{50\ i}}\right)\right]^{0.62}$。

含沙量横向分布公式为

$$\frac{S_{k,\,i,\,j}}{S_{k,\,i}}=\frac{Q_i\cdot S_{*\,k,\,i,\,j}^{\ \beta}}{\sum_j Q_{i,\,j}\cdot S_{*\,k,\,i,\,j}^{\ \beta}}$$

水力要素的横向分布公式：水面宽度 $B_i=\sum_j B_{i,\,j}$；过水面积 $A_i=\sum_j A_{i,\,j}$；流量模数 $K_i=\sum_j K_{i,\,j}$；各子断面能坡和断面平均能坡分别为 $J_{i,\,j}=Q_{i,\,j}^{\ 2}/K_{i,\,j}^{\ 2}$, $J_i=Q_i^{\ 2}/K_i^{\ 2}$；各子断面的流量和平均流速分别为 $Q_{i,\,j}=Q_i\times K_{i,\,j}/K_i$、$u_{i,\,j}=Q_{i,\,j}/A_{i,\,j}$，其中：$K_i=\sum_j K_{i,\,j}$，$K_{i,\,j}=A_{i,\,j}h_{i,\,j}^{2/3}/n_{i,\,j}$。泥沙冲淤面积的横向分配按挟沙力的饱和程度进行，$\Delta Z_{b(i,\,j,\,k)}=\dfrac{\alpha_{ijk}\omega_{ijk}B_{ij}(fs_{ijk}S_{ijk}-S_{*ijk})}{\sum\limits_{j=1}^{j\max}\alpha_{ijk}\omega_{ijk}B_{ij}(fs_{ijk}S_{ijk}-S_{*ijk})}\cdot\dfrac{\Delta A_{s(i,\,k)}}{B_{ij}}$。

高含沙水流含沙量高、来沙量大，短时间内会造成河道强烈淤积，河槽冲淤幅度大，断面剧烈变化，形成“高滩深槽”的断面形态。因此，模型对断面进行了概化处理：根据汛前、汛后地形的冲淤对比，将主槽、嫩滩和高滩给定不同的特征代码，不同类型子断面具有不同的初始糙率。糙率不仅与河道的过流能力、水位变化密切相关，而且还影响河道水流的挟沙能力、冲淤状况等，取值的合理与否直接影响水沙演变的计算精度。各断面主槽的初始糙率主要根据糙率随流量变化的一般规律确定，即利用同流量下的水位资料试算糙率，从而确定各河段不同流量级下的糙率变化规律。同时，模拟过程中糙率进一步受河床形态的影响，$n=n_0\left(1-\dfrac{k_1-k_2}{\Delta Z_{b\_\mathrm{dep}\_\max}-\Delta Z_{b\_\mathrm{sco}\_\max}}\right)\sum\Delta Z_{bi}$。

2. 数值格式

通过将式（8.6）代入式（8.3）中，并对式（8.3）、式（8.4）和式（8.5）中的密度项 ρ 进行分离，根据关系式 $\rho=C\rho_{\mathrm{s}}+(1-C)\rho_{\mathrm{w}}$，方程变形可得一维水沙输移耦合方程组

$$\frac{\partial U}{\partial t}+\frac{\partial F}{\partial x}=S \tag{8.13}$$

式中，$U=\begin{bmatrix}A\\Q\\AC_k\end{bmatrix}$，$F=\begin{bmatrix}Q\\\dfrac{Q^2}{A}\\QC_k\end{bmatrix}$，

$$S=\begin{bmatrix}\dfrac{(E-D)}{(1-p_{\mathrm{m}})}+\rho_1q_1\\-gA\dfrac{\partial Z_{\mathrm{s}}}{\partial x}-\dfrac{1}{2}gAh_{\mathrm{p}}\dfrac{1}{\rho}\dfrac{\partial\rho}{\partial x}-g\dfrac{n^2Q\,|Q\,|}{AR^{4/3}}-\dfrac{Q(\rho_0-\rho)(E-D)}{A\rho(1-p_{\mathrm{m}})}+\rho_1q_1u\\E_k-D_k+C_{1,\,k}q_1\end{bmatrix}。$$

采用 Godunov 有限体积法（图 8.13），对浅水方程在控制体内进行时间和空间的双重积分，可得显格式：

$$U_i^{n+1} = U_i^n - \frac{\Delta t}{\Delta x}(\overline{F}_{i+1/2}^n - \overline{F}_{i-1/2}^n) + \overline{S_i^n}\Delta t \tag{8.14}$$

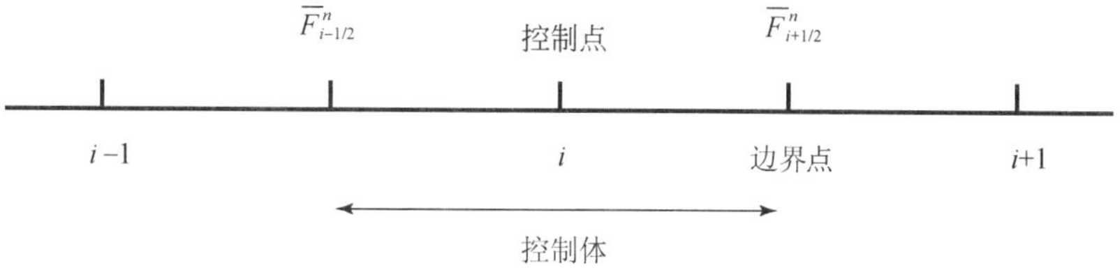

$\overline{F}_{i-1/2}^n$　控制点　$\overline{F}_{i+1/2}^n$

$i-1$　i　边界点　$i+1$

控制体

图 8.13　有限体积法网格划分示意图

采用 HLL（Harten-Lax-Leer）格式计算数值通量的逼近值

$$\overline{F}_{i+1/2}^n = \begin{cases} F_L & 0 \leqslant D_L \\ F_{HLL} & D_L \leqslant 0 \leqslant D_R \\ F_R & 0 \geqslant D_R \end{cases} \tag{8.15}$$

式中，F_L、F_R分别是单元边界左右两侧的函数值；D_L、D_R分别是左波和右波运动速度的近似值（图 8.14）；$F_{HLL} = \dfrac{D_R F_L - D_L F_R + D_R D_L(U_R - U_L)}{D_R - D_L}$。

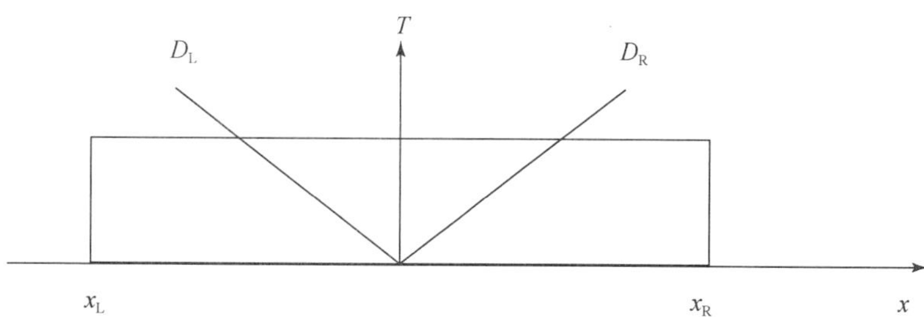

图 8.14　HLL 格式左、右波示意图

有效波速 $D_L = \min(u_L - a_L,\ u_R - a_R)$，

$D_R = \min(u_L + a_L,\ u_R + a_R)$，$a_k = \sqrt{gh_k}(k = L,\ R)$。

计算过程中，HLL 格式需满足 CFL 稳定性的必要条件，即 $\dfrac{\Delta t(\sqrt{gh} + u)}{\Delta x} \leqslant 1$。

3. 泥沙连续方程

在求解泥沙连续方程（8.5）时，一般忽略时变项 $\dfrac{\partial(AC)}{\partial t}$ 而简化为恒定输沙，对泥沙连续方程沿程积分，可得应用十分普遍的含沙量计算公式为

$$C = C_* + (C_0 - C_{0*})e^{-\frac{\alpha\omega L}{Q_b}} + (C_{0*} - C_*)\frac{Q_b}{\alpha\omega L}(1 - e^{-\frac{\alpha\omega L}{Q_b}}) \tag{8.16}$$

式中，$Q_b = Q/B$ 为单宽流量；L 为河段长度；下标 0 为上个单元的变量。

如果不忽略时变项 $\dfrac{\partial(AC)}{\partial t}$，并忽略浑水连续方程里的泥沙沉积项，近似认为 $\partial A/\partial t +$

$\partial Q/\partial x=0$，则推导非恒定输沙公式（8.5）可得

$$\frac{\partial C}{\partial t}+\frac{Q}{A}\frac{\partial C}{\partial x}+\frac{q_1+\alpha\omega B}{A}C-\frac{\alpha\omega B}{A}C_*=0$$

$$\left(\frac{\partial C}{\partial t}+\frac{Q}{A}\frac{\partial C}{\partial x}+\frac{\alpha\omega B}{A}C-\frac{\alpha\omega B}{A}C_*=0\right) \tag{8.17}$$

令 $\frac{q_1+\alpha\omega B}{A}C-\frac{\alpha\omega B}{A}C_*=e^{\Theta-\frac{q_1+\alpha\omega B}{A}t}\left(\frac{\alpha\omega B}{A}C-\frac{\alpha\omega B}{A}C_*=e^{\Theta-\frac{\alpha\omega B}{A}t}\right)$，则式（8.17）可以化成关于 Θ 的输运方程形式：

$$\frac{\partial\Theta}{\partial t}+\frac{Q}{A}\frac{\partial\Theta}{\partial x}=0 \tag{8.18}$$

用特征线法解方程式（8.18）。有 $\Theta=f(x-Q\times t/A)$，其中，$f(x)$ 为待定函数，则

$$C=\frac{A}{q_1+\alpha\omega B}e^{f\left(x-\frac{Q}{A}t\right)-\frac{q_1+\alpha\omega B}{A}t}+\frac{\alpha\omega B}{q_1+\alpha\omega B}C_* \tag{8.19}$$

$$\left(C=\frac{A}{\alpha\omega B}e^{f\left(x-\frac{Q}{A}t\right)-\frac{\alpha\omega B}{A}t}+\frac{\alpha\omega B}{\alpha\omega B}C_*\right)$$

由 $t=0$ 时刻的初始条件代入（8.19）得

$$[C]_x^0=\frac{A}{q_1+\alpha\omega B}e^{f(x)}+\left[\frac{\alpha\omega B}{q_1+\alpha\omega B}C_*\right]_x^0 \tag{8.20}$$

$$\left([C]_x^0=\frac{A}{\alpha\omega B}e^{f(x)}+\left[\frac{\alpha\omega B}{\alpha\omega B}C_*\right]_x^0\right)$$

解出 $f(x)$ 的表达式有

$$f(x)=\ln\left\{\frac{q_1+\alpha\omega B}{A}\left([C-C_*]_x^0+\left[\frac{q_1}{q_1+\alpha\omega B}C_*\right]_x^0\right)\right\} \tag{8.21}$$

将式（8.21）代入式（8.20）后得

$$[C]_x^t=[C_*]_x^t+[C-C_*]_{x-\frac{Q}{A}t}^0e^{-\frac{q_1+\alpha\omega B}{A}t}+\left[\frac{q_1}{q_1+\alpha\omega B}C_*\right]_{x-\frac{Q}{A}t}^0e^{-\frac{q_1+\alpha\omega B}{A}t}-\left[\frac{q_1}{q_1+\alpha\omega B}C_*\right]_x^t \tag{8.22}$$

$$\left([C]_x^t=[C_*]_x^t+[C-C_*]_{x-\frac{Q}{A}t}^0e^{-\frac{\alpha\omega B}{A}t}+\left[\frac{1}{\alpha\omega B}C_*\right]_{x-\frac{Q}{A}t}^0e^{-\frac{\alpha\omega B}{A}t}-\left[\frac{1}{\alpha\omega B}C_*\right]_x^t\right)$$

假设式（8.17）中出口断面的挟沙力 $[C_*]_x^t$ 与进口断面的挟沙力 $[C_*]_{x-\frac{Q}{A}t}^t$ 相等，则式（8.22）可以变形为

$$[C]_x^t=[C_*]_x^t+[C-C_*]_{x-\frac{Q}{A}t}^0e^{-\frac{q_1+\alpha\omega B}{A}t}-\left[\frac{q_1}{q_1+\alpha\omega B}C_*\right]_x^t\left(1-e^{-\frac{q_1+\alpha\omega B}{A}t}\right) \tag{8.23}$$

$$\left([C]_x^t=[C_*]_x^t+[C-C_*]_{x-\frac{Q}{A}t}^0e^{-\frac{\alpha\omega B}{A}t}-\left[\frac{1}{\alpha\omega B}C_*\right]_x^t\left(1-e^{-\frac{\alpha\omega B}{A}t}\right)\right)$$

该式仅适用于均匀沙，即流速 ω 为常数。将该式推广应用于非均匀沙时，应用非均匀沙平均浑水沉速 $\overline{\omega}$ 代替。

4. 源项

许为厚与潘存鸿提出了“水位方程法”，能较好地解决这一问题。本模型采取这种方

法处理源项。

$$B=\sum_{1}^{i-1}B_i,\ A=\sum_{1}^{i-1}A_i$$

5. 床沙级配调整

1）冲刷

a. 悬沙级配

冲刷过程中悬沙级配 P_i 的计算公式为

$$P_i=\frac{P_{0i}-\lambda P_i^*}{1-\lambda} \tag{8.24}$$

式中，P 为悬沙级配；下标 i 为第 i 组粒径；P_{0i} 为进口断面的悬沙级配；P_i 为出口断面的悬沙级配；λ 为冲刷百分比；P_i^* 为补给的悬移质级配，$P_i^*=R_{0i}\dfrac{1-(1-\lambda^*)^{\left(\frac{\omega_{zh}}{\omega_i}\right)^\beta}}{\lambda^*}$。

式中，R_{0i} 为河床质级配；β 为常数（冲刷时取 0.75）；ω 为泥沙沉速，冲刷的有效沉速 ω_{zh} 由下式计算：

$$\frac{\sum_{i=1}^{n}R_{0i}\left[1-(1-\lambda^*)^{\left(\frac{\omega_{zh}}{\omega_i}\right)^\beta}\right]}{\lambda^*}=1 \tag{8.25}$$

λ^* 为冲刷厚度 Δh 与参与交换的床沙有效深度 h 之比，根据谢鉴衡对黄河下游的资料分析，认为参与交换的床沙有效深度可以取为冲刷厚度加 1 米：

$$h=\Delta h+1$$

$$\lambda^*=\frac{\Delta h}{\Delta h+1}=\frac{Q(S-S_0)\Delta t}{Q(S-S_0)\Delta t+B\Delta x\rho_s} \tag{8.26}$$

b. 床沙级配

冲刷过程中床沙级配的变化为

$$R_i=R_{0i}\frac{(1-\lambda^*)^{\left(\frac{\omega_{zh}}{\omega_i}\right)^\beta}}{1-\lambda^*} \tag{8.27}$$

式（8.27）中，ω_{zh} 由下式计算：

$$\frac{\sum_{i=1}^{n}R_{0i}(1-\lambda^*)^{\left(\frac{\omega_{zh}}{\omega_i}\right)^\beta}}{1-\lambda^*}=1 \tag{8.28}$$

2）淤积

a. 悬沙级配

淤积过程中悬沙级配的计算公式为

$$P_i=P_{0i}\frac{(1-\lambda)^{\left(\frac{\omega_i}{\omega_{zh}}\right)^\beta}}{1-\lambda} \tag{8.29}$$

式中，λ 为淤积百分比；β 为常数（淤积时取 0.75）。

淤积时的有效沉速 ω_{zh} 按下式计算：

$$\frac{\sum_{i=1}^{n} P_{0i}\,(1-\lambda)^{\left(\frac{\omega_i}{\omega_{zh}}\right)^{\beta}}}{1-\lambda}=1 \tag{8.30}$$

b. 床沙级配

淤积过程中床沙级配的计算公式为

$$R_i=\frac{P_{0i}}{\lambda}\left[1-(1-\lambda)^{\left(\frac{\omega_i}{\omega_{zh}}\right)^{\beta}}\right] \tag{8.31}$$

6. 断面漫滩

黄河河道大部分断面都存在大堤和生产堤，一般中小洪水在生产堤内演进，特大洪水则漫过生产堤。河道断面由主槽、嫩滩和高滩组成，嫩滩与高滩由生产堤隔离。不连续性的生产堤，将滩区分成众多闭合、非闭合的小区域，对洪水的滩槽交换具有显著影响。为考虑生产堤对漫滩洪水传播的影响，将生产堤的作用简化为三种情况：①洪水漫过生产堤后在滩区滞蓄，漫滩水流携带的泥沙沉积在滩区；②当滩地蓄滞水量超过生产堤高度时，滩区水量逐步回归主槽，水流由生产堤外回归生产堤内；③当主槽水位超过生产堤高度时，生产堤内外连成一片。此外，部分断面的主槽高程大于堤后的滩地高程，形成“二级悬河”。对“二级悬河”断面，保证主槽及嫩滩先过流，在满足主槽及嫩滩过流且水位高于生产堤高程后，滩地才漫滩过流。模型充分考虑了黄河滩地上生产堤对水沙演进的影响，即洪水涨落过程中生产堤对水沙的影响。此外，部分断面的主槽高程大于堤后的滩地高程，在程序中，对“二级悬河”断面保证主槽及嫩滩先过流，在满足主槽及嫩滩过流且水位高于生产堤高程后，滩地才漫滩过流。

8.3.2　场次洪水验证：巴彦高勒—头道拐河段

模型构建完成后，经过大量室内实验的案例验证，充分验证了模型在模拟河道形态和水流流态剧烈变化下的能力：河道收缩-扩展相间段的水位、复式河道内模拟流速横向分布、突然扩展或陡坎附近急流（如弗如德数 $Fr=u_{cs}/\sqrt{gh_{cs}}>1$）的水跃模拟，在此不赘述。本节针对黄河上游内蒙古河段（巴彦高勒—头道拐河段和三湖河口—头道拐河段）进行模型的验证应用。

巴彦高勒—头道拐河段长约465km，地形资料采用2004年共51个实测大断面；上边界条件为2008年巴彦高勒的水沙过程（全年），如图8.15所示，下边界条件为头道拐的水位流量关系。由图8.15可知，巴彦高勒站洪水的含沙量较小，最大日均含沙量为14kg/m³，模型计算过程中考虑的孔兑入口水沙包括罕台川、哈德门沟、毛不拉孔兑和西柳沟，如图8.16所示，罕台川孔兑水沙的最大日均流量为170m³/s，最大日均含沙量为120kg/m³，水沙量均较大；而在毛不拉孔兑，流量较小（仅15m³/s）而含沙量较大（约为160kg/m³）；在西柳沟，流量较大（117m³/s）而含沙量较小（约为55kg/m³）。

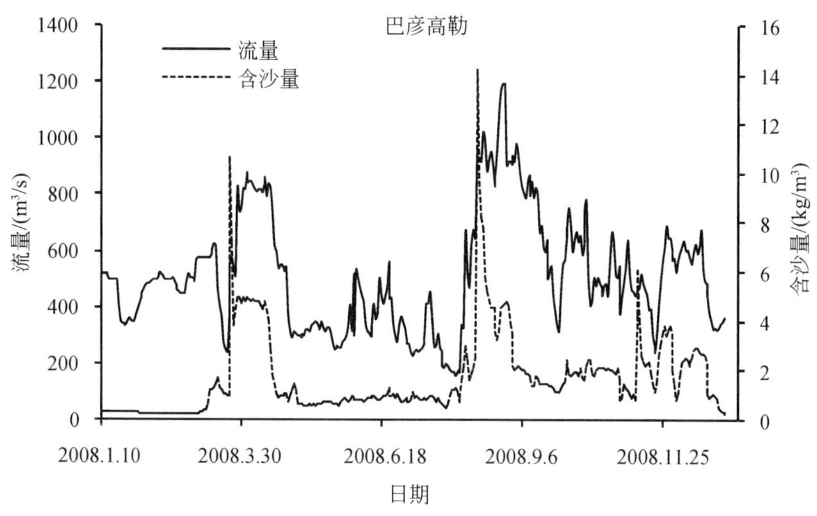

图 8.15　巴彦高勒站的入口水沙过程

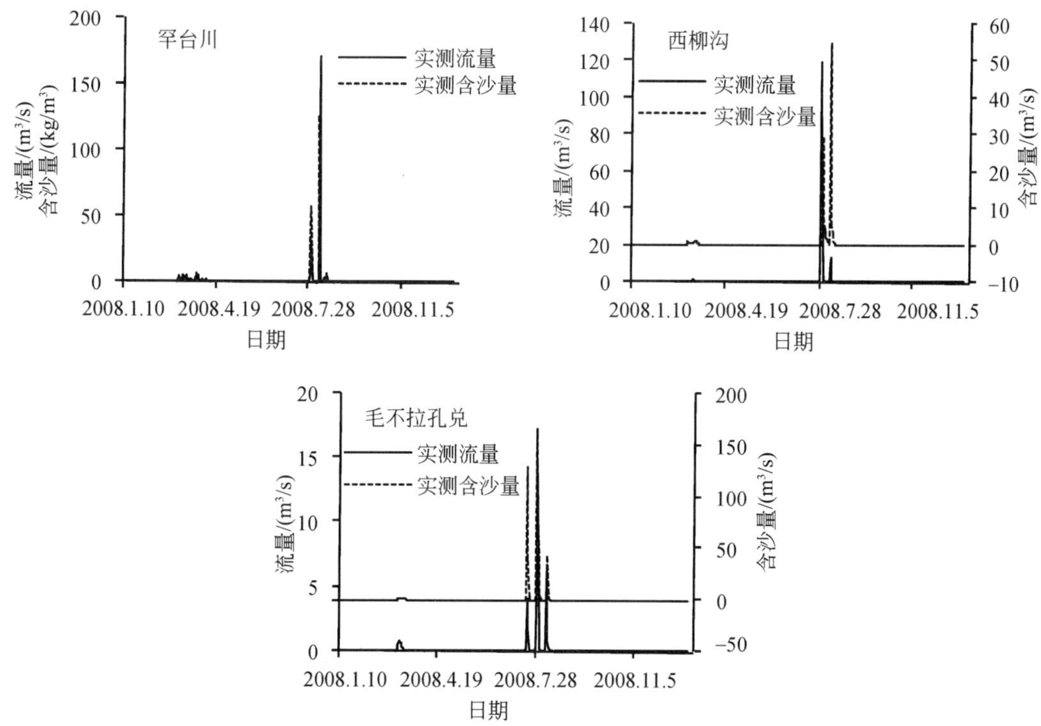

图 8.16　罕台川、西柳沟、毛不拉孔兑在 2008 年的流量、含沙量过程

模拟计算结果如图 8.17 所示，流量、含沙量模拟结果合理。

三湖河口—头道拐，河段长约 276km，地形资料采用 2004 年共实测断面数据 30 组；上边界条件为 2008 年三湖河口流量、含沙量（8 ~ 10 月），如图 8.18 所示，下边界条件为头道拐站的水位流量关系。

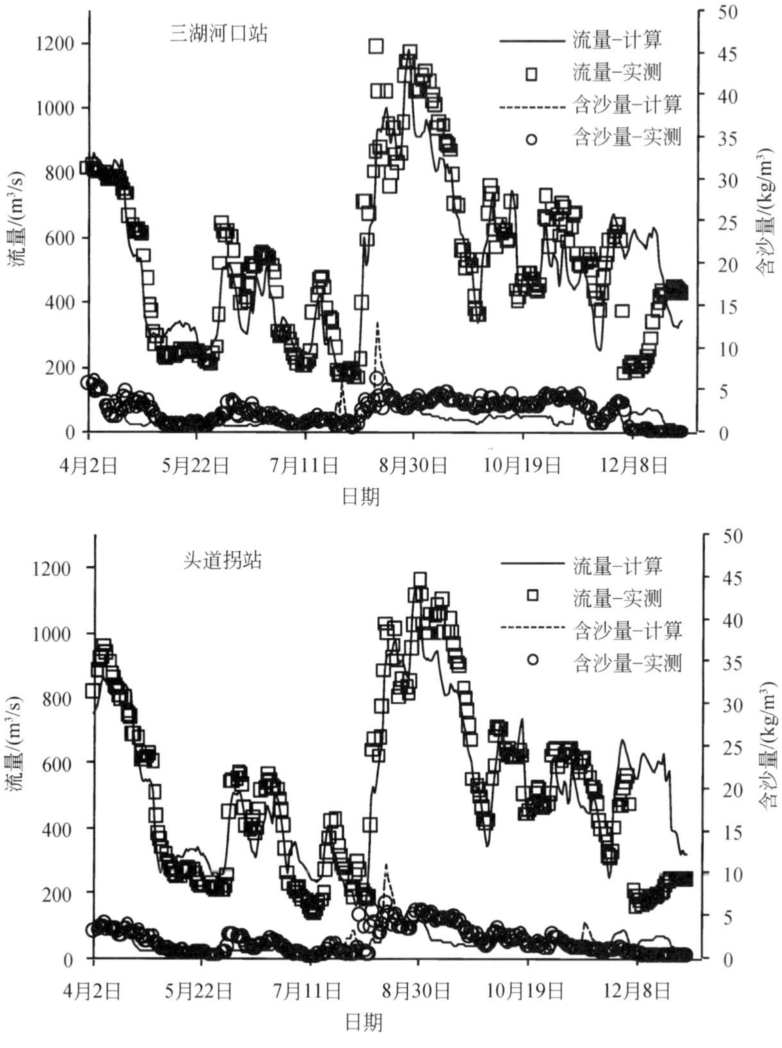

图 8.17　三湖河口站和头道拐站的流量、含沙量模拟

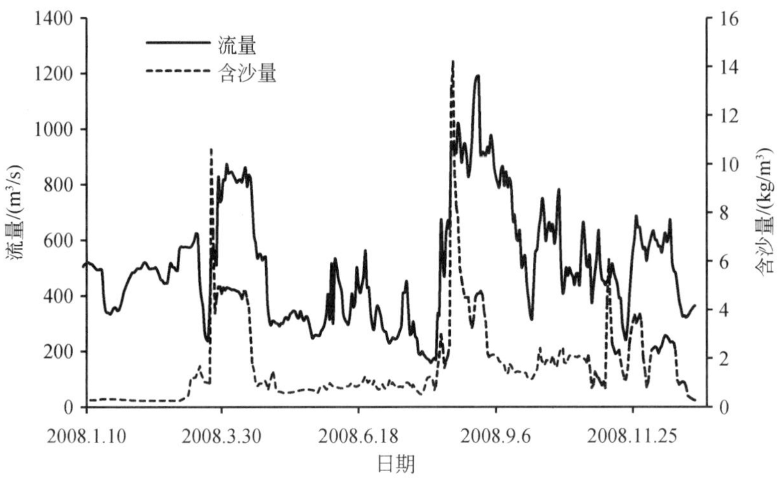

图 8.18　三湖河口站的流量和含沙量

模拟的头道拐站流量、含沙量如图 8.19 所示。在该时段，输沙量法计算冲淤量为 -0.00569亿 t，模拟计算冲淤量为-0.00555 亿 t。

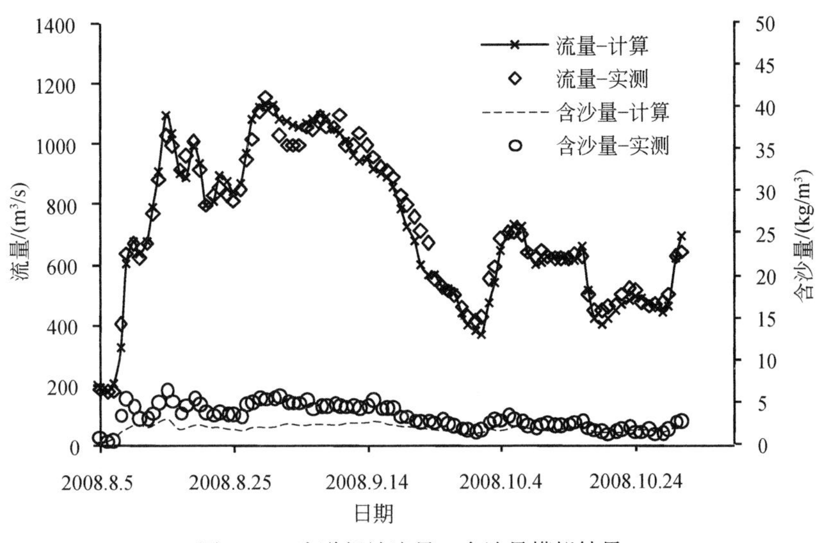

图 8.19　头道拐站流量、含沙量模拟结果

8.3.3　预期可控洪水的模拟

基于上述水沙数学模型和洪水验证计算时的参数取值，此处一共计算了 8 种情景的泥沙冲淤及分组冲淤，即水库下泄流量分别为 $4000m^3/s$ 和 $3000m^3/s$，每组流量包含 3 种含沙量，分别是 $2.5kg/m^3$、$0.175kg/m^3$ 和 $0.01kg/m^3$。情景一至情景六的模拟计算中，考虑了洪峰过程中刘家峡水库以下河段河道冲淤、引水退水和支流入汇的影响，取 8.2 节 1972 ~ 1989 年 34 次洪峰过程中主要支流和引退水的水沙平均值（表 8.12），至巴彦高勒站的水沙条件按上节方法估算出。第七种情景和第八种情景中，水库下泄流量分别为 $4000m^3/s$ 和 $3000m^3/s$，含沙量均为 $0.01kg/m^3$，不考虑引水退水和支流入汇，但考虑巴彦高勒以上河道冲淤的影响，按 8.2 节方法估算，而且假定下泄洪水传播至巴彦高勒站时，流量仍然是 $4000m^3/s$ 和 $3000m^3/s$。粒径组划分按照<0.005mm、0.005 ~ 0.05mm、0.05 ~ 0.1mm 和>0.1mm 四组。上游水库下泄流量、含沙量及至巴彦高勒站的流量、含沙量和泥沙组成情况如表 8.13 所示。考虑到孔兑实测数据较少，这里没有考虑孔兑的入流，但是考虑了沿程的退水和支流。此外，计算过程中初始地形采用 2004 年巴彦高勒—头道拐河段的地形资料。

表 8.12　上游水库下泄洪水期间刘家峡至巴彦高勒站区间支流及引退水沙特征值

情景	引退水量/亿 m^3	支流总水量/亿 m^3	输沙总量/万 t	分组粒径所占百分比/%			
				<0.005mm	0.005 ~ 0.05mm	0.05 ~ 0.1mm	>0.1mm
一 ~ 六	0.49	0.01	3.60	25.60	53.88	15.60	4.93

表 8.13　上游水库下泄及巴彦高勒站的预期可控洪水的水沙特征值

情景	水库下泄		巴彦高勒站					
	流量/(m^3/s)	平均含沙量/(kg/m^3)	平均流量/(m^3/s)	平均含沙量/(kg/m^3)	分组粒径所占百分比/%			
					<0.005mm	0.005～0.05mm	0.05～0.1mm	>0.1mm
一	4000	2.5	3664.38	10.23	12.55	64.46	18.59	4.40
二	4000	0.175	3664.38	8.81	10.51	63.99	20.47	5.02
三	4000	0.01	3664.38	8.60	10.26	63.85	20.76	5.13
四	3000	2.5	2664.38	8.06	16.25	62.58	17.08	4.10
五	3000	0.175	2664.38	7.08	14.09	62.68	18.63	4.6
六	3000	0.01	2664.38	6.97	13.86	62.66	18.82	4.66
七	4000	0.01	4000	5.37	4.46	59.94	27.86	7.73
八	3000	0.01	3000	4.04	5.93	60.01	26.56	7.51

预期可控洪水在巴彦高勒—头道拐河道的计算冲淤量，如图 8.20 和图 8.21 所示。图中计算值为模型模拟计算，而模拟值则指根据 8.2 节统计模型估算得到的河道冲淤量。由图可知，在上游水库下泄 4000m^3/s 和 3000m^3/s 流量的情况下，下游巴彦高勒—头道拐河道均呈现冲刷状态，河道的冲刷量分别为 500 万～1300 万 t 和 500 万～800 万 t。而在各粒

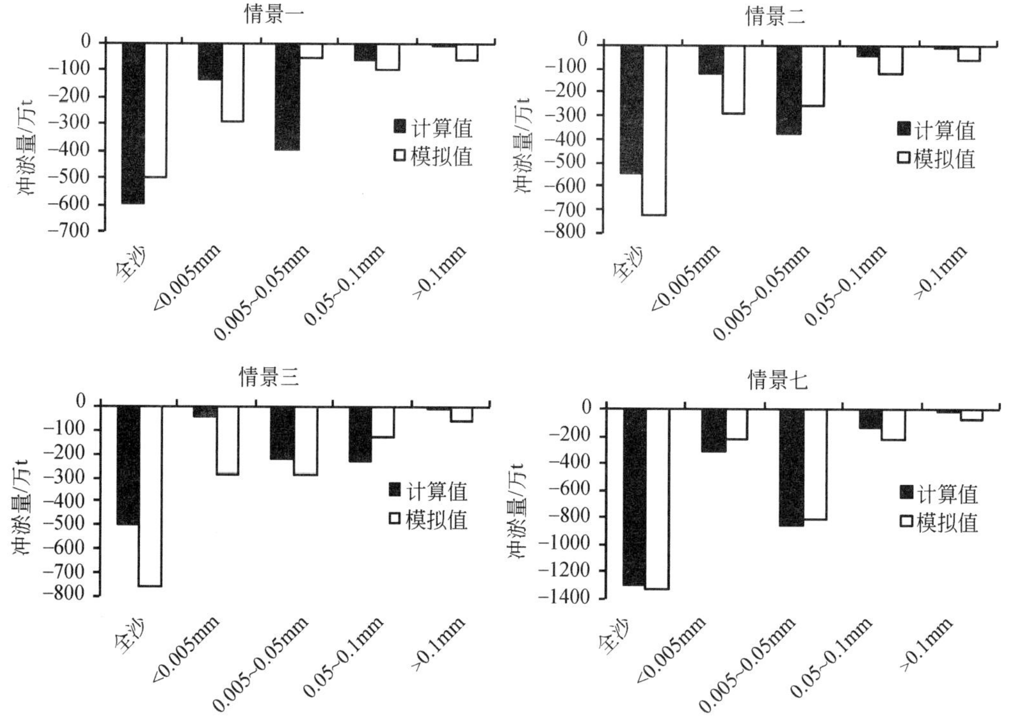

图 8.20　巴彦高勒—头道拐河段的冲淤及分组冲淤（流量为 4000m^3/s）

径组中，0.005 ~ 0.05mm 的冲刷量最大，水库下泄流量为 4000m^3/s 时该组泥沙的冲刷量约占河道总冲刷量的 61%，而在水库下泄流量为 3000m^3/s 时，该组泥沙的冲刷量约占河道总冲刷量的 65%。需要指出的是，在情景七中粒径组 0.05 ~ 0.1mm 的冲刷量最大，约占巴彦高勒—头道拐河道冲刷量的 66%。此外，在情景七和情景八中，各粒径组的冲刷量均大于其他各情景，表明巴彦高勒以上河道冲淤、引水退水和支流入汇等对沿程冲淤具有一定影响。

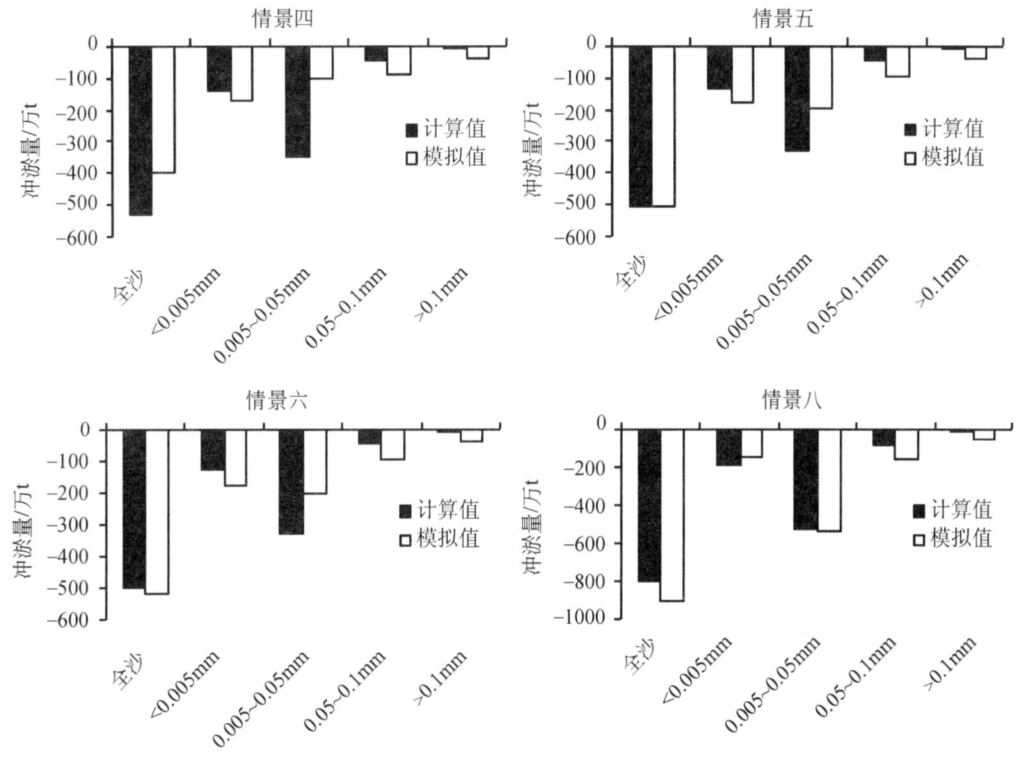

图 8.21　巴彦高勒—头道拐河段的河段冲淤及分组冲淤（流量为 3000m^3/s）

8.4　洪-床-岸相互作用 2-D 洪峰 CFD 动力学模型模拟

黄河宁蒙河段属于宽浅型河段，采用二维模型可以更好地反映河床的冲淤变化与横向的演变过程。模型包括径流模型、泥沙输运模型及塌岸模型三部分。径流过程采用水深平均的二维浅水方程，并通过离散项考虑横向流动产生的二次效应；悬移质运动采用对流扩散型的非平衡输移模式；推移质运动采用梅耶-彼得-米勒型公式计算输沙量，并考虑了二次流、横向剪切力及斜坡效应。把岸坡侵蚀分为冲蚀和塌岸两个过程分别计算，并通过岸边单元的沙量平衡给出了岸线演进的计算方法。

8.4.1 径流 FHS 模式

在径流 FHS 模式方面考虑到宁蒙河段谷宽河浅的基本特性，通过求解垂向深度平均的雷诺近似的 N-S 方程，得到 x 与 y 方向深度平均的流速。深度平均的雷诺近似的动量方程及连续方程为

$$\frac{\partial(h\bar{u})}{\partial t}+\frac{\partial(h\bar{u}^2)}{\partial x}+\frac{\partial(D_{uu})}{\partial x}+\frac{\partial(h\bar{u}\bar{v})}{\partial y}+\frac{\partial(D_{uv})}{\partial y}=-gh\frac{\partial\eta}{\partial x}+\frac{\partial(h\tau_{xx})}{\partial x}+\frac{\partial(h\tau_{xy})}{\partial y}-\tau_{bx} \tag{8.32}$$

$$\frac{\partial(h\bar{v})}{\partial t}+\frac{\partial(h\bar{u}\bar{v})}{\partial x}+\frac{\partial(D_{uv})}{\partial x}+\frac{\partial(h\bar{v}^2)}{\partial y}+\frac{\partial(D_{vv})}{\partial y}=-gh\frac{\partial\eta}{\partial y}+\frac{\partial(h\tau_{yx})}{\partial x}+\frac{\partial(h\tau_{yy})}{\partial y}-\tau_{by} \tag{8.33}$$

$$\frac{\partial h}{\partial t}+\frac{\partial(h\bar{u})}{\partial x}+\frac{\partial(h\bar{v})}{\partial y}=0 \tag{8.34}$$

式中，$\bar{u}$ 与 $\bar{v}$ 分别为 x 与 y 方向深度平均流速；t 为时间；η 为水位；h 为水深；g 为重力加速度；τ_{bx} 与 τ_{by} 分别为流向与横向的河道底部切应力，由曼宁系数按 $\tau_{bx}=n^2g/h^{\frac{1}{3}}\bar{u}U$ 和 $\tau_{by}=n^2g/h^{\frac{1}{3}}\bar{v}U$ 计算，U 为深度平均的总流速；τ_{xx}，τ_{xy}，τ_{yy}，τ_{yx} 是深度平均的雷诺应力项，表达式为 $\tau_{xx}=2v_t\partial\bar{u}/\partial x$，$\tau_{yy}=2v_t\partial\bar{v}/\partial y$，$\tau_{xy}=\tau_{yx}=v_t(\partial\bar{u}/\partial y+\partial\bar{v}/\partial x)$，其中，$v_t$ 为紊动黏性系数；D_{uu}，D_{uv} 和 D_{vv} 为离散项，由深度平均流速与迪卡尔坐标系下真实流速之间的差异而产生，可利用如下流向与横向流速计算离散项：

$$\begin{aligned}D_{uu}&=\int_{z_0}^{z_0+h}\rho_m(u-\bar{u})^2\mathrm{d}z\\ D_{uv}&=\int_{z_0}^{z_0+h}\rho_m(u-\bar{u})(v-\bar{v})\mathrm{d}z\\ D_{vv}&=\int_{z_0}^{z_0+h}\rho_m(v-\bar{v})^2\mathrm{d}z\end{aligned} \tag{8.35}$$

式中，z_0 为流速为零处的高度。

本研究采取深度平均抛物涡黏性模型，深度平均的涡黏性按下式计算：

$$v_t=\frac{1}{6}\kappa u_*h \tag{8.36}$$

式中，u_* 为剪切速度；κ 为冯卡门常数。

在洪床相互作用中，由于各种较强二次流的存在，真实流速与深度平均速度之差的积分量不可忽略，因此，在动量方程中增加了四个离散项。假定流向速度满足沙粒床面上均匀流的对数分布律（Kironoto and Graf，1994），可以推导离散项的表达式。流向速度的表达式为

$$\frac{u_1}{\bar{u}_1}=\frac{\frac{1}{k}\ln\left(\frac{z+z_0}{k_s}\right)+B}{\frac{1}{k}\left(\ln\frac{h}{k_s}-1+\frac{k_s}{h}\right)+B\left(1-\frac{k_s}{h}\right)} \tag{8.37}$$

式中，u_1 和 $\bar{u}_1$ 分别为流向及深度平均的流向速度；z 和 z_0 为从床底算起的实际及参考水位；h 为水深；$\kappa=0.41$ 为冯卡门常数；k_s 为粗糙常数，等于泥沙平均粒径；B 为积分常数，典型的数值为 8.48 ±0.9。二次流的横向流速分布假设按线性分布，采用 Odgaard（1989）建议的模型：

$$v_r=\bar{v}+2v_s\left(\frac{z}{h}-\frac{1}{2}\right) \tag{8.38}$$

式中，v_r，$\bar{v}$ 和 v_s 分别是横向流速、深度平均的横向流速和水面上的横向流速。Engelund（1974）推导了底部切应力的偏斜角，给出：

$$\left(\frac{\tau_r}{\tau_1}\right)_b\approx\left(\frac{v_r}{u_1}\right)_b=7.0\frac{h}{r} \tag{8.39}$$

式中，r 为河道的曲率半径。按式（8.38），水表面及河底二次流与平均横向流速偏移的大小是相等的，因此，式（8.39）也作为表面上的横向流速。流向及横向的离散项可表达为

$$\begin{aligned}D_{uu}^C&=\int_{z_0}^{z_0+h}\rho_m(u_1-\bar{u}_1)^2\mathrm{d}z\\D_{uv}^C&=\int_{z_0}^{z_0+h}\rho_m(u_1-\bar{u}_1)(v_r-\bar{v}_r)\mathrm{d}z\\D_{vv}^C&=\int_{z_0}^{z_0+h}\rho_m(v_r-\bar{v}_r)^2\mathrm{d}z\end{aligned} \tag{8.40}$$

式中，D_{uu}^C，D_{uv}^C，D_{vv}^C 为曲线坐标系下的离散项。把式（8.37）至式（8.39）代入方程（8.40）可得

$$\begin{aligned}D_{uu}^C&=\chi^2\bar{u}_1^2h[-\eta_0\ln\eta_0(\ln\eta_0-2)+2\eta_0(1-\eta_0)(1-\ln\eta_0)-(\eta_0-1)^3]\\D_{uv}^C&=49.0\bar{u}_1^2\frac{h^3}{r^2}\left[-\frac{1}{3}\eta_0{}^3+\frac{1}{2}\eta_0{}^2-\frac{1}{4}\eta_0+\frac{1}{12}\right]\\D_{vv}^C&=3.5C\bar{u}_1^2\frac{h^2}{r}[-\eta_0^2\ln\eta_0+\eta_0\ln\eta_0-\eta_0+\eta_0^3]\end{aligned} \tag{8.41}$$

式中，$\chi=\dfrac{1}{\eta_0-1-\ln\eta_0}$，$\eta_0=\dfrac{z_0}{h}$，为无量纲的零河底高度。如果 θ_1 表示流向与 x 坐标正向的夹角，θ_n 表示横向指向外侧河岸与 x 坐标正向的夹角，那么曲线坐标系下水深平均的流速就可以转换成为笛卡尔坐标系下的流速：

$$\bar{u}=\bar{u}_1\cos\theta_1+\bar{v}_r\cos\theta_n\quad\bar{v}=\bar{u}_1\sin\theta_1+\bar{v}_r\sin\theta_n \tag{8.42}$$

那么笛卡尔坐标下的离散项就可由曲线坐标系下的离散项得出：

$$\begin{aligned}D_{uu}&=D_{uu}^C\cos^2\theta_1+2D_{uv}^C\cos\theta_1\cos\theta_n+D_{vv}^C\cos^2\theta_n\\D_{vv}&=D_{uu}^C\sin^2\theta_1+2D_{uv}^C\sin\theta_1\sin\theta_n+D_{vv}^C\sin^2\theta_n\\D_{uv}&=D_{uu}^C\cos\theta_1\sin\theta_1+D_{uv}^C(\cos\theta_n\sin\theta_1+\sin\theta_n\cos\theta_1)+D_{vv}^C\sin\theta_n\cos\theta_n\end{aligned} \tag{8.43}$$

8.4.2　泥沙输移 STS 模式

1. 悬移质泥沙输移

悬移泥沙输移 STS 模式采用深度平均的对流扩散型方程（Duan and Nanda，2006）：

$$\frac{\partial(h\overline{C})}{\partial t}+\frac{\partial}{\partial x}\left(h\,\overline{u}^2\,\overline{C}^2-\frac{v_t}{\sigma_c}\frac{\partial h\overline{C}}{\partial x}\right)+\frac{\partial}{\partial y}\left(h\,\overline{v}^2\,\overline{C}^2-\frac{v_t}{\sigma_c}\frac{\partial h\overline{C}}{\partial y}\right)-(D_b-E_b)=0 \quad (8.44)$$

式中，$\overline{C}$ 是深度平均的悬移泥沙浓度；D_b 和 E_b 分别为泥沙的沉积和卷吸率，泥沙卷吸率等于平衡条件下悬移泥沙的上浮通量，沉积律等于泥沙由于沉降在近底的下沉量，$D_b-E_b=\alpha\omega(C_*-\overline{C})$，其中，$C_*$ 为水流挟沙率，由于没有宁蒙河段的水流挟沙力公式，所以暂按黄河下游的水流携沙率公式计算（张红武等，2002）：

$$S_*=2.5\left[\frac{(0.0022+S_v)V^3}{\kappa\dfrac{\rho_s-\rho}{\rho}gh\overline{\omega}}\ln\left(\frac{h}{6d_{50}}\right)\right]^{0.62} \quad (8.45)$$

α 决定非平衡的泥沙通量，定义为非平衡悬移泥沙的恢复系数，需要经验调整。

2. 推移质泥沙输运

本研究选择梅耶-彼得-米勒型的推移质公式，单宽输沙率按下式计算：

$$q_b=C_m[(s-1)g]^{0.5}d_{50}^{1.5}(\mu'\tau_*-\tau_{*c})^{1.5} \quad (8.46)$$

式中，$\tau_*=\rho u_*/(\rho_s-\rho)gd_{50}$ 为有效颗粒运动参数；$\tau_{*c}=\tau_c/(\rho_s-\rho)gd_{50}$ 为泥沙起动的临界值，随颗粒雷诺数 $R_e^*=u_*d_{50}/v$ 变化，当 $R_e^*>100$ 时，$\tau_{*c}=0.047$。常系数 $C_m=8.0$，$s=\rho_s/\rho$，ρ 和 ρ_s 分别为水和沙粒的密度。假定没有床面形态，河床形状阻力因子 μ' 取为1。

由于二次流、横向剪切力及横向坡度上重力的影响，推移质的运动会偏离向下的主流方向，把河床底部切应力方向与河道中心线的夹角定义为偏转角，研究表明偏转角与纵向和横向流速的大小、当地的曲率半径、摩擦力等因素有关（Darby and Delbono，2002）。本书采用的偏转角，按如下公式计算：

$$\tan\beta=\frac{u_{br}}{u_{bl}}-\frac{1+\alpha\mu}{\lambda_s\mu}\sqrt{\frac{\tau_{*c}}{\tau_*}}\frac{\partial z_b}{\partial n}=-N_*\frac{h}{r}-\frac{1+\alpha\mu}{\lambda_s\mu}\sqrt{\frac{\tau_{*c}}{\tau_*}}\frac{\partial z_b}{\partial n} \quad (8.47)$$

式中，u_{br} 和 u_{bl} 分别为横向与纵向近底流速；$\alpha=0.85$；$\mu=\tan\phi$；$\lambda_s=0.59$，为摩擦系数；ϕ 为休止角；r 为曲率半径；N_* 为一系数，取值为7.0；$\frac{\partial z_b}{\partial n}$ 为河床横向坡度。因此，笛卡尔坐标系下推移质传输的方向为

$$\begin{bmatrix}a_x\\a_y\end{bmatrix}=\begin{bmatrix}\sin\beta & \cos\beta\\ \cos\beta & -\sin\beta\end{bmatrix}\begin{bmatrix}\sin\theta\\ \cos\theta\end{bmatrix} \quad (8.48)$$

式中，θ 为河道中心线与 x 方向的夹角；β 为偏斜角；a_x 与 a_y 为推移质运动的分量。

在纵向及横向斜坡上沙粒的临界切应力由平坡上临界切应力按下式计算（van Rijn，1989）：

$$\tau_{*c}=K_1K_2\tau_{*c,0} \quad (8.49)$$

式中，τ_{*c} 和 $\tau_{*c,0}$ 分别为斜坡和平坡上的临界切应力；K_1 和 K_2 分别对应于纵坡与横坡的系数，定义如下：

$$\begin{aligned}K_1&=\sin(\phi-\beta_1)/\sin\phi\text{（对于向下倾斜的坡）}\\K_1&=\sin(\phi+\beta_1)/\sin\phi\text{（对于向上倾斜的坡）}\\K_2&=[\cos\beta_2][1-(\tan^2\beta_2/\tan^2\phi)]^{0.5}\end{aligned} \quad (8.50)$$

式中，ϕ 为休止角；β_1 和 β_2 分别为纵向与横向坡角。

3. 河床变形方程

采用近底的泥沙连续方程，可以计算河床高度变化：

$$(1-p)\frac{\partial z_b}{\partial t}+\frac{\partial(q_{bx}+q_{sx})}{\partial x}+\frac{\partial(q_{by}+q_{sy})}{\partial y}=0 \tag{8.51}$$

式中，q_{bx} 和 q_{by} 分别为推移质输沙率在 x 和 y 方向的分量；其 q_{sx} 和 q_{sy} 分别为总悬移质输沙率在 x 和 y 方向的分量。

8.4.3　河岸侵蚀 BES 模式

由于宁蒙河段岸坡为砂质性土壤，塌岸较为频繁，对河道演变的影响较大。岸坡侵蚀包括由于水力作用导致的底部侵蚀和不稳定导致的塌岸两个过程，本模型分别计算底部淘蚀和岸线的进退。

1. 河岸冲蚀

深度平均河岸侵蚀率为冲蚀与沉积的岸坡材料之差（Duan，2005）：

$$\bar{\xi}=E\left(1-\frac{\tau_{bc}}{\tau_{bo}}\right)^{\frac{3}{2}}\sqrt{\tau_{bo}} \tag{8.52}$$

式中，$\bar{\xi}$ 是由于水力侵蚀导致的深度平均的岸坡侵蚀率；τ_{bc} 和 τ_{bo} 分别为岸坡材料的临界切应力和岸脚的实际河底切应力；E 为侵蚀系数，与平均岸坡角度、升力系数、深度平均及平衡悬移泥沙浓度有关，可按下式计算：

$$E=\sin\bar{\delta}\sqrt{\frac{C'_L}{3\rho_S}}\left(1-\frac{C}{C_*}\cos\bar{\delta}\right) \tag{8.53}$$

式中，$\bar{\delta}$ 为平均岸坡角；$C'_L=C_L\ln^2(0.35d/k_s)/k^2$，为升力系数，对于湍流，$C_L=0.178$，为一个常数；$\kappa$ 为卡门常数；k_s 为粗糙高度，等于沙粒的平均尺寸；ρ_S 为沙粒的密度；C 和 C_* 分别为深度平均及平衡的悬移泥沙浓度。河岸冲蚀贡献给主河道的泥沙体积为

$$q_{br}^{b}=\frac{\bar{\xi}(1-p)h_b}{\sin\bar{\delta}} \tag{8.54}$$

式中，q_{br}^{b} 为基础侵蚀对主河道泥沙的净贡献；h_b 为近岸区域的水深。乘以（$1-p$）是考虑到岸坡材料有孔隙率 p 。如果 $\bar{\xi}=0$，河岸不发生侵蚀，近岸悬移泥沙达到平衡值。

2. 非黏性沙的塌岸量

对于非黏性沙，可以采用突然塌岸模型。河流侵蚀使得河底后退，导致河岸顶部不稳定，直到岸坡倾角超过岸坡休止角发生塌岸。在本研究中假设岸坡平行后退，即新形成的岸坡和老岸坡平行（Chen and Duan，2008），因此，塌岸量可按下式计算：

$$q_{\mathrm{br}}^{\mathrm{f}} = \bar{\xi}\Delta h_{\mathrm{bank}}(1-p) \tag{8.55}$$

式中，$q_{\mathrm{br}}^{\mathrm{f}}$ 为单位长度河岸上塌落的泥沙；Δh_{bank} 为水面以上岸坡的高度。

3. 岸线的演进

岸坡侵蚀导致岸线后退，泥沙的近岸沉积导致岸线的推进。沉积物来自侵蚀的岸坡或者上游带来床沙质。预测岸坡的进或退基于近岸控制体内的泥沙平衡，包括来自基底的冲蚀和坍塌，由于沉积导致的泥沙存储，即可控制体的泥沙量。如图 8.22 所示，河岸的进退率可由下式计算（Duan and Julien，2010）：

$$\varepsilon = -\frac{\left(\dfrac{\partial q_l}{\partial l}\dfrac{\mathrm{d}r}{2} + q_{\mathrm{r}} - q_{\mathrm{br}}\right)}{h_{\mathrm{b}}} \tag{8.56}$$

式中，ε 为岸坡侵蚀率，如果 $\varepsilon>0$，岸坡后退，如果 $\varepsilon<0$，岸坡向河中推进；h_{b} 为近岸水深；q_{l} 和 q_{r} 分别为横向和纵向总输沙率；$q_{\mathrm{br}} = q_{\mathrm{br}}^{\mathrm{b}} + q_{\mathrm{br}}^{\mathrm{f}}$，为近岸区由岸坡冲蚀和塌岸产生的总横向泥沙输送量。假设边界单元为三角形断面，dr 为近岸控制体的宽度。由式（8.56）可以看出，当纵向净泥沙输运增加，或泥沙横向运离河岸，或近岸控制体内的净输出泥沙时，河岸发生后退。相反，如果控制体内的净泥沙通量为正，则河岸推进。

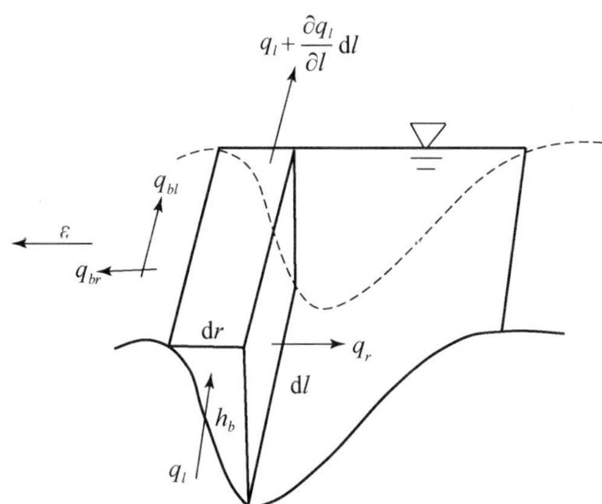

图 8.22　岸坡侵蚀计算的近岸控制体

8.4.4　模型的数值算法

1. 控制方程的统一形式

8.4.1 至 8.4.3 小节内容构成了本书的洪–床–岸相互作用 CFD 动力学模型，模型可以写成如下统一形式：

$$\frac{\partial Q}{\partial t} + \frac{\partial F_x}{\partial x} + \frac{\partial F_y}{\partial y} = \frac{\partial D_x}{\partial x} + \frac{\partial D_y}{\partial y} + S \tag{8.57}$$

式中，t 为时间；x 和 y 为卡迪尔坐标；Q 为守恒变量；F_x 和 F_y 为 x 和 y 方向的对流通量；D_x

和 D_y 为 x 和 y 方向的扩散通量；S 为源项，包括河床摩擦项、河底坡度项、离散项。各项具体表达如下。

$$
Q=\begin{bmatrix} h \\ h\bar{u} \\ h\bar{v} \\ h\bar{C} \\ z_{\mathrm{b}} \end{bmatrix},\quad
F_x=\begin{bmatrix} h\bar{u} \\ h\,\bar{u}\,\bar{u}+gh^2/2 \\ h\,\bar{u}\,\bar{v} \\ h\bar{u}\bar{C} \\ \dfrac{1}{1-p}h\bar{u}\bar{C} \end{bmatrix},\quad
F_y=\begin{bmatrix} h\bar{v} \\ h\,\bar{v}\,\bar{u} \\ h\,\bar{v}\,\bar{v}+gh^2/2 \\ h\bar{v}\bar{C} \\ \dfrac{1}{1-p}h\bar{v}\bar{C} \end{bmatrix},
$$

$$
D_x=\begin{bmatrix} 0 \\ 2hv_{\mathrm{t}}\dfrac{\partial\bar{u}}{\partial x} \\ hv_{\mathrm{t}}\left(\dfrac{\partial\bar{u}}{\partial y}+\dfrac{\partial\bar{v}}{\partial x}\right) \\ 0 \\ 0 \end{bmatrix},\quad
D_y=\begin{bmatrix} 0 \\ hv_{\mathrm{t}}\left(\dfrac{\partial\bar{u}}{\partial y}+\dfrac{\partial\bar{v}}{\partial x}\right) \\ 2hv_{\mathrm{t}}\dfrac{\partial\bar{v}}{\partial y} \\ 0 \\ 0 \end{bmatrix},\tag{8.58}
$$

$$
S=\begin{bmatrix} 0 \\ -\dfrac{\partial z_{\mathrm{b}}}{\partial x}-n^2g/h^{\frac{1}{3}}\bar{u}U-\dfrac{\partial D_{uu}}{\partial x}-\dfrac{\partial D_{uv}}{\partial y} \\ -\dfrac{\partial z_{\mathrm{b}}}{\partial y}-n^2g/h^{\frac{1}{3}}\bar{v}U-\dfrac{\partial D_{uv}}{\partial x}-\dfrac{\partial D_{vv}}{\partial y} \\ q_{\mathrm{b}x} \\ -\dfrac{1}{1-p}\dfrac{\partial q_{\mathrm{b}x}}{\partial x}-\dfrac{1}{1-p}\dfrac{\partial q_{\mathrm{b}y}}{\partial y} \end{bmatrix}
$$

式中，h 为水深；$\bar{u}$与 $\bar{v}$分别为 x 与 y 方向深度平均流速；$\bar{C}$为水深平均浓度；z_{b} 为河床高程；g 为重力加速度；U 为深度平均的总流速；v_{t} 为紊动黏性系数；n 为河床糙率；D_{uu}，D_{uv} 和 D_{vv} 为离散项；p 为河岸材料的孔隙率。

2. 网格系统

由于实际河道的形态相当复杂，所以，为了很好地适应对河道复杂边界的描述，采用非结构的三角形网格系统，并根据需要对不同部位采用不同的网格密度，如图 8.23 所示。

3. 数值方法

在任意单元内，式（8.57）的积分形式为

$$
\int_{\Omega}\frac{\partial Q}{\partial t}\mathrm{d}\Omega+\int_{\Omega}\left(\frac{\partial F_x}{\partial x}+\frac{\partial F_y}{\partial y}\right)\mathrm{d}\Omega=\int_{\Omega}\left(\frac{\partial D_x}{\partial x}+\frac{\partial D_y}{\partial y}\right)\mathrm{d}\Omega+\int_{\Omega}S\mathrm{d}\Omega \tag{8.59}
$$

应用散度理论，式（8.59）可变为

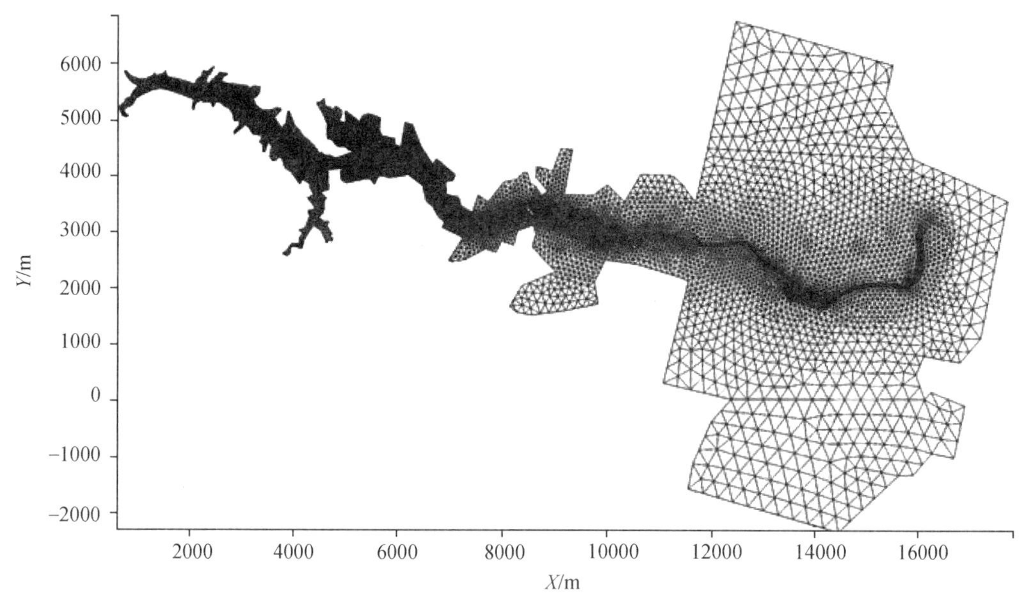

图 8.23　局部加密的非结构网格系统示意图

$$\int_{\Omega} \frac{\partial Q}{\partial t} d\Omega + \oint_{\Gamma} (F \cdot n) \mathrm{d}\Gamma = \oint_{\Gamma} (D \cdot n) \mathrm{d}\Gamma + \int_{\Omega} S \mathrm{d}\Omega \tag{8.60}$$

式中，Ω 和 Γ 分别为控制体体积和容积边界，在二维情形下表示单元的面积及边长（图 8.24）；n 为边界的外法线方向；$F \cdot n$ 为边界通量。

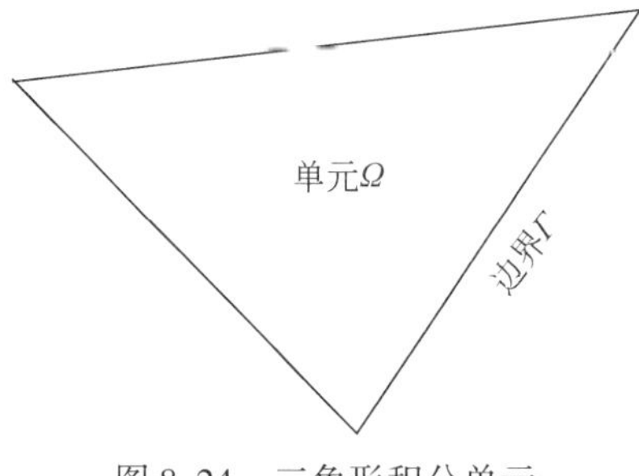

图 8.24　三角形积分单元

时间离散上采用两阶精度的 TVD 龙格-库塔方案，这是一个两步显式方案：

$$Q^{*} = Q^{n} + \Delta t L(Q^{n})$$

$$Q^{n+1} = \frac{1}{2} Q^{n} + \frac{1}{2} Q^{*} + \frac{1}{2} \Delta t L(Q^{n}) \tag{8.61}$$

式中，Q^n 和 Q^{n+1} 分别为在时间 n 和 $n+1$ 时的 Q；Q^* 为中间变量；算子 $L(Q)$ 代表方程中的其他项。

为了构建 Godunov 型基于单元中心的方案，对于任意单元对流项通量可以按下式计算：

$$\oint_{\Gamma}(F \cdot n)\mathrm{d}\Gamma = \sum_{k=1}^{n_b} F_k(Q) \cdot n_k l_k \tag{8.62}$$

式中，k 为单元边的指标；l_k 为边长；n_b 为本单元边的数目；$F_k(Q) \cdot n_k$ 为黎曼算子，用于计算质量与动量的界面通量。本书采用 HLLC 近似算法，该法根据两个特征波把特征区域分割，如图 8.25 所示，根据不同区域分别计算通量。

$$F_k(q) \cdot n_k = \begin{cases} F^{L} & if \quad 0 \leqslant S^{L}, \\ F_{*}^{L} & if \quad S^{L} \leqslant 0 \leqslant S^{M}, \\ F_{*}^{R} & if \quad S^{M} \leqslant 0 \leqslant S^{R}, \\ F^{R} & if \quad S^{R} \leqslant 0 \end{cases} \tag{8.63}$$

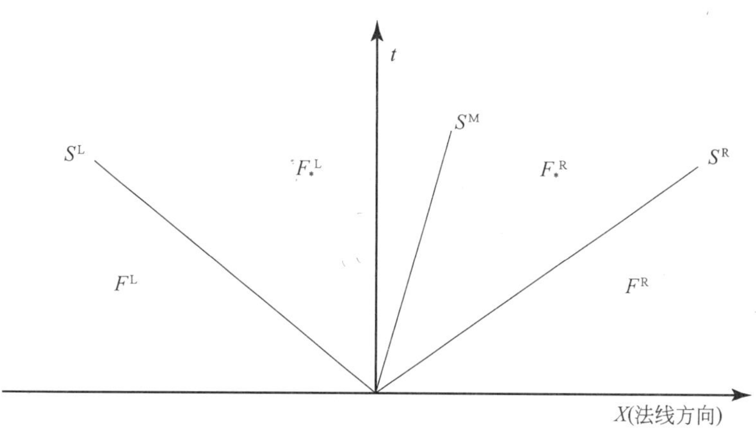

图 8.25　特征平面

式中，S^L，S^R，S^M 分别为左、右及星号区的波速。计算的详细信息见文献 Toro（2009）。

扩散通量按中心差分方案计算：

$$\oint_{\Gamma}(D \cdot n)\mathrm{d}\Gamma = \sum_{k=1}^{n_b} D(Q_k) \cdot n_k l_k \tag{8.64}$$

式中，Q_k 为内插得到的守恒变量。

关于干湿边界及坡度源项等具体的处理办法参见 Yu 和 Duan（2012）、Hou 等（2013a，2013b）。

8.4.5　典型河段典型洪水过程 2-D 数值模拟结果

1. 模拟范围

由于缺乏实测资料，所用地形数据是从谷歌地球上获取的，并根据大断面资料进行了适当的修正。模拟范围从巴彦高勒到包头，总长 250 多千米，如图 8.26 所示。

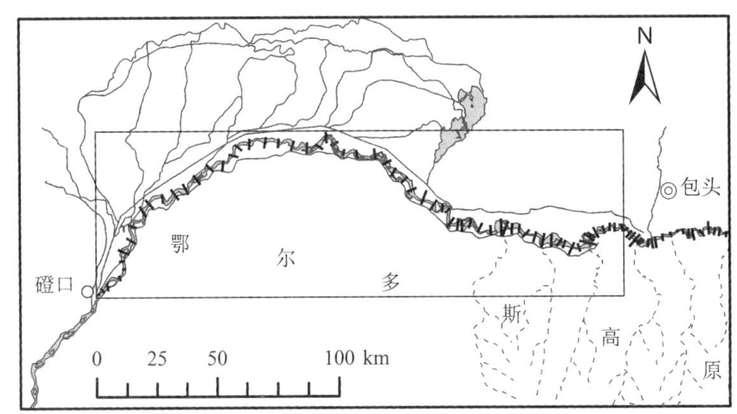

图 8.26　研究区域和模拟范围（方框内部）以及地形控制断面（粗黑短线）分布

2. 计算条件

泥沙密度取 2650.0kg/m^3，悬移质中值粒径为 d_{s50}=0.05mm，推移质中值粒径为 d_{b50}=0.18mm。摩阻系数用曼宁系数，取 0.023。

初始条件：将 916m^3/s 的流量和 4kg/m^{3}的含沙量运行计算直至稳定收敛后作为后续模拟的初始条件。

边界条件：左边为入流边界条件，分为流量，水位入流和悬移质泥沙入流，具体采用 2012 年 7 月 21 日到 2012 年 9 月 22 日 3 个月的洪水过程作为入流边界，流量过程如图 8.27所示。2012 年的洪水是近年来宁蒙河段发生的最大一场洪水，洪水历时达两个月，其中，2000m^3/s 以上流量持续 40 多天，2500m^3/s 以上流量持续 1 周，最大流量为 2680m^3/s，符合可控洪峰过程的流量特性。河道含沙量变化不大，实测最大含沙量为 11.2kg/m^3。

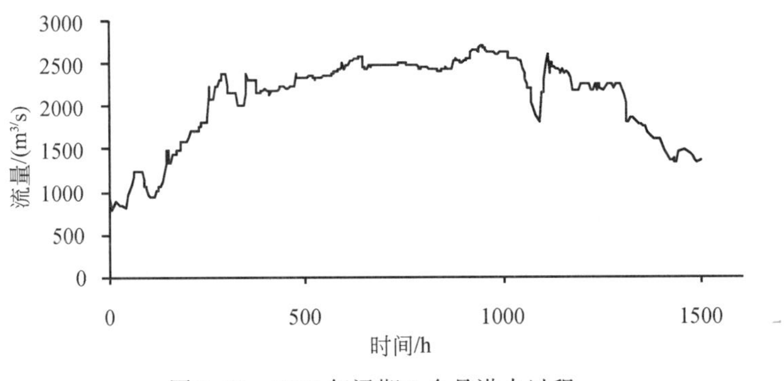

图 8.27　2012 年汛期 3 个月洪水过程

网格与时间步长：计算网格尺寸最大为 200m，最小为 30m，总计 280 万个网格，变时间步长，Courant 数取 0.5。

3. 模拟结果

我们从西到东依次选取了断面一至断面六共六个典型断面进行分析。具体大地坐标位置为 x = 3.6458 万 km、3.6498 万 km、3.6538 万 km、3.6561 万 km、3.6578 万 km、3.6618 万 km。距离左边界的相对位置分别为 40km、80km、120km、143.5km、160km、200km。如图 8.28 所示。各断面具体位置分别位于临河、吉日格朗图、库布齐沙漠公园、三湖河口、杭锦卓尔乡、昭君镇附近。

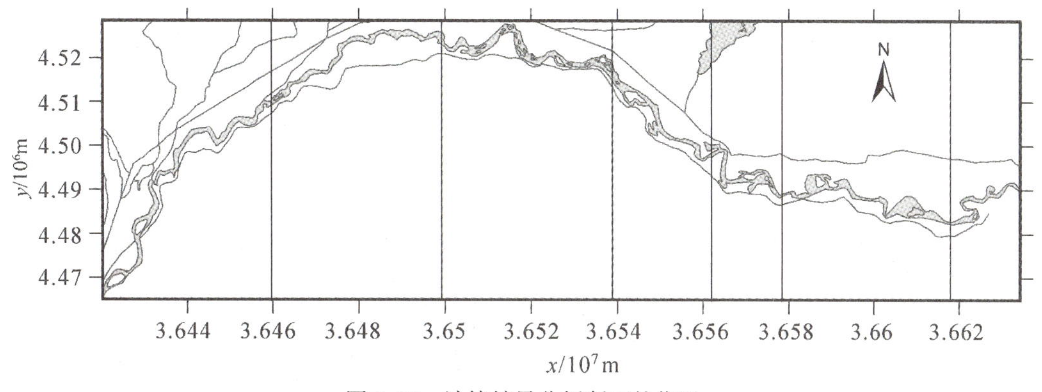

图 8.28　计算结果分析断面的位置

1）自由水面与水深

图 8.29 给出了 t=400h、800h、1200h、1600h 四个时刻的水深分布图，整体的水深分布与洪水位高低相一致，局部水深与地形条件有关，并随河槽冲淤变化而改变，最大水深约 5m。

图 8.30 给出了六个断面在 t=400h、800h、1200h、1600h 四个时刻的水面线，可以看出断面一和断面三由于地处弯道，水面产生了一定的倾斜。

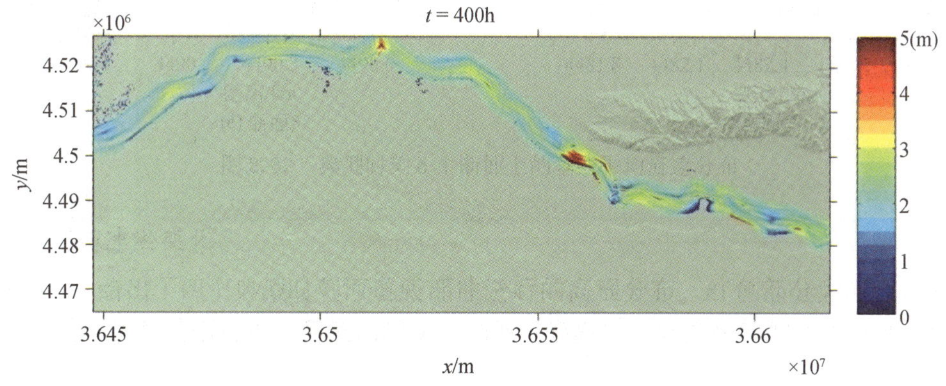

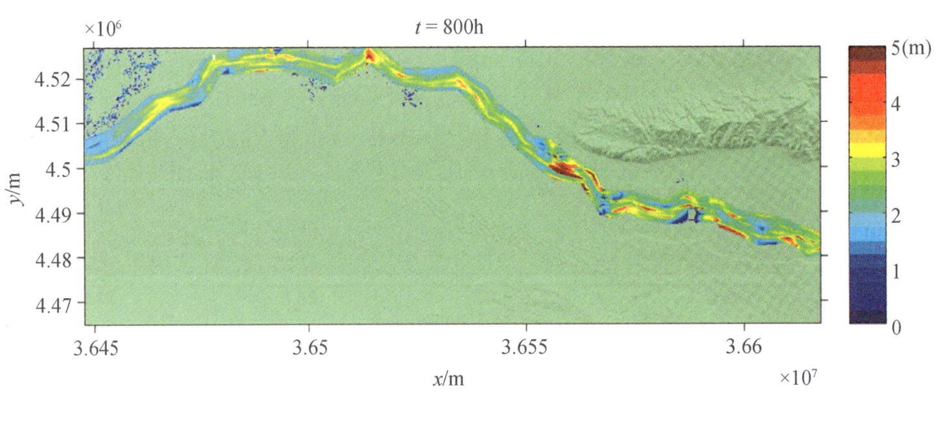

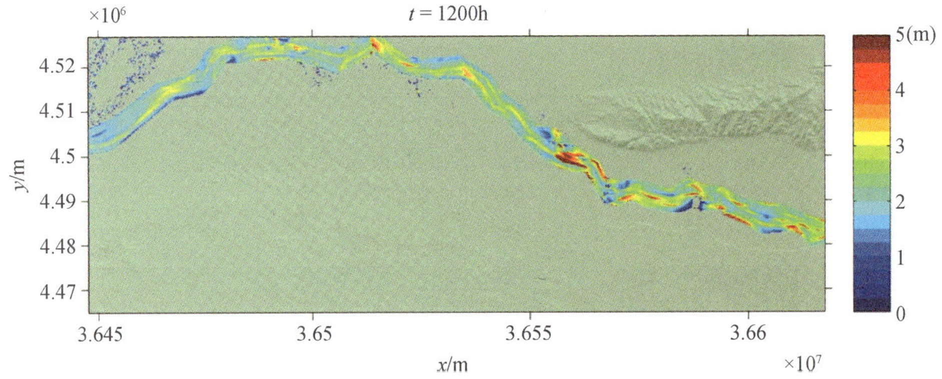

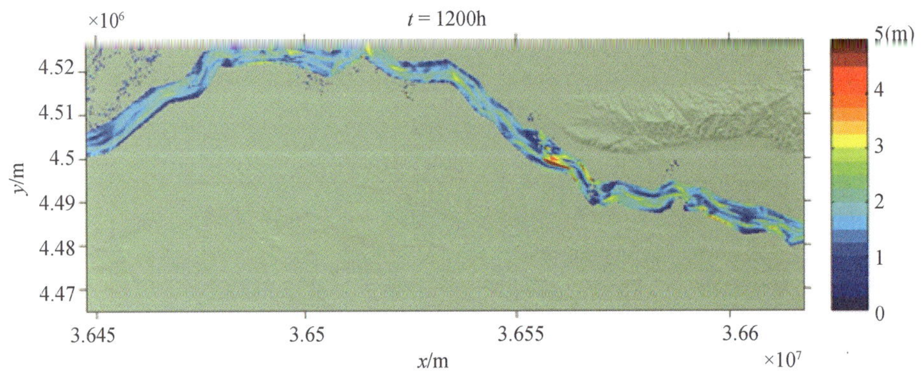

图 8.29　四个典型时刻河道水深分布图

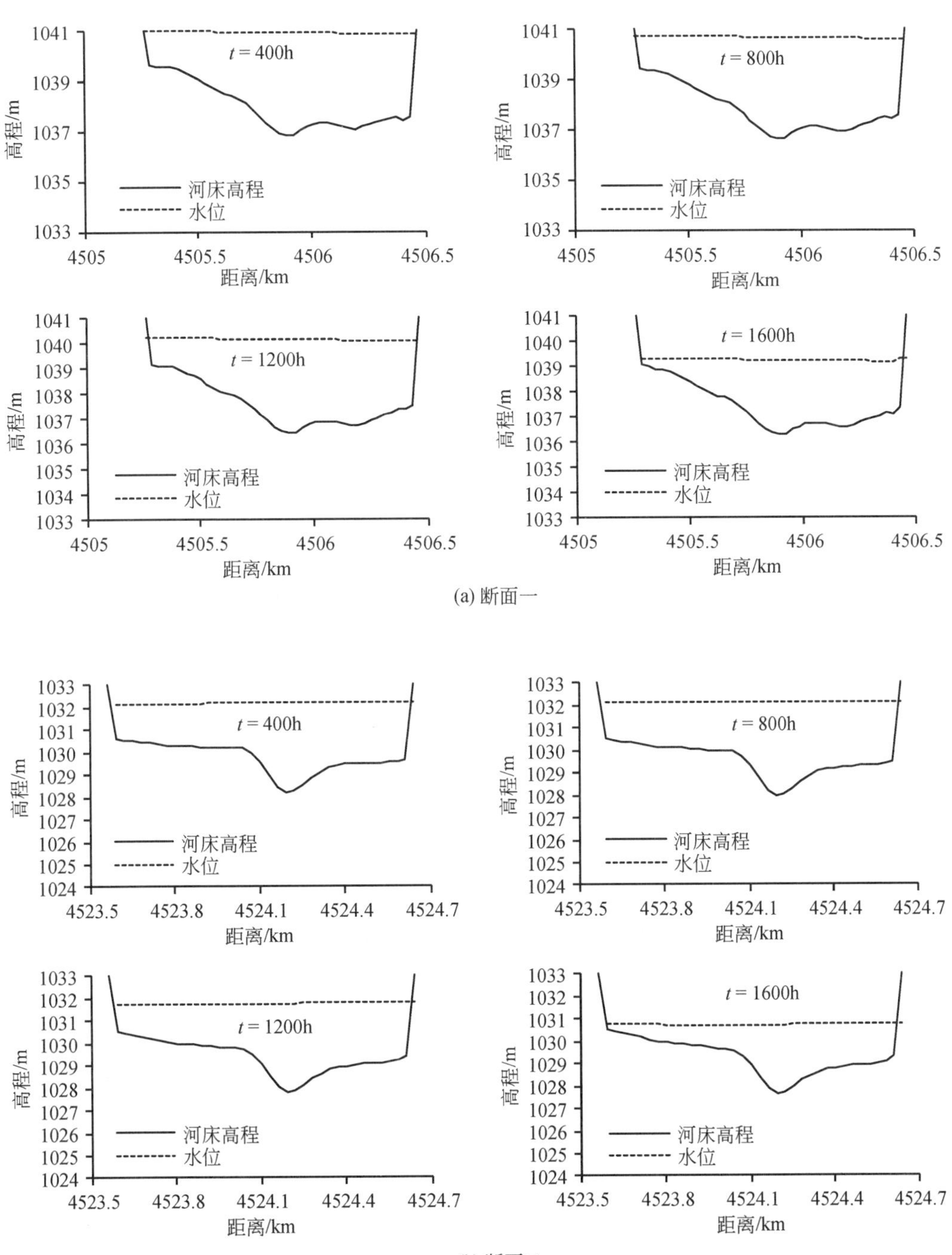
t = 400h
t = 800h
t = 1200h
t = 1600h
高程/m
距离/km
河床高程
水位
1041
1040
1039
1038
1037
1036
1035
1034
1033
1032
1031
1030
1029
1028
1027
1026
1025
1024
4505
4505.5
4506
4506.5
4523.5
4523.8
4524.1
4524.4
4524.7

(a) 断面一

(b) 断面二

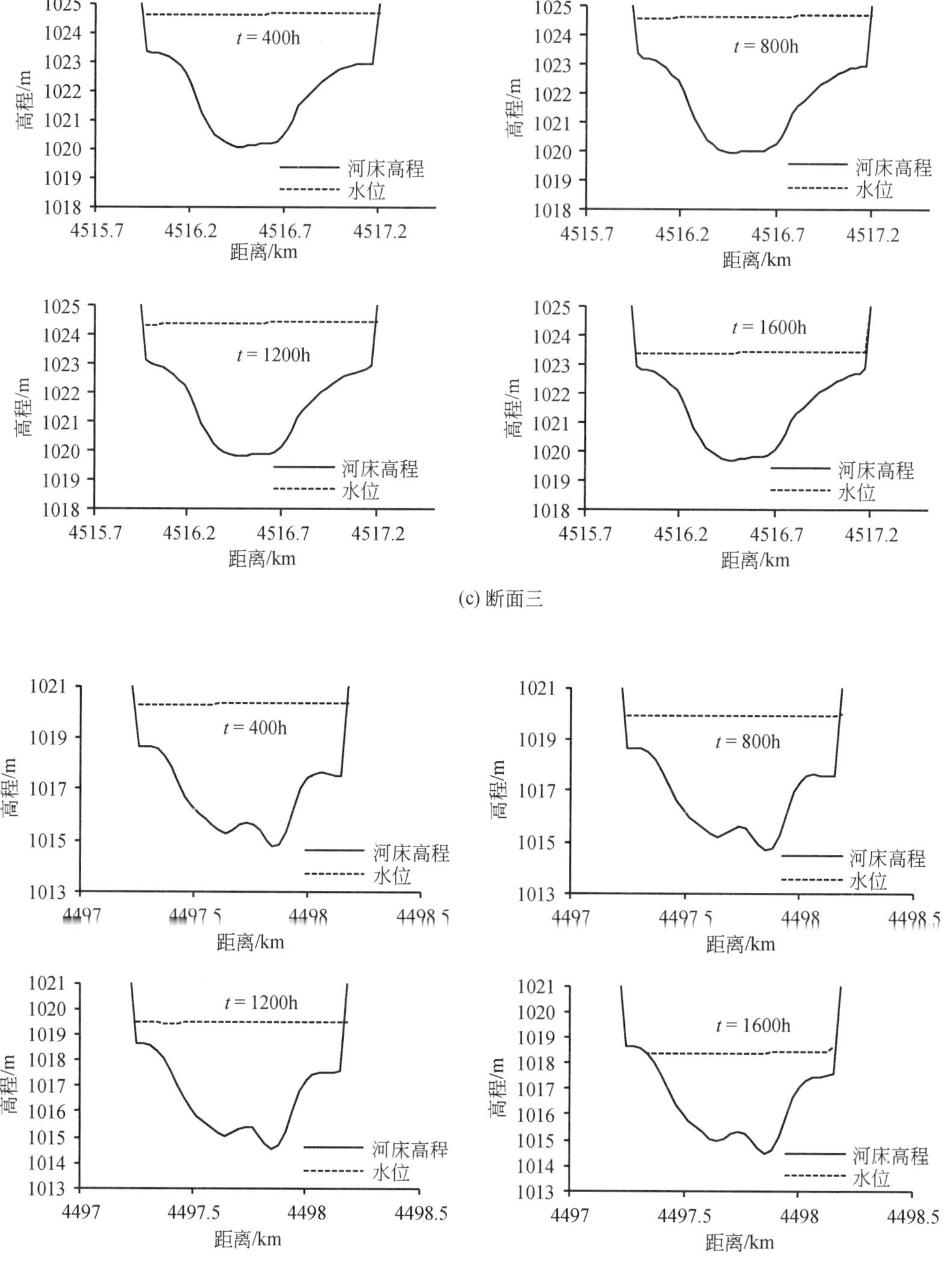

(c) 断面三

(d) 断面四

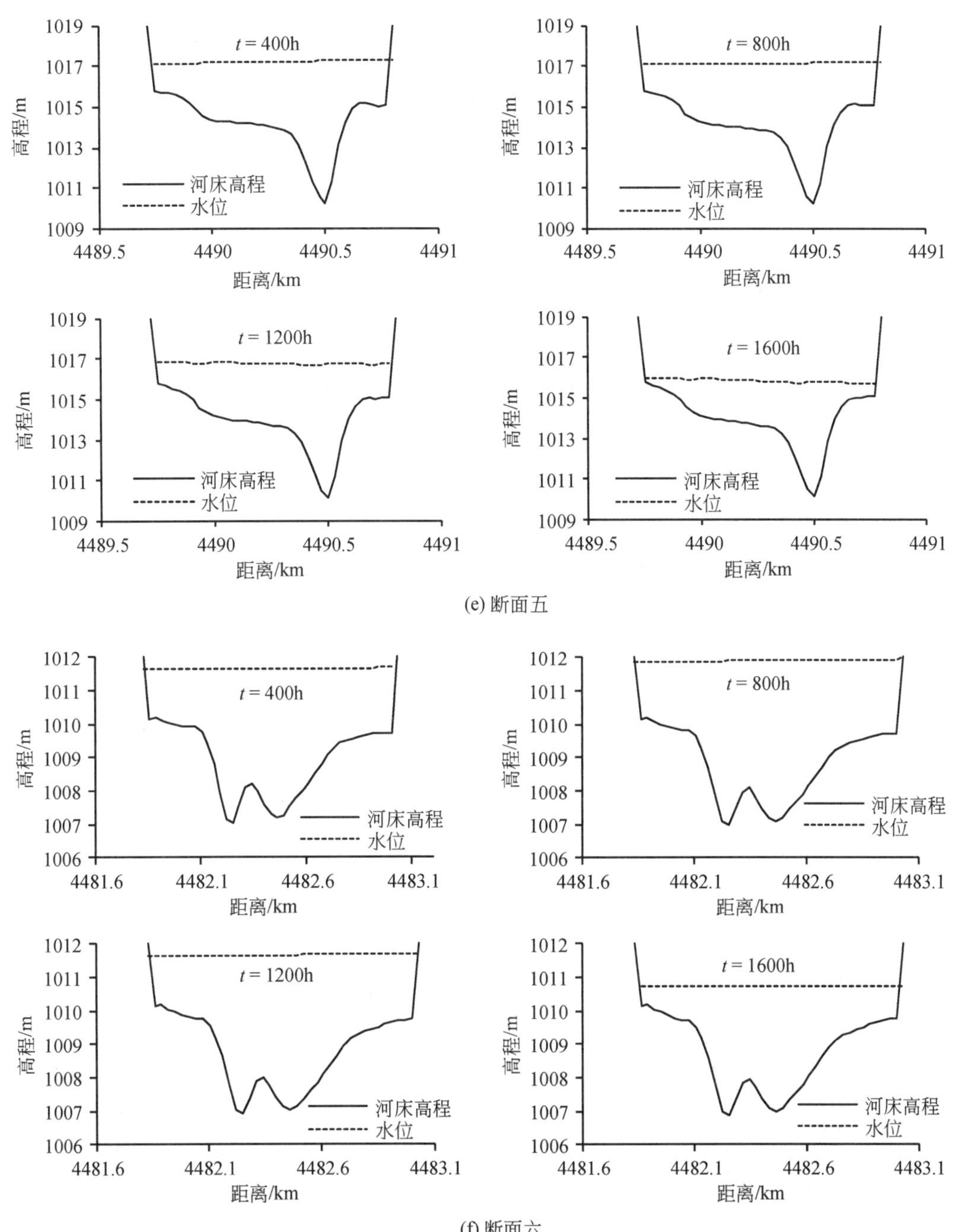

(e) 断面五

(f) 断面六

图 8.30　6 个断面典型时刻的水面线

2）流速分布

图 8.31 给出了典型时刻垂向平均流速在河道内的分布情况，可见流速在河道内分布较为均匀，主要介于 1 ~ 2m/s 之间，一般水深大处，平均流速较小。

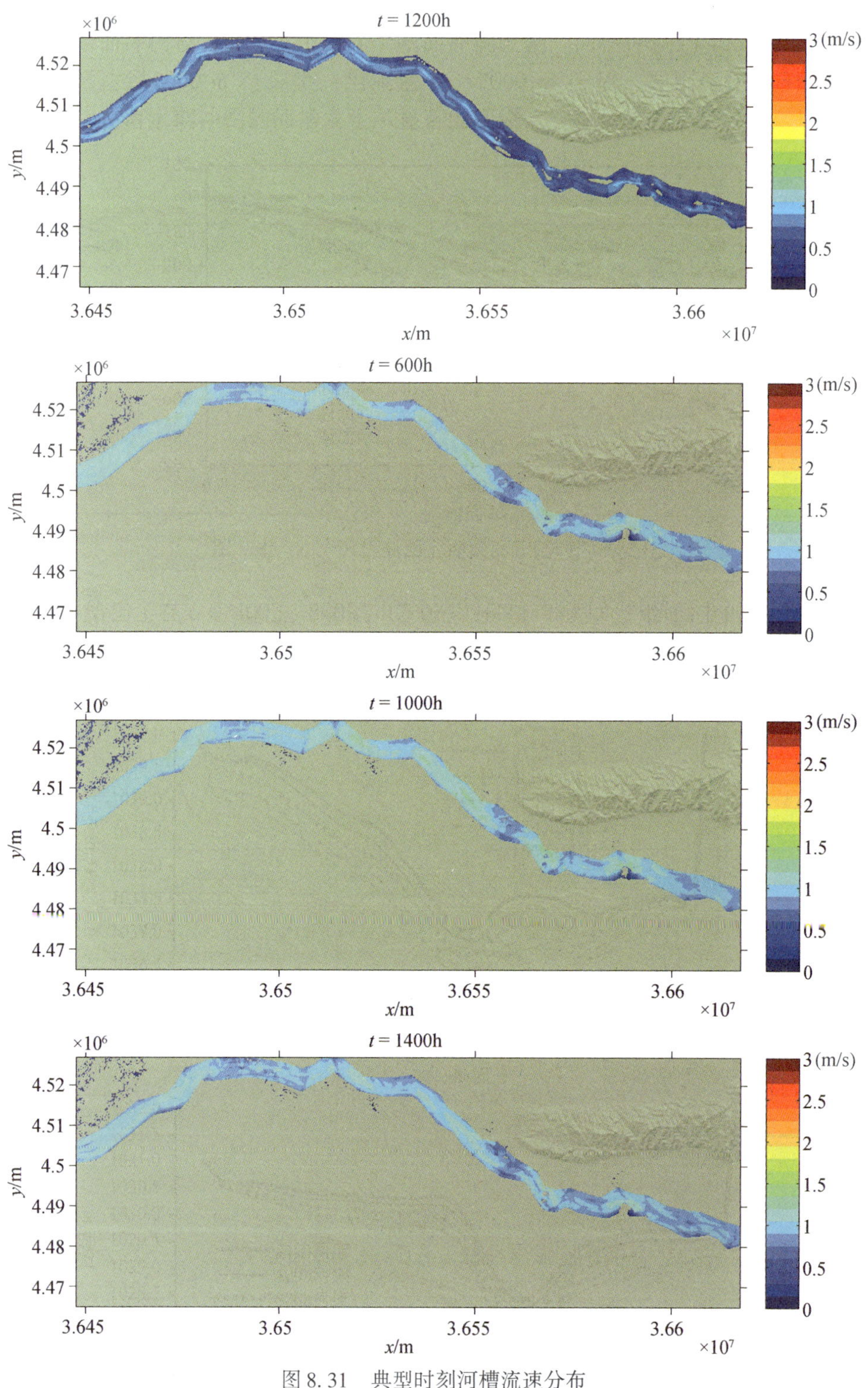

图 8.31　典型时刻河槽流速分布

图 8. 32 给出了六个断面在 $t=400$h、800h、1200h、1600h 四个时刻的流速分布，与图 8. 30显示的地形对比，主流基本上与主河槽相对应。

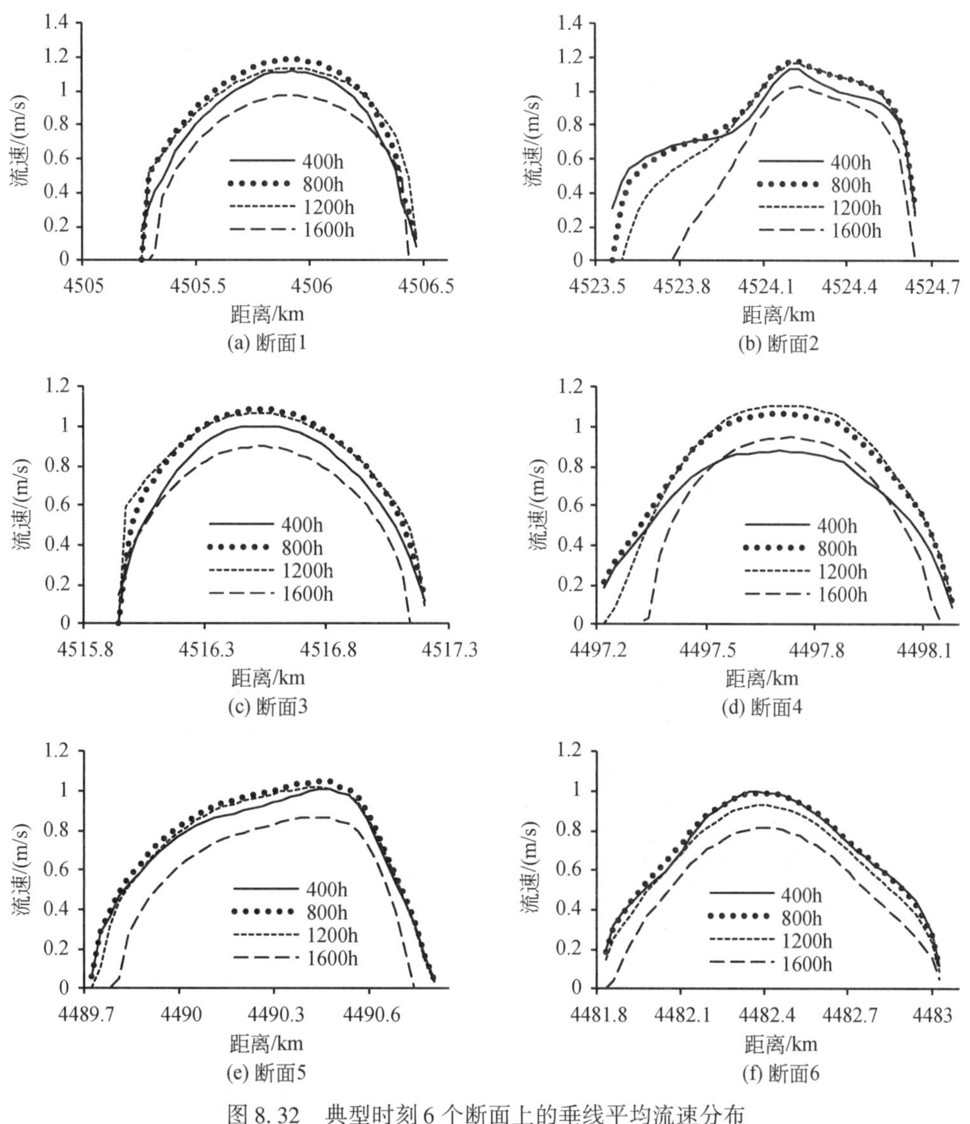

图 8. 32　典型时刻 6 个断面上的垂线平均流速分布

3）河槽冲淤变化

图 8. 33 给出了四个典型时刻河道底部冲淤后的高程分布，红色部分为河道两侧的高地，中间的河流带清晰可见，河道高程从上到下逐渐降低，局部高低的变化反映了河床的冲淤变形。

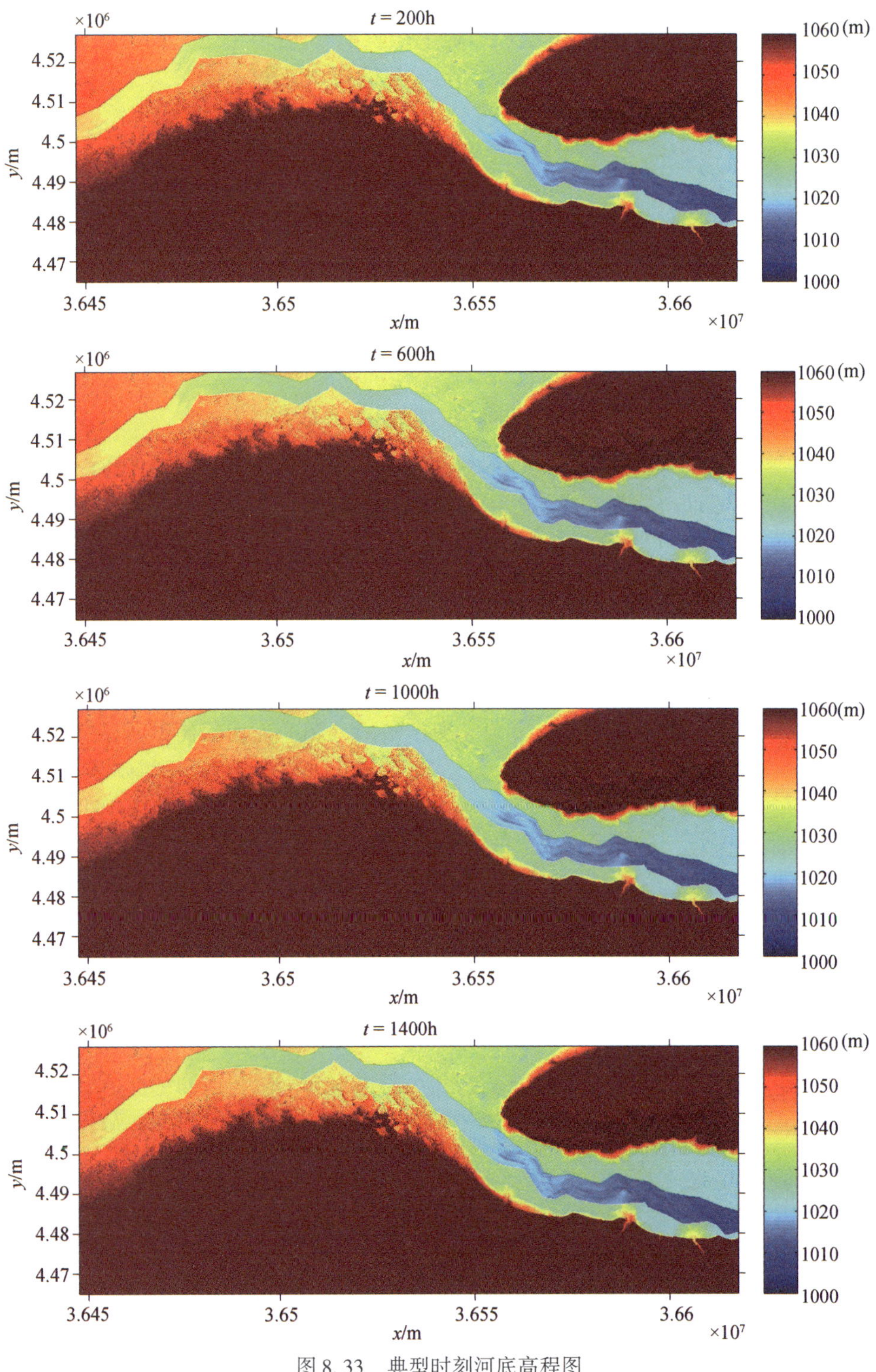

图 8.33　典型时刻河底高程图

图 8.34 给出了在 t = 400h、800h、1200h、1600h 四个时刻河道整体的冲淤分布情况，

其中，红色表示冲刷，蓝色表示淤积，可以看出整个河道以冲刷为主，但是冲淤变化并不太大，最大冲淤没有超过 1m。

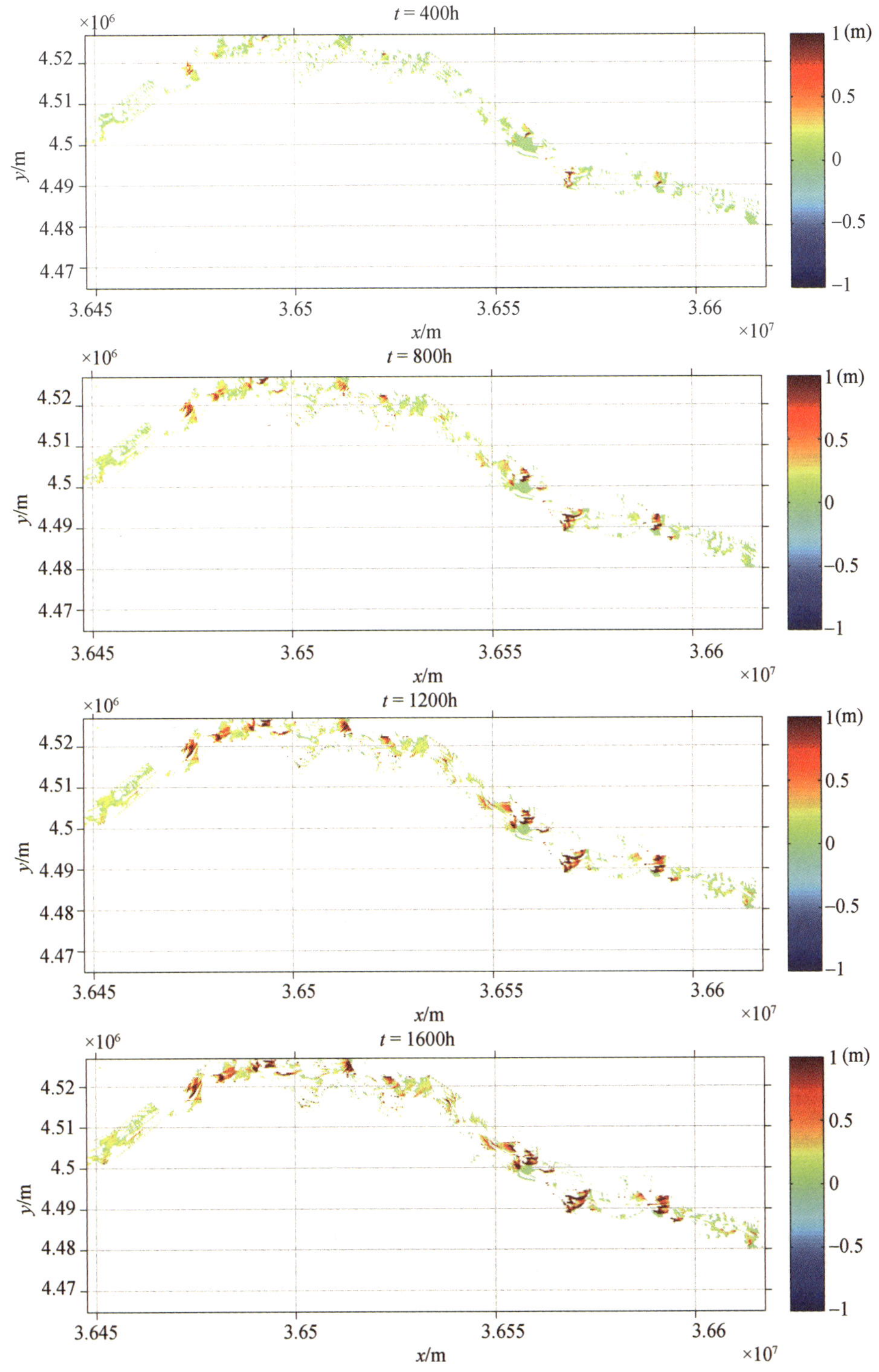

图 8.34　典型时刻河道整体的冲淤分布情况（红色为冲，蓝色为淤）

图 8.35 给出了六个断面上冲淤量随时间的变化情况，可见各断面均发生了冲刷，其中上游 3 个断面冲刷较为严重，下游 3 个断面冲刷较轻。河槽冲刷约 400 小时以后显著加快，此时流量达到 2000 m^3/s 以上。当流量小于 2000 m^3/s 后，冲刷变化趋于平缓，但依据观测资料，在落水期冲刷的河槽发生了显著的回淤。

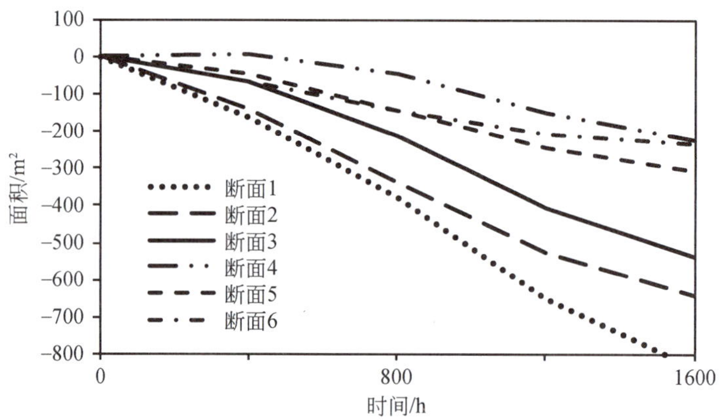

图 8.35　6 个分析断面上冲淤面积随时间的变化

图 8.36 给出了在 t = 400h、800h、1200h、1600h 时刻六个断面上的冲淤变化，可以看出断面均发生冲刷，其中断面 1、断面 2、断面 3 和断面 6 为全断面冲刷，断面 4 和断面 5 主要冲刷右岸。

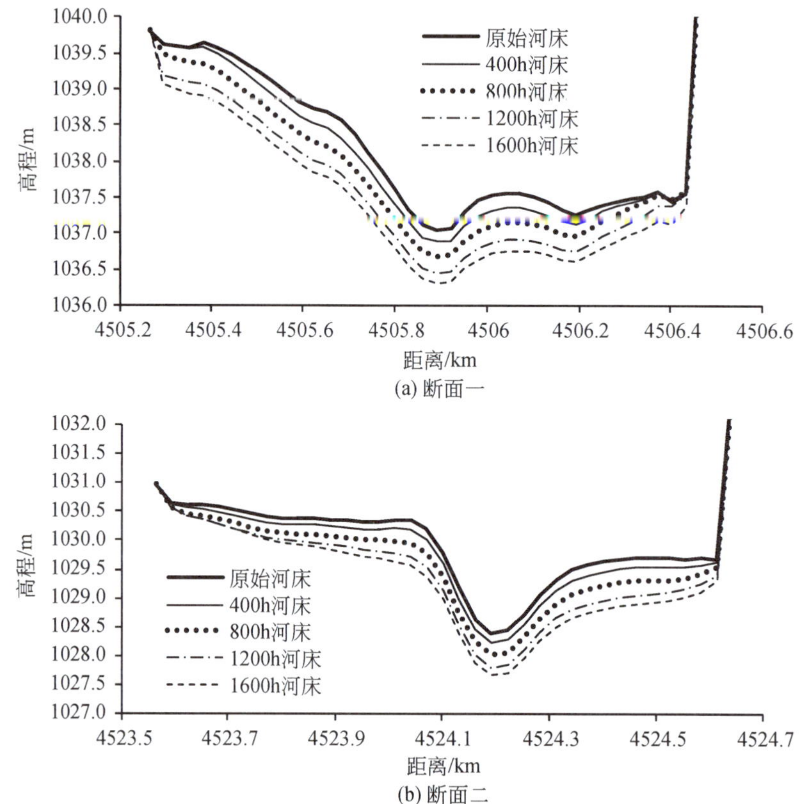

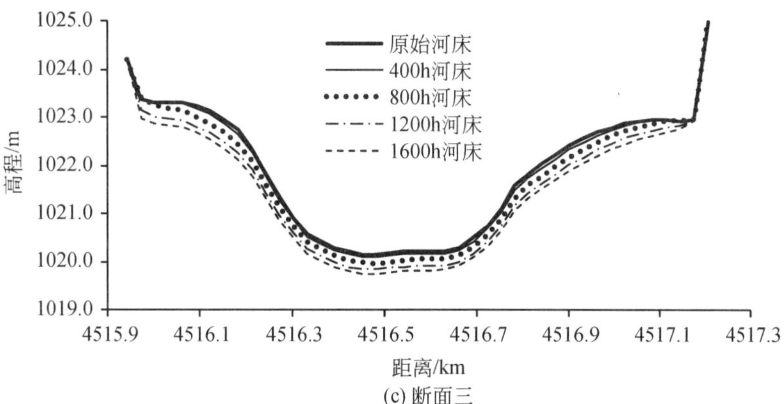

(c) 断面三

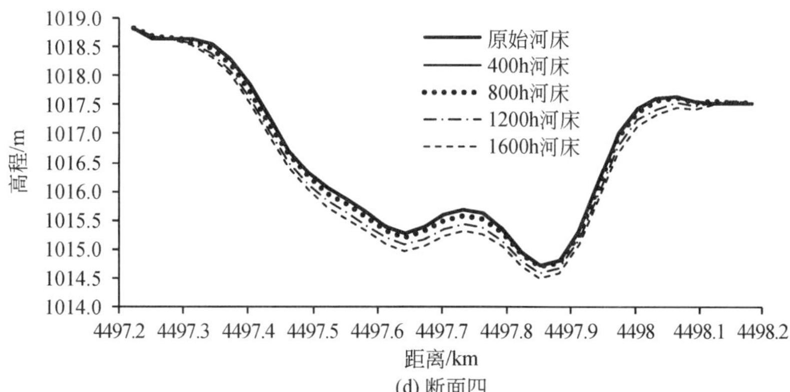

(d) 断面四

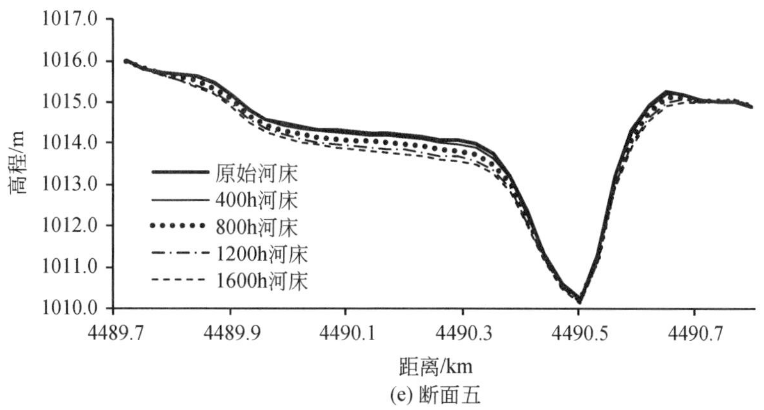

(e) 断面五

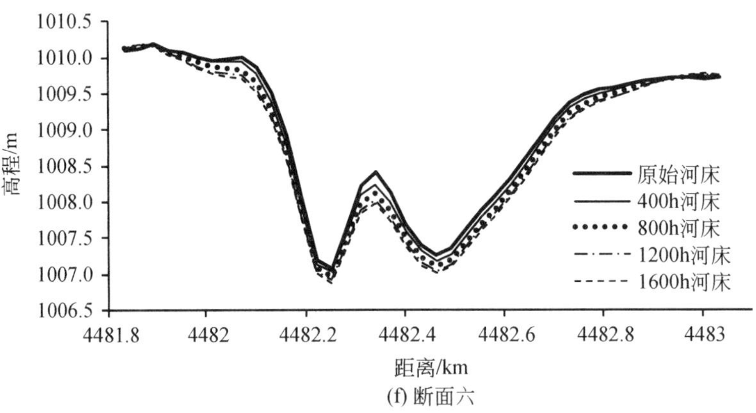

(f) 断面六

图 8.36　不同断面不同时刻河底的冲淤分布

4. 小结

采用本节给出的二维数学模型，在宁蒙河段 200 多千米范围内对 2012 年典型洪水过程进行了模拟计算。与三湖河口等相关断面的实测过程相比，各水力要素的变化趋势基本相同，表明了模型的有效性。从模拟结果看，当洪峰流量大于 2000 m^3/s 时，模拟河段整体上将发生冲刷，可作为该河段的冲刷流量。但是由于 2-D 计算需要的地形数据是从谷歌地球上获得的，误差较大，且计算耗时过长，未能对相关模型设置进行充分的调整优化，有待进一步研究。

参 考 文 献

贝让 Z B. 1983. 水流切应力与河型的关系. 舒晓明译. 地理译报,(3):30~34
陈怀伟,任青山,曹颖梅. 2008. 内蒙古西柳沟流域黄土丘陵沟壑区坝系工程规划及减沙效益分析. 内蒙古水利,(4):69~70
程秀文,钱意颖,傅崇进,等. 1993. 黄河上游水沙变化及宁蒙河段河道冲淤演变分析. 见:黄河水沙变化研究论文集. 郑州:黄河水利出版社. 42~89
戴英生. 1986. 黄河的形成与发育. 人民黄河,(5):2~7
邓起东,尤惠川. 1985. 鄂尔多斯周缘断陷盆地带的构造活动特征及其形成机制. 见:现代地壳运动研究. 北京:地震出版社. 58~78
丁晶. 1986. 洪水时间序列干扰点的统计推估. 武汉水利电力学院学报,(5):36~40
范小黎,师长兴,周园园,等. 2012. 黄河宁蒙段洪水过程变化特点. 资源科学,34(1):65~73
范小黎,王随继,冉立山. 2010. 黄河宁夏河段河道演变及其影响因素分析. 水资源与水工程学报,21(1):5~11
范志成,张华勋,程猛,等. 2015. 基于加权马尔科夫链疟疾发病趋势的预测. 数理医药学杂志,28(3):435~437
范钟秀. 1999. 中长期水文预报. 南京:河海大学出版社
方海燕,蔡强国,陈浩,等. 2007. 黄土丘陵沟壑区岔巴沟下游泥沙传输时间尺度动态研究. 地理科学进展,26(5):77~87
方学敏. 1993. 黄河干流宁蒙河段风沙入黄沙量计算. 人民黄河,15(4):1~3
冯国华. 2002. 黄河内蒙古段防凌防洪工程现状及治理措施. 内蒙古水利,(1):15~16
冯普林,梁志勇,黄金池,等. 2005. 黄河下游河槽形态演变与水沙关系研究. 泥沙研究,(2):66~74
郭家麟. 2011. 刘家峡水库泥沙淤积形态分析. 人民黄河,33(1):20~22
国家地震局. 1988. 鄂尔多斯周缘活动断裂系. 北京:地震出版社
国家地震局鄂尔多斯活动断裂课题组. 1988. 鄂尔多斯周缘活动断裂系. 北京:地质出版社
韩其为. 2011. 论均衡输沙与河床演变的平衡趋向. 泥沙研究,(4):1~14
郝芳华,陈利群,刘昌明,等. 2004. 土地利用变化对产流和产沙的影响分析. 水土保持学报,18(3):5~8
何晓群. 2001. 应用回归分析. 北京:中国人民大学出版社
贺莉,王云彬,傅旭东,等. 2012. 吴堡-潼关河段非恒定流水沙输移模型. 南水北调与水利科技,10(3):27~31
贺莉,闫云霞,颜明. 2015. 基于断面几何标准的平滩水位估算方法对比. 水力发电学报,34(5):114~118
侯素珍,常温花,王平,等. 2007b. 黄河内蒙古段河道萎缩特征及成因. 人民黄河,29(1):24~26
侯素珍,常温花,王平,等. 2010. 黄河内蒙古河段河床演变特征分析. 泥沙研究,(3):44~50
侯素珍,王平. 2005. 黄河宁蒙河道排洪指标及径流条件分析. 人民黄河,27(9):24~27
侯素珍,王平,常温花,等. 2007a. 黄河内蒙古河段冲淤量评估. 人民黄河,29(4):21~23
侯素珍,王平,楚卫斌. 2012. 黄河上游水沙变化及成因分析. 泥沙研究,(4):46~52
胡春宏. 2005. 黄河水沙过程变异及河道的复杂响应. 北京:科学出版社
黄河水利科学研究院. 2009. 黄河河情咨询报告(2006). 郑州:黄河水利出版社
黄莉,范北林,姚仕明,等. 2008. 荆江监利河段横断面调整规律研究. 人民长江,39(6):21~23
吉祖稳,胡春宏. 1997. 漫滩水流悬移质分布规律的试验研究. 泥沙研究,(2):64~68
吉祖稳,胡春宏. 1998. 漫滩水流水沙运动规律的研究. 水利学报,(9):1~6

贾良文，杨清书，钱海强，等. 2002. 近几十年来西北江三角洲网河区顶点的河相关系. 地理科学，22 (1)：57 ~ 62

康玲玲，王金花，董飞飞，等. 2006. 黄河兰州站天然径流量变化及其计算方法探讨. 水资源与水工程学报，17 (5)：5 ~ 8

蓝永超，康尔泗. 2000. 河西内陆干旱区主要河流出山径流特征及变化趋势分析. 冰川冻土，22 (2)：147 ~ 152

李炳元，葛全胜，郑景云. 2003. 近 2000 年来内蒙后套平原黄河河道演变. 地理学报，58 (2)：239 ~ 246

李栋梁，张佳丽. 1998. 黄河上游径流量演变特征及成因研究. 水科学进展，9 (1)：22 ~ 28

李凤鸣，王瑞群，何通，等. 2002. 从黄河三盛公水利枢纽看西部水利大开发的重要性. 内蒙古水利，(2)：107 ~ 108

李后强，艾南山. 1991. 分形地貌学及地貌发育的分形模型. 自然杂志，15 (7)：516 ~ 519

李苗苗，吴炳方，颜长珍，等. 2004. 密云水库上游植被覆盖度的遥感估算. 资源科学，26 (4)：153 ~ 159

李天全. 1998. 青铜峡水库泥沙淤积. 大坝与安全，(4)：21 ~ 27

李小平，李文学，李勇，等. 2007. 水库拦沙期黄河下游洪水冲刷效率调整分析. 水科学进展，18 (1)：44 ~ 51

梁志勇，张德茹. 1994. 水沙条件对黄河下游河床演变影响的分析途径——兼论水沙与断面形态关系. 水利水运科学研究，(1，2)：19 ~ 25

刘韬，张士锋，刘苏峡. 2007. 十大孔兑暴雨洪水产输沙关系初探——以西柳沟为例. 水资源与水工程学报，18 (3)：18 ~ 21

刘晓燕. 2009. 黄河环境流研究. 郑州：黄河水利出版社

刘晓燕，侯素珍，常温花. 2009. 黄河内蒙古河段主槽萎缩原因和对策. 水利学报，40 (9)：1048 ~ 1054

刘正宏，徐仲元. 2003. 阴山地区印支期地壳构造变形研究. 吉林大学学报（地球科学版），33 (1)：1 ~ 6

龙虎，杜宇，邬虹霞，等. 2007. 黄河宁蒙河段河道淤积萎缩及其对凌汛的影响. 人民黄河，29 (3)：25 ~ 26

路秉慧，郭德成，张亚彤，等. 2005. 黄河宁蒙河段凌汛特点分析. 内蒙古水利，(4)：15 ~ 16

马玉凤，严平，李双权. 2013. 内蒙古孔兑区叭尔洞沟中游河谷段的风水交互侵蚀动力过程. 中国沙漠，33 (4)：990 ~ 999

牛占，田水利，王丙轩，等. 2000. 1977 ~ 1996 年黄河下游水文断面反映的河床演变. 泥沙研究，(3)：21 ~ 29

牛最荣. 2002. 祖厉河泥沙特性及流域生态环境建设. 东北水利水电，20 (5)：43 ~ 44

齐璞，王昌高. 1992. 黄河艾山以下河道水力几何形态与冲淤特性. 人民黄河，(12)：12 ~ 15

钱宁. 1989. 高含沙水流研究. 北京：清华大学出版社

钱宁，万兆惠. 1983. 泥沙运动力学. 北京：科学出版社

钱宁，王可钦，阎林德，等. 1980. 黄河中游粗泥沙来源区对黄河下游冲淤的影响. 见：第一次河流泥沙国际学术讨论会论文集. 北京：光华出版社. 53 ~ 62

钱宁，张仁，李九发，等. 1981. 黄河下游挟沙能力自动调整机理的初步探讨. 地理学报，36 (2)：143 ~ 156

钱宁，张仁，周志德. 1987. 河床演变学. 北京：科学出版社

钱宁，周文浩. 1965. 黄河下游河床演变. 北京：科学出版社

钱意颖，叶青超，周文浩. 1993. 黄河干流水沙变化与河床演变. 北京：中国建材工业出版社

秦毅，张晓芳，王凤龙，等. 2011. 黄河内蒙古河段冲淤演变及其影响因素. 地理学报，66 (3)：324 ~ 330

冉立山，王随继. 2010. 黄河内蒙古河段河道演变及水力几何形态研究. 泥沙研究，(4)：61 ~ 67

冉立山，王随继，范小黎，等. 2009. 黄河内蒙古头道拐断面形态变化及其水沙响应分析. 地理学报，64 (5)：531 ~ 540

尚红霞，郑艳爽，张晓华. 2008. 水库运用对宁蒙河道水沙变化的影响. 人民黄河，30 (12)：28 ~ 30

申冠卿，张原锋，侯素珍，等.2007.黄河上游干流水库调节水沙对宁蒙河道的影响.泥沙研究，(1)：67~75
师长兴.1999.黄河下游泥沙灾害初步研究.灾害学，14（4)：40~44
师长兴.2000.常流河向季节河转变过程中河床适应性调整及对行洪影响——以黄河和滹沱河为例.地理科学，20（5)：416~421
师长兴.2010.近五百多年来黄河宁蒙河段泥沙沉积量的变化分析.泥沙研究，(5)：19~25
师长兴，范小黎，邵文伟，等.2013.黄河内蒙河段河床冲淤演变特征及原因.地理研究，32（5)：1~10
师长兴，邵文伟，范小黎，等.2012.黄河内蒙古段洪峰特征及水沙关系变化.地理科学进展，31（9)：1124~1132
史红玲，胡春宏，王延贵，等.2014.黄河流域水沙变化趋势分析及原因探讨.人民黄河，36（4)：1~5
孙东坡.1999.河流系统能量分配耗散关系分析.水利学报，(3)：49~53
孙东坡，杨真真，张立，等.2011，基于能量耗散关系的黄河内蒙古段河床形态调整分析.水科学进展，22（5)：653~661
唐存本.1963.泥沙起动规律.水利学报，(2)：1~12
唐德善.1996.黄河上游干流水库建成后河道的冲淤变化.水利水电科技进展，16（1)：38~41
佟铮，马万珍，王宁.2003.黄河内蒙古河段凌汛期爆炸破冰的基本方法.人民黄河，25（12)：8~9
童国榜，石英，郑宏瑞，等.1998.银川盆地第四纪地层学研究.地层学杂志，22（1)：42~51
汪富泉，曹叔尤，丁晶.2002.河流网络的分形与自组织及其物理机制.水科学进展，13（3)：368~376
汪良谋，董瑞树，张裕明，等.1984.河套地区新生代地质构造和地震活动的某些特点——兼谈鄂尔多斯周边新生代断陷盆地的形成.华北地震科学，2（4)：8~16
王平，侯素珍，张原锋，等.2013a.黄河上游孔兑高含沙洪水特点与冲淤特性.泥沙研究，(1)：67~73
王平，田勇，侯素珍，等.2012.黄河内蒙古段孔兑水沙特点分析.人民黄河，34（11)：39~42
王平，张原锋，侯素珍，等.2013b.黄河上游高含沙支流入汇与交汇区淤积形态试验研究.四川大学学报（工程科学版)，(5)：34~42
王随继.2002.西江和北江三角洲区的水沙及河道演变特征.沉积学报，20（3)：376~381
王随继.2003.黄河下游河型的特性及成因探讨.地球学报，24（1)：73~78
王随继.2008.黄河流域河型转化现象初探.地理科学进展，27（2)：10~17
王随继.2012.黄河银川平原段河床沉积速率变化特征.沉积学报，30（3)：565~571
王随继，范小黎.2010.黄河内蒙古不同河型段对洪水过程的响应特征.地理科学进展，29（4)：501~506
王随继，范小黎，赵晓坤.2010a.黄河宁蒙河段悬沙冲淤量时空变化及其影响因素.地理研究，(10)：1879~1888
王随继，冉立山.2008.无定河流域产沙量变化的淤地坝效应分析.地理研究，27（4)：811~818
王随继，任明达.1999.根据河道形态和沉积物特征的河流新分类.沉积学报，17（2)：240~246
王随继，王彦成，范小黎，等.2010b.黄河内蒙古河段河型特点及转化原因.见：蔡强国，蔡崇法.第十届两岸环境资源与生态保育学术研讨会论文集.武汉：湖北科学技术出版社.34~40
王随继，魏全伟，谭利华，等.2009.山地河流的河相关系及其变化趋势分析——以怒江、澜沧江和金沙江云南河段为例.山地学报，27（1)：5~13
王随继，闫云霞，颜明，等.2012.皇甫川流域降水和人类活动对径流量变化的贡献率分析：累积量斜率变化率比较方法的提出及应用.地理学报，67（3)：388~397
王维第，程秀文，陈建军.2002.黄河水资源利用引起的水沙变化.见：汪岗，范昭.黄河水沙变化研究第一卷（上册).郑州：黄河水利出版社.221~254
王卫红，于守兵，郑艳爽，等.2014.黄河内蒙古河段2012年洪水前后河势演变.水利水电科技进展，

34 (5): 35 ~ 39
王文圣，丁晶，金菊良 . 2008. 随机水文学 . 北京：中国水利水电出版社
王兴奎，钱宁，胡维德 . 1982. 黄土丘陵沟壑区高含沙水流的形成及汇流过程 . 水利学报，(2): 26 ~ 35
王彦成，王文生，李宁，等 . 1994. 黄河内蒙平原段 1954 ~ 1991 年河床的冲淤演变 . 内蒙古水利，(2): 24 ~ 27
王彦成，冯学武，王伦平，等 . 1996. 黄河上游干流水库对内蒙古河段的影响 . 人民黄河，(1): 5 ~ 10
王彦成，王铁钧，郭少宏，等 . 1999. 黄河内蒙古段近期水沙变化分析 . 内蒙古水利，(3): 40 ~ 41
王云璋，康玲玲，王国庆 . 2004. 近 50 年黄河上游降水变化及其对径流的影响 . 人民黄河，26 (2): 5 ~ 8
吴保生 . 2014. 内蒙古十大孔兑对黄河干流水沙及冲淤的影响 . 人民黄河，36 (10): 5 ~ 8
吴保生，李凌云 . 2008. 黄河下游河道横断面的若干特点 . 人民黄河，30 (2): 15 ~ 17
吴保生，申冠卿 . 2008. 来沙系数物理意义的探讨 . 人民黄河，30 (4): 15 ~ 16
武盛，于玲红 . 2001. 西柳沟泄洪对宝钢造成的危害及其对策 . 宝钢科技，27 (8): 159 ~ 161
夏军强，吴保生，李文文 . 2009. 黄河下游平滩流量不同确定方法的比较 . 泥沙研究，(3): 20 ~ 29
夏军强，吴保生，王艳平，等 . 2010. 黄河下游河段平滩流量计算及变化过程分析 . 泥沙研究，(2): 6 ~ 14
谢玉亭，许志文 . 2002. 祖历河流域水利水土保持措施对黄河水沙变化的影响及发展趋势研究 . 见：汪岗，范昭 . 黄河水沙变化研究（第一卷）. 郑州：黄河水利出版社 . 279 ~ 326
许炯心 . 1989. 渭河下游河道调整过程中的复杂响应现象 . 地理研究，8 (2): 82 ~ 90
许炯心 . 1997. 黄河上中游产水产沙系统与下游河道沉积系统的耦合关系 . 地理学报，52 (5): 421 ~ 429
许炯心 . 1999a. 黄土高原的高含沙水流侵蚀研究 . 土壤侵蚀与水土保持学报，5 (1): 27 ~ 36
许炯心 . 1999b. 黄河中游多沙粗沙区高含沙水流的粒度组成及其地貌学意义 . 泥沙研究，(5): 13 ~ 17
许炯心 . 2000. 黄河中游多沙粗沙区的风水两相侵蚀产沙过程 . 中国科学（D 辑），30 (5): 540 ~ 548
许炯心 . 2004a. 流域因素与人类活动对黄河下游河道输沙功能的影响 . 中国科学（D 辑），34 (8): 775 ~ 781
许炯心 . 2004b. 水沙条件对黄河下游河道输沙功能的影响 . 地理科学，24 (3): 275 ~ 280
许炯心 . 2004c. 黄河流域河口镇至龙门区间的径流可再生性变化及其影响因素 . 自然科学进展，14 (7): 787 ~ 791
许炯心 . 2005. 风水两相作用对黄河流域高含沙水流的影响 . 中国科学（D 辑），35 (9): 899 ~ 906
许炯心 . 2006a. 黄河下游河道输沙功能的时间变化及其原因 . 地理研究，25 (2): 277 ~ 284
许炯心 . 2006b. 含沙量和悬沙粒径变化对长江宜昌-汉口河段年冲淤量的影响 . 水科学进展，17 (6): 67 ~ 73
许炯心 . 2010. 黄河下游河道萎缩对冲淤临界的影响 . 地理科学，30 (3): 403 ~ 408
许炯心 . 2012. 黄河河流地貌过程 . 北京：科学出版社
许炯心 . 2013. "十大孔兑"侵蚀产沙与风水两相作用及高含沙水流的关系 . 泥沙研究，(6): 28 ~ 37
许炯心 . 2014a. 黄河内蒙古河段支流"十大孔兑"侵蚀产沙的时空变化及其成因 . 中国沙漠，34 (6): 1641 ~ 1649
许炯心 . 2014b. 异源水沙对黄河上游兰州至头道拐河段悬移质泥沙冲淤的影响 . 泥沙研究，(5): 1 ~ 10
许炯心，孙季 . 2008. 长江上游干支流悬移质含沙量的变化及其原因 . 地理研究，27 (2): 332 ~ 342
杨根生 . 2002. 河道淤积泥沙来源分析及治理对策（黄河石嘴山—河口镇段）. 北京：海洋出版社
杨根生，等 . 1991. 黄土高原地区北部风沙区土地沙漠化综合治理 . 北京：科学出版社
杨根生，刘阳宣，史培军 . 1988. 黄河沿岸风成沙入黄沙量估算 . 科学通报，13: 1017 ~ 1021
杨根生，拓万全，戴丰年，等 . 2003. 风沙对黄河内蒙古河段河道泥沙淤积的影响 . 中国沙漠，23 (2): 152 ~ 159
杨赉斐 . 1992. 黄河宁蒙河段凌汛洪水流量分析研究 . 泥沙研究，(6): 62 ~ 68
杨赉斐，吕永航，王晖 . 2002. 黄河上游修建大型水库后兰州至河口镇河段河道冲淤特性及其变化趋势的

预测．见：汪岗，范昭．黄河水沙变化研究（第一卷）．郑州：黄河水利出版社．347～367
杨勤业，袁宝印．1991．黄土高原地区自然环境及其演变．北京：科学出版社
杨淑萍，丁建军，陈晓娟，等．2005．近13a来黄河宁夏段凌汛分析．中国沙漠，25（6）：933～937
杨树文，李名勇，刘涛，等．2011．一种利用TM图像自动提取洪积扇的方法．国土资源遥感，（2）：65～69
杨文，杨湘奎．1997．黑龙江塌岸灾害与国土整治．中国地质灾害与防治学报，（8）：114～120
杨永生，任东．2010．基于洛伦茨曲线的祖厉河输沙量变化分析．水利科技与经济，16（1）：66～67
杨忠敏，任宏斌．2004．黄河水沙浅析及宁蒙河段冲淤与水沙关系初步研究．西北水电，（3）：50～55
姚惠明，秦福兴，沈国昌，等．2007．黄河宁蒙河段凌情特性研究．水科学进展，18（6）：893～899
姚仕明，何广水，卢金友．2009．三峡工程蓄水运用以来荆江河段河岸稳定性初步研究．泥沙研究，（6）：24～29
叶青超，陆中臣，杨毅芬，等．1990．黄河下游河流地貌．北京：科学出版社
张红武，黄远东，赵连军，等．2002．黄河下游非恒定输沙数学模型．水科学进展，13（3）：265～270
张红武，吕昕．1993．弯道水力学．北京：水利电力出版社
张建，马翠丽，雷鸣，等．2013．内蒙古十大孔兑水沙特性及治理措施研究．人民黄河，35（10）：72～74
张建，周丽艳，陶冶．2008．黄河宁蒙河段冲淤演变特性分析．人民黄河，30（8）：43～44
张仁，钱宁，蔡体录．1982．高含沙水流长距离输送稳定条件分析．泥沙研究，（3）：1～12
张世军，俞卫平，张红平．2005．黄河上游径流泥沙特性及变化趋势分析．水资源与水工程学报，16（3）：57～61
张晓华，裴明胜，潘贤娣，等．2002．黄河冲积性河道的调整．泥沙研究，（3）：1～8
张晓华，尚红霞，郑艳爽，等．2008a．黄河干流大型水库修建后上下游再造床过程．郑州：黄河水利出版社
张晓华，尚红霞，郑艳爽．2008b．宁蒙河道冲淤规律及输沙特性研究．人民黄河，30（11）：42～44
张晓华，苏晓慧，郑艳爽，等．2013．黄河上游沙漠宽谷河段近期水沙变化特点及趋势．泥沙研究，（2）：44～51
张毅．1999．盐锅峡水库泥沙淤积测验基本情况分析．大坝与安全，（1）：14～21
张原锋，王平，侯素珍，等．2013．黄河上游干支流交汇区沙坝淤堵形成条件．水科学进展，24（3）：333～339
张正萍．2009．黄河唐乃亥以上流域非汛期径流的模拟及预报．甘肃水利水电技术，45（1）：15～18
赵文林．1996．黄河泥沙．郑州：黄河水利出版社
赵文林．2000．黄河上游水沙变化对宁蒙河道的影响．见：周连第，邵维文，李贞儒．第十四届全国水动力学研讨会文集．北京：海洋出版社．306～312
赵文林，程秀文，侯素珍，等．1999．黄河上游宁蒙河道冲淤变化分析．人民黄河，21（6）：11～15
赵昕，汪岗，韩学士．2001．内蒙古十大孔兑水土流失危害及治理对策．中国水土保持，（3）：4～6
赵业安，周文浩，费祥俊，等．1998．黄河下游河道演变基本规律．郑州：黄河水利出版社
郑广兴，罗义贤．1998．黄河上游水库对宁夏河段防洪防凌及灌溉的影响与对策．人民黄河，20（6）：4～6
支俊峰，时明立．2002．“89-7-21”十大孔兑区洪水泥沙淤堵黄河分析．见：汪岗，范昭．黄河水沙变化研究（第一卷）．郑州：黄河水利出版社．460～471
中国科学院黄土高原综合科学考察队．1992．黄土高原地区资源环境社会经济数据集．北京：中国经济出版社
周志德．2003．20世纪的河床演变学．中国水利水电科学研究院学报，1（3）：226～231
朱士光．1989．论内蒙古河套地区历史时期河湖水系的变迁与土壤盐渍化问题．人民黄河，（1）：58～63
左仲国．2002．清水河流域水沙变化及发展趋势预测．见：汪岗，范昭．黄河水沙变化研究（第一卷）．

郑州：黄河水利出版社. 439～448

Ahn K H, Merwade V. 2014. Quantifying the relative impact of climate and human activities on streamflow. Journal of Hydrology, 515: 257～266

Alexandrov Y, Laronne J B, Reid I. 2003. Suspended sediment transport in flash floods of the semiarid northern Negev, Israel. IAHS Publication, 278: 346～352

Andrews E D. 1984. Bed—material entrainment and hydraulic geometry of gravel—bed rivers in Colorado. Geological Society of America Bulletin, 95: 371～378

Arnell N W. 1999. Climate change and global water resources. Global Environmental Change, 9 (1): S31～S49

Arnell N W. 2004. Climate change and global water resources: SRES emissions and socio—economic scenarios. Global Environmental Change, 14 (1): 31～52

Arnell N W, Reynard N S. 1996. The effects of climate change due to global warming on river flows in Great Britain. Journal of Hydrology, 183 (3): 397～424

Asselman N E M. 1999. Suspended sediment dynamics in a large drainage basin: the River Rhine. Hydrological Processes, 13: 1437～1450

Asselman N E M. 2000. Fitting and interpretation of sediment rating curves. Journal of Hydrology, 234 (3-4): 228～248

Bagnold R A. 1956. The flow of cohesionless grains in fluids. Philo Trans Royal Soc London, Ser A, 249: 235～297

Batalla R J, Gomez C M, Kondolf G M. 2004. Reservoir—induced hydrological changes in the Ebro River basin (NE Spain). Journal of Hydrology, 290 (1-2): 117～136

Benito G, Rico M, Sánchez-Moya Y, et al. 2010. The impact of late Holocene climatic variability and land use change on the flood hydrology of the Guadalentín River, southeast Spain. Global and Planetary Change, 70 (1-4): 53～63

Besné P, Ibisate A. 2015. River channel adjustment of several river reaches on Ebro basin. Quaternary International, 364: 44～53

Bhowmik N G, Demissie M. 1982. Carrying capacity of flood plains. Journal of the Hydraulics Division, 108 (3): 443～452

Bichet V, Campy M, Buoncristiani J F, et al. 1999. Variations in sediment yield from the Upper Doubs River carbonate watershed (Jura, France) since the late—glacial period. Quaternary Research, 51: 267～279

Brandt S A. 2000. Classification of geomorphological effects downstream of dams. Catena, 40: 375～401

Brierley G J, Fryirs K. 1999. Tributary—trunk stream relations in a cut-and-fill landscape: a case study from Wolumla catchment, N. S. W., Australia. Geomorphology, 28: 61～73

Bull L J. 1997. Magnitude and variation in the contribution of bank erosion to the suspended sediment load of the River Severn, UK. Earth Surface Processes & Landforms, 22 (12): 1109～1123

Campbell F B, Bauder H A. 1940. A rating-curve method for determining silt-discharge of streams. EOS (Trans Am Geophys Union), 21: 603～607

Carriquiry J D, Sanchez A, Camacho-Ibar V F. 2001. Sedimentation in the northern Gulf of California after cessation of the Colorado River discharge. Sedimentary Geology, 144 (1-2): 37～62

Chen D, Duan J. 2008. Case study: two-dimensional model simulation of channel migration processes in the West Jordan River, Utah. Journal of Hydraulic Engineering, ASCE, 134 (3): 315～327

Clark J J, Wilcock P R. 2000. Effects of land-use change on channel morphology in northeastern Puerto Rico. Geological Society of America Bulletin, 112: 1763～1777

Clift P D. 2006. Controls on the erosion of Cenozoic Asia and the flux of clastic sediment to the ocean. Earth and

Planetary Science Letters, 241: 571 ~ 580

Darby S, Delbono I. 2002. A model of equilibrium bed topography for meander bends with erodible banks. Earth Surface Processes & Landforms, 27 (10): 1057 ~ 1085

Dean D J, Schmidt J C. 2013. The geomorphic effectiveness of a large flood on the Rio Grande in the Big Bend region: Insights on geomorphic controls and post-flood geomorphic response. Geomorphology, 201: 183 ~ 198

Dong W, Cui B, Liu Z, et al. 2014. Relative effects of human activities and climate change on the river runoff in an arid basin in northwest China. Hydrological Processes, 28 (18): 4854 ~ 4864

Duan J G. 2005. Analytical approach to calculate the rate of bank erosion. Journal of Hydraulic Engineering, ASCE, 131 (11): 980 ~ 990

Duan J G, Julien P Y. 2010. Numerical simulation of meandering evolution, Journal of Hydrology, 391: 36 ~ 46

Duan J G, Nanda S K. 2006. Two- dimensional depth- averaged model simulation of suspended sediment concentration distribution in a groyne field. Journal of Hydrology, 327: 426 ~ 437

Dury G H. 1976. Discharge prediction, present and former, from channel dimensions. Journal of Hydrology, 30, 219 ~ 245

Engelund F. 1974. Flow and bed topography in channel bend. Journal of Hydraulic Engineering ASCE, 100 (11): 1631 ~ 1648

Erskine W D, Mahmoudzadeh A, Myers C. 2002. Land use effects on sediment yields and soil loss rates in small basins of Triassic sandstone near Sydney, NSW, Australia. Catena, 49: 271 ~ 287

Fan X L, Shi C X, Zhou Y Y, et al. 2012. Sediment rating curves in the Ningxia-Inner Mongolia reaches of the upper Yellow River and their implications. Quaternary International, 282: 152 ~ 162

Field J. 2001. Channel avulsion on alluvial fans in southern Arizona. Geomorphology, 37 (1): 93 ~ 104

Fohrer N, Haverkamp S, Eckhardt K, et al. 2001. Hydrologic response to land use changes on the catchment scale. Physics and Chemistry of the Earth, Part B: Hydrology, Oceans and Atmosphere, 26 (7): 577 ~ 582

Friedman J M, Lee V J. 2002. Extreme floods, channel change, and riparian forests along ephemeral streams. Ecological Monographs, 72: 409 ~ 425

Fryirs K, Brierley G. 2007. Geomorphic Analysis of River Systems: An Approach to Reading the Landscape. Chichester: Wiley-Blackwell. 362

Gaeuman D, Schmidt J C, Wilcock P R. 2005. Complex channel responses to changes in stream flow and sediment supply on the lower Duchesne River, Utah. Geomorphology, 64: 185 ~ 206

Gao P, Mu X M, Wang F, et al. 2011. Changes in streamflow and sediment discharge and the response to human activities in the middle reaches of the Yellow River. Hydrology and Earth System Sciences, 15 (1): 1 ~ 10

Gao P, Geissen V, Ritsema C J, et al. 2012. Impact of climate change and anthropogenic activities on stream flow and sediment discharge in the Wei River basin, China. Hydrology and Earth System Sciences, 17 (3): 961 ~ 972

Gomez B, Phillips J D, Magilligan F J, et al. 1997. Floodplain sedimentation and sensivity: summer 1993 flood, upper Mississippi River valley. Earth Surface Processes & Landforms, 22: 923 ~ 936

Goudie A S. 2006. Global warming and fluvial geomorphology. Geomorphology, 79: 384 ~ 394

Gregory K J. 2006. The human role in changing river channels. Geomorphology, 79: 172 ~ 191

Gurnell A M. 1997. Channel change on the River Dee meanders, 1946- 1992, from the analysis of air photographs. Regulated Rivers: Research & Management, 12: 13 ~ 26

Haifa M K. 1984. Anti-clockwise hysteresis for suspended sediment concentration during individual storms: Holbeck Catchment, Yorkshire, England. Catena, 11: 251 ~ 257

Harvey A M. 2001. Coupling between hillslopes and channels in upland fluvial systems: implications for landscape sensitivity illustrated from the Howgill Fells, northwest England. Catena, 42: 225 ~ 250

Harvey A M. 2002. Effective timescales of coupling within fluvial systems. Geomorphology, 44: 175 ~ 201

Hay W W. 1994. Pleistocene- Holocene fluxes are not the Earth's norm. In: Board on Earth Sciences and Resources, Commission on Geosciences, Environment, and Resources, National Research Council, eds. Material Fluxes on the Surface of the Earth. Washington, DC: National Academy Press. 15 ~ 27

Hoffmann T, Thorndycraft V R, Brown A G, et al. 2010. Human impact on fluvial regimes and sediment flux during the Holocene: Review and future research agenda. Global and Planetary Change, 72 (3): 87 ~ 98

Homdee T, Pongput K, Kanae S. 2011. Impacts of land cover changes on hydrologic responses: a case study of Chi River Basin, Thailand. Ann. J. Hydraul. Eng., JSCE, 55: S31 ~ S36

Horowitz A J. 2003. An evaluation of sediment rating curves for estimating suspended sediment concentrations for subsequent flux calculations. Hydrological Processes, 17 (17): 3387 ~ 3409

Horowitz A J. 2008. Determining annual suspended sediment and sediment- associated trace element and nutrient fluxes. Science of The Total Environment, 400 (1-3): 315 ~ 343

Hou J, Simons F, Mahgoub M, et al. 2013a. A robust well- balanced model on unstructured grids for shallow water flows with wetting and drying over complex topography. Computer Methods in Applied Mechanics and Engineering, 257: 126 ~ 149

Hou J, Liang Q, Simons F, et al. 2013b. A 2D well-balanced shallow flow model for unstructured grids with novel slope source term treatment. Advances in Water Resources, 52: 107 ~ 131

Hu B Q, Wang H J, Yang Z S, et al. 2011. Temporal and spatial variations of sediment rating curves in the Changjiang (Yangtze River) basin and their implications. Quaternary International, 230 (1-2): 34 ~ 43

Hudson P F. 2003. Event sequence and sediment exhaustion in the lower Panuco Basin, México. Catena, 52: 57 ~ 76

Hudson P F, Kesel R H. 2000. Channel migration and meander-bend curvature in the lower Mississippi River prior to major human modification. Geology, 28 (6): 531 ~ 534

Jansson M B. 1985. A comparison of detransformed logarithmic regressions and power function regressions. Geografiska Annaler, 67A: 61 ~ 70

Jansson M B. 1996. Estimating a sediment rating curve of the Reventazon River at Palomo using logged mean loads within discarge classes. Journal of Hydrology, 183: 227 ~ 241

Jowett I G. 1998. Hydraulic geometry of New Zealand rivers and its use as a preliminary methods of habitat assessment. Regulated Rivers: Research & Management, 14: 451 ~ 466

Jung I W, Chang H. 2011. Assessment of future runoff trends under multiple climate change scenarios in the Willamette River Basin, Oregon, USA. Hydrological Processes, 25 (2): 258 ~ 277

Kendall M G. 1975. Rank Correlation Measures. London: Charles Griffin

Khan N I, Islam A. 2003. Quantification of erosion patterns in the Brahmaputra- Jamuna River using geographical information system and remote sensing techniques. Hydrological Processes, 17: 959 ~ 966

Kironoto B A, Graf W H. 1994. Turbulence characteristics in rough uniform open-channel flow. Proceedings of the Institution of Civil Engineers- Water Maritime and Energy, 106 (4): 333 ~ 344

Kiss T, Blanka V. 2012. River channel response to climate- and human-induced hydrological changes: Case study on the meandering Hernád River, Hungary. Geomorphology, 175-176: 115 ~ 125

Knighton D. 1998. Fluvial Forms and Processes: New Perspective. London: Arnold

Knox J C. 1993. Large increases in flood magnitude in response to modest changes in climate. Nature, 361: 430 ~ 432

Korhonen J, Kuusisto E. 2010. Long term changes in the discharge regime in Finland. Hydrology Research, 41: 253 ~ 268

Kosmas C, Danalatos N, Cammeraat L H. 1997. The effect of land use on runoff and soil erosion rates under Mediterranean conditions. Catena, 29: 45 ~ 59

Kronvang B, Andersen H E, Larsen S E, et al. 2013. Importance of bank erosion for sediment input, storage and export at the catchment scale. Journal of Soils and Sediments, 13 (1): 230 ~ 241

La Barbera P, Rosso R. 1989. On the fractal dimensions of stream network. Water Resource Research, 25 (4): 735 ~ 741

Lammersena R, Engelb H, van de Langemheena W, et al. 2002. Impact of river training and retention measures on flood peaks along the Rhine. Journal of Hydrology, 267 (1-2): 115 ~ 124

Lane E W. 1955. The importance of fluvial geomorphology in hydraulic engineering. American Society of Civil Engineers Proceedings, 81: 1 ~ 17

Le T P Q, Garnier J, Gilles B, et al. 2007. The changing flow regime and sediment load of the Red River, Viet Nam. Journal of Hydrology, 334 (1-2): 199 ~ 214

Lecce S A, Pease P P, Gares P A, et al. 2006. Seasonal controls on sediment delivery in a small coastal plain watershed, North Carolina, USA. Geomorphology, 73 (3-4): 246 ~ 260

Lenzi M A, Lorenzo M. 2000. Suspended sediment load during floods in a small stream of the Dolomites (northeastern Italy). Catena, 39: 267 ~ 282

Leopold L B, Maddock T. 1957. 河槽的水力几何形态及其在地文学上的意义. 钱宁译. 北京: 水利出版社

Leopold L B, Maddock T J. 1953. Hydraulic geometry of stream channels and some physiographic implications. United States Geological Survey professional paper 252. Washington DC: US Government Printing Office

Li R K, Zhu A X, Song X F, et al. 2010. Seasonal dynamics of runoff-sediment relationship and its controlling factors in black soil region of northeast China. Journal of Resources and Ecology, 4: 345 ~ 352

Liang K, Liu C, Liu X, et al. 2013. Impacts of climate variability and human activity on streamflow decrease in a sediment concentrated region in the Middle Yellow River. Stochastic Environmental Research and Risk Assessment, 27 (7): 1741 ~ 1749

Lu X X, Ran L S, Liu S, et al. 2013. Sediment loads response to climate change: A preliminary study of eight large Chinese rivers. International Journal of Sediment Research, 28 (1): 1 ~ 14

Lufafa A, Tenywa M M, Isabirye M, et al. 2003. Prediction of soil erosion in a Lake Victoria basin catchment using a GIS-based Universal Soil Loss model. Agricultural Systems, 76 (3): 883 ~ 894

Mackin J H. 1948. Concept of the graded river. Geological Society of America Bulletin, 59: 463 ~ 512

Macklin M G, Jones A F, Lewin J. 2010. River response to rapid Holocene environmental change: evidence and explanation in British catchments. Quaternary Science Reviews, 29: 1555 ~ 1576

Magilligan F J, Phillips J D, James A J, et al. 1998. Geomorphic and sedimentological controls on the effectiveness of an extreme flood. Journal of Geology, 106: 87 ~ 95

Mandelbrot B B. 1983. The fractal geometry of nature. New York: WH Freeman and Company

Mann H B. 1945. Nonparametric tests against trend. Econometrica: Journal of the Econometric Society, 13 (3): 245 ~ 259

Marttila H, Kløve B. 2010. Dynamics of erosion and suspended sediment transport from drained peatland forestry. Journal of Hydrology, 388 (3-4): 414 ~ 425

Meybeck M. 2003. Global analysis of river systems: From Earth system controls to Anthropocene syndromes. Philosophical Transactions of the Royal Society, Biological Sciences, 358: 1935 ~ 1955

Miao C, Ni J, Borthwick A G L. 2010. Recent changes of water discharge and sediment load in the Yellow River basin, China. Progress in Physical Geography, 34 (4): 541 ~ 561

Miao C, Yang L, Liu B, et al. 2011. Streamflow changes and its influencing factors in the mainstream of the Songhua River basin, Northeast China over the past 50 years. Environmental Earth Sciences, 63 (3): 489 ~ 499

Miller A J. 1990. Flood hydrology and geomorphic effectiveness in the central Appalachians. Earth Surface Processes & Landforms, 15 (2): 119 ~ 134

Milly P C D, Dunne K A, Vecchia A V. 2005. Global pattern of trends in streamflow and water availability in a changing climate. Nature, 438 (7066): 347 ~ 350

Morehead M D, Syvitski J P M, Hutton E W H, et al. 2003. Modeling the temporal variability in the flux of sediment from ungauged river basins. Global and Planetary Change, 39 (1-2): 95 ~ 110

Morgan R. 1995. Soil Erosion and Conservation (second edition). Harlow: Longman

Mossa J. 1988. Discharge-sediment dynamics of the lower Mississippi River. Transactions-Gulf Coast Association of Geological Societies, 38: 303 ~ 314

Mu X, Zhang X, Shao H, et al. 2012. Dynamic changes of sediment discharge and the influencing factors in the Yellow River, China, for the recent 90 years. CLEAN-Soil Air Water, 40 (3): 303 ~ 309

Naik P K, Jay D A. 2011. Distinguishing human and climate influences on the Columbia River: changes in mean flow and sediment transport. Journal of Hydrology, 404 (3): 259 ~ 277

Navratil Q, Albert M B, Herouin E, et al. 2006. Determination of bankfull discharge magnitude and frequency: comparison of methods on 16 gravel-bed river reaches. Earth Surface Processes & Landforms, 31: 1345 ~ 1363

Němec J, Schaake J. 1982. Sensitivity of water resource systems to climate variation. Hydrological Sciences Journal, 27 (3): 327 ~ 343

Odgaard A. 1989. River meander model, I: development. Journal of Hydraulic Engineering, ASCE, 115 (11): 1433 ~ 1450

Osman A M, Thorne C R. 1988. Riverbank stability analysis I: Theory. Journal of Hydraulic Engineering, ASCE, 114 (2): 134 ~ 150

Owens P, Slaymaker O. 1994. Post-glacial temporal variability of sediment accumulation in a small alpine lake. In: Olive L J, Loughran R J, Kesby J A, eds. Variability in Stream Erosion and Sediment Transport. IAHS Publ, 224: 187 ~ 195

Pereira L S, Gonçalves J M, Dong B, et al. 2007. Assessing basin irrigation and scheduling strategies for saving irrigation water and controlling salinity in the upper Yellow River Basin, China. Agricultural Water Management, 93 (3): 109 ~ 122

Peters-Kummerly B E. 1973. Untersuchungen uber Zusammensetzung und Transport von Schwebstoffen in einigen Schweizer Flussen. Geographica Helvetica, 28: 137 ~ 151

Pettitt A N. 1979. A non-parametric approach to the change-point problem. Applied Statistics, 28 (2): 126 ~ 135

Petts G E. 1979. Complex response of river channel morphology subsequent to reservoir construction. Progress in Physical Geography, 3: 329 ~ 362

Petts G E. 1995. Changing river channels: the geographical tradition. In: Gurnell A, Petts G, eds. Changing River Channels, New York: John Wiley & Sons. 1 ~ 23

Petts G E, Gurnell A M. 2005. Dams and geomorphology: research progress and future directions. Geomorphology, 71: 27 ~ 47

Qin D, Plattner G K, Tignor M, et al. 2014. Climate Change 2013: The Physical Science Basis. Cambridge and New York: Cambridge University Press

Rădoane M, Obreja F, Cristea I, et al. 2013. Changes in the channel-bed level of the eastern Carpathian rivers: Climatic vs. human control over the last 50 years. Geomorphology, 193: 91 ~ 111

Ran L S, Wang S J, Lu X X. 2012. Hydraulic geometry change of a large river: A case study of the upper Yellow River. Environmental Earth Sciences, 66: 1247 ~ 1257

Ran L S, Wang S J, Fan X L. 2010. Channel change at Toudaoguai Station and its responses to the operation of upstream reservoirs in the upper Yellow River. Journal of Geographical Sciences, 20 (2): 231 ~ 247

Reid I, Frostick L E. 1987. Discussion of conceptual models of sediment transport in streams. In: Thorne C R, Bathurst J C, Hey R D, eds. Sediment Transport in Gravel-Bed Rivers. New York: John Wiley & Sons. 410 ~ 411

Rice S, Roy A, Rhoads B, 2008. River Confluences, Tributaries and the Fluvial Network. Chichester: John Wiley

Richard G A, Julien P Y, Baird D C. 2005. Statistical analysis of lateral migration of the Rio Grande, New Mexico. Geomorphology, 71: 139 ~ 155

Rosso R. 1991. Fractal relation of mainstream length to catchment area in river networks. Water Resource Research, 27 (3): 381 ~ 387

Rovira A, Batalla J R. 2006. Temporal distribution of suspended sediment transport in a Mediterranean basin: The Lower Tordera (NE Spain) . Geomorphology, 79: 58 ~ 71

Scherer U, Gerlinger K, Zehe E. 2010. Modeling climate change impact on surface runoff, erosion and sediment yield in agriculturally used catchments. EGU General Assembly Conference Abstracts, 12: 5864

Schmidt J C, Wilcock P R. 2008. Metrics for assessing the downstream effects of dams. Water Resources Research, 44 (4), W04404, doi: 10. 1029/2006WR005092

Schumm S A. 1977. The Fluvial System. New York : John Wiley & Sons

Schumm S A, Lichty R W. 1965. Time, space, and causality in geomorphology. American Journal of Science, 263: 110 ~ 119

Shi C X. 2015. Decadal trends and causes of sedimentation in the Inner Mongolia reach of the upper Yellow River, China. Hydrological Processes, DOI: 10. 1002/hyp. 10598.

Shi C X, Zhang L, Xu J Q, et al. 2010. Sediment load and storage in the lower Yellow River during the late Holocene. Geografiska Annaler, A92: 297 ~ 309

Shi C X, Zhou Y Y, Fan X L, et al. 2013. A study on the annual runoff change and its relationship with water and soil conservation practices and climate change in the middle Yellow River basin. Catena, 100: 31 ~ 41

Shi Z H, Huang X D, Ai L, et al. 2014. Quantitative analysis of factors controlling sediment yield in mountainous watersheds. Geomorphology, 226: 193 ~ 201

Siakeu J, Oguchi T, Aoki T, et al. 2004. Change in riverine suspended sediment concentration in central Japan in response to late 20th century human activities. Catena, 55: 231 ~ 254

Singer M B. 2007. The influence of major dams on hydrology through the drainage network of the Sacramento Valley, California. River Research and Applications, 23 (1): 55 ~ 72

Singer M B. 2010. Transient response in longitudinal grain size to reduced gravel supply in a large river. Geophysical Research Letters, 37 (18), L18403, doi: 18410. 11029/12010gl044381

Singer M B, Aalto R, James L A, et al. 2013. Enduring legacy of a toxic fan via episodic redistribution of California gold mining debris. Proceedings of the National Academy of Sciences, 110 (46): 18436 ~ 18441

Slater L J, Singer M B. 2013. Imprint of climate and climate change in alluvial riverbeds: Continental United States, 1950-2011. Geology, 41: 595 ~ 598

Stewardson M. 2005. Hydraulic geometry of stream reaches. Journal of Hydrology, 306: 97 ~ 111

Sun W, Shao Q, Liu J, et al. 2014. Assessing the effects of land use and topography on soil erosion on the Loess Plateau in China. Catena, 121: 151 ~ 163

Syvitski J P M, Kettner A. 2011. Sediment flux and the Anthropocene. Philosophical Transactions of the Royal Society,

369: 957 ~ 975

Syvitski J P M, Milliman J D. 2007. Geology, geography, and humans battle for dominance over the delivery of fluvial sediment to the coastal ocean. Journal of Geology, 115 (1): 1 ~ 19

Syvitski J P M, Morehead M D, Bahr D B, et al. 2000. Estimating fluvial sediment transport: the rating parameters. Water Resources Research, 36 (9): 2747 ~ 2760

Syvitski J P M, Vörösmarty C J, Kettner A J, et al. 2005. Impact of humans on the flux of terrestrial sediment to the global coastal ocean. Science, 308: 376 ~ 380

Ta W Q, Xiao H L, Dong Z B. 2008. Long-term morphodynamic changes of a desert reach of the Yellow River following upstream large reservoirs' operation. Geomorphology, 97 (3-4): 249 ~ 259

Ta W Q, Jia X P, Wang H B. 2013. Channel deposition induced by bank erosion in response to decreased flows in the sand-banked reach of the upstream Yellow River. Catena, 105: 62 ~ 68

Taylor D W. 1948. Fundamentals of Soil Mechanics. New York: John Wiley & Sons

Tena A, Batalla R J, Vericat D, et al. 2011. Suspended sediment dynamics in a large regulated river over a 10-year period (the lower Ebro, NE Iberian Peninsula). Geomorphology, 125 (1): 73 ~ 84

Thakur P K, Laha C, Aggarwal S P. 2012. River bank erosion hazard study of river Ganga, upstream of Farakka barrage using remote sensing and GIS. Natural Hazards, 61 (3): 967 ~ 987

Thorne C R, Osman A M. 1988. Riverbank stability analysis II: Application. Journal of Hydraulic Engineering, ASCE, 114 (2): 151 ~ 172

Tornqvist T E. 2007. Responses to rapid environmental change. In: Elias S A, ed. Encyclopedia of Quaternary Science. Amsterdam: Elsevier. 686 ~ 694

Toro E F. 2009. Riemann Solvers and Numerical Methods for Fluid Dynamics: A Practical Introduction. 3rd ed. Berlin Heidelberg: Springer-Verlag

Trimble S W. 1981. Changes in sediment storage in the Coon Creek basin, Driftless Area, Wisconsin, 1853 to 1975. Science, 214: 181 ~ 183

Tucker G E, Slingerland R. 1997. Drainage basin responses to climate change. Water Resources Research, 33: 2031 ~ 2047

US Geological Survey. 2012. http: //earthexplorer. usgs. gov/. 2012-03-01

Vacca A, Loddo S, Ollesch G, et al. 2000. Measurement of runoff and soil erosion in three areas under different land use in Sardinia (Italy). Catena, 40 (1): 69 ~ 92

van Rijn L C. 1989. Handbook: Sediment Transport by Currents and Waves. Report H461, Delft Hydraulics, Delft, Netherlands

Vörösmarty C J, Meybeck M, Fekete B, et al. 2003. Anthropogenic sediment retention: Major global impact from registered river impoundments. Global and Planetary Change, 39: 169 ~ 190

Walling D E. 1974. Suspended sediment and solute yields from a small catchment prior to urbanization. In: Gregory K J, Walling D E, eds. Fluvial Processes in Instrumented Watersheds. Institute of British Geographers, Special Publication, 6: 169 ~ 192

Walling D E. 1978. Suspended sediment and slute response characteristic of the River Exe, Devon, England. In: Davidson-Arnott R, Nickling W, eds. Research in Fluvial Systems. Norwich: Geoabstracts. 169 ~ 197

Walling D E. 2006. Human impact on land-ocean sediment transfer by the world's rivers. Geomorphology, 79: 192 ~ 216

Walling D E. 2009. The impact of global change on erosion and sediment transport by rivers: current progress and future challenges. The United Nations World Water Assessment Programme: Side Publication Series, Scientific

Paper. Paris: Unesco

Walling D E, Webb B W. 1982. Sediment availability and the prediction of storm-period sediment yields. In: Walling D E Recent Developments in the Explanation and Prediction of Erosion and Sediment Yield. IAHS Publication, 137: 327 ~ 337

Wang H J, Yang Z S, Saito Y, et al. 2007. Stepwise decreases of the Huanghe (Yellow River) sediment load (1950-2005): Impacts of climate change and human activities. Global and Planetary Change, 57 (3-4): 331 ~ 354

Wang H J, Yang Z S, Wang Y, et al. 2008. Reconstruction of sediment flux from the Changjiang (Yangtze River) to the sea since the 1860s. Journal of Hydrology, 349 (3-4): 318 ~ 332

Wang S J, Yan Y X, Li Y K. 2012. Spatial and temporal variations of suspended sediment deposition in the alluvial reach of the upper Yellow River from 1952 to 2007. Catena, 92: 30 ~ 37

Ward P J, van Balen R T, Verstraeten G, et al. 2009. The impact of land use and climate change on late Holocene and future suspended sediment yield of the Meuse catchment. Geomorphology, 103: 389 ~ 400

Wei W, Chen L, Fu B, et al. 2007. The effect of land uses and rainfall regimes on runoff and soil erosion in the semi-arid loess hilly area, China. Journal of Hydrology, 335 (3): 247 ~ 258

Wilkinson B H, McElroy B J. 2007. The impact of humans on continental erosion and sedimentation. Geological Society of America Bulletin, 119 (1-2): 140 ~ 156

Williams G P. 1978. Bankfull discharge of rivers. Water Resources Research, 14: 1141 ~ 1154

Williams G P. 1989. Sediment concentration versus water discharge during single hydrologic events in rivers. Journal of Hydrology, 111: 89 ~ 106

Williams G P, Wolman M G. 1984. Downstream Effects of Dams on Alluvial Rivers. Washington DC: US Government Printing Office

Winterbottom S. 2000. Medium and short-term channel planform changes of the Rivers Tay and Tummel, Scotland. Geomorphology, 34: 195 ~ 208

Wohl E, Merritt D M. 2008. Reach-scale channel geometry of mountain streams. Geomorphology, 93: 168 ~ 185

Wohl E, Wilcox A. 2005. Channel geometry of mountain streams in New Zealand. Journal of Hydrology, 300: 252 ~ 266

Wolman M G. 1959. Factors influencing erosion of a cohesive river bank. American Journal of Science, 257: 204 ~ 216

Wolman M G, Leopold L B. 1957. River flood plains: some observations on their formation. US Geological Survey Professional Paper 282-C, Washington, DC: US Government Printing Office

Wolman M G, Miller J P. 1960. Magnitude and frequency of forces in geomorphic processes. The Journal of Geology, 68 (1): 54 ~ 74

Wood P A. 1997. Controls of variation in suspended sediment concentration in the River Rother, West Sussex, England. Sedimentology, 24: 437 ~ 445

Wu B, van Maren D S, Li L. 2008. Predictability of sediment transport in the Yellow River using selected transport formulas. International Journal of Sediment Research, 23 (4): 283 ~ 298

Wu C S, Yang S L, Lei Y. 2012. Quantifying the anthropogenic and climatic impacts on water discharge and sediment load in the Pearl River (Zhujiang), China (1954-2009). Journal of Hydrology, 452: 190 ~ 204

Xu J X. 1990. An experimental study of complex response in river channel adjustment downstream from a reservoir. Earth Surface Processes & Landforms, 15: 43 ~ 53

Xu J X. 2004. A study of anthropogenic seasonal rivers in China. Catena, 55: 17 ~ 32

Xu J X. 2013. Complex response of channel fill-scour behavior to reservoir construction: an example of the upper Yellow River, China. River Research and Applications, 29: 593 ~ 607

Xu J X. 2014. The influence of dilution on downstream channel sedimentation in large rivers: the Yellow River, China. Earth Surface Processes & Landforms, 39 : 450 ~ 462

Xu J X, 2015a. Complex response of runoff-precipitation ratio to the rising air temperature: the source area of the Yellow River, China. Regional Environmental Change, 15: 35 ~ 43

Xu J X. 2015b. Decreasing trend of sediment transfer function of the Upper Yellow River, China, in response to human activity and climate change. Hydrological Sciences Journal, 60 (2): 311 ~ 325

Xu J X. 2015c. Sediment jamming of a trunk stream by hyperconcentrated floods from small tributaries: case of the Upper Yellow River, China. Hydrological Sciences Journal, DOI: 10. 1080/02626667. 2015. 1055272

Yang G F, Chen Z Y, Yu F, et al. 2007. Sediment rating parameters and their implications: Yangtze River, China. Geomorphology, 85 (3-4): 166 ~ 175

Yao Z Y, Ta W Q, Jia X P, et al. 2011. Bank erosion and accretion along the Ningxia-Inner Mongolia reaches of the Yellow River from 1958-2008. Geomorphology, 127: 99 ~ 106

Yao Z, Xiao J, Ta W, et al. 2013. Planform channel dynamics along the Ningxia-Inner Mongolia reaches of the Yellow River from 1958 to 2008: analysis using Landsat images and topographic maps. Environmental Earth Sciences, 70: 97 ~ 106

Ye Z, Chen Y, Zhang X. 2014. Dynamics of runoff, river sediments and climate change in the upper reaches of the Tarim River, China. Quaternary International, 336: 13 ~ 19

Yu C, Duan J G. 2012. Two-dimensional depth-averaged finite volume model for unsteady turbulent flow. Journal of Hydraulic Research, 50 (6): 599 ~ 611

Yue S, Wang C Y. 2002. Power of the Mann-Whitney test for detecting a shift in median or mean of hydro-meteorological data. Stochastic Environmental Research and Risk Assessment, 16 (4): 307 ~ 323

Zahar Y, Ghorbel A, Albergel J. 2008. Impacts of large dams on downstream flow conditions of rivers: Aggradation and reduction of the Medjerda channel capacity downstream of the Sidi Salem dam (Tunisia). Journal of Hydrology, 351 (3-4): 318 ~ 330

Zhang D, Shi C X. 2001. Sedimentary causes and management of two principal environmental problems in the lower Yellow River. Environmental Management, 28 (6): 749 ~ 760

Zhang S, Lu X X, Higgitt D L, et al. 2008. Recent changes of water discharge and sediment load in the Zhujiang (Pearl River) Basin, China. Global and Planetary Change, 60 (3): 365 ~ 380

Zhang Y, Wang P, Wu B, et al. 2015. An experimental study of fluvial processes at asymmetrical river confluences with hyperconcentrated tributary flows. Geomorphology, 230: 26 ~ 36

Zhao G, Tian P, Mu X, et al. 2014. Quantifying the impact of climate variability and human activities on streamflow in the middle reaches of the Yellow River basin, China. Journal of Hydrology, 519: 387 ~ 398

Zhou Y, Shi C, Du J, et al. 2013. Characteristics and causes of changes in annual runoff of the Wuding River in 1956-2009. Environmental Earth Sciences, 69 (1): 225 ~ 234

Zolitschka B. 1998. A 14, 000 year sediment yield record from western Germany based on annually laminated lake sediments. Geomorphology, 22: 1 ~ 17